제2판

평판 디스플레이
공학

제2판

평판 디스플레이 공학

Introduction to Flat Panel Displays (Second Edition)

Jiun-Haw Lee, I-Chun Cheng, Hong Hua, Shin-Tson Wu 저

김종렬, 김진곤 역

씨
아이
알

시리즈 편집자 서문

《평판 디스플레이 공학》 초판은 대중적이고 가치 있는 자료로 입증되어 교재와 참고용 도서로 널리 사용되었다. 그러나 이 책은 10여 년 전인 2008년에 출판되었고, 기존 독자들은 그동안 주제가 얼마나 근본적으로 바뀌었는지 떠올릴 필요는 없다. 또한 2008년은 LCD TV의 전세계 판매량이 CRT 세트의 판매량을 넘어선 첫해라는 사실은 기억할 만한 가치가 있다.

초판에 대한 지속적인 수요는 여전히 평판 디스플레이를 광범위하게 다루는 기초적이면서도 권위 있는 입문서의 필요성을 반증하므로 이에 개정판을 준비하게 되었다. 평판 디스플레이 기술과 응용의 현재 상태와 최신 발전을 반영하기 위해 간단한 수정으로는 충분하지 않아 포괄적으로 업데이트하고 다시 작성하였다. 크기가 적당하고 현재 주제에 적절히 초점을 맞춘 책을 독자에게 제공하기 위해 지금은 중요성이 떨어진 디스플레이 기술(플라즈마 및 전계 방출 장치)을 설명하는 초판의 장은 삭제되었다. 현재 평판 어플리케이션의 중심 주제들인 근안(near-eye) 디스플레이, 반사형/전자 종이 디스플레이 및 터치 패널 장치에 대한 중요한 장이 새롭게 추가되었다. LCD, OLED 및 LED와 같은 잘 정립되어 있는 지배적인 디스플레이 기술을 설명하는 장은 상업용 디스플레이에 사용되는 모든 기술을 반영하고 가장 최근의 중요한 발전들을 기술하기 위해 종합적으로 수정 및 개정하였다. AM 후면 장치와 구조, 시각과 색 과학의 핵심 원리를 기술하는 장도 마찬가지로 발전과 중요성을 반영하기 위해 완전히 개정되었다. 디스플레이 과학 전문가들이 각 장을 집필했으며, 주제에 대한 저자의 열정이 작품에 명확히 나타난다. 이 신판을 준비하는 저자들의 작업은 사실상 처음부터 새 책을 집필하는 것과 같았고 이 일에 보여준 저자들의 끈기와 헌신에 감사드린다.

평판 디스플레이 기술은 우리가 전자 시스템과 상호작용하는 방식을 혁신하고, 이를 통해 우리가 삶을 영위하는 방식을 형성한다. 혁신 속도는 느려질 기미가 보이지 않으며 이 주제를 발전시키는 새로운 과학자와 엔지니어 집단은 다양한 훈련과 참조 작업이 필요할 것이다. 이러한 자원을 제공하는 것이 SID 북 시리즈의 핵심 목표이며, 이 책이 이러한 목표에 중요한 기여를 할 것으로 믿는다.

그레이트 몰번에서
이언 세이지(Ian Sage)

CONTENTS · 차 례

Chapter 6
유기 발광 소자

Chapter 9
터치 패널 기술

평판 디스플레이

평판 디스플레이

1.1 서 론

디스플레이는 인간-기계 인터페이스(man-machine interface)를 제공한다. 디스플레이를 통하여 정보가 인간의 시각계에 전달된다. 이러한 정보에는 사진, 애니메이션, 동영상(영화), 텍스트 등이 있다. 디스플레이의 가장 기본적인 기능은 색과 이미지를 생산 및 재생산하는 것이라 말할 수 있다. 그림이나 책과 같은 전통적인 디스플레이에서는 잉크를 이용하여 종이 위에 글을 쓰거나 그림을 그리거나 인쇄를 행한다. 그러나 이러한 전통적인 디스플레이의 내용물은 통상, 변경이나 개정이 어렵거나 불가능하다. 게다가 책을 읽거나 사진을 보기 위해서는 조명(인공조명 또는 자연조명)이 필요하다. 이와는 대조적으로, 오늘날에는 전기신호를 이용하여 패널 위에 이미지를 생성함으로써 인간의 눈을 자극하는 수많은 전자 디스플레이들이 있다. 이 장에서는 우선 발광 디스플레이(emissive dispaly) 및 비발광 디스플레이(non-emissive display)의 관점에서 평판 디스플레이(flat panel display, FPD)를 분류할 것이다. 여기서 비발광 디스플레이는 투과형 디스플레이(transmissive display)와 반사형 디스플레이(reflective display)를 포함한다. 다음으로 FPD의 세부 항목들을 요약한다. 마지막으로 본 교재의 다음 장들에서 기술될 FPD 기술들을 간단히 소개하기로 한다.

디스플레이는 발광형(emissive)과 비발광형(non-emissive) 기술로 세분할 수 있다. 발광 디스플레이는 패널상에서 이미지를 구성하는 역할을 하는 각각의 화소에서 직접 빛을 방출한다.

이와는 대조적으로 비발광형 디스플레이는 색과 이미지를 표현하기 위하여 흡수, 반사, 굴절 및 산란 등과 같은 방식으로 빛을 변조한다. 비발광형 디스플레이는 광원이 필요하므로 수광형 디스플레이라고도 부른다. 그러므로 비발광형 디스플레이는 투과형(transmissive)과 반사형(reflective)으로 다시 구분할 수 있다. 역사적으로, 가정용으로 사용되는 가장 성공적인 디스플레이 기술 중의 하나는 음극선관(cathode ray tube, CRT)으로 TV용으로 광범위하게 사용되고 있다. CRT는 이미 성숙된 기술로 자체 발광, 광시야각, 고속응답, 우수한 색포화도(color saturation, 채도), 장수명 및 우수한 영상 품질 등의 장점을 갖는다. 반면에 주요한 단점 중의 하나는 과도한 크기와 중량이다. CRT의 두께는 패널의 가로(폭) 및 세로(길이)와 거의 비슷하다. 예를 들어 4 : 3의 가로세로비(aspect ratio)를 갖는 19인치(38.6 × 30.0 cm) CRT 모니터의 두께는 대략 40 cm 정도로 이동하기가 매우 어렵다. CRT의 과도한 크기와 중량 때문에 응용에 제약이 따르기도 한다.

본 교재에서는 다양한 방식의 평판 디스플레이(flat panel display, FPD)들을 소개하고자 한다. FPD는 그 명칭이 암시하듯이, 대체로 화면 대각선의 크기와 무관하게, 수 센티미터나 그 이하의 비교적 얇은 두께를 가진다. 디스플레이를 규정하거나 디스플레이 기반 제품의 설계 및 최적화를 하기 위해서는 적절한 기술의 선택이 필요하며, 이는 응용이나 의도하는 사용 조건에도 강하게 의존한다. 이러한 문제들은 FPD 개발의 급속한 속도와 더불어, 수많은 서로 다른 디스플레이 방식의 선택과 변경이 가능하게 만들어서, 제품 엔지니어들에게는 필수적인 요건인 다양한 디스플레이에 대한 완전한 이해를 가능하게 하였다. 위의 선택사항들은 다음의 몇 가지 예를 통해 묘사할 수 있다. 예를 들어, 액정 디스플레이(liquid crystal display, LCD)는 현재 가장 주도적인 FPD 기술로, 대각선의 크기가 1인치 미만(마이크로-디스플레이)인 장치에서 100인치보다 큰 대화면 장치까지 넓은 범위를 갖는다. 이러한 디스플레이들은 보통 박막 트랜지스터(thin-film transistor, TFT)에 의해 구동된다. 액정(liquid crystal, LC)은 빛을 방출하는 대신 광변조기(light modulator)의 역할을 수행한다. 그러므로 완전한 디스플레이 모듈을 완성하기 위해서는 보통, 투과형 LCD 패널의 뒤에 백라이트 모듈이 사용된다. 대부분의 LCD에서는 높은 명암비(contrast ratio)를 얻기 위하여 서로 직교하는 두 개의 편광기(polarizer)를 적용한다. 두 개의 편광기를 사용하는 경우에(만약 편광 변환 방식을 실행하지 않는다면) 최대 투과율은 약 35~40% 정도로 제한된다. 게다가 비스듬한 각도에서 보면, 어셈블리의 광학 성능이 두 가지 중요한 효과에 의하여 열화된다. 첫째, 서로 직교하는 편광기의 광축을 빛의 E 벡터 방향에 대해 투영시키면, 빛이 비스듬한 각으로 입사할 때에는 더 이상 직교하지 않는다는 점이다. 따라서 넓은 시야각 범위에서 디스플레이의 트루 블랙을 유지하기가 어렵다. 둘째, LC는 복굴절성 매질이다. 이는 LC의 스위칭에 기반한 전기-광학 효과가 입사광과 셀에서의 LC의 배향(alignment)의 상대적인 방향에 의존함을 의미한다. 따라서 LCD에서 넓은 시야각과 균일한 연색성을 얻기 위해서는 특별한 고려사항들이 있다. 광시야각을 달성하기 위해, 보편적으로 다중 영역 구조와 단축 또는 쌍축 결정인 위상 보상 필름(phase compensation film)들이 사용된다. 하나는 직교하는 편광기에서의 빛의 누설을 보상해주고, 다른 하나는 복굴절 LC층을 보상하는 데 사용된다. 이와 같은 위상 보상 기술을 사용하는, 투과형 다중 영역 LCD(transmissive multi-domain LCD)는 고명암비, 고해상도, 선명한 이미지, 우수한 색포화도(양자점 LED 또는 협대역 LED를 사용하는 경우) 및 광시야각을 보인다. 강한 태양의 직사광선하에서는 여전히 영상이 잘 보이지 않는다. 예를 들어, 맑은 날씨에 야외의 강한 주변 광 조건에서 스마트폰이나 노트북 컴퓨터를 사용하는 경우에 이미지를 읽기가 어려울 수도 있다. 그 이유는 백라이트로부터 투과된 빛의 세기보다 LCD의 표면에서 반사된 태양광의 세기가 더 강하기 때문이다. 따라서 실외 환경 명암비(ambient contrast ratio)가 크게 줄어든다. 광대역 무반사 코팅(broadband anti-reflection coating)과 자동 밝기 조정(adaptive brightness control)을 행하면, 태양광하에서의 시인성을 개선하는 데 확실하게 도움이 된다.

태양광하에서의 시인성을 개선하기 위한 또 다른 방법은 반사형 LCD를 사용하는 것이다.[1] 반사형 LCD는 표현하고자 하는 이미지를 만들기 위하여 주변 광원을 사용한다. 백라이트를 사용하지 않으므로 무게, 두께 및 전력 소비가 저감화된다. 손목시계가 대표적인 예이다. 대부분의 반사형 LCD는 명암비, 채도 및 시야각에서 투과형 LCD와 비교하여 더 열등한 특성을 갖는다. 게다가 반사형 LCD는 주변이 어두워지면 시인성이 매우 나빠지므로, 응용 분야가 비교적 제한적이다.

우수한 영상 품질을 유지하면서 태양광하에서의 시인성을 개선하기 위하여 반투과형 LCD (transflective LCD 또는 TR-LCD)라 부르는 하이브리드 디스플레이가 개발되었다.[2] TR-LCD 에서는 각 화소가 투과(T) 영역 및 반사(R) 영역의 두 개의 부화소(sub-pixel)들로 나뉜다. T와 R 사이의 면적비는 그 응용에 따라 알맞게 조절할 수 있다. 예를 들어, 주로 실외에서 사용되는 디스플레이의 경우 80%의 반사 영역과 20%의 투과 영역을 갖도록 설계할 수 있다. 이와는 대조적으로 주로 실내에서 사용되는 디스플레이의 경우 80%의 투과 영역과 20%의 반사

영역을 갖도록 설계할 수 있다. 이러한 TR-LCD 제품군에는 다양한 구조들이 존재하며, 이중 셀갭(double cell gap) 대 단일 셀갭(single cell gap) 구조 및 이중 TFT 대 단일 TFT 등을 그 예로 들 수 있다. 이러한 방식들은 T와 R 부화소 사이의 광학 경로 길이(optical path length)의 불일치를 해결하기 위한 기술들이다. 투과 모드에서는 백라이트 유닛에서 나온 빛이 LC층을 한 번만 통과하는 반면에, 반사 모드에서는 외부 광원에서 나온 빛이 LC층을 두 번 지나간다. 광학 경로 길이의 불일치를 해소하기 위하여 T 부화소의 셀갭의 두께를 R 부화소의 셀갭의 두께의 두 배로 만들 수 있다. 이것이 이중 셀갭 방식이다. 그러나 단일 셀갭 방식에서는 T와 R 영역의 셀갭이 일정하다. 이 경우에 광학 경로 길이의 불일치를 해소하기 위하여 이중 TFT, 이중 필드(T 영역은 전계를 더 강하게 걸고, R 영역은 전계를 더 약하게 인가) 및 (액정의) 이중 배향과 같은 몇 가지 방식들이 개발되었다. TR-LCD가 태양광하에서의 시인성을 개선할 수 있지만, 제조 공정이 훨씬 더 복잡하고 투과형 소자에 비하여 성능이 열등하다. 따라서 TR-LCD는 제품으로 폭넓게 적용되지는 않고 있다.

발광 다이오드(Light-emitting diode, LED)는 단결정 기판 위에 제작된 반도체 p-n 접합으로 구성된다. 순방향 전압을 인가하면, 전자와 정공이 소자의 활성층으로 주입되어 재결합에 의해 빛이 방출된다. LED의 발광 파장은 반도체의 밴드갭에 의해 결정된다. 가시광 대역에서 더 긴 파장(적색 및 황색)의 발광을 위해서는 AlGaInP 기반 반도체가 필요하다. 이 경우에, GaAs 기판과 격자정합(lattice-matching)이 되면서 발광 파장의 조절이 가능하게 하기 위하여 세 종류의 III족 원소(Al, Ga 및 In)와 한 종류(P)의 V족 원소 물질들이 필요하다. 그러나 더 짧은 파장(녹색 및 청색)의 발광을 위해서는 밴드갭이 큰 질화물 반도체가 사용되는데, 이 물질과 격자정합되는 반도체 기판을 찾기가 쉽지 않다. 게다가 질화물 기반 LED의 제조에 있어서는 p형 도핑 및 InGaN 결정성장과 같은 다른 기술적인 난제들이 있다. InGaN 기반 청색 LED의 성공적인 개발의 공로로, 이사무 아카사키(Isamu Akasaki) 교수, 히로시 아마노(Hiroshi Amano) 교수 및 슈지 나카무라(Shuji Nakamura) 교수가 2014년에 노벨 물리학상을 수상하였다. 청색 LED와 형광체를 조합하면 단일 칩에서 백색광의 발광이 가능하다. LED는 장수명과 고효율의 장점으로 인하여 신호등, 초대화면(100인치 이상) 사이니지, LCD의 백라이트 및 일반 조명 등과 같은 수많은 디스플레이 및 조명에의 응용들에 사용되어 왔다. 물질, 소자, 제조 및 응용의 관점에서의 LED에 대한 상세한 기술은 5장에서 논의하기로 한다.

6장에서는 유기 발광 다이오드(organic light-emitting device, OLED)를 소개한다. OLED의

동작 원리는 LED와 매우 유사하다. OLED 또한 전계 발광(electroluminescence, EL) 소자이지만, 반도체가 아닌 유기물로 소자를 제작한다. 따라서 LED와는 대조적으로, OLED를 단결정 기판 위에 제작할 필요는 없다. 제조의 관점에서는 OLED가 매우 큰 유리 기판상에 제작될 수 있으므로 LCD와 유사하다. OLED는 적절한 공정을 적용하면 일반적인 유리 기판뿐만 아니라 플렉서블 기판상에도 제작할 수 있다. OLED의 소자 구조는 매우 간단하다. 양극 및 음극 전극 사이에 얇은(약 200 nm) 유기층들이 샌드위치 형태로 삽입된 구조이다. 양극과 음극 모두 투명한 도체가 사용되면 투명 디스플레이를 제작할 수 있는 반면, 금속 음극층은 거울과 같은 외관을 제공할 수 있다. OLED를 구동하지 않는 경우에는 패널이 고반사층으로 보이지만, OLED에 표시되는 정보는 거울과 같은 배경에 겹쳐진다. 디스플레이에 더해서 OLED는 일반 조명을 위한 평면, 대면적 및 확산 광원을 제공할 수 있다. 이러한 점들이 점광원이고 높은 지향성의 빛을 방출하는 LED 조명과 상당히 다른 점이다.

7장에서는 전기영동 디스플레이, 반사형 액정 디스플레이, 간섭계형 변조 디스플레이 및 전기-습윤 디스플레이 등을 포함하는 몇 가지 반사형 디스플레이의 기본적인 동작 원리에 대하여 논의할 것이다. 이러한 반사형 디스플레이들은 내부의 광원을 필요로 하지 않는다. 이 장치들은 몇 가지 매력적인 특징들을 갖는다. 눈에 부담이 적고, 전력 소비도 작으며, 주변 광의 강도가 높아도 뛰어난 광학 명암비를 가지므로 휴대용 독서 용도 및 옥외용으로 각광받는다. 일부의 반사형 디스플레이들은 표시되는 이미지들이 지속적으로 재생되어야 하는 반면에, 다른 것들은 쌍안정 특성을 가지므로 전력이 공급되지 않아도 이미지가 유지된다. 쌍안정 디스플레이(bistable display)에서는 스위칭 동작 동안에만 에너지가 소비된다. 추가로, 일부는 비디오율 스위칭 기능을 갖는 반면에, 다른 것들은 정지 영상을 표시하는 데 더 적합하다. 오늘날 대부분의 단색 반사형 디스플레이 기술은 종이에 인쇄된 이미지에 대하여 통상 10:1의 명암비 표준에 부합하지만, 밝은 상태에서의 반사율은 여전히 흰 종이에 대하여 보편적인 값인 80%보다 더 낮다. 많은 컬러 반사형 디스플레이들은 컬러 필터 또는 사이드-바이-사이드(side-by-side) 화소 분할에 의존한다. 하지만 우수한 명도와 채도를 갖는 컬러 이미지를 달성하기 위하여 한 화소 영역에 다중 컬러를 구현하는 것이 바람직하다.

단단한 유리 대신 플렉서블 기판상에 디스플레이를 제작하면 얇고 튼튼하고, 가벼운 장점을 갖는 플렉서블 디스플레이(LCD, OLED 및 전기영동 효과 등을 포함하는 기술들을 사용하여)를 제작할 수 있다.

대부분의 FPD들은 TV, 컴퓨터 모니터, 랩톱 스크린, 태블릿 및 스마트폰과 같은 직시형 (direct-view) 응용을 위한 형식을 제공하기 위하여 개발되었다. 하지만 LCD 및 OLED를 포함하는 일부 FPD 기술들은 패널 크기가 1인치보다 작고 화소 크기가 수십 마이크론이나 그보다 작은 마이크로 디스플레이로도 쉽게 만들 수 있다. 이러한 마이크로 디스플레이는 직시형으로는 적합하지 않지만, 가상현실(virtual reality) 및 증강현실(augmented reality) 시스템의 핵심적인 요소인 새로운 부류의 헤드-마운트 디스플레이(head-mounted display, HMD)에서 응용처를 찾았다. 8장에서는 HMD의 작동 원리와 최신 개발 동향을 다룰 것이다. 직시형 디스플레이와는 달리, HMD 시스템은 마이크로 디스플레이 소스로부터 빛을 집속하여 시청자의 눈으로 결합시키는 광학계를 필요로 한다. 이 시스템은 하나의 마이크로 디스플레이와 광학계를 사용하여 2차원 이미지를 한눈에 디스플레이하는 단안식(monocular) 정보 디스플레이를 구현한다. 이와는 다르게 마이크로 디스플레이를 양쪽 눈으로 시청할 수 있는 광학계를 구성한 양안식(binocular) 시스템을 구현하여, 입체 영상의 시청을 가능하게 할 수 있다. 가장 앞선 HMD 시스템 중의 일부에서는 각각의 광학 장치들이 실제 영상으로부터의 광선의 배치를 복제한 광 필드를 제공할 수 있게 해주어서 실감 3D 시청이 가능하게 해준다. HMD와 시청자의 눈이 근접하므로 몰입형(immersive) 또는 시스루(see-through) 디스플레이의 서로 다른 방식 중의 하나로 구성할 수 있다. 몰입형 HMD는 시청자의 실제 세계의 시야를 차단하고, 시청자를 완전히 컴퓨터가 제공하는 가상 환경에 놓이게 하여, 가상현실로 알려진 몰입형 시각 체험을 만들어준다. 반면에, 시스루 HMD는 실제 세계의 영상과 컴퓨터가 제공하는 디지털 환경을 혼합하여 증강현실, 혼합현실(mixed reality) 또는 확장하여 공간 컴퓨팅(spatial computing)으로 알려진 다양한 체험을 가능하게 한다. 8장에서는 HMD 시스템의 광학적 원리와 역사적 개발의 개요에 대한 간단한 소개로 시작하여, 다음으로 HMD 시스템의 설계에 핵심적인 인간의 시각계 파라미터들에 대한 간단한 복습을 한다. 이어서 근축(paraxial) 광학 규정, 보편적인 소형 디스플레이 소스들, 광학 원리 및 설계 등을 복습하고, HMD 시스템 설계에 필수적인 광학 설계 방법들과 광학 성능 규정들을 요약한다. 마지막으로 시선 추적(eye tracking), 어드레스 가능한 포커스 큐(addressable focus cue), 어클루전(acclusion) 특성, 높은 동적 범위 및 광 필드 렌더링(light field rendering)과 같은 고급 성능을 가진 몇 가지 새로운 HMD 기술들을 학습한다.

　　터치패널(touch panel, TP)은 '평판 디스플레이'가 아니다. 하지만 기계장치에 대한 입력을 제공하는 직접적인 인터페이스로, 이러한 기능이 꼭 필요한 많은 디스플레이들의 성능을 향상시킨다. 현금 자동 입출금기(automatic teller machine, ATM)와 같은 일부의 경우에는 단일 터치 센싱 기능이면 충분하다. 반면에, 휴대폰이나 태블릿 컴퓨터와 같은 많은 모바일 기기들을 제어하는 데에는 멀티 터치 기능(multi-touch function)이 필요하다. 보통 접촉에 의해 저항 또는 정전용량과 같은 TP의 전기적인 파라미터들이 변하며, 이 변화가 일어나는 x-y 위치에 입력 기능이 제공된다. 따라서 TP는 디스플레이의 상부에 탑재될 수 있도록 투명하여야 하므로, 별도의 TP는 디스플레이 모듈의 두께를 증가시킨다. TP와 디스플레의 집적화에 의해 모듈의 두께가 줄어들 수 있다. TP 기술은 9장에서 논의하기로 한다.

1.2 발광형 및 비발광형 디스플레이

발광형 및 비발광형 디스플레이 모두가 개발되었다. 발광형 디스플레이에서는 각 화소마다 서로 다른 강도와 색으로 빛이 방출되며, 이 빛 신호가 인간의 눈을 직접 자극한다. CRT, LED 패널, OLED 등이 발광형 디스플레이에 속한다. 시청자가 바라보는 각도와 관계없이 패널의 휘도가 동일할 때, 이 소자를 램버시안 발광체(Lambertian emitter)라 부른다. 대부분의 발광성 디스플레이는 램버시안 발광체이므로 광시야각의 이상적인 특성을 갖는다. 또한 자체 발광 특성으로 인하여 주변 광이 아주 미약한 조건에서도 사용할 수 있다. 외부광의 반사를 무시할 때, 이 디스플레이 장치들이 꺼지면 완전히 어두워진다. 따라서 이 디스플레이 장치들의 암실 명암비(또한 1.3.3절 참조)는 매우 높다. 이와는 반대로, 스스로 빛을 방출하지 않는 디스플레이를 비발광성 디스플레이라 부른다. LCD는 비발광성 디스플레이 장치로, 각 화소의 액정 분자들이 독립적인 광 스위치로서 작동한다. 외부에서 인가한 전압에 의해 LC 방향자(director)가 새로운 방향으로 향하므로 광학 위상 지연(optical phase retardation)을 야기한다. 그 결과로 백라이트 유닛이나 외부 광원에서 입사된 빛이 변조된다. 대부분의 고명암비를 갖는 LCD들은 두 장의 서로 직교하는 편광기들을 사용한다. 인가 전압을 조절하면 편광기를 통과하는 빛의 투과율을 조절할 수 있다. 만일 광원이 디스플레이 패널의 뒤에 놓이면 투과형(transmissive) 디스플레이라 부른다. 또한 주변 광을 광원으로 이용하는 것도 가능하다. 이는 반사형(reflective) 디스플레이라 부르며 주변 광을 이용하여 책을 읽는 것과 같은 고전적인 디스플레이의 개념과 유사하다. 반사형 디스플레이에서는 백라이트가 불필요하기 때문에 소비전력이 비교적 낮다. LCD뿐만 아니라 전기영동, 간섭계형 변조기 및 전기-습윤 디스플레이와 같은 반사형 디스플레이의 다양한 기술들을 7장에서 소개하기로 한다. 매우 밝은 환경에서는 발광형 디스플레이와 투과형 LCD의 이미지는 잘 보이지 않을 수 있다. 이와는 대조적으로, 반사형 디스플레이는 주변 광의 강도가 증가함에 따라 오히려 더 우수한 휘도를 보인다. 그러나 이 장치는 약한 주변 광하에서는 사용할 수 없다. 따라서 반투과형(transflective) LCD가 개발되었으며, 이는 4장에서 보다 상세히 기술하기로 한다.

1.3 디스플레이 규정

이 절에서는 기계적·전기적 및 광학적 특성의 관점에서 FPD를 기술하고 평가하는 데 일반적으로 사용되는 일부 규정들을 소개하고자 한다. FPD는 투사형 디스플레이(projection display)에서는 1인치 이하, 휴대전화기에서는 2~6인치, 차량용 자동항법장치(car navigation system, CNS)에서는 7~9인치, 태블릿과 노트북 컴퓨터에서는 8~20인치, 데스크톱 컴퓨터에서는 10~25인치 및 직시형(direct-view) TV에서는 30~110인치이다. 서로 다른 FPD에서는 화소 해상도에 대한 요구 조건 또한 다르다. 휘도와 색은 디스플레이 성능에 직접적으로 영향을 주는 두 가지의 중요한 특성이다. FPD의 성능을 기술하는 데 시야각, 이미지 균일성, 수명 및 응답 시간과 같은 특성들이 휘도와 색이라는 두 가지의 파라미터에 어떻게 의존하는지를 고려하여야 한다. 명암비는 또 하나의 중요한 파라미터로 주변 환경이 달라지면 변한다.

1.3.1 물리적 파라미터

FPD의 기본적인 물리적 파라미터들은 디스플레이의 크기, 가로세로비, 해상도 및 화소 포맷 등을 포함하고 있다. 디스플레이의 크기는 보통 화면의 대각선의 길이로 인치 단위로 기술된다. 예를 들어, 15인치 디스플레이라 함은 이 디스플레이의 가시 영역의 대각선의 길이가 38.1 cm임을 의미한다. 디스플레이 포맷에는 가로(landscape), 정사각형(square) 및 세로

(portrait)의 세 가지 종류가 있다. 이는 각각 화면의 가로 길이가 세로 길이보다 더 길거나 같거나, 더 짧거나 한 경우에 해당된다. 대부분의 모니터와 TV들은 보통, '가로세로비(aspect ratio)'라고 부르는 가로 대 세로의 비율이 4:3, 16:9 또는 16:10인 가로 형태를 사용한다.

FPD는 보통 이미지와 글자를 표현할 수 있는 어드레스할 수 있는 화소들의, 직사각형 형태의 '도트 행렬(dot matrix)'로 구성된다. 해상도를 증가시키려면 디스플레이 내에서 더 많은 도트를 사용하여야 한다. 표 1.1에는 FPD의 표준 해상도 중 일부가 나열되어 있다. 예를 들어 VGA는 가로 640도트와 세로 480도트로 구성된 디스플레이를 의미한다. 가로세로비는 4:3이다. 다 그런 것은 아니지만, 일반적으로 해상도가 더 높으면 영상 품질이 더 우수하다. HD 계열은 가로세로비가 16:9인 와이드 화면 표준을 포함한다. FHD는 1920×1080의 해상도를 가지며 줄여서 2K1K로 나타낸다. 행과 열에 주어지는 화소의 수를 두배로 늘이면 4×의 해상도가 되며, 이를 4K2K 또는 4K라 부른다. 이와 유사하게 더 높은 해상도를 갖는 8K 표준이 제안되었다. 일단 해상도, 디스플레이 크기 및 가로세로비를 알게 되면 화소의 피치(pitch)를 구할 수 있다. 예를 들어, 종횡비가 16:9인 5.5인치의 FHD급 디스플레이의 피치는 약 63 μm 이다. 또는 디스플레이의 화소 밀도를 나타내는 인치당 화소수(pixel per inch, PPI)를 쓸 수 있다. 위의 예의 경우는 약 401 ppi에 해당한다.

표 1.1 FPD의 해상도

Abbreviation	Full name	Resolution
VGA	Video graphics array	640×480
SVGA	Super video graphics array	800×600
XGA	Extended graphics array	1024×768
HD	High definition	1280×720
FHD	Full high definition	1920×1080
UHD (4K)	Ultra-high definition	3840×2160
8K		7680×4320

VR 및 AR 응용을 위한 HMD 시스템의 경우, 마이크로 디스플레이 소스가 사용된다. 마이크로 디스플레이의 화소 해상도가 시스템 성능을 결정하는 핵심적인 요소이지만, 시청자가 인식하는 이미지 해상도는 광학계의 배율(magnification)에도 의존한다. 예를 들어, HMD 시스템에서 VGA 해상도 마이크로 디스플레이는 만약 VGA 패널의 광학 배율이 FHD 패널의 배율보다 훨씬 낮으면 이러한 각도 해상도와 이미지의 화각(field of view, FOV)이 서로 상충되

기 때문에 FHD 마이크로 디스플레이를 통하여 제공되는 이미지와 동등하거나 더 우수한 각도 해상도를 제공할 수 있다. HMD 시스템의 해상도 규정과 관련한 더 상세한 논의는 8장에서 다루기로 한다.

화소 영역에 있는 모든 공간이 디스플레이되는 이미지에 기여하는 것은 아님을 주목하자. 보통 각 화소의 활성 영역은 전극 간 틈과 미광 배리어(stray light barrier)와 같은 가능한 다른 구조와 같은 비활성 영역에 의해 둘러싸여 있다. 전체 화소 크기에 대한 화소 내의 디스플레이 영역의 비를 '충진율(fill factor)' 또는 '개구율(aperture ratio)'로 정의한다. 따라서 최댓값은 100%이다. 풀컬러 디스플레이의 경우 컬러 화소를 구성하기 위해서는 적어도 세 가지의 원색들이 필요하다. 따라서 각각의 컬러 화소에서는 전체 영역이 세 개의 부화소(RGB)들로 나뉜다. 예를 들어, 하나의 컬러 화소가 $63 \times 63\ \mu$m의 크기를 갖는다고 가정하면, 각 부화소들의 크기는 $21 \times 63\ \mu$m이다. 만약 빛의 방출과 투과에 실질적으로 기여하는 각각의 부화소의 크기가 $18 \times 60\ \mu$m이면 충진율이 약 82%가 된다.

그림 1.1에서 보듯이, RGB 부화소들은 몇 가지의 서로 다른 배치 방식에 따라 배열된다. 스트라이프(stripe) 배열은 제작과 구동회로의 설계가 간단하고 용이하다. 그러나 동일한 디스플레이 면적과 해상도를 기준으로 혼색(color mixing) 성능이 열등하다. 모자이크(mosaic)와 델타(delta) 배열은 제작 또는 구동회로 설계는 더 복잡하지만 혼색 성능이 더 우수하므로 더 우수한 영상 품질을 갖는다.

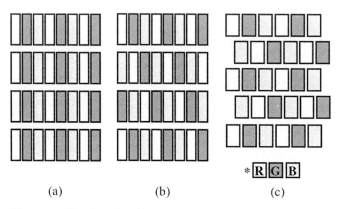

| | (a) | (b) | (c) |

그림 1.1 FPD의 부화소 배치 : (a) 스트라이프 (b) 모자이크 및 (c) 델타 배열

그림 1.2에서 보듯이, 스트라이프 부화소 구조의 디스플레이에 기울어진 블랙-온-화이트 패턴을 나타낼 때, 가장자리에서 분명한 톱니 모양을 볼 수 있다. 그러나 각 화소는 세 개의 부화소들로 구성되기 때문에 부화소들은 위에서 아래로 정해진 순서로 스위칭되어 패턴의 가장자리가 더 부드럽게 보이게 할 수 있다. 이 기술을 '부화소 렌더링(subpixel rendering)'이라 부른다.[3] 분명히 일부 행들의 가장자리의 색은 더 이상 백색이 아니다. 첫 번째와 네 번째 행은 가장자리에서 적색 부화소가 켜지지만, 두 번째와 다섯 번째 행은 적색과 녹색의 발광에 의해 가장자리에서 황색을 발광하게 된다. 이를 '색 수차 흠결(color fringing artifact)'이라 부른다. 그림 1.2(c)는 각각 부화소 렌더링이 없거나 있는 이탤릭체의 'm' 글자를 보여준다. 부화소 렌더링을 사용하면 확실하게 가장자리를 더 부드럽게 할 수 있다. 진보된 방식의 부화소 렌더링 알고리즘에서는 경사진 가장자리에서 서로 다른 부화소들을 켜거나 끄는 방식뿐만 아니라 이미지 품질의 최적화를 위해 휘도값을 조절하는 방식 또한 사용한다.

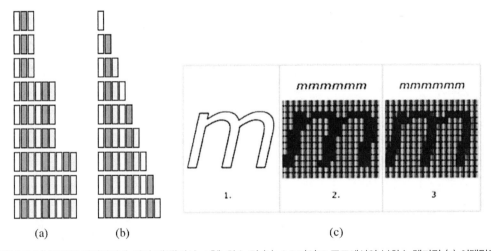

그림 1.2 (a) 경사의 가장자리가 켜진 백색(적+녹+청) 화소 및 (b) 스트라이프 구조에서의 부화소 렌더링 (c) 이탤릭체의 'm', 디스플레이에 (2) 부화소 렌더링 없음 및 (3) 부화소 렌더링 있음[3]

인간의 눈에는 세 종류의 광 수용기(photoreceptor) 세포들이 있으며, 각각 가시광 대역에서 장, 중 및 단파장 영역에 응답한다. 이것이 디스플레이에서 적, 녹 및 청색을 3원색으로 사용하는 주된 이유이며, 이는 2장에서 더 자세히 논의하기로 한다. 광 수용기 세포들의 배열은 스트라이프 구조가 아니다. 이 밖에도 서로 다른 세포들의 개수가 동일하지 않다. 눈의 서로 다른 광 수용기 세포들의 배치를 모방하여 색 혼합(color mixing)을 향상시키기 위하여, 펜타일(PenTile™) 구조가 제안되었다.[4] 여기서 '펜(Pen)'은 그리스어 접두어인 '펜타(penta)'의 줄임말로 5를 뜻하고 5개의 부화소가 하나의 화소를 구성함을 의미한다. 여기에는 다양한 가능한 포맷들이 존재한다. 그림 1.3(b)는 그중의 하나인 RGBG 포맷이라 부르는 방식을 보여준다. 부화소 렌더링 기술과 접목하면 더 넓은 부화소 크기를 갖는 높은 디스플레이 해상도를 달성할 수 있다. 그림 1.3(a)(b)는 동일한 해상도의 스트라이프 및 펜타일 배치를 보여준다. 비교해보면, 펜타일 구조의 적색 및 청색 부화소의 크기가 더 커짐을 알 수 있다. 이는 OLED와 같은 일부 디스플레이에서는 중요하다. 왜냐하면 제조 과정에서 부화소의 크기를 줄이는 것이 용이하지 않기 때문이다. 따라서 펜타일 배치는 주어진 해상도를 갖는 디스플레이를 제조하는 데 필요한 설계 기준을 완화시킬 수 있다. 또한, OLED 디스플레이에서는 청색 부화소의 단 수명이 문제가 되므로 청색 발광영역을 확장하면 전류 밀도가 줄어들어 수명을 늘일 수 있다. 또 다른 방식의 펜타일 패턴에는 그림 1.3(c)의 RGBW 배치가 있다. 여기서는 삼원색과 나란히 백색 부화소를 추가한다. LCD와 같은 일부 디스플레이에서는 백색 백라이트로부터 원하지 않는 색들을 필터링하여 서로 다른 색을 얻는 구조이므로, 이렇게 차단되는 빛들이 효율을 떨어뜨리는 주된 요인이다. 따라서 백색 부화소를 추가하면 효율이 향상될 수 있다.

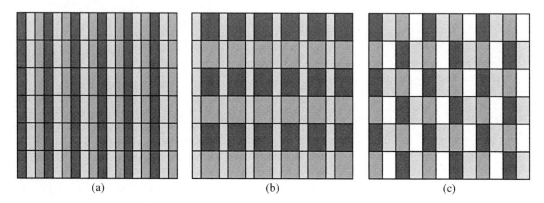

그림 1.3 (a) 스트라이프 (b) PenTile™ RGRB (c) PenTile™ RGBW 구조[3]

인간의 눈이 개별 화소들을 구분할 수 없을 정도로 화소 밀도가 증가한 장치를 '망막 디스플레이(retinal display)'라고 부른다. 이는 매우 높은 해상도를 의미하며, 이미지가 시청자의 망막으로 투사될 때 화소 밀도가 망막의 광 수용기의 밀도보다 더 높은 상태를 의미한다. 분명히 핸드폰과 같이 눈에 더 가깝게 사용되는 디스플레이에서는 망막 디스플레이의 요구조건을 만족시키기 위하여 더 높은 ppi가 필요하다. 약 30 cm의 보편적인 시청 거리를 갖는 핸드폰에서는 통상 약 300 ppi가 필요하다. TV를 시청하는 것과 같이 시청 거리가 더 길어지는 경우는 망막 디스플레이의 화소 크기가 더 커져도 된다. 망막 디스플레이의 상세한 설명은 2장에서 다루기로 한다.

1.3.2 휘도와 색

휘도와 색영역은 FPD의 가장 중요한 두 가지의 광학적 특성이다. 고휘도를 갖는 디스플레이는 암실 환경에서 보면 어지럽다. 반면에 휘도가 불충분한 디스플레이는 밝은 주변 광원하에서는 시인성이 불량하다. 보통 FPD의 휘도는 디스플레이가 사용되는 주변 광원하에서 실물만큼(또는 실물보다 약간 더) 밝아야 한다. 보통의 실내조명 환경하에서 모니터는 200~300 cd m^{-2}의 휘도를 갖는다(2.3.6절). 대화면 TV에서는 더 높은 휘도(500~1000 cd m^{-2})가 필요할 수도 있다. FPD는 색을 생산 및 재생산하는 데 사용된다. 따라서 FPD의 두 가지 중요한 특성은 FPD가 얼마나 많은 색을 표현하느냐와 FPD가 실물과 비교하여 얼마나 실감나게 색을 표현하느냐(색 충실도, color fidelity)의 여부이다. FPD의 색은 적어도 삼원색(RGB)의 혼합에 의해 만들어지므로, 더 '순수한(pure)' (채도가 높은) 원색들을 사용하면 표현되는 색의 범위를 더욱 넓힐 수가 있으며, 이를 '색영역(color gamut)'이라 부른다(2.3.5절 참조). 보편적인 삼원색(RGB)뿐만 아니라, 더 많은 색들(황색 및 청녹색)이 부화소로 추가될 수 있으며, 이를 통하여 색영역을 더 확장시킬 수 있다. 추가적으로, 구동 방법의 적절한 설계를 통하여, 디스플레이의 전력 소비도 함께 줄여야 한다.[5, 6] 어두운(dark) 부분에서 밝은(bright) 부분까지 인간의 눈에 부여되는 자극을 2, 4, 8 또는 더 많은 동일한 간격(bit)들로 나눌 수 있으며, 이를 '계조(gray level 또는 gray scale)'라 부른다(2.4.3절 참조). 예를 들어, 어떤 FPD에서 각각의 RGB 부화소들을 256단계(8비트)의 계조로 나누면, 약 1,680만 색($2^8 \times 2^8 \times 2^8 = 2^{24} \approx 16.8 \times 10^6$)들을 표현할 수 있다.

1.3.3 명암비

FPD의 소자 명암비(contrast ratio, CR)는 다음과 같이 정의된다.

$$CR = L_w/L_b CR = L_w/L_b, \tag{1.1}$$

여기서 L_w와 L_b는 각각 백색 상태 및 흑색 상태의 휘도이다. CR이 더 높을수록 점멸비 (on/off ratio)가 더 높다는 의미이므로, 더 우수한 영상 품질과 채도를 갖게 된다. CR이 1이거 나 1보다 작아지면, 인간의 눈은 온(on)과 오프(off)의 색을 구분할 수 없으므로 FPD의 정보 내용이 소멸되거나 왜곡된다. 대부분의 발광형 디스플레이에서 꺼진 상태(off-state)의 휘도는 0이다. 따라서 완전한 암실 환경에서는 명암비가 무한대이다. 그러나 주변 광원이 있는 경우 에는, 디스플레이에서의 표면 반사로 인하여 식 (1.1)은 다음과 같이 변형되어야 한다.

$$CR_A = (L_w + L_{ar})/(L_b + L_{ar}), \tag{1.2}$$

여기서 CR_A는 실외 환경에서의 명암비(ambient contrast ratio)이고 L_{ar}은 외부 반사에 의한 휘도이다. 식 (1.2)에서 주변 광에 의한 반사가 증가함에 따라 CR_A는 급격하게 감소한다. 따라서 (i) 켜진 상태(on-state)의 휘도를 증가시키고, (ii) 디스플레이 표면에서의 반사율을 줄임 으로써 높은 CR_A를 유지할 수 있다. 그러나 강한 햇빛이 내리쬐는 야외와 같이 매우 강한 주변 광원하에서는 태양의 직사광선의 휘도가 FPD의 휘도보다 수만 배 이상 크므로, 어떠한 발광형 또는 투과형 FPD의 경우에도 정보 내용의 시인성을 심각하게 훼손한다. 태양광하에 서의 시인성은 특히 모바일 디스플레이에서 중요한 문제이다. 이와는 대조적으로 책 또는 신 문과 같은 고전적인 디스플레이에서는 적당한 주변 광이 필요하다. 반사형 LCD와 같은 반사 형 디스플레이에서도 비슷한 상황이 적용된다.

1.3.4 공간적 및 시간적 특성

FPD의 균일성은 디스플레이 전체 면적에서의 휘도와 색의 의도하지 않은 변화의 정도를 의미한다. 인간의 눈은 휘도와 색의 차이에 대해서는 민감하다. 예를 들어, 인접한 두 개의 화소 사이에서의 5%의 휘도 차이를 인식할 수 있다. 하지만 점진적으로 변화를 주는 경우에는, 전체 디스플레이 범위에서 20%의 휘도 변화에 대해서도 인식하지 못한다.

또한 휘도나 색과 같은 광학적인 특성들은 서로 다른 시야각에서 변할 수 있다. CRT와 같은 램버시안(Lambertian) 발광체의 경우 시야각 특성은 매우 우수하다. LED와 OLED의 발광 분포는 패키징 및 층 구조의 최적화를 통하여 조절할 수 있다. 그러나 LCD의 시야각은 세심한 주의를 필요로 한다. 그 이유는 LC 물질이 복굴절성을 가지며, 한 쌍의 직교하는 편광기들이 비스듬한 각도에서 볼 때에는 더 이상 직교하지 않기 때문이다. FPD의 시야각을 정의하는 데에는 몇 가지 방법들이 있다. 예를 들어, (1) 문턱 휘도(luminance threshold), (2) 최소 명암비(예를 들어 10 : 1) 또는 (3) 색 변이(color shift)의 규정된 최댓값 등을 통하여 시야각 원뿔(viewing cone)을 구할 수 있다. 어떤 경우에는 비스듬한 각도에서의 명암비가 1보다 작아질 수도 있으며, 이를 계조 반전(gray level inversion)이라 부른다.

응답 시간은 또 다른 측정 기준이다. 만약 FPD의 응답 시간이 느리면, 빠르게 움직이는 물체에 대하여 영상의 번짐(blurred image)이 나타난다. 화소를 '오프'에서 '온'으로 그리고 '온'에서 '오프'로 전환하면서 각각 휘도 단계가 10%에서 90%까지, 그리고 90%에서 10%로 변화하는 데 걸리는 시간을 계산함으로써 각각 상승 시간(rise time)과 하강 시간(fall time)을 구할 수 있다. 또한 하나의 계조 단계에서 다른 단계로의 응답 시간을 정의할 수 있으며, 이를 '계조 간(gray-to-gray, GTG) 응답 시간'이라 부른다. 대부분의 디스플레이되는 장면들은 풍부한 계조 단계들을 포함한다. 따라서 GTG 응답 시간이 더 의미가 있다. LCD에서는 이 GTG 응답 시간이 흑-백 상승 시간 및 백-흑 하강 시간보다 훨씬 더 길다.[7] 많은 FPD들의 어드레스에 사용되는 TFT 행렬은 전압의 셋-앤드-홀드(set-and-hold) 기능을 제공한다. 따라서 CRT와 같은 임펄스 방식(impulse type)과는 다르므로, 다른 측정 기준을 필요로 하고 TFT LCD의 응답 시간을 정의하는 데에는 보통 동영상 응답 시간(motion picture response time, MPRT)을 사용한다.[8] 보다 상세한 내용은 2장과 4장에서 다루기로 한다.

장시간 동안 동작한 후에는 FPD(특히 발광형 디스플레이)의 휘도가 감쇠한다. 발광형 디스플레이에서는 만일 특정한 정지 화면 패턴이 장시간 동안 켜진 후에 전체 화면이 밝아져서 모든 화소들이 켜지면, 직전의 정지 화면 패턴상의 화소들이 상대적으로 더 낮은 휘도를 갖는 '고스트 이미지(ghost image)'를 관찰할 수 있으며, 이를 '잔상(residual image)' 또는 '번-인(burn-in)'이라 부른다. 앞에서 언급한 바와 같이 인간의 눈은 인접한 화소들 간에 5% 미만의 불균일성만을 관찰할 수 있다. 따라서 FPD의 수명은 정지 영상에 대해서는 결정적이다. 그 대안으로는 정보 디스플레이에서 정지 영상 대신에 동영상을 사용하는 것이다. 그렇게 되면 모든 화소들의 평균적인 점등 시간이 같아지기 때문에 모든 화소들의 휘도가 균일하게 감쇠한다.

1.3.5 효율 및 소비전력

소비전력은 배터리의 수명에 영향을 주기 때문에 모바일 디스플레이에서 특히 중요한 요소이다. 전기 플러그를 사용하는 디스플레이에서 낮은 소비전력은 낮은 열 발생을 암시하며, 따라서 열 방출이 덜 심각함을 의미하므로 친환경 목표를 더 쉽게 달성할 수 있다. 일반적으로 FPD의 전력 효율을 기술하기 위하여 lm/W의 단위를 사용한다(2.2절 참조). 낮은 소비전력의 휴대용 디스플레이는 배터리의 수명을 더 길게 해준다. 또한 노트북 PC나 TV에서는 높은 발광 효율을 가져야 발열을 줄일 수가 있으며, 전기요금도 절약해준다. 따라서 소형 섀시 장치에서의 열 관리는 중요한 문제이다. 에너지 스타(Energy Star)는 디스플레이와 같은 전자제품에서의 '전력 소비'를 규정하는 프로그램이다.* 예를 들어, 에너지 스타 디스플레이 규정 7.1(2017년 4월 제정)에서는 온 상태 동작하에서의 디스플레이의 최대 전력 소비가 규정되어 있으며, 스크린 면적 대비 디스플레이의 최대 휘도와 관련이 있다. 예를 들어, 가로세로비 4 : 3과 최대 휘도 $500 \, cd/m^2$를 갖는 60인치 TV의 최대 소비전력은 144 W보다 적어야 한다.

1.3.6 플렉서블 디스플레이

FPD는 보통 얇은 유리 기판 위에 제작된다. 유리는 일종의 단단한 기판이다. 반면에 고전적인 디스플레이는 유연한 종이 위에 인쇄된다. 최근의 흥미로운 연구 개발 주제는 FPD를 '종이와 같은(paper-like)' 디스플레이가 되도록 유연한 기판 위에 제작하는 것이다.[9] 유리 기반의 FPD와 비교하여 플렉서블 디스플레이는 얇고 경량이다. 또한 저비용의 롤-투-롤(roll-to-roll) 공정에 의해 제작될 가능성이 있다. 가용한 플렉서블 FPD의 기판에는 초박형 유리, 플라스틱 및 스테인리스강(stainless steel)이 있다. 구부릴 수 있는 초박형 유리 기판은 사용이 가능하지

---

* https://www.energystar.gov

만 고가이다. 플라스틱 기판은 플렉서블 디스플레이에 적합하지만, 견딜 수 있는 최고 온도가 보통 200℃보다 낮다. 스테인리스강 기판은 구부릴 수 있고 고온에 잘 견디지만 불투명하므로 투과형 디스플레이에는 적합하지 않다. 플렉서블 FPD를 만들기 위해서는 재료 선정, 제작 공정, 소자 구조, 디스플레이 패키징 및 측정과 같은 수많은 기술적인 난제들이 존재한다.

1.4 평판 디스플레이의 응용

다음 절에서는 각 디스플레이 기술들의 응용을 간략하게 요약한다. 상세한 내용들은 관련 장에서 기술하기로 한다.

1.4.1 액정 디스플레이

LC 물질은 처음 발견된 지 1세기가 훨씬 지났지만,[10, 11] 1960년대 말에서 1970년대에 이르러서야 유용한 전기-광학 소자가 개발되고 안정성이 확보되었다. 초창기에는 수동 행렬 LCD가 전자계산기 및 손목시계에 유용하게 사용되었다.[12] TFT,[13] 컬러 필터,[14] 및 저전압 LC 효과[15] 등의 등장으로 능동 행렬 LCD 기술이 점차적으로 노트북 컴퓨터, 데스크톱 모니터 및 TV 시장에 침투하였다. 오늘날 LCD는 일상생활에서 폭넓게 사용되고 있다. 예를 들어, 스마트폰, 태블릿, 가상현실 및 증강현실 디스플레이, 자동차용 디스플레이, 항법장치, 노트북 PC, 데스크톱 모니터 및 대화면 TV 등을 들 수 있다.[16]

이처럼 LCD가 폭넓은 응용 분야에 잘 부합하기 위하여 투과형, 반사형 및 반투과형의 세 가지 방식의 LCD가 개발되었다. 더 나아가 투과형 LCD는 투사(projection) 방식과 직시(direct view) 방식으로 나뉜다. 고해상도의 스마트폰 디스플레이에서는 화소의 크기가 대략 30~40 μm 정도이다. 따라서 이 경우에는 광량에 영향을 주는 개구율이 특히 중요해진다.[17] 개구율을 증가시키기 위해서는 비정질 실리콘(amorphous silicon, a-Si)보다 전자 이동도가 수백 배 이상 큰 다결정 실리콘(poly-silicon, p-Si)을 이용한 TFT가 주로 사용된다. 높은 이동도를 갖는 재료를 사용하면 사용하는 TFT의 크기를 더 줄일 수가 있으므로 개구율이 증가한다. TFT LCD의 상세구조는 그림 4.1을 참조하자.

예를 들어, 65인치급, 16 : 9 가로세로비 및 3840 × 2160 해상도의 대화면 LCD TV에 대하여, 화소의 크기는 대략 350 × 350 μm 정도로 마이크로 디스플레이(micro-display)의 경우보다 훨씬 더 크다. 따라서 비록 전자 이동도는 낮지만, a-Si이 적당하다. 비정질 실리콘은 제작이 용이하고 균일성이 우수하다. 따라서 a-Si TFT는 대화면 LCD 패널 시장을 주도하고 있다.

투과형 LCD와 유사하게, 반사형 LCD 또한 투사 방식과 직시 방식 디스플레이로 나뉜다. Liquid-crystal-on-silicon(LCoS)을 이용한 투사 방식 디스플레이에서는 높은 전자 이동도를 갖는 단결정 실리콘(crystalline silicon, c-Si)을 사용하므로 화소의 크기를 약 4 μm 정도까지 작게 줄일 수 있다.[18] LCoS 소자에서는 구동용 전자회로가 금속(알루미늄) 반사기 아래에 감춰져 있다. 따라서 개구율은 90% 이상에 도달하며, 디스플레이되는 영상이 매우 우수하다. 이와는 대조적으로 대부분의 반사형의 직시 방식 LCD는 a-Si TFT와 원 편광기(circular polarizer)를 사용한다. 태양광하에서의 시인성은 우수하지만, 약한 조명하에서는 시인성이 나쁘다. 따라서 반사형의 직시 방식 LCD에서는 얇은 전면 광이 필요하다.

고품질의 투과형 디스플레이와 태양광하에서의 시인성이라는 두 가지 목적을 모두 달성하기 위하여 하이브리드 방식의 TR-LCD가 개발되었다. TR-LCD에서는 각 화소가 하나는 투과형 디스플레이용이고 나머지 하나는 반사형 디스플레이용으로, 모두 두 개의 부화소로 나누어져 있다.[19] 주변 광이 약하거나 밝기가 보통인 경우에는 백라이트가 점등되며 TR-LCD는 투과형 LCD로 작동한다. 태양의 직사광선하에서는 TR-LCD는 반사형 모드로 작동한다. 따라서 동적 범위(dynamic range)가 넓고 그 기능이 외부 조명의 조건에 의존하지 않는다. TR-LCD는 태양광하에서의 시인성 문제를 극복할 수 있으나, 투과형 기기에 비하여 제조가 훨씬 더 복잡하고 가격이 더 높다. 그 결과로, 응용은 제한적이다. TR-LCD에 대한 상세한 논의는 8장을 참조하기로 한다.

1.4.2 발광 다이오드

LED는 단결정 반도체에 기반을 둔 전계 발광(electroluminescent, EL) 소자이다.[20] 전력을 광전력으로 변환하기 위해서는 전극을 통하여 LED로 캐리어들을 주입해야 한다. 그러면 캐리어들이 재결합하여 빛을 발생시킨다. 발광 파장은 주로 반도체 재료에 의해 결정되며, 소자 설계에 의하여 미세조절이 가능하다.

대면적 단결정을 성장하는 것은 어렵기 때문에, LED의 기판 직경은 최대 약 8인치 정도로 제한된다. 소자 제작 공정을 마치면, 웨이퍼에서 LED들이 다이싱(dicing)되어 패키징 공정으로 넘어간다. 단품 LED 패키지의 크기는 보통 수 밀리미터 내외이므로, LED 패널의 화소 크기는 매우 커서, LED는 통상 대화면 디스플레이용으로 적합하다. LED는 자체 발광 특성을 갖기 때문에, 옥외 전광판(단색, 다색 및 풀컬러), 교통신호등 및 전구를 대체하는 일반 조명과 같은 대형 디스플레이에 주로 사용된다. 전구에 의해 가능해진 고전적인 디스플레이들과 비교하여 LED 디스플레이는 저소비전력, 우수한 견고성, 장수명 및 저구동 전압(더 우수한 안전성)의 장점들을 나타낸다. 실제로 수백만 개 이상의 LED 화소들로 구성된 100인치 이상의 옥외 전광판들이 무수히 많다.

LED는 디스플레이 자체로 사용될 뿐만 아니라, LCD를 위한 백라이트 모듈이나 일반 조명을 위한 광원으로 사용될 수도 있다. 얇은 형광등과 유사한 일반적인 냉음극 형광등(cold cathode fluorescent lamp, CCFL) 백라이트 유닛과 비교하여, LED 백라이트 유닛은 더 우수한 색 성능, 장수명 및 빠른 응답 특성을 보인다. LCD 백라이트로 LED를 사용하는 또 다른 중요한 요인은 CCFL에 포함된 수은이 환경에 유해하기 때문이다. LED를 일반 조명용 광원으로 사용하기 위해서는 태양광과 같은 자연광과 유사한 넓은 스펙트럼이 선호된다. 왜냐하면 물체에 반사되는 빛의 연색성(color rendering)이 우수해야 하기 때문이다(2.4.6절). 이는 LED가 LED 디스플레이나 LCD용 백라이트로 쓰일 경우, 보통 좁은 스펙트럼이 요구되는 것과는 상반된다.

1.4.3 유기 발광 소자

OLED 또한 LED와 마찬가지로 EL 소자이다. 다만 재료가 비정질 구조를 갖는 유기물 박막이다.[21] 비정질 유기 재료는 보통 단결정 반도체의 10^{-5} 수준의 매우 낮은 이동도를 가지므로 OLED의 구동 전압은 LED보다 더 높다. 또한 OLED의 동작 수명은 반도체 LED의 1/10 수준으로 더 짧다. 그러나 비정질 재료를 사용하므로, 대면적 패널(55인치 이상)의 제작이 가능하다.

비정질 유기물의 전기전도도는 매우 낮기 때문에, 구동 전압을 10 V 이하의 수용할 만한 수준까지 줄이기 위해서는 100~200 nm 수준의 총 두께를 갖는 매우 얇은 유기물 박막이 필요하다. 특히 이처럼 대면적 기판에 얇고 균일한 박막을 형성하는 것은 매우 도전적인 과제이다. 물리 기상 증착법(physical vapor deposition), 스핀 코팅(spin coating), 잉크젯 프린팅(ink-jet printing) 및 레이저 유도 패터닝(laser-assisted patterning)과 같은 몇 가지의 제작 방법들이 제안되었고, TV 및 모바일 폰과 같은 디스플레이 응용에 폭넓게 사용되고 있다. 추가적으로, OLED는 조명에의 응용에도 사용될 수 있다.[22, 23] OLED의 두 가지 장점은 (i) 낮은 공정 온도와 (ii) 기판 물질에 구애받지 않으므로 플렉서블 디스플레이에 적합하다는 점이다. OLED 개발 전략 중의 하나는 소자 성능(특히 구동 전압과 수명)이 LED만큼 우수해질 수 있도록(또는 적어도 LED보다 훨씬 부족하지는 않도록) 개선하는 것이다. 대면적 제작의 가능성 때문에, OLED의 잠재적 제작 비용은 LED의 경우보다 더 낮다. OLED는 성능과 제작 비용 면에서 LED보다 일부 장점들을 가지고 있기 때문에, 일부 응용 분야에서 LED를 대체할 가능성이 있다. 왜냐하면 OLED와 LED는 모두 비슷한 동작 원리를 갖는 전계 발광 소자들이기 때문이다.

1.4.4 반사형 디스플레이

오늘날 매우 다양한 반사형 디스플레이 기술들이 가능하다. 기술에 따라 동작 원리와 성능이 매우 다르다. 이 기술들 중의 일부인, 간섭계 변조기 디스플레이(interferometric modulator displays), 전기-습윤 디스플레이(electro-wetting display) 및 게스트-호스트 고분자 분산 LCD(guest-host polymer dispersed liquid crystal display)는 고속 응답 특성을 나타내며, 비디오 프레임률(video frame rate) 동작이 가능하다. 그러나 이 기술들 중의 대부분은 비디오 프레임율 동작을 하기에는 열등한 색재현율과 상대적으로 높은 소비전력으로 인하여 상용화에 성공했다고 보기에는 여전히 약간의 거리가 있다. 반면에, 전기-영동 디스플레이(electrophoretic display) 및 콜레스테릭 LCD(cholesteric liquid crystal display)와 같이 충분히 우수한 반사율과 명암비를 갖는 쌍안정 반사형 디스플레이(bistable reflective display) 기술은 스위칭 속도가 낮아도 크게 문제가 되지 않는 (준)정지 영상을 표시하는 데 유리하다. 낮은 소비 전력과 우수한 옥외 시인성의 장점으로 인하여, 이와 같은 반사형 디스플레이들은 휴대용 리딩 기기, 웨어러블 또는 모바일 기기 및 사이니지(signage) 응용에 적합하다. 예를 들어, 전기-영동 기술은 수많은 전자책 리더들과 전자 종이 디스플레이들에 채택되어 왔다. 많은 반사형 디스플레이 기술들이 얇고 유연하게 제작될 수 있으므로, 광고판, 사이니지 및 전자 가격표시기(electronic shelf-edge label, ESL) 등에 적합하다. 웨어러블 또는 모바일 기기에의 응용에서는 이와 같은 저소비전력의 종이와 같은 반사형 디스플레이 기술들이 전자 종이 시계, 전자 팔찌 및 이와 유사한 기기들에 적용되었다. 위에서 언급한 반사형 디스플레이에 대한 세부적인 논의는 7장을 참조하기로 한다.

1.4.5 헤드-마운티드 디스플레이

헤드-마운티드 디스플레이(head-mounted display, HMD)는 헤드-원 디스플레이(head-worn display) 또는 니어-아이 디스플레이(near-eye display)로도 부르는데, 보통 사용자의 눈에 근접하여 부착되므로 마이크로 디스플레이 장치로부터 사용자의 눈으로 빛을 결합시키는 광학 시스템을 필요로 한다. HMD 시스템의 기본 원리는 1830년대로 거슬러 올라갈 수 있다. 찰스 휘트스톤 경(Sir Charles Wheatstone)이 약간의 시차(disparity)가 있는 한 쌍의 고정된 사진을 보기 위한 스테레오스코프(stereoscope)의 개념을 제안하였다. 100여 년이 훌쩍 넘는 동안의 기술적인 발전으로, 스테레오스코프는 응용의 새로운 패러다임을 가능하게 하는 새로운 형태의 디스플레이로 진화하였다. 현대의 HMD 시스템은 정지된 사진들과 단순한 거울을 사용하는 대신에, 영상 소스로 다양한 전자 디스플레이를 선택할 수 있고, 시청자에게 다양한 첨단 광학 기술들을 제공하며, 넓은 범위의 센싱, 컴퓨팅, 통신 기능을 가능하게 해준다.

현대 HMD 시스템은 마이크로 디스플레이 장치와 하나의 확대경 방식의 접안경을 더한 간단한 구조로, 정보 접속과 검색을 위한 단안식(monocular) 디스플레이를 제공할 수 있다. 또한 기존의 첨단 마이크로 디스플레이와 광학계뿐만 아니라, 고급 임무와 시각적 경험을 위한 컴퓨팅 플랫폼을 제공하는 일련의 첨단 센서들과 컴퓨팅 하드웨어 및 소프트웨어를 집적화한 매우 정교한 시스템을 구성할 수 있다. 일부의 첨단 HMD 시스템들은 전통적인 2D 이미지나 양안식(binocular viewing) 3D 깊이 인식을 통한 디스플레이 방식을 능가하는 라이트 필드 렌더링(light field rendering)을 통한 실감 3D(true 3D) 시청 체험을 제공한다.

수십 년 이상의 발전을 거쳐 HMD 기술은 가상현실 및 증강현실을 가능하게 하는 핵심 요소로 자리잡았다. VR 및 AR 응용의 요구 조건을 충족시키기 위하여, 몰입형(immersive)과 시스루(see-through)라는 두 가지 방식의 HMD가 개발되었다. VR 시스템에서 주로 사용되는 몰입형 HMD는 사용자의 실제 세상의 시야를 차단하여 사용자가 컴퓨터로만 만든 가상의 환경에 몰입하게 하는 방식이다. AR 시스템에서 주로 사용되는 시스루 HMD는 실제 세상의 영상과 컴퓨터가 만드는 디지털 세상의 영상을 디지털 방식이나 광학적인 방식으로 혼합한다. 두 가지 방식의 HMD 기술들이 대부분의 동일한 기본적인 광학 원리들과 요건들을 공유하지만, 시스루 HMD(특별히 광학적 시스루를 제공하는 HMD)는 독보적으로 수많은 광학적 도전에 직면한다. 예를 들어, 실제 세상과 가상 공간의 시야의 광 경로를 결합하는 광 결합기가 광학 시스루 HMD의 구성에 핵심적인 역할을 한다. 분파기(beam splitter)와 같이 단순할 수도 있거나 홀로그래픽 도파로(holographic waveguide)와 같이 복잡할 수도 있다.

최근 들어, VR과 AR 응용에 대한 관심의 급속한 증가, 무선 네트워크의 접근성과 대역폭의 지속적인 증가, 전자기기의 소형화 및 컴퓨터 성능의 지속적인 향상이 복합적으로 HMD 기술의 급속한 개발을 촉진시켰다. HMD 개발의 역사, 기본 동작 원리, 기본적인 광학 설계 기술 및 최신 개발 동향의 상세한 논의는 8장을 참조하기로 한다.

1.4.6 터치 패널 기술

터치 패널(touch panel, TP)을 접촉하면 전기, 광학 또는 자기 변수가 변하여 접촉 지점을 인지할 수 있다. 전기 신호의 경우에는 통상, 저항 또는 정전용량의 변화를 이용할 수 있다. 저항식 TP(resistive TP)는 두 개의 기판을 사용한다. 기판들의 안쪽 면은 투명한 저항층으로 코팅되고 공기 간극으로 분리된다. 외부의 기판은 변형될 수 있다. 저항식 TP를 접촉하면, 상부와 하부의 전도층 사이가 접촉된다. 접촉한 위치에서 구동회로에서 읽히는 저항값이 변한다. 그러나 두 기판 사이의 공기 간극 때문에 광학 투과율이 낮아서 디스플레이 패널의 휘도를 감소시킨다. 중요한 사용 예는 TP를 손가락으로 터치하는 경우이다. 이는 접지 상태에 축전기가 연결된 것과 동일하게 간주할 수 있으므로 TP에서 측정되는 정전용량이 변한다. 이것이 정전용량 방식 TP(capacitive TP)의 기본 원리이다. 기판상에 수직 및 수평 전극들을 적절히 배치하면, 각각 자기 정전용량(self-capacitance) 및 상호 정전용량 방식(mutual-capacitance) TP들을 구현할 수 있다. 정전용량 방식 TP의 터치 기능을 활성화하기 위해서는 손가락과 같은 도체들이 필요함에 주목하자. TP가 디스플레이의 상부에 물리적으로 적층되면, '아웃셀(out-cell)' 구조라고 부른다. TP 디스플레이 모듈의 구께를 줄이고 제조 공정을 단순화하기 위해 온-셀 및 인-셀 TP들이 도입되었다. LCD의 예를 들면, 두 개의 유리 기판으로 구성되어 있다. TP를 상부 기판에 제작하면 온-셀 구조가 완성된다. TFT 패널의 하부 기판상에는 고밀도 TFT 어레이와 도체들이 있음을 상기하자. 적절한 설계와 구동 방식을 적용하면, TP를 디스플레이의 내부에 집적화할 수 있으며, 이를 '인-셀(in-cell)' 구조라고 부른다.

▌참고문헌 ▌

1. Wu, S.T. and Yang, D.K. (2001). *Reflective Liquid Crystal Displays*. Wiley.

2. M. Okamoto, H. Hiraki, and S. Mitsui, U.S. Patent 6,281,952, Aug. 28 (2001).

3. Fang, L., Au, O.C., Tang, K., and Wen, X. (2013). Increasing image resolution on portable displays by subpixel rendering-a systematic overview. *APSIPA Trans. Signal Inform. Process*. 1: 1.

4. Brown Elliott, C.H., Credelle, T.L., Han, S. et al. (2003). Development of the PenTile Matrix[TM] color AMLCD subpixel architecture and rendering algorithms. *J. SID* 11 (/1): 89.

5. Cheng, H.C., Ben-David, I., and Wu, S.T. (2010). Five-primary-color LCDs. *J. Disp. Technol*. 6: 3.

6. Luo, Z. and Wu, S.T. (2014). A spatiotemporal four-primary color LCD with quantum dots. *J. Disp. Technol*. 10: 367.

7. Wang, H., Wu, T.X., Zhu, X., and Wu, S.T. (2004). Correlations between liquid crystal director reorientation and optical response time of a homeotropic cell. *J. Appl. Phys*. 95: 5502.

8. Song, W., Li, X., Zhang, Y. et al. (2008). Motion-blur characterization on liquid-crystal displays. *J. SID* 16: 587.

9. Crawford, G.P. (2005). *Flexible Flat Panel Displays*. Wiley.

10. Reinitzer, F. (1888). Beitrage zur kenntniss des cholesterins. *Monatsh. Chem*. 9: 421.

11. Lehmann, O. (1889). Uber fliessende Krystalle. *Z. Phys. Chem*. 4: 462.

12. Ishii, Y. (2007). The world of liquid crystal display TVs-Past, Present and Future. *J. Disp. Technol*. 3: 351.

13. Lechner, B.J., Marlowe, F.J., Nester, E.O., and Tults, J. (1971). Liquid crystal matrix displays. *Prof. IEEE* 59: 1566.

14. Fischer, A.G., Brody, T.P., and Escott, W.S. (1972). Design of a liquid crystal color TV panel. In: *Proc. IEEE Conf. on Display Devices*, New York, NY, 64.

15. Schadt, M. and Helfrich, W. (1971). Voltage-dependent optical activity of a twisted nematic liquid crystal. *Appl. Phys. Lett*. 18: 127.

16. Liu, C.T. (2007). Revolution of the TFT LCD technology. *J. Disp. Technol*. 3: 342.

17. Stupp, E.H. and Brennesholtz, M. (1998). *Projection Displays*. New York: Wiley.

18. Armitage, D., Underwood, I., and Wu, S.T. (2006). *Introduction to Microdisplays*. Wiley.

19. Zhu, X., Ge, Z., Wu, T.X., and Wu, S.T. (2005). *J. Disp. Technol.* 1: 15.

20. Round, H.J. (1907). A note on carborundum. *Electr. World* 19: 309.

21. Tang, C.W. and Vanslyke, S.A. (1987). Organic electroluminescent diodes. *Appl. Phys. Lett.* 51: 913.

22. Iino, S. and Miyashita, S. (2006). Printable OLEDs promise for future TV market. *SID Symp. Dig.* 37: 1463.

23. Hirano, T., Matsuo, K., Kohinata, K. et al. (2007). Novel laser transfer technology for manufacturing large-sized OLED displays. *SID Symp. Dig.* 38: 1592.

Chapter 2

색 과학과 공학

색 과학과 공학

2.1 서 론

디스플레이 시스템은 색 이미지를 생산하거나 재생산하기 위해 사용되기 때문에 '색 과학(color science)과 공학(engineering)'은 디스플레이 시스템의 성능을 평가하는 데 매우 중요한 주제이다. 보통 색을 인지하는 과정은 다음의 4단계로 기술할 수 있다. (i) 광원의 존재 ─ 인공 또는 자연 (ii) 반사, 흡수, 투과 등 광 물체 상호작용 (iii) 시각적 자극 (iv) 뇌 인식이다. 그림 2.1(a)은 인간의 눈이 태양광 아래에서 물체의 색을 보는 삽화이다. 태양광은 스펙트럼 대역이 가시 영역 전체를 포함하고 있기 때문에 '백색(white)' 광원이다. 광원이 없으면 인간의 눈을 자극할 광자가 없게 되어 아무런 색도 형성되지 않을 것이다. 조명 아래에서 물체(예를 들면 그림 2.1(a)에 나타낸 종이)는 입사된 광자 일부는 흡수하고 나머지는 반사한다. 그림 2.1(b)처럼 백색 종이에 황색과 녹색 잉크가 있다고 하자. 백색 입사광이 황색 잉크에 조사되면 백색광의 '청색' 성분은 매우 강하게 흡수된다. 반사광은 적색과 녹색 파장 비율이 더 높아 황색으로 인식하게 된다. 유사하게 녹색 잉크는 '적색'과 '청색' 광을 흡수한다. 잉크가 없는 백색 종이는 백색광의 모든 성분을 거의 균등하게 반사하여 백색으로 보인다. 이로부터 물체의 색은 입사광의 스펙트럼 분포에도 의존함을 알 수 있다. 예를 들면, 광원이 적색이면 황색 잉크는 적색으로 보일 것이다. 광 물체의 상호작용 후에 반사된 광자는 검출기(이 경우엔 인간의 눈)에 받아들여진다. 광파를 적절히 기술하는 데 필요한 네 가지 기본 요소는 세

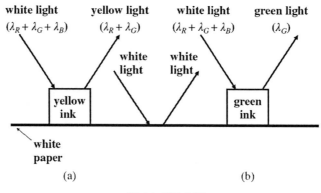

그림 2.1 색의 형성

기, 파장, 위상, 편광이다. 가시 영역(약 380~780 nm)에서 파장이 다른 광자들은 눈의 광수용 세포(간상세포와 원추세포)를 자극하여 보라색, 청색, 녹색, 황색, 오렌지색, 적색 등 다른 색으로 인지하게 한다. 그러나 인간 눈은 광의 편광 상태와 위상을 분해하지는 못한다.

'정상적인' 색조 감각을 가진 인간의 눈에는 스펙트럼 감도가 다른 세 종류의 원추세포가 있다. 이로 인해 적색, 녹색, 청색 세 가지 기본 색상을 사용해 모두는 아니지만 여러 색상을 만들어내고 정량적으로 색상을 묘사할 수 있다.[1] 이것을 '3색 공간(trichromatic space)'이라 부른다. 국제조명위원회(Commission Internationale de l'Eclairage, CIE)는 1931년에 모든 색상을 특정한 좌표로 표현할 수 있는 (X, Y, Z) 색측정계를 제안하였다.[2] 이는 색을 묘사하는 편리한 시스템이다. 그러나 1931 CIE 색측정계는 두 색상의 색 차이를 인지하는 크기를 고려해보면 적합하지 않다. 이 외에도 1931 시스템은 주위 기준이 없이 자체 발광 물체의 색상을 정량화하기 위해 설정되어 있다. 이는 일부 디스플레이 분야에서는 비현실적인 것은 아니다. 이러한 문제를 해결하기 위해 균등 색공간(uniform color space)이 제안되었다(예를 들어 1976 CIE(L* u* v*)와 (L* a* b*) 공간).[2] 이 시스템에서는 두 색상의 '색 차이(color difference)'가 수치로 구체화된다. CIE 1976 색도의 다른 영역에서, 예를 들면, 비슷한 녹색 계열 두 색상 또는 적색 계열 두 색상에서 구별이 가능한 색 차이는 수치가 거의 동일하다. CIE 색측정계는 3색 공간을 정량적으로 기술할 수 있기 때문에 디스플레이 소자에서 세 기본 발광체를 혼합하여 다른 색상을 생산하거나 재생산할 수 있다. '실제' 물체의 반사 스펙트럼이 디스플레이에 나타나는 스펙트럼과는 다를 수 있지만 인간의 시각 시스템에서는 동일한 색상으로 보인다. 다른 분광 분포에서 동일하게 색상이 인식되는 것을 조건 등색(metamerism)이라 한다.

이 장에서 먼저 측광(photometry)에 대해 알아보고, 인간 눈의 구조와 기능, CIE 표준을 포함한 색측정계의 수식화와 광원 그리고 마지막으로 조건 등색에 대해 살펴볼 것이다.

2.2 측 광

인간의 눈이 가진 스펙트럼 민감도로 인해 동일한 광출력(단위 W)이라도 다른 파장을 방출하는 광원의 조명은 더 밝거나 어둡게 인식한다. 측광 단위(lumen, lm(루멘))는 파장이 555 nm인 단파장 광에서 1/683 W 출력으로 방출되는 광속(luminous flux, F)으로 정의한다. 2.3절에서 살펴보겠지만 인간 눈의 스펙트럼 민감도는 명소 영역에서 $V(\lambda)$로 나타내며 555 nm에서 민감도가 가장 높다. 예를 들어 650 nm에서 $V(\lambda)$는 0.1이고 이는 555 nm일 때보다 10배 덜 민감하다는 것을 의미한다. 따라서 650 nm 단파장광은 1 lm이 되기 위해서는 1/68.3 W 출력이 필요하다. 실제로 기본 측광 단위는 루멘이 아니라 단위 입체각당 루멘(lm/sr)으로 정의되는 칸델라(candela, cd)이고 이를 광도(luminous intensity, I)라 부른다.

처음엔 1 cd를 표준 양초의 광도로 정의하였다. 그림 2.2에서처럼 양초는 모든 방향으로 광을 복사하며 복사속을 나타내기 위해 루멘을 사용한다. 인간 눈이 양초를 볼 때 제한된 입체각 내의 광만 수용하기 때문에 우리는 'cd'로 표현되는 광도를 받아들이는 것이다.

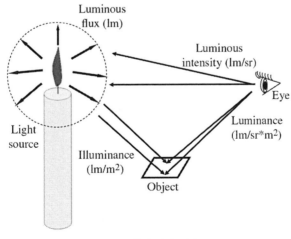

그림 2.2 측광 단위 개략도

어느 물체를 비추기 위한 광원으로 양초가 사용될 수 있다. 이 경우 광원의 조도(illuminace, E)는 럭스(lux) 또는 lm/m^{2}으로 정의한다. 광 물체 상호작용 후에 광은 물체에 의해 변조(반사, 투과, 산란, 흡수)되어 물체에서 재방출되는 것으로 간주할 수 있다. 이 겉보기 방출을 광속 발산도(luminous exitance, M)라 하며, 단위는 럭스이다. 광원이 조명된 물체를 볼 때 인간 눈은 일정한 각도 내의 광만을 받아들이기 때문에 물체의 휘도(luminance, L)는 cd/m^2 또는 니트(nit) 단위로 정의될 수 있다. 표 2.1은 측광 단위의 정의이다.

표 2.1 측광 단위 정의

Photometric term	Symbol	Unit	Definition
Luminous flux	F	lm	lm
Luminous intensity	I	cd	lm/sr
Illuminance	M	lux	lm/m^2
Luminous exitance	E	lux	lm/m^2
Luminance	L	nit	cd/m^2

예제 2.1

완전 확산 표면은 관측되는 모든 각도에서 휘도가 일정하게 유지되는 표면으로 램버시안 표면이라고도 부른다. 예를 들어 표면이 거친 종이는 램버시안 표면에 매우 가깝다. 면적 A인 램버시안 표면에 조도가 E인 광원이 조명될 때, 표면의 휘도(L)를 구하라. 표면에서 모든 광이 완전히 반사된다. 즉, 입사광의 광속과 표면에서 반사되는 광속은 동일하다고 가정하라.

풀이

표 2.1에서 보면, 휘도(L, 단위 cd/m^2)는 단위면적당(A) 광도(I, 단위 lm/sr)로도 간주할 수 있다.

$$L = dI/dA \tag{2.1}$$

더 큰 각도로 볼 때 면적은 수직한 방향과 비교하면 $\cos\theta$만큼 작게 보인다. θ는 시야 방향과 표면 법선이 이루는 각이다. 즉,

$$dA = dA_0 \cos\theta \tag{2.2}$$

여기서 A_0는 표면 법선 방향에서 볼 때 면적이다. 램버시안 표면의 휘도는 모든 시야 방향에서 동일

하기 때문에 광도는 다음과 같다.

$$I = I_0 \cos \theta \tag{2.3}$$

여기서 I_0는 표면 법선 방향에서 광도이다. 램버시안 표면에서 입사 광속은 식 (2.4)와 같이 나타낼 수 있다.

$$F_{\mathrm{in}} = EA \tag{2.4}$$

표면에서 방사되는 전체 광속은 다음과 같다.

$$
\begin{aligned}
F_{\mathrm{out}} &= \int I d\omega = \int I(\theta) d\omega = \int \int I(\theta) d\phi \sin\theta d\theta \\
&= I_0 \int_0^{2\pi} \int_0^{\pi/2} \cos\theta \sin\theta d\theta d\phi = 2\pi I_0 \int_0^{\pi/2} \cos\theta \sin\theta d\theta = \pi I_0 = \pi L A
\end{aligned}
\tag{2.5}
$$

표면에 입사되는 광속과 방사되는 광속은 동일하기 때문에($F_{\mathrm{in}} = F_{\mathrm{out}}$) 다음과 같은 관계를 얻을 수 있다.

$$E = \pi L \tag{2.6}$$

일반적으로 디스플레이 시스템의 효율을 표현하기 위해 출력 효율(power efficiency, lm/W)을 사용한다. 예를 들면 디스플레이의 전체 입력 전력이 10 W이고 전체 방사 광속이 20 lm이면 디스플레이의 출력 효율은 2 lm/W이다. 출력 효율은 디스플레이에서 입력 전력(W)이 얼마나 광 출력(lm)을 방출하는가를 표현한다. LED와 같은 전계 발광(electroluminescent, EL) 소자에서는 또한 전류 효율(current efficiency)을 cd/A항으로 정의한다. 분모는 단위 시간당 디스플레이에 공급되는 전자-정공쌍의 수를 나타내는 전류이다. 전자-정공쌍은 재결합하여 광자를 생성하고 이 광자를 인간 눈이 감지한다(cd). 예를 들어 300 mA 전류에서 전체 방사 광속 20 lm이 방출되는 램버시안 EL 디스플레이의 전류 효율은 21.22 cd/A이다.

2.3 눈

그림 2.3(a)는 인간 눈의 개략도이다.[3] 눈으로 들어오는 빛은 각막(cornea), 수양액(aqueous humor), 수정체(eye lens) 그리고 유리체(vitreous body)를 거쳐 망막(retina)이 받아들인다. 빛의 기본적인 굴절과 근사적인 촛점 조절이 공기/각막 계면에서 이루어진다. 그림 2.3(b)와 (c)에 나타낸 바와 같이[4] 굴절률이 1.33~1.37인 각막, 수양액 및 유리체에 비해 굴절률이 1.42로 더 높은 수정체는 깨끗한 상이 망막에 맺히도록 초점을 맞추는 기능을 한다. 수정체의 형상은 주위의 모양체근(ciliary muscle)을 통해 조절된다. 이 시스템은 가우시안 렌즈(Gaussian lens) 공식으로 근사적으로 기술할 수 있다.[5]

$$\frac{1}{d_1} + \frac{1}{d_2} = \frac{1}{f} \tag{2.7}$$

여기서 d_1은 물체와 수정체 사이 거리이고, d_2는 수정체와 망막 사이 거리(보통 17 mm)이며, f는 초점 거리이다. 망막에 맺힌 상은 상하좌우가 완전히 반전되어 있으나, 뇌에서 해석이 된 후에는 실제 공간의 정상적인 방향으로 인식된다. 보는 물체가 멀리 있을수록 수정체는 그림 2.3(b)처럼 얇아진다. 반면에 가까운 물체를 볼 때는 그림 2.3(c)처럼 모양체근이 촛점을 맞추기 위해 수정체를 수축시켜 곡률을 증가시킨다.

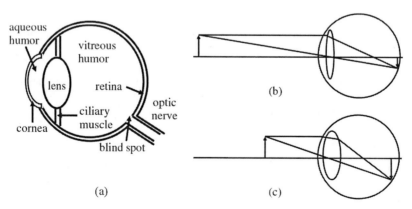

그림 2.3 (a) 눈의 단면도 (b)와 (c) 인간 눈에서 이미지의 형성

망막은 입사 광자를 받아들여 생체 전위 신호로 변환한다. 이 신호는 눈에서 약간의 과정을 거친 후에 시신경을 통해 뇌로 전달되어 관찰자에 의해 해석된다. 망막은 다층 구조이며 (1) 광수용체 (2) 연결 신경조직(내외부 망상층과 핵층, 신경절 세포층 포함) (3) 시신경 세 부분으로 구성되어 있다.[6] 시각에서 가장 중요한 광수용체 세포는 두 종류이며, 그 형상에 따라 '간상(rod)' 세포와 '원추(cone)' 세포로 부른다.[7] 원추세포와 간상세포의 크기와 수량은 표 2.2에 표시되어 있다. 간상세포는 원추세포보다 훨씬 민감하여 주변이 밝을 때(예, 태양광) 쉽게 포화된다. 간상세포는 빛의 세기에는 민감하지만 색상은 감지하지 못한다. 반면에 원추세포는 주변이 밝은 조건에서 잘 기능하며 색상을 구별할 수 있다. 이것이 왜 사람이 그믐밤처럼 주변이 어두운 조건에서 색상이 아니라 단색 이미지만을 볼 수 있는지에 대한 이유이다.

표 2.2 원추세포와 간상세포의 크기와 수량

Cell type	Diameter(μm)	Length(μm)	Quantity
Rod	2	40~60	100,000,000
Cone	2.5~7.5μm	28~58μm	6,500,000μm

광수용체의 공간 분포는 그림 2.4(a)와 (b)에 도시되어 있다. 실선과 점선은 여러 연구 결과의 평균과 1 표준편차를 보여준다.[8] 사각형 기호는 이전 논문들에서 보고된 결과들이다.[9] 시각축 근처에서 원추 세포의 분포 밀도가 최대임을 알 수 있다. 반면에 원추세포가 시각축을 차지하고 있기 때문에 간상세포는 시각축에 거의 존재하지 않는다. 시각축에서 멀어지면서 간상세포 수는 증가하여 최대가 된다. 그림 2.4(a)에서 보면 인간의 눈에는 시신경이 통과하기 때문에 원추세포와 간상세포가 존재하지 않는 맹점이 있다. 일반적으로 명시 조건일 때 눈은 시야 원추 10° 내에서 가장 민감하다. 이 영역 밖에서는 색이 거의 구별되지 않는다. 또한 맹점에서는 어떤 광신호도 감지할 수 없다. 그러나 실생활에서 우리는 매우 넓은 시야각으로 보며 맹점은 없다고 느낀다. 이는 안구가 움직이며 회전하고 있고, 뇌 해석을 통해 완전한 시각 장면이 구성되기 때문이다.

인간 눈의 시간적 반응을 알아보기 위해 변조 주파수를 달리 해서 점멸등으로 인간 눈에 자극을 주는 플리커(flicker) 실험이 수행되었다.[10] 충분히 높은 주파수일 때 인간 눈은 시각의 지속성으로 인해 깜박거림을 구분할 수 없어 연속적인 광으로 받아들인다. 광수용체의 반

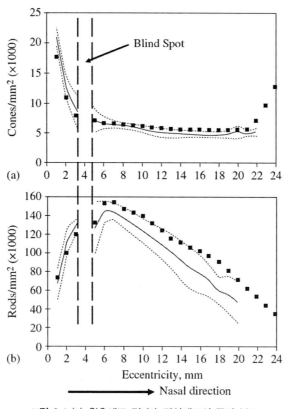

그림 2.4 (a) 원추세포 및 (b) 간상세포의 공간 분포

응 시간은 원추세포는 약 15 ms이고 간상세포는 약 100 ms이다. 따라서 임계 플리커 융합률 (flicer fusion rate)은 50에서 90 Hz 정도로 받아들여지고 있다. 일부 보고서에서는 특정 시각 조건에서 인간 눈은 500 Hz까지 플리커를 인식할 수 있다고 주장한다.[11] 디스플레이의 '프레임률(frame rate)'은 일반적으로 이 50~90 Hz 범위에 설정된다. 예를 들면 60 Hz 프레임률은 1초에 60프레임이 있다는 것을 의미하고, 인간 눈이 플리커 없이 연속적인 이미지로 보기에 기본적으로 충분한 프레임 속도이다.

그러나 동영상에서는 상황이 더 복잡해진다.[9] 우선 일부 액정 디스플레이(LCD)와 같이 반응 시간이 원추세포보다 느린 디스플레이에서는 동영상이 표시될 때 이미지 블러링이 발생한다. 더욱이 반응 시간이 충분히 높아도(예, 반응 시간이 μs 정도인 유기 발광 소자) 인간 눈은 움직이는 물체를 추적하는 경향이 있어 이미지 블러링으로 이어진다. 예를 들면, 그림 2.5에 나타낸 것처럼 여러 프레임에서 왼쪽에서 오른쪽으로 이동하는 화소 하나를 고려해보자.

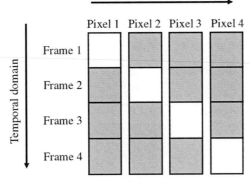

그림 2.5 디스플레이에서 움직이는 물체 예

프레임 1(시간 도메인) 동안 화소 1(공간 도메인)에서 발광이 일어나는 경우 화소 1위치에서 신호는 프레임 2의 시작 동안에 지속된다. 그 결과 디스플레이의 반응 시간이 눈에 비해 매우 짧아도 이미지 블러링이 이동하는 물체 경계(edge)에 발생한다. 컬러 디스플레이에서는 이동하는 물체 경계에서 휘도 블러링이 발생할 뿐만 아니라 색상도 변할 수 있다. 4장과 5장에서 살펴보겠지만 필드 순차 색상 작동(field sequential color operation) LCD에서 일반적으로 관찰된다. 움직이는 물체의 이미지 블러링을 감소시키는 한 가지 방법은 두 개의 디스플레이 프레임 사이에 블랙 프레임을 삽입하는 것이다. 달리 말하면 한 프레임당 발광 시간을 감소시키는 것이다. 예를 들면 60 Hz 프레임 속도에 한 프레임당 4.2 ms 발광은 프레임 시간의 약 25%만 켜진다는 뜻이다. 명백히 듀티 사이클(duty cycle)이 감소함에 따라 휘도가 감소하고, 동일한 평균 휘도를 유지하기 위해 더 높은 최대 휘도가 요구된다. 디스플레이에서 움직이는 물체의 반응 시간을 정량적으로 기술하기 위해 동영상 응답 시간(moving picture response time, MPRT)을 식 (2.8)과 같이 정의한다.[12]

$$\text{MPRT (ms)} = \text{BEW (pixel)}/v \text{ (pixel/frame)} \times T_f \text{ (ms/frame)} \qquad (2.8)$$

여기서 BEW는 인식된 블러 경계폭(blurred edge width)이고, 휘도값이 10에서 90%와 90에서 10% 내에 있는 평균 화소수로 정의된다. v는 움직이는 물체의 속도로 단위는 프레임당 픽셀이다. T_f는 프레임률의 역수이다. 명백히 낮은 MPRT를 얻기 위해서는 BEW는 가능한 한 낮아야 한다. 이 외에도 높은 프레임률은 MPRT를 감소시키는 데 도움이 된다. 이에 대해서는 4장에서 더 살펴볼 것이다.

그림 2.6(a)는 암소(scotopic) 영역과 명소(photopic) 영역에서 인간 눈의 스펙트럼 민감도를 보여준다(암소와 명소는 주변 조건이 저수준과 고수준을 의미한다). 각각 $V'(\lambda)$와 $V(\lambda)$로 표시되어 있다. 간상세포와 원추세포가 각각 암소 시와 명소 시 영역에 단독으로 기여하는 것은 아니다. 실제로 간상세포와 원추세포의 세기 감도에 중첩이 있다. 주변 빛이 보름달보다 밝고 일반 실내조명보다 어두울 때 원추세포와 간상세포 모두 빛을 감지한다. 빛의 세기가 높아지면 간상세포가 포화되고, 세기가 낮아지면 원추세포를 자극하지 못한다. 눈은 암소 영역은 507 nm, 명소 영역은 555 nm 파장에서 가장 민감하다. 그림 2.6(b)에서 보듯이 원추세포에는 스펙트럼 반응이 각기 다른 세 종류가 있다. 각각 단파장, 중파장, 장파장 영역에서 민감한 S-, M-, L-원추세포이다.

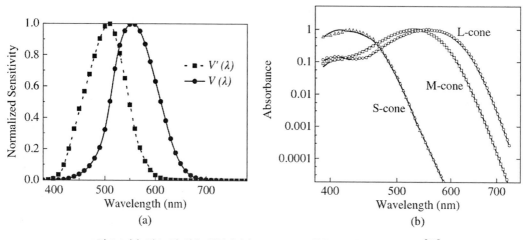

그림 2.6 (a) 명소 및 암소 영역과 (b) L-, M-, S-원추세포의 스펙트럼 반응[13]

인간 시각의 선명도를 측정하기 위해 그림 2.7(a)와 같이 크기와 방향이 다른 'C'와 'E' 패턴을 보통 사용한다. 패턴을 보는 표준 거리는 6 m(약 20 ft에 해당)이다. 표준 '시력(visual acuity)'은 전체 글자의 시각이 5분(5/60°)일 때로 정의된다. 'C'와 'E' 글자 내 간극은 6 m 떨어져 볼 때 1분(1/60°)에 해당하는 1.75 mm(즉, 그림 2.6(a)에서 $d = 1.75$)이다.[14] 이 경우 시력은 6/6, 20/20 또는 1.0이라 한다. 분자에 있는 '6'과 '20'은 간극의 시각이 정확히 1분일 때의 거리를 의미한다. 사람이 1.75 mm 간극을 보지 못하고 더 넓은 간극, 즉 3.50 mm를 구분할 수 있을 때 시력은 6/12, 20/40 또는 0.5이다. 분모에 있는 '12'와 '40'은 간극의 시각이 정확히 1분일 때의 시야 거리를 뜻한다. 간극이 3.50 mm일 때 이 거리는 12 m 또는 40 ft이다. 6/12 = 0.5이고 20/40 = 0.5이기 때문에 명백히 '0.5'이다. 사람이 더 작은 간극 0.88 mm를 볼 수 있으면 시력은 6/3, 20/10 또는 2.0이다. 직경이 약 1.7 cm인 구형 안구를 고려하면 1분은 망막에서 약 5 μm에 해당한다. 이는 그림 2.7(b)에서 보는 바와 같이 원추 세포의 직경과 유사하다. 1.3.1절에서 디스플레이의 해상도에 대해 살펴보았다. 화소가 특정 크기 아래로 줄어들면 인간 눈은 개별 화소를 구별할 수 없다. 시력이 1.0인 표준 관찰자를 기준으로 화소 크기가 1분 시각보다 작을 때 '레티나 디스플레이(retina display)'라고 부른다. 명백히 이 임계 화소 크기는 시야 거리에 따라 변한다. 모바일 폰 어플리케이션에서 시야 거리는 약 25 cm이므로 화소 크기는 72.7 μm보다 작아야 한다. 또는 화소 밀도가 349 ppi보다 높아야 한다. 물론 이 값은 대략적인 근사치이다. 시력이 1.0인 '표준' 관찰자를 기준으로 계산되었고, 이 외에도 디스플레이 화소 배열은 인간 원추 세포 배열과는 동일하지 않다.

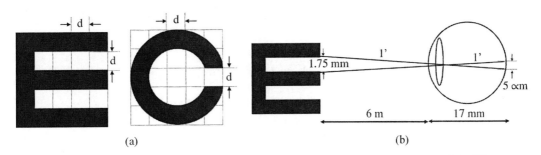

그림 2.7 (a) 두 종류 시력 시험 패턴 (b) 시험 패턴 이미지가 인간 눈에 맺히는 개략도(임의 비율)

가시광 색상 중에 청색과 보라색은 가장 높은 포톤 에너지를 가진 가장 짧은 파장이어서 고강도 또는 장시간 노출되면 망막 세포(간상과 원추)에 손상을 줄 수 있다. 또한 밤에 인간 눈이 청색 광에 노출되면 멜라토닌 생성을 억제하여 생체 시계에 영향을 미치는 것으로 믿고 있다. 멜라토닌 억제에 대한 민감도 함수는 중심이 약 460 nm이고 반치폭(full-width-at-half-maximum, FWHM)은 100 nm이다. 멜라토닌 부족은 직접적으로 수면 장애를 초래한다. 이러한 효과는 블루라이트 노출에 의해 인간에게 야기되는 건강 문제를 강조하기 위해 '블루 해저드(blue hazard)'로 통칭되기도 한다.[15-17] 그러나 디스플레이에서는 세 가지 원색(빨간색, 녹색, 파란색)이 필요하며, 따라서 야간에 디스플레이의 적절한 사용은 건강에 매우 중요한 주제이다. 멜라토닌 억제 문제에 대해서는 야간에만 빛의 질에 대해 관심을 가진다는 점에 유의하라. 주간에는 주의를 기울이며 깨어 있기 위해 멜라토닌은 억제되어야 하며 이는 태양 광과 같은 다양한 광원에 의해 이룰 수 있다. 가정용 조명은 일반적으로 노란색이며 파란색 파장의 비율이 낮아서 휴식(및 수면)에 더 좋다. 반면에, 직장에서는 집중력이 필요하고 조명은 일반적으로 백색 또는 심지어 청백색이다. 조명에 대한 추가 내용은 5장 LED와 6장 OLED에 수록되어 있다.

인간은 눈이 두 개이다. 각 눈에 형성된 이미지가 다르기 때문에 장면에서 물체의 거리를 결정할 수 있다. 좌우 눈에 서로 다른 맞춤형 이미지를 제공함으로써 인간의 뇌에서 3D 장면의 강력한 환상을 만들어낼 수 있으며 이것이 3D 디스플레이의 기본 아이디어이다. 그러나 그림 2.3에서 보듯이 인간 눈에 있는 렌즈는 다른 거리에 있는 물체를 볼 때 초점 길이가 다르며, 이러한 조정은 인간 뇌에 의해 자동으로 작동된다는 점을 유의하라. 그러나 3D 디스플레이(예를 들어 가상 현실용 헤드 마운트 디스플레이)를 볼 때, 이미지는 고정된 거리에 있는 평면 스크린에 있다. 다른 이미지와 물체에 대한 렌즈 적용과 겉보기 거리 사이의 이러한 충돌을 '양안시 피로(binocular visual fatigue)'라고 하며, 일정 기간 동안 3D 디스플레이를 볼 때 불편함을 줄 수 있다. 이 문제는 8장에서 더 살펴볼 것이다.

2.4 색측정

2.4.1 3색 공간

인간 눈에서 색은 여러 원추세포의 자극을 조합함으로써 인식된다. 따라서 적색, 녹색, 청색을 혼합하여 임의의 색상과 일치시킬 수 있다(나중에 보겠지만 이 문장이 완전히 정확한 것은 아니다). 그림 2.8은 색일치(color-matching) 실험을 위한 구성도이다. 인간의 눈에 자극을 일으키도록 목표 색상의 광을 검은 칸막이로 나누어진 백색 스크린 아랫부분에 비춘다. 백색 스크린과 마주한 칸막이에 있는 작은 구멍을 통해 빛이 통과하는 시야각을 제한하여 인간 눈의 광수용체 일부분에만 자극을 일으키도록 한다. 백색 스크린의 윗부분에 적색, 녹색, 청색 광을 비추고 그 세기를 조절하여 아랫부분의 광과 일치시킨다. 색일치 실험의 아이디어는 상부와 하부 스크린으로부터 인간 눈의 L-, M-, S-원추세포에 미치는 자극이 정확히 같고 따라서 스펙트럼은 다르지만 색상은 일치한다는 것이다.

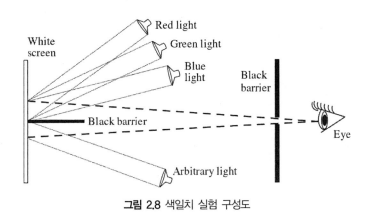

그림 2.8 색일치 실험 구성도

색일치 실험에 따르면 그림 2.9에서 보듯이 원추세포는 세 종류이기 때문에 어떠한 자극도 '3색 공간'이라 부르는 3차원 벡터 공간에서 벡터로 표현할 수 있다. 여기서 **R, G, B**는 각각 적색, 녹색, 청색 자극의 단위 벡터이다. 또는 이것을 그림 2.8에서 적색, 녹색, 청색 광으로 생각할 수 있다. 단위 벡터는 파장에 따라 다르다. 예를 들면, 파장 630 nm와 650 nm의 광 방출은 둘 다 적색이지만 3색 공간에서 다른 벡터에 해당된다. 임의의 광 **Q**(그림 2.9)에 대해 색상과 일치하는 특정한 세 자극값 R_Q, G_Q, B_Q를 구하여 다음 식과 같이 나타낼 수 있다.

$$\mathbf{Q} = R_Q\mathbf{R} + G_Q\mathbf{G} + B_Q\mathbf{B} \tag{2.9}$$

여기서 R_Q, G_Q, B_Q 값은 적색, 녹색, 청색 광의 세기이다. 예를 들면 그림 2.9에서 G는 단위 벡터보다 크고 R과 B는 단위 벡터보다 작다. 이는 자극 **Q**가 적색과 청색보다는 녹색 성분이 더 많다는 것을 뜻한다. 자극 **Q**의 길이는 세기를 나타낸다. 길이가 클수록 세기가 더 크다. 그림 2.9에서 보면 벡터 **Q**는 순수한 적색, 녹색, 청색을 나타내는 세 점 (R, G, B)=(1, 0, 0), (0, 1, 0), (0, 0, 1)이 만드는 면과 교차한다. 이 교차점이 (R, G, B)=(0, 1, 0)에 더 가까운 것을 볼 수 있으며, 이는 '적색'과 '청색' 성분보다 '녹색' 성분을 더 많이 포함하고 있는 **Q**의 색상을 반영한다. 이 면에서 다음과 같이 r, g, b를 정의한다.

$$r = \frac{R}{R+G+B} \tag{2.10}$$

$$g = \frac{G}{R+G+B} \tag{2.11}$$

$$b = \frac{B}{R+G+B} \tag{2.12}$$

$$r + g + b = 1 \tag{2.13}$$

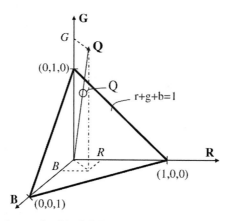

그림 2.9 (R, G, B) 기본 색상의 3색 공간(참고문헌 1에서 다시 그림)

삼각형 안에 있는 점은 각각 별개의 색을 표현한다. 청색과 적색을 연결하는 선은 두 색을 혼합하여 얻어지는 색을 표현한다. 삼각형 내부의 색들은 적색, 녹색, 청색을 혼합한 색이다.

그러나 어떤 경우에는 (R, G, B) 강도를 어떻게 조정해도 일치하는 색상을 얻을 수 없다. 그렇지만 기본 색상 중 하나 예를 들어 '적색'을 칸막이 반대쪽에서 같은 쪽으로 이동하여 색상을 일치시킬 수 있다. 그러면 이 경우 식 (2.9)는 다음과 같이 쓸 수 있다.

$$\mathbf{Q} + R_Q \mathbf{R} = G_Q \mathbf{G} + B_Q \mathbf{B} \tag{2.14}$$

또는 다른 형태로,

$$\mathbf{Q} = -R_Q\mathbf{R} + G_Q\mathbf{G} + B_Q\mathbf{B} \tag{2.15}$$

이는 식 (2.15)에서 $-R_Q$처럼 세 자극값이 음수일 수 있다는 것을 의미한다. 색 일치 실험의 기본 아이디어는 각각 적색, 녹색, 청색 광으로 L-, M-, S-원추세포에 자극을 생성하고 강도를 변화시킴으로써 임의의 광과 일치시킬 수 있다는 것이다. 그러나 그림 2.6(b)에서 보듯이 L-, M- S-원추세포의 반응은 독립적이지 않다. 충분히 긴 파장(예: 700 nm)으로 L원추세포를 자극할 수 있지만, L과 S원추세포를 자극하지 않고 M원추세포만 자극할 수 있는 파장은 없다. 약 450~500 nm 파장의 경우 L-, M-, S-원추세포가 모두 동시에 자극된다. 따라서 색상을 일치시키기 위해 음의 세 자극값이 필요하며 이에 대해서는 다음 절에서 더 살펴볼 것이다. 이는 중요한 개념이며 2.4.5절에서 살펴볼 디스플레이의 색영역과 관련된다. 또한 둘 이상의 자극을 선형적으로 더해서 새로운 자극을 형성할 수 있다. 예를 들어,

$$\mathbf{Q_1} = R_1\mathbf{R} + G_1\mathbf{G} + B_1\mathbf{B} \tag{2.16}$$

$$\mathbf{Q_2} = R_2\mathbf{R} + G_2\mathbf{G} + B_2\mathbf{B} \tag{2.17}$$

그러면

$$\mathbf{Q} = \mathbf{Q_1} + \mathbf{Q_2} = (R_1 + R_2)\mathbf{R} + (G_1 + G_2)\mathbf{G} + (B_1 + B_2)\mathbf{B} \tag{2.18}$$

2.3.2 CIE 1931 색측정법

1931년에 CIE는 파장이 700, 546.1, 435.8 nm인 3개의 기본 색상을 사용하여 모든 단색 가시광을 일치시켰는데, 이를 CIE 1931 (R, G, B) 시스템이라고 한다. 수학적으로 스펙트럼은 단색 단위의 중첩으로 표현될 수 있다. 따라서 식 (2.16)~(2.18)에서 볼 수 있듯이 광대역 광은 여러 단색 성분이 혼합된 것으로 볼 수 있다. 개별 색상의 좌표를 얻기 위한 첫 번째 단계는 단색광의 RGB 자극을 구하는 것이다. 여기서, 모든 파장에 대해 광학 파워(와트, W)가 일정한 등에너지(equal energy) 스펙트럼(E)을 도입한다.

$$E = \int E(\lambda)d\lambda \qquad (2.19)$$

여기서 $E(\lambda)$는 E의 단색 성분이다. $E(\lambda)$는 색일치 실험에서 매칭된 단색광으로 사용되며, 따라서 그 강도는 복사 단위(와트, W) 측면에서 일정하게 유지된다. 즉,

$$E(\lambda) = \overline{r}(\lambda)\mathrm{R} + \overline{g}(\lambda)G + \overline{b}(\lambda)B \qquad (2.20)$$

여기서 $\overline{r}(\lambda)$, $\overline{g}(\lambda)$, $\overline{b}(\lambda)$는 그림 2.10(a)에서 보듯이 파장 λ에서 자극 $E(\lambda)$의 세 자극값이다. 파장에 따라 $\overline{r}(\lambda) + \overline{g}(\lambda) + \overline{b}(\lambda) = 1$로 정규화하면 그림 2.10(b)와 같은 CIE (R, G, B) 색도도를 얻을 수 있다. 색 자극은 선형적 중첩이 가능하기 때문에 많은 파장으로 구성된 스펙트럼은 단색광들로 분리할 수 있고 각 단색 성분이 혼합된 색으로 생각할 수 있다. 따라서 모든 색은 380에서 780 nm에 이르는 단색광 궤적으로 둘러싸인 말발굽 모양 영역 내에서 나타낼 수 있다. 이 외에도 이 색상 시스템에서는 그림 2.10(a)에서 볼 수 있는 바와 같이 파장이 435.8과 546.1 nm 사이에 있을 때 $\overline{r}(\lambda)$값이 음수이다.

따라서 그림 2.10(b)에서 보듯이 어떤 색을 기술할 때 바람직하지 않은 음수 r값을 사용해야 한다.

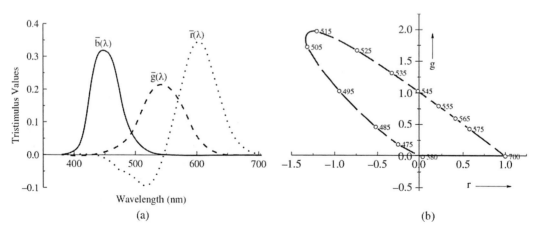

그림 2.10 (a) 파장에 따른 3자극 수치 및 (b) CIE 1931 (R, G, B) 색도도[1]

이러한 상황을 개선하기 위해 CIE 1931 (X, Y, Z) 시스템이 제안되었다. X, Y, Z 좌표는 아래 식에 따라 CIE 1931 (R, G, B) 시스템으로부터 선형 변환을 통해 구한다.

$$x = \frac{0.49000r + 0.31000g + 0.20000b}{0.66697r + 1.13240g + 1.20063b} \qquad (2.21)$$

$$y = \frac{0.17697r + 0.81240g + 0.01063b}{0.66697r + 1.13240g + 1.20063b} \qquad (2.22)$$

$$z = \frac{0.00000r + 0.01000g + 0.99000b}{0.66697r + 1.13240g + 1.20063b} \qquad (2.23)$$

이렇게 얻은 CIE 1931 (X, Y, Z) 색도도는 그림 2.11과 같다. 이 시스템에서는 말발굽이 제1사분면에 있으며 이는 모든 색이 양의 좌표로 표현됨을 뜻한다. CIE 1931 (X, Y, Z) 시스템에서 또 다른 중요한 특징은 아래 관계식처럼 Y값을 자극의 휘도(단위 cd/m²)와 동일하게 설정하는 것이다.

$$X = \frac{x}{y}V, \qquad Y = V, \qquad Z = \frac{z}{y}\ V \qquad (2.24)$$

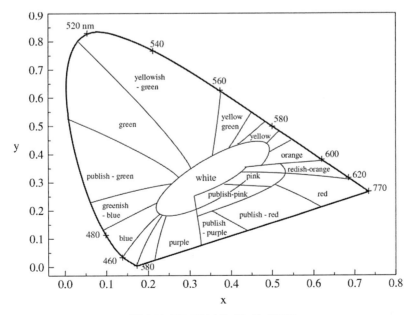

그림 2.11 CIE 1931 (X, Y, Z) 색도도

여기서 V는 자극의 휘도이다. 그러면 다음 식이 쉽게 이해된다.

$$V(\lambda) \equiv \bar{y}(\lambda) \tag{2.25}$$

스펙트럼의 CIE 1931 (X, Y, Z) 색좌표는 개별 파장의 세 자극값의 선형 중첩(linear summation)에 기반을 둔 다음 식을 이용해 구할 수 있다.

$$X = k \int_\lambda P(\lambda)\bar{x}(\lambda)\mathrm{d}\lambda \tag{2.26}$$

$$Y = k \int_\lambda P(\lambda)\bar{y}(\lambda)\mathrm{d}\lambda \tag{2.27}$$

$$Z = k \int_\lambda P(\lambda)\bar{z}(\lambda)\mathrm{d}\lambda \tag{2.28}$$

$$x = \frac{X}{X+Y+Z} \tag{2.29}$$

$$y = \frac{Y}{X+Y+Z} \tag{2.30}$$

여기서 k는 683 lm/W이며 복사 측정 단위(W)와 광측정 단위(lm)의 변환 상수이고, $P(\lambda)$는 자극의 스펙트럼 분포이며 단위는 W/sr·m²이다.

예제 2.2

다음 두 색 자극이 혼합될 때 혼합광의 휘도와 색좌표를 구하라.

	(x, y)	Luminance(nits)
Stimulus 1	(0.6, 0.3)	30
Stimulus 2	(0.2, 0.7)	21

풀이

식 (2.29)와 (2.30)에서

$$X/x = Y/y = Z/z = X+Y+Z$$

$$X_1/0.6 = 30/0.3 = Z_1/0.1$$

$$X_2/0.2 = 21/0.7 = Z_2/0.1$$

$$X_1 = 60, Z_1 = 10$$

$$X_2 = 6, Z_2 = 3$$

$$X = X_1 + X_2 = 66$$

$$Y = Y_1 + Y_2 = 51$$

$$Z = Z_1 + Z_2 = 13$$

$$x = X/(X + Y + Z) = 66/130 = 0.51$$

$$y = 51/130 = 0.39$$

$$\text{Luminance} = Y = 51 \text{ (nits)}$$

2.4.3 CIE 1976 등색 시스템

CIE 1931 (X, Y, Z) 색 시스템은 색을 정확히 기술할 수 있지만 색의 차이와 오차를 다룰 때 문제점이 발생한다. 그림 2.12는 잘 알려져 있는 맥아담(Mac Adam) 타원을 CIE 1931 (X, Y, Z) 색도도에 표시한 것이다.[18] 이 그림의 각 타원 내에서의 색 차이는 일반적인 인간의 눈이 구별할 수 없다. 실제로 타원의 크기는 매우 작지만 여기서는 명확하게 설명하기 위해 10배 확대하여 보여주고 있다. 청색 영역에 있는 타원이 녹색과 적색 영역의 타원에 비해 훨

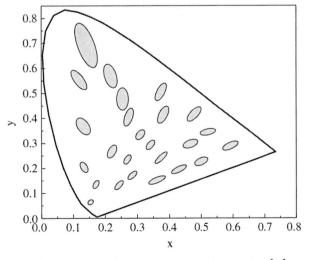

그림 2.12 CIE 1931 (X, Y, Z) 색도도에서 맥아담 타원[14]

씬 작다는 것을 알 수 있다. 이는 청색 영역에서 CIE 1931 (X, Y, Z) 색 시스템의 색좌표가 조금 변화하더라도 인간의 눈에 인식되는 차이를 가져 오지만 CIE 1931 (X, Y, Z) 색도도의 다른 영역에서 동일한 크기 변화는 인식되지 않는다는 것을 뜻한다. 다른 말로 하면, 두 색 자극의 색좌표 차이, 즉 (Δx, Δy)가 일정해도 인간의 눈이 감지하는 차이는 청색 영역에서 가장 크다는 것이다. 두 자극(예를 들어, 실 물체와 디스플레이 영상) 사이의 '색 차이'를 더 잘 정량화하기 위해서는 등색 시스템이 필요하다.

그림 2.13은 좀 더 균일한 색 시스템인 CIE 1976 ($L^*u^*v^*$) 색 시스템을 보여준다. CIE 1976 ($L^*u^*v^*$) 색 시스템에서 맥아담 타원의 크기는 여전히 동일하지 않지만 크기 차이는 CIE 1931 (X, Y, Z) 색 시스템에 비해 작다. 또한 CIE 1931 (X, Y, Z) 색 시스템의 비선형 변환을 통해 맥아담 원의 크기가 동일한 색 공간을 만들 수 있다. 따라서 이러한 시스템에서는 예제 2.2에 기술한 색 혼합은 유효하지 않다. CIE 1976 ($L^*a^*b^*$) 색 시스템은 CIE 1931 (X, Y, Z) 색 시스템으로부터 비선형 변환된 또 다른 일반적인 등색 시스템이다. CIE 1931 (X, Y, Z)에서 1976 ($L^*u^*v^*$) 색 시스템으로의 좌표 변환은 식 (2.31)~(2.38)에 설명되어 있다. (x, y)에서 (u^*v^*)으로의 변환이 선형이기 때문에 색 혼합에 필요한 식들도 이 색 공간에서 약간의 보정을 거쳐 사용할 수 있다. 따라서 디스플레이 분야에 1976 ($L^*u^*v^*$) 등색 시스템이 일반적으로 사용된다.

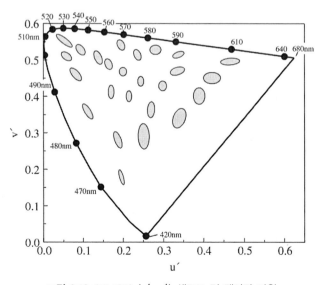

그림 2.13 CIE 1976 (u', v') 색도도 및 맥아담 타원

$$L = 116 \left(\frac{Y}{Y_n} \right)^{13} - 16 \qquad \text{For } YY_n > 0.01 \tag{2.31}$$

$$u = 13L(u' - u'_n) \tag{2.32}$$

$$v = 13L(v' - v'_n) \tag{2.33}$$

$$L_m = 903.3 \frac{Y}{Y_n} \qquad \text{for } \quad \frac{Y}{Y_n} \leq 0.008856 \tag{2.34}$$

여기서 u', v'과 u_n', v_n'은 다음 식에 따라 계산된다.

$$u' = \frac{4X}{X + 15Y + 3Z} \tag{2.35}$$

$$v' = \frac{9Y}{X + 15Y + 3Z} \tag{2.36}$$

$$u'_n = \frac{4X_n}{X_n + 15Y_n + 3Z_n} \tag{2.37}$$

$$v'_n = \frac{9Y_n}{X_n + 15Y_n + 3Z_n} \tag{2.38}$$

여기서 X_n, Y_n, Z_n은 기준 광원의 세 자극값이다. 기준 광은 일반적으로 광원 조명 아래 물체의 색상 성능을 설명하는 데 사용되는 일광 또는 흑체 복사와 같은 백색 점이다. 발광형 또는 투과형 디스플레이를 다룰 때 X_n, Y_n, Z_n값은 영(zero)으로 설정되며 (u^*, v^*)는 그림 2.13과 같이 (u', v')로 수렴된다.

CIE 1931 (X, Y, Z) 색 시스템에 비해 CIE 1976 $(L^*u^*v^*)$ 색 공간은 색상 차이의 균일성이 향상될 뿐만 아니라, CIE 1931 색 시스템의 Y와 1976 색 시스템의 L^*사이의 비선형 변환에 의해 '밝기(brightness)' 차이도 더 균일하게 된다. 휘도(Y값)는 '물리적' 광 강도(와트, W)에 비례한다. 그러나 인간 눈의 비선형적 반응 때문에 동일한 색이지만 밝기가 다른 두 자극 사이의 '강도 차이'를 나타내기 위해 Y 값을 사용하는 것은 적절하지 않다. L값은 Y값보다 강도축에서 시각적으로 더 '균일'하다. 식 (2.31)에서 보면 L은 Y의 세제곱근에 비례하며, 이는 휘도값이 낮을 때 인간의 눈이 더 작은 휘도 변화를 구별할 수 있다는 것을 의미한다. 즉, 자극이 어두울 때 단지 휘도값(Y)의 작은 차이도 시각적 지각(L^*)의 큰 변화로 나타날 수 있다. 그러나 자극이 밝을 때 동일한 겉보기 밝기 변화를 얻으려면 휘도의 차이가 더 커야 한다. 디스플레이에서 '계조(gray scale)'란 용어를 사용하여 '밝기 차이'를 표현한다. 1.3.2절에서 설명한 바와 같이 디스플레이 밝기는 그래픽 드라이버로부터 여러 계조 단계로 디지털적으로 정의될 수 있다. 예를 들어, 기본 색상 하나의 가장 어두운 계조가 0이고 가장 밝은 계조가 255이면 이 디스플레이는 1천6백만 색상을 보여줄 수 있다. 두 인접 계조 사이의 겉보기 밝기 차이는 동일해야 한다. 그림 2.14(a)와 (b)는 계조(0, 50, 100, 150, 200, 255)로 설정된 백색 점으로 조명되는 LCD 모니터에서 측정된 선형과 로그 스케일의 계조와 휘도 관계이다. 그림 2.14(b)에서 선의 기울기를 γ(gamma)라 부르고, 이 경우 2.157로 1보다 확실히 크고 3보다 약간 작으며 식 (2.30)에서 지수의 역수에 근접한다. 예로 0(흑색)부터 255(백색)까지 계조들을 가지고 있는 디스플레이인 경우, 1에서 254까지의 계조들은 어두운 그레이부터 밝은 그레이까지 각각 다른 그레이들을 표현한다. γ값이 1이 아니기 때문에 계조 0과 1 사이의 휘도 차이는 254와 255 사이의 휘도 차이보다 더 작다.

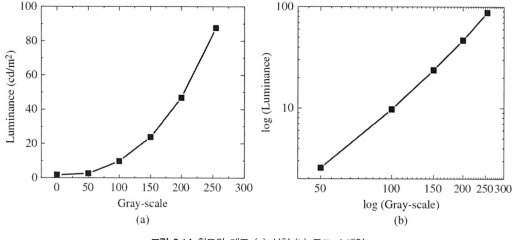

그림 2.14 휘도와 계조: (a) 선형 (b) 로그 스케일

현실 세계의 휘도를 고려해보면 달이 없는 밤하늘의 별빛은 10^{-3} cd/m² 정도로 낮고, 일광은 10^5 cd/m² 만큼 높다. 또는 더 현실적으로 실내 조명이 없는 낮에 관찰자에게 방 안에서 창문으로 들어오는 햇빛은 약 10,000 cd/m²까지 높을 수 있다. 방 안의 물체는 약 100 cd/m²일 수 있으며 어두운 구역은 약 1 cd/m²일 수 있다.[20, 21] 이러한 장면을 표현하기 위해서는 명암비(CR)(또는 다이내믹 레인지)가 10,000보다 커야 한다. 그림 2.14에 나타낸 디스플레이에서 최

대 휘도는 계조 255에서 87.6 cd/m²이고 최소 휘도는 계조 0에서 1.72 cd/m²이다. 명백히 현실 세계의 휘도 범위를 재생산할 수 없다. 명암비는 단지 50.9로 10,000보다 훨씬 작다. 게다가 8비트 계조는 현실 세계의 세세한 휘도를 기술하기에 충분하지 않다. 그래서 국제전기통신연합(International Telecommunication Union, ITU-R)의 무선통신 부문에서 1024 또는 4096개의 휘도 단계에 해당하는 10비트 또는 12비트의 하이 다이내믹 레인지(HDR)에 대한 표준(BT 2020, 여기서 'BT'는 방송 서비스를 의미)을 권고하고 있다.[22, 23]* BT 2020은 HDR뿐만 아니라 세 기본 색의 색상 좌표도 정의하고 있다. 2.4.5절에서 이에 대해 살펴볼 것이다. HDR 콘텐츠를 표시하려면 일반적으로 디스플레이의 최대 및 최소 휘도가 1,000 및 0.01 cd/m²이 되어야 명암비 100,000을 달성할 수 있다. 이 단계에서는 디스플레이의 명암비만 고려한다는 점에 유의하라. 주변 영향을 고려하면 상황은 더 복잡하다. 예를 들어, 디스플레이의 표면 반사가 약 1%인 실내 조명(1,000 lx) 아래 디스플레이의 경우, 주변 반사는 약 3.2 cd/m²으로 HDR 디스플레이의 최소 휘도보다 훨씬 높다. 다양한 디스플레이 기술에서 HDR에 대한 자세한 설명은 4장에서 다룰 것이다.

2.4.4 CIECAM 02 컬러 어피어런스 모델

CIE 1931 (X, Y, Z) 및 CIE 1976 UCS 시스템은 '단일' 색상과 두 색상의 차이를 설명하는 데 성공적이다. 그러나 디스플레이에서 이미지를 볼 때 화면에는 많은 색상과 밝기 수준이 있다. 또한 '컬러 어피어런스(color appearance)'는 해당 물체의 배경과 주변에 영향을 받는다. 예로, 그림 2.15(a)와 같이 체커보드 위에 놓인 둥근 실린더를 생각해보자.** 오른쪽에서 비치는 광원이 체커보드에 그림자를 만든다. 시각적으로 검은 사각형 'A'가 흰색 사각형 'B'보다 분명히 더 어두워 보인다. 그러나 그림 2.15(b)에서 보듯이 'A'와 'B' 사각형을 지나는 균일한 색상의 회색 직선을 보면 실제로 두 사각형의 밝기와 색상이 정확히 동일함을 알 수 있다. 즉, 그림 2.15(a)의 사각형 'A'와 'B'는 단지 주변 환경 때문에 다르게 보인다. CIE 1931 (X, Y, Z) 및 CIE 1976 UCS 시스템은 이러한 효과를 설명할 수 없다. 따라서 컬러 '어피어런스'를 기술하는 새로운 모델이 필요하다. 가장 성공적인 모델 중 하나가 CIECAM 02이다.[24]***

---

* https://www.itu.int/rec/R-REC-BT.2020/en
** http://persci.mit.edu/_media/gallery/checkershadow_double_med.jpg

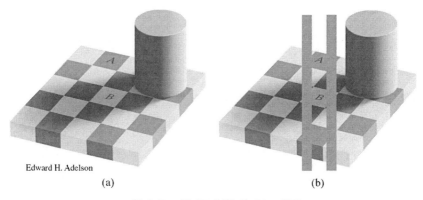

(a)   (b)

그림 2.15 그림자로 인한 체커보드 착시

컬러 어피어런스 모델을 구성하기 위해 먼저 몇 가지 용어의 정의가 필요하다. '밝기 (brightness)'는 CIE 1931 (X, Y, Z) 시스템에서 Y값과 같이 정량화할 수 있는 절댓값이고, '명도(lightness)'는 주변 환경에 따라 결정되는 상대적 밝기이다. 예를 들면, 어두운 주변 조건에서 책을 읽을 때와 밝은 주변 조건에서 책을 읽을 때 조명 조건이 다르기 때문에 흰색 영역은 더 낮거나 더 높은 '밝기'를 보인다. 그러나 흰색 종이의 반사도는 휘도 수준에 상관 없이 동일하기 때문에 흰색 영역의 '명도'는 같다. '색조(hue)'는 적색, 황색, 녹색 및 청색과 같이 시각적으로 인식되는 색상을 표현한다. '채도(colorfulness)'는 테스트 색상과 무채색(예, 백색점) 간의 색상 차이를 표현한다. 예를 들면, '진홍(deep red)'이라는 색은 이 색상의 색조 가 적색이고 채도가 높은 색임을 의미한다. 무채색(백색, 회색, 흑색)은 색조가 없다. '크로마 (chroma)'는 밝기와 명도 사이처럼 '채도'와 동일한 관계에 있는 상대적 채도라 할 수 있다. 색포화도(color saturation)는 자극의 '채도'를 표현하기 위해 사용되었다. 색포화도는 색도도 경계에 가까이 갈수록 증가한다. 단색 자극은 가장 높은 색포화도를 보인다.

주변의 영향을 포함하기 위해 그림 2.16과 같은 모델을 적용한다. 여기서 중심 영역('자극') 의 컬러 어피어런스는 '배경(background)'과 '주변 필드(surrounding field)'의 영향을 받는다. 자극과 배경은 눈에 대한 각도 크기가 2°와 10°인 균일 색상 영역이다. 계산에 필요한 입력 변수는 배경과 주변 필드의 휘도와 함께 자극의 CIE 1931 (X, Y, Z) 값과 백색 기준이 포함 된다. 또한 시야 조건(즉, 평균, 희미한, 어두운 주변)도 고려되어야 한다. 그러면 앞에서 설명

*** www.cie.co.at/index.php?i_ca_id=435

한 모든 변수, 즉 밝기, 명도, 색조, 채도, 크로마 및 포화도값을 구함으로써 컬러 어피어런스에 대한 완전한 기술을 나타낼 수 있다.

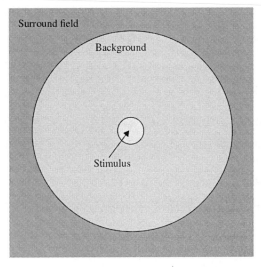

그림 2.16 관찰 모델의 개략도

동적 효과를 고려하지 않고 정적 이미지만 처리하는 등 여전히 일부 제약이 있지만, CIECAM 02는 이미지의 주변 효과를 설명하는 가장 성공적인 컬러 어피어런스 모델 중 하나이다. 다시 그림 2.15(a)로 돌아가서 착시를 정성적으로 설명해보자. 그림자 영역의 '밝기'는 점차 줄어들지만 인간의 눈은 체크 경계선과 같은 날카로운 경계에 초점을 맞추는 경향이 있기 때문에 이러한 변화는 일반적으로 무시된다. 그러면 'A'와 'B' 영역의 절대적 물리 밝기는 정확히 동일하더라도, 'B'영역은 주변 체크보다 '더 밝아(brighter)' '명도'가 더 높아지고 'A' 영역보다 '더 밝아(brighter)' 보인다.

2.4.5 색영역

그림 2.11에 나타낸 CIE 1931 (X, Y, Z) 시스템으로 돌아가보자. 말발굽 모양의 색도도 경계는 단색선과 최단 파장과 최장 파장을 연결하는 보라색 선으로 형성된다. 어떠한 스펙트럼도 단색 성분들로 나눌 수 있다. 대역이 넓은 자극일수록 색좌표는 색도도 경계로부터 멀어진다. CIE 1931 (X, Y, Z) 색도도의 중심, 즉 (0.33, 0.33)은 파장에 독립적인 에너지 스펙

트럼을 가진 백색광에 해당한다(또한 조건 등색 색상 일치를 제공하는 수많은 에너지 스펙트럼에도 해당).

디스플레이에서는 3색 공간 이론에 기반을 두고 모든 색 이미지를 만들기 위해 세 가지 기본색을 사용된다. 세 기본색을 혼합함으로써 그림 2.17에 보이는 삼각형 내의 색을 얻을 수 있다. 세 기본색이 단색광에 근접할수록 삼각형은 커지고, 더 많은 색을 표현할 수 있다. 이 삼각형을 디스플레이의 '색영역(color gamut)'이라 한다. 그림 2.17에 두 표준이 정의하고 있는 삼각형을 보여준다. 작은 삼각형은 NTSC(National Television Standard Committee)의 정의에 입각한 색영역이다. 적색, 녹색, 청색 자극의 색좌표는 각각 (0.67, 0.33), (0.21, 0.71), (0.14, 0.08)이다. 큰 삼각형은 ITU-R에서 권고하는 적색, 녹색, 청색의 색좌표가 (0.708, 0.292), (0.170, 0.797), (0.131, 0.046)인 BT 2020의 색영역이다. 실제로 그림 2.17에서 보듯이 세 기본색은 파장이 630, 532, 467 nm이고 단색 궤적 위에 있다.

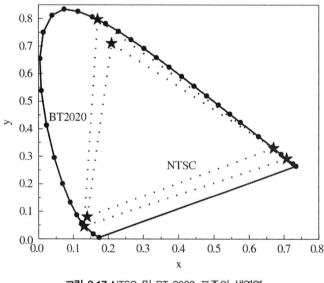

그림 2.17 NTSC 및 BT 2020 표준의 색영역

2.4.6 광 원

전술했듯이 색 자극을 만들기 위해 광원은 필수적이다. 외부 조명에 따라 동일한 개체도 다른 색으로 보일 수 있다. 예를 들어, 밤에 가로등 불빛 아래에서 사람의 피부는 창백하게

보인다. 반사형 디스플레이에서는 조명이 다르면 다른 색으로 보일 수 있기 때문에 광원은 매우 중요하다. 디스플레이의 기능 중 하나는 자연 또는 인공 '백색광' 조명에서 사실적인 색상 이미지를 재생산하는 것이다. 그러므로 디스플레이에서 실제 물체와 동일한 이미지 자극을 표시할 수 있는 몇 가지 '백색 표준(white standard)'이 있다. 예를 들면, 일반적으로 디스플레이에는 사용자의 선택에 따라 몇 가지 백색 표준 사이에 전환할 수 있는 기능이 있다. 흔히 쓰이는 백색 표준 두 개가 D65와 D93이다. 이들은 백색이 색온도가 6500 K, 9300 K인 주광처럼 보인다는 것을 뜻한다(2.4.6.1절 참조). 또한 비발광형과 투과형 디스플레이에서는 디스플레이가 발광체가 아니라 광 밸브 역할을 하기 때문에 백라이트 모듈이 필요하다. 이러한 구성 요소는 이 절에서 소개할 것이다.

2.4.6.1 태양광과 흑체 복사

태양광은 중요한 자연광 중 하나이다. 태양광은 스펙트럼 출력 분포가 발광체의 온도에만 의존하는 '흑체 복사체(black body radiator)'의 전형적인 광이다. 흑체 복사의 복사 출력 스펙트럼 밀도는 아래 식으로 나타낼 수 있다.[25]

$$M_e \frac{c}{4} u_{e\lambda} = c_1 \lambda^{-5} (e^{c_2 T\lambda} - 1)^{-1} \tag{2.39}$$

여기서 c, h, k는 각각 광속, 플랑크 상수, 볼츠만 상수이다. c_1과 c_2는 상수로 다음과 같다.

$$c = 2.99792458 \times 10^8 (\mathrm{m \cdot s^{-1}}) \tag{2.40}$$

$$h = 6.626176 \times 10^{-34} (\mathrm{J \cdot s}) \tag{2.41}$$

$$k = 1.380662 \times 10^{-23} (\mathrm{J \cdot K^{-1}}) \tag{2.42}$$

$$c_1 = \frac{c}{4} 8\pi hc = 2\pi hc^2 = 3.741832 \times 10^{-16} (\mathrm{W \cdot m^2}) \tag{2.43}$$

$$c_2 = \frac{hc}{k} = 1.438786 \times 10^{-2} (\mathrm{m \cdot K}) \tag{2.44}$$

흑체 복사체의 온도가 증가할수록 그림 2.18처럼 복사 출력은 증가하고 스펙트럼의 피크는 청색 천이를 보인다. CIE 1931 (X, Y, Z) 색도도에 '흑체 궤적(blackbody locus)'을 정의할 수 있다. 자극의 색도 좌표가 흑체 궤적 위에 있을 때 동일한 좌표의 흑체 복사체의 온도를 색 자극의 '색온도(color temperature)'로 정의할 수 있다. 자극의 색도 좌표가 흑체 복사 궤적에 있지 않을 때, 보통 CIE 1976 ($L*u*v*$) 색도도에서 광원의 좌표를 지나고 흑체 궤적의 접선에 수직한 선을 작도하여 광원의 상관 색온도(correlated color temperture, CCT)를 정의한다. 이 접선의 흑체 궤적 점이 CCT이다. 텅스텐 등은 색온도가 2856 K인 전형적인 흑체 복사체이고 황색을 띤 백색으로 보이며 CIE가 '광원 A(illuminant A)'로 표기하고 있다. 지구 표면에서 태양광의 상관 색온도는 대기의 흡수 때문에 측정 시간과 장소에 따라 달라지며 4000 K에서 25000 K에 걸쳐 있다. 태양광이 관측점에 도달하기까지 대기를 통과하는 길이와 대기 두께의 비를 '에어 매스(air mass, m)'라 정의한다. 예를 들면 적도에서 고도 30°로 측정된 태양광은 에어 매스가 2이다. 대기는 장파장보다는 단파장 광을 더 강하게 흡수하기 때문에 에어 매스가 클수록 상관 색온도는 낮아진다. 이것이 태양광이 일출이나 일몰시에 더 적색으로 보이고 한낮에는 백색으로 보이는 이유이다. 디스플레이에서 널리 사용되는 백색 표준은 D65로 상관 색온도가 6500 K인 태양광을 뜻한다. 백색점이 6500 K인 디스플레이가 2800에서 9300 K 까지의 조명 조건에서 사용되면, 디스플레이의 백색점 컬러 어피어런스는 CIECAM 02 모델에 따라 푸른빛을 띤 백색에서 붉은빛을 띤 백색으로 변화한다.

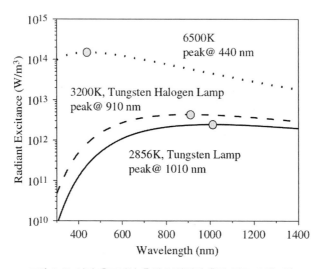

그림 2.18 여러 온도에서 흑체 복사체의 출력 강도 스펙트럼

2.4.6.2 투과형, 반사형 및 프로젝션 디스플레이 광원

 연속적인 흑체 복사체와는 달리 투과형 디스플레이용 광원에 요구되는 기준 중 하나는 RGB 기본 색상에 날카로운 피크를 제공하여 고효율이 되도록 전력 소모를 줄이는 것이다. 투과형 디스플레이의 광원은 디스플레이 뒤에 있으며 '백라이트(backlight)'라 부른다. 냉음극형광램프(cold cathode fluorescent lamps, CCFLs)는 과거에 LCD의 주된 백라이트 기술에 사용되었다. CCFL의 작동 원리는 관 내부의 양 끝 전극에서 공급되는 고전압에 의해 저압 상태의 수은 증기와 희유 기체가 여기되어 '글로우 방전(glow discharge)'을 일으키는 것에 기초를 두고 있다. 백열등과 대조적으로 CCFL은 고온 필라멘트가 없는 '냉광(cold light)'을 제공한다. 일반적으로 CCFL은 60 lm/W 이상의 출력 효율을 가진 안정적인 백색 백라이트를 제공할 수 있다. 그러나 수은은 환경에 해롭다. 또한 견고한 고체 상태 소자가 취약한 CCFL 튜브보다 선호된다. 따라서 현재는 LCD의 백라이트로 LED가 CCFL을 대체하였다. LED의 백라이트 구성 및 작동 원리는 4장과 5장에서 다룰 것이다.

 반사형 디스플레이는 어두운 주변 조건에서 추가 광원이 필요하다. 이러한 광원은 디스플레이 상단에 배치되며 프런트라이트(front light)라 한다. 프런트라이트 시스템의 기본적인 기준에 투명도와 두께가 포함된다. 발광체(일반적으로 CCFL 또는 LED)는 디스플레이 측면에 숨겨져 있고 투명한 광 가이드로 빛을 방출한다. 빛은 광 가이드 내부에서 전파되고 광 가이드 구조를 통해 반사형 디스플레이로 향한다. 디스플레이는 이 빛을 조절하여 이미지를 뷰어에게 다시 반사시킨다. 반사형 디스플레이의 명암비를 최적화하기 위해 프런트라이트는 빛을 디스플레이 쪽으로 향하게 하고 외부 뷰어 쪽으로는 최소로 방출해야 한다.

 프로젝터 광원의 경우 투사되는 이미지 크기가 크기 때문에 높은 밝기와 고효율이 가장 중요한 기준이다. 일반적으로 가스 방전 램프가 사용된다. 레이저 소스도 프로젝터 광원으로 사용될 수 있다. 레이저 시스템의 좁은 방출 스펙트럼으로 인해 색영역을 크게 증가시킬 수 있다. 램프가 가진 넓은 방출 스펙트럼에 비해 레이저의 높은 효율과 광자의 완전한 사용이 전력 소비를 감소시킬 수 있다. 레이저 프로젝터의 한 가지 중요한 문제가 레이저의 본질인 고 정합성으로 인한 '스페클(speckle)' 효과로부터 발생한다. 레이저 광의 간섭으로 인해 화면에 스페클이 나타나고 화질이 저하된다. 이러한 효과는 레이저 정합성을 없앰으로써 개선될 수 있다.

2.4.6.3 연색지수

반사형 디스플레이는 표시된 이미지를 읽어내기 위해 외부 광원이 필요하다. 따라서 반사형 디스플레이의 색상과 밝기는 광원의 광학 특성(스펙트럼, 강도 등)에 따라 크게 달라진다. 예를 들면, 태양광 아래에서 녹색 사과가 황색 가로등(일명 '고압 나트륨광') 아래에서는 황색으로 보인다. 피시험 광원과 흑체 복사체(태양광 등) 아래에서 반사 물체의 색상 차이를 정량적으로 표현하기 위해 연색지수(color rendering index, CRI)를 정의하여 광원을 평가한다. CRI의 최댓값은 100이다. 이 수치는 피시험 광원과 흑체 복사체 아래에서 볼 때 색상이 정확히 동일하다는 것을 의미한다. 반면에, 낮은 CRI 값은 동일한 반사 물체가 광원이 다르면 '색상 차이'가 크다는 것을 의미한다. 색상 차이(ΔE^*)는 1976 (L^*, u^*, v^*)와 같은 UCS 좌표계에서 두 점 사이 절대 거리로 정의한다.

$$\Delta E = [(\Delta L^*)^2 + (\Delta u^*)^2 + (\Delta v^*)^2]^{0.5} \tag{2.45}$$

여기서 ΔL^*, Δu^*, Δv^*는 두 색의 좌표 차이이다. 일광에서 다르게 보이는 8종류 −(1) 연회적(light grayish red) (2) 암회황(dark grayish yellow) (3) 진연두(strong yellow-green) (4) 연두(moderate yellowish green) (5) 연청록(light bluish green) (6) 연청(light blue) (7) 연보라(light violet) (8) 연자주(light reddish purple)− 물체를 선택함으로써 CRI는 다음과 같이 정의한다.

$$CRI = 100 - \Sigma_{i=1\ldots8}\ \Delta Ei^* \tag{2.46}$$

여기서 i는 다른 8종류 물체이다. 높은 CRI 값을 얻기 위해서는 여러 파장의 빛이 반사될 수 있도록 광원의 스펙트럼은 충분히 넓은 파장대를 가져야 한다. 양초와 같은 연속적인 스펙트럼을 가지는 광원은 CRI 값이 높다. 이와 대조적으로 복사 파장이 불연속인 형광등은 CRI 값이 50 정도로 낮다. 단파장 광은 CRI 값이 음수일 수 있다.

2.5 색의 생산 및 재생산

디스플레이는 색을 생산하거나 재생산하기 위해 사용된다. 일반적으로 인간의 눈이 만들어내는 3색 공간으로 인해 모든 색상을 생성하기 위해서는 적색, 녹색, 청색 삼원색이 필요하다. 즉, 삼원색을 사용해 실제 물체와 디스플레이의 스펙트럼이 완전히 달라도 실제 물체와 동일한 L, M, S원추세포 자극을 이끌어낸다. 그림 2.19(a)는 태양광 아래에서 측정된 농구공의 스펙트럼으로 연속적인 곡선을 보인다. LCD 모니터 화면에 표시된 농구공의 스펙트럼을 측정해보면 그림 2.19(b)에 보이는 것과 같이 디스플레이에서 농구공의 색은 실제 물체의 스펙트럼과 완전히 다른 적색, 녹색, 청색 발광으로 구성되어 있다. 그러나 실제 물체와 디스플레이에서 두 색은 동일하게 보여야 한다. 다른 스펙트럼을 사용해 동일하게 인식되는 색상을 얻을 수 있는 것은 앞에서 기술한 '조건 등색(metamerism)' 때문이다.

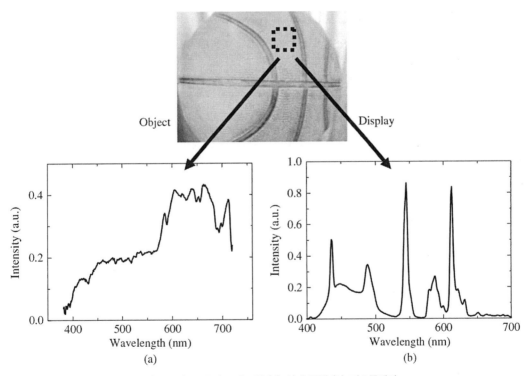

그림 2.19 농구공의 스펙트럼 (a) 실제 물체 (b) 디스플레이

2.6 디스플레이 측정

디스플레이의 표준 측정법은 과학적, 기술적, 산업적 측면에서 매우 중요하다. 정보 디스플레이 학회(Society for Information Display, SID)의 국제 디스플레이 계측위원회(International Committee for Display Metrology, ICDM)가 작성한 정보 디스플레이 측정 표준(Information Dispaly Measurements Standards, IDMSs)은 전자 디스플레이를 규정하는 플랫폼을 제공한다.* 보고서는 산업적 관점에서 중요하다. IDMS의 한 장에서 다양한 디스플레이 유형(발광형 디스플레이 및 3D 디스플레이 등)의 디스플레이 측정치 보고서에 대한 몇 가지 템플릿을 제시하고 있다. 예를 들어, 패널의 균일도를 측정할 때 5개 또는 9개 지점에서 휘도(L, 단위 cd/m²)와 색(CIE 1931 (X, Y, Z))을 구해야 한다. 이 점들의 위치도 지정되어 있다. 명암비(CR) 값을 계산하려면 밝은 이미지 특성뿐만 아니라 '블랙(black)' 상태도 측정해야 한다. 이러한 측정 데이터로부터 다른 특성들(CCT, $\Delta u'v'$, 균일도 등)을 얻을 수 있다. 측정 조건은 지정되어야 한다. 예를 들어 디스플레이의 휘도는 암실에서 측정되어야 하며, 따라서 암실 조건이 정의되어야 한다. 그런 다음 여러 테스트 패턴(체크보드, 다른 계조 및 색상 등)을 사용해 광학 성능을 측정한다. 휘도, 색도, 균일도, 시야각, 시간적 반응이 기록된다. 광학 측정이 끝나면 물리적, 기계적, 전기적 특성 측정이 수행된다(디스플레이 강도, 전력 소모 등). 3D 디스플레이의 몇 가지 특수 특성(최적 시야 거리, 크로스톡 등)이 거론된다. 또한 터치 패널의 특성도 포함된다.

---

*   http://www.sid.org/Standards/ICDM#8271483-idms-download

2.1 인간의 눈에서 간상세포와 원추세포는 무엇인가? 이들의 차이점은 무엇인가?

2.2 컬러 프린팅은 가색법의 일종인가? 감색법의 일종인가? 그 이유는 무엇인가?

2.3 백색 광원(E)의 CIE 1931 좌표가 (0.33, 0.33)이다. 이 광원에 필요한 R : G : B 휘도의 비(측광 단위)를 구하라. (힌트 : R, G, B 기본 광의 파장은 700, 546.1, 435.8 nm이다.)

	R	G	B
λ	700 nm	546.1 nm	435.8 nm
x	0.735	0.273	0.166
y	0.265	0.718	0.008
z	0	0.01	0.826
$V(\lambda)$	0.0041	0.9841	0.018

2.4 조도 E를 얻기 위한 R : G : B 복사도(radiance) 비를 구하라.

▌참고문헌▐

1. Wyszecki, G. and Stiles, W.S. (2000). *Color Science—Concepts and Methods, Quantitative Data and Formulae*, 2e. New York: Wiley.

2. CIE No. 15:2004 (1995). *Colorimetry*, 2e. Vienna, Australia: Commission Internationale de l'Éclairage.

3. Dowling, J.E. (1987). The Retina—*An Approachable Part of the Brain*. the Belknap Press of Harvard University Press.

4. Smith, G. and Atchison, D.A. (1997). *The Eye and Visual Optical Instruments*. Cambridge University Press.

5. Hecht, E. (2002). *Optics*, 4e. Baker & Taylor Books.

6. Pocock, G. and Richards, C.D. (2006). *Human Physiology - The Basis of Medicine*, 3e. Oxford University Press.

7. Wandell, B.A. (1995). *Foundation of Vision*. Sinauer Associates.

8. Curcio, C., Sloan, K.R., Kalina, R.E., and Hendrickson, A.E. (1990). Human photoreceptor topography. *J. Comp. Neurol.* 292: 497.

9. Osterberg, G.A. (1935). Topography of the layer of rods and cones in the human retina. *Acta Ophthalmol.* 13 (Suppl. 6): 1.

10. A. Wilkins, J. Veitch, and B. Lehman, "LED Lighting Flicker and Potential Health Concerns: IEEE Standard PAR1789 Update," 2010 IEEE Conversion Congress and Exposition.

11. Davis, J., Hsieh, Y.H., and Lee, H.C. (2015). Humans perceive flicker artifacts at 500 Hz. *Sci. Rep.* 5 (7861).

12. Igarashi, Y., Yamamoto, T., Tanaka, Y. et al. (2003). Proposal of the perceptive parameter motion picture response time (MPRT). *SID 03 Digest*: 1039.

13. Nathans, J. (1999). The evolution and physiology of human review color vision: insights from molecular genetic studies of visual pigments. *Neuron* 24: 299.

14. Consilium Ophthalmologicum Universale (1988). Visual functions committee: visual acuity measurement standard. *Ital. J. Ophthalmol* 1: 15.

15. Lockley, S.W., Brainard, G.C., and Czeisler, C.A. (2003). High sensitivity of the human circadian melatoninrhythm to resetting by short wavelength light. *J. Clin. Endocrinol. Metab.* 88: 4502.

16. Pauley, S.M. (2004). Lighting for the human circadian clock: recent research indicates that lighting has become a public health issue. *Med. Hypotheses* 63: 588.

17. Lewy, A.J., Wehr, T.A., Goodwin, F.K. et al. (1980). Light suppresses melatonin secretion in humans. *Science* 210: 1267.

18. MacAdam, D.L. (1942). Visual sensitivities to color differences in daylight. *J. Opt. Soc. Am.* 32: 247.

19. D. Farnsworth, "A temporal factor in colour discrimination," *Visual problems of colour*, National Physical Laboratory Symposium No. 8, London: HMSO (1958).

20. Francois, E., Fogg, C., He, Y. et al. (2016). High dynamic range and wide color gamut video coding in HEVC: status and potential future enhancements. *IEEE Trans. Circuits Syst. Video Technol.* 26: 63.

21. Xiao, F., DiCarlo, J.M., Catrysse, P.B., and Wandell, B.A. (2002). High dynamic range imaging of natural scenes. In: *Proc. 10th Color Imag. Conf.*, Scottsdale, AZ, USA, 337-342.

22. Seetzen, H., Heidrich, W., Stuerzlinger, W. et al. (2004). High dynamic range display systems. *ACM Trans. Graph.* 23: 760.

23. Zhu, R., Chen, H., and Wu, S.T. (2017). Achieving 12-bit perceptual quantizer curve with liquid crystal display. *Opt. Express* 25: 10939.

24. Fairchild, M.D. (2013). *Color Appearance Models*, 3e. Wiley.

25. Beiser, A. (2003). *Concepts of Modern Physics*, 6e. MacGraw-Hill Companies Inc.

26. T. Nishihara and Y. Takeda, "Improvement of lumen maintenance in cold cathode fluorescent lamp," *IDW'00*, pp 379.

Chapter 3
박막 트랜지스터

Chapter 3

박막 트랜지스터

3.1 서 론

박막 트랜지스터(thin-film transistor, TFT)는 능동 행렬 LCD 및 OLED의 화소들을 점멸하는 전자스위치로 폭넓게 사용되고 있다.[1, 2] 일반적으로, TFT를 위한 실리콘 기반 물질로는 단결정 실리콘보다는 비정질이나 다결정을 주로 사용한다. 이렇게 결정학적으로 불규칙적인 실리콘을 사용하는 이유는 첫째, 단결정 실리콘 웨이퍼의 대각선(또는 지름) 크기가 12~16인치 정도로 제한되어 실리콘 웨이퍼를 이용한 대면적 디스플레이의 제작이 불가능하기 때문이며, 둘째, 실리콘 기판은 가시광선을 흡수하므로 투과형 LCD를 위한 기판으로는 부적합하기 때문이다. 또한 유리 기판 위에 단결정 실리콘을 에피택셜 성장(epitaxial growth)하는 것은 기술적으로 불가능에 가깝다. 왜냐하면 유리의 연화점(softening point)은 600℃ 내외로 실리콘의 녹는점(1414℃)보다 훨씬 낮기 때문이다. 반면에 비정질 실리콘은 저온 플라스마 화학 기상 증착법(plasma-enhanced chemical vapor deposition, PECVD) 증착에 의해 대면적(예를 들어, 2160 × 2460 mm)상에 균일한 박막을 성장하는 것이 가능하다. 따라서 LCD의 구동에 필요한 기본적인 요구 조건에 부합한다. 비정질 실리콘 박막의 엑시머 레이저 열처리와 재결정화를 통하여 제작된 다결정 실리콘(poly-Si)은 결정립 크기가 증가하므로 캐리어 이동도가 높아진다. 그 결과 (i) 높은 캐리어 이동도에 의한 개구율의 증가와 (ii) 고성능 트랜지스터에 의해 시스템 온 패널(system-on-panel, SOP) 방식의 제작에 적합하다는 장점을 갖는다.[3]

그러나 다결정 Si이 갖는 두 가지 주요한 기술적인 문제점들에는 재결정화 공정에서 발생하는 불균일성과 표면 거칠기의 증가로 인한 누설 전류의 증가가 있다. 따라서 현재 LCD에 적용되는 대부분의 TFT들은 비정질 실리콘 및 관련 제작 공정에 기반을 두고 있다. 지난 20여 년 동안 실리콘 기반 TFT뿐만 아니라, 산화물 반도체 기반 TFT도 괄목할 만한 발전을 이루었다. 특히, 현대에 이르러 인듐-갈륨-주석 산화물(IGZO) TFT는 일부 고성능 디스플레이의 상용 제품에 적용되고 있다.

이 장에서는 우선 TFT뿐만 아니라 LED(5장)를 위한 필수적인 배경지식인 반도체의 기본 개념 중 일부를 소개하기로 한다. 다음으로 비정질 실리콘과 다결정 실리콘의 전자공학적 특성들을 논의하고, 비정질 실리콘, 다결정 실리콘, 유기물 반도체 및 금속 산화물 기반의 다양한 TFT들의 전기적인 특성들을 살펴보기로 한다. 그 뒤에 TFT를 플렉서블하게 만드는 기술을 설명한다. 마지막으로 디스플레이를 구동하기 위한 방법들을 논의한다.

3.2 단결정 반도체 물질의 기본 개념

보편적인 AM TFT에 사용되는 불규칙적인 구조를 갖는 비정질 반도체의 특성을 기술하기에 앞서, 이 절에서는 단결정 구조를 갖는 반도체의 몇 가지 기본적인 특성들을 소개하고자 한다. 반도체는 전기전도도가 부도체(또는 절연체, 예를 들어, 유리나 석영)와 도체(예를 들어, 은, 알루미늄 및 금)의 사이에 있는 고체 물질이다.[4] 일반적인 반도체의 전도도는 10^{-8}에서 $10^3\,\mathrm{S\,cm^{-1}}$의 범위를 갖는다. 부도체에서는 전도도가 너무 낮아 캐리어의 수송이 어렵다. 반면에 도체에서는 캐리어들(전자와 정공)이 거의 아무런 제약이 없이 움직일 수 있다. 반도체의 전도도는 전기장을 인가하거나 불순물 농도를 조절하는 방식으로 조절이 가능하므로, 반도체는 다양한 전자공학의 응용 분야에 사용될 수 있다. 예를 들어, TFT의 전도도는 전기장에 의하여 변조될 수 있으므로 전자 '스위치'로 사용될 수 있다. 반도체 물질에 종류가 다른 원자들을 도핑하면 도펀트에 따라 p형이나 n형 반도체가 되는데, 생성되는 정공이나 전자에 의해 전기전도가 일어날 수 있다. p형 및 n형 반도체가 서로 접촉하여 p-n 접합이 형성되면, 한 방향으로의 캐리어의 수송이 가능해진다. 이것이 LED의 기본 구조로, 5장에서 상세히 기술하기로 한다.

주기율표상의 IV족에 위치한 실리콘(Si)과 게르마늄(Ge)처럼 오직 한 종류의 원자들로만 구성된 반도체를 '단원소 반도체(elemental semiconductor)'라 부른다. 이 장에서는 우수한 성능, 성숙한 제작기술 및 상대적으로 저렴한 비용의 장점으로 인하여, TFT 스위치로 폭넓게 활용되는 실리콘을 위주로 기술할 것이다. 그러나 벌크 단결정 실리콘은 간접 밴드갭(indirect bandgap) 특성을 갖기 때문에(3.2.1절의 그림 3.4 참조), 효율적으로 빛을 방출할 수 없어서 LED로의 응용에는 부적합하다. 따라서 LED에서는 두 개 또는 그 이상의 원소들이 결합된 화합물 반도체(예를 들어, III족인 갈륨과 V족인 비소가 결합하여 GaAs를 생성)가 사용된다. 그 내용은 5장에서 논의하기로 한다.

3.2.1 단결정 실리콘의 밴드 구조

단결정 구조를 갖는 반도체는 3차원 공간상의 모든 방향으로 원자들이 규칙적이고 반복적으로 배열되어 있다. IV족 원자는 최외곽 껍질에 네 개의 '(원자)가전자(valence electron)'들을 가지며(뒤에서 다시 논의), 이웃한 원자들과 4개의 공유 결합을 형성하려는 강한 성향을 갖는다. 따라서 실리콘 결정 내의 각 원자들은 이웃한 네 개의 원자들과 서로 방향은 다르지만 같은 거리만큼 떨어진 상태로 결합하며, 이웃한 원자들은 정사면체상의 꼭짓점에 놓인다. 각 원자들은 이웃한 네 개의 원자들과 네 개의 전자들을 공유하므로, 격자상의 모든 원자들은 매우 안정하고 완전히 채워진 전자 껍질 배열을 갖게 된다. 그림 3.1(a)는 단결정 실리콘의 3차원 구조를 보여준다. 각각의 구들은 실리콘 원자들을 나타내며, 네 개의 이웃한 원자들과는 공유 결합으로 연결되어 있다. 그림 3.1(b)에서 보듯이 GaAs와 같은 화합물반도체에서도 결합 구조는 실리콘의 경우와 유사하다. 큰 흑색 구와 작은 백색 구는 각각 갈륨 원자와 비소 원자를 의미한다. 그러나 서로 다른 원자들은 최외각전자들을 서로 끌어당기는 정도가 다르기 때문에, 이 결합에는 공유 결합만 존재하는 것이 아니라 어느 정도의 이온 결합 특성이 포함된다. 단결정 반도체의 주기적인 구조를 '격자(lattice)'라 부른다. 또한 그림 3.1(a), (b)에서 보듯이 격자의 '단위 셀(unit cell)'을 정의할 수 있다. 여기서 단위셀은 무한히 반복하면 전체 격자를 표현할 수 있는 가장 작은 단위 구조를 의미한다. '격자상수(lattice constant)'는 단위 셀 한 변의 길이를 나타내며, LED 제작에 사용되는 반도체층의 에피택셜 성장에 있어 중요한 인자이다. 이는 5장에서 상세히 논의하기로 한다.

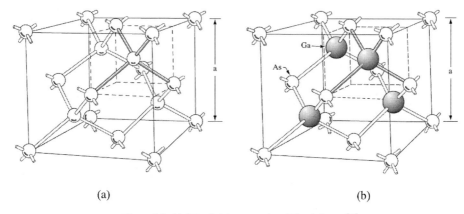

(a)   (b)

그림 3.1 (a) 실리콘 및 (b) GaAs의 3차원 결정 구조[4]

한 개의 고립된 원자를 고려하면, 원자의 중심에 있는 핵이 전자들을 끌어당기며, 핵에서의 거리에 반비례하는 쿨롱 퍼텐셜이 생성된다. 그림 3.2(a)에서 보듯이, 원자에 대한 양자역학적인 슈뢰딩거 방정식의 해를 통하여 퍼텐셜 우물 내부에 있는 많은 이산적인 에너지 준위들이 정의된다. 각각의 이산적인 에너지 준위들에는 파울리 배타 원리(Pauli exclusion principle)에 의하여 두 개의 전자가 채워질 수 있으며, 원자의 바닥 상태에서, 더 낮은 에너지 상태에서 더 높은 상태로 순차적으로 점유된다. 안쪽 껍질에 있는 더 낮은 에너지 상태의 전자들이 먼저 채워진다. 앞에서 언급한 바와 같이, 높은 에너지 상태들을 부분적으로 또는 완전히 채우는 최외각전자들을 (원자)가전자라 부른다. 단일 원자와 다음에 기술할 더 복잡한 계에서, 낮은 에너지 준위의 전자들 또한 원자핵 주변에서 공간적으로 더 작은 부피에 속박된다. 두 개의 원자가 가까워져서 결합을 형성하면, 그림 3.2(b)에서 보듯이 각각의 에너지 준위들은 각각 두 개의 이산적인 상태들로 분리가 일어난다. 두 원자에서의 전자들은 새로운 계에서 다시 낮은 에너지 상태부터 높은 에너지 상태까지 순차적으로 에너지 준위를 점유한다. 결정에서는 보통 $10^{23}\ cm^{-3}$의 농도로 수많은 원자들이 존재한다. 따라서 고립된 원자에서의 각각의 에너지 준위들은 그림 3.2(c)에서 보듯이 무수히 많은 촘촘하게 밀집된 상태들로 분리되며, 이를 '에너지 밴드(energy band)'라 부른다.[5, 6] 또한 이 계에서는 내부의 전자들이 가장 낮은 에너지 상태에서 가장 높은 에너지 상태에 이르기까지 순차적으로 밴드를 채워나간다. 마침내 0 K에서 가전자들이 에너지 밴드를 완전히 채우면 이 밴드를 소위 '가전자대(valence band)'라 부른다. 이는 전자에 의해 점유된 가장 높은 에너지 상태를 나타낸다.

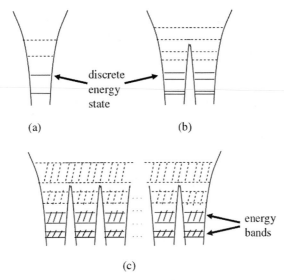

(a)　　　　　　　　　　(b)

discrete
energy
state

energy
bands

(c)

그림 3.2 (a) 고립된 원자 (b) 이 원자 및 (c) 결정 구조에서의 에너지 준위. 실선과 점선은 각각 점유된 에너지 상태(밴드)와 점유되지 않은 에너지 상태를 표현한다.

가전자는 '결합전자(bonding electron)'라고도 부르는데, 이웃한 원자들과 공유되기 때문이다. 가전자들은 원자의 최외각전자들이기 때문에, 내부 껍질에 있는 전자들에 의한 차폐효과로 인하여 핵의 영향을 훨씬 작게 받는다. 이러한 가전자들은 열에너지를 흡수하여 공유 결합에서 손쉽게 탈출하므로, 유효 질량이라는 적절한 개념을 도입하면 '자유 전자(free electron)'처럼 취급할 수 있다. 이는 그림 3.3의 에너지 밴드 다이어그램에서 보듯이, 가전자가 '전도대(conduction band)'라 부르는 다음의 더 높은 에너지 상태로 올라감을 의미한다. 가전자대 최상부의 에너지와 전도대의 바닥의 에너지를 각각 'E_v'와 'E_c'로 나타낸다. 전도대와 가전자대 사이의 에너지 차이를 '밴드갭(E_g)'이라 부르는데, 이는 두 밴드 사이에는 어떠한 에너지 준위도 허용되지 않음을 의미한다. 온도가 상승하면 더 많은 전자들이 전도대로 여기된

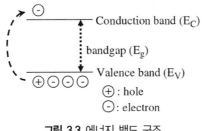

Conduction band (E_C)

bandgap (E_g)

Valence band (E_V)

$\oplus$: hole

$\ominus$: electron

그림 3.3 에너지 밴드 구조

다. 동시에 이 전자들은 격자에 양전하를 띤 '정공(hole)'을 남긴다. 만약 가전자대 내의 전자가 위치를 이동하면 한 정공을 중성화하면서 또 다른 정공을 만들어내는 과정이 반복된다. 이는 결정 내에서 전자가 움직이는 반대 방향으로 정공이 이동하는 것처럼 보이게 한다.

입자의 파동성 때문에, 전자는 다음의 드브로이 파장(de Broglie wavelength) λ를 갖는다.

$$\lambda = \frac{h}{\mathbf{p}} \tag{3.1}$$

또는

$$\lambda = \frac{2\pi}{\mathbf{k}}, \tag{3.2}$$

여기서 $h = 6.626 \times 10^{-34}$ J s는 플랑크 상수이고, $\mathbf{p}$와 $\mathbf{k}$는 각각 전자 '파동(wave)'의 운동량과 파수(wave number)이다. 자유 전자의 경우에, 운동에너지(E)는 다음과 같이 표현된다.

$$E = \frac{\mathbf{p}^2}{2m} \tag{3.3}$$

또는

$$E = \frac{(h\mathbf{k}/2\pi)^2}{2m} \tag{3.4}$$

또는

$$\frac{\mathrm{d}^2 E}{\mathrm{d}\mathbf{k}^2} = \frac{(h/2\pi)^2}{m} \tag{3.5}$$

여기서 m은 전자의 질량이다. 식 (3.2)에 따르면, 드브로이 파장은 운동량에 반비례한다. 분산 곡선의 곡률, d^2E/dk^2은 질량에 반비례한다. 하지만 반도체의 전도대 내에서 움직이는 전자의 경우에는, 드브로이 파장이 결정의 격자상수에 근접하므로, 전자 파동은 격자에 의하여 '회절(diffraction)'을 겪게 될 것이다. 전자 파장이 더 작아질수록, 즉 전자의 운동량이 더 커질수록, 회절 효과는 더욱 심각해지게 된다. 그러면, E-k 관계식은 더 이상 식 (3.3)과 같은 포물선 함수가 아니다. 상세한 E-k 밴드 구조는 양자역학적 이론으로부터 계산될 수 있다. 그림 3.4는 실리콘과 GaAs의 E-k 밴드 구조를 보여준다. 여기서 $E=0$는 가전자대의 최댓값에 해당한다. 가전자대의 최대와 전도대의 최소 사이에 밴드갭이 존재함을 알 수 있다. 여기된 전자들은 에너지의 관점에서 가장 안정한 전도대의 최소 근처에 모인다. 존재하는 모든 물질들은 그 물질이 속한 계에서 가능한 한 가장 낮고 안정한 에너지 상태에 머무르려는 성질이 있기 때문이다. 또한 이에 상응하는 정공들도 같은 이유로 가전자대의 최대 근처에 위치한다. 수직축은 서로 다른 $\mathbf{k}$ 벡터를 나타내는데, 서로 다른 값을 갖는 전자의 운동량에 상응한다. 그림 3.1에서 보듯이 원자들은 규칙적으로 배열되기 때문에 서로 다른 방향으로 움직이는 전자들은 서로 다른 주기를 경험하며 핵에서의 회절 효과도 달라진다. 실리콘에서는 가전자대의 최상부와 전도대의 바닥이 각각 $\mathbf{k}$축상의 Γ점과 X점에 있을 때, 서로 다른 $\mathbf{k}$ 벡터에 대하여 두 극값이 정해진다. 실리콘과 같이 이러한 부정합을 갖는 물질들을 '간접 밴드갭 반도체(indirect bandgap semiconductor)'

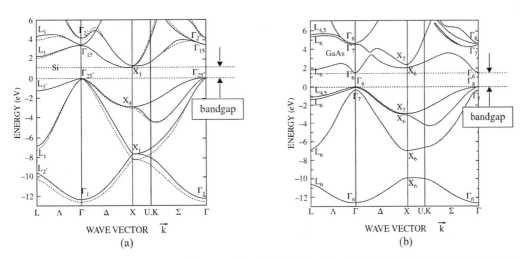

그림 3.4 (a) 실리콘과 (b) GaAs의 E-k 밴드 구조 계산.[7] 실리콘 밴드 구조에서 실선과 점선은 서로 다른 방식의 계산으로 얻은 결과이다.

라 부른다. 반면에 GaAs의 경우는 두 극값이 Γ 점에서 일치하므로 '직접 밴드갭 반도체(direct bandgap semiconductor)'라 부른다. 직접 및 간접 밴드갭 반도체 사이의 밴드 구조의 차이로 인하여 서로 상이한 광학적 특성을 나타내며, 이는 5장에서 더 깊게 논의하기로 한다. 전도대의 최소와 가전자대의 최대 근처에서 E-$\mathbf{k}$ 곡선은 거의 포물선의 형태를 가지므로 대부분의 캐리어들이 그곳에 모인다는 사실에 주목하자. 따라서 반도체의 전도대에서의 전자의 운동을 기술하기 위하여 식 (3.4)와 식 (3.5)를 다음과 같이 고칠 수 있다.

$$E = \frac{(h\mathbf{k}/2\pi)^2}{2m^*} \tag{3.6}$$

그리고

$$\frac{\mathrm{d}^2 E}{\mathrm{d}\mathbf{k}^2} = \frac{(h/2\pi)^2}{m^*} \tag{3.7}$$

여기서 m^*는 유효 질량이라 부르며, E-$\mathbf{k}$ 관계를 알면 쉽게 구할 수 있다.

3.2.2 진성 반도체 및 외인성 반도체

다른 불순물 원자들이 전혀 없는 반도체를 '진성 반도체(intrinsic semiconductor)'라 부른다. 이러한 물질에서는 캐리어의 열적 여기에 의하여 (자유)전자들과 정공들이 전도대와 가전자대에 동시에 생성된다. 따라서 자유 전자와 정공의 농도는 다음과 같이 나타낼 수 있다.

$$n = p = n_i \tag{3.8}$$

여기서 n과 p는 각각 전자와 정공 농도이고, n_i는 진성 캐리어 농도(intrinsic carrier density)로 온도와 물질의 밴드갭 에너지에 의존한다. 더 높은 온도나 더 작은 밴드갭을 갖는 물질에서는 확실히 더 많은 전자-정공쌍(electron-hole pair)들을 생성할 수 있으므로 더 큰 n_i 값을 갖는다.

반면에, 반도체에 인위적으로 어떤 불순물들을 첨가하여 전도도를 변화시킬 수 있으며, 이를 '외인성 반도체(extrinsic semiconductor)'라 부른다. 그림 3.5에서 보듯이, 비소와 같은 V족 원소나 붕소와 같은 III족 원소가 실리콘 원자를 대체하면 각각 여분의 전자나 정공이 한 개씩 더 생겨서 캐리어 농도가 효과적으로 증가한다. 이 경우에는 전도 캐리어가 각각 전자(음으로 대전된)와 정공(양으로 대전된)이므로 n형 및 p형 도핑이라 부른다. 여기서 V족과 III족 도펀트들을 보통 '도너(donor)'와 '억셉터(acceptor)'라고 부른다. 왜냐하면, 각각 실리콘 원자에 전자를 주거나(donate) 실리콘 원자에서 전자를 받기(accept) 때문이다.

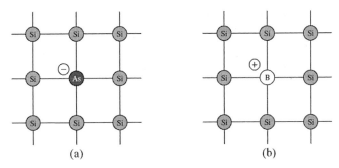

그림 3.5 실리콘 결정과 (a) 비소(As) 및 (b) 붕소(B) 불순물과의 결합의 개략도

보통 많은 결정 반도체에서는 '완전 이온화(complete ionization)' 조건하에서 생성된 여분의 전자나 정공을 거의 자유 캐리어로 취급한다. 그러나 밴드갭이 큰 일부 III-V 반도체에서는 완전 이온화가 어려울 수도 있으며, 이는 6장에서 논의하기로 한다. 에너지 준위 E에서 전자를 발견할 확률 $F(E)$는 페르미 에너지(E_F)의 개념을 도입하여 페르미-디랙(Fermi-Dirac) 통계를 따르는 것으로 다음과 같이 기술한다.

$$F(E) = \frac{1}{1 + \exp[(E - E_F)/(kT/q)]} \tag{3.9}$$

여기서 E_F는 eV 단위의 페르미 준위이고, k와 T는 각각 볼츠만 상수(1.38×10^{-23} J K^{-1})와 절대온도(단위는 K)이고, q는 단위전하량(1.6×10^{-19} C)이다. 윗 식에서 $E = E_F$일 때, $F(E) = 0.5$임을 알 수 있다. 이는 이 에너지 준위에서는 50%의 확률로 전자가 점유됨을 의미한다.

그림 3.6은 서로 다른 온도에서의 $F(E)$ 곡선의 그래프들을 보여준다. 0 K에 가까울 때에는 $F(E)$는 계단함수가 되며, E가 E_F보다 작거나 크거나 하면 $F(E)$는 각각 1과 0이 된다. 온도가 증가함에 따라, $F(E)$ 곡선은 E_F의 아래와 위에서 감소와 증가가 일어난다. 따라서 전자가 더 높은 에너지를 점유할 확률이 증가하게 되고, 온도가 증가하면 전도대의 전자 농도가 증가하게 된다.

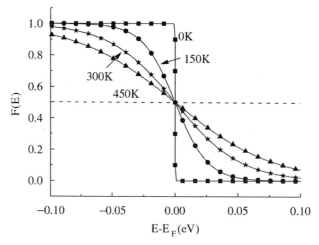

그림 3.6 서로 다른 온도에서의 $F(E)$ 곡선들

n형 반도체에서는 도너에서 자유 전자들이 생성되기 때문에 전자 농도가 정공 농도보다 더 높다. 따라서 진성 반도체의 경우보다 전도대에서 자유 전자를 발견하기가 더 쉽고, E_F 준위가 전도대 준위인 E_c 쪽으로 이동함을 의미한다. 반면에 p형 반도체에서는 E_F 준위가 가전자대 준위인 E_v 쪽으로 내려간다. 진성 반도체에서는 일반적으로 E_F가 E_c와 E_v 사이의 중간값(미드갭 에너지)에 매우 가깝다. 그러므로 어떤 반도체가 n형인지 또는 p형인지는 E_F가 각각 밴드갭의 중간 위 또는 중간 아래에 있는지를 관찰해보면 쉽게 결정할 수 있다. 이론적으로 전자 농도 n은 다음의 식으로 구할 수 있다.

$$n = \int N(E)F(E)\mathrm{d}E \tag{3.10}$$

여기서 $N(E)$는 '상태 밀도(density of state)'로, 주어진 에너지 상태에 얼마나 많은 캐리어들이 허용되는가를 나타낸다. 벌크 단결정 물질에서는 $N(E)$가 $E^{0.5}$에 비례하며, $E < E_c$이면 0이다. 이는 금지대역 내에서는 허용된 상태가 없음을 의미한다. E_c의 위로 에너지가 증가하면, 더욱더 허용된 상태의 수들이 많아지게 된다. 하지만 식 (3.9)에서 보듯이 에너지가 증가함에 따라 전자를 발견할 확률은 지수적으로 감소한다. 보통, 캐리어 농도(진성 또는 외인성)는 다음과 같이 기술할 수 있다.

$$p = n_i \exp\left(\frac{E_i - E_F}{kT/q}\right) = N_v \exp\left(-\frac{E_F - E_v}{kT/q}\right) \tag{3.11}$$

$$n = n_i \exp\left(\frac{E_F - E_i}{kT/q}\right) = N_c \exp\left(-\frac{E_c - E_F}{kT/q}\right) \tag{3.12}$$

$$pn = n_i^2 = N_c N_v \exp\left(-\frac{E_g}{kT/q}\right) \tag{3.13}$$

여기서 E_i는 eV 단위의 진성 페르미 준위로 미드갭 에너지와 매우 가깝고, N_C와 N_V는 각각 전도대와 가전자대의 유효 상태밀도이다. 페르미 준위 E_F가 E_i에서 가전자대 쪽으로 이동하면 정공 농도가 증가하고, E_F가 E_i에서 E_c 쪽으로 올라가면 전자 농도가 증가함을 알 수 있다. 식 (3.11)과 식 (3.12)를 곱하면, 식 (3.13)을 얻게 되는데, 이는 전자 농도와 정공 농도의 곱은 진성 반도체 및 외인성 반도체 모두에서 n_i^2으로 일정함을 보여준다. 예를 들어, 전자 농도를 증가시키기 위하여 도너를 도핑하는 것이 가능하지만, 이와 동시에 정공 농도가 감소함을 의미하며, 이는 p형에서도 마찬가지이다. 외인성 반도체에서는 완전 이온화 조건하에서 다음과 같이 쓸 수 있다.

$$p = N_A \tag{3.14}$$
$$n = N_D \tag{3.15}$$

여기서 N_A와 N_D는 각각 억셉터와 도너 농도이다.

300 K에서 10^{16} cm^{-3}의 붕소가 도핑된 실리콘의 캐리어 농도를 구하라. 또한 페르미 준위와 가전자대 준위 사이의 에너지 차이를 eV 단위로 구하라. 이 온도에서 $n_i = 1.45 \times 10^{10}$ cm^{-3}이고 $E_g = 1.12$ eV이다.

풀이

완전 이온화를 가정하면 식 (3.14)와 식 (3.13)으로부터

$$p = N_A = 10^{16} (\text{cm}^{-3})$$
$$n = n_i^2 / p = (1.45 \times 10^{10})^2 / 10^{16} = 2.1 \times 10^4 (\text{cm}^{-3})$$

식 (3.11)로부터

$$E_i - E_F = \frac{kT}{q} \ln(p/n_i) = \frac{1.38 \times 10^{-23} \times 300}{1.6 \times 10^{-19}} \ln(10^{16}/1.45 \times 10^{10}) = 0.35 (\text{eV})$$
$$E_F - E_v = 1.12/2 - 0.35 = 0.21 (\text{eV})$$

3.3 실리콘 물질의 분류

실리콘은 일상에서 가장 보편적으로 사용되는 반도체 물질이다. 그림 3.7에서 보듯이, 보통 실리콘의 결정화의 관점(결정립의 크기)에서 실리콘을 분류할 수 있다.[8] 가장 무질서도가 높은 계로 간주되는 a-Si 물질은 전자와 정공에 대하여 각각 1 cm^2 V^{-1} s^{-1}와 0.01 cm^2 V^{-1} s^{-1}의 낮은 이동도를 갖는다. 실리콘 원자들이 수~수십 nm 수준의 결정 구조를 갖게 되면, 나노결정 실리콘(nanocrystalline silicon, nc-Si)이라 부르며, 이동도가 더 높아진다. 결정립의 크기가 수 μm 범위까지 증가하면, 이 물질은 마이크로결정 실리콘(microcrystalline silicon, μc-Si) 및 다결정 실리콘(polycrystalline silicon, poly-Si)이라 부른다. 박막 증착 시에 제작 공정의 매개 변수들을 최적화함으로써 a-Si에서 nc-Si으로, 그리고 심지어는 μc-Si까지 결정립의 크기를 증가시킬 수 있다. 한편, poly-Si을 얻으려면 보통 용융과 재결정화 공정이 필요하므로,

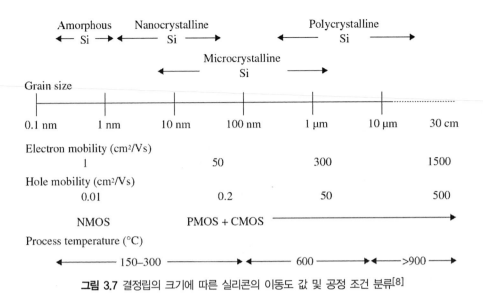

그림 3.7 결정립의 크기에 따른 실리콘의 이동도 값 및 공정 조건 분류[8]

600°C 정도인 유리의 연화점보다 훨씬 더 높은 1200°C 정도의 고온 공정을 필요로 한다. 그러나 레이저 조사에 의한 국부가열 방식을 통하여 유리 기판이나 심지어는 플라스틱 기판상에 고품질의 poly-Si 박막을 형성하는 것이 가능해졌다. 다음 절에서는 현재 디스플레이 후면 기판 기술에서 가장 보편적으로 사용되는 두 개의 활성 물질인 a-Si과 poly-Si의 재료적 특성, 공정 및 캐리어 수송에 대하여 기술하기로 한다.

3.4 수소화된 비정질 실리콘(a-Si : H)

비정질 실리콘(a-Si)은 결정 구조가 아닌 실리콘 원자들로 구성되므로 장범위 규칙성이 없다. 그러나 a-Si은 여전히 단범위 규칙성을 가진다. 이는 하나의 Si 원자가 인접한 네 개의 원자들과 공유 결합을 형성하지만 그 거리와 각도는 같지 않음을 의미한다.[9] a-Si은 주기성이 없는 구조이므로, E-k 밴드 다이어그램을 그릴 수 없다. 대신에 a-Si의 전기적 및 광학적 특성을 기술하는 데, '상태 밀도(density of state)'의 개념이 사용된다. a-Si 망(network) 구조 내의 원자들은 결합 조건에서 통계적인 차이를 보이기 때문에 전도대와 가전자대 사이의 금지대역으로 확장된, 일부 국재화된(localized) 상태들이 존재하는데, 이를 '꼬리 상태(tail state)'라고 부른다. 제자리에 놓이지 않은 원자들을 결합으로 간주하는 단결정 물질의 경우와는 달리, a-Si 내의 기본적인 결함은 '배위수 결함(coordination defect)'이다. 결합되지 않은 가전자들에 상응하는 댕글링 본드(dangling bond)들이 a-Si에 주로 존재하는 결함이다. 이러한 결함들은 밴드갭 내에 에너지를 갖는 '깊은 준위(deep level)'로 기술할 수 있다. 에너지가 더 작은 캐리어들은 이러한 준위들에 포획되어 움직일 수 없게 된다. 주입된 캐리어들의 에너지가 충분히 크면, 큰 에너지를 갖는 캐리어들은 국재화된 상태들 사이를 피해 다닐 수는 있으나, 단결정 실리콘과 비교하면 훨씬 더 낮은 이동도 값을 갖게 된다. a-Si의 전기적 특성을 개선하기 위하여, 댕글링 본드들을 패시베이션(passivation)시키는 용도로 H 원자가 도입되었다. 따라서 전자 등급 a-Si은 종종 수소화된 a-Si으로 명명되며 a-Si : H로 나타낸다.

3.4.1 a-Si : H의 전자 구조

그림 3.8 (a), (b)는 a-Si : H의 구조와 상태 밀도를 개략적으로 보여준다. a-Si : H는 장범위 규칙성이 없는 무질서한 구조를 가짐을 알 수 있다.[10] 그러므로 그림 3.4에서와 같은 E-k 밴드 다이어그램을 얻을 수 없다. 그러나 특정 에너지 준위에서 허용된 상태들의 수를 의미하는 상태 밀도의 개념을 통하여 서로 다른 에너지에서의 캐리어 농도를 기술할 수 있으므로, a-Si의 '전기적 밴드갭'과 '광학적 밴드갭'을 결정할 수 있다.

그림 3.8(a)에서 보듯이, a-Si은 대부분의 실리콘 원자들이 4배위(fourfold coordination)의 공유 결합으로 연결된 무질서한 결정망으로 볼 수 있다. 이러한 단범위 규칙성으로 인하여, a-Si : H의 전체적인 전자 구조는 단결정 Si의 경우와 비슷하다. 하지만 결합 길이와 각도가 이상적인 값으로부터 벗어나므로 금지대역 내부로 상태 밀도의 확장을 야기한다. 이것이 그림 3.8(b)에 표시된 꼬리 상태이다. 그림 3.8(a)의 더 큰 구와 더 작은 구는 각각 실리콘 원자와 수소 원자를 의미한다. 수소 원자들은 PECVD로 박막을 형성하는 과정 동안에 유입되며, 이 과정은 뒤에 기술하기로 한다. 수소 원자들은 Si-H 결합을 통하여 a-Si 내의 댕글링 본드의 수를 효과적으로 감소시킨다. 수소 원자들이 a-Si : H 결정망에서 수많은 댕글링 본드들을 패시베이션(passivation)시키지만, 그럼에도 불구하고 여전히 댕글링 본드들을 포함한 수많은 결합과 관련한 결함들이 존재하므로, 그림 3.8(b)에 나타난 밴드갭 내의 '깊은 준위'들의 원인이 된다. 그림 내의 실선은 상태 밀도를 나타내고, 암영 영역은 전자에 점유된 상태들을 나타낸다.

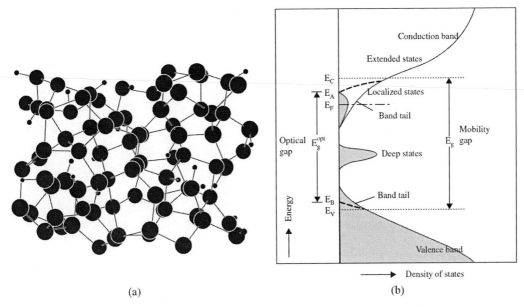

그림 3.8 (a) a-Si : H의 3차원 구조 및 (b) a-Si : H의 상태 밀도[9, 10]

3.4.2 a-Si : H 내에서의 캐리어 수송

단결정 실리콘에서는 전자들이 규칙적인 격자 내를 이동하므로, 이는 유효 질량의 개념에 의해 기술되는 자유 전자의 경우와 비슷하다. 반면에 a-Si : H 내에 존재하는 불규칙적인 퍼텐셜에 의하여, 강한 산란과 전자의 국재화가 발생할 수 있다. 그림 3.8(b)에서 펼쳐진 상태 (extended state)와 국재 상태(localized state)를 구분하기 위하여 '이동도 가장자리(mobility edge)' E_c 또는 E_v를 도입하였다. 전자들은 빈번한 산란을 거치므로, 전자의 이동도는 이동도 가장자리 위에서조차 2~5 cm^2/V·s 정도로 충분히 줄어드는데, 이는 결정 실리콘보다 현저하게 작은 값이다. '국재 상태(localized state)'에 속박된 전자들은 고온이 되면 인접한 국재 상태로 뛰어넘어가므로 전하 전도에 기여할 수 있다. 이러한 국재 상태들에는 밴드 꼬리 국재 상태와 깊은 준위 상태가 모두 포함된다.

a-Si : H에 전류를 주입하면, 우선 과잉 캐리어들이 깊은 준위들을 채우고, 다음으로 국재화된 꼬리 상태들을 채운다. 페르미 준위로부터 이동도 가장자리 위의 준위로의 열적 활성화에 의해 펼쳐진 상태에서의 전도가 일어난다. 언급한 바와 같이, 추가적으로 주입 전류를 더 증가시키면 캐리어들이 펼쳐진 상태를 채우게 되므로, 단결정 실리콘의 이동도와 비교하여 훨

씬 더 낮은 이동도 값을 갖는다. 캐리어의 포획과 탈출 과정에 의하여, a-Si : H 기반의 소자들의 동작 속도는 제한된다. 낮은 이동도는 다음 식에 의해 높은 비저항을 유발한다.

$$\rho = \frac{1}{nq\mu} \tag{3.16}$$

여기서 ρ는 비저항(단위는 Ω cm), n은 캐리어 농도(단위는 cm^{-3}) q는 전자 전하량(1.6×10^{-19}C), 그리고 μ는 캐리어 이동도(단위는 cm^2/V·s)이다. 보통 도핑을 하지 않은 a-Si이나 n형 a-Si에서는 정공의 이동도가 전자 이동도보다 훨씬 더 낮기 때문에 정공에 의한 전도는 무시할 수 있다. a-Si : H의 '이동도 갭(또는 전기적 밴드갭)'은 약 1.85 eV의 값으로, 이는 단결정 실리콘의 밴드갭(1.1 eV)보다 훨씬 더 크다. 앞에서 언급한 바와 같이, a-Si은 무작위의 구조를 가지므로 E-$\mathbf{k}$ 밴드 다이어그램을 얻는 것이 불가능하다. 그러므로 이 물질에서는 직접 및 간접 천이에 대한 선택 규칙이 완화된다. a-Si : H의 복잡한 구조 때문에 흡수 경계 영역에서의 명확한 임계치가 존재하지 않는다. 보통 '광학적 밴드갭'을 약 1.7 eV의 값으로 정의하는데, 이는 광학 흡수가 시작되는 에너지를 나타낸다. a-Si : H는 간접 밴드갭 특성을 갖는 단결정 실리콘과 비교하여 광자에 대하여 더 큰 흡수계수를 갖는다. 결과적으로 a-Si : H의 중요한 응용 분야 중의 하나는 태양광발전(photovoltaic) 소자이다.

3.4.3 a-Si : H의 제조

PECVD는 저온에서 대면적으로 고품질의 a-Si : H 박막을 만드는 일반적인 기술이다.[8] 그림 3.9는 PECVD 장치의 개략도를 보여준다. 여기서 SiH₄는 실리콘 증착을 위한 원료로 사용된다. 실리콘의 댕글링 본드들을 없애기 위하여 수소 기체가 추가로 더해진다. rf 전력에 의해 생성된 플라스마가 SiH₄를 Si과 H 라디칼(radical) 이온으로 분해하여 기판 위에 증착시킨다. 표준 기판 온도는 약 250℃로 라디칼 원자들이 표면을 가로질러 이동하여, 서로 간에 화학 결합을 형성하고 충분한 수소의 혼입을 통해 a-Si : H가 증착될 수 있게 해준다. 공정 온도를 유리는 600℃ 이하로, 플렉서블 기판은 200℃ 이하로 제한하면서, 높은 생산성과 고품질의 a-Si : H을 얻기 위하여, 기체 유량, rf 전력, 챔버 압력, 기판 온도, SiH₄/H₂ 비율 등의 제작

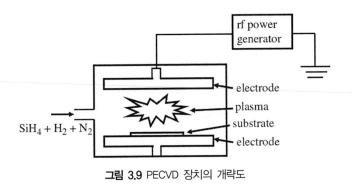

그림 3.9 PECVD 장치의 개략도

변수들을 고려하고 최적화하여야 한다. 특정 공정 조건하에서, 예를 들어 더 작은 SiH_4/H_2 비율, 더 높은 플라스마 전력 밀도 및 더 두꺼운 박막의 증착에서는 a-Si : H보다는 nc-Si이나 심지어 μc-Si 결정을 얻을 수 있다.

3.5 다결정 실리콘

그림 3.7에서 보듯이, a-Si보다 poly-Si을 사용하면 결정립 크기가 더 크기 때문에 전기적 특성이 보다 우수하여 많은 장점들이 나타난다. 앞에서 언급한 바와 같이, TFT는 불투명하고 가시광선에 민감하므로 소자로 빛이 조사되는 것을 막기 위하여 차폐가 필요하다. 따라서 LCD와 다른 비발광형 소자에 있어, TFT 영역은 정보의 디스플레이에 기여하지 못한다. TFT 의 전기적인 특성이 개선되면 TFT의 크기를 더 줄일 수 있게 된다. 그렇게 되면 (i) 빛을 변조하는 각 화소의 면적 비율(개구율이라 불림)이 증가하여 주어진 백라이트 광전력에 대하여 휘도 출력이 더 증가하고, (ii) 디스플레이의 해상도가 증가한다. 또한 정공 이동도의 증가로 n형 TFT뿐만 아니라 p형 TFT까지도 제작이 가능하다. p형 및 n형 poly-Si TFT는 특성(특히 이동도와 속도)이 매우 우수하기 때문에 유리 기판 위에 주변 구동 회로(peripheral circuit)를 직접 만드는 데 사용될 뿐만 아니라 다결정 실리콘 TFT 기반 디스플레이의 화소 내에 있는 스위칭 요소로도 사용되며, 이를 통하여 구동 집적회로(integrated circuit, IC)의 비용과 패널 제작의 복잡도를 대폭 절감할 수 있게 된다.

3.5.1 다결정 실리콘 내에서의 캐리어 수송

다결정 Si는 결정립 경계에서 서로 연결된 결정립들로 구성된다. 결정립 내에서는 원자들이 규칙적으로 배열된다. 결정립 경계에서는 응력을 갖는 Si-Si 결합이나 댕글링 본드와 같은 많은 결함들이 존재한다. 결정립 경계에서의 결함들은 밴드갭 내에 포획 준위들을 생성하여, TFT의 성능을 떨어뜨린다. 예를 들어, 이동도와 S 기울기(subthreshold slope)가 감소하고, 문턱 전압과 암 누설전류가 증가하며, 전기적인 전압 응력 안정성(bias stress stability)이 나빠진다.

Seto가 결정립 경계에서의 캐리어 포획을 포함하는 단순화된 모형을 제안하였는데, 이는 다결정 Si의 전기적 수송 특성을 이해하는 데 활용될 수 있다.[11] 이 모형에서 다결정 Si는 결정립 크기가 L인 동일한 결정체들로 이루어진다고 가정한다. 도핑을 통하여 다결정 Si에 캐리어들을 도입하지만, 이 자유 캐리어들은 결정립 경계와 연관된 결함 준위에 포획되어 결정립으로부터 고갈된다. 이와 같은 전하의 포획으로 인하여, 결정립 경계에 퍼텐셜 장벽이 형성된다. 결정체 내에 캐리어들이 완전히 고갈되고 포획 준위들은 부분적으로 채워져 있다는 조건하에서 결정립 경계에서의 퍼텐셜 장벽 높이 V_B는 다음과 같이 주어진다.

$$V_B = qLN_d/8\varepsilon \qquad (3.17)$$

여기서 q, L, N_d 및 ε은 각각, 쿨롱(C) 단위의 전하, cm 단위의 결정립 크기, cm^{-3} 단위의 도핑 농도 및 Farad/cm (F/cm) 단위의 유전율이다. 포획 준위 내에 고립된 전하들 수의 증가, 다시 말해서 도핑 농도의 증가에 선형적으로 비례하여 퍼텐셜 장벽 높이가 증가한다. 모든 포획 준위들이 채워지면, 도핑에 의해 도입된 추가적인 캐리어들은 결정립 경계에 있는 포획된 전하들을 차폐하므로 퍼텐셜 장벽 높이는 다음과 같아진다.

$$V_B = qQ_t^2/8\varepsilon N_d \qquad (3.18)$$

여기서 Q_t는 cm^{-2} 단위로 주어지는 결정립 경계에서의 포획 준위의 면적 밀도이다. 이 조건하에서 V_B는 캐리어 농도에 반비례한다. 그림 3.10은 퍼텐셜 장벽 높이를 도핑 농도의 함수로 묘사하고 있다. 결정립 경계에서의 퍼텐셜 장벽은 $N_d = qQ_t/8\varepsilon$에서 $V_B = qQ_t/8\varepsilon$으로 최댓값에 도달함을 알 수 있다. 이 조건에서 모든 포획 준위들은 채워지고 결정립은 완전히 고갈된다. 이와 같은 분석을 기반으로 결정립 크기가 증가하고 결함 밀도가 감소할수록, 다결정 Si의 전기적 특성이 개선됨은 자명함을 알 수 있다.

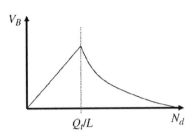

그림 3.10 다결정 Si의 결정립 경계에서 농도의 함수로 나타낸 퍼텐셜 장벽 높이

3.5.2 다결정 실리콘의 제조

고품질의 다결정 Si을 얻을 수 있는 실현 가능한 방법은 기판에 열을 전혀(또는 거의) 가하지 않고 a-Si을 용융시키는 것이다. 액체에서 고체 상태로 냉각되는 과정에서 실리콘은 일부 실리콘 씨앗에서 재결정화가 일어나면서 결정립의 크기가 더욱 커진다. 보통 적합한 파장을 갖는 레이저를 선택하여 조사하게 되면 유리 기판은 투과하고 a-Si에만 효과적으로 흡수되어 a-Si을 녹이고 다결정 Si으로 변환시킬 수 있다.[12] 앞에서 언급한 바와 같이, a-Si은 PECVD에 의한 박막 성장 시에 발생하는 상당한 비율의 수소 원자들과의 결합을 포함한다. 따라서 고출력 레이저의 조사에 의하여, Si-H 결합이 신속하게 끊어지면서 대량의 H_2 기체들이 형성되고, 이 기체들이 다결정 Si의 외부로 빠져나오면서 박막의 박리를 야기한다. 그러므로 재결정화 전에 탈수소화(dehydrogenation) 공정을 먼저 수행하여야 하며, 이는 기판을 가열하거나 저출력 밀도를 갖는 레이저를 조사하는 방식으로 달성할 수 있다. 그러나 더 큰 크기의 결정립을 갖는 다결정 Si층을 형성한 후에도, 결정립의 경계에는 댕글링 본드에 의해 생성된 포획 준위들이 여전히 많이 있으므로, 이들을 패시베이션하기 위한 또 다른 수소화 공정이 필요하다. 보통 이러한 패시베이션 공정을 수행한 후에는 갓 성장한 다결정 Si과 비교하여 결함 밀도가 1/10 정도로 감소한다.

실리콘을 녹이기 위해 적절한 레이저를 선택하는 과정에서는 이와 관련된 흡수계수가 더 큰 단파장의 광원이 선호된다. 그러나 레이저의 파장이 지나치게 짧으면, 레이저 광이 유리 기판에 의해 흡수될 수 있다. 실리콘 재결정화에는 보통 발진 파장이 308 nm인 XeCl 엑시머 레이저가 사용되며, 이 공정을 엑시머 레이저 열처리(excimer laser anneal, ELA)라고 부른다. 여기서 제논(Xe)은 불활성 기체이지만, 전기 방전에 의해 들뜬 상태로 올라가면 염소(Cl)와 반응하여 XeCl을 생성한다. 다음으로 에너지를 방출하고 바닥 상태로 되돌아오는 과정에서 빛을 방출하고, 마침내 Xe과 Cl 원자로 분리된다. XeCl 레이저는 펄스 지속시간(pulse duration)이 수십 나노초 정도인 펄스 레이저이다. 이렇게 짧은 시간 동안, 실리콘 박막은 녹는점 이상으로 가열된다. 녹았던 실리콘은 다시 식으면서 결정립의 경계가 더욱 커진다. 또한 펄스 폭이 좁기 때문에 열이 과도하게 발생하지 않고 기판을 전혀(또는 거의) 가열하지 않는 상태로 방열이 가능하다. 유리는 열전도도가 낮으므로 열이 오직 Si의 아래에 있는 유리 기판의 표면만을 녹일 수도 있다. 그러나 이 열은 유리의 반대쪽 면을 통하여 빨리 공기 중으로 방열될 수 있다.

레이저 결정화 공정은 빛에너지를 열에너지로 바꿔서 실리콘을 녹이는 데 사용한다. 빛은 실리콘 박막의 표면에서 유리 기판 쪽으로 진행하므로, 표면의 실리콘이 먼저 녹는다. mJ/cm^{2}의 단위인 레이저 플루언스(laser fluence)가 증가하면, 더 많은 실리콘들이 액체가 되며 결국은 전체 박막이 완전히 녹는다. 그림 3.11은 레이저 플루언스에 따른 이동도와 결정립 크기를 나타낸 그래프이다. 이 두 매개 변수들 사이에는 분명한 의존성이 있다. 또한 poly-Si 박막의 현미경상을 볼 수 있다. 레이저 플루언스의 증가에 따라 처음에는 결정립 크기와 이동도가 증가하다가 특정 값을 지나면 다시 감소함을 알 수 있다. 저에너지의 레이저빔을 조사하면, 박막은 균일하고 a-Si상은 poly-Si으로 변환되지 않으므로 결정립 크기와 이동도는 낮은 상태로 있게 된다. 펄스 에너지가 증가하면, a-Si이 녹기 시작하며 박막의 상부 표면에서 poly-Si이 형성된다. 이 단계에서는 용융 깊이가 박막의 두께보다 얇으며, poly-Si은 하부의 a-Si에 의해 주어진 씨앗에서 수직 방향으로 고화가 일어난다. 따라서 이를 '부분 용융(partial-melting)' 영역이라 부른다. 레이저 플루언스가 더욱 증가하면, 박막은 완전히 용융된다. 그러나 박막-유리의 계면에는 여전히 일부 실리콘이 고체 상태로 남는다. 이 실리콘이 연속적인 막보다는 이산적인 섬들을 형성하여, 재결정화를 위한 씨앗이 된다. 펄스 에너지가 더 증가하면, 핵생성 자리의 수가 줄어들게 되어 결정립의 크기가 증가하게 된다. 결정성장은 수직 방향뿐만

아니라 수평 방향으로도 일어난다. 이 단계에서는 레이저의 플루언스가 증가함에 따라 결정
립 크기와 이동도가 증가하며, 그림 3.11에서 보듯이 약 325 mJ/cm²에서 최댓값에 도달한다.
이 영역을 '완전 용융 근접(near-complete-melting)' 영역이라 부른다. 레이저 에너지가 매우 높
아지면, 전체 박막과 핵생성 자리들이 모두 용융되게 된다. 이 경우에는 액체 실리콘상의 어
딘가에서 자발적으로 핵생성이 시작되므로, 결정화는 특별히 선호하는 방향이 없이 거의 균
질하게 일어나며, 결정립의 크기는 다시 줄어든다. 이를 '완전 용융(complete-melting)' 영역이
라 부른다.

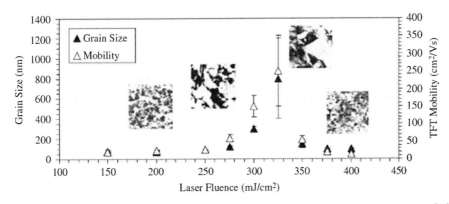

그림 3.11 서로 다른 플루언스 조건의 레이저 조사에 따른 결정립 크기, TFT 이동도 및 박막 사진[13]

비록 큰 결정립 크기와 고이동도를 갖는 poly-Si을 얻는 것이 가능하지만, 최적의 공정 범
위가 매우 좁아서(<50 mJ/cm²), 대면적의 안정적인 TFT를 제작하는 데 어려움이 있을 알 수
있다. 게다가 엑시머 레이저의 조사 면적은 보통 유리 기판 면적보다 훨씬 더 작기 때문에
균일하고 안정적인 레이저 빔을 필요로 하는 ELA 공정에서는 주사 장치(scanning stage)가 사
용된다. 공정 허용 범위를 늘이고 소자 성능을 더욱 개선하기 위하여, 멀티샷 선형 빔 주사
기술(multi-shot line beam scanning technique)을 사용할 수 있다. 그림 3.12에서 보듯이, 샷의
수를 증가시킴에 따라 결정립의 크기가 괄목할 만큼 증가하고 샷 간 변동의 효과도 감소
한다.

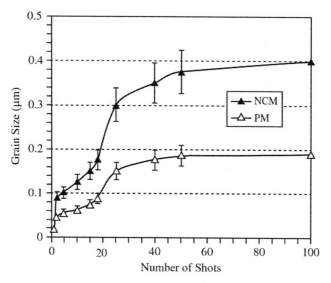

그림 3.12 샷의 수에 따른 결정립의 크기(NCM : 완전 용융 근접, PM : 부분 용융)[13]

3.6 박막 트랜지스터

3.6.1 TFT의 기초

TFT는 3단자 소자이다. 그림 3.13에서 보듯이 그중 하나는 '게이트(gate, G)'라 부르며, '소스(source, S)' 및 '드레인(drain, D)'이라 부르는 다른 두 단자 사이를 열거나 닫는 스위치로 작용한다. n채널 TFT에서는 전도 캐리어가 전자이다. 따라서 전자는 인가된 전기장에 의해 소스 전극에서 드레인 전극 쪽으로 표동되므로 드레인 쪽에서 소스 쪽으로 전류가 흐르게 한다. 스위칭 구조는 단결정 실리콘 기반의 IC 분야에서도 널리 사용되는 금속-부도체-반도체(metal-insulator-semiconductor, MIS) 구조에 기반을 두고 있다. 이러한 구조에서는 (게이트) 금속에 인가된 퍼텐셜이 부도체의 반도체 쪽에서 캐리어들을 끌어당기거나 밀어낼 수 있으므로, 반도체 채널에서의 캐리어 농도를 변화시킬 수 있다. 이는 채널의 전도도를 효과적으로 변조할 수 있게 하므로, 각각 고전도도와 저전도도로 스위치를 닫고 여는 데 사용될 수 있다.

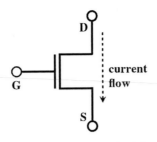

그림 3.13 TFT의 표시법과 개략도

그림 3.14(a)는 V_G =0에서의 이상적인 MIS 구조의 밴드 다이어그램을 보여준다. 여기서는 우선 포획 준위가 없는 이상적인 격자 구조의 단결정 실리콘으로서의 반도체를 고려하자. 또한 이 그림에서는 금속의 일함수(ϕ_m, 전자를 금속에서 진공 중으로 빼내는 데 필요한 에너지)가 반도체의 페르미 준위와 정렬된 상황을 보여주는데, 서로 다른 금속과 반도체 물질에 대해서는 항상 맞지는 않는다. 부도체는 밴드갭 에너지가 매우 크며, 이 층의 내부에는 캐리어가 전혀 없다. 그림 3.14(b)에서 보듯이, 금속 쪽에 양 전압을 인가하면 반도체 표면에 있는 음전하들을 끌어당긴다. 이 캐리어들은 금속-산화물 계면에 축적되며, 이 경계에서의 전자 농도가 효과적으로 증가한다. 식 (3.12)로부터, 전자 농도의 증가는 페르미 준위 E_F와 E_c가 더 가까워지게 하며, 그림 3.14(b)에서 보듯이, 이는 전도대와 가전자대의 밴드 휨(band bending)을 야기함을 알 수 있다. 균일한 반도체층(전체적으로 동일한 물질과 도핑 농도를 갖는)에서는 페르미 준위가 평평해야 한다. 만약 그렇지 않으면, E_F가 높은 위치에서 낮은 위치로 전자가 이동하여 E_F를 평평하게 해야 한다. 왜냐하면 페르미 에너지는 그 에너지 상태에서 전자를

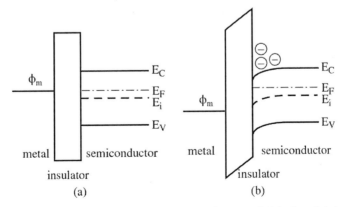

그림 3.14 이상적인 MOS 구조의 (a) V_G =0 및 (b) V_G >0에서의 밴드 다이어그램

점유할 확률을 나타내기 때문이다. 그림 3.14(a)에서는 모든 밴드가 다 평평하며, 이를 보통 '플랫 밴드(flat band)' 조건이라 부른다. 그러나 이상적이지 않은 조건에서는 V_G =0에서도 성립할 필요가 없다.

TFT 성능은 통상의 금속-산화물 반도체 전계 효과 트랜지스터(metal-oxide semiconductor field-effect transistor, MOSFET)와 유사한 방식으로 모형화하고 평가할 수 있다. 게이트 전압은 채널 전도에 영향을 주며, 이러한 전도의 온/오프 스위칭(on/off switching)을 제어한다. n채널 TFT에서 드레인에서 소스로 흐르는 (통상의) 전류(I_D)가 게이트에 의하여 변조되며, 또한 드레인 전압(V_D)에 의존한다. 보통 소스는 접지된다(V_S =0). n채널 TFT의 I-V 특성은 다음의 식으로 기술될 수 있다.

$$I_D = \frac{1}{2}(\mu_n C_i)\left(\frac{W}{L}\right)[2(V_G - V_T)V_D - V_D^2], \quad 0 \leq V_D \leq V_G - V_T \tag{3.19}$$

$$I_D = \frac{1}{2}(\mu_n C_i)\left(\frac{W}{L}\right)(V_G - V_T)^2, \quad V_D > V_G - V_T \tag{3.20}$$

여기서 μ_n은 전자 이동도($cm^2/V \cdot s$), C_i는 부도체층의 단위면적당 전기용량(F/cm^2), W는 채널 폭, L은 채널 길이(소스와 드레인 사이의 길이) 및 V_T는 문턱 전압(소스와 드레인 사이에 전도 경로를 생성하기 위한 최소의 게이트 전압)이다.

그림 3.15(a)~(c)는 a-Si TFT의 일반적인 전기적 특성을 보여준다. 그림 3.15(a)는 서로 다른 V_G 값에 따른 I_D-V_D 곡선을 보여주며, 보통 출력 특성 곡선이라 부른다. 충분히 큰 양(+)의 V_G에 대하여, 채널이 전도가 되게 하는 움직이는 전자들이 생겨난다. 따라서 V_D가 증가함에 따라, $V_D = V_G - V_T$가 될 때까지 I_D는 계속 증가하며, 이를 '선형 영역(linear region)'이라 부른다. 채널 영역은 어느 정도 저항과 유사해서, V_D가 증가하면 전류가 증가하는 것은 타당하다. 전압을 더 증가시키면, 채널은 더 큰 전류 밀도를 지탱할 수가 없게 되어, '포화 영역(saturation region)'에 도달한다. 게이트 전압이 증가하면 전자들을 더 많이 끌어당겨서 부도체-반도체 계면에 축적시키고 이는 전류 전도에 기여하므로 포화 전류가 증가한다.

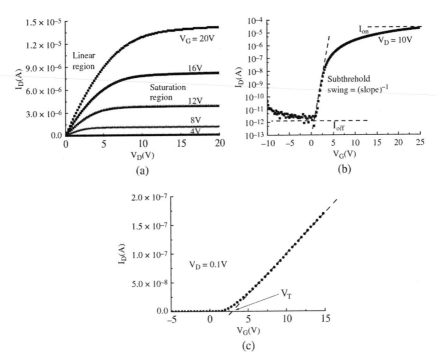

그림 3.15 채널 폭과 길이가 각각 200 μm 및 27 μm인 a–Si TFT의 (a) 출력 특성 (b) 전달 특성 및 (c) 작은 V_D 값에서의 I_D 대 V_G 특성

그림 3.15(b)는 V_D =0.1 V와 10 V에서의 $\log (I_D)$ - V_G 곡선을 보여주며, '전달 특성 곡선(transfer characteristic curve)'이라고도 부른다. V_D =10 V일 때, V_G 가 증가함에 따라, $V_G < -1$ V의 범위에서는 I_D 가 매우 작으며(약 10^{-12} A), 0에서 5 V 범위에서는 10^{-12} A에서 10^{-6} A로 급격히 증가하고, 약 10^{-5} A에서 ON 상태 전류에 도달한다. 전달 특성으로부터, TFT의 'ON/OFF 비(on/off ratio)'를 구할 수 있으며, 이는 측정된 최소 전류에 대한 ON 전류의 비이다. 더 높은 ON 전류는 화소에 더 우수한 구동 성능을 제공하며, 더 낮은 OFF 전류는 누설 전류가 더 낮음을 의미하므로 더 큰 ON/OFF 비가 선호된다. 식 (3.19)와 식 (3.20)에서 보듯이, 이동도가 값이 증가하면 효과적으로 ON 전류를 증가시키는 데 도움이 된다. V_T 값을 정량적으로 결정하기 위해서는 선형 스케일의 I_D-V_G 곡선을 관찰하는 것이 더 용이하다. 그림 3.15(c)는 낮은 I_D 영역에서 작은 값의 V_D(=0.1 V)를 인가한 경우의 I_D-V_G 곡선을 보여준다. 여기서 작은 V_D 값으로 인하여 TFT는 선형 영역에서 동작한다. 따라서 식 (3.19)는 다음과 같이 근사된다.

$$I_D \sim (\mu_n C_i) \left(\frac{W}{L} \right) (V_G - V_T) V_D \tag{3.21}$$

식 (3.19)에서 V_D^2 항은 매우 작으므로 무시할 수 있다. V_T 는 이 TFT를 켜는 데 필요한 전압이며, $V_G = V_T$ 에서 $I_D = 0$ 이므로 x 절편에서 V_T 를 구할 수 있다. 일단 V_T 를 구하면, 식 (3.19)와 식 (3.20)에 데이터를 적용하여 이 소자를 위한 이동도 값을 구할 수 있다. V_T 보다 큰 값에서는 채널을 통하여 상당한 전류가 흐른다. 반면에 그림 3.15(b)로부터, '문턱 전압 이하 스윙(subthreshold swing)'을 정의할 수 있다. 이는 V/decade의 단위로 $\log(I_D) - V_G$ 곡선의 기울기의 역수이다. 이 매개변수는 TFT를 켜고 끄는 데 전압의 변화가 얼마나 필요한지를 정량화한다. 문턱 전압 이하 스윙이 작을수록 속도가 더 빠르고 전력 소비가 더 작기 때문에 더 선호된다.

일반적인 TFT들은 게이트가 상부에 있는지 또는 하부에 있는지에 따라 각각 정상(normal) 구조 또는 역(inverted)구조로 구분할 수 있다. 또 다른 구분은 드레인/소스와 게이트가 채널 면과 동일면에 있는지 아니면 반대쪽 면에 있는지에 따라 각각 코플래너(coplanar) 구조와 스태거드(staggered) 구조로 구분한다. 그러므로 그림 3.16에서 보듯이, 기본적으로 네 가지의 서로 다른 종류의 TFT 구조들이 있다. 서로 다른 구조들은 서로 다른 제작 공정들의 결과물이며 서로 다른 소자 특성을 나타낸다. 보통 a-Si : H TFT에는 하부-게이트를 갖는 역스태거드(inverted staggered) 구조를 사용하며, 다결정 Si TFT에서는 상부-게이트를 갖는 정상 코플

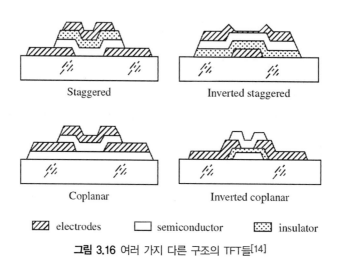

그림 3.16 여러 가지 다른 구조의 TFT들[14]

래너 구조가 널리 적용된다. 대다수의 유기 TFT는 스태거드 또는 코플래너 모두 하부-게이트 구조로 제작된다. 산화물 반도체 TFT에서는 이 네 가지 구조가 모두 사용되었다.

3.6.2 a-Si : H TFT

a-Si : H TFT는 능동 행렬 어레이에서의 스위칭 소자로 널리 사용된다. 그림 3.17은 유리 기판 위에 제작된 a-Si TFT의 일반적인 단면 구조를 보여준다. SiN$_x$ 게이트 유전체를 가진 역 스태거드 구조는 다른 구조들과 비교하여 제작이 쉽고 전기적 특성이 더 우수하다는 장점이 있다. 게다가 a-Si : H 채널은 빛에 민감하다. 이 소자 구조에서는 하부 금속 게이트가 AMLCD 디스플레이 시스템의 바닥 면을 조사하는 빛으로부터 효과적으로 채널을 차폐시켜 빛에 의해 야기되는 a-Si : H의 열화를 막을 수 있다.

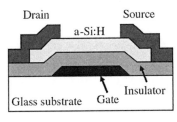

그림 3.17 a-Si : H TFT의 단면 구조

그림 3.14에서 보듯이, a-Si : H를 반도체 물질로 사용할 때의 밴드 휨 거동은 단결정 실리콘의 경우와 거의 비슷하지만 약간의 차이가 있다. 보통 a-Si : H TFT는 V_G =0에서 플랫 밴드 조건이 성립한다.[14] 그러나 금속 전극에 양 전압을 인가할 때(작은 V_G)에는 a-Si에서의 포획 준위들이 중요해진다. 산화물과 반도체 사이의 계면에 축적된 전자들이 깊은 준위들과 꼬리 상태들을 먼저 채워 이동도가 0인 상태가 된다. 이 캐리어들은 국재화되어 있으며 움직일 수 없다. V_G를 더 증가시켜서 문턱 전압(threshold voltage) V_T 이상이 되면, SiN$_x$ 게이트 유전체와 a-Si : H 채널(channel)층 사이의 계면에 움직이는 캐리어들을 갖는 얇은 층이 형성된다. 그러므로 V_G를 이용하여 계면에서의 전자 경로를 생성하고 제어할 수 있다. a-Si : H TFT의 통상의 전계 효과 이동도, 문턱 전압 및 ON/OFF 비는 각각 $1 \sim 1.5 \, \mathrm{cm^2/V \cdot s}$, $1 \sim 3$ V 및 $10^6 \sim 10^8$이다.

a-Si : H TFT의 제조 공정은 다음과 같다. 먼저 게이트 전극은 보통 크롬, 탄탈럼 또는 알루미늄을 이용하여 증착한다. 다음으로 게이트 전극을 덮는 실리콘 질화막(silicon nitride, SiN_x) 또는 실리콘 산화막(silicon oxide, SiO_x)과 같은 절연층을 PECVD를 이용하여 균일하게 형성한다. 다음으로 MIS 구조를 완성하기 위하여 부도체층의 상부에 a-Si : H를 증착한다. 다음으로 a-Si : H층의 우측과 좌측에는 각각 드레인 전극과 소스 전극이 형성되며, 보통 고농도로 도핑된 n형 a-Si : H(n^+ a-Si : H) 위에 크롬/알루미늄 다층막을 적층한 형태로 되어 있다. 여기서 전류 주입을 개선하기 위하여 n^+ a-Si : H는 채널층(a-Si : H)과 오믹 접촉을 형성한다.

3.6.3 Poly-Si TFT

Poly-Si에서의 전계 효과 이동도는 a-Si : H보다 훨씬 더 크다. Poly-Si의 가공 방법과 품질에 따라 전자의 전계 효과 이동도는 $10\sim500\,cm^2/V\cdot s$, 정공의 전계 효과 이동도는 $10\sim200\,cm^2/V\cdot s$ 범위의 값을 갖는다. Poly-Si TFT의 높은 이동도로 인하여 구동 소자 및 스위칭 소자 모두에서 사용이 가능하다. 추가적으로 a-Si : H TFT와 비교하여, 스위칭 소자에서 더 좁은 채널을 사용할 수 있다. 이는 개구율을 더 높이고, 게이트의 기생 전기용량을 줄여준다. 더불어 poly-Si으로 n채널 및 p 채널 TFT 모두를 제조할 수 있으므로, 상보형 금속-산화물-반도체(complementary metal-oxide-semiconductor, CMOS) 회로의 적용이 가능하며, 따라서 낮은 소비전력을 갖는 완전 집적회로 소자의 제작을 기대할 수 있다.

a-Si을 poly-Si으로 변환하는 데 사용하는 레이저 재결정화 공정의 한계로 인하여 poly-Si TFT 제조의 시발점은 하부에 어떤 층도 두지 않은 평탄하고 연속적인 Si 박막이 된다. 따라서 보통 코플래너 상부-게이트 구조로 제작된다. 단결정 Si MOSFET과 마찬가지로, SiO_2 게이트 절연체는 poly-Si 채널에 더 우수한 품질의 계면을 제공한다. 그림 3.18은 poly-Si TFT의 전형적인 공정 흐름도를 보여준다. 기판 위에 유전체 버퍼층을 증착하고, 다음으로 a-Si층을 증착한다. 다음으로 3.5.2절에서 기술한 바와 같이, 엑시머 레이저 열처리에 의해 박막이 결정화된다. 재결정화 이후에는 CVD법에 의해 게이트 절연체로 SiO_2층을 증착하고, 이어서 a-Si 게이트를 증착한다. 게이트를 형성한 다음에는, 소스 및 드레인 영역을 형성하고 a-Si 게이트를 도핑하기 위한 이온 주입 공정이 수행되고, 주입한 이온들을 활성화하기 위한 가열로에서의 열처리 단계가 수행된다. 다음으로 교차 고립을 위한 산화막이 증착되고, 콘택트 홀(contact hole)이 식각된다. 마지막으로, 금속층을 증착하고 패터닝하여 소스, 드레인 및 게이트 전극을 형성한다.

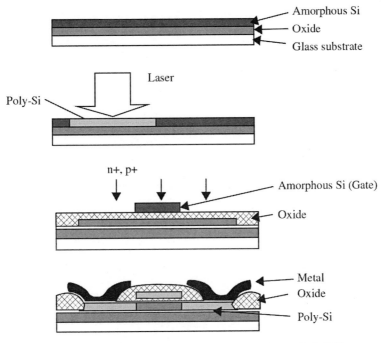

그림 3.18 코플래너 상부-게이트 poly-Si TFT의 제조 공정 단계[15]

3.6.4 유기 TFT

유기 TFT(Organic TFT, OTFT)의 가장 중요한 장점 중의 하나는 제조 공정이 저온에서 이루어지고 플렉서블 기판을 사용할 수 있다는 점이다.[16] 유기물 박막을 형성하는 데에는 몇 가지 방법들이 사용될 수 있다. 저분자량을 갖는 유기 반도체들은 대부분 충분한 증기압을 가지므로 진공 열증착법(thermal evaporation)에 의해 증착이 이루어진다. 대부분의 OTFT는 p형 채널을 기본 구조로 하고 있다. 유기 반도체에서의 전하 수송은 6.4.2절에서 논의하기로 한다. 펜타신(pentacene)은 p형 채널 TFT에 사용되는 가장 대표적인 저분자 유기물 중의 하나이다. 그림 3.19(a)에 펜타신의 분자 구조를 나타내었다. OTFT에서 얻을 수 있는 이동도 값은 분자 부착 배열, 표면 형상 및 결정립 크기와 같은 여러 가지 파라미터들에 따라 변한다. 증착률 및 기판 온도와 같은 제작 공정상의 파라미터들을 조절하면, 수십 nm의 결정립 크기와 약 1 cm²/V·s의 개선된 이동도를 갖는 박막 펜타신을 얻을 수 있다.[17] 그림 3.19(b)의 분자 구조를 갖는 루브린(rubrene)과 같은 단결정 유기물 박막을 성장하면, OTFT의 이동도 값은 약 20 cm²/V·s 또는 그 이상까지도 커질 수 있다.[18]

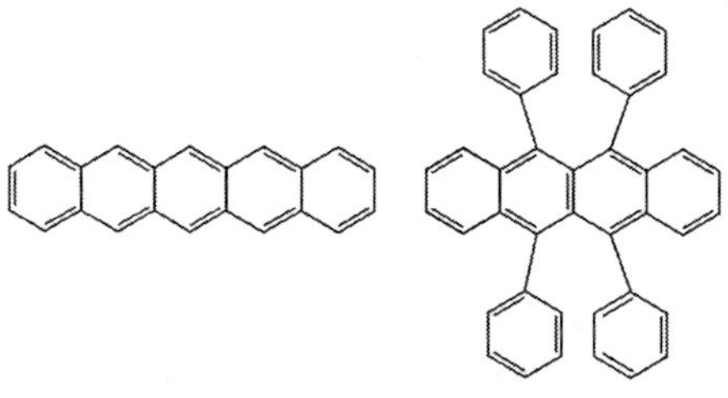

그림 3.19 (a) 펜타신과 (b) 루브린의 분자 구조

많은 유기 반도체들은 유기용제를 잘 선택하여 사용하여 성공적으로 녹일 수 있으므로, 용액 공정이 가능해진다. 이렇게 되면 기판 위에 유기물 용액을 스핀 코팅(spin-coating), 잉크젯 프린팅(ink-jet printing), 스탬핑(stamping) 또는 임프린팅(imprinting)하는 것이 가능해진다.[19] 용제를 증발시키고 난 다음에는 박막 구조의 유기물만 남게 된다. 유기물 박막의 제작과 관련한 상세한 내용들은 6.5.3절에서 논의하기로 한다.

많은 OTFT들은 수분이나 산소와 같은 환경종들에 민감하므로, 센서 응용에도 적합하다.[20] 하지만 이는 디스플레이로의 응용을 위한 안정적인 소자를 얻는 것이 어려움을 의미하기도 한다. 따라서 소자를 제작하는 동안, 유기물 박막을 형성한 다음 환경종들의 공격을 피하기 위한 목적으로 곧바로 패시베이션 공정을 수행한다. 그림 3.20은 두 가지의 보편적인 소자 구조를 보여준다.[21] 유기물 박막의 형성 전에 절연체층이 형성되어야 하므로, 두 가지 모두 역구조 방식으로 되어 있다. 하부 전극 소자에서는 유기물층이 소자의 상부에 증착된다. 이 구조에서 드레인, 소스, 게이트 및 절연체는 일반적인 포토리소그래피에 의해 형성될 수 있으므로, 1 μm 이하의 고해상도를 제공하는 것이 가능하다. 반면에 상부 전극 소자에서는 유기물층이 먼저 형성되고, 다음으로 섀도마스크(shadow mask)를 이용한 증착에 의해 드레인 및 소스 전극이 형성된다. 이 구조에서는 해상도가 수십 μm 정도로 제한된다. 소자의 성능을 비교해보면, 보통 상부 전극을 갖는 OTFT가 하부 전극 방식과 비교하여 전극 면적이

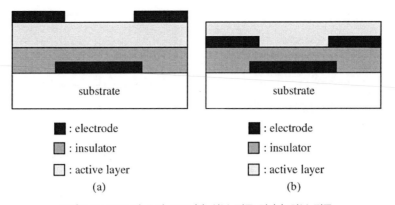

그림 3.20 OTFT의 소자 구조: (a) 상부 전극 및 (b) 하부 전극

더 넓고 접촉저항이 더 작으므로 더 우수한 특성을 보인다. 일반적으로 분자 박막은 공유 결합을 하는 반도체 물질과 비교하여 훨씬 더 낮은 이동도 값을 가지므로, OTFT에 의해 제공되는 전류는 a-Si : H와 poly-Si 기반 TFT의 전류와 비교하여 더 작음을 의미한다. 또한 OTFT에서는 의도적인 도핑에 의해 캐리어 농도를 변화시키는 것이 어렵기 때문에, 소자 설계의 유연성을 제한한다. 또한 OTFT에서는 동작 및 보관 과정에서의 장기 안정성(long-term stability)이 여전히 과제로 남아 있다.[22]

3.6.5 산화물 반도체 TFT

대부분의 TFT들은 빛에 민감한 특성을 갖기 때문에, 활성 영역에 광 차폐 구조가 필요하게 되어 디스플레이의 개구율을 제한한다. 산화아연(zinc oxide, ZnO)과 같은 밴드갭 에너지가 큰 물질을 사용하면, 가시광 영역에서 흡수가 거의 없다. 따라서 빛에 민감하지 않은 투과형 TFT(transparent TFT, TTFT)를 제작하는 것이 가능하며, 개구율을 획기적으로 증가시킬 수 있다.[23] 그림 3.21은 ZnO 기반 TFT의 소자 구조 및 투과 스펙트럼을 보여준다. 여기서 모든 전극들(게이트, 드레인 및 소스)은 투명한 인듐주석산화물(indium tin oxide, ITO)로 되어 있다. 절연층은 알루미늄-티타늄산화물(aluminum-titanium oxide, ATO)로 되어 있으며 이 물질 또한 투명하다. 그림 3.21(b)에서 보듯이, 채널과 소스/드레인 영역의 가시광선 범위에서의 평균 투과율은 약 75% 정도이다.

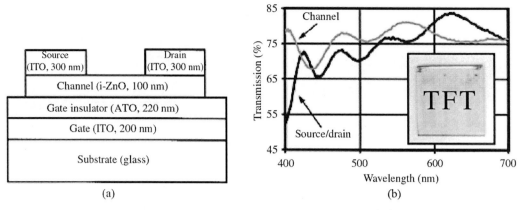

그림 3.21 TTFT의 (a) 소자 구조 및 (b) 투과 스펙트럼 [23]

산화물 반도체를 TFT 능동층으로 사용하는 또 다른 장점은 고이동도(보통 수십 $cm^2/V \cdot s$)로, a-Si : H의 이동도보다 훨씬 더 높다. 산화물 박막은 스퍼터링(sputtering) 또는 펄스 레이저 증착법(pulsed laser deposition)과 같은 물리 기상 증착법(physical vapor deposition, PVD)으로 제작된다.[24] Si 기반 TFT의 경우와는 달리, 산화물 반도체 TFT에서는 결정화 과정을 거치게 되면 높은 표면 거칠기와 큰 누설 전류로 TFT의 점멸비가 줄어들기 때문에 오히려 비정질상이 더 선호된다. 흥미롭게도 산화물 기반 물질들은 결정상 또는 비정질상의 여부와 관계없이 이동도 값에 큰 차이가 나지 않는다. 그림 3.22에서 보듯이 이러한 물질에서는 전자는 주로 큰 금속 원자들의 결합망을 따라서 진행하므로 결정상과 비정질상 모두 파동함수의 중첩이 우수하기 때문이다. 재료 선택에는 몇 가지 요건이 있다. 재료들은 (i) PVD 공정에 의해 비정질 상을 형성하여야 하고, (ii) 높은 캐리어 이동도를 가져야 하며, (iii) 오프(OFF) 전류를 줄이기 위하여 낮은 캐리어 농도를 보여야 한다. 또한 공정 온도를 더 낮추면 산화물 반도체 TFT를 플렉서블 기판 위에 제작할 수도 있다.

다양한 방식의 산화물 트랜지스터 중에서 인듐-갈륨-아연-산화물(Indium Gallium Zinc Oxide, IGZO) TFT가 가장 우수한 성능을 보인다.[26] 그림 3.23에서 보듯이, IGZO 물질계에서 TFT의 성능은 조성의 영향을 받는다. 인듐 함량을 증가시키면 필드 효과 이동도와 배경 캐리어 농도가 모두 증가한다. 갈륨은 산소와 강하게 결합하므로, 갈륨을 증가시키면 배경 캐리어 농도를 억압하여 문턱 전압값이 더 큰 쪽으로 상당히 이동한다. 현재 IGZO TFT는 일부 고성능 디스플레이에 채택되어 상용화의 길을 걷고 있다.

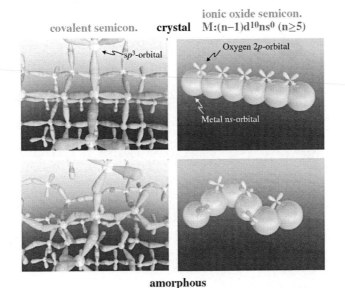

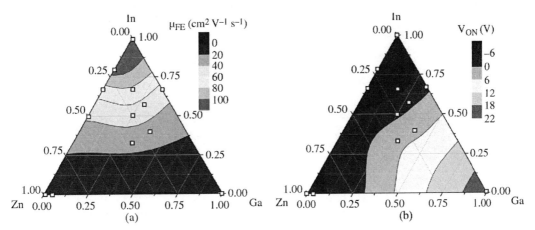

그림 3.22 일반적인 화합물반도체(좌) 및 이온 산화물 반도체(우)에서의 전자 경로의 개략도. 산화물 반도체는 전이 후 금속 양이온(post-transition-metal cation)으로 구성된다. 구는 금속의 궤도를 나타낸다. 산소 2p 궤도의 기여는 작다. 인접한 금속 궤도와의 직접적인 중첩은 상당히 크고, 비정질 구조에서조차도 크게 영향받지는 않는다.[25]

그림 3.23 IGZO계에서 서로 다른 산화물 반도체 조성에 따라서 구한 (a) 전계-효과 이동도 및 (b) 문턱 전압[27]

3.6.6 플렉서블 TFT 기술

플렉서블 디스플레이는 구부러진 형태로 제작이 가능하며 얇고 경량이다. 플렉서블 기판 위에 디스플레이를 구성하면 롤-투-롤(roll-to-roll) 공정에 의한 제작을 통하여 제조 비용을 획기적으로 낮출 잠재적 가능성이 있다. 플렉서블 TFT 후면 판을 제작하기 위하여, 통상 플렉서블 유리(flexible glass) 기판, 금속 호일(metal foil) 기판 및 폴리머 플라스틱 필름(polymer plastic film) 기판의 세 가지 방식의 기판이 사용된다. 표 3.1에 다양한 방식의 플렉서블 기판들을 비교해 놓았다. 플렉서블 유리는 본질적으로 깨지기 쉽고 취급이 까다로우므로, 금속 호일 기판 및 폴리머 기판이 더 낫다. 금속 호일 기판은 광학적으로 불투명하므로 반사형 또는 상부 발광 디스플레이 방식에만 적합하다. 이 방식의 주된 장점으로는 우수한 내구성, 고온 공정에의 호환성, 높은 치수 안정성(dimensional stability) 및 습기 및 산소의 침투에 대한 뛰어난 방어 특성을 들 수 있다. 추가적으로, 히트 싱크(heat sink) 및 전자기 차폐 기능을 제공할 수 있다. 하지만 대부분의 금속 호일 기판은 롤링 자국과 개재물(inclusion)을 포함하므로, 표면 폴리싱 및/또는 평탄화층에 의해 평평하게 만들어야 한다. 덧붙여서, 기판 누설 전류와 기생 전기용량을 줄이기 위하여, 소자 제작 전에 종종 두꺼운 유전체층을 증착하여야 한다. 플라스틱 기판은 유연성이 우수하고, 롤-투-롤 공정에 호환 가능하며, 광학적으로 투명하다. 그러나 플라스틱 기판 위에 전자 소자를 제작하기 위해서는 낮은 최대 공정 온도, 기판의 열등한 치수 안정성 및 소자층과 기판 간의 열팽창계수의 차이가 크다는 점과 같은 몇 가지 중요한 난제들을 고려해야 한다. 이러한 문제점들을 완화하기 위해서는 높은 유리 전이 온도(glass transition temperature)와 낮은 열팽창계수를 갖는 플라스틱 기판이 선호된다. 대부분의 폴리머 필름 기판들은 기체와 습기의 침투가 용이하므로, 기판 상부에 제작하는 유기 기반 전자 소자들의 환경 아정성을 향상시키기 위해서는 기판 위에 박막 형태의 침투 장벽층(permeation barrier layer)을 코팅하는 것이 핵심이다. 박막 침투 장벽층 코팅 기술은 유기 소자의 봉지(encapsulation)에도 적용될 수 있다.

표 3.1 다양한 방식의 플렉서블 기판들의 비교

Property	Glass	Stainless steel	Polyethylene naphthalate (PEN)	Polyethylene terephthalate (PET)	Polyimide (PI)
Thickness (μm)	100	100	100	100	100
400-700nm Optical Transmission (%)	>92	No	87	89	Yello
Young's Modulus (GPa)	70~80	200	6.1	5.3	2.5
Max process temperature (℃)	600	1000	약 180 (T_g=121℃)	약 150 (T_g=78℃)	300~400 (T_g=360-410℃)
Coefficient of Thermal Expansion (ppm/K)	3-5	10	13	15	16-17
Moisture Absorption (%)	None	None	0.14	0.14	1.8
Permeable to O_2 and H_2O	No	No	Yes	Yes	Yes
Electrical Conductivity	None	High	None	None	None

TFT 제조 공정은 소자층들 간의 정교한 정합과 관련이 있다. '이식 기술(transfer technique)'과 '직접 제조 방식(direct fabrication method)'이 유연한 기판 위에 TFT를 제작하는 두 가지 주요한 접근 방식이다. 이식 기술에서는 통상의 단단한 기판 위에 표준 공정으로 소자를 제작한 후, 플렉서블 기판 위에 이식된다. 대표적인 예로는 세이코 엡슨사가 개발한 'Surface-free technology by laser annealing(SUFLTA)' 방식을 들 수 있다.[28] 이 방식이 최적의 성능을 가진 유연한 TFT를 제공할 수 있지만, 직접 제조 방식과 비교하면 비용이 상당하다. 따라서 직접 제조 방식을 개발하기 위하여 많은 노력들이 행해졌다. 한 예로, 임시적인 접착제를 사용하거나 하지 않는 방식으로 단단한 캐리어 위에 유연한 기판을 적층하였다.[29, 30] 접착제를 사용하는 경우에는 이 접착제에 의하여 최대 공정 온도가 제약을 받을 수 있다. 업계에서는 또 다른 방식인 코트 릴리즈(coat-release)가 더 자주 사용된다. 이 방식에서는 단단한 캐리어 위에 희생층(sacrificial layer) 또는 이형제(release agent)를 적용한 후에, 폴리머 필름을 용액 코팅하여 플렉서블 기판을 생성한다. 소자 제작 공정이 완성된 후에는, 필립스 사에 의해 개발된 'Electronics on plastic by laser release(EPLaRTM)' [31] 공정과 같이 레이저 조사에 의하거나 Industrial Technology Research Institute에 의해 도입된 'Flexible universal plane(FlexUP)'[32] 공정과 같이 역학적 힘에 의하여 플렉서블 기판 위에 제작된 소자를 박리시킨다. TFT 제조를 위한 비용을 더 줄이거나 처리율을 개선하기 위하여, 용액 기반 또는 프린팅 공정이 적용될 수 있다.[33-35]

플렉서블 TFT 백플레인을 만들기 위하여, 배선과 전극이 유연해야 한다. 플렉서블 투명 도체 응용을 위하여 금속의 침투 네트워크, 전도성 탄소 기반 나노 소재 및 그 조합이 폭넓게 연구되어 왔다.[36, 37] 예를 들어, 나노 임프린트된 금속 그리드,[38] 또는 결정립 경계 리소그래피에 의해 얻어진 금속 나노-메시[39] 및 용액 공정으로 제작된 금속 나노-와이어와 탄소 나노-튜브에서[36, 37] 전기 전도율이 유망하게 나타났다. 그래핀과 그래핀 파생물들 또한 플렉서블 투명 전도 물질로 연구되어 왔다.[40] 위에서 언급된 모든 플렉서블 도체들에 있어 광학적 투명도와 전기 전도율 사이에 절충점이 존재한다는 사실에 주목할 필요가 있다.

특별히 유기 기능 소재가 사용되는 경우에는, 플렉서블 도체뿐만 아니라 플렉서블 봉지체 또한 플렉서블 디스플레이에 있어 또 하나의 핵심적인 부품이 된다. 원리적으로, SiO_2, SiN_x 또는 Al_2O_3와 같은 무기물 박막이 산소 및 수분의 침투 장벽층으로 작용할 수 있다. 그러나 대부분의 단일층 무기 봉지체들은 특별한 입상 필름 성장, 가려진 먼지 입자로 인한 크랙 및 핀홀과 같은 미시적 결함으로부터 야기된 확산 경로에 의하여 침투 장벽 효과가 현저히 나빠진다. 이러한 어려움들을 극복하기 위하여, 다층 구조를 채택하면 침투 종들에게 길고 복잡한 경로를 제공한다. 예를 들어, Vitex System에 의해 개발된 Barix™층은 얇은 세라믹 무기층과 두꺼운 유기 고분자층이 교대로 적층된 다층 구조를 갖는다. 무기층들은 산소와 수분의 침투 장벽층으로 작용하는 반면에, 유기층은 크랙 또는 결함의 전파를 억제하고 충분한 기계적 유연성을 제공하기 위하여 각각의 무기층들을 역학적으로 분리시키는 역할을 한다. 이러한 개념에 기반하여, 유기층 및 무기층들 각각의 수를 줄이고, 원자층이나 분자층 단위로 두께를 줄이고,[41] 단일층 구조의 유기-무기 하이브리드 재료를 개발하는 방향으로,[42] 연구가 집중되었다. 이와 같은 봉지 기술은 플렉서블 디스플레이에 있어서, 플렉서블 고분자 기판뿐만 아니라 OLED와 같은 유기 소자의 봉지 공정에도 적용될 수 있다.

플렉서블 a-Si : H TFT의 전기적 특성에 대한 역학적 응력과 변형률의 영향에 대하여 폭넓게 연구되어 왔다. 일반적으로, a-Si : H의 정규화된 전계 효과 이동도는 인가된 역학적 응력에 선형적으로 비례한다. TFT에 압축 및 인장 응력이 가해지는 경우에, 각각 전계 효과 이동도의 감소와 향상이 관찰된다.[43, 44] 응력이 더 커지면 결국 소자층이 깨지게 되어, a-Si : H TFT의 고장이 발생한다. 엑시머 레이저 조사에 의해 제작된 poly-Si TFT의 전기적 특성에 대한 역학적 응력의 효과에 관해서는 결과가 매우 다양하다. 예를 들어, Kuo와 동료 연구자들은 poly-Si TFT에 역학적 인장 응력이 인가된 경우에 전자 이동도는 증가하고 정공 이동도는 감소하였으며, 응력이 0.6% 이상으로 증가하는 경우에는 이동도의 변화가 포화됨을 발견하였다.[45] 펭(Peng)과 동료 연구자들은 poly-Si TFT에 압축 및 인장 응력이 인가되는 경우에, 각각 정공 이동도의 증가와 감소가 일어남을 관측하였다.[46] 김(Kim)과 동료 연구자들은 poly-Si TFT에 압축 및 인장 응력이 인가되는 경우 모두에서 성능 변화가 없음을 보였다.[47]

역학적 응력을 인가한 산화물 반도체 TFT의 전기적 특성의 변화에 관하여 서로 다른 연구 그룹들에서 보고된 결과들은 보다 일관성이 있다. IGZO 및 ZnO TFT와 같은 n채널 산화물 반도체 TFT의 이동도는 TFT에 탄성 범위 내의 인장 및 압축 응력이 인가되는 경우에 각각 향상 및 감소가 이루어짐을 보였다.[48-50] 인장 및 압축 응력이 인가되는 경우에 산화물 TFT의 문턱 전압은 각각 음과 양의 이동을 나타낸다. 역학적 응력의 영향하에서의 플렉서블 TFT의 전기적 특성의 변화와 관련된 상세한 메커니즘의 규명은 활발한 연구 영역으로 남아 있다.

3.7 수동 행렬 및 능동 행렬 구동 방식

LCD 또는 OLED 디스플레이를 구동하기 위하여, 보통 수동 행렬(passive matrix, PM)과 능동 행렬(active matrix, AM) 구동 기술 모두가 사용된다.[51, 52] PM-LCD에서는 LC층의 축전 특성 때문에 선택된 화소에 인가하는 전압이 불가피하게 인접 화소에 영향을 주고 디스플레이의 명암비를 떨어뜨리는데, 이를 '누화(crosstalk)'라 부른다.[53] 추가적으로, n개의 주사선을 가진 PM-LCD에서의 제곱평균제곱근(root-mean-square, RMS) 전압 선택비는 최대로 $\sqrt{\dfrac{\sqrt{n}+1}{\sqrt{n}-1}}$ 의 값으로 제한된다.[54] n이 커지면, 이 비가 빠르게 1에 수렴하며, LCD 화소는 이렇게 작은 전압의 변화에 응답하는 화각과 무관하게 높은 계조비를 제공할 수 없게 된다. 게다가 작은 전압 판별비(voltage discrimination ratio)는 화소의 점멸 모두에서 전압이 거의 문턱값과 같아짐을 의미하므로, 스위칭 속도에 심각한 저하가 발생한다. 복잡한 PM 디스플레이에서의 계조는 화소와 도체 경로에 의하여 형성된 RC 망 내의 어드레스 파형의 왜곡에 의해 더욱더 나빠진다. 반면에 LCD 또는 OLED 화소에 TFT를 사용하면, AM 구동(AM driving)에 의하여 점멸과 서로 다른 계조를 독립적으로 제어할 수 있으며, 따라서 훨씬 더 우수한 영상 품질을 얻을 수 있다.

그림 3.24는 PM-LCD의 동작을 보여준다. 두 유리 기판 위에 전극을 스트라이프 형태로 배열하였다. 하부 유리 기판과 상부 유리 기판의 스트라이프는 서로 수직하게 정렬되어 각각 PM-LCD의 열 전극과 행 전극으로 작용하며, 각 교점들이 화소 영역이 된다. LC 물질이 두 유리 기판 사이에 채워지므로, 전체적으로는 축전기로 간주될 수 있다. 4×4 LCD에서 'T'를 나타내기 위해서는 먼저 첫 번째 시간 폭에서 첫 번째 행에 펄스 전압 V_s가 선택되는 반면에, 1열에서 4열까지 $-V_d$의 데이터 선택 전압이 인가된다. 결과적으로, 1행의 각 화소들은 첫 번째 시간 폭에서 $V_s + V_d$의 전압차를 갖게 된다. 그리고 남은 2행에서 4행까지는 0 V의 전압이 인가되므로, 첫 번째 시간 폭에서의 이 행들 내의 모든 화소의 전압차는 V_d이다. 다음으로 두 번째 시간 폭에서 1행의 전극에 인가되는 전압은 $0\,V_{rms}$로 되돌아가고, 2행에 주사 전압 V_s가 인가된다. 1열에서 4열까지 $-V_d$의 구동 전압이 인가되므로, 2행에 있는 화소들만 결과적으로 $V_s + V_d$의 전압차를 갖고 다른 화소들은 여전히 V_d의 전압차를 갖게 된

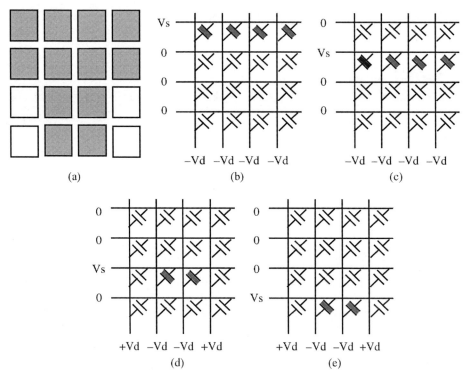

그림 3.24 (a) PM–LCD에 표현되는 이미지 및 각 행과 열의 (b) 첫 번째 (c) 두 번째 (d) 세 번째 및 (e) 네 번째 시간 폭에서의 전압. 단색 검정 축전기는 열 선택 시간 주기 동안 화소가 'on' 상태로 스위칭됨을 나타낸다.

다. 세 번째 시간 폭에서, 3행에는 주사 전압 V_s가 인가되지만, 2열과 3열의 화소들을 켜기 위해 인가되는 구동 전압은 $-V_d$이고, 반면에 1열과 4열의 화소들을 끄기 위해 인가되는 구동 전압은 V_d이다. 따라서 선택된 화소 (3, 2)와 화소 (3, 3)의 전압차는 $V_s + V_d$인 반면에, 선택되지 않은 화소 (3, 1)과 화소 (3, 4)에 인가되는 전압차는 이보다 더 작은 $V_s - V_d$이다. 이 시간 폭에서 다른 화소들은 $-V_d$ 또는 V_d의 전압차를 갖는다. 다음의 시간 폭에서는 4행의 화소들을 선택적으로 어드레스하기 위해 비슷한 구동 펄스들이 인가된다. 모든 시간 폭에 대하여 평균하면, 일반적으로 LC는 인가되는 전압의 RMS 값에 응답한다. 실제 디스플레이에서는 좀 더 정교한 파형이 사용되므로, 각 어드레스 주기 동안 인가되는 DC 전압의 균형 및 최적화가 보장된다.

N개의 행을 가진 PM-LCD에서는 한 번에 한 행의 라인만 선택된다. 그 행의 라인에 속한 모든 화소들을 선택하기 위하여 V_s의 전압이 인가되며, 각 화소들을 켜거나 끄기 위하여 열

라인에 V_d 또는 $-V_d$가 동시에 인가된다. 그러면 같은 열에 있는 인접한 화소들 또한 같은 열에 인가한 전압의 영향을 받을 것이다. 그 결과로 전체 프레임 주사 주기에서 켜진 화소에는 $1/N$ 프레임 시간 동안만 $V_s + V_d$의 전압이 인가되고, 나머지 $(N-1)/N$ 프레임 시간 동안은 V_d 또는 $-V_d$의 전압을 갖는다. 이와 유사하게 꺼진 화소에는 $1/N$ 프레임 시간 동안만 $V_s - V_d$의 전압이 인가되고, 나머지 $(N-1)/N$ 프레임 시간 동안은 V_d 또는 $-V_d$의 전압을 갖는다. LC는 인가되는 전압의 RMS 값에 응답하므로, 앞에서의 방식에 의하여 켜진 화소 및 꺼진 화소의 RMS 전압값은 다음과 같이 계산할 수 있다.

$$\text{`on' 화소}: V_{on}^2 = \frac{1}{N}(V_s + V_d)^2 + \frac{N-1}{N}V_d^2$$

$$\text{`off' 화소}: V_{off}^2 = \frac{1}{N}(V_s - V_d)^2 + \frac{N-1}{N}V_d^2$$

따라서 PM 디스플레이의 각 화소는 해당되는 행이 V_s의 어드레스 전압으로 선택되는 시간 간격 동안 적절한 V_{column} 값($\pm V_d$)으로 설정하여 점멸 상태를 독립적으로 구동할 수 있다. 이 디스플레이에서의 V_{on}과 V_{off} 사이의 차이는 행의 수 N, 그리고 V_s 및 V_d의 상대적인 크기와 관련이 있다. 그러나 어떤 전압값을 선택하더라도, N이 커지면 V_{on}과 V_{off} 사이의 차이는 0에 수렴한다. 디스플레이에서 만족할 만한 계조를 얻기 위해서는 LCD 화소를 V_{on}으로 완전히 켜고 V_{off}로 완전히 꺼야 한다. 실제의 LC 효과에 의하여 LC를 스위칭하는 데 항상 유한한 전압차를 필요로 하므로, PM 디스플레이에서 어드레스 가능한 행의 최대 수는 제한된다.

그림 3.25는 PM-OLED의 작동 과정을 보여준다. 여기서는 OLED 디스플레이의 각 화소를 설명하는 데 다이오드를 사용한다. LCD의 경우에서처럼, 4×4 OLED 디스플레이에서 'T'를 표현하기 위해서는 첫 번째 행에 낮은 전압을 인가한다. 열 라인들이 켜지면 첫 번째 행의 네 개의 OLED들에 높은 전압이 인가된다. 따라서 이 시간 간격 동안만 1행의 화소들은 발광 상태가 된다. 이어서 다음의 시간 폭에서는 두 번째 행에 낮은 전압이 인가되고, 열 라인들이 켜지면 두 번째 행의 네 개의 OLED들에 높은 전압이 인가된다. 이러한 과정이 계속 이어진다. PM-OLED의 장점은 제작의 용이성과 저비용에 있다. 그러나 각각의 행은 짧은 시간 간격

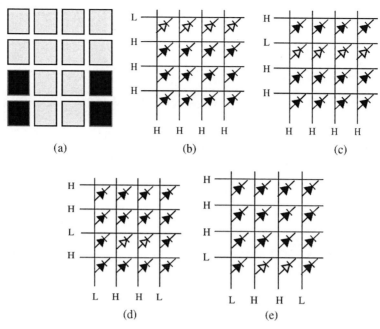

그림 3.25 (a) PM-OLED에 표현되는 이미지 및 각 행과 열의 (b) 첫 번째 (c) 두 번째 (d) 세 번째 및 (e) 네 번째 시간 폭에서의 전압

동안 선택되기 때문에, 평균 휘도는 피크 휘도를 행의 수로 나눈 것이다. 행의 수가 증가하면 이에 따라 피크 휘도도 매우 높아져야 하는데, 이는 소자 수명을 단축시킨다.[55] 또한 디스플레이를 행 단위로 어드레스하면, 프레임 주기 동안에 발광이 짧게 폭발하는 현상이 발생한다. 따라서 일정한 광량으로 인식되기 위해서는 전체 어드레스 주기가 대략 60 Hz 이상인 눈의 임계 융합 주기(critical fusion frequency)보다 더 빠른 비율로 완성되어야 한다.

PM 구동과 관련하여 OLED와 LCD의 사이에는 약간의 차이점들이 있다. OLED에서는 개별적인 화소들이 각각의 시간 폭과 비슷하거나 더 빠른 점등 시간을 가진다. 따라서 각 화소의 휘도는 이러한 시간 폭 동안에 피크값에 도달하며, 나머지 시간에는 거의 0으로 줄어든다. 따라서 외견상의 휘도는 모든 패널 주사 주기에 대하여 평균이 된다. 이와는 대조적으로, LC의 응답 시간은 보통 점등 시간 폭보다 더 길다. 따라서 높은 전압을 갖는 단일 주사 시간 폭에 대하여, 전압이 다음 시간 폭에서 리셋되기 전에 피크 투과율에 도달하도록 응답하기에는 시간이 부족할 수 있다. 오히려 LC는 전체 어드레스 시간에 대한 RMS 전압값에 응답하여, 이 RMS 값에 따른 투과율을 변화시킨다.

이제까지 기술한 어드레스 방식에 따르면, PM-LCD와 PM-OLED에서의 각 화소는 '온'과

'오프' 상태를 갖는데, 이는 0과 1의 두 가지 계조를 가짐을 의미한다. PM 디스플레이에서 더 많은 계조 단계들을 구현하기 위해서는 보편적인 구동 방식 중의 하나로서 펄스 폭 변조 (pulse width modulation, PWM)가 보통 적용된다. 이 방식은 더 많은 계조 단계들을 얻기 위하여 화소의 펄스 폭을 조절하는 것이다. 잔상 때문에 인간의 눈은 시간-평균된 밝기를 받아들인다. 그림 3.26에서 보듯이, 두 개의 계조 단계를 가진 프레임을 세 개의 시간 간격으로 나누어 순차적으로 네 개의 계조 단계를 얻도록 표현할 수 있다. 세 개의 시간 간격이 모두 흑이면, 결과 화면 또한 흑(계조 단계 0)이다. 그러나 세 개 중 하나가 백이면 화면은 암회색(계조 단계 1)으로 보인다. 백의 시간 간격의 수를 점점 증가시키면 궁극의 색이 명회색(계조 단계 2)이 되도록 인식할 수 있으며, 더 나아가 백색(계조 단계 3)에까지 도달한다. 따라서 펄스 폭의 조절에 의해 네 개의 계조 단계를 표현할 수 있다. PM-LCD에서는 LC의 응답 속도가 느리기 때문에 동영상을 디스플레이할 때 영상의 번짐이 일어날 수 있다.

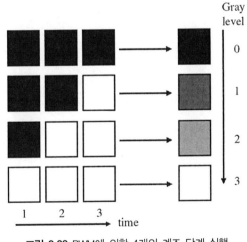

그림 3.26 PWM에 의한 4개의 계조 단계 실행

현대의 고해상도 및 대면적을 갖는 디스플레이의 경우에는 보통 TFT를 이용한 AM 구동 기술이 사용된다. 그림 3.27은 AM-LCD의 등가회로를 보여준다. 한 번에 하나의 주사선이 선택된다. 일단 하나의 주사선이 선택되면, 이 행의 TFT들이 켜져서 전도 상태가 된다. 다음으로 켜진 상태의 각 화소마다 LC와 저장 축전기 모두의 충전을 위하여 데이터 선으로부터 전압이 공급된다. 다음으로 주사선의 선택이 해제되면 프레임 어드레스 주기의 남은 시간 동안

TFT가 꺼지는데, LC 화소에는 여전히 전압이 공급된다. 이는 저장 축전기에 의해 전압이 인가되기 때문이다. 이를 또한 '홀드 방식(hold-type)' 디스플레이라 부른다. TFT와 LC 화소를 통하여 유한한 누설 전류가 흐르는 동안 전압 유지 특성을 개선하기 위하여 여분의 저장 축전기를 LC와 병렬로 연결한다. 구동 전압이 행의 수와 관련이 있는 PM-LCD와는 달리, AM-LCD는 홀드 방식 디스플레이로 누화가 훨씬 약하다. 계조는 각각의 화소에서 독립적으로 제어할 수 있으며, 이는 데이터 선으로부터 직접 서로 다른 V_D를 인가하는 방식으로 달성할 수 있다.

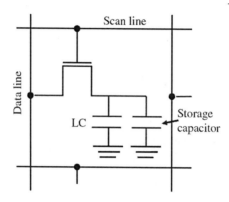

그림 3.27 AM-LCD의 등가회로

예제 3.2

그림 3.27의 등가회로를 참조하여 각각 $V_D = 5\,V_{rms}$와 $V_D = 9\,V_{rms}$인 경우 $V_s = 0$에서 $V_s = 4.5\,V_{rms}$까지 변할 때의 LC의 충전 시간을 구하라. V_G는 $t = 0$에서 0에서 $20\,V_{rms}$로 도약하는 계단 함수인 반면에, V_D는 항상 $5\,V_{rms}$와 $9\,V_{rms}$를 유지한다. $t < 0$에서는 LC($V_s = 0\,V_{rms}$)에 저장되는 전하가 없다. 그림 3.28에 V_G와 V_D의 타이밍 다이어그램(timing diagram)이 나와 있다. $V_G = 0\,V_{rms}$일 때, 누설 전류는 무시할 수 있다 (개방회로, $R_{off} = \infty$). $V_G = 20\,V_{rms}$일 때, TFT는 $R_{on} = 5\mathrm{M}\Omega$인 저항으로 대체될 수 있다. LC층 (저장 축전기를 포함)의 전기용량은 $C_{LC} = 3\mathrm{pF}$이다.

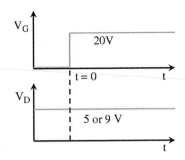

그림 3.28 예제 3.2의 V_G 와 V_D 의 타이밍 다이어그램

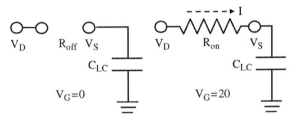

그림 3.29 (a) $V_G = 0$ 과 (b) $V_G = 20\,V_{\mathrm{rms}}$ 에서의 등가회로

풀이

그림 3.29(a)는 $V_G = 0$ 과 $V_G = 20\,V_{\mathrm{rms}}$ 에서의 등가회로를 보여준다. $t = 0$ 에서 게이트가 개방되면,

$$I = \frac{V_D - V_S}{R_{\mathrm{on}}} \tag{3.22}$$

$$I = C_{\mathrm{LC}}\frac{\mathrm{d}V_S}{\mathrm{d}t}. \tag{3.23}$$

식 (3.22)와 식 (3.23)을 연립하면 다음의 결과를 얻는다.

$$\frac{V_D - V_S}{R_{\mathrm{on}}} = C_{\mathrm{LC}}\frac{\mathrm{d}V_S}{\mathrm{d}t} \tag{3.24}$$

또는

$$R_{\text{on}}C_{\text{LC}}\frac{dV_S}{dt} + V_S = V_D \tag{3.25}$$

미분방정식을 풀면 다음의 결과를 얻는다.

$$V_S = V_D[1 - \exp(-t/\tau)] \tag{3.26}$$

여기서

$$\tau = R_{\text{on}} \times C_{\text{LC}} \tag{3.27}$$

그러므로 $V_D = 5\,V_{\text{rms}}$와 $V_D = 9\,V_{\text{rms}}$인 경우에 $V_s = 0$에서 $V_s = 4.5\,V_{\text{rms}}$까지 변할 때의 LC의 충전시간은 각각 34.5 μs와 10.4 μs이다. 실제로, TFT LCD에서의 게이트 신호는 매우 짧은 시간 동안만 인가된다. 예를 들어 60 Hz의 프레임률(frame rate)에서 1024×768의 해상도를 갖는 패널에서는 V_G 지속시간은 겨우 $1/(60 \times 768) = 21.7\,\mu$s 정도이다. 그러므로 이렇게 짧은 시간 폭에서 원하는 V_s를 달성하는 데는 적정한 V_D 값이 필요하다. 예제 3.2에서 보듯이 $V_D = 5\,V_{\text{rms}}$이면, $V_s = 0$에서 $V_s = 4.5\,V_{\text{rms}}$까지 변할 때의 충전 시간은 V_G 지속시간보다 훨씬 더 길어서 LC 셀의 불충분한 충전을 야기한다.

OLED의 AM 구동 방식은 LCD의 방식과 유사하다. 그러나 OLED는 LCD의 경우와 같이 축전기로 구동하는 것이 아니라 전류로 구동하는 소자이므로, AM-OLED 디스플레이의 경우에는 더 복잡한 회로가 필요하다. 그림 3.30은 AM-OLED 화소의 등가회로를 보여준다. 보통 적어도 두 개의 TFT가 필요하며, 각각 어드레스 TFT와 구동 TFT로 표시된다. 특정 행에 전기 펄스가 주사될 때 어드레스 TFT가 켜진다. 이 행의 특정 화소가 켜지기 위해서는 데이터 선이 선택되고 구동 TFT를 통해 지나가는 전력선에 의해 OLED로 전류가 공급된다. 주사선의 선택이 해제된 후에도 전압을 유지하는 축전기가 있으므로, 행이 선택되지 않아도 OLED는 발광을 지속한다. 따라서 AM-OLED의 피크 휘도는 각 프레임에서 동일한 평균 휘도를 달성하기 위하여 PM-OLED처럼 높게 할 필요가 없다. 이는 또한 동작 수명을 향상시키고 더

넓은 면적의 디스플레이를 가능하게 해준다. 이러한 종류의 화소 설계를 보통 2-트랜지스터 및 1-축전기 배열(two-transistor and one-capacitor configuration)이라고 부른다. 여기서 어드레스 TFT와 구동 TFT의 요구사항은 완전히 다르다. 어드레스 TFT는 스위치로 사용되므로 점멸비가 중요하다. 구동 TFT는 OLED에 전류를 공급하므로 높은 전류 밀도의 가용성 여부가 중요하다. 구동 TFT가 적절한 전류를 공급하기 위해서는 일반적으로 높은 이동도가 필요하다. 이러한 관점에서 OLED의 구동을 위해서는 LTPS 백플레인이 더 적합하다. 그러나 레이저 어닐링(laser annealing) 공정 때문에 LTPS 기술을 사용할 때의 균일도는 별로 좋지 않다. OLED 의 J-V 특성은 6장에 기술된 바와 같이, 공간 전하 제한 전류(space charge limited current) 또는 트랩 전하 제한 전류(trap charge limited current)를 따르므로 약간의 구동 전압의 차이만으로도 전류 밀도는 크게 변한다. 따라서 LTPS-TFT의 불균일성을 보상하고 안정적인 전류 밀도를 보장하기 위하여 때로는 두 개 이상의 TFT가 사용된다. AM-OLED에서 서로 다른 계조 단계들을 달성하기 위해서는 데이터 선의 전압 변조나 PWM이 적용될 수 있다. AM-OLED에서의 전압 변조 방식은 AM-LCD의 방식과 유사하다. 그러나 OLED의 휘도-전압 곡선이 급격히 변하므로 계조 단계를 정확하고 균일하게 제어하는 것은 쉽지 않다. PWM 구동의 경우에는 더 높은 프레임률 때문에 소비전력이 더 크고 제어 시스템이 더 복잡하다.

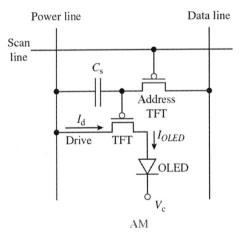

그림 3.30 2-트랜지스터와 1-축전기 배열을 가진 AM-OLED의 등가회로[52]

3.1 4인치 Si 웨이퍼에 인이 10^{17} cm^{-3}의 농도로 도핑되어 있으며, 웨이퍼의 두께는 350 μm이다. Si 웨이퍼의 모양은 완전한 원이라고 가정하자. 또한 전자 이동도 $\mu_n = 700$ cm^2 V^{-1} s^{-1}이고, 전자 전류가 전체 전류보다 훨씬 더 크다고 가정하자. 이 웨이퍼의 양단에 10 V를 인가할 때의 전류를 구하라.

3.2 GaAs와 silicon은 전도대의 바닥에서 각각 0.07 m_0와 0.19 m_0의 전자 유효 질량을 갖는다. 반도체 내에서의 전자의 유효 질량이 자유 전자의 실제 질량보다 더 작다는 사실의 물리적 의미는 무엇인가? 두 물질 중에서 어느 물질이 전도대의 바닥에서 더 가파른 E–k 곡선을 갖는가? 그 이유는?

3.3 MIS 소자의 밴드 다이어그램이 다음과 같을 때 플랫 밴드 조건(V_{FB})에서 V_m(금속에 인가되는 전압)은 양, 음 또는 0인가? 단락회로($V=0$) 조건에서의 밴드 다이어그램을 그려라.

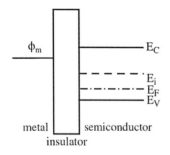

3.4 $V_T = 1$ V, $W = 50$ μm 및 $L = 10$ μm, $\mu_n = 0.5$ cm^2 V^{-1} s^{-1} 및 $C_i = 15$ nF cm^{-2}인 TFT에서, $V_G = 10$ V이고 $V_D = 0.1$ V일 때의 드레인 전류 I_D를 구하라. $V_G = 20$ V이고 $V_D = 20$ V일 때, 위의 계산을 다시 하라.

■ 참고문헌 ■

1. Le Comber, P.G., Spear, W.E., and Ghaith, A. (1979). Amorphous-silicon field-effect device and possible application. *Electron. Lett.* 15: 179.

2. Kimura, M., Yudasaka, I., Kanbe, S. et al. (1999). Low temperature polysilicon thin film transistor driving with integrated driver for high resolution light emitting polymer display. *IEEE Trans. Electron Devices* 46: 2282.

3. Mimura, A., Konishi, N., Ono, K. et al. (1989). High performance low-temperature poly-Si n-channel TFT's for LCD. *IEEE Trans. Electron Devices* 36: 351.

4. Sze, S.M. (2001). *Semiconductor Devices—Physics and Technology*, 2nde. Wiley.

5. Streetman, B.G. and Banerjee, S.K. (2005). *Solid State Electronics Devices*, 6e. Prentice-Hall.

6. Peyghambarian, N., Koch, S.W., and Mysyrowicz, A. (1993). *Introduction to Semiconductor Optics*. Prentice-Hall.

7. Chelikowsky, J.R. and Cohen, M.L. (1976). Nonlocal pseudopotential calculations for the electronic structure of eleven diamond and zinc-blende semiconductors. *Phys. Rev. B* 14: 556.

8. Wagner, S., Gleskova, H., Cheng, I.C., and Wu, M. (2003). Silicon for thin-film transistors. *Thin Solid Films* 430: 15.

9. Tsukada, T. (2003). TFT/LCD: Liquid-Crystal Displays Addressed by *Thin-Film Transistors*. Taylor & Francis.

10. Street, R.A. (ed.) (1999). *Technology and Applications of Amorphous Silicon*. Berlin Heidelburg: Springer-Verlag.

11. Seto, J.Y.W. (1975). The electrical properties of polycrystalline silicon films. *J. Appl. Phys.* 46: 5247.

12. Shih, A., Meng, C.Y., Lee, S.C., and Chern, M.Y. (2000). Mechanism for pillar-shaped surface morphology of polysilicon prepared by excimer laser annealing. *J. Appl. Phys.* 88: 3725.

13. Voutsas, A.T. (2003). A new era of crystallization: advances in polysilicon crystallization and crystal engineering. *Appl. Surf. Sci.* 208-209: 250.

14. Powell, M.J. (1989). The physics of amorphous-silicon thin-film transistors. *IEEE Trans. Electron Devices* 36: 2753.

15. Boyce, J.B., Mei, P., Fulks, R.t., and Ho, J. (1998). Laser processing of polysilicon thin-film transistors: grain growth and device fabrication. *Phys. Status Solidi A* 166: 729.

16. Rogers, J.A. and Bao, Z. (2002). Printed plastic electronics and paperlike displays. *J. Polym. Sci. Pol. Chem.* 40: 3227.

17. Lin, Y.Y., Gundlach, D.J., Nelson, S.F., and Jackson, T.N. (1997). Pentacene-based organic thin-film transistors. *IEEE Trans. Electron Devices* 44: 1325.

18. Briseno, A.L., Tseng, R.J., Ling, M.M. et al. (2006). High-performance organic single-crystal transistors on flexible substrates. *Adv. Mater.* 18: 2320.

19. Ling, M.M. and Bao, Z. (2004). Thin film deposition, patterning, and printing in organic thin film transistors. *Chem. Mater.* 16: 4824.

20. Zhu, Z.T., Mason, J.T., Dieckmann, R., and Malliaras, G.G. (2002). Humidity sensors based on pentacene thin-film transistors. *Appl. Phys. Lett.* 81: 4643.

21. Dimitrakopoulos, C.D. and Mascaro, D.J. (2001). Organic thin- film transistors: a review of recent advances. *IBM J. Res. Dev.* 45: 11.

22. Benor, A., Hoppe, A., Wagner, V., and Knipp, D. (2007). Electrical stability of pentacene thin film transistors. *Org. Electron.* 8: 749.

23. Hoffman, R.L., Norris, B.J., and Wager, J.F. (2003). ZnO-based transparent thin-film transistors. *Appl. Phys. Lett.* 82: 733.

24. Nomura, K., Ohta, H., Takagi, A. et al. (2004). Room-temperature fabrication of transparent flexible thin-film transistors using amorphous oxide semiconductors. *Nature* 432: 488.

25. Hosono, H. (2006). Ionic amorphous oxide semiconductors: Material design, carrier transport, and device application. *J. Non-Cryst. Solids* 352: 851.

26. Nomura, K., Takagi, A., Kamiya, T. et al. (2006). Amorphous oxide semiconductors for high-performance flexible thin-film transistors. *Jpn. J. Appl. Phys.* 45: 4303.

27. Fortunato, E., Barquinha, P., and Martins, R. (2012). Oxide semiconductor thin-film transistors: a review of recent advances. *Adv. Mater.* 24: 2945.

28. Inoue, S., Utsunomiya, S., and Shimoda, T. (2003). Transfer mechanism in surface free technology by laser annealing/ablation (SUFTLA®). *SID 03 Digest* 34: 984-987.

29. Chen, J. and Liu, C.T. (2013). Technology advances in flexible displays and substrates. *IEEE Access* 1: 150-158.

30. Kaltenbrunner, M., White, M.S., Głowacki, E.D. et al. (2012). Ultrathin and lightweight organic solar cells with high flexibility. *Nat. Commun.* 3: 770.

31. French, I., George, D., Kretz, T. et al. (2007). Flexible displays and electronics made in AM-LCD facilities by the EPLaRTM process. *SID 07 Digests* 38: 1680-1683.

32. Lee, C.-C., Chang, Y.-Y., Cheng, H.-C. et al. (2010). A novel approach to make flexible active matrix displays. *SID 10 Digest*: 810-813.

33. Sirringhaus, H. (2009). Materials and applications for solution-processed organic field-effect transistors. *Proc. of the IEEE* 97 (9): 1570-1579.

34. Heo, S.J., Yoon, D.H., Jung, T.S., and Kim, H.J. (2013). Recent advances in low-temperature solution-processed oxide backplanes. *J. Inform. Disp.* 14 (2): 79-87.

35. Choi, C.-H., Lin, L.-Y., Cheng, C.-C., and Chang, C.-h. (2015). Pinted oxide thin film transistors: a mini review. *ECS J. Solid State Sci. Technol.* 4 (4): P3044-P3051.

36. Cuo, C.F. and Ren, Z. (2015). Flexible transparent conductors based on metal nanowire networks. *Mater. Today* 18 (3): 143-154.

37. López-Naranjo, E.J., González-Ortiz, L.J., Apátiga, L.M. et al. (2016). Transparent electrodes: a review of the use of carbon-based nanomaterials. *J. Nanomater.* 2016, 4928365-1-12.

38. Kang, M.-G. and Guo, L.J. (2007). *Adv. Mater.* 19 (10): 1391-1396.

39. Guo, C.F., Sun, T., Wang, Y. et al. (2013). Conductive black silicon surface made by silver nanonetwork assisted etching. *Small* 9 (14): 2415-2419.

40. Eda, G., Fanchini, G., and Chhowalla, M. (2008). Large-area ultrathin films of reduced graphene oxide as a transparent and flexible electronic material. *Nat. Nanotechnol.* 3: 270-274.

41. Park, J.-S., Chae, H., Chung, H.K., and Lee, S.I. (2011). Thin film encapsulaton for flexible AM-OLED: a review. *Semicond. Sci. Technol.* 26, 034001-1-8.

42. Mandlik, P., Gartside, J., Han, L. et al. (2008). A single-layer permeation barrier for organic light-emitting displays. *Appl. Phys. Lett.* 92: 103309.

43. Gleskova, H., Hsu, P.I., Xi, Z. et al. (2004). Field-effect mobility of amorphous silicon thin-film transistors under strain. *J. Non-Cryst. Solids* 338-340: 732-735.

44. Won, S.H., Chung, J.K., Lee, C.B. et al. (2004). Effect of mechanical and electrical stresses on the performance of an a-Si:H TFT on plastic substrate. *J. Electrochem. Soc.* 151: G167-G170.

45. Kuo, P.-C., Jamshidi-Roudbari, A., and Hatalis, M. (2007). Effect of mechanical strain on mobility of polycrystalline silicon thin-film transistors fabricated on stainless steel foil. *Appl. Phys. Lett.* 91, 243507-1-3.

46. Peng, I.-H., Liu, P.-T., and Wu, T.-B. (2009). Effect of bias stress on mechanically strained low temperature polycrystalline silicon thin film transistor on stainless steel substrate. *Appl. Phys. Lett.* 95, 041909-1-3.

47. Kim, M., Cheon, J., Lee, J. et al. (2011). World-best performance LTPS TFTs with robust bending properties on AMOLED displays. *SID 11 Digest*: 194-197.

48. Kim, J.-M., Nam, T., Lim, S.J. et al. (2011). Atomic layer deposition ZnO:N flexible thin film transistors and the effects of bending on device properties. *Appl. Phys. Lett.* 98, 142113-1-3.

49. Münzenrieder, N., Cherenack, K.H., and Tröster, G. (2011). The effects of mechanical bending and illumination on the performance of flexible IGZO TFTs. *IEEE Trans. Electron Devices* 58: 2041-2048.

50. Lin, C.-Y., Chien, C.-W., Wu, C.-C. et al. (2012). Effects of mechanical strains on the characteristics of top-gate staggered a-IGZO thin-film transistors fabricated on polyimide-based nanocomposite substrates. *IEEE Trans. Electron Devices* 59: 1956-1962.

51. den Boer, W. (2005). *Active Matrix Liquid Crystal Displays: Fundamentals and Applications*. Newnes.

52. Meng, Z. and Wong, M. (2002). Active-matrix organic light emitting diode displays realized using metal-induced unilaterally crystallized polycrystalline silicon thin-film transistors. *IEEE Trans. Electron Devices* 49: 991.

53. Yeh, P. and Gu, C. (1999). *Optics of Liquid Crystal Display*, 248. Wiley.

54. Alt, P.M. and Pleshko, P. (1974). Scanning limitations of liquid-crystal displays. *IEEE Trans. Electron Devices* 21: 146-155.

55. Kijima, Y., Asai, N., Kishii, N., and Tamura, S. (1997). RGB luminescence from passive-matrix organic LED's. *IEEE Trans. Electron Devices* 44: 1222.

Chapter 4

액정 디스플레이

액정 디스플레이

4.1 서 론

액정 디스플레이(liquid crystal display, LCD)는 (i) 투과형 (ii) 반사형 (ii) 반투과형의 세 가지 방식으로 개발되었다. 투과형 LCD는 디스플레이 패널을 조명하기 위해 효율적인 백라이트를 사용함으로써 높은 휘도, 높은 동적 범위(HDR) 및 넓은 색영역을 얻게 된다. 다중 도메인 구조가 적용되고 위상 보상 필름이 포함된 직시 방식 투과형 LCD는 광시야각을 나타낼 수 있어 스마트폰, 태블릿, 노트북 컴퓨터, 데스크톱 모니터, TV에 광범위하게 사용되고 있다. 이러한 직시 방식 LCD의 픽셀 크기는 요구되는 화소 밀도에 따라 다르지만 보통 $50 \sim$ $300 \mu m$ 범위에 있다. 반면에, 투과형 마이크로 디스플레이는 데이터 프로젝터와 같은 투사 방식 디스플레이에 주로 사용된다.[1] 고출력 아크 램프나 고휘도 발광 다이오드 어레이가 이 방식의 광원으로 사용된다. 투사 렌즈를 이용하여 출력 영상은 50배 이상 확대된다. 광학 구조의 크기와 비용을 감소시키기 위해 보통 LCD 패널은 대각선 길이를 25 mm 미만으로 작게 제작하며 각 픽셀 크기는 대략 $20 \sim 40 \mu m$ 정도이다. 그래서 다결정 실리콘 기반 박막 트랜지스터(poly-silicon-based TFT) LCD가 일반적인 선택이다.

반사형 LCD도 유사하게 직시 방식과 투사 방식 디스플레이로 나뉜다. 직시 방식 반사형 LCD − 예를 들어 단순 TN(twisted nematic) 디스플레이, 콜레스테릭 액정(cholesteric liquid crystal, CLC) 디스플레이[2]와 쌍안정 네마틱 LCD(bistable nematic LCD)[3] − 는 주변 빛을 사용하여 화면 영상을 볼 수 있게 된다. Ch-LCD는 나선형 구조를 가지고 있어 디스플레이에 컬러 필터나 편광기가 없어도 컬러 빛을 반사한다. 그래서 액정의 피치 길이와 굴절률에 따라 결정되는 주어진 색 대역에서 반사도는 비교적 높다(이론상 약 50%). 게다가 백라이트를 필요로 하지 않기 때문에 무게가 가볍고 전체 소자 두께도 200 μm 미만으로 얇게 할 수 있다. 따라서 Ch-LCD는 플렉시블 디스플레이에 적용될 강력한 경쟁자이다. CLC는 너무 빈번하게 리프레시하지 않는다면 전력 소모가 낮은 쌍안정 소자이다. 직시 방식 반사형 LCD의 큰 문제점은 주변 빛이 어두울 때는 시인성이 떨어진다는 점이다.

반사형 LCD의 다른 방식은 LCoS(liquid-crystal-on-silicon) 마이크로 디스플레이 패널을 사용해서[4] 증강 현실(augmented reality, AR)과 같은 프로젝션 디스플레이를 위해 설계되었다. 투과형 마이크로 디스플레이와는 달리 LCoS는 반사형 소자이다. 여기에 쓰이는 반사체는 알루미늄 금속 거울이다. AM 구성 요소가 반사체 아래에 숨겨져 있기 때문에 LCoS는 광원에서 나오는 높은 플럭스를 견딜 수 있고 높은 휘도 이미지를 전송할 수 있다. 이 기능은 강한 주변 광 아래에서 사용되는 시스루 AR 디스플레이에 특히 매력적이다. 결정질 실리콘은 이동도가 높아서 화소 크기를 10 μm 이하로 작게 줄일 수 있고 개구율은 90% 이상이다. 따라서 영상은 고해상도일 뿐만 아니라 매끄럽게 나타난다. 이에 비해 투과형 마이크로 디스플레이의 개구율은 일반적으로 50% 미만이다. 블랙 매트릭스에 의해 차단된 빛은 어두운 패턴(스크린 도어 효과라고도 함)으로 화면에 나타난다. 투사 방식 디스플레이에서 LCD의 시야각은 직시 방식 디스플레이에서보다는 덜 중요하다. 왜냐하면 투사 방식 디스플레이에서 편광 빔 분리기의 허용각이 좁고 화면에서 산란함으로써 시야 원뿔(viewing cone)이 넓어지기 때문이다.

실외 어플리케이션의 경우, 투과형 LCD의 화면 영상은 태양광하에서는 잘 보이지 않는다. 반사형 LCD가 더 나은 선택이 될 것이다. 그러나 반사형 디스플레이는 어두운 조명에서는 판독이 불가능하다. 따라서 투과형 디스플레이와 반사형 디스플레이의 특징을 조합한 반투과형 LCD가 이상적인 선택으로 보인다. 어두운 조명에서는 백라이트가 켜져서 디스플레이가 투과형이 되고 밝은 조명에서는 백라이트가 꺼져서 반사형 모드가 작동한다.

여러 논문들이 투사 방식 디스플레이,[5] 반사형 디스플레이,[6] 플렉서블 디스플레이[7]의 개선에 공헌하였다. 이 장에서는 LCD 생산과 발전의 주류인 TFT 구동 광시야 투과형 LCD에 초점을 맞출 것이다. TN(twisted nematic), IPS(in-plane switching), FFS(fringe field switching),

MVA(multidomain vertical alignment) 디스플레이 순으로 설명할 것이다. 그리고 광시야각을 얻기 위한 위상 보상법에 대해서도 언급할 것이다.

4.2 투과형 LCDs

그림 4.1은 투과형 TFT 구동 LCD의 소자 구조이다. LCD는 비발광형 디스플레이이다. 즉, 빛은 방출하지 않는다. 대신에, 2차원 공간 광변조기 기능을 수행한다. 그래서 백라이트가 필요하다. 백라이트 배열은 엣지형(edge-lit, 그림 4.1(a))과 직하형(direct-lit, 그림 4.1(b)) 두 유형이 널리 적용되고 있다. 엣지형 LCD에서 LED 어레이는 디스플레이 패널의 엣지(가장자리)에 있다. 방출된 빛은 도광판(light guide plate, LGP)을 통과하여 TFT LCD 패널 쪽으로 향한다. 직하형 LCD에서 백라이트 유닛은 칩 크기가 약 100 μm인 미니 LED를 사용해 수천 개이상의 로컬 디밍(local dimming) 구역으로 분할할 수 있다. 각 구역에는 요구되는 휘도에 따라 여러 개의 미니 LED가 포함될 수 있다. 각 구역은 독립적으로 제어될 수 있다. 이러한 미니 LED 기반 LCD는 $10^6 : 1$ 명암비를 구현할 수 있고 이는 OLED와 비견될 만하다. 조명 핫스폿을 방지하고 백라이트를 균일하게 하기 위해 확산판(diffuser)이 사용된다. 디스플레이의 밝기를 개선하기 위해 백라이트의 램버시안 방출을 중앙 ±40° 원뿔 내로 조정할 수 있는 광학 필름을 백라이트 위에 적층하기도 한다. LCD의 대부분은 고명암비를 얻기 위해 선형 편광된 빛을 요구하기 때문에 대화면 직시 방식 디스플레이에는 인장된 이색성 편광기(dichroic polarizer) 두 장이 사용된다. 첫 번째 유리 기판에 TFT 어레이가 탑재되어 LCD 화소를 독립적으로 제어한다. 디스플레이 각 부화소(sub-pixel)는 TFT 하나로 제어된다. 4K 해상도(3840 × 2160 × RGB) LCD의 경우, 약 2천4백만 부화소가 있다. TFT는 빛에 민감하여 불투명한 마스크로 백라이트 조명에서 차단되어야 하기 때문에 개구율(투명 ITO 전극 면적 비율)은 화소 밀도에 따라 다르지만 약 80%까지 감소한다. 화소 밀도가 증가하면 개구율은 감소한다. 액정층은 내부 표면에 얇은(80 nm) 폴리이미드층 또는 30 nm 광 정렬(photo-alignment)층이 코팅된 두 ITO 기판 사이에 끼어 있다. 일부 LCD(TN, IPS, FFS)는 표면 정렬 처리(기계적 버핑 또는 광정렬)가 필요하지만 다른 LCD(MVA, PVA)는 필요하지 않다. 투과형 LCD에서 셀갭은 보통 3~4 μm 정도로 유지한다. 광 처리량과 응답 시간 그리고 시야각과 같은 디스플레이의

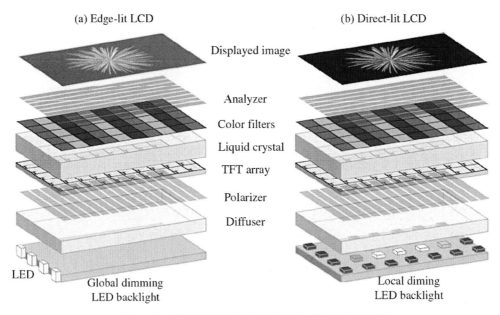

그림 4.1 투과형 TFT LCD의 소자 구조: (a) 엣지형 (b) 직하형

성능은 모두 사용된 LC 배열에 영향을 받는다.

직시 방식 LCD에서 소형화, 저중량, 저전력 소모 등은 시야각, 색영역, 명암비에 못지않게 중요하다. 직시 방식 LCD에서 컬러 필터는 상부(두 번째) 기판의 내부에 부착된다. 색 화소 하나는 세 개의 부화소(적색(R), 녹색(G), 청색(B))로 구성된다. 표준 해상도 디스플레이에서 부화소 하나의 크기는 약 $80 \times 240~\mu\mathrm{m}$ 정도이다. 부화소는 각각 한 가지 색만 투과하고 나머지 색은 흡수한다. 그림 4.2는 백라이트(백색 LED, WLED)와 청색 LED 펌핑 녹색과 적색 퀀텀닷(QDs)의 발광 스펙트럼 및 RGB 컬러 필터의 투과 스펙트럼을 보여준다.

그림 4.2에서 RGB 컬러 필터의 투과 스펙트럼이 비교적 폭이 넓은 것을 볼 수 있다. 색순도는 떨어지지만 더 많은 빛을 통과시키는 장점이 있다. RGB 컬러 필터의 피크 투과율은 각각 95%, 85%, 80% 정도이다. 각각의 컬러 필터는 대략 입사 백색광의 25% 정도만 통과시킨다. 나머지 75%는 색소에 흡수된다. 더욱이 WLED는 비교적 넓은 스펙트럼으로 방출된다. 청록광은 청색과 녹색 컬러 필터를 동시에 투과할 것이다. 유사하게 주황색광은 녹색과 적색 컬러 필터를 투과할 것이다. 이러한 유출광은 디스플레이의 색순도(또는 색포화도)를 낮출 것이다.[10] 그 결과 일반적인 투과형 TFT LCD의 색영역은 NTSC(National Television System Committee) 표준의 약 75%이다. 청색 LED 펌핑 퀀텀닷은 발광 스펙트럼이 좁고 컬러 필터의

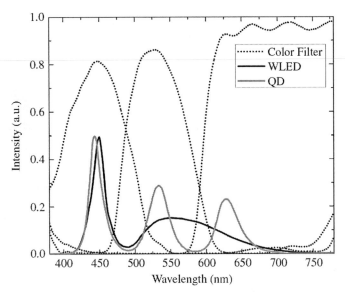

그림 4.2 RGB 컬러 필터 투과 스펙트럼(점선), WLED 백라이트(검은선) 및 청색 LED 펌핑 퀀텀닷 발광 스펙트럼(회색선)

투과 스펙트럼과 잘 일치하여 색영역은 NTSC 규격의 약 115%에 이른다.[11] 디스플레이 장치에서 넓은 색영역만이 중요한 요소가 아니고, 특히 배터리로 구동되는 모바일 기기(스마트폰, 태블릿 컴퓨터)의 경우 총 광효율도 마찬가지로 중요하다.

직시 방식 LCD에서 편광기, 컬러 필터, TFT 개구율에서 발생하는 광학적 손실을 모두 고려하고 나면 전체 시스템의 광학 효율은 약 7% 정도이다. 광시야 기술이 적용되면[12] 전체 광효율은 약 5%까지 감소한다. 광학 효율이 낮다는 것은 전력 소모가 높고 디스플레이 내부에서 더 많은 열이 발생한다는 것을 의미한다. 박형 LCD에서 방열은 중대한 사안이다. 휴대형 디스플레이에서는 전력 소모가 적을수록 배터리 수명이 길어지기 때문에 전력 소모가 적은 것이 바람직하다. 전력 소모를 줄이기 위한 여러 방법들이 개발되었다. 백라이트 편광 변환[13]과 2차원 로컬 디밍 LED 백라이트[14-16]가 그 예이다. 로컬 디밍 미니 LED를 사용하는 경우 HDR 외에도 16비트 계조(LED 백라이트에서 8비트와 LCD에서 8비트), 넓은 색영역, 약 4배 정도의 소비 전력 감소 및 모션 이미지 블러를 감소시키는 고프레임률과 낮은 듀티비 동작 등 부가적인 장점이 있다.[17, 18] 완전히 해결되지 않은 기술적 문제로는 LED 접합 온도의 변화에 따른 색상과 전력 효율의 변화, 비용 증가 등이 있다.

4.3 액정 재료

액정은 결정질 고체와 등방성 액체의 중간적인 물리 특성을 가지고 있다. 액정은 유동성이 있지만 분자 배열은 구조적 규칙이 있다. 액정은 지금까지 써모트로픽(thermotropic, 온도전이형), 고분자(polymeric), 리오트로픽(lyotropic, 농도전이형) 세 종류가 발견되었으며 특히 써모트로픽 액정은 광범위하게 연구되어 폭넓게 응용되고 있다. TFT LCD 대부분이 써모트로픽 네마틱 액정을 사용한다. 고분자 액정은 광학 필름, 전자 소자, 초고강도 재료에서 흥미로운 응용 분야가 발견되고 있다. 리오트로픽 액정은 구성 분자의 고유 특성을 반영하는 방식 때문에 과학적, 기술적으로 관심이 증가하고 있다.

액정은 디스플레이 소자에서 단지 얇은 층을 차지하는 재료이지만 소자 성능에 중요한 기여를 한다. 예를 들면 소자의 명암비, 응답 시간, 시야각, 동작 전압 모두가 사용된 액정 물질과 그 정렬에 관련되어 있다. 굴절률과 셀갭은 액정 소자의 위상차를 결정한다. 유전상수와 탄성상수는 공동으로 문턱 전압을 결정한다. 점성, 탄성 계수, 셀갭, 구동 전압과 온도가 응답 시간을 결정한다.

써모트로픽 액정군에는 상 구조가 뚜렷이 다른 세 종류가 있다. 바로 스멕틱(smectic), 네마틱(nematic), 콜레스테릭(cholesteric) 액정이다. 스멕틱 액정 중에 강유전 액정(ferroelectric LC, FLC)은 쌍안정 스위칭, 적층 구조, 평면 내(in-plane) 분자 재정렬, 마이크로초 응답 시간 등 많은 매력적인 특성들을 보인다.[19] FLC는 일반적인 패널 크기가 $2 \times 2\,cm$ 정도인 근접 시야용 마이크로 디스플레이에 사용되고 있다.[20] 따라서 얇은 셀갭을 균일하게 유지하기가 더 쉽다. 대형 패널에서는 정렬 균일도와 기계적 안정성 둘 다 해결해야 할 문제이다. 그래서 대면적 기기용 FLC 디스플레이 산업은 여전히 도약을 기다리고 있다.

콜레스테릭 액정(CLC)은 브래그 반사를 가시 스펙트럼 영역에 놓이도록 조정하면 컬러 필터나 편광기를 사용하지 않고 색을 반사하는 나선 구조를 보인다. 편광기를 사용하지 않는 CLC의 명암비는 약 30 : 1로 컴퓨터나 TV와 같은 고성능 디스플레이에는 충분하지 않다. 30 : 1 명암비는 약 3% 정도 원하지 않는 빛이 각 화소에서 반사되거나 산란된다는 것을 의미하며 이는 색순도를 떨어뜨리게 된다. 그러나 전자 종이 응용 분야에서는 30 : 1 명암비로도 충분하다. 일반적인 신문은 명암비가 약 8 : 1, 반사도는 50~60% 정도이다. 고품질 백색 용지는 반사도가 약 80%로 인쇄물의 명암비는 15 : 1 정도이다. 따라서 CLC는 이러한 용도에 더 적합하다. 피복 CLC 디스플레이[21]는 얇고 유연하며, 플렉서블 LCD와 전자책 분야의 신생 기술이다.

이 절은 주류 TFT LCD에 사용되는 네마틱 액정의 기본적인 분자 구조와 물리적 성질에 집중할 것이다.

4.3.1 상전이 온도

실온(약 23℃ 정도)에서 메소게닉상(mesogenic phase, 액정상)을 보이는 액정 화합물은 얼마 되지 않는다. 다음 화합물 4′-phentyl-4-cyanobiphenyl[22]이 그 예로 5CB로 잘 알려져 있다.

$$C_5H_{11} \text{—◯—◯—} CN \tag{I}$$

실제로 5CB의 네마틱 구간은 24~35.3℃이지만 결정화 전이의 과냉 효과 때문에 실온에서 액상으로 존재한다. 따라서 5CB의 여러 특성들을 부피가 큰 가열 장치가 없어도 실온에서 편리하게 연구할 수 있다. 그러나 디스플레이에 적용하기 위해서는 넓은 네마틱 구간(−40~90℃)이 필히 요구된다. 네마틱 구간을 확장하기 위해 공정 혼합물이 일반적으로 사용된다. 이렇게 넓은 네마틱 구간을 얻고 재료의 물리적 성질(점성도, 유전상수, 탄성상수)을 최적화하기 위해 10~15 성분으로 구성된 상용 혼합물도 드물지 않다.

4.3.2 공정 혼합물

2원 혼합물을 예로 원리를 설명해보자. 그림 4.3은 2원 혼합물의 상태도이다. 성분 1과 2의 메소게닉 구간은 좌우 세로축에 표시되어 있다. 여기서 $T_{mp1,2}$와 $T_{c1,2}$는 성분 1과 2의 용융 온도(melting temperature)와 상실 온도(clearing temperature)이다. 가로축은 성분 2의 몰농도(X_2)이다. 성분 2의 농도가 증가할수록 혼합물의 용융점은 점차 감소하여 어느 몰농도에서 최소에 이른다. 이 조성에 따라 합성된 혼합물을 공정 혼합물(eutectic mixture)이라 한다. 성분 2의 농도가 공정 혼합점을 초과하면 혼합물의 용융점은 점점 증가한다. 한편 혼합물의 상실점은 두 성분의 선형 보간점이다. 즉, 공정점에서 혼합물의 용융점은 가장 낮고 메소게닉 구간은 일반적으로 가장 넓다.

공정 혼합물의 최적 혼합 비율은 1세기 더 이전에 제안된 슈뢰더-반라르(Schröder-Van Laar) 식으로 예측할 수 있다.[23, 24]

$$\ln(X_i) = \frac{\Delta H_i}{R}\left[\frac{1}{T_i} - \frac{1}{T_{mp}}\right], \tag{4.1}$$

여기서 T_{mp}는 혼합물의 용융점(단위 K)이고 T_i, ΔH_i, X_i는 각각 성분 i의 용융점, 용융 엔탈피(단위 cal/mol), 몰 농도이다. R은 기체상수(1.98 cal/mol/ K)이다. 식 (4.1)을 풀기 위해서는 추가적으로 경계 조건 $\sum X_i = 1$이 필요하다.

슈뢰더-반라르 식에서 화합물이 이상적인 공정 혼합물을 형성하기 위해서는 다음 가정이 필요하다. (i) 두 성분은 순수한 형태로 결정화하고 혼합 결정을 형성하지 않는다. (ii) 액체상은 열역학적으로 이상적인 혼합물이다. (iii) 용융체와 결정체에서 순수 성분의 열용량 차이는 작다. 성분의 구조가 상이할수록 식 (4.1)에서 계산한 용융점은 실험 데이터에 근접할 것이다.

공정 혼합물의 상실 온도(T_c)는 식 (4.2)와 같이 개별 성분의 상실점(T_{ci})으로 계산할 수 있다.

$$T_c = \sum_i X_i T_{ci}. \tag{4.2}$$

그림 4.3에서 볼 수 있듯이 2원 혼합물의 최종 상실점은 개별 화합물의 가중 선형 합이다. 상실점이 높은 LC 화합물이 혼합물의 상실점(T_c)을 높이는 데 도움이 된다. 그러나 LC 화합물의 용융점과 ΔH도 고려할 필요가 있다.

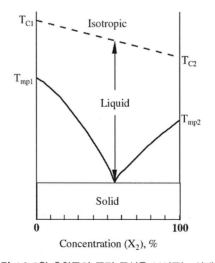

그림 4.3 2원 혼합물의 공정 공식을 보여주는 상태도

상용 Merck E7은 5CB, 7CB(4-cyano-4′-n-heptyl-biphenyl), 8OCB(4-cyano-4′-n-oxyoctyl-biphenyl), 5CT(4-cyano-4″-n-pentyl-p-terphenyl) 네 종류 성분으로 구성된 혼합물이다.[20] 각 성분의 상전이 온도와 용융 엔탈피를 표 4.1에 나열하였다.

표 4.1 E7의 조성

Compound	Phase transitions	ΔH	mol %	wt %
5CB	K 24 N 35.3 I	4100	49.60	45.53
7CB	K 30 N 42.8 I	6200	28.13	28.74
8OCB	K 54.5 S$_A$ 67.5 N 81 I	5900	14.38	16.28
5CT	K 131 N 240 I	4100	7.89	9.46

K는 결정상, N은 네마틱, S$_A$는 스멕틱-A, I는 등방성을 표현한다. 상전이 온도 단위는 ℃이고 ΔH 단위는 cal/mol이다.

표 4.1을 보면 화합물 8OCB는 네마틱상 아래에 스멕틱-A상이 있다. 따라서 식 (4.1)을 사용하여 혼합물을 합성할 때 온도와 용융 엔탈피를 선택하는 데 불확실한 점이 발생한다. 실험에 따르면, 스멕틱 성분을 소량 포함한 네마틱 혼합물은 스멕틱상이 20%를 넘지 않는 한 네마틱상으로 취급할 수 있다. 계산하면 E7의 용융점은 −3℃, 상실점은 60℃이다. 계산할 때는 몰 농도를 사용하지만 실제로 혼합물을 합성할 때는 무게 백분율(wt%)을 더 많이 사용한다. 식 (4.3)을 통해 몰 농도를 무게 백분율로 변환할 수 있다.

$$(\text{wt \%})_i = \frac{X_i M_i}{\sum_j X_j M_j} \tag{4.3}$$

식 (4.3)에서 M_i는 각 성분의 원자무게이다. E7에 사용된 네 성분의 몰 농도와 무게 백분율이 표 4.1에 표시되어 있다. 비교로 E7의 용융점 및 상실점의 실험값은 약 −10℃, 60.5℃이다. 표 4.1의 조성은 상용 혼합물의 실제 조성이 아니라 E7의 계산된 공정 조성임에 유의하라.

4.3.3 유전상수

액정의 유전상수(dielectric constant)는 LCD의 동작 전압, 비저항, 응답 시간에 영향을 미친다. 예를 들면, VA(vertical alignment) 셀에서 문턱 전압(threshold voltage, V_{th})은 $V_{th} = \pi \sqrt{\dfrac{K_{33}}{\varepsilon_0 \Delta \varepsilon}}$

식에서 알 수 있듯이 유전 이방성($\Delta\varepsilon = \varepsilon_{\parallel} - \varepsilon_{\perp}$)과 굽힘 탄성상수($K_{33}$)와 관련이 있다.[26] 그래서 굽힘 탄성상수는 작을수록, 유전 이방성은 클수록 문턱 전압이 낮아진다. 그러나 유전 이방성이 커지면 점성도 커지게 된다. 이는 강한 극성기(polar group)가 있거나 극성기가 많아지기 때문이다.

메이어(Maier)와 마이어(Meier) 평균장 이론에 따르면,[27] LC의 유전 이방성은 식 (4.4)에서처럼 주로 분자 쌍극자 모멘트(molecular dipole moment, μ), 주 분자축(principal molecular axis)에 대한 방위각(orientation angle, θ), 질서 변수(order parameter, S)로 결정된다.

$$\Delta\varepsilon = NhF\{(<\alpha_{//}> - <\alpha_{\perp}>) - (F\mu^2/2kT)(1 - 3\cos^2\theta)S\} \qquad (4.4)$$

여기서 N은 분자 충진 밀도, $h = 3\varepsilon/(2\varepsilon+1)$는 캐비티 필드 인자(cavity field factor), $\varepsilon = (\varepsilon_{\parallel} + 2\varepsilon_{\perp})/3$은 평균 유전상수, F는 온사거 반응장(Onsager reaction field), $\langle\alpha_{\parallel}\rangle$와 $\langle\alpha_{\perp}\rangle$는 분자 분극률 텐서 주요소이다.

식 (4.4)에서 보면, 극성이 없는 화합물인 경우 $\Delta\varepsilon$은 분자 분극률의 차이, 즉 식 (4.4) 첫째 항이 주로 결정한다. 이 경우 $\mu \sim 0$이고 유전 이방성은 매우 작다($\Delta\varepsilon < 0.5$). 극성 화합물의 유전 이방성은 쌍극자 모멘트, 각 θ, 온도(T), 입력 주파수에 따라 변한다. 액정에 쌍극자가 둘 이상 있으면, 개별 쌍극자의 벡터 합이 그 액정의 쌍극자 모멘트가 된다. 식 (4.4)에서 보면 극성 화합물의 유효 쌍극자가 $\theta < 55°$이면 $\Delta\varepsilon$는 양이고 $\theta > 55°$이면 음이 된다.

플루오로(fluoro, F),[29] 사이아노(cyano, CN),[22] 이소티오사이아나토(isothiocyanato, NCS)[30]가 주로 사용되는 세 가지 극성기이다. 그중 플루오로기는 쌍극자 모멘트($\mu \sim 1.5$debye)가 중간 정도로 비저항은 높고 점성은 낮다. 그러나 강한 전기 음성도가 전자 구름의 분극률을 감소시켜 그 결과 화합물의 복굴절이 작아진다. 직시 방식 LCD 경우에 사용된 액정과 셀갭(d)에 따라 다르지만 1.0 정도의 복굴절이 요구된다. 반면에 사이아노 및 이소티오사이아나토기는 쌍극자 모멘트($C \equiv N$은 $\mu \sim 3.9$ debye, $N = C = S$는 $\mu \sim 3.7$ debye)가 클 뿐만 아니라 π 전자 공액(conjugation)을 길게 하는 데 기여한다. 결과적으로 이들의 복굴절은 불소화 화합물에 비해 매우 크다. 복굴절이 커지면 빠른 응답 속도를 유지하면서 동일한 위상 변화를 얻기 위해 얇은 셀갭을 사용할 수 있어 적외선 빔 조향과 같은 긴 파장 어플리케이션에 적합하다.[31]

강한 고정 조건에서 액정의 응답 시간은 d^2에 비례한다. 그러나 CN 화합물은 NCS 및 F 화합물보다 점성이 크다. 따라서 응답 시간과 저항성이 중요하지 않은 손목시계나 계산기 같은 저급 디스플레이가 이들의 주요 응용처이다.

예제 4.2 Δε이 양인 액정

Δε이 양인 액정은 TN[32]과 IPS[33, 34]디스플레이에 사용되고 있다. IPS 디스플레이는 Δε이 음인 액정도 사용한다. TFT LCD에서 액정 물질은 전하를 지속적으로 유지하고 이미지 플리커를 피하기 위해 높은 비저항(>$10^{13}\,\Omega$ cm) 특성을 가져야 한다.[35] 액정 혼합물의 비저항은 불순물(예를 들면, 이온)의 양에 크게 의존한다. 정제 공정은 높은 비저항을 얻기 위해 이온들을 제거하는 데 중요한 역할을 한다. 비저항이 높은 불소화 화합물이 TFT LCD에 선택되는 것은 당연한 것이다.[36, 37] 다음은 전형적인 불소화 화합물 액정 구조이다.

$$\text{(II)}$$

지금까지 발견된 액정 화합물 대부분은 최소 두 개의 링과 유연한 알킬(alkyl) 또는 알콕시(alkoxy) 사슬 하나를 가지고 있다. 두 개의 링은 사이클로헥세인(cyclohexane)−사이클로헥세인이거나, 사이클로헥세인−페닐(phenyl) 또는 페닐−페닐이다. 구조 (II)에 나타낸 화합물은 두 개의 사이클로헥세인과 하나의 페닐 링을 가지고 있다. R_1기는 알킬 말단 사슬이고 페닐 링에서 플루오로 치환이 단일 또는 다중으로 일어난다. 다중 쌍극자이면 순쌍극자는 벡터 합으로 계산할 수 있다. 식 (4.4)에서 보면 쌍극자가 하나인 경우 가장 큰 Δε을 얻기 위해서는 플루오로 치환이 일어나는 최적 위치가 주 분자축 방향, 즉 4 위치이다. 단일 플루오로 화합물은 Δε~5 정도된다. Δε를 더 증가시키기 위해 플루오로기가 추가될 수 있다. 예를 들면, 화합물 (II)는 3과 5 위치에 플루오로기 두 개를 더 가지고 있다.[38] 이 화합물의 Δε은 10 정도되지만, 분자 충진 밀도가 낮아져 복굴절이 약간 감소하며 높은 관성 모멘트 및 분자 간 반데르발스 힘의 증가 때문에 점성은 상당히 증가한다. 화합물 (II)의 복굴절은 약 0.07이다. 더 큰 복굴절이 필요하면 중앙 사이클로헥세인 링을 페닐 링으로 교체할 수 있다. 길어진 전자구름이 점성이 크게 증가하지 않고도 복굴절을 약 0.12까지 증가시킬 것이다.

액정 화합물의 상전이 온도는 화합물을 합성하기 전에는 예측하기 어렵다. 보통 플루오로 치환이 측면으로 진행되면 분자 간 분리 거리가 증가하여 분자 간 연결이 더 약해지기 때문에 모 화합물에 비해 용융점이 낮아진다. 그래서 더 적은 열에너지에서도 분자가 분리될 수 있다. 이는 용융점이 낮아진다는 것을 의미한다. 점성의 증가는 측면 치환의 단점 중 하나이다.

예제 4.3 $\Delta\varepsilon$이 음인 액정

식 (4.4)에서 유전 이방성이 음이 되기 위해서는 쌍극자들은 (2, 3) 위치에 나란히 있어야 한다. 높은 비저항을 얻기 위한 관점에서 보면 두 플루오르기를 나란히 배열하는 것이 유리한 선택이다. $\Delta\varepsilon$이 음인 액정은 VA 방식에 유용하다.[39] VA 셀은 교차된 두 선형 편광기 사이에서 수직 방향으로 볼 때 다른 방식에 비해 매우 높은 명암비를 나타낸다. 그러나 단일 도메인(single-domain) VA 셀은 시야각이 비교적 좁아서 투사 디스플레이 용도에만 유용하다. 광시야 LCD 용으로는 MVA(multi-domain VA, 4개 이상의 도메인) 셀이 필요하다.

다음 구조는 $\Delta\varepsilon$이 음인 액정의 한 예이다.[40]

(III)

화합물 (III)은 (2, 3) 위치에 두 개의 플루오르기가 나란히 배열하고 있어 쌍극자의 분자 장축 방향 성분은 완전히 상쇄되고 수직 성분은 합해져서 순 $\Delta\varepsilon$이 음이 된다. 이 구조의 플루오로 화합물의 일반적인 $\Delta\varepsilon$ 값은 -4이다. 옆에 있는 알콕시기도 수직 방향으로 쌍극자가 있다. 이로 인해 유전 이방성의 증가($\Delta\varepsilon \sim -6$)에 기여한다. 그러나 알콕시기는 그에 상응하는 알킬기에 비해 점성이 더 크다. 중앙 페닐 링에 플루오르기를 추가로 치환하거나 플루오르기 중 하나를 더 강한 극성기로 교체하면 $\Delta\varepsilon$을 더 증가시킬 수 있다. 두 방법 모두 회전 점성을 증가시킨다.

4.3.4 탄성상수

액정셀의 전기 광학에 관련된 세 가지 기본 탄성상수(elestic constant)가 있다. 이들은 분자 배향에 따라 퍼짐(splay, K_{11}), 비틀림(twist, K_{22}), 휨(bend, K_{33})으로 나눈다.[41] 탄성상수는 액정 소자의 문턱 전압과 응답 시간 등에 영향을 미친다. 탄성상수가 작을수록 문턱 전압은

감소하지만 점탄성계수(γ_1 / K_{ii}, 여기서 γ_1은 회전 점성도)에 비례하는 응답 시간은 증가한다. 따라서 문턱 전압과 응답 시간 사이에 적절하게 균형이 이루어지도록 고려해야 한다.

프랑크(Frank) 탄성상수와 분자 구성 요소의 상관관계에 대한 몇 가지 분자 이론이 개발되었다. 일반적으로 사용되는 이론이 평균장(mean field) 이론이다.[42, 43] 평균장 이론에서 세 탄성상수는 식 (4.5)로 표현된다.

$$K_{ii} = aS^2, \tag{4.5}$$

여기서 a는 비례상수이고 S는 질서변수이다. 결정 물질은 $S=1$이고 등방 물질은 $S=0$이다. 네마틱 액정의 S는 0.6 정도이다. 온도가 증가할수록 S는 감소한다.

많은 액정 화합물과 혼합물에서 탄성상수의 크기는 $K_{33} \geq K_{11} \approx 2 \times K_{22}$ 순서이다. 따라서 인가 전압에 의한 액정 재배열의 특성 또한 응답 시간에 영향을 미친다. 예를 들어 셀갭과 점성 등 다른 요소가 동일하다면 주 변형이 방향자의 휨이고 그 문턱이 K_{33}으로 결정되는 VA 셀은 변형이 K_{22}로 지배되는 IPS나 FFS 셀보다 응답 시간이 빠를 것이다. 보통 두 개의 플루오로기가 나란히 배열된 경우 분자 폭과 관성 모멘트가 증가하기 때문에 회전 점성이 증가한다.

4.3.5 회전 점성

점성, 특히 회전 점성(rotational viscosity, γ_1)은 액정의 응답 시간에 결정적인 역할을 한다. 네마틱 액정 소자의 응답 시간은 γ_1에 직선적으로 비례한다.[44] 액정 혼합물의 회전 점성은 구체적인 분자 조성, 구조, 분자 간 연관성, 온도 등에 따라 변한다. 화합물의 부피가 커지거나 무게가 증가할수록 점성이 증가하는 경향이 있다. 온도가 증가할수록 점성은 급격히 감소한다. 액정 점성의 근원을 설명하기 위해 기본적인 물리학이나 반경험적 원리에 기반한 이론들이 개발되었다.[45, 46] 그러나 액정 분자 간에 복잡한 이방성 인력과 입체적인 척력에 의한 상호작용으로 인해 이러한 이론적 결과가 완전히 만족스럽지 않다.[47, 48]

일반적으로 온도에 따른 회전 점성은 식 (4.6)으로 표현할 수 있다.

$$\gamma_1 = bS \exp(E_a/kT), \tag{4.6}$$

여기서 b는 분자의 형상, 크기 및 관성 모멘트를 고려한 비례상수, S는 질서변수, E_a는 분자 회전의 활성화 에너지, k는 볼츠만 상수, T는 절대 온도이다. 상실점(T_c)에 근접하지 않은 온도일 때 질서변수는 식 (4.7)과 같이 근사적으로 나타낼 수 있다.[43]

$$S = (1 - T/T_c)^{\alpha}. \tag{4.7}$$

식 (4.7)에서 α는 물질 변수이다. 전반적으로 회전 점성은 분자 형상, 관성 모멘트, 활성화 에너지, 온도 등의 복잡한 함수이다. 이들 중 활성화 에너지와 온도가 가장 중요한 인자이다.[50] 활성화 에너지는 세부적인 분자 간 상호작용에 따라 달라진다. 경험적으로 온도가 10~15℃ 증가할 때마다 회전 점성은 1/2 정도 감소한다.

분자 구조 관점에서 보면 선형 액정 분자는 점성이 낮을 가능성이 더 크다.[51] 그러나 다른 모든 성질들도 고려할 필요가 있다. 예를 들면, 선형 구조는 유연성이 부족해서 용융점이 높아질 수 있다. 동일 동족체 내에서 사슬이 더 긴 알킬 사슬은 홀-짝 효과(even-odd effect)를 제외하면 일반적으로 용융점이 더 낮다. 그러나 관성 모멘트는 더 크다. 그 결과, 사슬 길이가 긴 동족체가 더 높은 점성을 보일 것이다.

4.3.6 광학 성질

디스플레이에 사용되는 액정 화합물의 주요 흡수 영역은 자외선(ultraviolet, UV)과 적외선(infrared, IR) 영역이다. $\sigma \to \sigma^*$ 전자 전이는 VUV(vacuum UV, 100~180 nm) 영역에서 $\pi \to \pi^*$ 전자 전이는 UV(180~400 nm) 영역에서 일어난다. 그림 4.4는 5CB의 편광 UV 흡수 스펙트럼의 측정 결과이다.[52] 중심 파장이 약 200 nm인 λ_1 밴드는 근접한 두 밴드가 중첩되어 있다. λ_2 밴드는 약 282 nm로 이동하였다. 그림 4.4에서는 보이지 않지만 λ_0 밴드는 VUV 영역($\lambda_0 \sim 120$ nm)에서 나타날 것이다.

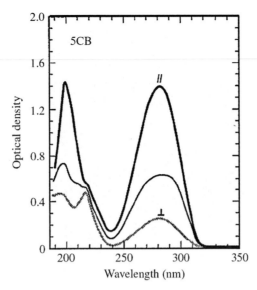

그림 4.4 5CB의 편광흡수 스펙트럼의 측정 결과. 가운데 곡선은 비편광된 광이다. $\lambda_1 \sim 200\,nm$ 그리고 $\lambda_2 \sim 282\,nm$

4.3.7 굴절률

굴절률(refractive index)은 액정 소자에 미치는 영향이 매우 크다. 진폭 변조(amplitude modulation)이거나 위상 변조(phase modulation)이거나 간에 액정 변조기의 거의 모든 전기-광(electro-optic) 효과에 굴절률의 변동이 포함된다. 배향된 액정은 유전, 탄성, 광학 이방성을 포함해서 이방성 특성들을 보인다. 예로 수평 평면 배향(homogeneous planar alignment)을 고려해보자.[53] 선형 편광된 빛이 액정셀에 수직한 방향으로 입사된다고 가정한다. 편광축이 액정 배향축, 즉 평균 분자 분포축을 나타내는 액정 방향자와 평행하면 빛은 이상 굴절률(extraordinary refractive index, n_e)에 따라 진행한다. 편광이 액정 방향자에 수직이면 빛은 정상 굴절률(ordinary refractive index, n_o)을 따라 진행한다. n_e와 n_o의 차이를 복굴절(birefringence, $\Delta n = n_e - n_o$)이라 부른다. 굴절률은 파장과 온도에 따라 변한다. 풀컬러 LCD는 RGB 컬러 필터가 사용된다. 따라서 소자의 성능을 최적화하기 위해 이 파장들에서 굴절률을 알 필요가 있다. 게다가 백라이트의 약 50%는 편광기에 흡수된다. 흡수된 빛은 열로 바뀌어 LCD 패널의 온도를 증가시킨다. 온도가 증가할수록 굴절률은 점차 감소한다. 다음 절에서 파장과 온도가 액정의 굴절률에 어떻게 영향을 미치는지 살펴본다.

4.3.7.1 파장 효과

전자 흡수 스펙트럼에 기초를 두고 한 개의 $\sigma \to \sigma^*$ 전이(λ_0 밴드)와 두 개의 $\pi \to \pi^*$ 전이(λ_1와 λ_2 밴드)를 고려하는 3밴드 모델이 개발되었다. 3밴드 모델에서 굴절률(n_e와 n_o)은 식 (4.8)로 표현된다.[54, 55]

$$n_{e,o} \approx 1 + g_{0e,o}\frac{\lambda^2\lambda_0{}^2}{\lambda^2 - \lambda_0{}^2} + g_{1e,o}\frac{\lambda^2\lambda_1{}^2}{\lambda^2 - \lambda_1{}^2} + g_{2e,o}\frac{\lambda^2\lambda_2{}^2}{\lambda^2 - \lambda_2{}^2}, \tag{4.8}$$

여기서 $g_{0e,o}$, $g_{1e,o}$, $g_{2e,o}$는 λ_0-, λ_1-, λ_2-밴드의 비례상수이다. 3밴드 모델은 액정 화합물의 굴절률의 원천에 대해 명확히 설명한다. 그러나 보통 상용 혼합물은 넓은 네마틱 구간을 얻기 위해 분자 구조가 다른 여러 종류의 화합물로 구성된다. 개별 화합물의 λ_i 값은 다르기 때문에 액정 혼합물의 굴절률을 정량적으로 표현하기에는 식 (4.8)에 모르는 변수가 너무 많다.

오프-공진(off-resonance) 영역에서 식 (4.8)의 우측 세 항을 λ^{-4}항까지 멱급수 전개하면 이방성 액정의 파장에 따른 굴절률을 표현하는 확장 코시(Cauchy) 식을 얻을 수 있다.[56, 57]

$$n_{e,o} \approx A_{e,o} + \frac{B_{e,o}}{\lambda^2} + \frac{C_{e,o}}{\lambda^4}. \tag{4.9}$$

식 (4.9)에서 $A_{e,o}$, $B_{e,o}$, $C_{e,o}$는 코시 계수들이다. 식 (4.9)가 액정 화합물에 기초를 두고 유도되었지만 각 화합물의 기여를 중첩함으로써 공정 혼합물에도 쉽게 확장할 수 있다. 세 파장에서 굴절률을 측정하면 실험 결과와 식 (4.9)를 피팅함으로써 세 코시 계수($A_{e,o}$, $B_{e,o}$, $C_{e,o}$)를 구할 수 있다. 세 코시 계수가 결정되면 어떤 파장에서도 굴절률을 계산할 수 있다. 식 (4.9)에서 보면 굴절률과 복굴절 둘 다 파장이 증가할수록 감소한다. 장파장(IR과 밀리미터파) 영역에서는 n_e와 n_o는 각각 A_e와 A_o가 된다. 계수 A_e와 A_o는 파장에는 무관하지만 온도에 따라 변하는 상수이다. 이는 IR 영역에서 굴절률이 국부적인 분자 진동 밴드 근처의 공진 증강 효과를 제외하면 파장에 민감하지 않다는 것을 의미한다. 이 예측은 여러 실험적 증거와 일치한다.[58]

그림 4.5는 25°C에서 E7의 파장에 따른 굴절률을 나타낸 것이다. 네모과 원은 가시 영역에서 E7의 n_e와 n_o를 나타내고 역삼각형과 정삼각형은 파장 1.55와 $10.6~\mu m$에서 측정한 데이터이다. 실선은 확장 코시식(식 4.9)을 사용해 가시광 스펙트럼에서 n_e와 n_o 실험 데이터와 피팅한 곡선이다. 피팅 변수는 다음과 같다($A_e = 1.6933$, $B_e = 0.0078~\mu m^2$, $C_e = 0.0028~\mu m^4$, $A_o = 1.4994$, $B_o = 0.0070~\mu m^2$, $C_o = 0.004~\mu m^4$). 그림 4.5에서 확장 코시 모델을 근적외선과 원적외선 영역까지 외삽하였다. 외삽 곡선이 파장 1.55와 $10.6~\mu m$에서 측정한 실험 데이터 점을 거의 정확히 통과한다. 실험과 외삽 데이터의 최대 차이가 단지 0.4%이다.

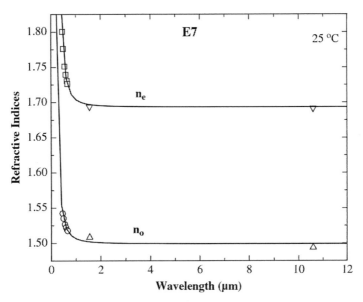

그림 4.5 25°C에서 E7의 파장에 따른 굴절률. 네모와 원은 가시광 스펙트럼에서 측정한 n_e와 n_o이다. 실선은 가시광 스펙트럼에서 측정한 실험 데이터와 확장 코시식(식 (4.9))을 사용해 피팅한 것이다. 역삼각형과 정삼각형은 25°C에서 각각 파장 1.55와 $10.6~\mu m$에서 측정한 n_e와 n_o이다.

식 (4.9)는 오프-공진 영역에서 고복굴절과 저복굴절 액정 재료에 모두 잘 적용된다. 저복굴절($\Delta n < 0.12$) 액정 혼합물인 경우, λ^{-4}항은 영향이 미미해서 생략하면 확장 코시식은 식 (4.10)과 같이 간단히 표현된다.[59]

$$n_{e,o} \approx A_{e,o} + \frac{B_{e,o}}{\lambda^2}.$$
(4.10)

따라서 피팅 변수는 n_e와 n_o 2개가 된다. 두 파장에서 굴절률을 측정함으로써 $A_{e,o}$와 $B_{e,o}$를 결정할 수 있다. 두 변수가 결정되면 관심 있는 어떠한 파장에서도 n_e와 n_o를 계산할 수 있다. TFT 액정 혼합물 대부분은 $\Delta n \sim 0.1$이기 때문에 식 (4.10)에 나타낸 계수가 2개인 코시 모델이 굴절률의 분산을 표현하기에 적절하다. 확장 코시식이 실험 데이터를 잘 피팅하지만,[60] 물리적인 근거는 명확하지 않다. 주 전자 전이 밴드를 고려하는 3밴드 모델이 물리적 의미가 더 크다고 할 수 있다.

4.3.7.2 온도 효과

온도 효과는 투사 방식 디스플레이에 특히 중요하다.[5] 램프의 열 때문에 디스플레이 패널의 온도가 50℃에 이른다. 사전에 예상되는 동작 온도에서 액정 특성을 아는 것이 중요하다.

복굴절 Δn은 이상 굴절률과 정상 굴절률의 차이 $\Delta n = n_e - n_o$로 정의하고 평균 굴절률 $\langle n \rangle$은 $\langle n \rangle = (n_e + 2n_o)/3$으로 정의한다. 이 두 정의에 따라 n_e와 n_o는 식 (4.11)과 (4.12)와 같이 다시 쓸 수 있다.

$$n_e \approx <n> + \frac{2}{3}\Delta n, \tag{4.11}$$

$$n_o \approx <n> - \frac{1}{3}\Delta n. \tag{4.12}$$

온도가 상실점에 근접하지 않을 때, 할러(Haller) 근사(식 (4.7))를 적용하여 온도에 따른 복굴절을 표현하면 식 (4.13)과 같다.

$$\Delta n(T) = (\Delta n)_o (1 - T/T_c)^\alpha, \tag{4.13}$$

식 (4.13)에서 $(\Delta n)_o$는 완전히 규칙적인 결정질 상태(또는 0 K에서 액정 상태)에서 액정의 복굴절이고, 지수 α는 물질상수, T_c는 액정 재료의 상실점이다. 반면에 온도가 증가함에 따라 액정 밀도가 감소하기 때문에 평균 굴절률은 식 (4.14)와 같이 온도 증가에 따라 선형적으로 감소한다.[61]

$$\langle n \rangle = A - BT, \tag{4.14}$$

식 (4.13)과 (4.14)를 식 (4.11)과 (4.12)에 대입하면 온도에 따른 액정 굴절률을 표현하는 4변수 모델에 대한 식 (4.15)와 (4.16)을 얻을 수 있다.[62]

$$n_e(T) \approx A - BT + \frac{2(\Delta n)_o}{3}\left(1 - \frac{T}{T_c}\right)^\alpha, \tag{4.15}$$

$$n_o(T) \approx A - BT - \frac{(\Delta n)_o}{3}\left(1 - \frac{T}{T_c}\right)^\alpha, \tag{4.16}$$

변수 $[A,\ B]$와 $[(\Delta n)_o,\ \alpha]$는 2단계 피팅을 통해 각각 구할 수 있다. $[A,\ B]$는 식 (4.14)를 이용해 평균 굴절률 $\langle n \rangle = (n_e + 2n_o)/3$을 온도의 함수로 피팅하여 구하고, $[(\Delta n)_o,\ \alpha]$는 식 (4.13)을 이용해 복굴절 데이터를 온도의 함수로 피팅하여 구한다. 그러므로 위 두 종류 변수는 동일한 굴절률 데이터를 이용해 각기 다른 피팅을 통해 구할 수 있다.

그림 4.6은 파장 546, 589, 633 nm에서 5CB의 온도에 따른 굴절률을 보여준다. 온도가 증가

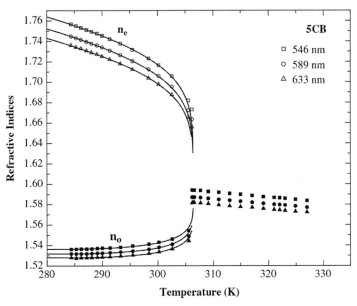

그림 4.6 파장 546, 589, 633 nm에서 5CB의 온도에 따른 굴절률. 네모, 원, 삼각형은 파장 546, 589, 633 nm에서 측정된 굴절률 실험 데이터이다.

함에 따라 n_e는 감소하지만 n_o는 서서히 증가한다. 등방성 상태에서는 $n_e = n_o$이고 굴절률은 온도가 증가하면 선형으로 감소한다. 이는 밀도 효과와 관련이 있다.

4.4 액정 배향

디스플레이용으로 개발된 액정 혼합물은 실온에서 이방성을 가진 액체이다. 유용한 전기-광 특성을 얻기 위해서는 두 기판(유리나 플라스틱) 사이에 액정 혼합물을 넣고 배향이 필요하다. 기판은 액정 분자를 배향하기 위해 얇은(약 80 nm) 배향막이 일반적으로 코팅되어 있다. 주로 적용되는 배향 방법은 기계적으로 연마된 폴리이미드(mechanically buffed PI), 이온 빔 식각된 폴리이미드(ion beam etched PI), 증발된 SiO_x(Evaporated SiO_x)[63] 및 광배향(photoalignment) 네 가지이다. PI가 제조가 단순하기 때문에 대화면 디스플레이에 일반적으로 사용된다. 무기질 SiO_x층은 단단하고 고출력 램프의 고강도 조명에 견딜 수 있기 때문에 투사 방식 디스플레이에 널리 사용된다. 고해상도 LCD에서는 광배향이 주류 기술로 자리 잡고 있다. 액정을 광유도(photo-induced) 배향하기 위해 먼저 광감응 폴리머를 얇게 기판에 코팅한다. 편광 자외선에 노출되면 이방성 계면 상호작용이 일어남으로써 액정 분자의 방위에 규칙화가 진행된다. 연마법과 비교하면 광배향은 몇 가지 뛰어난 장점이 있다. 비접촉법이고 광시야 소자를 위한 다중 도메인 배향이 쉽게 형성되며 고해상도 장치를 위한 우수한 배향 균일성을 보인다.[64]

그림 4.7은 연마와 이온빔 식각으로 형성된 액정 배향을 보여준다. 기계적 연마에 나일론 천이 사용된다. 그림 4.7(a)에서 보는 바와 같이 액정 방향자는 연마 방향을 따라 위쪽으로 기울어 있다.[65] 선경사각(pretilt angle)은 PI 재료와 연마 강도에 따라 달라진다. 일반적인 연마 공정인 경우 선경사각은 3~5° 정도이다. 이와는 달리 그림 4.7(b)에서 보는 바와 같이 이온빔 식각에서는 액정 방향자가 이온 빔원 쪽 방향으로 위로 기울어져 있다. 선경사각은 외부 장이 가해질 때 액정 방향자의 재정렬 방향이 균일하게 될 수 있도록 안내하는 중요한 기능을 한다.[66] 선경사각이 없으면 액정 분자들은 소자 영역에서 동일한 방향으로 전환되지 않을 수 있다. 이것은 균일하지 않은 모양, 광산란과 느린 응답의 원인이 된다.

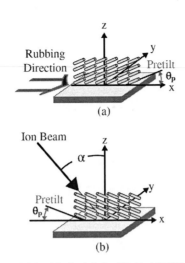

그림 4.7 PI 코팅 기판에서 (a) 연마와 (b) 이온빔 식각에 따른 선경사각(출처: 참고문헌 58에서 다시 작성)

각 기판의 연마 방향과 선경사각에 따라 액정셀 기하학적 구조가 몇 가지 개발되었다. 두 기판의 연마 방향이 평행하고 반대이면 두 기판의 선경사각(보통 약 3~5°)은 서로 반대 방향이다. 이 경우 수평셀(homogeneous cell)이 형성된다. 수평셀과 유사하지만 선경사각이 85~90°로 크면 수직셀(homeotropic cell)이 형성된다. 수직셀은 수직 배향(vertical alignment)으로도 알려져 있다.[39] 경사각이 작은 두 기판이 직각 방향으로 연마되면 TN 셀이 형성된다.[32] 키랄 도펀트(chiral dopant)가 액정 재료에 첨가되어 비틀림 각이 90° 이상이 되면 그 셀을 STN(super twisted nematic) 셀이라 한다.[67] 폴리머 분산 액정 일부는 표면 처리가 필요치 않다. 그들은 상분리를 통해 액정 방울을 만든다.[68]

디스플레이 산업에 네 가지 방식의 액정 배향이 널리 사용된다. 90° TN 셀, IPS와 FFS 소자에 사용되는 저경사 수평 셀, 고경사 패턴 수직 배향을 사용하는 MVA 소자, 경사각이 수평 소자와 수직 소자 중간이 되도록 평행 연마하는 벤드 또는 π셀(bend cell)이다. 액정 배향 외에도 전극 배열도 LCD의 성능, 특히 시야각에 영향을 미친다. 다음 절에서 이 네 종류 액정 배향에 대해 살펴본다.

4.5 수평셀

수평 배향은 IPS, FFS 및 위상 변조기에 사용되며 전기장 방향에 따라 나뉜다. IPS와 FFS 셀에서는 전기장이 주로 횡방향이 되도록 교차(interdigitated) 전극이 하부 기판에 형성된다. 그러나 위상 공간 광 변조기에서는 전극이 두 기판에 있고 전기장이 종방향이다. 분자의 면-내(in-plane) 재정렬은 광시야각을 만들 수 있어 직시 방식 디스플레이에 적당하다. 반면에 종방향 전기장으로 유도되는 면-외(out-of-plane) 재정렬은 좁은 시야각을 가지게 된다. 이러한 공간 광 변조기는 증강 현실과 헤드업 디스플레이[70] 및 레이저 빔 조향[71]에 사용된다. 직시 방식 디스플레이의 시야각을 확대하기 위해서 특수한 보상 필름을 사용할 필요가 있다. 이 절에서 종방향 전기장을 사용하는 수평셀의 기본적인 전기 광학을 알아보고 다음 절에서 광시야 소자(IPS와 FFS 셀)에 대해 살펴본다.

수평셀(전압 제어 복굴절(electrically controlled birefringence, ECB) 셀로도 알려져 있음)에서 상부와 하부 기판은 그림 4.8에 보이는 바와 같이 반대의 선경사각 θ_p을 형성하기 위해 서로 반대 방향(x와 $-x$)으로 평행하게 연마된다. 액정 배향 방향이 평행하고 선경사각이 동일한 방향이면 π셀이 형성된다.[72] π셀의 전기-광학은 4.10절에서 살펴볼 것이다. 그림 4.8(b)에서 볼 수 있듯이 액정의 유전 이방성이 양인 경우 인가 전압이 프레데릭스(Freedericksz) 천이 문턱($V_{th} = \pi\sqrt{K_{11}/\varepsilon_0\Delta\varepsilon}$)[73]보다 훨씬 높으면 셀의 중심면에 가까운 액정 방향자는 전기장 방향으로 거의 재정렬될 것이다. 이러한 유사 문턱 전압(선경사 셀은 임의의 낮은 전기장하에서 방향자에 토크가 있기 때문에 진정한 문턱은 없음)이 존재하는 이유는 액정 방향자를 재정렬시키기 위해서는 전기장으로 유도된 토크가 탄성 복원 토크보다 커야 하기 때문이다. 고정에너지가 약하면 문턱 전압은 감소하여 전체 응답 시간(상승(rise)＋지연(decay))이 느려진다.[74] 그림 4.8(b)에서 보는 바와 같이 인가 전기장(E)이 종방향(z축)이기 때문에 액정 방향자는 평면을 벗어나 기울어진다. 기판에 가장 가까운 액상층은 배향막에 고정되어 있어 인가 전기장의 일반적인 강도에서는 재정렬하지 않는다. 선경사각($\theta_p \approx 3°$)에 따라 액정 방향자가 움직일 방향이 정해진다. 이 선경사각이 없으면 액정 방향자는 처음에 회전해야 할 방향을 알 수 없게 되어 광학적으로 얼룩진 외관과 광산란을 초래한다. 액정의 $\Delta\varepsilon$이 음이면 종방향 전기장은 액정 분자를 재정렬시킬 수 없다. $\Delta\varepsilon$이 음인 액정을 구동하기 위해서는 횡

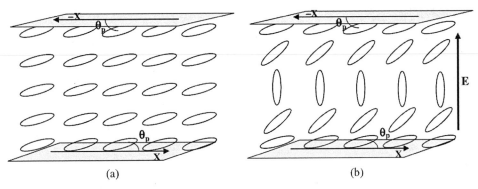

그림 4.8 수평셀에서 액정 방향자 프로파일: (a) $V=0$ (b) $V \gg V_{th}$

방향 전기장(또는 프린지 전기장(fringe field))을 사용해야 한다. 이 구조는 4.7과 4.8절에서 논의할 것이다.

그림 4.8(b)에서 보면, 주어진 전압에서 셀 내에서 액정 방향자의 분포는 균일하지 않지만, 양 기판 표면에서 선경사각이 동일하다고 가정하면 셀의 중앙층을 기준으로 대칭이다. 그림 4.9는 여러 전압(V_{th} 대비)에서 액정 방향자의 분포를 보여준다. V_{th}보다 낮은 전압에서는 3°인 선경사각 때문에 액정 방향자들은 약간 재정렬된다. 인가 전압이 문턱 전압보다 3~4배 증가하면 액정 대부분이 재정렬한다. 중앙층($z/d=0.5$)은 이미 80° 이상 회전하였다. 인가 전압을 $10\,V_{th}$까지 증가시켜도 표면 액정층만 재정렬되고 액정 대부분은 이미 완전히 재정렬하였다.

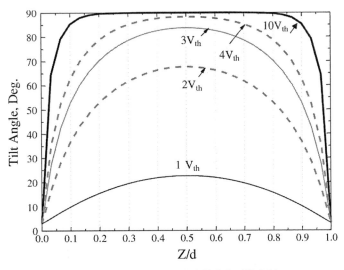

그림 4.9 여러 전압에서 수평셀의 액정 방향자 분포

4.5.1 위상 지연 효과

두 편광기 사이에 있는 평면 배향 일축성 액정층에 평면파가 수직으로 입사될 때, 액정 매질 내에서 출사 빔의 이상(extraordinary) 성분과 정상(ordinary) 성분의 전파 속도가 다르기 때문에 두 성분은 상대적인 위상 지연(phase retardation, δ)을 겪게 된다.

$$\delta = \frac{2\pi d}{\lambda}(n_e - n_o) = 2\pi d \Delta n / \lambda, \tag{4.17}$$

여기서 d는 셀갭, Δn은 복굴절, λ는 파장이다. 수평셀이 두 편광기 사이에 있을 때, 정규 광투과도는 다음 식으로 주어진다.

$$T = \cos^2 \chi - \sin 2\beta \sin 2(\beta - \chi)\sin^2(\delta/2). \tag{4.18}$$

여기서 χ는 편광자(polarizer)와 검광자(analyzer) 사잇각이고 β는 편광자와 액정 방향자 사잇각, δ는 식 (4.17)에 나타낸 지연이다. 두 편광기가 서로 수직($\chi = 90°$)이고 $\beta = 45°$인 간단한 경우 정규 광투과도는 식 (4.19)와 같이 단순하게 된다.

$$T_\perp = \sin^2(\delta/2). \tag{4.19}$$

수평셀에서 유효 위상 지연은 파장, 온도, 인가 전압에 따라 변한다. 유전 이방성이 양인 평면 액정층에 전압이 가해지면 유효 복굴절과 위상 지연은 감소한다. $V \gg V_{th}$인 고전압 영역에서 경계층을 제외한 대부분의 액정은 그 방향자가 기판에 거의 수직으로 배향되어 있다. 유효 복굴절이 소멸되기 때문에 유효 위상 지연은 작다. 그러나 경계층은 저항성이 상당히 커서 외부 전기장으로 완전히 재정렬시키기 어렵다. 이것은 수평셀이 위상 보상 필름이 없으면 충분히 어두운 상태(good dark state)를 구현하기가 어렵다는 것을 의미한다.

4.5.2 투과도의 전압 의존성

그림 4.10은 교차 편광기 사이에 있는 수평셀의 전압에 따른 광투과도를 보여준다. 여기서 편광기, 기판 표면, ITO에서 발생하는 광학적 손실은 모두 무시하였다. 액정셀의 변수는 다음과 같다. 액정 혼합물 MLC-6297-000, 탄성상수 $K_{11} = 13.4\,pN$, $K_{22} = 6.0\,pN$, $K_{33} = 19.0\,pN$, 유전상수 $\varepsilon_{\parallel} = 10.5$, $\Delta\varepsilon = 6.9$, 셀갭 $d \sim 4.3\,\mu m$, R=650 nm, G=550 nm, B=450 nm 파장에서 $\Delta n = 0.125$, 0.127, 0.129, 선경사각 $\theta_{p} \sim 2°$. 그림 4.10(a)에서 보면 RGB 색상에 따라 밝은 상태의 투과도에 약 10% 정도의 변화가 있다. $d\Delta n$ 수치(약 $\lambda/2$인 275 nm)가 작기 때문에 고전압 구간에서 투과도는 단조 감소하지만, RGB 색상에서 통상적인 어두운 상태를 얻기가 어렵다. 이것은 그림 4.9에 나타낸 경계층의 잔류 위상 지연이 감해지지(orthogonal) 않고 더해지기(parallel) 때문이다. 수평셀에서 통상적인 어두운 상태를 구현하기 위한 방법 하나는 광축이 액정 방향자의 축과 직교하는 일축성 보상 필름(4.7.4절에서 논의)을 추가하는 것이다. 그림 4.10(b)는 $d\Delta n = 368\,nm$인 수평셀에 일축성 필름($d\Delta n = -96\,nm$)으로 보상한 결과이다. 어두운 상태가 약 $4\,V_{rms}$에서 최적화된다. 이 어두운 상태 전압은 액정셀과 보상 필름의 $d\Delta n$에 따라 변한다. 보상 필름의 $d\Delta n$이 작아지면 어두운 상태 전압은 증가하고 그 폭(충분히 어두운 상태를 유지하기 위해 필요한 ΔV)은 넓어진다.

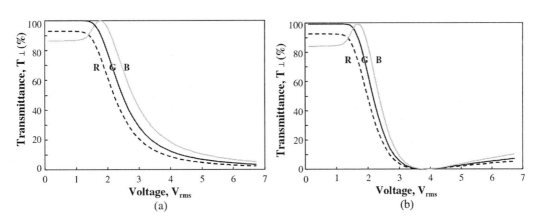

그림 4.10 (a) $d\Delta n = 275\,nm$인 수평셀의 V–T 곡선 (b) 일축성 필름으로 보상한 수평셀의 V–T 곡선(셀은 $d\Delta n = 368\,nm$이고 보상 필름은 $d\Delta n = 96\,nm$, 보상 필름의 광축은 액정 방향자 축과 직교)

4.6 트위스티드 네마틱

90° TN 셀은 시야각이 그렇게 결정적이지 않은 소형 디스플레이와 노트북에 광범위하게 사용되고 있다. 그림 4.11은 전원 off 상태(왼쪽)와 전원 on 상태(오른쪽)에서 NW(normally white) TN 셀의 액정 방향자 배열을 보여준다.

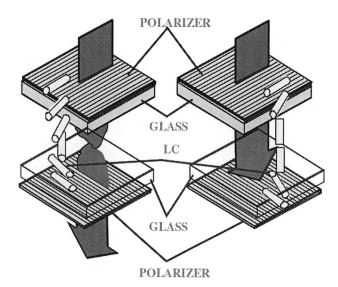

그림 4.11 90° TN 셀의 액정과 편광기 배열. 왼쪽: $V=0$, 오른쪽: $V \gg V_{th}$

상부 액정의 배향은 상부 편광자의 광축과 평행하고 하부 액정의 방향자는 90° 회전하여 하부 검광자의 광축과 평행하다. 이를 e모드 구동이라 한다. o모드로 부르는 다른 구조는 편광자의 투과축을 전면 액정 방향자와 직교하게 둔다. 액정층의 $d\Delta n$이 구치-태리(Gooch-Tarry) 1차 최소 조건을 충족할 때,[76] 선형 편광된 입사광은 분자의 꼬인 배열을 따라가 교차 감광자를 지나 투과할 것이다. 이러한 도파관 효과는 파장에 따라 조금씩 달라지지만 RGB 파장들 간에 투과도 변화는 8% 미만이다. 따라서 이러한 90° TN 셀은 기본적으로 광대역 반파장판(half-plane plate)이다. 전원 on(약 $5 V_{rms}$) 상태에서 경계층을 제외한 액정 방향자는 기판에 수직하게 재정렬된다. 입사광은 거의 위상 변화를 거치지 않아 검광자에 흡수되고 결과적으로 어두운 상태가 된다. TN 셀의 장점은 경계층이 서로 직교하기 때문에 고전압 상태에서 잔류 위상이 상쇄된다는 점이다. 그러나 또한 중요한 것은 경계층이 인접한 편광자 필름으로 배향된 광학적으로 얇은 일축성 슬래브이므로, $\beta = 0$인 식 (4.18)에 따라 어떠한 누설 투과에 기여하는 바가 없다는 점이다. 결과적으로 어두운 상태가 비교적 낮은 전압에서 만들어진다. 능동 행렬 TN LCD의 일반적인 명암비는 약 $100 : 1$이다. 꼬임각(twist angle)이 $90°$에서 벗어나면 어두운 상태가 충분하지 않게 되어 동작 전압이 증가할 것이다.

4.6.1 광투과도

동작 모드들을 비교하기 위해 편광기, ITO($n \sim 1.8$)층 및 기판에서의 계면 반사에서 발생하는 광학적 손실을 무시하고 정규화 투과도에 초점을 맞추자. TN 셀의 정규화 투과도(전압이 가해지지 않으면 $T_\perp$)는 다음 존스(Jones) 행렬로 표현할 수 있다. $T_\perp = |M|^2$이다.[77]

$$M = |\cos\beta \ \ \sin\beta| \begin{vmatrix} \cos\phi & -\sin\phi \\ \sin\phi & \cos\phi \end{vmatrix} \begin{vmatrix} \cos X - i\dfrac{\Gamma}{2}\dfrac{\sin X}{X} & \phi\dfrac{\sin X}{X} \\ -\phi\dfrac{\sin X}{X} & \cos X + i\dfrac{\Gamma}{2}\dfrac{\sin X}{X} \end{vmatrix} \begin{vmatrix} -\sin\beta \\ \cos\beta \end{vmatrix} \tag{4.20}$$

여기서 β는 편광축과 전방 액정 방향자의 사잇각, ϕ는 꼬임각, $X = \sqrt{\phi^2 + (\Gamma/2)^2}$, $\Gamma = 2\pi d\Delta n/\lambda$, d는 셀갭이다. 간단한 대수적 연산을 통해 다음과 같이 $|M|^2$에 대한 해석식이 도출된다.

$$|M|^2 = T_\perp = \left(\frac{\phi}{X}\cos\phi\sin X - \sin\phi\cos X\right)^2 + \left(\frac{\Gamma}{2}\frac{\sin X}{X}\right)^2 \sin^2(\phi - 2\beta) \tag{4.21}$$

식 (4.21)은 전압이 가해지지 않을 때 TN 셀의 광투과도를 꼬임각, β각, $d\Delta n/\lambda$의 함수로 표현하는 일반적인 공식이다. $\phi = \pi/2$인 $90°$ TN 셀에서 식 (4.21)은 식 (4.22)와 같이 단순한 식으로 정리된다.

$$T_\perp = \cos^2 X + \left(\frac{\Gamma}{2X}\cos 2\beta\right)^2 \sin^2 X. \tag{4.22}$$

식 (4.22)는 $\cos^2 X = 1$일 때 특수 해를 가진다. $\cos X = \pm 1$(즉, $X = m\pi$; m은 정수)일 때 $\sin X = 0$이고 식 (4.22)에서 두 번째 항은 없어진다. 그러므로 β와 관계없이 $T_\perp = 1$이다. $X = m\pi$로 두고 $\Gamma = 2\pi d\Delta n / \lambda$이므로 식 (4.23)과 같이 구치-태리 조건이 찾아진다.

$$\frac{d\Delta n}{\lambda} = \sqrt{m^2 - \frac{1}{4}}. \tag{4.23}$$

가장 낮은 차수 $m = 1$에서 $d\Delta n/\lambda = \sqrt{3}/2$이다. 이것이 90° TN 셀에서 구치-태리 1차 최소 조건이다. 두 번째 차수 $m = 2$에서 $d\Delta n/\lambda = \sqrt{15}/2$이다. 2차 최소 조건은 손목시계와 계산기와 같은 저급 디스플레이에서만 사용된다. 이 이유는 셀갭이 크면 제작하기가 용이하고 사이아노바이페닐(cyanobiphenyl) 액정이 비싸지 않기 때문이다. 노트북 TFT LCD에서는 1차 조건이 선호된다. 이는 빠른 응답 시간과 넓은 시야각을 확보하기 위해 얇은 셀갭이 요구되기 때문이다.

그림 4.12는 세 기본 색상의 파장(R=650 nm, G=550 nm, B=450 nm)에서 90° TN 셀의 전압에 따른 정규화 광투과도($T_\perp$)를 보여준다. 인간의 눈은 녹색 파장에서 가장 민감도가 높기 때문에 보통 $\lambda \sim 550$ nm에서 셀 설계를 최적화한다. 식 (4.22)에서 $d\Delta n \sim 480$ nm에서 1차 $T_\perp = 1$이 충족하는 조건이 된다. 셀갭이 5 μm인 경우 요구되는 복굴절은 $\Delta n \sim 0.096$이다.

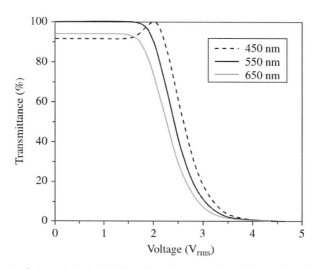

그림 4.12 NW 90° TN 셀의 전압에 따른 광투과도($d\Delta n = 480$ nm)

그림 4.12에서 보면 $V=0$에서 파장이 투과도에 미치는 영향은 8% 이내이다. 따라서 TN 셀은 아크로매틱 반파장판(achromatic half-wave plate)으로 취급할 수 있다.

TN LCD의 응답 시간은 셀갭과 사용된 액정 혼합물의 γ_1/K_{11}에 따라 결정된다. 셀갭이 5 μm인 경우 광학적 응답 시간은 약 20~30 ms이다. $V=5\,V_{\rm rms}$에서 명암비(contrast ratio, CR)는 약 1,000 : 1 정도이다. 이 정도 성능은 완전하지는 않지만 노트북 컴퓨터용으로 수용할 만하다. TN 셀의 주된 단점은 액정 방향자의 면-외 회전(out-of-plane tilting)에 기인한 비교적 좁은 시야각과 계조 반전(grayscale inversion)이다. 이러한 분자의 회전 때문에 수직 방향으로 시야각이 좁고 비대칭적이며 계조 반전이 일어난다.[78]

4.6.2 시야각

TN 셀은 종방향으로 전기장이 가해진다. 그 결과 그림 4.13(a)에서 보는 바와 같이 액정 방향자들은 전기장 방향으로 기운다. 그림 4.13(b)에 묘사된 것처럼 면-외 정렬이 수직 방향으로 비대칭적인 시야각을 초래한다. 위아래 방향에서 보는 굴절률 타원체의 단면은 확실히 비대칭이다. 따라서 교차 편광기를 통과한 광투과도가 다르게 되어 시야각도 비대칭이 된다. 반면에 수평 방향으로는 시야각이 더 넓고 더 대칭적이다.

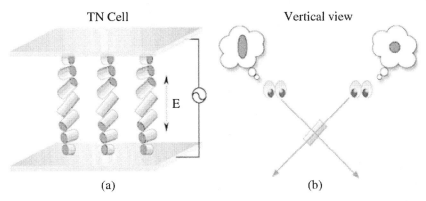

그림 4.13 (a) 전원 on 상태에서 TN 셀의 액정 경사각 (b) 수직 방향에서 시야 차이

그림 4.14는 TN LCD의 시야각 특성을 보여준다. 중앙 사진은 화면 직각 방향, 좌우 사진은 수평 방향, 상하 사진은 수직 방향에서 본 화면이다. 수평 방향 화면들은 실제로 상당히 대칭

이지만 수직 방향 화면은 훨씬 나쁘다. 심각한 계조 반전이 아래에서 위로 보는 방향에서 나타난다(맨 아래 사진).

그림 4.14 TN LCD의 시야각. 중앙 영상은 직각 방향 화면이다. 좌우：수평 방향 영상. 상하：수직 방향 영상. 계조 반전은 아래에서 위로 보는 방향에서 나타난다(Courtesy of Dr Y. Saitoh of Fuji Film).

TN LCD를 대화면 모니터나 TV로 용도를 확대하기 위해서는 시야각이 개선되어야 한다. TN LCD의 시야각을 넓히는 편리한 방법은 다중 도메인 구조를 적용하는 대신에 위상 보상 필름을 사용하는 것이다.[79] 필름은 편광기 내면에 부착할 수 있다. 그러나 TN 셀의 비대칭 요소로 인해 보상 필름에도 수직 방향으로 비대칭 위상 지연이 필요하다.

4.6.3 필름 보상 TN 셀

TN 셀은 on 상태에서 액정 방향자 상부 절반은 꼬임이 거의 없이 러빙 방향에 따라 재정렬하고, 하부 절반은 상부 절반과 직교 상태인 방향자 면을 갖지만 비슷한 구조가 된다. 그래서 일축성 A플레이트와 같은 균일 위상 보상 필름은 상부와 하부를 동시에 보상하지 못한다. 대신에 각 절반층을 보상하기 위해 TN 액정셀의 양면에 별개로 광시야 필름 한 쌍이 사용될 필요가 있다. TN 셀의 시야각을 넓히기 위해 원판형(discotic) 액정 필름이 후지 포토(Fuji Photo)에서 개발되었다.[80] 그림 4.15는 광시야 원판형 물질의 분자 구조를 보여준다.

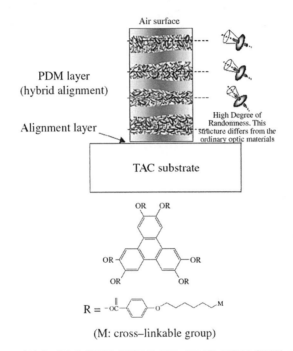

그림 4.15 광시야 필름과 원판형 화합물의 구조. PDM은 중합된 원판형 재료이다.

원판형 재료(트리페닐린 화합물, triphenylene derivatives)를 TAC(트리아세틸 셀룰로오스, triacetyl cellulose) 기판 위 배향막에 코팅한다. 원판형 물질은 혼성 배향 구조이고 다음과 같이 세 가지 중요한 특성을 지닌다. (i) π전자 구름이 원반 형태로 분포하고 있어 복굴절(음)이 크다. (ii) TAC 기판의 변형이 시작되는 온도보다 낮은 온도에서 원판형 네마틱(discotic nematic, N_D) 상이 된다. 이 특성으로 인해 넓은 면적에 결함이 없이 균일한 단일 도메인 필름으로 코팅될 수 있다. (iii) 여섯 곁사슬(side chain) 모두에 가교가 가능한 기가 있어 필름의 내구성을 높일 수 있다. 가열될 때 원판형 재료가 원판형 네마틱상을 형성한다. 배향막 부근에 있는 원판형 분자들은 분자면이 배향막 표면에 거의 평행하게 정렬하고 배향막 표면의 러빙 방향면에 몇 도(°) 정도 선경사각을 가진다. 반면에 공기 계면 부근에 있는 원판형 분자들은 분자면 공기 표면과 거의 수직으로 정렬하게 된다. 이렇게 양 계면에 배향이 고정된 원판형 재료는 N_D상에서 혼성 배향 구조를 보인다. UV 광경화 중에 원판형 재료는 중합이 일어나고 중합된 원판형 재료(polymerized discotic materials, PDM)는 실온으로 냉각된 후에도 혼성 배향 구조가 유지된다. 각 필름은 개개 원판형 분자의 방향에 변동이 있어도 방향자가 PDM층 두께 방향에 따라 꼬임(twist)이 없이 연속적으로 변하는 혼성 배향 구조를 가진다. 이 혼성 배향 구조는 퍼짐(splay)과 휨(bend) 변형으로 구성된다.

광시야 후지 필름은 광투과도의 감소나 화질의 저하가 없이 TN LCD의 시야각을 현저하게 개선한다. CR > 10 : 1에서 약 80° 시야 원뿔(viewing cone)을 가진 TN LCD가 발표되었다.[81] 필름 보상 TN LCD의 주목할 만한 장점은 기존 편광기를 보상 필름이 부착된 편광기로 단순히 교체하기 때문에 패널 공정에 변화가 필요하지 않다는 점이다. 또한 원판형 필름은 비용적으로도 효과적이다. 이러한 특징이 TN이 20~26인치 대형 LCD 시장으로 확대될 수 있는 가능성을 제공한다. 그러나 대형 필름 보상 TN LCD가 IPS, MVA와 경쟁하는 데 근본적인 제한 요소가 되는 계조 반전이 여전히 관찰될 수 있다.

4.7 평면 스위칭

TN LCD의 좁은 시야각을 극복하기 위해 1970년대에 IPS라 부르는 소자 모드가 제안되었고,[33, 82] 1990년대에 TFT LCD에 적용되었다.[83, 84] 교차(interdigitated) 전극이 하부 기판에 있고 상부 기판에는 전극이 없다. 전기장은 전극 가장자리에서 프린징 전계(fringing field)에 의해 휘어지지만 주 성분은 셀의 평면에 있다. 그림 4.16에 보는 바와 같이 전기장이 인가될 때 액정 방향자는 평면 내에서 회전하기 때문에 광시야각을 얻을 수 있다.

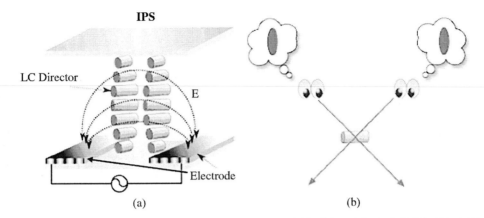

그림 4.16 (a) 전원 on 상태에서 IPS 전극, 전기장 및 액정 방향자 정렬 (b) 액정 분자의 면–내 회전에 따른 시야각 특성

4.7.1 소자 구조

IPS 모드 디스플레이에서 동일 기판에 교차 전극을 제작하고 유전이방성이 양인 액정은 수평으로 배향하고 러빙 각도는 줄무늬 전극과 약 10°를 이룬다. 편광자의 투과축은 액정 방향자와 평행(e 모드)하게 하거나 수직(o 모드)하게 하고 감광자는 편광자에 직교한다. 그림 4.17에서 보듯이 전극이 유도한 면–내 전기장이 액정 방향자를 비튼다. 편광자를 지나 입사된 선형 편광된 빛은 위상 지연을 겪고 편광상태가 변해서 교차 감광자를 통해 투과한다. 이에 따라 광투과도가 결정된다. 그러나 전극 표면 위에는 수평 성분은 작은 강한 수직 전기장이

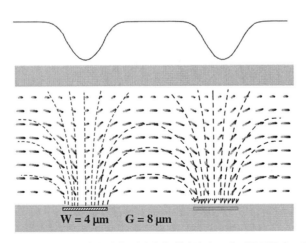

그림 4.17 $V = 5V_{rms}$ 에서 IPS 셀의 액정 방향자 배열, 전기장 윤곽(점선)과 그에 따른 광투과도, 액정 MLC–6686, $\Delta\varepsilon$ =10, 전극 폭 W=4 μm, 전극 갭 G=8 μm, 셀갭 d=3.6 μm

형성되어 이 영역에 있는 액정 방향자는 비틀리지 않고 주로 기울어진다. 그 결과 전극 위에서는 투과도가 크게 감소한다. $\Delta\varepsilon$이 양인 액정 재료가 사용될 때, 대체로 전통적인 IPS 모드의 광효율은 TN LCD의 약 75% 정도이다. IPS 모드에 $\Delta\varepsilon$이 음인 액정을 사용하면 광효율을 85%까지 향상시킬 수 있지만 on 상태 전압은 전극 간격과 사용된 액정 재료의 $\Delta\varepsilon$에 따라 변한다.[85] 전력을 적게 소비하기 위해 $5\,V_{\text{rms}}$ 이하 동작 전압이 선호된다.

4.7.2 전압에 따른 광투과도

그림 4.18은 그림 4.17에 나타낸 IPS 소자 구조일 때 RGB 파장에서 전압에 따른 광투과도이다. 문턱 전압은 약 $1.5\,V_{\text{rms}}$이고 약 $5\,V_{\text{rms}}$에서 세 파장 모두 투과도가 최대이다. 흡수로 인해 액정셀이 없는 두 편광기의 최대 투과도는 R, G, B 파장 각각 35.4, 33.7, 31.4%이다.

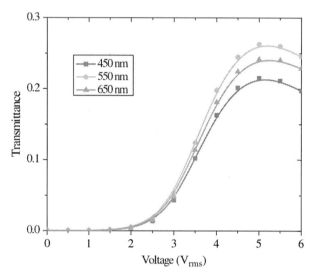

그림 4.18 IPS LCD의 전압에 따른 광투과도. 소자 구조는 그림 4.17과 같다.

4.7.3 시야각

그림 4.19는 보상 필름이 없는 IPS LCD의 계산된 등명암비 곡선도(isocontrast contours)이다. 10 : 1 등명암비가 60° 시야 원뿔(viewing cone) 이상으로 확장한다. 모바일 디스플레이는 주로 단일 사용자가 보는 용도이기 때문에 이 시야각이면 충분하다. 그러나 TV와 같은 대형

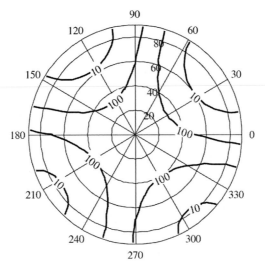

그림 4.19 보상 필름이 없는 IPS LCD의 모사 등명암비 곡선도

디스플레이에는 이 시야각이 아직 불충분하고 보상 필름이 필요하다. 적절하게 보상된 IPS LCD는 80° 시야 원뿔 이상에서도 명암비가 100 : 1 이상이다.

4.7.4 위상 보상 필름

IPS LCD에서 액정 방향자는 입구 편광자의 광축과 평행(또는 교차) 배향되어 있다. 수직 입사일 때, 전원 off 상태에 있는 액정층은 입사되는 선형 편광된 빛의 편광상태를 변조하지 않는다. 그 결과 액정을 통과한 선형 편광 광선이 교차 감광자에 효과적으로 흡수되기 때문에 우수한 어두운 상태를 얻을 수 있다. 그러나 사각(oblique angle)에서 입사광은 교차 편광기를 통과할 때, 특히 이등분 교차점에서 새어 나온다. 이 누광(light leakage)에는 두 요인이 있다. 첫째, 축을 벗어나 사각에서 보는 경우 교차 편광기의 흡수축이 더 이상 서로 직교하지 않는다. 그래서 교차 편광기의 소광비(extinction ratio)가 감소하고 누광이 일어난다. 둘째, 사각으로 입사하는 선형 편광 빛은 액정층의 복굴절을 겪게 되어 셀을 통과한 후에 타원 편광 상태가 된다. 결과적으로 감광자는 타원 편광 빛을 완전히 흡수하지 못하고 축을 벗어난 시야각에서 누광에 이르게 된다. 어두운 상태에서 이 누광은 명암비를 떨어뜨린다. 사각에서 누광을 억제하고 시야각을 넓히기 위해 일축성 필름[86-88]과 이축성 필름[89-91]을 사용하는 여러 안들이 제안되었다.

그림 4.20은 굴절률에 따라 분류한 몇 가지 구입가능한 상용 보상 필름을 보여준다. 액정 모드에 따라 만족스러운 보상 효과를 얻기 위해 다른 종류의 보상 필름이 필요하다. 예를 들면, IPS 모드는 $n_x > n_z > n_y$인 이축성 필름이 필요하고,[92] 반면에 VA와 OCB 모드는 $n_x > n_y > n_z$인 보상 필름이 필요하다.[93]

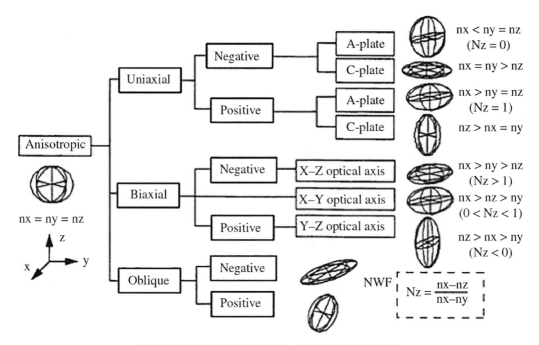

그림 4.20 광시야 LCD에 사용되는 여러 종류의 보상 필름

일축성 필름은 광학축이 하나인 이방성 복굴절 필름이다. 광학축의 배열 관점에서 일축성 필름은 A필름과 C필름으로 분류할 수 있다. A필름의 광학축은 필름 면, 즉 XY 면에 정렬되어 있고 C필름의 광학축은 필름 표면에 수직(Z축)이다. 일반적으로 사용되는 1/2 파장판과 1/4 파장판이 A-plate의 예이다. 그것들은 보통 연신 폴리머나 반응성 메조겐 필름으로 제작된다. 광학축은 X축이나 Y축을 따라 기계적으로 연신되어 있다. 그에 반해서 C-plate는 XY 면에서는 등방성이지만 Z축을 따라 광학 이방성이 있다.

4.8 프린지 필드 스위칭

IPS 소자에서 전극 위에 발생하는 사각지대(dead zone)를 극복하기 위해 FFS 디스플레이[94] 가 개발되었다. FFS LCD는 IPS 모드 소자와 구조가 유사하지만, FFS 셀에서 면-내 전극 간격 이 디스플레이 셀의 두께보다 작다는 점에서 큰 차이가 있다. 이는 면-내 전기장이 하부 기판 가까이에 집중된다는 것을 의미한다. 액정층 대부분은 전기장의 영향이 적어 전극 영역 위에 어두운 선이 나타나는 경향이 감소한다. FFS LCD는 스마트폰과 태블릿 기기에 널리 사용된 다. 많은 동시 관찰자가 가능한 넓은 시야각, 스크린 도어 현상을 감소시키는 고해상도, 낮은 전력 소모와 긴 배터리 수명을 위한 높은 투과도 및 터치 스크린 통합에 필요한 내압성이 핵 심 요구 조건이다. 유전 이방성 ($\Delta\varepsilon$)이 양인 액정과 음인 액정이 모두 FFS LCD에 사용된다. 장점과 단점은 다음과 같다. p-FFS라 부르는 액정의 $\Delta\varepsilon$이 양인 FFS는 낮은 점성도를 유지하 면서 큰 $\Delta\varepsilon$(~10)을 얻기가 비교적 쉽다. 높은 $\Delta\varepsilon$은 작동 전압을 낮추는 데 도움이 되고 낮 은 점성도는 응답 시간을 단축시키는 데 도움이 된다. 그러나 p-FFS 디스플레이는 몇 가지 문제가 있다. (i) 최대 투과도가 약 88%로 제한된다. (ii) 전압에 따른 투과도(VT) 곡선이 RGB 색상에 따라 잘 중첩되지 않는다. 따라서 세 개의 감마 곡선이 필요하며 이는 구동 전자 장 치의 복잡성을 증가시킨다. (iii) 전자-광학 효과가 셀갭에 민감하다. (iv) 스플레이 유도 변전 효과(splay-induced flexoelectric effect) 때문에 작지만 눈에 띄는 이미지 플리커가 발생한다. FFS 셀에서 전기장은 강하고 횡방향과 종방향 모두에서 균일하지 않다. 그 결과 액정 방향자는 퍼짐(splay)와 휨(bend)을 겪게 되고 이는 무시할 수 없는 변전 편광(flexoelectric polarization) 의 원인이 된다.[95, 96]

4.8.1 소자 배열

그림 4.21은 전원 on 상태에서 FFS 셀의 소자 구조(측면), 액정 방향자 분포 및 전기장 분 포를 나타낸다. 하부 기판은 공통 전극(ITO), 유전체 보호 박막, 픽셀 전극 및 얇은 액정 배향 막으로 구성된다. 공통 전극과 픽셀 전극 사이에 있는 보호막은 각 픽셀에 빌트인 스토리지 커패시터(built-in storage capacitor, C_{st})를 제공한다. 따라서 외부 스토리지 커패시터가 필요 하지 않아 개구율과 광효율이 증가한다. 이 기능은 스마트폰 및 가상 현실 헤드셋용 고화소

밀도 디스플레이에 특히 중요하다. 상부 기판에는 얇은 액정 배향막은 있지만 전극은 없다. 전원 off 상태에서 균일하게 배향된 액정 방향자는 편광자의 광축에 수직이다. 결과적으로 입사되는 선형 편광 빛은 액정층을 통과한 후에 위상 지연이 일어나지 않고 선형 편광 상태를 유지하여 교차 검광기에 차단된다. 이에 따라 우수한 어두운 상태로 이어진다. 전압이 증가하면 픽셀 전극과 공통 전극 사이에 강한 전기장이 발생한다. 좁은 전극 폭($W \approx 3\ \mu$m)과 짧은 전극 간격($G \approx 3\ \mu$m) 때문에 IPS(그림 4.17)에서 관찰되는 데드존이 크게 억제된다. 따라서 FFS LCD는 동일한 전극 폭과 간격을 가진 IPS LCD보다 투과율이 약 10~15% 높다.

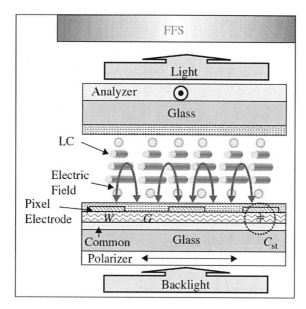

그림 4.21 전원 on-상태에서 FFS 구조의 소자 배열, 전기장 분포 및 액정 방향자 변형

액정 연마각(또는 광배향 방향)은 스트라이프 픽셀 전극에 대해 0°에서 약 10°까지 변한다. 액정 배향각이 클수록 상승 시간은 빨라지지만(감쇠 시간은 변하지 않음), 잔여 위상 지연이 작기 때문에 작동 전압은 높아진다. 연마각이 정확히 0°일 때가 특별한 경우이다. 분자 회전 대칭성 때문에 응답 시간이 약 4배 향상되지만, 전환된 구조에 형성되는 가상 벽으로 인한 투과도 감소가 이와 상충되는 점이다.[97-99] 투과도, 작동 전압, 응답 시간 간에 합리적인 절충점을 제공하는 일반적인 연마각은 7°이다.

IPS 모드에서 전극 사이 갭이 셀갭(d)보다 크다. 그래서 전기장의 수평 성분이 액정층 전체 두께에 걸쳐 전극과 전극 사이에서 우세하다. 그러나 FFS 모드에서는 전기장이 표면 가까이에 집중되어 있어 하부 판에서 거리가 증가함에 따라 급격히 감소한다. 액정 방향자는 양 표면에 강하게 고정되어 있다. 따라서 전압 on 상태에서 액정 방향자는 실제로 짧은 길이에 걸쳐 비틀려져 있고 하부 표면에서 상부 표면으로의 거리에 따른 함수로 점차적으로 비틀림이 풀린다.[100] 이러한 이중 비틀림 특성으로 인해 전압에 따른 투과도 곡선은 파장에 그다지 민감하지 않다. 또한 픽셀 전극과 공통 전극 사이에 형성된 전기장은 픽셀 전극 위에 있는 액정 방향자를 재정렬할 수 있을 정도로 충분히 강하다. 따라서 IPS 셀에서 관찰되는 투과도 강하(데드존)가 FFS 셀에서는 훨씬 약하다.

4.8.2 n-FFS와 p-FFS

$\Delta\varepsilon$이 양인 액정과 음인 액정 모두 FFS 셀에 적용될 수 있다.[101, 102] n-FFS와 p-FFS를 공정히 비교하기 위해 전극 폭 $W = 2.5\,\mu m$, 전극 간격 $G = 3.5\,\mu m$, 선경사각 2°로 두고, 연마각은 픽셀 전극 방향에 대해 p-FFS는 7°, n-FFS는 83°이다. 픽셀 전극과 공통 전극 사이 보호막은 Si_3N_4이고 두께 d_p는 150 nm, 유전 상수 ε_p는 7이다. 셀은 두 교차 선형 편광기 사이에 끼어 있고 하부 편광기의 투과축은 연마 방향과 평행하다. 파장 550 nm에서 최대 투과도와 빠른 응답 시간을 얻기 위해 선호되는 $d\Delta n$ 값은 n-FFS는 약 320 nm이고 p-FFS는 약 340 nm이다. 이 차이는 n-FFS 셀에서 액정 방향자 재배열이 더 효율적이기 때문이다.

그림 4.22는 단일 도메인(1D) n-FFS(실선)과 p-FFS 두 개(회색선과 점선)의 전압에 따른 투과도(VT) 시뮬레이션 곡선을 나타낸다. 그림 4.22에서 보면 n-FFS 셀의 투과도가 $|\Delta\varepsilon|$ 값이 같은 p-FFS보다 급격히 증가하여 더 낮은 전압($V_p = 4.8$ 대 $5.5\,V_{rms}$)에서 최대 투과도(93.5% 대 87.1%)에 도달한다. p-FFS의 V_p를 4.8 V로 낮추기 위해서는 $\Delta\varepsilon$ 값을 6.2(회색선)까지 증가시켜야 한다. 이는 n-FFS에서 액정 방향자가 트위스트(twist)와 틸트(tilt) 각도 관점에서 더 균일하게 재배열되어 있어 유효 복굴절이 높기 때문이다. 또한 n-FFS에서 요구되는 $d\Delta n$ (=320 nm)이 p-FFS(340 nm)보다 작은 이유도 이 균일한 액정 재배열로 설명이 된다. n-FFS는 p-FFS보다 변전 효과가 약하다. 그러나 액정의 $+\Delta\varepsilon$이 낮은 p-FFS의 최대 투과도가 더 높다. 결과적으로 그림 4.22에서 보듯이 회색선과 점선은 동일한 투과도($V_p = 4.8\,V_{rms}$에서 85.3%)에서 교차한다. 특히 낮은 온도에서 액정의 $\Delta\varepsilon$이 작아지면 보통 γ_1과 활성화 에너

지가 작아져 응답 시간은 빨라진다.[105] 그러나 계조 반전이 1D n-FFS 소자는 고투과도 영역에서 보일 수 있지만 1D p-FFS에서는 덜 명확하다. 따라서 실제 응용에서 n-FFS를 사용하고자 하면 2D 구조를 고려해야 한다. 실제로 고급 LCD 기반 스마트폰에 이것이 사용된다.

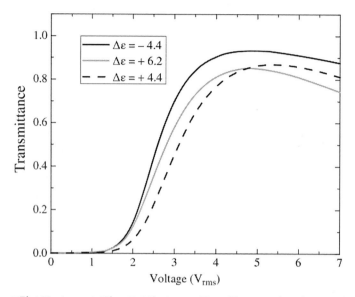

그림 4.22 $\Delta\varepsilon$ = −4.4인 n–FFS와 $\Delta\varepsilon$ =4.4와 6.2인 p–FFS의 모사 VT 곡선

n-FFS와 p-FFS 사이에 또 다른 중대 차이점은 응답 시간이다. IPS나 FFS 셀에서 수평 성분과 수직 성분이 모두 있는 전기장은 전극 간격 사이에서 균일하지 않다. 그래서 액정 응답 시간을 설명하는 해석식을 도출하기 어렵다. 감쇠 시간을 셀갭, 회전 점성도(γ_1) 및 트위스트 탄성 상수(K_{22})와 연결시키는 반경험식이 알려져 있다.[106]

$$\tau_d = A \cdot \frac{\gamma_1 d^2}{K_{22}\pi^2}, \tag{4.24}$$

여기서 A는 비례상수이다. 연구된 소자 구조, 재료 및 연마각 범위 내에서 A는 고정 에너지에만 민감하다. 강한 고정 조건에서 A는 대략 1.238로 기본적으로 상수이다.

식 (4.24)에서 보면 점탄성 상수가 작은 액정이 응답 시간을 개선하는 데 도움이 된다. 앞

에서 기술한 바와 같이 $\Delta\varepsilon$이 양인 액정 재료와 음인 액정 재료가 모두 FFS LCD에 사용될 수 있다. 더욱이 $|\Delta\varepsilon|$이 작은 액정은 세 가지 매력적인 특징을 보인다. (i) 그림 4.23에서 보듯이 낮은 점성도, (ii) 낮은 유동 활성화 에너지, 이로 인해 저온에서 점성도 증가가 작아진다. (iii) 액정의 경사각이 공간적으로 더 균일하기 때문에 감소되는 변전 효과.[104] 그러나 주된 단점은 전환 전압의 증가이다. 최적 $|\Delta\varepsilon|$ 값은 목적 동작 전압에 따라 달라진다. p-FFS와 n-FFS 모두 초저 점성도 및 낮은 활성화 에너지의 장점을 얻기 위해 최소 허용 $|\Delta\varepsilon|$을 사용하는 것이 전략이다. 낮은 점성도와 더불어 K_{22} 또한 응답 시간이 γ_1/K_{22}에 비례하기 때문에 중요한 역할을 한다.

그림 4.23은 몇몇 $\Delta\varepsilon$이 양인 액정 혼합물과 음인 액정 혼합물에서 $|\Delta\varepsilon|$와 회전 점성도의 관계를 보여준다. 일반적으로 말하면 $|\Delta\varepsilon|$값이 같은 경우 양인 액정이 음인 액정보다 점성도가 2배 낮다. 예를 들어 $\Delta\varepsilon=5$를 살펴보자. $\Delta\varepsilon$이 양인 액정은 알킬-바이페닐과 같은 액정 구조의 주 분자축을 따라 극성 플루오로기 하나를 사용할 수 있다. 그러나 $\Delta\varepsilon=-5$를 얻기 위해서는 오른쪽 페닐 링의 (2,3) 측면 위치에 플루오로기가 2개 사용되어야 한다. 측면 플루오로 치환은 회전 점성도를 상당히 증가시킨다.

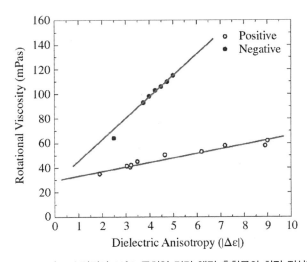

그림 4.23 $\Delta n \approx 0.1$이고 소멸점이 80°C 근처인 몇몇 액정 혼합물의 회전 점성도와 $|\Delta\varepsilon|$

4.9 수직 배향

수직(vertical 또는 homeotropic) 배향[39, 107]도 직시 방식 투과형 디스플레이와 반사형 투사 방식 디스플레이에 널리 사용된다. 개발된 액정 모드 중에 VA의 명암비가 가장 높다. 더욱이 명암비가 입사광 파장, 액정층 두께 및 동작 온도에 민감하지 않다. VA 셀을 사용한 투사 방식[108, 109]과 직시 방식[110, 111] 디스플레이가 모두 발표되었다. 투사 방식 디스플레이에서는 반사형 LCoS에 단일 도메인 VA가 적용되지만, 직시 방식 LCD에서는 광시야각을 구현하기 위해 다중 도메인 VA구조가 사용되어야 한다.

4.9.1 전압과 투과도

그림 4.24는 교차 편광기 사이에 있는 $d\Delta n$ = 350 nm인 VA 셀의 전압에 따른 광투과도를 보여준다. 여기서, 메르크(Merck) 고비저항 MLC-6608 액정 혼합물을 사용한 단일 도메인 VA 셀을 대상으로 하였다. MLC-6608의 물리적 성질은 다음과 같다. λ = 546 nm와 T = 20°C에서 n_e = 1.562, n_o = 1.479,[112] 소멸 온도 T_c = 90°C, 유전 이방성 $\Delta\varepsilon$ = −4.2, T = 20°C에서 회전 점성도 γ_1 = 186 mPa·s이다. 이론상으로 투과형 VA 셀에서 $d\Delta n \sim \lambda/2$ 조건만 충족하면 100% 투과도를 얻을 수 있다. 인간의 눈은 녹색($\lambda \sim$ 550 nm)에서 가장 민감하기 때문에 요구되는 $d\Delta n$는 약 275 nm이다. 그러나 그러한 조건에서 100% 투과도는 $V \gg V_{th}$일 때 나타나기 때문에 이 값은 요구되는 최소 $d\Delta n$ 수치이다. 능동 행렬 TFT에서 사용할 수 있는 한정된 전압 스윙(6 V_{rms} 이하 선호)으로 인해 요구되는 $d\Delta n$은 약 0.6λ로 증가한다. 즉, $d\Delta n \sim$ 330 nm이다.

그림 4.24에서 우수한 어두운 상태가 수직 입사에서 얻어짐을 볼 수 있다. 인가 전압이 프레데릭스 문턱 전압($V_{th} \sim 2.1 V_s$)을 초과하면 액정 방향자가 종방향 전기장에 따라 재정렬하게 되어 빛이 교차 감광자를 지나 광투과가 일어난다. 그림과 같이 RGB 파장은 각기 다른 전압에서 최대 투과에 도달한다. 청색은 약 4 V_{rms}, 녹색은 약 6 V_{rms}이다. on 상태 분산은 어두운 상태 투과보다 명암비에 덜 결정적이다. 어두운 상태에서는 소량의 누광도 명암비를 상당히 저하시키지만, 밝은 상태의 사소한 휘도 변화는 거의 눈에 띄지 않는다.

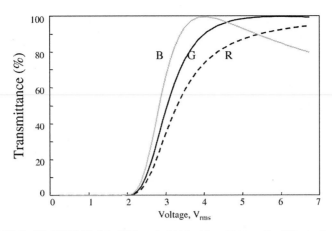

그림 4.24 VA 셀의 전압에 따른 정규화 투과도. 액정 MLC-6608, $d\Delta n$=350 nm, R=650 nm, G=550 nm, B=450 nm

4.9.2 응답 시간

그림 4.25는 하부 기판은 $z=-d/2$에 상부 기판은 $+d/2$에 위치한 두 평행 기판 사이에 있는 단일 도메인 VA 액정층을 보여준다. z축은 기판 면에 수직이고, z축으로 전기장 E가 있다. 역류와 관성 효과를 무시할 때, 액정 방향자의 역학을 기술하는 에릭센-레슬리(Ericksen-Leslie) 식은 다음 형태로 쓸 수 있다.[113, 114]

$$(\mathrm{K}_{11}\sin^2\theta + \mathrm{K}_{33}\cos^2\theta)\frac{\partial^2\theta}{\partial Z^2} + (\mathrm{K}_{33} - \mathrm{K}_{11})\sin\theta\cos\theta\left(\frac{\partial\theta}{\partial Z}\right)^2 + \varepsilon_o\Delta\varepsilon E^2\sin\theta\cos\theta = -\gamma_1\frac{\partial\theta}{\partial t}$$

$$(4.25)$$

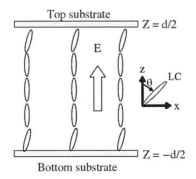

그림 4.25 선경사각과 경계 조건을 나타낸 VA 액정셀의 개략도

식 (4.25)에서 γ_1은 액정의 회전 점성도, K_{11}과 K_{33}은 퍼짐(splay)과 휨(bend) 탄성상수, $\varepsilon_0 \Delta \varepsilon E^2$은 방향자 재정렬에 따른 전기장 에너지 밀도 변화, $\Delta \varepsilon$는 액정 유전 이방성, θ는 z 축과 액정 방향자 사잇각으로 정의되는 경사각이다.

일반적으로, 식 (4.25)는 수치 해석적으로만 풀이할 수 있다. 그러나 경사각이 작고($\sin\theta \approx \theta$)[115] 단일 탄성상수($K_{33} \approx K_{11}$) 근사 조건에서는 에릭센-레슬리 식은 다음과 같이 간단히 나타낼 수 있다.

$$K_{33} \frac{d^2\theta}{dz^2} + \varepsilon_o \Delta \varepsilon E^2 \theta = -\gamma_1 \frac{\partial \theta}{\partial t}. \tag{4.26}$$

상부와 하부 기판이 동일하게 배향 처리되어 있을 때, 식 (4.26)은 다음과 같은 단순해를 가진다.

$$\theta = \theta_m \cos(\alpha z) \cdot \exp(-t/\tau). \tag{4.27}$$

주어진 전압에서 θ_m은 액정셀의 중심($\theta|_{z=0} = \theta_m$)에서 최대 경사각이다. 선경사각 $\theta_p = 0$ 이고 고정에너지가 강할 때 다음의 경계 조건이 유지된다.

$$\theta_{Z=-\frac{d}{2}, \frac{d}{2}} = \theta_p = 0. \tag{4.28}$$

식 (4.27)과 (4.28)에서 감쇠 시간(τ_d)과 상승 시간(τ_r)에 대한 해를 구할 수 있다.

$$\tau_d = \tau_o = \frac{\gamma_1 d^2}{K_{33}\pi^2}, \tag{4.29}$$

$$\tau_r = \frac{\tau_o}{\left| \left(\frac{V}{V_{th}} \right)^2 - 1 \right|}. \tag{4.30}$$

식 (4.29)의 τ_0는 자유 완화 시간이라 부른다. 이는 바이어스 전압이 없을 때 감쇠 시간이다. 식 (4.30)에서 문턱 전압은 $V_{th} = \pi \sqrt{K_{33}/(\varepsilon_0 |\Delta\varepsilon|)}$로 정의된다. 여기에 기술된 τ_d와 τ_r은 액정 방향자의 응답 시간을 나타낸다. 광 응답 시간을 얻기 위해서는 액정 방향자의 재배열을 투과도로 변환해야 한다.[116] 일반적으로 광 응답 시간은 식 (4.29)와 (4.30)에 나타낸 액정 방향자 응답 시간보다 약 2배 빠르다.

선경사각이 0이 아니면 식 (4.31)과 같은 조건이 성립한다.

$$\theta_{Z=-\frac{d}{2}, \frac{d}{2}} = \theta_p \neq 0. \tag{4.31}$$

식 (4.27)은 $z = -d/2$와 $+d/2$에서 식 (4.31)으로 표현된 경계 조건을 충족해야 한다. 식 (4.27)와 (4.31)에서 다음 형태의 변수 α를 정의한다.

$$\alpha = \frac{2}{d} cos^{-1} \left(\frac{\theta_p}{\theta_m} \right). \tag{4.32}$$

식 (4.26)에 기반을 두고, 선경사각 효과를 고려해서 수정된 응답 시간은 식 (4.33)과 (4.34)와 같이 유도된다.[117]

$$\tau_d^* = \tau_o^* = \frac{\gamma_1}{\alpha^2 K_{33}}, \tag{4.33}$$

$$\tau_r^* = \frac{\gamma_1}{|\varepsilon_o| \Delta\varepsilon |E^2 - \alpha^2 K_{33}|}. \tag{4.34}$$

통상적인 작동 조건에서 최대 경사각은 선경사각보다 훨씬 크다. 즉, $\theta_m \gg \theta_p$이다. 이러한 조건에서 식 (4.32)에 있는 cos^{-1} ( )항은 식 (4.35)와 같이 근사적으로 표현할 수 있다.

$$cos^{-1} \left(\frac{\theta_p}{\theta_m} \right) \approx \frac{\pi}{2} - \frac{\theta_p}{\theta_m}, \tag{4.35}$$

그리고 상승 시간과 감쇠 시간은 식 (4.36), (4.37)과 같다.

$$\tau_d^* = \tau_o^* = \frac{\gamma_1}{\alpha^2 K_{33}} = \frac{\gamma_1 d^2}{4K_{33}\left(\dfrac{\pi}{2} - \dfrac{\theta_p}{\theta_m}\right)^2}, \tag{4.36}$$

$$\tau_r^* = \frac{\gamma_1}{\left|\varepsilon_o|\Delta\varepsilon|E^2 - \dfrac{4K_{33}}{d^2}\left(\dfrac{\pi}{2} - \dfrac{\theta_p}{\theta_m}\right)^2\right|}. \tag{4.37}$$

엄밀히 말하면, 선경사각이 0이 아니면 전압-투과도 관계에서 문턱과 유사한 거동이 여전히 나타나지만, 액정의 문턱 전압 V_{th}는 더 이상 존재하지 않는다. 단순하게 하기 위해 문턱 전압이 존재한다고 가정하면 식 (4.37)은 식 (4.38)과 같이 간단히 나타낼 수 있다.

$$\tau_r^* = \frac{\tau_o^*}{\left|\left[\dfrac{V}{\left(1 - \dfrac{2\theta_p}{\pi\theta_m}\right)V_{th}}\right]^2 - 1\right|}. \tag{4.38}$$

예상한 대로, 선경사각이 0일 때 식 (4.36)과 (4.38)은 식 (4.29)와 (4.30)이 된다. 식 (4.36)와 (4.38)에서 보면 액정의 응답 시간은 θ_p/θ_m 비에 따라서도 변한다는 것을 알 수 있다. θ_m은 인가 전압에 따라 결정된다. 선경사각이 작은 경우 $\theta_p/\theta_m \to 0$이기 때문에 이 항은 무시할 수 있다.

4.9.3 오버드라이브와 언더슈트 어드레싱

식 (4.30)에서 보면, 상승 시간은 인가 전압(V)에 따라 변한다. 특히 문턱 전압 근처에서는 그 의존도가 크다. NB(normally black) VA 셀을 사용하는 경우를 예로 들어보자. 일반적으로 상승 구간 동안 발생하는 지연 시간을 감소시키고 고명암비를 유지하기 위해 셀에 V_{th}보다 약간 낮은 전압(V_b)을 가한다. 몇몇 중간 계조들에서 인가 전압이 V_{th}보다 단지 조금만 높을 수 있다. 그러한 경우에 상승 시간은 매우 느리게 될 것이다. 느린 상승 시간을 극복하기 위해 그림 4.26에서 보는 바와 같이 짧은 시간 동안 고전압을 인가하면 원하는 계조에서 투과도를 유지할 수 있다. 이것이 소위 오버드라이브 전압 기법이다.[118] 한편, 지연 구간에서 짧은 시간 전원을 끄면 원하는 계조에 액정을 유지하게 하는 작은 홀딩 전압이 인가된다. 이것이 언더슈트 효과이다.[119] 오버드라이브와 언더슈트 전압 기법을 적용하면(인가 전압에 따라 다르지만) 응답 시간을 두세 배 감소시킬 수 있다.

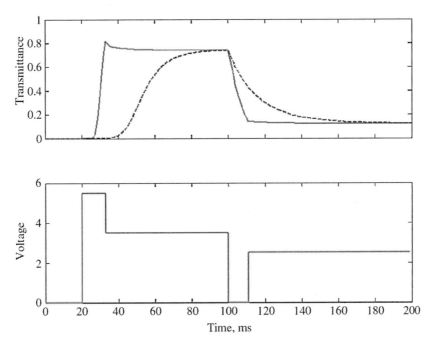

그림 4.26 액정의 상승 시간과 감쇠 시간을 가속하기 위한 오버드라이브와 언더슈트 전압 기법. 위 : 광응답, 아래 : 상응 전압 파형. 점선은 보통 구동, 실선은 오버드라이브와 언더슈트 전압 구동을 나타낸다.

4.9.4 다중 도메인 수직 배향

단일 도메인 VA는 시야각이 좁아 투사 방식 디스플레이만 사용된다. 직시 방식 디스플레이에는 명암 역전을 제거하고 광시야각을 확보하기 위해 최소 4-도메인이 필요하다. 각 도메인이 그림 4.27처럼 각 사분면에 있다고 하자. 여기서, P와 A는 각각 편광자와 감광자의

그림 4.27 4-도메인 구조에서 액정 정렬. P : 편광자, A : 감광자

광학축을 나타낸다. 최대 투과도를 얻기 위해서 각 도메인에서 액정 방향자들은 편광자의 축과 45°로 정렬해야 한다.

후지쯔는 돌출형(protrusion-type) MVA를 개발하였고,[110, 120] 삼성은 프린징 전기장을 발생시키기 위해 슬릿을 사용하는 PVA(patterned vertical alignment)를 개발하였다.[121, 122] 동작 메커니즘은 유사하지만, PVA는 물리적인 돌출부가 필요하지 않기 때문에 명암비가 더 높다. 그림 4.28은 PVA 구조에 대한 개략도이다. 그림 4.28(a)에서 보는 바와 같이, 전원 off 상태에서 액정 방향자는 기판에 수직으로 배향되어 있다. 물리적인 돌출부가 없기 때문에 매우 우수한 어두운 상태를 얻을 수 있다. 그림 4.28(b)에 나타낸 것처럼 전원 on 상태가 되면 상판과 하판 슬릿에서 발생한 프린징 전기장이 반대로 정렬된 두 도메인(점선 원으로 강조)을 만든다. 경사각이 90°인 지그재그 전극을 사용함으로써 4-도메인 VA가 형성된다. A-plate와 C-plate 보상 필름을 조합하면 MVA와 PVA 모두 100 : 1보다 큰 명암비를 85° 시야 원뿔 이상에서 얻을 수 있다.

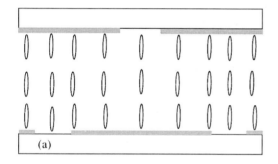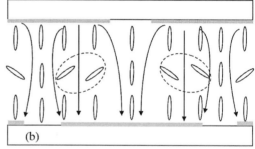

그림 4.28 (a) $V=0$에서 PVA의 액정 방향자 (b) 전원 on 상태에서 PVA의 액정 방향자. 상판과 하판 슬릿에서 발생한 프린징 전기장이 이 단면에 반대로 정렬된 두 도메인을 만든다. 지그재그 전극을 사용하여 4-도메인을 형성한다.

그림 4.28에서 보는 것처럼 PVA 셀은 선경사각이 없다. 프린징 전기장이 4-도메인을 유도한다. 응답 시간, 특히 상승 시간은 비교적 느리다. 응답 시간을 개선하기 위해 MVA의 각 도메인에 액정의 재정렬 방향을 안내하는 선경사각을 만드는 것이 매우 바람직하다. 이 개념에 기반을 두고, 표면 폴리머 지속 수직 배향(surface polymer sustained vertical alignment, PS-VA) 기술이 개발되었다.[123] 미소량(약 0.2 wt%)의 반응성 메소겐 모노머와 광개시제(photoinitiator)를 $\Delta\varepsilon$이 음인 액정 호스트에 혼합하고 PVA형 LCD 패널에 주입한다. 4-도메인을 발생시키

기 위해 전압을 인가하는 동안 UV 광으로 모노머를 경화시킨다. 그 결과 모노머들은 중합 반응을 거쳐 표면에 흡수된다. 이 경화 폴리머가 밀도는 낮지만 각 도메인 내에서 액정의 재정렬을 안내할 선경사각을 제공하게 된다. 따라서 감쇠 시간은 대체로 변하지 않고 유지되지만 상승 시간은 두 배 가까이 감소한다.[124]

일반적으로 그림 4.29에 보인 것처럼 다중 도메인 VA는 중앙 20° 시야 원뿔 내에서만 IPS 나 FFS보다 높은 명암비를 보인다. 이 구간을 넘어서면 명암비가 IPS에 비해 급격히 감소한다. 한편, 색변이(color shift, 수직에 비해 경사 각에서 색상 변화)는 IPS가 다중 도메인 VA보다 크다.[125] 이처럼 각 기술은 기술별 장점과 단점을 지닌다. 터치 패널의 경우 FFS는 물결

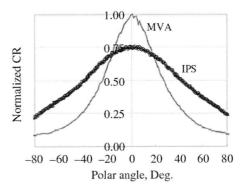

그림 4.29 MVA와 IPS의 정규화 명암비 비교

(ripple) 현상이 없기 때문에 선호되는 접근 방식이다. 로컬 디밍 미니 LED 백라이트의 발전 으로 FFS, IPS 및 MVA는 모두 1,000,000 : 1의 동적 명암비를 달성할 수 있다.

4.10 명실 명암비

명암비는 영상 화질에 영향을 미치는 핵심 디스플레이 메트릭이다. 발광형 디스플레이, 예를 들어 유기 발광 다이오드(OLED)는 명암비가 1,000,000 : 1에 달하며, 반면에 비발광형 LCD에서 상용 MVA LCD TV의 명암비는 약 5,000 : 1로 제한된다. 결과적으로 OLED가 LCD 보다 훨씬 높은 명암비를 보인다는 인식이 일반적이다. 실제로 어두운 외부 시야 조건에서는 이것이 사실이다. 그러나 사무실이든 실외이든 대부분의 적용 조건에서 외부 조명은 피할 수 없다. 따라서 다른 주변 조명 조건에서 LCD와 OLED 디스플레이의 성능은 실질적으로 중요한 문제이다. 주변 빛이 있는 경우 암실 명암비보다는 명실 명암비(ambient contrast ratio, ACR)가 더 대표적이다. 실제로 ACR은 LCD와 OLED 디스플레이의 태양광 가독성을 평가하는 데 널리 사용되고 있다.[126, 127]

4.10.1 명실 명암비 모델링

ACR은 디스플레이 소자의 태양광 가독성을 정량적으로 평가하는 중요한 인자이다. 일반적으로 ACR은 식 (4.39)로 정의한다.[128]

$$\text{ACR} = \frac{L_{\text{on}} + L_{\text{ambient}} \cdot R_{\text{L}}}{L_{\text{off}} + L_{\text{ambient}} \cdot R_{\text{L}}}, \tag{4.39}$$

여기서 $L_{\text{on}}(L_{\text{off}})$은 LCD와 OLED의 on 상태(off-상태) 휘도, L_{ambient}는 외부 휘도(즉, π로 나눈 조도)이고, R_{L}은 시감 반사율(luminous reflectance)로 식 (4.40)으로 정의된다.

$$R_{\text{L}} = \frac{\int_{\lambda_1}^{\lambda_2} V(\lambda)S(\lambda)R(\lambda)d\lambda}{\int_{\lambda_1}^{\lambda_2} V(\lambda)S(\lambda)d\lambda}, \tag{4.40}$$

여기서 $V(\lambda)$는 인간 눈의 민감성 함수이고 $R(\lambda)$는 디스플레이 소자의 분광 반사율(spectral reflectance), $S(\lambda)$는 주변 광의 스펙트럼이다(CIE 표준 D65 광원이 여기에 사용된다).

4.10.2 LCD의 명실 명암비

그림 4.30은 LCD의 ACD을 분석하기 위한 개략도로, 주 반사가 첫 번째 계면(R_1)에서 일어난다. LCD 패널로 들어오는 주변 광은 교차 편광기와 다른 광 부품에 대부분 흡수된다. 일반적으로 R_2는 1%보다 작아서 무시될 수 있다. 그러면 전체 장치의 ACR은 다음과 같이 단순하게 될 수 있다.

$$\text{ACR}_{\text{LCD}}(\theta, \phi) = \frac{L_{\text{on}}(\theta, \phi) + R_1}{L_{\text{off}}(\theta, \phi) + R_1}; \quad R_1 = L_{\text{ambient}} \cdot R_{\text{L\_surface}}(\theta, \phi). \tag{4.41}$$

식 (4.41)에서 θ와 ϕ는 각각 극각(polar angle)과 방위각(azimuth angle)을 나타낸다. 디스플레이 소자의 경우 전체 시야 영역에 대한 ACR을 분석하는 것이 바람직하다.

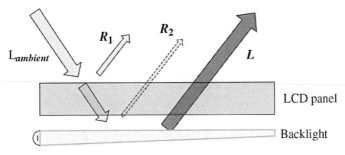

그림 4.30 LCD의 ACR을 분석하기 위한 개략도

4.10.3 OLED의 명실 명암비

LCD와는 달리 전통적인 OLED는 한 전극(즉, 음극)에 금속(예: Ag 또는 Al)을 사용한다. 따라서 OLED 자체가 매우 반사적인 소자이다. 주변 광 반사를 억제하기 위해 그림 4.31과 같이 광대역 원형 편광기(circular polarizer, CP)가 일반적으로 사용된다. 선형 편광기와 1/4 파장 필름으로 구성된 기존의 원형 편광기는 협대역 소자이다. 스펙트럼 대역폭을 넓히기 위해서 선형 편광기와 1/4 파장판 사이에 1/2 파장판을 적층해야 한다. 그러나 이러한 원형 편광기는 수용각이 비교적 좁다. 큰 경사각에서 광 누출이 매우 심각하다. 따라서 OLED 디스플레이에서는 표면 반사 외에도 원형 편광기의 광 누출(그림 4.31에서 R_2)도 고려해야 한다.

$$
\begin{aligned}
ACR_{\text{OLED}}(\theta, \phi) &= \frac{L_{\text{on}}(\theta, \phi) + R_1 + R_2}{L_{\text{off}}(\theta, \phi) + R_1 + R_2}, \\
R_1 &= L_{\text{ambient}} \cdot R_{\text{L\_surface}}(\theta, \phi), \\
R_2 &= L_{\text{ambient}} \cdot [1 - R_{\text{L\_surface}}(\theta, \phi)] \cdot R_{\text{L\_OLED}}(\theta, \phi).
\end{aligned}
\tag{4.42}
$$

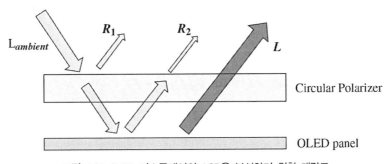

그림 4.31 OLED 디스플레이의 ACR을 분석하기 위한 개략도

4.10.4 모바일 디스플레이의 시뮬레이션 ACR

먼저 주변 광이 LCD와 OLED의 ACR에 어떻게 영향을 미치는 가를 살펴보자. 다음으로 여러 시야각에서 ACR을 알아볼 것이다. 이는 주변 등명암선(ambient isocontrast contour)으로 표현된다.

스마트폰과 같은 모바일 디스플레이의 경우 터치 기능이 요구되기 때문에 무반사 코팅이 사용되지 않을 수 있다. 따라서 디스플레이 외부 표면은 커버 유리이다. 단순하게 하기 위해 LCD와 OLED의 시감 반사율을 4.4%로 가정하자. LCD 스마트폰은 FFS가 주로 사용된다. 명암비는 2000 : 1, 피크 밝기는 625 nit로 가정한다. OLED는 피크 밝기가 625 nit, 명암비는 10^6 : 1로 가정한다. 여러 주변 광 조건에서 ACR을 계산한 결과가 그림 4.32에 그려져 있다.

예상대로 주변 광이 어두울 때 OLED는 LCD보다 훨씬 높은 ACR을 보인다. 주변 광이 밝아질수록 두 ACR 곡선은 급격히 감소하다가 점차적으로 수렴한다. LCD 피크 밝기를 800 nit 로 약간 높이면 두 ACR 곡선은 90 lx에서 교차한다. 이는 90 lx 이하에서는 OLED가 LCD보다 ACR이 높지만 90 lx 이상에서는 상황이 역전됨을 의미한다. 미니 LED 백라이트 LCD는 만 단위의 로컬 디밍 영역을 제공하여 후광(halo) 효과를 억제할 수 있고, 높은 밝기(> 1,000 nits)를 유지하면서 약 10^6 : 1의 명암비를 달성할 수 있다. 이러한 조건에서 그림 4.32에서 볼 수 있듯이 LCD는 모든 주변 조명 조건에서 OLED보다 우수한 성능을 보여준다.

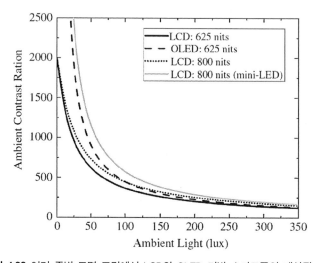

그림 4.32 여러 주변 조명 조건에서 LCD와 OLED 기반 스마트폰의 계산된 ACR

4.10.5 TV의 시뮬레이션 ACR

대형 TV에서는 프로그램을 선택하기 위해 보통 무선 리모컨을 사용한다. 터치 기능이 요구되지 않기 때문에 주변 광 반사를 감소시키기 위해 디스플레이 패널에 무반사 코팅을 적용할 수 있다. 단일층 불화 마그네슘(MgF_2) 무반사 코팅을 사용하고 수직 시감 반사율이 1.5%로 가정하자. 한편, TV는 보통 전기 콘센트로 전력이 공급되어 내장된 적응형 밝기 제어 센서를 통해 피크 밝기를 높일 수 있다. 오늘날 최첨단 LCD TV는 2,000 nit 이상의 최대 밝기를 제공할 수 있는 반면 OLED는 1,000 nit 정도된다. 정적 CR의 경우 MVA LCD는 5,000 : 1, OLED는 10^6 : 1로 가정한다. 이 모든 데이터를 통해 LCD와 OLED TV의 ACR을 계산할 수 있다. 마찬가지로 그림 4.33에 나타낸 것과 같이 OLED는 저조도 영역(암실)에서 높은 ACR을 보이지만 주변 광이 증가함에 따라 급격히 감소한다. 교차점은 일반적인 가정 방 조명 수준인 72 lx이다. 미니 LED 백라이트 LCD(피크 휘도가 1,500 nit, 명암비가 10^6 : 1로 가정)의 경우, 성능이 상당히 개선되어 모든 조명 조건에서 높은 ACR이 가능하다.

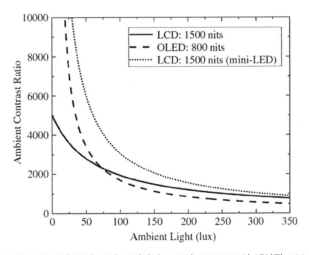

그림 4.33 여러 주변 조명 조건에서 LCD와 OLED TV의 계산된 ACR

4.10.6 주변 등명암도 시뮬레이션

지금까지는 수직각에서 ACR에 집중하였지만 다음은 다른 시야각에서 ACR을 조사해보자. 그 전에 LCD와 OLED의 소자 인자에 대해 설명해야 한다. 앞에서 논의한 바와 같이 두 가지

LCD 모드가 시뮬레이션에 사용된다. 스마트폰은 FFS, TV는 MVA이다. 두 LCD 모드에서 인자들은 다음과 같다. 편광자와 감광자는 두께가 24 μm이고 $n_o = 1.5$, $k_o = 0.000306$, $n_e = 1.5$, $k_e = 0.019027$이다. k_o와 k_e는 복소 굴절률의 허수부이다. 큰 경사각에서 색상 이동과 감마 이동을 억제하기 위해 보상 필름을 사용한다. 또한 현실적인 사례를 잘 나타내기 위해 TFT 어레이, LC층 및 컬러 필터의 편광 해소 효과를 고려하였다.[129]

OLED에는 광대역 원형 편광기가 사용된다. 광학 구성은 그림 4.34(a)에 나와 있다. 선형 편광기 인자는 LCD에 사용된 것과 동일하다. 반파장판에 두께가 183.33 μm이고 $\lambda = 550$에서 $n_o = 1.5095$, $n_e = 1.511$인 양성 A필름이 사용된다. 1/4 파장판은 동일한 A필름이지만 두께가 1/2인 91.76 μm이다. 여러 파장과 각도에서 광 누출 계산 결과는 그림 4.34(b), (c)에 나타나 있다. 수직각에서 가시 영역(450~700 nm)의 광 누출은 1% 미만으로 광대역 기능이 실제로 검증된다. 시야각이 증가할수록 광 누출은 점차 증가하여 거의 40%에 이른다. 이는 분명히 경사진 시야 방향에서 최종 인식 ACR에 영향을 미칠 것이다.

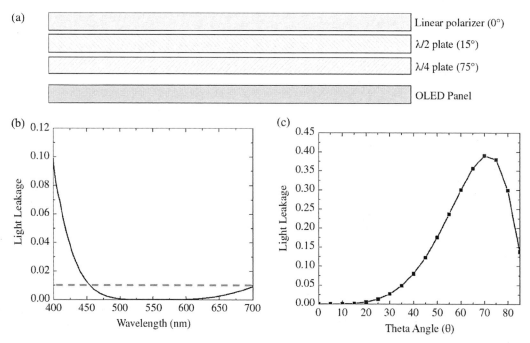

그림 4.34 (a) 광대역 원형 편광기의 광학 구성 개략도 (b) 수직각($\theta = 0°$, $\phi = 0°$)에서 파장에 따른 광 누출 (c) 극 각도에 따른 광 누출($\phi = 0°$)

4.10.6.1 모바일 디스플레이

스마트폰에서 FFS LCD와 OLED 디스플레이를 비교해보자. 커버 유리는 BK-7으로 가정한다. 그림 4.35(a)는 시야 방향에 따른 BK-7의 계산된 시감 반사율이다. 극 각도가 45°보다 작을 때 반사율은 5% 미만으로 유지되지만 시야각이 그 이상 증가하면 급격히 증가한다.

등명암도를 평가하기 위해서는 밝기 분포를 알아야 한다. OLED는 자체 발광하고 그림 4.35(b)에서 보듯이 각에 따른 분포가 LCD보다 훨씬 넓다. 예를 들면 30° 시야각에서 OLED 밝기는 20% 정도만 감소하지만 LCD 밝기는 거의 50% 감소한다.

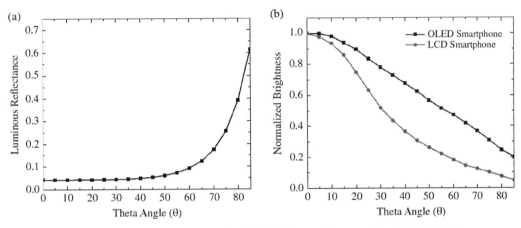

그림 4.35 (a) BK-7 커버 유리의 시감 반사율 및 (b) LCD와 OLED 스마트폰의 밝기 분포

이러한 모든 정보를 사용하여 여러 시야각에서 LCD와 OLED의 ACR을 계산할 수 있다. 50 lx(사무실 조명 조건)에서 그림 4.36(a), (b)에서 나타낸 바와 같이 LCD와 OLED는 거의 유사한 주변 등명암도 패턴을 보인다. 이론적으론 OLED의 각 분포가 넓기 때문에 큰 각도에서 더 나은 성능을 보여야 한다. 그러나 이러한 장점은 원형 편광기의 광 누출로 상쇄된다. 또한 이 두 그림에서 시야 영역 대부분에서 ACR은 5 : 1 이상으로 일반적인 읽기에 적합하다. 주변 광이 5000 lx로 증가하면(적당히 흐린 야외), LCD와 OLED는 훨씬 감소하지만 여전히 거의 유사한 ACR 패턴을 보인다. ACR이 2보다 작을 때 디스플레이는 거의 읽을 수 없다. 따라서 그림 4.36(c), (d)에서 보면 흐린 날에 LCD와 OLED 모두 작동 가능 영역은 ±50°로 제한된다.

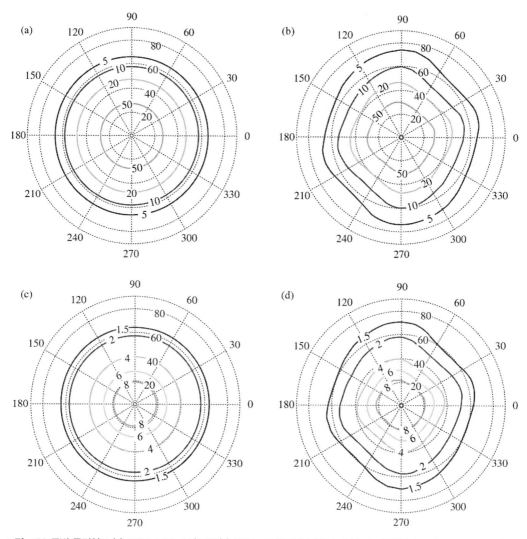

그림 4.36 주변 등명암도 (a) 500 lx LCD 스마트폰 (b) 500 lx OLED (c) 5000 lx LCD 스마트폰 (d) 5000 lx OLED 스마트폰

4.10.6.2 대형 TV

TV에 무반사 코팅을 제공하기 위해 몇 가지 접근법이 사용될 수 있다.[130] 현재 단일층 MgF_2 가 구성이 단순하고 비용이 저렴하면서도 성능이 상당히 우수하여 선호된다. 그림 4.37(a)는 무 반사 코팅이 적용된 BK-7의 시감 반사율을 여러 각도에서 계산된 결과를 보여준다. 45° 이내 에서 R_L값은 2% 아래로 유지되며 코팅되지 않은 BK-7 유리에 비해 2.5배 정도 낮다. 또한 그림 4.37(b)에 보이는 것처럼 LCD와 OLED의 밝기 감소도 고려된다. 스마트폰과 달리 TV는

넓은 화각이 더 중요하다. 결과적으로 휘도 분포가 더 넓다. $\theta = 30°$에서 OLED TV의 밝기 감소는 10% 이하이고, 반면에 LCD는 약 35%이다.

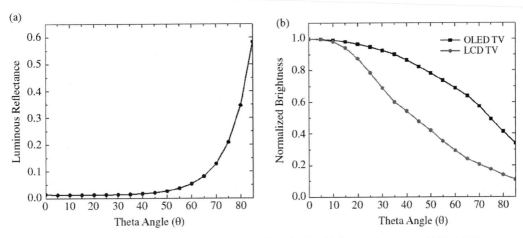

그림 4.37 (a) 무반사 코팅된 BK-7 커버 유리의 시감 반사율 및 (b) LCD와 OLED TV의 밝기 분포

그림 4.38은 50 lx의 주변 광(전형적인 거실 조명 조건) 아래에서 주변 등명암도이다. 먼저, 그림 4.38에서 보면 LCD와 OLED TV 모두 거의 전 시야 영역(±80°)에 걸쳐 상당히 우수한 성능(ACR≥50 : 1)을 제공할 수 있다. 중안 영역에서 LCD는 OLED보다 뛰어난 ACR을 보인다. 예를 들면 LCD 패널에서는 ACR이 1,000 : 1 이상인 시야 영역이 ±40° 이상으로 확장되지

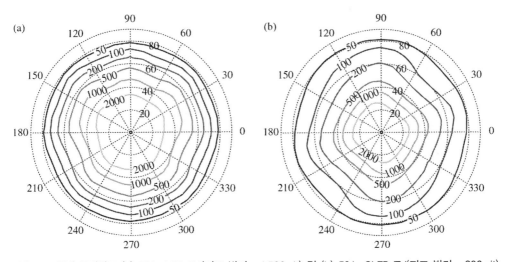

그림 4.38 주변 등명암도 (a) 50 lx LCD TV(피크 밝기 ~1,500 nit) 및 (b) 50 lx OLED TV(피크 밝기 ~800 nit)

만 OLED는 ±30°이다. 이는 주로 LCD가 OLED보다 훨씬 높은 피크 밝기를 보이기 때문이다 (1,500 nit 대 800 nit).

4.10.7 LCD의 ACR 개선

위에서 논의한 바와 같이 ACR은 주변 광 조도, 표면 반사, 디스플레이 휘도 및 광 누출과 같은 여러 요인에 의해 공동으로 결정된다. LCD와 OLED의 ACR을 개선하기 위해서는 서로 다른 전략을 사용해야 한다. LCD는 높은 밝기가 강점이고 이것이 강한 주변 조명 조건에서 비교적 높은 ACR을 유지하는 데 도움이 된다. 그러나 낮은 주변 광에서는 어두운 상태에서 광 누출을 억제하여 CR을 개선할 필요가 있다. 동적 범위를 획기적으로 증가시키기 위해 두 가지 접근법(미니 LED 백라이트와 듀얼 패널 구조)이 사용될 수 있다. 미니 LED 백라이트는 10,000개 이상의 로컬 디밍 영역을 제공하여 후광 효과를 억제하고 1,000,000 : 1의 명암비를 얻을 수 있다. 반면에 듀얼 패널 LCD는 저해상도(예, 1920 × 1080) 흑백 패널과 고해상도 (3840 × 1080) 풀컬러 패널로 구성된다. 흑백 패널은 2백만 개 로컬 디밍 영역을 제공한다. 그 결과 동적 CR은 10^6 : 1에 이를 수 있다. 그림 4.39에 나타낸 주변 등명암도를 통해 기존 LCD 와 미니 LED 백라이트 LCD의 시야각 성능을 비교해보자. 미니 LED 백라이트 LCD TV는 수 직 방향에서 2배 이상 높으며(7312.5 대 2931.3), 고ACR(예, 2000 : 1) 영역도 넓어진다.

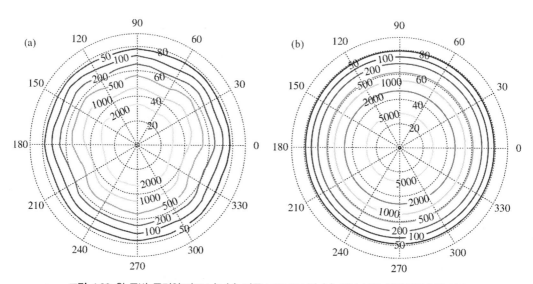

그림 4.39 원 주변 등명암도(50 lx): (a) 기존 LCD TV 및 (b) 미니 LED 백라이트 LCD TV

4.10.8 OLED의 ACR 개선

OLED는 진정한 흑색 상태를 보여 어두운 환경에서 탁월한 ACR로 이어진다. 그러나 이 뛰어난 기능은 제한된 휘도로 인해 주변 광이 증가함에 따라 점차 약화된다. 피크 밝기를 개선하기 위해 소재와 소자 구성을 모두 고려할 수 있다.[131] 원형 편광기도 다른 제한 요인이다. 그림 4.40(a)와 같이 일축 필름 2개를 이축 필름 2개로 대체하면 광 누출을 억제할 수 있다.[131] 이 두 필름의 물리적 인자는 다음과 같다. 이축 필름 #1은 $d = 78.57\,\mu\mathrm{m}$, 550 nm에서 $n_x = 1.5124$, $n_y = 1.5089$, $n_z = 1.50978$이고 이축 필름 #2는 $d = 39.29\,\mu\mathrm{m}$, 550 nm에서 $n_x = 1.5124$, $n_y = 1.5089$, $n_z = 1.51055$, $n_z = 1.50978$이다. 기존 원형 편광기(그림 4.40(b))와 비교해 보면 새로운 원형 편광기가 광 누출이 훨씬 적다(그림 4.40c). ±40° 내에서 2%보다 적으며 최대 광 누출은 약 10%이다.

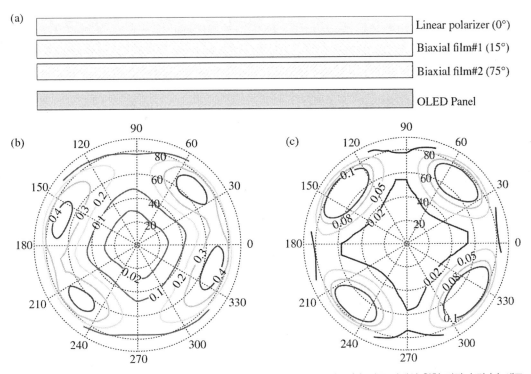

그림 4.40 (a) 이축 필름 2개가 적용된 광대역 및 광시야 원형 편광기의 개략도 (b) 기존 광대역 원형 편광기 및 (c) 새로운 광대역 원형 편광기의 광 누출 계산 결과

그림 4.41은 새로운 원형 편광기를 사용해 시뮬레이션한 OLED의 ACR이다. 특히 중앙 영역에서 시야각이 눈에 띄게 넓어진다. ACR이 500 이상인 영역이 ±60°에 이른다. 그러나 기존 원형 편광기는 ±40°에 제한된다.

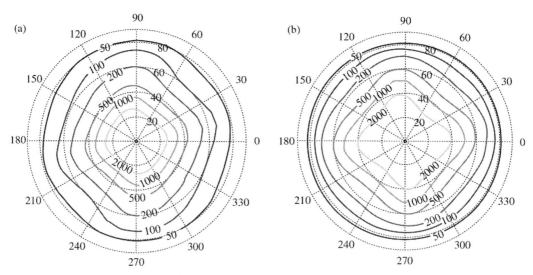

그림 4.41 주변 등명암도(50 lx): (a) 기존 광대역 원형 편광기 OLED TV 및 (b) 새로운 광대역 원형 편광기 OLED TV

4.11 동영상 응답 속도(Motion Picture Response Time, MPRT)

TFT LCD는 1980년대 중반에 처음 도입되었다.[133] 약 30년 동안 광범위한 소재 연구, 소자 혁신 및 첨단 제조 기술에 대한 대규모 투자를 통해 TFT LCD는 일상생활에서 흔히 볼 수 있게 되었다.[134] 광범위한 적용 분야 중 몇 가지만 들자면 TV, 모니터, 개인용 컴퓨터, 태블릿에서 스마트폰까지 다양하다. 또한 게임 모니터, 증강 현실 및 가상 현실 시스템용 디스플레이는 빠르게 성장하고 있는 분야이며 더 높은 해상도, 더 선명한 색상, 더 높은 ACR 및 눈에 띠지 않는 이미지 블러를 요구한다. 최근 'LCD와 OLED, 누가 승자일까?'가 뜨거운 논쟁의 주제이다.[135, 136] 각 기술은 각자 장점과 단점이 있다. 일반적으로 말하자면 LCD는 수명, 피크 밝기 및 비용에서 앞서고, 해상도 및 픽셀 밀도, 전력 소모, ACR 및 시야각은 OLED에 필적하지만, 블랙 상태 품질, 패널 유연성, 색영역 및 응답 시간은 OLED에 비해 열등하다.

따라서 LCD 진영은 OLED 디스플레이와의 성능 격차를 좁히기 위해 색영역을 넓히고 전력 소모를 줄이기 위한 퀀텀닷 백라이트[137,138]와 동적 명암비를 1,000,000 : 1로 향상시키기 위한 로컬 디밍[139,140]을 포함하여 광범위한 노력을 기울여왔다. LCD의 남은 중대한 과제는 응답 시간이며 특히 네마틱 LCD는 OLED(~0.1 ms)보다 응답 시간이 100배 정도 느리다. 따라서 일반적으로 LCD는 빠르게 움직이는 물체에 대해 OLED보다 더 심한 이미지 블러를 보이는 것으로 인식되고 있다.[141] LC 응답 시간을 개선하기 위해 폴리머 안정화 청색상 액정,[142,143] 저점도 네마틱 액정[144–146] 및 강유전성 액정[147] 등 여러 접근법이 연구되었다. 그럼에도 불구하고 네마틱 액정이 낮은 작동 전압(5 V)를 유지하면서 약 0.1 ms의 응답 시간을 달성하는 것은 여전히 남은 과제이다.

TFT LCD와 OLED는 모두 유지형(holding-type) 디스플레이이다. 이는 표시된 이미지가 주어진 프레임 시간 동안 TFT에 의해 유지됨을 의미한다. 그 결과 둘 다 프레임 속도와 응답 시간에 따라 결정되겠지만 이미지 블러의 정도가 다르게 나타난다. 즉, OLED 디스플레이는 응답 시간이 0이어도 여전히 모션 블러를 보일 수 있다.[148] 이미지 블러를 정량화하기 위해 동영상 응답 시간(motion picture response time, MPRT)이 제안되었다.[149] LCD나 OLED와 달리 CRT(cathode ray tube, 음극선관)는 임펄스형 디스플레이로 MPRT가 약 1.5 ms이고 모션 블러가 거의 없다.[150] 요구되는 MPRT는 특정 분야에 따라 다르다. 예를 들면, 스마트폰이나 모니터가 주로 정적인 이미지용이면 느린 MPRT가 디스플레이 성능에 영향을 미치지 않는다. 그러나 초당 $v = 960$픽셀 속도로 움직이는 물체를 명확히 표시하려면 이미지 블러를 피하기 위해 요구되는 MPRT는 1 ms 미만이어야 한다. 최소 허용 MPRT는 2 ms이다. 현재 대부분의 LCD와 OLED TV는 120 Hz(즉, MPRT ~6.66 ms)로 작동한다. 따라서 빠르게 움직이는 물체는 이미지 블러가 눈에 띄게 된다. 모션 블러를 제거하기 위해 MPRT를 1.5 ms(또는 더 짧은)로 줄이는 것이 매우 바람직하다.

TFT LCD(또는 OLED)의 이미지 블러를 분석하고 MPRT(ms)를 LC(또는 OLED) 응답 시간 (τ, ms) 및 프레임 타임 ($T_f = 1000/f$; 여기서 f는 프레임 속도 Hertz)과 연결하는 다음과 같은 간단한 식을 도출하였다.[18]

$$\text{MPRT} \approx \sqrt{\tau^2 + (0.8 T_f)^2}. \tag{4.43}$$

식 (4.43)에 따르면 MPRT는 두 가지 중요한 인자, 액정(또는 OLED) 응답 시간과 TFT 샘플 및 유지 시간에 따라 결정된다.

그림 4.42는 프레임 속도 f =60, 120, 240, 480 Hz에서 액정(OLED) 응답시간에 따른 MPRT 의 계산 결과이다. 세 가지 중요한 경향이 있다. (i) 액정 응답 시간이 충분히 빠르지 않으면, 예로 τ=10 ms, 프레임 속도를 60에서 120 Hz로 증가시키면(수직 화살표) MPRT는 크게 개선 되지만, 240과 480 Hz로 추가로 높이면 개선은 그렇게 뚜렷하지 않다. 이 예측은 실험 결과와 일치한다.[151] (ii) 주어진 프레임 속도에서(예, 120 Hz) 액정 응답시간이 감소함에 따라 MPRT 는 거의 선형적으로 감소하다가 점차 포화된다. τ = 2 ms에서 MPRT는 τ=0에서 MPRT보다 단지 4%만 더 길다. 따라서 LCD의 응답 시간이 2 ms라면 LCD의 MPRT는 OLED의 응답시간 이 0이라 가정하더라도 OLED에 필적한다. (iii) TFT 프레임 속도가 증가함에 따라 임계 MPRT(τ=0으로 가정; 열린 원)는 $0.8 T_f$이기 때문에 선형적으로 감소한다.

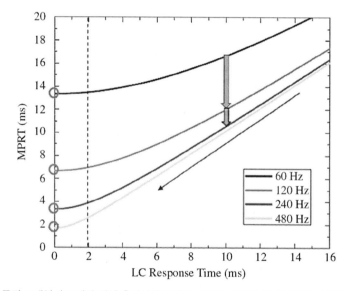

그림 4.42 네 개의 특정 프레임 속도에서 액정 응답시간에 따른 MPRT. 실선은 식 (4.41)로 계산한 결과이다. 열린 원은 τ=0으로 가정할 때 OLED의 결과이다.

액정 응답 시간 외에 모션 블러와 광효율에 영향을 미치는 또 다른 요인은 그림 4.43에 나 타낸 것처럼 백라이트 변조이다. 여기서 A는 1프레임 시간(T_f) 동안 백라이트(예, LED)가 켜진 시간을 나타낸다.

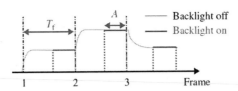

그림 4.43 백라이트 듀티비의 정의 : A는 주어진 프레임 시간(T_f)에 백라이트가 on된 지속 시간이다.

듀티비(duty ratio, DR)는 다음과 같이 정의된다.

$$DR = \frac{A}{T_f}.$$ (4.44)

액정 응답 시간이 빠르면, 예로 $\tau \leq 2\,ms$, 액정 방향자는 백라이트가 켜지기 전에 최종 계조 구성을 이룰 수 있다. 그러한 조건에서 MPRT는 다음과 같이 나타낼 수 있다.

$$MPRT \approx 0.8 \times T_f \times DR = 800 \times DR/f.$$ (4.45)

식 (4.45)에서 보면 듀티비를 감소시키거나 프레임 속도를 증가시키면 빠른 MPRT를 얻을 수 있다.

그림 4.44는 여러 듀티비에서 액정 응답 시간에 따른 MPRT의 계산 결과이다. 여기서 프레임 속도는 게임 모니터와 같은 일부 상용 제품에 적용된 프레임 속도인 $f = 144\,Hz$로 가정한다. 임계 MPRT(즉, $\tau = 0$인 경우)는 백라이트 듀티비가 감소함에 따라 선형적으로 감소한다. 그 이유는 두 가지이다. (i) 액정 응답의 느린 전환 부분이 백라이트 조명의 지연으로 가려지게 된다. (ii) 이러한 작동 모드가 CRT의 임펄스 구동과 유사하기 때문에 샘플 앤드 홀드(sample-and-hold) 효과가 억제된다. MPRT는 듀티비에 따라 선형적으로 감소하기 때문에, 실제로 이미지 블러를 억제하기 위해 소니(Sony)사 OLED TV는 50% 듀티비를 사용하였고,[152] LG사 헤드마운트 디스플레이는 20% 듀티비를 사용하였다.[153] 고속 게임이나 스포츠에서 LCD의 모션 블러를 최소화하기 위한 목표 MPRT는 CRT와 유사한 1.5 ms이다. 그림 4.44에서 보면 프레임 속도를 144 Hz로 올리고 듀티비를 20%로 줄이면 MPRT는 약 1.1 ms이다. 낮은 듀티비는 MPRT를 단축하는 데 도움이 되지만 휘도 감소와 맞바꾸게 된다. 휘도 손실을 보완

하기 위해 LED 백라이트의 전류를 증가시킬 수 있다. OLED의 경우 원칙적으로 동일한 임펄스 구동을 사용할 수 있다. 그러나 OLED의 고전류 임펄스 구동은 상당한 효율 롤오프 (roll-off)[154] 및 수명 저하[155]로 이어진다. LCD도 마찬가지로 청색 LED의 고전류 구동은 강하(droop) 효과를 초래한다.[156] 즉, 전류 밀도가 증가함에 따라 내부 양자 효율이 감소한다. 그러나 LED에서 강하 효과의 영향은 OLED에서 일어나는 효율 감소와 수명 저하보다 상당히 약하다. 바꾸어 말하면 OLED는 LCD보다 임펄스 구동에 훨씬 취약하다.

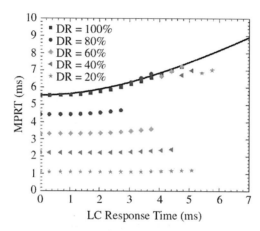

그림 4.44 여러 듀티비에서 액정 응답 시간에 따른 MPRT($f=144\,Hz$)

훨씬 빠른 MPRT를 얻기 위한 세 번째 접근법은 고프레임 속도와 백라이트 변조를 결합하는 것이다. 식 (4.45)에서 듀티비를 약 45%로 유지하면서 프레임 속도를 240 Hz로 증가시키면 1.5 ms MPRT도 얻을 수 있다. 그러나 프레임 속도를 높이면 TFT 충전 시간 단축과 전력 소비 증가라는 두 가지 바람직하지 않은 효과가 발생할 수 있다. 전자는 특히 고해상도(예, 8 K) 디스플레이에서 문제가 된다.

4.12 광색 영역(Wide Color Gamut)

백라이트는 색영역, 광효율, 동적 범위 및 시야각에 영향을 미치기 때문이 비발광형 LCD의 중요한 구성 요소이다. 청색 LED 펌프 황색 형광체(YAG : Ce^{3+})에 기반한 백색 발광 다이오드(1pc-WLED라 함)가 효율이 높고 수명이 길며 저비용이고 광학 구성이 단순하기 때문에 백라이트 장치에 널리 사용되어 왔다.[17] 그러나 형광체에 의해 생성된 황색 스펙트럼이 비교적 넓어 다소 좁은 색영역(NTSC의 75%)으로 이어진다. 지난 20년 동안 색영역 평가 기준은 sRGB에서 NTSC로, 최근에는 색 공간 범위가 sRGB 영역보다 거의 두 배인 Rec. 2020 표준(초고화질 TV의 경우)으로 점차 발전해왔다.[157, 158] 따라서 선명한 색상을 제공하는 새로운 백라이트 기술에 대한 요구가 높다.

개개의 RGB LED를 사용하면 LED 구동 회로가 3세트 필요하다는 단점에도 불구하고 색영역을 확장하는 직접적인 접근법이다.[159-161] 더욱이 고효율 녹색 LED의 선택은 여전히 제한적이다.[162] 이는 LED 기술에서 녹색 격차(green gap)로 알려져 있다.[163] 색영역을 확장하는 다른 선택지는 두 형광체로 변환된 WLED(2pc-WLED)를 사용하는 것이다. 주요 장점은 장기 안정성, 고효율 및 저비용이다.[164, 165] 그러나 녹색 형광체(β-sialon : Eu^{2+})에서 이용 가능한 가장 좁은 반치폭(FWHM)이 55 nm만큼 넓다.[166, 167] 적색 형광체 KSF(K_2SiF_6 : Mn^{4+})는 발광 피크가 5개이고 각 대역의 개별 FWHM은 상당히 좁으며 평균 피크 파장의 중심은 약 625 nm로 Rec. 2020 색공간의 최적 적색 파장(633 nm)에 가깝다. 그러나 디스플레이 장치의 색영역을 제한하는 주요 요인은 컬러 필터 사이의 크로스톡(crosstalk)이다.

최근 양자점(quantum dot, QD) 강화 백라이트는 다음과 같은 뛰어난 기능 때문에 넓은 분야에 적용되고 있다. (i) 나노 입자의 크기를 조절함으로써 중심 발광 파장을 조정할 수 있다. (ii) FWHM은 약 20~30 nm이며, 주로 입자 크기 균일도로 결정된다. (iii) 광발광 효율이 높다. (iv) 소자 구성이 단순하다.[137, 170, 171] 간단히 말하면, QD 백라이트는 청색 LED를 사용하여 녹색/적색 콜로이드 나노 입자를 여기시켜 세 RGB 피크가 잘 분리된 백색광을 발생시킨다. 따라서 포화도가 매우 높은 3원색을 얻을 수 있다.

4.12.1 재료 합성 및 특성 평가

콜로이드 QD는 1980년대에 발견된 이후 과학적 관심과 잠재적인 응용을 위해 광범위하게 연구되어 왔다.[174-176] 일반적으로 콜로이드 QD는 양자 구속 효과에 의해 지배되는 나노 미터 크기(예, 2~10 nm) 반도체 입자이다. 벌크 재료와 달리 이 반도체 나노 입자는 크기, 모양 및 나노 스케일에서 발생하는 양자 물리에 의해 결정되는 독특한 광학 및 전기적 특성을 보인다. 간단히 말해서 이들의 뛰어난 기능은 세 가지 측면으로 요약할 수 있다. (i) 발광 파장을 조정할 수 있는 자유도가 크다. 브루스(Brus) 식에 따르면,[177]

$$E^* \cong E_g + \frac{\hbar \pi^2}{2R^2} \left[\frac{1}{m_e} + \frac{1}{m_h} \right],$$

(4.46)

여기서 E_g는 벌크 반도체의 밴드갭, R은 입자 반경, 그리고 m_e와 m_h는 전자와 정공의 유효 질량이다. QD 시스템의 유효 밴드갭, 따라서 형광 방출 파장은 입자 크기에 따라 달라진다. 예를 들면, 직경이 2 nm인 CdSe QD는 청색광을 방출하는 반면, 8 nm CdSe QD는 진한 적색을 방출한다. 원칙적으로 합성 과정에서 단순히 입자 크기를 조절함으로써 어떤 색도 얻을 수 있다. (ii) 선명한 색상. 정교한 화학 합성 기술을 통해 QD의 입자 크기를 정확하고 균일하게 제어할 수 있다.[178] Cd 기반 QD의 해당 FWHM은 25~30 nm 정도이다. 일부 수정된 공정으로 판상 형태의 10 nm FWHM 콜로이드 입자가 보고되었다.[179] 이러한 좁은 발광 선폭은 명백히 매우 넓은 색영역을 만들어낼 것이다. (iii) 우수한 양자 수율과 안정성. 이는 QD가 가진 고유한 코어-쉘 구조 때문이다.[180] 쉘뿐만 아니라 주변 유기 리간드가 보호층으로 작용하여 필요한 가공성을 제공한다. 효율과 수명이 모두 코어만 있는 시스템에 비해 향상된다. 여러 종류의 QD 재료가 합성되고 연구되었다. 대략 카드뮴 기반 QD와 카드뮴이 없는 QD 두 그룹으로 나눌 수 있다. 여기서는 일반적으로 사용되는 CdSe와 InP 두 QD를 각 그룹의 대표로 택하여 그들의 특성을 설명한다.

A. 카드뮴 기반 QD

II-VI 반도체 CdSe는 개발과 특성화가 가장 잘되어 있는 QD 재료 시스템이다. 벌크 밴드갭은 1.73 eV(λ = 716 nm)이다. 식 (4.46)에 따르면 그림 4.45(a)에 나타낸 것처럼 입자 크기를 조정함으로써 가시 영역 전체를 포함할 수 있도록 발광 스펙트럼을 조절할 수 있다. 한편 잘 정립된 고온 주입 기술로 합성될 때,[184] Cd 기반 QD은 좁은 FWHM(20~30 nm)과 높은 발광 양자 효율(> 95%)을 보인다. 그림 4.45(b)는 녹색과 적색 CdSe QD와 고출력 InGaN 청색 LED의 전형적인 발광 스펙트럼을 보여준다. 시중에서 구할 수 있는 컬러 필터를 사용해 Rec. 2020의 90%에 이르는 색영역이 실현되었다.[138, 185] 이러한 고품질 QD 재료는 디스플레이 분야에 완벽한 선택인 것 같다. 실제로 Cd 기반 QD는 이미 일부 상용 제품에 적용되었다. 그러나 독성 때문에 제조사들이 소비자 제품에서 다른 중금속과 함께 카드뮴을 제거해야 하는 요구가 증가하고 있다. 예를 들면, 2003년 유럽 연합은 소비자 전자 제품에서 최대 카드뮴 함량을 100 ppm으로 제한하는 유해 물질 제한 지침(Restriction of Hazardous Substances, RoHS)을 발표했다. 따라서 중금속이 없거나 Cd 함량이 낮은 QD가 디스플레이 분야의 새로운 트렌드가 되었다.[186]

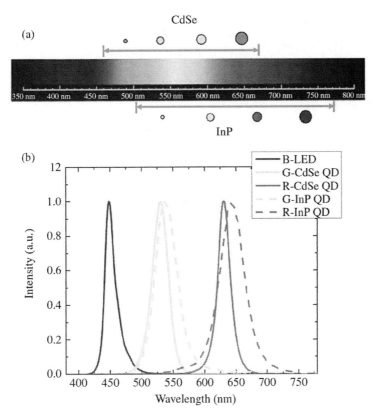

그림 4.45 (a) CdSe와 InP QD의 발광 스펙트럼 범위 (b) 녹색과 적색 CdSe QD(실선)와 InP QD(점선)의 발광 스펙트럼인 청색 LED(발광 피크 λ=450 nm)도 같이 표시되어 있다.

B. Cd-free QD

여러 Cd-free QD 후보들 중에서 InP가 가시광 발광을 위해 실행 가능한 대안이다.[187~190] InP 벌크 재료의 밴드갭은 1.35 eV로 CdSe의 밴드갭보다 작다. 따라서 동일한 발광 파장에 도달하려면 InP QD의 코어 크기가 CdSe 코어 크기보다 작아야 한다(그림 4.45(a)). 밴드갭이 작을수록 입자 크기가 작을수록 구속 효과는 더 강해진다. 따라서 InP QD의 발광 스펙트럼은 입자 크기 변화에 더 민감하다. 결과적으로 FWHM은 40 nm 이상으로 다소 더 넓어(그림 4.45(b)) 적용된 컬러 필터에 따라 다르지만 70~80% Rec. 2020 색영역에 해당된다. 또한 양자 수율과 안정성이 Cd 기반 QD보다 약간 떨어진다. 이는 대부분 완성되지 않은 화학 합성 방법에 기인한다.[191, 192] 2015년에 나노코(Nanoco)는 분자 파종(molecular seeding) 합성법을 사용해 InP 수명을 30,000시간 이상으로 향상시켰다고 주장하였다.[193] FWHM을 더 줄일 수 있다면 InP QD는 디스플레이 분야에 더 매력적일 것이다. 또 다른 접근법은 적색 InP QD를 녹색 Cd 기반 QD와 결합하는 것이다.[194] 이 혼성 접근법은 90% Rec. 2020 색영역을 유지할 뿐만 아니라 감소된 카드뮴 함량 또한 RoHS 규정을 준수한다.

4.12.2 소자 구성

세 가지 QD 백라이트 배치 방식이 개발되었다. 그림 4.46에 나타낸 것처럼 (i) on-chip, (ii) on-edge, (iii) on-surface이다. 각 디자인은 장단점이 있고 적용 요구 사항에 따라 신중하게 선택해야 한다.

A. On-chip 배치

이 디자인(그림 4.46(a))은 현재의 백라이트 시스템과 완전히 호환되며 가장 적은 양의 QD 재료를 사용한다. 단지 LED 하우징에서 YAG : Ce^{3+} 황색 형광체를 녹색과 적색 QD 혼합물로 교체하기만 하면 된다. 그러나 높은 광속과 높은 LED 접합 온도(~150℃)로 인해 QD의 수명과 안정성이 저하될 수 있다.[196] QD는 산소와 수분에 민감하기 때문에 포장 문제가 또 다른 문제이다. 기밀 밀봉(hermetic sealing)이 필요하며 이로 인해 총비용과 디자인 복잡성이 증가한다. 그럼에도 불구하고 고무적인 진전이 이루어졌다. 예를 들면, 일부 on-chip QD는 85℃, 상대습도 85%, 52 W/cm^2 플럭스 조건하에서 3,000시간에도 뚜렷한 저하를 보이지 않는다.

B. On-edge 배치

On-chip 디자인의 문제점들은 완전히 해결되어야 하지만 on-edge 배치(QD 레일이라고도 함)는 특히 대형 TV의 경우 대안이 되는 접근법이다. On-chip 디자인과 비교하면 QD 레일

(그림 4.46(b))은 청색 LED에서 더 멀리 떨어져 있기 때문에 수명이 훨씬 더 길다. 한편 QD 재료 소모는 수용할 만하다. 그러나 QD 레일 조립은 어려운 과제이다. 이는 QD가 등방성 발광체이어서 빛이 모든 방향으로 방출되기 때문이다. 광 손실을 피하기 위해 후방 산란광을 모아서 LGP로 방향을 전환시켜야 한다.[199] 열화를 방지하기 위해 QD 레일도 진공으로 밀봉해야 한다.

C. On-surface 배치

현재 on-surface 디자인(QDEF, QD enhancement film이라고도 함)이 가장 일반적으로 사용되는 배치이다.[200] 그림 4.46(c)에서 보듯이 QDEF는 LGP 표면 상부에 적층되어 LED 열원으로부터 공간적으로 분리되어 있다. 작동 온도는 상온에 가깝다. 그 결과 신뢰성과 장기 안정성이 크게 향상된다. 실제로 가속노화 시험에 따르면 3만 시간 이상의 수명이 달성되었다.[201] QDEF의 한 가지 단점은 특히 대형 스크린 TV의 경우 QD 재료를 더 많이 소비한다는 것이다. QDEF의 생산 능력이 계속 증가하고 있기 때문에 그에 따라 비용도 줄어들 것이다.

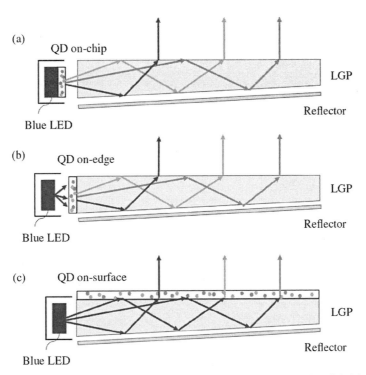

그림 4.46 QD 재료가 적용된 세 가지 장치 배치에 대한 개략도. (a) QD가 LED 패키지 내에 배치된다. (b) QD가 LED와 도광판(light guide plate, LGP) 사이에 배치된다. QD 레일로 알려져 있다. (c) QD가 LGP 상부 표면에 배치된다. QD 강화 필름(QDEF)로 알려져 있다.

4.13 고동적 범위(High Dynamic Range, HDR)

HDR은 피크 휘도는 1,000 nit 이상, 블랙 상태는 0.01 nit 미만, 계조는 10비트 이상 및 광색 영역을 요구한다.[202] 즉, 명암비가 100,000 : 1 이상이다. OLED 디스플레이는 진정한 블랙 상태를 얻기가 상당히 쉽지만, 1,000 nit 이상의 밝기는 수명을 단축시킬 수 있다.[203] 반대로 LCD의 피크 밝기를 1,000 nit로 높이는 것은 비교적 쉽지만, 어두운 상태를 0.01 nit 아래로 낮추는 것은 어렵다. MVA LCD의 일반적인 CR은 약 5,000 : 1로 HDR이 요구하는 것보다 20배 정도 낮다. 어두운 상태의 광 누출을 감소시키기 위해 로컬 디밍 기법이 널리 적용되고 있다.[139, 204] OLED 디스플레이에서는 각 픽셀이 개별적으로 블랙 상태에서 완전히 밝은 상태로 구동된다. 그러나 LCD의 경우 일반적으로 사용되는 로컬 디밍 방법이 LED 백라이트를 수백 개의 개별 제어 구역으로 나누지만 여전히 픽셀 단위 디밍과는 거리가 있다. 이러한 접근 방식이 명암비를 향상시키지만, 디스플레이 장면들이 밝은 영역과 어두운 영역 사이에 선명한 경계가 있는 경우 백라이트 조명은 여전히 액정 패널을 통해 새어나올 수 있다. 이 현상은 후광 효과(halo effect)로 알려져 있다.[205-207] 후광의 크기는 LCD의 기본 명암비와 로컬 디밍 구역의 수에 따라 결정된다.

LCD의 명암비가 20배 개선되면 더 많은 계조를 표현할 수 있다. 표준 동적 범위(standard dynamic range, SDR) 디스플레이의 경우 일반적으로 8비트 신호 심도가 사용된다. 그러나 HDR에서는 최소 10비트 심도가 요구된다.[208, 209] 비트 심도가 증가하면 화질 향상에 도움이 되지만 구동 방식에 추가적인 부담을 줄 수도 있다. 인접 두 계조 사이에 허용되는 최소 전압 간격이 TFT 어레이에 의해 제한되는 5 mV라 가정하자. 이러한 조건에서 10비트(즉, 1024계조), 12비트 및 14비트 이미지 심도를 얻기 위해 필요한 on 상태 전압은 각각 5.12, 20.48 및 81.92 V가 된다. 따라서 현재의 TFT-LCD에서 12비트 계조를 구현하는 것은 어렵다. 또한 작동 전압이 높아지면 전력 소비도 증가한다. HDR과 12비트 이상의 계조를 구현하기 위해 미니 LED 백라이트 LCD와 듀얼 패널 LCD가 개발되었다.

4.13.1 미니 LED 백라이트 LCD

기존 LCD는 균일하지 않은 액정 정렬로 인한 편광 해소 효과, 액정 방향자의 요동 및 컬러 필터의 색소 응집에 의한 광산란 그리고 픽셀화된 전극의 회절 때문에 제한된 명암비를 보인다. 어두운 상태에서 빛샘을 억제하기 위해 미니 LED 백라이트를 공간적으로 분할 사용한 로컬 디밍이 개발되었다. 로컬 디밍 구역이라 부르는 각 분할 영역은 독립적으로 제어된다. 10비트 백라이트 변조를 사용하면 명암비가 1,000∼5,000 : 1에서 약 100,000 : 1로 증가될 수 있다. 개략적인 미니 LED 백라이트 LCD가 그림 4.47에 나와 있다. 설명을 위해 미니 LED가 정사각형 모양이라 가정하자. 방출된 광은 확산기(diffuser)에 도달하기 전에 일정 거리(예, 접착층을 통해)를 전파한다. 방출광이 LCD 패널로 들어가기 전에 공간적으로 균일하도록 이 거리와 확산기의 산란 강도는 최적화될 필요가 있다.

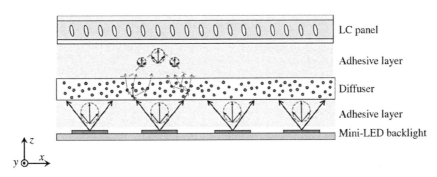

그림 4.47 미니 LED 백라이트 LCD 개략도

미니 LED 백라이트 LCD의 광 변조 과정을 설명하기 위해 그림 4.48과 같은 촛불 사진을 예로 들어보자. 여기서 백라이트는 12×24 로컬 디밍 구역으로 구성되며 각 구역은 원하는 휘도를 얻기 위해 6×6 미니 LED가 포함되어 있다. 이미지 내용에 따라 각 디밍 구역의 미니 LED는 그림 4.48(a)와 같이 서로 다른 계조를 나타내도록 미리 결정된다. 확산기를 통과한 후 방출광은 LCD 패널에 도달하기 전에 균일하고 퍼진다(그림 4.48b). 각 LCD 픽셀의 계조는 TFT에 의해 제어되며, 각 컬러 필터는 지정된 색상만 투과시킨다. 마지막으로 그림 4.48(c)와 같이 풀컬러 이미지가 생성된다.

미니 LED 백라이트는 높은 피크 휘도, 우수한 어두운 상태, 얇은 폼팩터를 가진 새로운 LCD를 가능하게 하는 동시에 원하지 않는 후광 효과와 클리핑 효과를 억제한다. 후광 효과는 밝은 물체에서 인접한 어두운 영역으로 빛이 새는 현상이고, 클리핑 효과는 인접 구역이 어두워질 때 로컬 디밍 구역의 휘도가 불충분하여 발생한다.[210] 기존의 edge-lit LCD는 얇은 프로파일이 특징이지만, 고휘도 대면적 LED 어레이를 채택하면 LGP가 상대적으로 두꺼워진

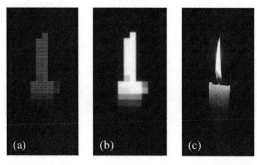

그림 4.48 미니 LED 백라이트 LCD의 광 변조 과정: (a) 미니 LED 백라이트 변조 (b) 액정층에 입사된 광의 휘도 분포, (c) LCD 패널을 통과한 디스플레이 이미지

다.[211, 212] 반면에 LED 수가 적은 기존의 direct-lit LCD는 높은 휘도와 HDR을 제공할 수 있지만, 양호한 백라이트 균일성을 보장하려면 상대적으로 긴 이동 거리가 필요하다.[14, 139] 이에 비해 미니 LED는 칩 크기가 작고 수가 많아 빛이 고르게 퍼질 수 있어 LED와 확산기 사이의 필요한 광학 거리가 짧아진다.

미니 LED 백라이트 LCD의 시스템 구성은 후광 효과와 클리핑 효과의 심각도를 결정하고 백라이트 유닛의 전체 두께에 영향을 미친다. 로컬 디밍 구역의 수와 LCD의 명암비는 로컬 디밍 성능에 영향을 미치는 지배적인 요소이다. 그러나 비교 가능한 두 패널 사이에서 때로는 로컬 디밍 구역이 적은 패널이 일반적인 경향과는 달리 더 나은 성능을 보이기도 한다. 이러한 불일치는 LED 광 확장과 국부 광 구속도 최종 로컬 디밍 성능에 공동으로 기여하는 여러 광학 설계에서 비롯된다. 아래에서 각 요인의 영향에 대해 알아보고 그에 상응하는 최적화 전략을 제안한다. 25 cm 시야 거리에 둔 6.4인치 스마트폰을 대상으로 한 내용이지만 이 결과는 대형 패널에도 확대 적용할 수 있다.

미니 LED 백라이트 유닛은 LCD 명암비와 로컬 디밍 구역의 밀도를 적절하게 선택하면 후광 효과를 효과적으로 억제할 수 있다.[213] 여러 시스템 구성으로 미니 LED 백라이트 LCD의 디스플레이 이미지를 시뮬레이션하고 주관적인 실험을 수행함으로써 CIE 1976 ($L*a*b*$) 색 공간에서 피크 신호 대 노이즈 비(LabPSNR)가 후광 효과를 평가하는 지표로 사용할 수 있다는 것을 발견하였다. LabPSNR이 47.4 dB보다 클 때 미니 LED 백라이트 LCD에 표시된 이미지를 원본 사진과 구별할 수 있는 사람은 5% 미만이었다. 그림 4.49는 LCD 명암비와 로컬 디밍 구역 수 사이의 상관관계를 보여준다. 흑색 점선은 LabPSNR=47.4 dB를 나타낸다. 이 수준 이상에서는 후광 효과가 눈에 띄지 않는다. 그림 4.49에서 명암비가 2,000 : 1인 FFS LCD는 로컬 디밍 구역이 약 3,000개 필요하고, 명암비가 5,000 : 1인 MVA LCD는 약 200개 필요하다. 그러나 LCD의 명암비가 1,000 : 1보다 낮으면 10,000개의 구역도 부족하다. 실제 적용에서는 그림 4.49에서 볼 수 있듯이 시야각이 증가함에 따라 감소하는 명암비를 고려해야 한다. 이러한 지침은 시연된 여러 프로토타입과 일치한다.[214-216]

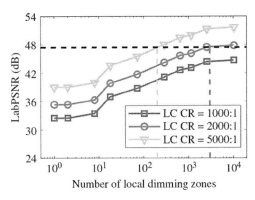

그림 4.49 로컬 디밍 구역 수와 명암비에 따른 HDR 디스플레이 시스템의 LabPSNR

4.13.2 듀얼 패널 LCD

듀얼 패널 접근 방식은 그림 4.50에 나타낸 것처럼 고해상도 풀컬러 디스플레이 패널(예, 8K LCD #2)과 저해상도 흑백 로컬 디밍 패널(예, 2K LCD #1)을 결합한다. 두 LCD 디스플레이의 명암비가 CR1, CR2라 가정하면 단계적인 디스플레이 시스템의 유효 명암비는 CR1 × CR2가 될 것이다. FFS LCD의 일반적인 명암비가 약 2,000 : 1, TN은 약 800 : 1이므로 듀얼 패널의 결합 명암비는 이상적으로는 1,600,000 : 1이 된다. 단지 on 상태 전압 5 V에서 1,000,000 : 1 이상의 명암비와 16비트 신호 심도(LCD #1에서 8비트, LCD #2에서 8비트)가 실험으로 입증되었다. 이 듀얼 패널 디자인의 가장 큰 장점은 LCD #1이 쉽게 제공하는 약 2백만(1920 × 1080) 로컬 디밍 구역으로 픽셀 수준에서 디밍하는 OLED 패널과 비견되는 블랙 상태를 얻을 수 있다는 점이다. 실제로 눈의 시력에 따라 후광 효과가 눈에 띄지 않는 한 LCD #1의 해상도를 더 낮출 수 있다. 물론 약 30% 감소된 광효율(LCD #1의 개구율을 70%로 가정), 패널 무게 증가, 모아레 패턴, 축외(off-axis) 시야에서 시차 오류 효과 및 비용 증가 등의 단점도 있다.

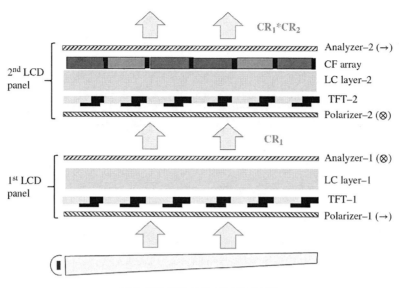

그림 4.50 듀얼 LCD 패널의 모식도

최근 LCD는 특히 중소형 패널에서 OLED의 강력한 도전에 직면해 있다. 그림 4.51은 비용, 수명, 피크 밝기, 색상, 해상도 밀도, 전력 소비, MPRT, 명암비 및 패널 유연성 9가지 성능 지표에 대한 스피이더 차트 비교이다. 그림 4.51에서 보면 LCD는 비용, 수명 및 피크 밝기에서 앞서고 있음을 알 수 있다. LCD는 컬러(QD 적용), 해상도, 전력 소비 및 MPRT는 OLED에 비견될 만하다. 그러나 LCD는 명암비와 유연성은 OLED에 뒤지고 있다.

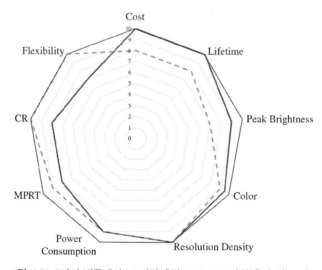

그림 4.51 9가지 범주에서 LCD(실선)와 RGB OLED(점선)의 성능 비교

1. 비용(cost): 제조 기술이 발전함에 따라 LCD와 OLED의 생산 비용은 계속해서 감소할 것이다. 그러나 LCD는 재료비, 장비비 및 제조 수율에서 여전히 경쟁우위를 차지하고 있다.

2. 수명(lifetime): LCD는 전압 구동 방식이고 OLED는 전류 구동 방식이다. LCD 대부분은 단순히 전압 스위치로 픽셀당 TFT 하나만 필요하지만, OLED는 안정적인 전류를 제공하기 위해 TFT(스위칭, 구동 및 보상 회로 포함)가 여러 개(보통 5개 이상) 필요하다. 전반적으로 OLED는 LCD보다 수분, 산소, 전류 및 온도에 더 취약하다. 특히 청색 OLED의 수명은 삼원색 중에 가장 짧아서 차등 노화가 큰 고민거리이다. 그러나 일반적으로 수명 주기 목표가 2~3년인 스마트폰은 OLED 수명이 그래도 받아들일 만하다. 그렇지만 TV는 예상 작동 수명이 50,000 시간이다. 이 경우 LCD가 더 유리한 선택이다.

3. 피크 밝기(peak brightness): LCD의 밝기는 LED 백라이트와 LCD의 광 처리량에 따라 결정된다. 주어진 LCD 패널 효율, 예로 5%에도 LED 백라이트를 증가시켜 2,000 nit 이상의 높은 피크 밝기를 얻을 수 있다. 원칙적으로 OLED에서도 동일한 작업을 할 수 있지만, OLED의 고전류 임펄스 구동이 상당한 효율 감소와 수명 저하를 초래할 수 있다.

4. 색상(color): 1 pc WLED(청색 LED + 황색 형광체) 백라이트 LCD의 색영역은 약 75% NTSC(또는 약 50% Rec. 2020)로 OLED보다 좁다.[218] QD 또는 초협폭(FWHM ≈ 10 nm) LED 백라이트를 적용하면 색영역이 90% Rec. 2020까지 크게 향상된다. OLED 진영에서도 비슷한 진전이 있었다. 일부 RGB OLED 디스플레이는 파장이 더 긴 OLED($\lambda \approx 625$ nm)를 사용함으로써 색영역이 80% Rec. 2020까지 넓어진다. 그러나 백색 OLED를 사용하는 TV의 경우 컬러 필터의 크로스톡이 제약 요인이다. LCD와 OLED 디스플레이의 궁극적인 목표는 레이저 디스플레이에 필적하는 것이다.

5. 해상도 밀도(resolution density): 디스플레이 패널의 해상도 밀도는 픽셀 크기에 따라 결정된다. AM LCD와 OLED는 모두 TFT를 기반으로 하기 때문에 픽셀을 얼마나 작게 제작할 수 있는지에 따라 해상도 밀도가 결정된다. 저온 폴리-실리콘 또는 결정질 실리콘과 같은 이동도가 높은 실리콘은 TFT 영역을 줄여 광 처리량을 높이는 데 도움이 된다. LCD와 OLED 모두 고해상도 밀도를 얻을 수 있다. LCD의 응답 시간이 밀리초 미만인 경우 색상 분리가 억제된 필드 순차 색상(field sequencial color, FSC) 작업이 가능하게 된다. RGB LED를 사용하는 FSC 디스플레이에서는 컬러 필터를 제거할 수 있어 광효율

과 해상도 밀도가 3배 향상된다.

6. 전력 소비(power consumption): OLED 디스플레이의 전력 소비는 이미지 콘텐츠, 평균 픽셀 휘도(average pixel luminance, APL) 수준에 따라 크게 달라진다. APL=0은 완전히 검은 화면, 즉 모든 픽셀이 꺼진(off) 상태이고, APL=1은 완전히 백색 화면, 즉 모든 픽셀이 켜진(on) 상태이다. 로컬 디밍이 없는 기존 LCD는 전력 소비가 디스플레이된 이미지와 무관하다. 연구에 따르면 컬러 필터가 있는 백색 OLED TV에서 APL ~30%가 교차점이다. 즉, APL이 30%보다 작으면 OLED가 낮지만 30%보다 크면 LCD가 낮다. TV의 경우 평균적인 APL은 약 50%이다. 반면에 컬러 필터가 필요하지 않는 RGB 기반 OLED는 교차점이 약 60%까지 높아진다. 이것이 왜 RGB-OLED가 스마트폰 분야에서 탄력을 받고 있는지 이유를 설명해준다. OLED와 마찬가지로 미니 LED 백라이트 LCD의 전력 소비도 디스플레이된 이미지 콘텐츠에 따라 달라진다. APL이 작아지면 켜지는 미니 LED 구역이 적어지기 때문에 전력 소비를 줄이는 데 도움이 된다.

7. MPRT: 4.11절에서 MPRT에 대해 상세히 다루었다. TFT LCD와 OLED는 모두 유지형 장치이다. MPRT≈1.5 ms 정도로 CRT와 유사한 디스플레이를 구현하기 위해서는 OLED는 임펄스 구동이 LCD는 백라이트 변조가 필요하다. 저점도 액정과 낮은 듀티비 LCD는 OLED와 비슷한 MPRT를 얻을 수 있다. 그러나 액정의 점성도가 기하급수적으로 증가하는 저온에서는 OLED가 LCD에 비해 여전히 큰 이점이 있다.

8. 명암비(contrast ratio): OLED는 암실에서 1,000,000 : 1보다 높은 명암비를 얻기가 상당히 쉽지만 LCD는 어렵다. 미니 LED 백라이트와 듀얼 패널 접근법은 이 격차를 줄일 수 있는 새로운 돌파구이다. 태양광 가독성은 LCD와 OLED, 특히 자동차용 디스플레이의 일반적인 관심사이다. 주변 조명 조건에서 고휘도가 고명암비보다 더 중요하다.

9. 플렉시블과 폴더블(flexible and foldable) 디스플레이: 이들은 OLED의 주요 장점이다.[219] 그러나 OLED는 고ACR을 얻기 위해서 원형 편광기(circular polarizer, CP)가 여전히 필요하다. 따라서 플렉시블 OLED에는 초박형 CP가 필수적이다.[220] 여기서 자세히 다루지 않지만 플렉시블 LCD도 등장하고 있다. 일부 플라스틱 LCD 프로토타입[221]과 유기 TFT(OLCD라 함)[222]와 굽히는 동안 셀갭 균일도를 제어하기 위한 폴리머 안정화 스페이서가 있는 LCD가 개발되었다. 스마트폰과 폴더블 디스플레이 장치가 잠재적인 응용 분야로 전망된다.

10. 투명(transparent) LCD: 2017년에 Japan Display사에서 80% 투과도를 가진 4인치 투명 LCD 프로토타입이 발표되었다.[223] 사용된 LCD 모드는 폴리머 네트워크 액정(PNLC)이다. 결과적으로 응답 시간은 RGB LED가 제공하는 에지 조명으로 FSC(180 Hz)를 가능하게 할 만큼 충분히 빠르다(< 2 ms). 전압 off 상태에서 PNLC층은 매우 투명하지만 전압 on 상태에서는 빛을 강하게 산란시킨다. 장치 명암비는 약 16 : 1이고 색영역은 약 112% NTSC이다. 이러한 투명 LCD는 증강 현실과 자동차용 디스플레이 등을 위한 새로운 분야의 문을 연다.

4.1 다음 두 화합물로 구성된 공정 혼합물에 대해 답하라.

(1)

C_3H_7 — NCS

K 39 N 41.3 I; $\Delta H = 4,300$ cal/mol

(2)

C_3H_7 — NCS

K 66 N 190 I; $\Delta H = 3,000$ cal/mol

(a) 네마틱 구간(°C)을 계산하라.

(b) 화합물 (1)과 (2)의 분자량을 계산하라.

(c) 이 혼합물 10 g을 준비하기 위해 사용해야 할 각 화합물의 양을 계산하라.

4.2 고속 응답 액정 위상 변조기는 복굴절과 점탄성계수를 함께 고려해야 한다. 성능지수(figure-of-merit, FoM)는 다음 식으로 정의한다.

$$\text{FoM} = \frac{\lambda(\Delta n^2)}{\gamma_1}$$

여기서 K_{11}은 퍼짐(splay) 탄성상수, Δn은 복굴절이고 γ_1은 회전 점성이다. $K_{11} \approx S^2$, $\Delta n \approx S$, $\gamma_1 \approx S \exp(E/kT)$, $S = (1 - T/T_c)^\alpha$로 가정하라.

(a) 최적 동작 온도(T_{op})에서 FoM이 최대치를 보임을 증명하라.

(b) T_{op}에 대한 해석식을 유도하여라. 활성화 에너지 $E = 0.35$ eV, $\alpha = 0.18$, $T_c = 100$°C, 볼츠만 상수 $k = 0.0861$ meV/K일 때 T_{op}를 추정하라.

(c) FoM이 T_{op}에서 최대가 되는 이유를 설명하라.

4.3 $T=20°C$에서 액정 혼합물의 굴절률이 다음과 같다. $\lambda=450$ nm에서 $(n_e, n_o)=(1.5733, 1.4859)$이고 $\lambda=633$ nm에서 $(n_e, n_o)=(1.5565, 1.4751)$이다. $\lambda=1,550$ nm에서 (n_e, n_o)를 구하라.

4.4 수평셀(homogeneous cell)은 가변 위상 지연 플레이트에 유용하다. 다음 그림은 $\lambda=633$ nm에서 수평 액정셀의 전압에 따른 투과도이다. 두 편광기는 서로 교차하고 편광자와 액정 러빙 방향 사잇각은 $\beta=45°$이다.

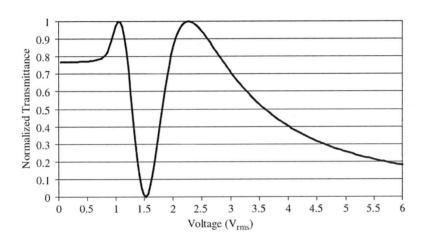

(a) 셀갭이 $d=5\ \mu$m이면 액정의 복굴절은 얼마인가?

(b) 출력광(검광자 전)이 원형 편광되는 전압은?

(c) 출력광을 원형 편광에서 선형 편광으로 변환시키고자 할 때 가장 빠른 응답 시간을 얻을 수 있는 전압은?

(d) $\beta=0$이라 가정할 때 VT 곡선을 위 그림에 그려라.

4.5 한 학생이 VA, 90° TN 및 수평셀을 준비하였지만 각각에 표식을 하는 것을 잊었다. 백색 라이트테이블과 선형 편광자 두 개를 사용하여 각 셀을 구분할 수 있도록 학생에게 도움을 줄 수 있는가?

4.6 IPS와 MVA는 광시야 LCD TV를 위한 두 가지 주요 방법이다. 장단점을 비교하라.

4.7 수평셀과 유사하게 VA 셀도 위상 한정(phase-only) 변조에 사용될 수 있다. 액정 분자 구조 관점에서 수평셀이 더 나은 선택임을 설명하라.

4.8 두 교차 편광기의 소광비는 $10^5 : 1$을 쉽게 초과할 수 있다. 그러나 VA 셀의 명암비는 약 $5,000 : 1$이고 IPS는 약 $2,000 : 1$이다. LCD의 명암비를 저하시키는 요인은 무엇인가?

4.9 OLED의 응답 시간이 $1\,\mu s$이고 LCD는 $2\,ms$라 가정하자. $120\,Hz$ 프레임 속도에서 OLED와 LCD의 MPRT를 계산하라. CRT와 유사한 $1.5\,ms$ MPRT를 얻기 위해서 어떻게 해야 하는가?

4.10 그림 4.49에서 보면 명암비가 $2,000 : 1$인 FFS LCD에서 요구되는 로컬 디밍 구역 수는 약 $3,000$이다. 그러나 실제로는 구역 수가 두 배인 경우가 많다. 왜 그런가? (힌트: 그림 4.29에서 볼 수 있듯이, 명암비가 시야각에 미치는 영향을 고려할 필요가 있다.)

4.11 미니 LED 백라이트 LCD와 듀얼 패널 LCD의 장단점을 논의하라.

4.12 양자점을 백라이트 유닛에 내장하여 LCD의 색영역을 확장하였다. 양자점이 색소 컬러 필터를 대체할 수 있는가?

▌참고문헌 ▌

1. Armitage, D., Underwood, I., and Wu, S.T. (2006). *Introduction to Microdisplays*. Wiley.

2. Khan, A., Schneider, T., Montbach, E. et al. (2007). Recent progress in color flexible reflective cholesteric displays. *SID Symp. Dig.* 38: 54.

3. Bae, J.H., Jang, S.J., Choi, Y.S. et al. (2007). The stabilized bistable LC mode for flexible display. *SID Symp. Dig.* 38: 649.

4. Kress, B.C. and Cummings, W.J. (2017). Towards the ultimate mixed reality experience: HoloLens display architecture choices. *SID Symp. Dig.* 48: 127.

5. Stupp, E.H. and Brennesholtz, M. (1998). *Projection Displays*. Wiley.

6. Wu, S.T. and Yang, D.K. (2001). *Reflective Liquid Crystal Displays*. Wiley.

7. Ge, Z.B. and Wu, S.T. (2010). *Transflective Liquid Crystal Displays*. Wiley.

8. Crawford, G.P. (2005). *Flexible Flat Panel Displays*. Wiley.

9. Huang, Y., Tan, G., Gou, F. et al. (2019). Prospects and challenges of mini-LED and micro-LED displays. *J. Soc. Inf. Disp.* 27: 387.

10. Chen, H., Zhu, R., He, J. et al. (2017). Going beyond the limit of an LCD's color gamut. *Light Sci. Appl.* 6: e17043.

11. Luo, Z., Chen, Y., and Wu, S.T. (2013). Wide color gamut LCD with a quantum dot backlight. *Opt. Express* 21: 26269.

12. Yang, D.K. and Wu, S.T. (2014). *Fundamentals of Liquid Crystal Devices*, 2e. Wiley.

13. J. M. Jonza, M. F. Weber, A. J. Ouderkirk, and C. A. Stover, "Polarizing beam-splitting optical component", US Patent 5,962,114 (1999).

14. de Greef, P. and Hulze, H.G. (2007). Adaptive dimming and boosting backlight for LCD-TV systems. *SID Symp. Dig.* 38: 1332.

15. Chen, H., Sung, J., Ha, T., and Park, Y. (2007). Locally pixel-compensated backlight dimming for improving static contrast on LED backlit LCDs. *SID Symp. Dig.* 38: 1339.

16. Lin, F.C., Liao, C.Y., Liao, L.Y. et al. (2007). Inverse of mapping function method for image quality enhancement of high dynamic range LCD TVs. *SID Symp. Dig.* 38: 1343.

17. Anandan, M. (2008). Progress of LED backlights for LCDs. *J. Soc. Inf. Disp.* 16: 287.

18. Peng, F., Chen, H., Gou, F. et al. (2017). Analytical equation for the motion picture response time of display devices. *J. Appl. Phys.* 121, 023108.

19. Goodby, J.W. (1991). *Ferroelectricity Liquid Crystals: Principles, Properties and Applications*. Routledge.

20. Wand, M., Thurmes, W.N., Vohra, R.T., and More, K.M. (1997). Advances in ferroelectric liquid crystals for microdisplay applications. *SID Symp. Dig.* 27: 157.

21. Yang, D.K., Lu, Z.J., Chien, L.C., and Doane, J.W. (2003). Bistable polymer dispersed cholesteric reflective display. *SID Symp. Dig.* 34: 959.

22. Gray, G., Harrison, K.J., and Nash, J.A. (1973). New family of nematic liquid crystals for displays. *Electron. Lett* 9: 130.

23. Schroder, L. (1893). *Z. Phys. Chem.* 11: 449.

24. Van Laar, J.J. (1908). *Z. Phys. Chem.* 63: 216.

25. Bedjaoui, L., Gogibus, N., Ewen, B. et al. (2004). Preferential solvation of the eutectic mixture of liquid crystals E7 in a polysiloxane. *Polymer 45*: 6555.

26. Deuling, H.J. (1978). Solid State Physics. Suppl. 14. In: *Liquid Crystals* (ed. L. Liebert). New York: Academic.

27. Maier, W. and Meier, G. (1961). A simple theory of the dielectric characteristics of homogeneous oriented crystalline-liquid phases of the nematic type. *Z. Naturforsch. Teil A* 16: 262.

28. Tironi, I.G., Sperb, R., Smith, P.E., and van Gunsteren, W.F. (1995). A generalized reaction field method for molecular dynamics simulations. *J. Chem. Phys.* 102: 5451.

29. Schadt, M. (1992). Field-effect liquid-crystal displays and liquid-crystal materials-key technologies of the 1990s. *Displays* 13: 11.

30. Dabrowski, R. (1990). Isothiocyanates and their mixtures with a broad range of nematic phase. *Mol. Cryst. Liq. Cryst.* 191: 17.

31. He, Z., Gou, F., Chen, R. et al. (2019). Liquid-crystal beam steering devices: principles, recent advances and future developments. *Crystals* 9: 292.

32. Schadt, M. and Helfrich, W. (1971). Voltage-dependent optical activity of a twisted nematic liquid crystal. *Appl. Phys. Lett.* 18: 127.

33. Soref, R.A. (1973). Transverse field effect in nematic liquid crystals. *Appl. Phys. Lett.* 22: 165.

34. Oh-e, M. and Kondo, K. (1995). Electro-optical characteristics and switching behavior of the in-plane switching mode. *Appl. Phys. Lett.* 67: 3895.

35. Xu, D., Peng, F., Chen, H. et al. (2014). Image sticking of liquid crystal displays with lateral electric fields. *J. Appl. Phys.* 116, 193102.

36. Tarao, R., Saito, H., Sawada, S., and Goto, Y. (1994). Advances in liquid crystals for TFT displays. *SID Tech. Dig.* 25: 233.

37. Geelhaar, T., Tarumi, K., and Hirschmann, H. (1996). Trends in LC materials. *SID Tech. Dig.* 27: 167.

38. Goto, Y., Ogawa, T., Sawada, S., and Sugimori, S. (1991). Fluorinated liquid crystals for active matrix displays. *Mol. Cryst. Liq. Cryst.* 209: 1.

39. Schiekel, M.F. and Fahrenschon, K. (1971). Deformation of nematic liquid crystals with vertical orientation in electric fields. *Appl. Phys. Lett.* 19: 391.

40. R. Eidenschink and L. Pohl, US patent 4,415,470 (1983).

41. de Gennes, P.G. and Prost, J. (1993). *The Physics of Liquid Crystals*, 2e. Oxford.

42. Maier, W. and Saupe, A. (1960). A simple molecular statistical theory for nematic liquid crystal phase, part II. *Z. Naturforsch. Teil A* 15: 287.

43. Gruler, H. (1975). The elastic constants of a nematic liquid crystal. *Z. Naturforsch. Teil A* 30: 230.

44. Jakeman, E. and Raynes, E.P. (1972). Electro-optic response times of liquid crystals. *Phys. Lett. A* 39: 69.

45. Imura, H. and Okano, K. (1972). Temperature dependence of the viscosity coefficients of liquid crystals. *Jpn. J. Appl. Phys.* 11: 1440.

46. Diogo, A.C. and Martins, A.F. (1981). Thermal behavior of the twist viscosity in a series of homologous nematic liquid crystals. *Mol. Cryst. Liq. Cryst.* 66: 133.

47. Belyaev, V.V., Ivanov, S., and Grebenkin, M.F. (1985). Temperature dependence of rotational viscosity of nematic liquid crystals. *Sov. Phys. Crystallogr.* 30: 674.

48. Wu, S.T. and Wu, C.S. (1990). Rotational viscosity of nematic liquid crystals. *Liq. Cryst.* 8: 171.

49. Haller, I. (1975). Thermodynamic and static properties of liquid crystals. *Prog. Solid State Chem.* 10: 103.

50. Osipov, M.A. and Terentjev, E.M. (1989). Rotational diffusion and rheological properties of liquid crystals. *Z. Naturforsch. Teil A* 44: 785.

51. Wu, S.T. and Wu, C.S. (1990). Experimental confirmation of Osipov-Terentjev theory on the viscosity of liquid crystals. *Phys. Rev. A* 42: 2219.

52. Wu, S.T., Ramos, E., and Finkenzeller, U. (1990). Polarized UV spectroscopy of conjugated liquid crystals. *J. Appl. Phys.* 68: 78-85.

53. Wu, S.T., Efron, U., and Hess, L.D. (1984). Birefringence measurement of liquid crystals. *Appl. Opt.* 23: 3911.

54. Wu, S.T. and Wu, C.S. (1989). A three-band model for liquid crystal birefringence dispersion. *J. Appl. Phys.* 66: 5297.

55. Wu, S.T. (1991). A semi-empirical model for liquid-crystal refractive index dispersions. *J. Appl. Phys.* 69: 2080.

56. Wu, S.T., Wu, C.S., Warenghem, M., and Ismaili, M. (1993). Refractive index dispersions of liquid crystals. *Opt. Eng.* 32: 1775.

57. Li, J. and Wu, S.T. (2004). Extended Cauchy equations for the refractive indices of liquid crystals. *J. Appl. Phys.* 95: 896.

58. Wu, S.T., Efron, U., and Hess, L.D. (1984). Infrared birefringence of liquid crystals. *Appl. Phys. Lett.* 44: 1033.

59. Li, J. and Wu, S.T. (2004). Two-coefficient Cauchy model for low birefringence liquid crystals. *J. Appl. Phys.* 96: 170.

60. Mada, H. and Kobayashi, S. (1976). Wavelength and voltage dependences of refractive indices of nematic liquid crystals. *Mol. Cryst. Liq. Cryst.* 33: 47.

61. Li, J., Gauza, S., and Wu, S.T. (2004). High temperature-gradient refractive index liquid crystals. *Opt. Express* 12: 2002.

62. Li, J. and Wu, S.T. (2004). Temperature effect on liquid crystal refractive indices. *J. Appl. Phys.* 96: 19.

63. Cognard, J. (1982). Alignment of nematic liquid crystals and their mixtures. *Mol. Cryst. Liq. Cryst.* Suppl. 1: 1.

64. Chigrinov, V.G., Kozenkov, V.M., and Kwok, H.S. (2008). *Photoalignment of Liquid Crystalline Materials: Physics and Applications*. Wiley.

65. Stohr, J., Samant, M.G., Luning, J. et al. (2001). Liquid crystal alignment on carbonaceous surfaces with orientational order. *Science* 292: 2299.

66. Scheffer, T.J. and Nehring, J. (1977). Accurate determination of liquid-crystal tilt bias angles. *J. Appl. Phys.* 48: 1783.

67. Scheffer, T. and Nehring, J. (1990). Twisted nematic and super-twisted nematic mode LCDs. In: *Liquid Crystals Applications and Uses*, vol. 1, Ch. 10 (ed. B. Bahadur), 231-274. Singapore: World Scientific.

68. Drzaic, P.S. (1995). *Liquid Crystal Dispersions*. World Scientific.

69. Chen, H.M., Yang, J.P., Yen, H.T. et al. (2018). Pursuing high quality phase-only liquid crystal on silicon(LCoS) devices. *Appl. Sci.* 8: 2323.

70. Huang, Y., Liao, E., Chen, R., and Wu, S.T. (2018). Liquid-crystal-on-silicon for augmented reality displays. *Appl. Sci.* 8: 2366.

71. McManamon, P.F., Dorschner, T.A., Corkum, D.L. et al. (1996). *Proc. IEEE* 84: 268.

72. Bos, P.J. and Koechler, K.R. (1984). The pi-cell: a fast liquid crystal optical switching device. *Mol. Cryst. Liq. Cryst.* 113: 329.Beran

73. Freedericksz, V. and Zolina, V. (1933). Forces causing the orientation of an anisotropic liquid. *Trans. Faraday Soc.* 29: 919.

74. Jiao, M., Ge, Z., Song, Q., and Wu, S.T. (2008). Alignment layer effects on thin liquid crystal cells. *Appl. Phys. Lett.* 92, 061102.

75. Lien, A., Takano, H., Suzuki, S., and Uchida, H. (1991). The symmetry property of a 90° twisted nematic liquid crystal cell. *Mol. Cryst. Liq. Cryst.* 198: 37.

76. Gooch, C.H. and Tarry, H.A. (1975). The optical properties of twisted nematic liquid crystal structures with twisted angles ≤90°. *J. Phys. D* 8: 1575.

77. Wu, S.T. and Wu, C.S. (1999). Mixed-mode twisted-nematic cell for transmissive liquid crystal display. Displays 20: 231.

78. Mori, H., Itoh, Y., Nishiura, Y. et al. (1997). *Jpn. J. Appl. Phys.* 36: 143.

79. K. H Yang. Int'l Display Research Conf. p. 68 (1991).

80. Mori, H., Nagai, M., Nakayama, H. et al. (2003). Novel optical compensation method based upon discotic optical compensation film for wide-viewing-angle LCDs. *SID* 34: 1058.

81. Mori, H. (2005). The wide view film for enhancing the field of view of LCDs. *J. Disp. Technol.* 1: 179.

82. Soref, R.A. (1974). Field effects in nematic liquid crystals obtained with interdigital electrodes. *J. Appl. Phys.* 45: 5466.

83. R. Kiefer, B. Weber, F. Windscheid, and G. Baur, "In-plane switching of nematic liquid crystals", Japan Displays'92, p.547 (1992).

84. M. Oh-e, M. Ohta, S. Arantani, and K. Kondo, "Principles and characteristics of electro-optical behavior with in-plane switching mode", Asia Display'95, p.577 (1995).

85. Ge, Z., Zhu, X., Wu, T.X., and Wu, S.T. (2006). High-transmittance in-plane-switching liquid-crystal displays using a positive-dielectric-anisotropy liquid crystal. *J. SID* 14: 1031.

86. Chen, J., Kim, K.H., Jyu, J.J. et al. (1998). Optimum film compensation modes for TN and VA LCDs. *SID Tech. Dig.* 29: 315.

87. Anderson, J.E. and Bos, P.J. (2000). Methods and concerns of compensating in-plane switching liquid crystal displays. Jpn. J. *Appl. Phys., Part* 1 39: 6388.

88. Hong, Q., Wu, T.X., Zhu, X. et al. (2005). Extraordinarily high-contrast and wide-view liquid-crystal displays. *Appl. Phys. Lett.* 86, 121107.

89. Saitoh, Y., Kimura, S., Kusafuka, K., and Shimizu, H. (1998). Optimum film compensation of viewing angle of contrast in in-plane-switching-mode liquid crystal display. Jpn. J. Appl. Phys., Part 1 37: 4822.

90. T. Ishinabe, T. Miyashita, T. Uchida, and Y. Fujimura, "A wide viewing angle polarizer and a quarter-wave plate with a wide wavelength range for extremely high quality LCDs," Proc. *21st Int'l Display Research Conference (Asia Display/IDW'01)*, 485 (2001).

91. Ishinabe, T., Miyashita, T., and Uchida, T. (2002). Wide-viewing-angle polarizer with a large wavelength range. *Jpn. J. Appl. Phys., Part 1* 41: 4553.

92. Pasqual, F.D., Deng, H., Fernandez, F.A. et al. (1999). Theoretical and experimental study of nematic liquid crystal display cells using the in-plane-switching mode. *IEEE Trans. Electron Devices* 46: 661.

93. Ohmuro, K., Kataoka, S., Sasaki, T., and Koite, Y. (1997). *SID Tech. Dig.* 26: 845.

94. Lee, S.H., Lee, S.L., and Kim, H.Y. (1998). Electro-optic characteristics and switching principle of a nematic liquid crystal cell controlled by fringe-field switching. *Appl. Phys. Lett.* 73: 2881.

95. Meyer, R.B. (1969). Piezoelectric effects in liquid crystals. *Phys. Rev. Lett.* 22: 918.

96. Tan, G., Lee, Y.H., Gou, F. et al. (2017). Review on polymer-stabilized short-pitch cholesteric liquid crystal displays. *J. Phys. D: Appl. Phys.* 50, 493001.

97. Choi, T.H., Oh, S.W., Park, Y.J. et al. (2016). Fast fringe-field switching of a liquid crystal cell by two-dimensional confinement with virtual walls. *Sci. Rep.* 6, 27936.

98. Chen, H., Tan, G., Huang, Y. et al. (2017). A low voltage liquid crystal phase grating with switchable diffraction angles. *Sci. Rep.* 7, 39923.

99. Matsushima, T., Seki, K., Kimura, S. et al. (2018). New fast response in-plane switching liquid crystal mode. *J. Soc. Inf. Disp.* 26: 602.

100. Ge, Z., Wu, S.T., Kim, S.S. et al. (2008). Thin cell fringe-field-switching liquid crystal display with a chiral dopant. *Appl. Phys. Lett.* 92, 181109.

101. Ge, Z., Zhu, X., Wu, T.X., and Wu, S.T. (2006). High transmittance in-plane-switching liquid crystal displays. *J. Disp. Technol.* 2: 114.

102. Yun, H.J., Jo, M.H., Jang, I.W. et al. (2012). Achieving high light efficiency and fast response time in fringe field switching mode using a liquid crystal with negative dielectric anisotropy. *Liq. Cryst.* 39: 1141.

103. Chen, Y., Luo, Z., Peng, F., and Wu, S.T. (2013). Fringing-field switching mode with a negative dielectric

anisotropy liquid crystal. *J. Disp. Technol.* 9: 74.

104. Chen, H., Peng, F., Hu, M., and Wu, S.T. (2015). Flexoelectric effect on image flickering of a liquid crystal display. *Liq. Cryst.* 42: 1730.

105. Chen, H., Peng, F., Luo, Z. et al. (2014). High performance liquid crystal displays with a low dielectric constant material. *Opt. Mater. Express* 4: 2262.

106. Xu, D., Peng, F., Tan, G. et al. (2015). A semi-empirical equation for the response time of in-plane switching liquid crystal and measurement of twist elastic constant. *J. Appl. Phys.* 117, 203103.

107. Kahn, F.J. (1972). Electric-field-induced orientational deformation of nematic liquid crystals. *Appl. Phys. Lett.* 20: 199.

108. Grinberg, J., Bleha, W.P., Jacobson, A.D. et al. (1975). Photoactivated birefringence liquid crystal light valve for color symbology display. *IEEE Trans. Electron Devices* ED-22: 775.

109. Sterling, R.D. and Bleha, W.P. (2000). D-ILA technology for electronic cinema. *SID Tech. Dig.* 31: 310.

110. Takeda, A., Kataoka, S., Sasaki, T. et al. (1998). A super-high-image-quality multi-domain vertical alignment LCD by new rubbing-less technology. *SID Tech. Dig.* 29: 1077.

111. Oh-e, M., Yoneya, M., and Kondo, K. (1997). Switching of negative and positive dielectric anisotropic liquid crystals by in-plane electric fields. *J. Appl. Phys.* 82: 528.

112. Li, J., Wen, C.h., Gauza, S. et al. (2005). Refractive indices of liquid crystals for display applications. *J. Disp. Technol.* 1: 51.

113. Erickson, J.L. (1961). Conservation laws for liquid crystals. *Trans. Soc. Rheol.* 5: 23.

114. Leslie, F.M. (1968). Some constitutive equations for liquid crystals. *Arch. Ration. Mech. Anal.* 28: 265.

115. Jakeman, E. and Raynes, E.P. (1972). Electro-optic response times in liquid crystals. *Phys. Lett.* A 39: 69.

116. Wang, H., Wu, T.X., Zhu, X., and Wu, S.T. (2004). Correlations between liquid crystal director reorientation and optical response time of a homeotropic cell. *J. Appl. Phys.* 95: 5502.

117. Nie, X., Xianyu, H., Lu, R. et al. (2007). Pretilt angle effects on liquid crystal response time. *J. Disp. Technol.* 3: 280.

118. Wu, S.T. and Wu, C.S. (1988). Small angle relaxation of highly deformed nematic liquid crystals. *Appl. Phys. Lett.* 53: 1794.

119. Wu, S.T. (1990). A nematic liquid crystal modulator with response time less than 100 μs at room temperature. *Appl. Phys. Lett.* 57: 986.

120. Ohmuro, K., Kataoka, S., Sasaki, T., and Koike, Y. (1997). Development of super-high-image-quality vertical

alignment-mode LCD. *SID Tech. Dig.* 28: 845.

121. Kwag, J.O., Shin, K.C., Kim, J.S. et al. (2000). Implementation of new wide viewing angle mode for TFT-LCDs. *SID Tech. Dig.* 31: 256.

122. Kim, S.S. (2005). The world's largest (82-in) TFT LCD. *SID Tech. Dig.* 36: 1842.

123. Hanaoka, K., Nakanishi, Y., Inoue, Y. et al. (2004). A new MVA-LCD by polymer sustained alignment technology. *SID Tech. Dig.* 35: 1200.

124. Kim, S.G., Kim, S.M., Kim, Y.S. et al. (2007). Stabilization of the liquid crystal director in the patterned vertical alignment mode through formation of pretilt angle by reactive mesogen. *Appl. Phys. Lett.* 90, 261910.

125. Hong, H.K., Shin, H.H., and Chung, I.J. (2007). In-plane switching technology for liquid crystal display television. *J. Disp. Technol.* 3: 361.

126. Singh, R., Narayanan Unni, K.N., and Solanki, A. (2012). Improving the contrast ratio of OLED displays: an analysis of various techniques. *Opt. Mater.* 34: 716.

127. Tan, G., Zhu, R., Tsai, Y.S. et al. (2016). High ambient contrast ratio OLED and QLED without a circular polarizer. *J. Phys. D: Appl. Phys.* 49, 315101.

128. Chen, H., Tan, G., and Wu, S.T. (2017). Ambient contrast ratio of LCDs and OLED displays. *Opt. Express* 25: 33643.

129. Chen, H., Tan, G., Li, M.C. et al. (2017). Depolarization effect in liquid crystal displays. *Opt. Express* 25: 11315.

130. Raut, H.K., Ganesh, V.A., Nair, A.S., and Ramakrishna, S. (2011). Anti-reflective coatings: a critical, in-depth review. *Energy Environ. Sci.* 4: 3779.

131. Mullen, K. and Scherf, U. (2006). *Organic Light Emitting Devices: Synthesis, Properties and Applications.* Wiley.

132. Hong, Q., Wu, T.X., Lu, R., and Wu, S.T. (2005). A wide-view circular polarizer consisting of a linear polarizer and two biaxial films. *Opt. Express* 13: 10777.

133. Ishii, Y. (2007). The world of the TFT-LCD technology. *J. Disp. Technol.* 3: 351.

134. Schadt, M. (2009). Milestone in the history of field-effect liquid crystal displays and materials. *Jpn. J. Appl. Phys.* 48, 03B001.

135. Ukai, Y. (2013). TFT-LCDs as the future leading role in FPD. *SID Symp. Dig. Tech. Pap.* 44: 28.

136. Yoon, J.K., Park, E.M., Son, J.S. et al. (2013). The study of picture quality of OLED TV with WRGB OLEDs structure. *SID Symp. Dig. Tech. Pap.* 44: 326.

137. Shirasaki, Y., Supran, G.J., Bawendi, M.G., and Bulovi´c, V. (2013). Emergence of colloidal quantum-dot light-emitting technologies. *Nat. Photonics* 7: 13.

138. Luo, Z., Xu, D., and Wu, S.-T. (2014). Emerging quantum-dots-enhanced LCDs. *J. Disp. Technol.* 10: 526.

139. Chen, H., Ha, T.H., Sung, J.H. et al. (2010). Evaluation of LCD local-dimming-backlight system. *J. Soc. Inf. Disp.* 18: 57.

140. Chen, H., Zhu, R., Li, M.C. et al. (2017). Pixel-by-pixel local dimming for high-dynamic-range liquid crystal displays. *Opt. Express* 25: 1973.

141. Chen, H., Peng, F., Gou, F. et al. (2016). Nematic LCD with motion picture response time comparable to organic LEDs. *Optica* 3: 1033.

142. Kikuchi, H., Yokota, M., Hisakado, Y. et al. (2002). Polymer-stabilized liquid crystal blue phases. *Nat. Mater.* 1: 64.

143. Huang, Y., Chen, H., Tan, G. et al. (2017). Optimized blue-phase liquid crystal for field-sequential-color displays. *Opt. Mater. Express* 7: 641.

144. Chen, H., Hu, M., Peng, F. et al. (2015). Ultra-low viscosity liquid crystal materials. *Opt. Mater. Express* 5: 655.

145. Peng, F., Huang, Y., Gou, F. et al. (2016). High performance liquid crystals for vehicle displays. *Opt. Mater. Express* 6: 717.

146. Peng, F., Gou, F., Chen, H. et al. (2016). A submillisecond-response liquid crystal for color sequential projection displays. *J. Soc. Inf. Disp.* 24: 241.

147. Srivastava, A.K., Chigrinov, V.G., and Kwok, H.S. (2015). Ferroelectric liquid crystals: excellent tool for modern displays and photonics. *J. Soc. Inf. Disp.* 23: 253.

148. Ito, H., Ogawa, M., and Sunaga, S. (2013). Evaluation of an organic light-emitting diode display for precise visual stimulation. *J. Vis.* 13: 1.

149. Kurita, T. (2001). *SID Symp. Dig. Tech. Pap.* 32: 986.

150. Sluyterman, A. (2006). What is needed in LCD panels to achieve CRT-like motion portrayal? *J. Soc. Inf. Disp.* 14: 681.

151. Emoto, M., Kusakabe, Y., and Sugawara, M. (2014). High-frame-rate motion picture quality and its independence of viewing distance. *J. Disp. Technol.* 10: 635.

152. Igarashi, Y., Yamamoto, T., Tanaka, Y. et al. (2003). Proposal of the perceptive parameter motion picture response time (MPRT). *SID Symp. Dig. Tech. Pap.* 34: 1039.

153. Vieri, C., Lee, G., Balram, N. et al. (2018). An 18 megapixel 4.3-in. 1,443-ppi 120-Hz OLED display for wide field-of-view high-acuity head-mounted displays. *J. SID* 26: 314.

154. Murawski, C., Leo, K., and Gather, M.C. (2013). Efficiency roll-off in organic light-emitting diodes. *Adv. Mater.* 25: 6801.

155. Féry, C., Racine, B., Vaufrey, D. et al. (2005). Physical mechanism responsible for the stretched exponential decay behavior of aging organic light-emitting diodes. *Appl. Phys. Lett.* 87, 213502.

156. Verzellesi, G., Saguatti, D., Meneghini, M. et al. (2013). Efficiency droop in InGaN/GaN blue light-emitting diodes: physical mechanisms and remedies. *J. Appl. Phys.* 114, 071101.

157. ITU-R Recommendation BT.709-5, "Parameter values for the HDTV standards for production and international programme exchange," (2002).

158. Masaoka, K., Nishida, Y., Sugawara, M., and Nakasu, E. (2010). Design of primaries for a wide-gamut television colorimetry. *IEEE Trans. Broadcast.* 56: 452.

159. Harbers, G. and Hoelen, C. (2001). High performance LCD backlighting using high intensity red, green and blue light emitting diodes. *SID Symp. Dig. Tech. Pap.* 32: 702.

160. Chiu, H.J. and Cheng, S.J. (2007). LED backlight driving system for large-scale LCD panels. *IEEE Trans. Ind. Electron.* 54: 2751.

161. Wu, C.Y., Wu, T.F., Tsai, J.R. et al. (2008). Multistring LED backlight driving system for LCD panels with color sequential display and area control. *IEEE Trans. Ind. Electron.* 55: 3791.

162. Schubert, E.F., Gessmann, T., and Kim, J.K. (2005). *Light Emitting Diodes.* Wiley.

163. Bulashevich, K.A., Kulik, A.V., and Karpov, S.Y. (2015). Optimal ways of colour mixing for high-quality white-light LED sources. *Phys. Status Solidi A* 212: 914.

164. Xie, R.J., Hirosaki, N., and Takeda, T. (2009). Wide color gamut backlight for liquid crystal displays using three-band phosphor-converted white light-emitting diodes. *Appl. Phys. Express* 2, 022401.

165. Oh, J.H., Kang, H., Ko, M., and Do, Y.R. (2015). Analysis of wide color gamut of green/red bilayered freestanding phosphor film-capped white LEDs for LCD backlight. *Opt. Express* 23: A791.

166. Wang, L., Wang, X., Kohsei, T. et al. (2015). Highly efficient narrow-band green and red phosphors enabling wider color-gamut LED backlight for more brilliant displays. *Opt. Express* 23: 28707.

167. Hirosaki, N., Xie, R.J., Kimoto, K. et al. (2009). Characterization and properties of green-emitting β-SiAlON:Eu^{2+} powder phosphors for white light-emitting diodes. *Appl. Phys. Lett.* 86, 211905.

168. Adachi, S. and Takahashi, T. (2008). Direct synthesis and properties of K$_2$SiF$_6$:Mn^{4+} phosphor by wet

chemical etching of Si wafer. *J. Appl. Phys.* 104, 023512.

169. Murphy, J.E., Garcia-Santamaria, F., Setlur, A.A., and Sista, S. (2015). PFS, $K_2SiF_6:Mn^{4+}$: the red-line emitting LED phosphor behind GE's TriGain TechnologyTM platform. *SID Symp. Dig. Tech. Pap.* 46: 927.

170. Jang, E., Jun, S., Jang, H. et al. (2010). White-light-emitting diodes with quantum dot color converters for display backlights. *Adv. Mater.* 22: 3076.

171. Coe-Sullivan, S., Liu, W., Allen, P., and Steckel, J.S. (2013). Quantum dots for LED downconversion in display applications. *ECS J. Solid State Sci. Technol.* 2: R3026.

172. Bourzac, K. (2013). Quantum dots go on display. *Nature* 493: 283.

173. Steckel, J.S., Ho, J., Hamilton, C. et al. (2015). Quantum dots: the ultimate down-conversion material for LCD displays. *J. Soc. Inf. Disp.* 23: 294.

174. Goldstein, L., Glas, F., Marzin, J.Y. et al. (1985). Growth by molecular beam epitaxy and characterization of InAs/GaAs strained-layer superlattices. *Appl. Phys. Lett.* 47: 1099.

175. Murray, C., Norris, D.J., and Bawendi, M.G. (1993). Synthesis and characterization of nearly monodisperse CdE (E = sulfur, selenium, tellurium) semiconductor nanocrystallites. *J. Am. Chem. Soc.* 115: 8706.

176. Bruchez, M., Moronne, M., Gin, P. et al. (1998). Semiconductor nanocrystals as fluorescent biological labels. *Science* 281: 2013.

177. Brus, L. (1986). Electronic wave-functions in semiconductor clusters - experiment and theory. *J. Phys. Chem.* 90: 2555.

178. Steckel, J.S., Colby, R., Liu, W. et al. (2013). Quantum dot manufacturing requirements for the high volume LCD market. *SID Symp. Dig. Tech. Pap.* 44: 943.

179. Ithurria, S., Bousquet, G., and Dubertret, B. (2011). Continuous transition from 3D to 1D confinement observed during the formation of CdSe nanoplatelets. *J. Am. Chem. Soc.* 133: 3070.

180. Dabbousi, B.O., Rodriguez-Viejo, J., Mikulec, F.V. et al. (1997). (CdSe) ZnS core-shell quantum dots: synthesis and characterization of a size series of highly luminescent nanocrystallites. *J. Phys. Chem. B* 101: 9463.

181. Anc, M.J., Pickett, N.L., Gresty, N.C. et al. (2013). Progress in non-Cd quantum dot development for lighting applications. *J. Solid State Sci. Technol.* 2: R3071.

182. Yang, X.Y., Zhao, D.W., Leck, K.S. et al. (2012). Full visible range covering InP/ZnS nanocrystals with high photometric performance and their application to white quantum dot light-emitting diodes. *Adv. Mater.* 24: 4180.

183. Kim, H., Han, J.Y., Kang, D.S. et al. (2011). Characteristics of CuInS2/ZnS quantum dots and its application on LED. *J. Cryst. Growth* 326: 90.

184. Hines, M.A. and Guyot-Sionnest, P. (1996). Synthesis and characterization of strongly luminescing ZnS-capped CdSe nanocrystals. *J. Phys. Chem.* 100: 468.

185. Zhu, R., Luo, Z., Chen, H. et al. (2015). Realizing Rec. 2020 color gamut with quantum dot displays. *Opt. Express* 23: 23680.

186. Pickett, N.L., Gresty, N.C., and Hines, M.A. (2016). Heavy metal-free quantum dots making inroads for consumer applications. *SID Symp. Dig. Tech. Pap.* 47: 425.

187. Yang, X., Divayana, Y., Zhao, D. et al. (2012). A bright cadmium-free, hybrid organic/quantum dot white light-emitting diode. *Appl. Phys. Lett.* 101, 233110.

188. Lim, J., Park, M., Bae, W.K. et al. (2013). Highly efficient cadmium-free quantum dot light-emitting diodes enabled by the direct formation of excitons within InP@ZnSeS quantum dots. *ACS Nano* 7: 9019.

189. Kim, Y., Greco, T., Ippen, C. et al. (2013). Indium phosphide-based colloidal quantum dot light emitting diodes on flexible substrate. *Nanosci. Nanotechnol. Lett.* 5: 1065.

190. Lee, S.H., Lee, K.H., Jo, J.H. et al. (2014). Remote-type, high-color gamut white light-emitting diode based on InP quantum dot color converters. *Opt. Mater. Express* 4: 1297.

191. Yang, S.J., Oh, J.H., Kim, S. et al. (2015). Realization of InP/ZnS quantum dots for green, amber and red down-converted LEDs and their color-tunable, four-package white LEDs. *J. Mater. Chem. C* 3: 3582.

192. Ippen, C., Greco, T., Kim, Y. et al. (2015). Color tuning of indium phosphide quantum dots for cadmium-free quantum dot light-emitting devices with high efficiency and color saturation. *J. Soc. Inf. Disp.* 23: 285.

193. Pickett, N.L., Harris, J.A., and Gresty, N.C. (2015). Heavy metal-free quantum dots for display applications. *SID Symp. Dig. Tech. Pap.* 46: 168.

194. Lee, E., Wang, C.K., Hotz, C. et al. (2016). Greener quantum-dot enabled LCDs with BT. 2020 color gamut. *SID Symp. Dig. Tech. Pap.* 47: 549.

195. Chen, H., He, J., and Wu, S.T. (2017). Recent advances in quantum-dot-enhanced liquid crystal displays. *IEEE J. Sel. Top. Quantum Electron.* 23, 1900611.

196. Zhao, Y., Riemersma, C., Pietra, F. et al. (2015). High-temperature luminescence quenching of colloidal quantum dots. *ACS Nano* 6: 9058.

197. Kurtin, J., Puetz, N., Theobald, B. et al. (2014). Quantum dots for high color gamut LCD displays using an on-chip LED solution. *SID Symp. Dig. Tech. Pap.* 45: 146.

198. Chen, W., Hao, J., Qin, J. et al. (2016). Luminescent nanocrystals and composites for high quality displays and lighting. *SID Symp. Dig. Tech. Pap.* 47: 556.

199. Twietmeyer, K. and Sadasivan, S. (2016). Design considerations for highly efficient edge-lit quantum dot displays. *J. Soc. Inf. Disp.* 24: 312.

200. Chen, J., Hardev, V., Hartlove, J. et al. (2012). A high-efficiency wide-color-gamut solid-state backlight system for LCDs using quantum dot enhancement film. *SID Symp. Dig. Tech. Pap.* 43: 895.

201. Thielen, J., Lamb, D., Lemon, A. et al. (2016). Correlation of accelerated aging to in-device lifetime of quantum dot enhancement film. *SID Symp. Dig. Tech. Pap.* 47: 336.

202. Seetzen, H., Heidrich, W., Stuerzlinger, W. et al. (2004). High dynamic range display systems. *ACM Trans. Graphics* 23: 760.

203. Oh, C.H., Shin, H.J., Nam, W.J. et al. (2013). Technological progress and commercialization of OLED TV. *SID Symp. Dig. Tech. Pap.* 44: 239.

204. Lin, F.C., Huang, Y.P., Liao, L.Y. et al. (2008). Dynamic backlight gamma on high dynamic range LCD TVs. *J. Disp. Technol.* 4: 139.

205. Seetzen, H., Whitehead, L.A., and Ward, G. (2003). A high dynamic range display using low and high resolution modulators. *SID Symp. Dig. Tech. Pap.* 34: 1450.

206. Shu, X., Wu, W., and Forchhammer, S. (2013). Optimal local dimming for LC image formation with controllable backlighting. *IEEE Trans. Image Process.* 22: 166.

207. Hoffman, D.M., Stepien, N.N., and Xiong, W. (2016). The importance of native panel contrast and local dimming density on perceived image quality of high dynamic range displays. *J. Soc. Inf. Disp.* 24: 216.

208. Kwon, J.U., Bang, S., Kang, D., and Yoo, J.J. (2016). The required attribute of displays for high dynamic range. *SID Symp. Dig. Tech. Pap.* 47: 884.

209. Zhu, R., Chen, H., and Wu, S.T. (2017). Achieving 12-bit perceptual quantizer curve with liquid crystal display. *Opt. Express* 25: 10939.

210. Kim, S., An, J.-Y., Hong, J.-J. et al. (2009). How to reduce light leakage and clipping in local-dimming liquid-crystal displays. *J. Opt. Soc. Am. A* 17: 1051.

211. Shirai, T., Shimizukawa, S., Shiga, T. et al. (2006). RGB-LED backlights for LCD-TVs with 0D, 1D, and 2D adaptive dimming. *SID Intl. Symp. Dig. Tech. Pap.* 37: 1520.

212. Hulze, H.G. and de Greef, P. (2009). Power savings by local dimming on a LCD panel with side lit backlight. *SID Intl. Symp. Dig. Tech. Pap.* 40: 749.

213. Tan, G., Huang, Y., Chen, M.C. et al. (2018). High dynamic range liquid crystal displays with a mini-LED backlight. *Opt. Express* 26: 16572.

214. Zheng, B., Deng, Z., Zheng, J. et al. (2019). An advanced high-dynamic-range LCD for smartphones. *SID Intl. Symp. Dig. Tech. Pap.* 50: 562.

215. Wu, Y.-E., Lee, M.H., Lin, Y.-C. et al. (2019). Active matrix mini-LED backlights for 1000PPI VR LCD. *SID Intl. Symp. Dig. Tech. Pap.* 50: 566.

216. Masuda, T., Watanabe, H., Kyoukane, Y. et al. (2019). Mini-LED backlight for HDR compatible mobile displays. *SID Intl. Symp. Dig. Tech. Pap.* 50: 390.

217. Pang, H., Michalski, L., Weaver, M.S. et al. (2014). Thermal behavior and indirect life test of large-area OLED lighting panels. *J. Solid State Light.* 1: 7.

218. Chen, H., Lee, J.H., Lin, B.Y. et al. (2018). Liquid crystal display and organic light-emitting diode display: present status and future perspectives. *Light Sci. Appl.* 7: 17168.

219. Watanabe, K., Iwaki, Y., Uchida, Y. et al. (2016). A foldable OLED display with an in-cell touch sensor having embedded metal-mesh electrodes. *J. Soc. Inf. Disp.* 24: 12.

220. Goto, S., Miyatake, M., and Saiki, Y. (2016). A novel ultra-thin polarizer to achieve thinner and more-flexible displays. *SID Symp. Dig. Tech. Pap.* 47: 510.

221. Chiu, P.-H., Li, W.-Y., Chen, Z.-H. et al. (2016). Roll TFT-LCD with 20R curvature using optically compensated colorless-polyimide substrate. *SID Symp. Dig. Tech. Pap.* 47: 15.

222. Harding, M.J., Horne, I.P., and Yaglioglu, B. (2017). Flexible LCDs enabled by OTFT. *SID Symp. Dig. Tech. Pap.* 48: 793.

223. Okuyama, K., Nakahara, T., Numata, Y. et al. (2017). Highly transparent LCD using new scattering-type liquid crystal with field sequential color edge light. *SID Symp. Dig. Tech. Pap.* 48: 1166.

발광 다이오드

Chapter 5

발광 다이오드

5.1 서 론

발광 다이오드(light-emitting diodes, LED)는 전하 캐리어인 전자와 정공을 단결정 반도체에 주입하여 캐리어들의 발광성 재결합에 의해 광자를 발생시키는 방식으로 동작한다. LED의 발광 파장은 선택된 반도체 재료들과 소자와 활성층의 구조에 의존하며, 가시광 영역 전체를 수용하도록 소자들을 만들 수 있다. 최초의 전계 발광(electroluminescence, EL)은 20세기 초 SiC 반도체에서 관측되었지만,[1] 그 후로 약 60여 년이 지난 이후에야 가시광 LED의 상용화가 시작되었다. 1960년대에는 GaAs 기판 위에 성장시킨 GaAsP 활성층을 이용하여 적색을 발광하는 가시광 LED를 구현하였다.[2] 이 물질계의 주된 문제점 중의 하나는 GaAs(격자상수=5.65 Å)와 GaAsP(격자상수=5.45 Å) 사이의 격자 부정합에서 기인하는 것으로 이는 미스핏 전위(misfit dislocation)를 유발하고, 그 결과로 비발광성 재결합률이 증가한다. GaAsP LED의 발광 중심 파장은 인의 비율을 증가시킴에 따라 청색 편이(blue-shifted)한다. 그러나 인의 조성비가 50%까지 증가하면 밴드갭 구조가 직접 천이에서 간접 천이로 변하게 되어 발광 효율의 감소를 유발한다. 1970년대에는 GaP나 GaAsP와 같은 간접 천이형 밴드갭을 갖는 물질에 N이나 Zn : O과 같은 등전자 불순물(isoelectronic impurities)들을 집어넣어 금지대역 내에 깊은 준위를 만들어 주황색과 노란색 및 심지어는 녹색에 이르기까지의 단파장 LED들을 만드는 데 성공하였다.[3] GaAs 기판 위에 AlGaAs 물질들을 적용하는 물질계(1980)에서는

AlAs(격자상수=5.66Å)와 GaAs(격자상수=5.65Å)의 격자상수가 거의 일치하므로 이종접합의 격자 부정합이 적다는 장점을 갖는다.[4] 따라서 고품질의 단결정 에피택셜 박막을 얻을 수 있으므로, 비발광성 재결합률을 줄일 수 있다. 또한 격자정합 조건하에서는 전하 캐리어들의 전기적인 속박을 강화하거나 발광 파장을 조절하기 위하여 이중 이종접합이나 양자우물 등과 같은 층 구조들을 손쉽게 조절할 수 있다. 알루미늄의 조성을 증가시키면 발광 스펙트럼은 단파장 쪽으로 청색편이한다. 그러나 Al의 조성이 45%인 621 nm에서 직접 천이형에서 간접 천이형으로 변하므로 AlGaAs/GaAs LED는 적색 영역까지만 발광이 가능하다. 따라서 1990년대에 AlGaInP 사원화합물 합금 물질을 도입하였다. 이 물질은 (i) Al/Ga 비율을 조절하여 GaAs에 격자정합이 되게 할 수 있고, (ii) GaAsP나 AlGaAs계보다 직접-간접 천이 파장을 더 짧게(555 nm 황녹색) 할 수 있으므로, 현재는 가시광 LED의 '긴 파장' 영역(적색, 주황색 및 노란색)의 주류로 자리를 확고히 하고 있다.[5]

GaN, InGaN 및 AlGaN(III-nitrides)는 자외선(UV) 및 청색에서 녹색까지의 가시광 스펙트럼상의 단파장 영역을 담당하는 또 다른 물질계이다. 이 물질계의 세 가지 주된 문제점에는 격자정합된 기판의 부재, p형 도핑에서의 어려움 및 인듐 첨가의 어려움이 있다. 저온에서 AlN이나 GaN와 같은 버퍼층을 미리 성장하는 방식으로 사파이어(Al₂O₃)와 같은 격자 부정합된 기판 위에 에피택셜 질화물 박막을 성장하는 것이 가능해진다.[6] 질화물에서 p형 도펀트로 작용해야 하는 억셉터들은 에피택셜 박막 성장 중에 도입되는 수소 원자들에 의해 쉽게 패시베이션(passivation)된다. 따라서 억셉터들을 활성화시켜 '효율적인' p형 질화물을 얻기 위해서는 질소 분위기에서의 고온 열처리가 필요하다.[7] GaN는 자외선을 발광하므로, 청색 발광을 위해서는 고품질의 InGaN가 필요하다. 하지만 GaN의 성장 온도(약 1000°C)에서 인듐의 증기압이 높기 때문에, 필요한 양 만큼 인듐을 첨가하는 것이 어렵다. 이는 에피택셜 성장에 사용되는 장치의 새로운 설계를 통하여 해결하였다.[8] 이사무 아카사키(Isamu Akasaki) 교수, 히로시 아마노(Hiroshi Amano) 교수 및 슈지 나카무라(Shuji Nakamura) 교수가 청색 GaN-LED를 발명하는 데 기여한 공로를 인정받아, 2014년 노벨 물리학상을 공동 수상하였다. 백색광을 만들기 위해서는 2색 또는 3색 합성이 필요하다. 이를 위한 통상의 방식들은 다음과 같다. (i) 서로 다른 색의 LED들을 이용한 전 반도체(all-semiconductor) 방식과 (ii) 자외선이나 청색과 같은 단파장 LED들에 의해 광 펌핑된 파장 변환 물질들(예를 들어, 형광체들)을 이용하는 방식이 있다. 그림 5.1은 시간에 따른 LED 성능의 발전 동향을 보여준다. LED의 에너지 변환 효율은 지난 수십 년 동안 엄청난 진보를 이루어서, 이미 백열등이나 형광등의 효율보다 더 높아졌다.[9]

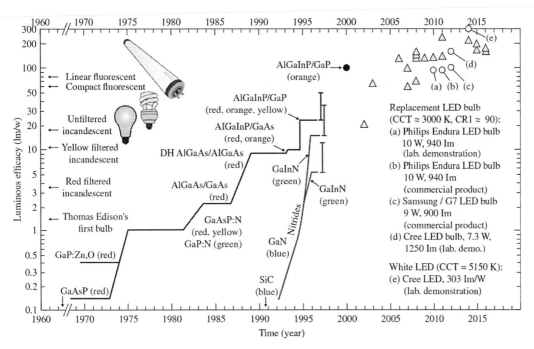

그림 5.1 장파장(GaAsP, AlGaAs 및 AlGaInP), 단파장(질화물) 물질 및 백색 조명 시스템을 위한 LED의 전력 효율의 연대기별 발전

LED의 성능을 향상시키기 위해서는 다음의 요건들을 갖추어야 한다.[10] (i) 캐리어들이 오믹 손실과 주입 장벽이 거의 없이 활성층으로 주입되고 이동하여 재결합이 이루어져야 하고, (ii) 발광성 재결합률이 비발광성 재결합률보다 훨씬 더 커야 하고, (iii) 생성된 빛이 소자의 밖으로 효율적으로 추출되어야 한다. 반도체의 높은 저항은 더 높은 구동 전압과 더 낮은 효율을 야기시킨다. 효율적인 캐리어의 주입을 위해서는 쇼트키 장벽(Schottky barrier)보다는 오믹 접촉이 필요하다. 따라서 대부분의 LED의 응용에서는 더 낮은 저항을 갖는 p-n 다이오드 구조를 선호한다. LED의 발광성 재결합 과정은 랑주뱅(Langevin) 방식이므로 재결합률의 분포는 공간적인 영역에서의 전자와 정공의 농도의 곱에 비례한다. 따라서 이종접합, 전자 차단층(electron blocking layer, EBL), 양자우물, 양자선(quantum wire) 및 양자점(quantum dot) 구조 등을 이용하여 활성층 내에 캐리어들을 가두는 것이 필수적이다.

일단 전자-정공쌍이 재결합하면, 그 에너지는 광자의 발생에 의해 발광성으로 전환되거나 열의 발생에 의해 비발광성으로 전환된다. 통상 반도체 내의 결함들은 비발광성 중심으로 작용하여 발광성 재결합률을 감소시키기 때문에 LED의 응용을 위해서는 단결정 반도체 물질이 필수적이다. 활성층을 구성하는 반도체 물질의 밴드갭 에너지는 LED의 발광 파장을 결정한다. 활성층 구조의 설계 또한 발광 스펙트럼에 중요한 역할을 한다. 양자우물, 양자선 및 양자점 구조는 원래의 밴드갭 에너지보다 양자화된 상태의 에너지만큼 발광 파장을 변화시킬 수 있어서, 발광 파장의 조절에 어느 정도의 유연성을 제공한다. 추가적으로, 양자우물, 양자선 및 양자점 구조와 같은 저차원 양자 구조들의 상태 밀도는 벌크(bulk) 물질의 상태 밀도와 상이하기 때문에, 스펙트럼의 반치선폭(full-widths at half-maximum, FWHM)과 발광 파장의 온도 의존성이 변동함을 의미한다.

일단 LED의 활성층에서 광자가 발생하면, 다음 단계는 반도체 물질에서 효율적으로 광자를 추출하는 일이다. 광자의 방출은 자발방출의 특성 때문에 등방적이므로, 반도체 물질 내부를 돌아다니다가 (결함 준위에 의해) 흡수되거나, 밴드 간 재흡수(band-to-band reabsorption) 및 자유 캐리어에 의한 재흡수(free carrier reabsorption)가 일어나거나 (결함 또는 계면에서의) 산란 등을 겪을 수 있다. 만일 LED의 기판이 활성층의 밴드갭 에너지보다 작은 경우에 기판에서의 흡수(이론적으로 50%)를 고려해야 한다. 예를 들어, 활성층은 가시광선을 방출하고 기판으로 사용하는 GaAs 물질은 상온에서 $E_g = 1.424$ eV로 밴드갭 파장이 870 nm의 근적외선 영역에 해당하는 경우이다. 반도체에서 에폭시(epoxy)층(통상 LED의 패키징에서 사용됨)으로 광자가 방출될 때, 굴절률의 차이(예를 들어 $n = 3.5$인 반도체와 $n = 1.5$인 에폭시)에 의해 전반사가 발생할 수 있다. 이 경우 스넬의 법칙(Snell's law)을 이용한 간단한 계산을 통해 반도체에서 약 25°의 임계 각도보다 큰 입사각으로 입사하는 빛은 에폭시로 들어가지 못함을 알 수 있다. 이 광자들은 계면에서 반사되어 LED 내의 결함이나 기판 등에 흡수되거나 반도체 내부에서 도파 모드(wave-guiding mode)로 전파된다. 이러한 문제점들을 해결하기 위하여 다음과 같은 많은 LED 구조들이 제안되었다. (i) 도파 효과를 깨뜨려서 빛을 바깥으로 내보내기 위해 표면 텍스쳐링(surface texturing) 또는 반사기(reflector)를 사용한다. (ii) GaP와 같은 투과 기판(transparent substrate)을 사용하여 기판에서의 흡수를 최소화한다. 그리고 (iii) 반사형 금속 전극 대신에 ITO와 같은 투명 전극을 사용한다.

에피택시 공정을 통하여 단결정 기판 위에 수 μm의 p-n 접합 구조와 활성층을 포함하는 단결정 반도체층들이 성장된다.[11] 액상 에피택시(liquid phase epitaxy, LPE)와 기상 에피택시(vapor phase epitaxy, VPE)가 주로 사용되는 방식이다. VPE 장치의 일종으로 유기금속 물질들을 재료로 사용하는 유기금속 화학 증착법(metal-organic chemical vapor deposition, MOCVD)은 에피택셜 성장 방식들 중에서 가장 널리 사용되는 방식 중의 하나이다. 에피택시 공정에 의해 도핑 농도, 도핑 분포, 결함 밀도 및 화합물의 합금 조성 등과 같은 수많은 중요한 물질 특성들이 결정된다. 높은 에너지 효율을 갖는 LED를 위한 다른 요소들에는 적절한 소자 설계와 제작 기술들이 있다. 전극과 반도체 물질 사이의 접촉 저항을 가능한 한 최소화하기 위하여 열처리(thermal annealing) 공정이 필수적이다. 또한 균일한 전류 밀도와 높은 광추출 효율을 달성하기 위해서는 최적의 전극 설계가 이루어져야 한다. 전류의 흐름을 구속하고 광추출 효율을 증가시키기 위해서는 식각(etching) 공정이 꼭 필요하다. 그러나 식각 면은 주기적인 격자 구조에 손상을 주고 비발광성 재결합을 증가시킨다. 이를 개선하기 위하여, 적절한 열처리를 통해 댕글링 본드들을 효과적으로 패시베이션할 수 있다. LED 소자가 제작된 후에는 실제의 응용을 위해 다음과 같은 적절한 패키징이 필수적이다. (i) LED칩을 기계적인 충격이나 외부 환경에서 보호한다. (ii) 광추출 효율을 향상시킨다. 그리고 (iii) 고출력 소자로서의 응용을 위하여 방열을 위한 열의 통로를 제공한다.

LED는 디스플레이 산업에서 많은 응용 분야를 갖는다. 교통신호등으로의 응용에서는 통상의 필터를 사용한 백열등과 비교하여 LED가 더 높은 에너지 효율과 더 낮은 소비전력을 가진다. 게다가 LED는 더 긴 수명을 갖기 때문에 유지보수 비용을 줄일 수 있는 또 다른 장점이 있다. 전자 사이니지(electronic signage)와 수백 인치가 넘는 초대형 디스플레이는 LED 디스플레이에서의 또 다른 특수 시장이다. 냉음극형 형광등(cold cathode fluorescent lamp, CCFL)은 LCD를 위한 통상의 백라이트 램프이다. 이 램프들은 수은을 포함하고 있으므로 환경에 유해하다. 또한 CCFL 스펙트럼의 피크들은 이상적인 3원색의 위치와 차이가 있어서 LCD의 색영역을 제한한다. 만약 3원색 파장에 대해 좁은 투과 특성을 갖도록 컬러 필터를 재설계하면 램프의 연속적인 스펙트럼 특성에 의해 전력 효율이 나빠진다. LED는 친환경적인 특성, 넓은 색영역, 장수명 및 빠른 응답 특성 등으로 인해 CCFL을 대체하는 LCD의 백라이트 광원으로 각광을 받고 있다. LED는 높은 전력 효율과 긴 수명으로 인해 LCD의 백라이트 유닛뿐만 아니라 일반 조명으로도 사용되고 있다. 또한 LED는 전 고체(all-solid-state)의 성질 때문에 기존의 조명보다 튼튼하다. 동작 전압은 통상 5 V 미만으로 다른 조명 기술들에 비해 훨씬 낮기 때문에 더 쉽고 안전하게 구동할 수 있다. LED칩의 크기를 부화소 크기로 줄이면, 수백만 개의 소형 LED들로 구성된 완벽한 디스플레이를 만들 수 있으며, 이를 '마이크로 디스플레이(micro-LED)'라 부른다. 이 장치가 갖는 고효율, 고휘도 및 고속 응답 특성으로 인하여, 소형 패널(프로젝터 및 시계와 같은)에서 대형 디스플레이(예를 들어, TV)에 이르기까지 다양한 요구 조건들을 충족시킬 수 있다. 마이크로 LED를 반도체 기판에서 다른 기판으로 이동시키면, 플렉서블(flexible), 웨어러블(wearable) 및 스트레처블(stretchable) 디스플레이까지도 구현이 가능하다.

이 장에서는 우선 가시광 LED를 위한 물질계를 기술한다. 다음으로 LED의 전기적인 특성과 광학적인 발광 특성을 소개하고, 소자의 제작에 대하여 다루기로 한다. 마지막으로 디스플레이 분야에서의 LED의 응용에 관해 논의하기로 한다.

5.2 물질계

LED에 사용되는 물질계는 발광 파장과 발광성 재결합 효율을 결정한다. 원하는 파장에서 광자를 방출하기 위해서는 특정한 밴드갭을 갖는 에피택셜층의 활성층(이원, 삼원 또는 사원 화합물 반도체)을 선택하여야 한다. 이 경우에는 직접 밴드갭이 선호된다. 다음으로, 비발광성 재결합률을 줄이기 위해 에피택셜층에 격자 정합된 적합한 기판이 필요하다.

게르마늄(germanium), 실리콘(silicon) 및 탄소(carbon 또는 다이아몬드)와 같은 IV족 단원소 반도체들은 간접 밴드갭 구조이므로, LED에의 응용에는 적합하지 않다. 그림 5.2는 III-V 화합물 반도체의 격자상수 대 밴드갭 및 발광 파장의 곡선을 나타낸다. 그림에서 점들은 이원 화합물들을 나타내고 점들을 연결하는 곡선들은 삼원 화합물들을 나타낸다. 한 가지의 원소만 다른 두 가지의 삼원 화합물들(예를 들어, GaInP와 AlInP)을 합금하면 사원 화합물(예를 들어, AlGaInP)이 생성된다. 그림 5.2를 통하여 다음과 같은 일반적인 경향들을(절대적이지는 않지만) 알 수 있다. 일반적으로, 격자상수가 증가하면 밴드갭 에너지가 감소하고, 발광 파장이 증가하는 경향이 있다. 원자번호가 작아질수록 밴드갭을 결정하는 결합 에너지(binding energy)가 더 커지므로, 더 작은 원자들로 구성된 화합물 반도체는 더 큰 밴드갭 에너지를 나타낸다. 예를 들어, GaAs의 밴드갭은 GaP의 밴드갭보다 작고, GaP의 밴드갭은 GaN의 밴드갭보다 작

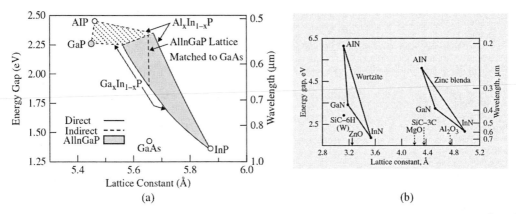

그림 5.2 III-V 화합물 반도체의 격자상수 대 밴드갭 및 발광 파장의 곡선. (a) AlInGa-P 및 (b) AlInGa-N 물질계[12, 13]

다. 왜냐하면 V족 원소들의 크기가 As>P>N의 순서이기 때문이다. 이러한 경향은 III족 원소들을 변경하는 경우에도 일반적으로 성립한다. 예를 들어, InN의 밴드갭은 GaN의 밴드갭보다 작고, GaN의 밴드갭은 AlN의 밴드갭보다 작다. 왜냐하면 III족 원소들의 크기가 Al<Ga<In의 순서이기 때문이다. 비소(Arsenic-) 및 인(phosphorus-) 기반의 화합물 반도체들(예를 들어, GaP, GaAsP, AlGaAs, GaAs, InGaAsP)은 적색, 주황색, 황색 및 녹색 영역에서 동작할 수 있다. 발광 파장을 더 단파장 쪽으로 이동시키기 위해서는 V족 원소의 크기가 더 작은 질소(N)를 사용하여야 한다.

기판과 에피택셜층 사이의 격자상수 차이는 가능한 한 최소로 유지되어야 한다. '격자부정합(lattice mismatch)'은 기판의 격자상수를 기준으로 한 격자상수의 차이 $\Delta a/a_0$로 정의되며, 고품위의 에피택셜층을 얻기 위해서는 통상 0.1%나 그 이하의 작은 값으로 유지되어야 한다. 에피택셜층과 기판 사이의 격자상수가 정합되지 않으면, 기판보다 에피택셜층이 훨씬 더 얇으므로 잔류 응력이 에피택셜층의 변형을 가져온다. 만약 누적된 응력이 너무 커지면 전위가 발생하여 비발광성 재결합률을 증가시킨다. 그러므로 물질계를 선택하는 데 있어 격자정합 조건은 신중하게 접근하여야 한다. 상용 기판으로 사용되는 통상의 물질들에는 GaAs, InP 및 GaP가 있다. 그림 5.2에서 보듯이, GaP와 InP는 각각 상대적으로 매우 큰 밴드갭과 작은 밴드갭의 극단을 보여준다. 이 두 가지 조건에서는 기판들에 격자정합이 되는 비소(As)와 인(P) 기반의 적절한 삼원 및 사원 화합물들이 존재하지 않는다. GaAs는 AlGaAs와 (InGa)$_{0.5}$As$_{0.5}$P에 격자정합되기 때문에 적절한 기판이 된다. 그러나 GaAs의 밴드갭은 1.424 eV이므로 적외선

영역의 870 nm 파장에 해당되어, 가시광 LED에서는 가시광선을 흡수하게 되어 효율을 감소
시킨다는 사실을 주목하여야 한다. 한편, 질화물 기반의 물질에서는 기판으로 적절한 III-V
반도체 물질이 없기 때문에 1990년대까지 단파장 LED의 개발이 지연되었다. 그러나 격자부
정합 상태인 사파이어(Al₂O₃) 기판 위에 우르자이트(wurzite) 구조를 갖는 저온 GaN의 예비
성장을 통하여 고효율의 녹색 및 청색 LED를 제작할 수 있다. 이는 다음 절에서 논의하기로
한다.

   3장에서 논의한 바와 같이, 반도체는 직접 및 간접 밴드갭 물질로 나뉜다. 이는 그림 5.2에
각각 실선과 점선으로 표시되어 있다. 그림 5.3은 직접 및 간접 밴드갭 반도체 물질들의 밴드
구조들을 개략적으로 보여준다. 직접 밴드갭은 운동량 공간에서 전도대의 최솟값과 가전자
대의 최댓값이 일치하는 구조를 의미한다. 광자의 운동량은 전자나 정공의 운동량에 비해 무

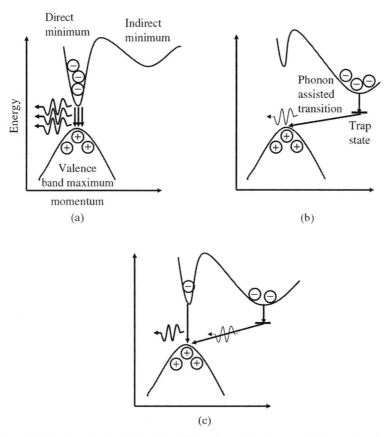

그림 5.3 (a) 직접 밴드갭 (b) 간접 밴드갭 및 (c) 직접–간접 밴드갭 근처의 반도체들에 대한 에너지 대 운동량 다이어그램

시할 만큼 작기 때문에, 그림 5.3(a)의 밴드 다이어그램에서 보이는 바와 같이, 광 천이는 통상 수직으로 일어난다. 그림 5.3(b)와 같이 간접 밴드갭 조건에서는 전자는 전도대의 가장 낮은 에너지 우물에 축적되지만 가전자대의 최댓값의 위치와 일치하지 않는다. 따라서 운동량이 보존되지 않아 광자를 방출할 수 없다. 빛의 방출 과정에, 에너지는 작지만 운동량이 큰 '포논(phonon)'이 참여해야 한다. 일반적으로, 직접 밴드갭 물질들은 간접 밴드갭 물질들보다 발광성 재결합률이 훨씬 더 높다. AlGaAs와 $(InGa)_{0.5}Al_{0.5}P$에서 Al의 조성을 증가시키는 방식으로 As 및 P기반의 물질들의 밴드갭을 증가시키면, 직접-간접 밴드갭 전이가 일어나 효율이 감소하고 더 짧은 파장에서의 EL 발광을 제한한다. 직접 밴드갭과 간접 밴드갭 사이의 전이가 효율을 급격하게 변화시키지는 않는다. 전자는 볼츠만 분포에 의해 결정되는 가장 낮은 에너지 상태에 위치하는 경향이 있기 때문에 일부 전자들은 직접 밴드갭과 간접 밴드갭 사이의 에너지 값이 충분히 비슷한 경우에 간접 밸리의 상태를 점유할 수 있으나(그림 5.3(c) 참조) 그럼에도 불구하고, 이 반도체는 여전히 '직접' 밴드갭 물질이다.

따라서 그림 5.2(a)에서 보듯이 $(InGa)_{0.5}Al_{0.5}P$계는 GaAs에 격자정합되며 적색에서 황색까지의 영역에서 직접 밴드갭 계를 유지하므로 가시광 LED의 장파장 영역에 적합하다. GaAs 흡수 기판이 에피택셜 성장 후에 제거되고 GaP 투명 기판으로 대체되면, 외부 양자 효율(EQE)을 더 개선할 수 있다. 한편, 단파장에서 장파장 영역으로 움직이기 위하여 InGaN에서 In의 조성을 증가시키면 청색과 녹색 영역에서 높은 효율을 얻을 수 있다. 따라서 청색-녹색 III-N와 황색-적색 III-P LED들이 전체 가시광선 스펙트럼을 감당할 수 있다.

III-N와 III-P 물질들은 보통 서로 다른 기판상에(예를 들어, 각각 사파이어 기판과 GaAs 기판) 성장되기 때문에 단일 LED칩에서 넓은 스펙트럼 대역의 백색광의 발광을 얻기가 어렵다. 백색광의 발광을 얻는 몇 가지 방법들이 있다. (i) 여러 개의 발광 파장이 다른 LED들을 모듈 내에서 조립하는 방식과 (ii) 청색 LED와 형광체를 사용하여 형광체가 LED의 청색을 흡수하여 노란색을 발광하는 방식이 그 방법이다.[14, 15] 여러 개의 LED들을 사용하면, 각 소자들의 전기적 광학적 특성들(효율, 구동 전압 및 발광 파장 등)을 독립적으로 최적화할 수 있다. 그러나 단일 칩을 사용하는 것보다 가격이 비싸고 크기가 커진다. 또한 서로 다른 LED 간에는 수명 특성이 다르기 때문에, 장시간 동작 후에 색 이동 문제가 발생할 수 있다. 형광체 기반의 백색 LED는 형광체의 발광 파장이 흡수 파장보다 길기 때문에 멀티칩 LED 방식을 사용하는 것보다 이론적으로 효율이 더 낮다. 이 방식의 장점은 저렴한 가격, 작은 크기 및 적절한 CIE 색 좌표를 들 수 있다. 2장에서 논의된 바와 같이 '백색'은 특정한 CIE 색 좌표가 색도도의 거의 중앙에 위치하여야 함을 의미한다. 그러나 반사형 디스플레이의 광원으로서 LED의 색은 백색이 되어야 할 뿐만 아니라 흑체 복사체의 조명 아래에서 색을 재생산하기 위해서는 높은 CRI 값을 가져야 한다.

5.2.1 적색 및 황색 LED를 위한 AlGaAs와 AlGaInP 물질계

그림 5.2에서 보듯이 GaAs는 AlAs와 거의 격자정합이 되므로, 삼원 AlGaAs 화합물은 통상의 GaAs 기판 위에 매우 낮은 결함 밀도로 에피택셜 성장이 가능함을 의미한다. 이는 또한 더 높은 효율과 원하는 발광 파장을 가지고 이종접합 및 양자우물 구조(5.3.4 및 5.3.5절 참조)와 같은 에피택셜층 구조를 설계하는 데 큰 유연성을 제공한다.[16] $Al_xGa_{1-x}As$의 밴드갭 에너지는 다음과 같이 주어진다.[11]

$$E_g(eV) = 1.424 + 1.247x; \ x < 0.45 \ (직접 밴드갭) \tag{5.1}$$

$$E_g(eV) = 1.9 + 0.125x + 0.143x^2; \ 0.45 < x < 1 \ (간접 밴드갭) \tag{5.2}$$

위의 식에서 직접 및 간접 밴드갭의 교차점이 1.985 eV이며, 이는 624 nm의 적색 발광에 해당함을 알 수 있다. 이것이 AlGaAs/GaAs계의 내부 양자 효율이 99%에 육박함에도 불구하고 AlGaAs가 적색에서 적외선 발광에만 제한되는 이유이다. 더 짧은 발광 파장을 얻기 위해서는 III-As 물질 대신에 III-P 물질계가 사용된다. 일반적인 GaAs 기판의 격자상수에 부합하도록 삼원 화합물이 아닌 $(Al_xGa_{1-x})_{0.5}In_{0.5}P$ 사원 화합물이 필요하다. 그림 5.2에서 보듯이 x의 값을 변화시킴에 따라 에너지 밴드갭은 적색에서 황색으로 효율적으로 조절할 수 있다. GaAs 기판과 $(Al_xGa_{1-x})_yIn_{1-y}P$의 격자정합 조건의 더 정확한 표현은 다음과 같다.

$$y = 0.616/(1 - 0.027x) \tag{5.3}$$

y의 값은 0.516에서 0.525 사이에서 변하며, 대략 0.5의 값이 보통 사용된다. AlGaInP의 밴드갭은 다음과 같이 표현된다.[17]

$$E_g \text{ (eV)} = 1.900 + 0.61x; \ x < 0.58 \text{(직접 밴드갭)} \tag{5.4}$$

$$E_g \text{ (eV)} = 2.204 + 0.085x; \ 0.58 < x < 1 \text{(간접 밴드갭)} \tag{5.5}$$

그림 5.2에서 보듯이, 큰 밴드갭을 갖는 GaP, AlP 및 그 합금 물질들은 간접 반도체들이다. 따라서 x가 0.65까지 증가하면 직접 밴드갭에서 간접 밴드갭으로의 교차점에 도달하는데, 이는 2.3 eV 또는 540 nm(녹색 발광)이다. 그러나 파장이 590 nm보다 짧아지면 전자들이 간접 밸리에 모이게 되므로 효율의 감소가 관찰된다. 따라서 AlGaInP 물질계는 적색에서 황색 범위에서만 효율적인 발광을 제공한다. AlGaAs와 AlGaInP계의 굴절률은 조성과 파장에 따라 약 3.2~3.6의 범위를 갖는다. 보통 밴드갭 에너지가 더 작으면 굴절률이 더 크며, 이는 크라머스-크로니히(Kramers-Kronig) 관계식으로부터 유도될 수 있다.[18]

5.2.2 녹색, 청색 및 자외선 LED를 위한 GaN 기반 시스템

통상 반도체 단결정 기판은 주괴(ingot)로부터 얇게 절단되며, 주괴는 원재료를 녹이고 재결정화하는 공정을 통해 만들어진다. III-V족 화합물에서 V족 물질들은 III족 물질들보다 동일한 온도에서도 더 높은 증기압을 보이기 때문에 IV족 실리콘 주괴의 제작과 비교하여 III-V족 화합물 반도체 주괴의 제작은 훨씬 더 어렵다. 또한 상온 및 1기압에서 여전히 고체 상태로 존재하는 비소 및 인과 비교하여 질소는 기체 상태이므로 증기압이 매우 높아(예를 들어, 단결정 GaN 벌크를 형성하는 경우, 약 16,000 atm 및 약 1500℃), 질화물 기반의 기판을 만드는 것은 매우 어렵다.[19]

III-nitride 물질에 격자정합되는 통상의 화합물 반도체 기판의 부재로, GaN와의 격자부정합이 16%나 됨에도 불구하고 부도체인 사파이어(Al_2O_3) 기판이 보편적으로 사용된다. 사파이어 기판 위에 질화물을 직접 성장하면 그림 5.4에서 보는 바와 같이, 평면(2차원, 2-D) 성장보다는 높은 결함 밀도를 갖는 아일랜드(3차원, 3-D) 성장이 일어난다. 저온에서 성장된 AlN 또는 GaN 버퍼층을 도입함으로써 고품위의 질화물 에피택셜층을 얻을 수 있다. 왜냐하면 버퍼층은 (i) 동일한 결정 방향에서의 에피택셜 성장을 위한 시작점이 되므로 전위 결함 밀도를 줄여주고, (ii) 기판과 에피택셜층 사이의 계면 자유에너지를 감소시켜 2-D 성장이 더 잘 일어나게 해준다.[6] 그러나 여전히 III-P계보다 전위 밀도가 훨씬 더 높다.

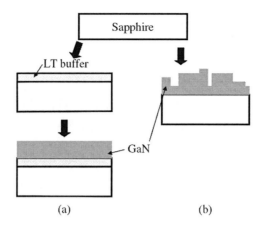

그림 5.4 저온(LT) 버퍼층을 (a) 적용 및 (b) 적용하지 않은 III-nitride의 성장

In$_x$Ga$_{1-x}$N 삼원 합금의 밴드갭은 대략적으로 다음과 같이 주어진다.

$$E_g \,(\text{eV}) = x\,E_{g,\text{InN}} + (1 - x)\,E_{g,\text{GaN}} - (1 - x)xb \tag{5.6}$$

여기서 $E_{g,\text{InN}}$와 $E_{g,\text{GaN}}$는 각각 InN와 GaN의 밴드갭이다. 기준 밴드갭 값들은 응력에 의존하며 InN와 GaN에 대하여 각각 1.95 eV와 3.40 eV이다. 파라미터 b는 보잉 지수(bowing factor)라 부르며, 통상 1.00 eV의 값을 갖는다.[20] III-nitride 반도체는 조성 전 범위에 대하여 직접 밴드갭을 나타낸다. x값을 0.15에서 0.45로 증가시키면 자외선 LED에서 녹색 LED까지의 제작이 가능하다. 질화물 LED에서 인듐 원자들은 에피택셜층 내에서 클러스터를 형성하는 경향이 있어, 불가피하게 공간적으로 약간의 조성의 변동을 겪는다.[21] 그 결과로, 광 발광 또는 전계 발광에서 스펙트럼 확장이 관찰되는데, 이를 '합금 확장(alloy broadening)'이라 부른다. 반면에 이 인듐 클러스터들은 캐리어들이 확산에 의해 비발광성 재결합 센터들에 포획되지 않도록 효과적으로 캐리어들을 속박한다. 따라서 InGaN의 전위 밀도는 III-P계가 $10^3 \, \text{cm}^{-2}$ 이하인 것에 비하여 $10^9 \, \text{cm}^{-2}$ 정도로 매우 높음에도 불구하고, 나쁘지 않은 효율을 얻을 수 있다.[22] 인듐의 조성이 증가하면, 금속 인듐 클러스터들이 장파장(녹색, 노란색 및 적색)의 질화물 LED의 내부 양자 효율을 떨어뜨린다. GaN 기반 LED에서 발생하는 전기 분극 효과는 자발 분극(spontaneous polarization)과 응력-유도 압전 분극(strain-induced piezoelectric polarization)으로 분류할 수 있으며, 전기적 및 광학적 특성에 영향을 끼친다. GaN의 결정 구조는 그림

5.2(b)에서 보듯이, 우르자이트 또는 섬아연광(zinc blende) 구조이다. 그림 5.5(a)에서 보듯이 통상, 고효율 LED는 우르자이트 구조를 사용한다.[23] 이 구조에서는 Ga과 N 사이의 결합에서의 극성 때문에 수평 전기 분극이 유도되는데, 이를 자발 분극이라 부른다. 게다가 격자부정합은 기판과 에피택셜층 사이뿐만 아니라 서로 다른 에피택셜층들 사이에서도 발생한다. 이는 서로 다른 층들 사이에 응력을 야기하여(예를 들어, 양자우물과 장벽, 5.3.5절 참조), 결정 성장 방향을 따라 GaN LED의 내부에 내부 전위(built-in potential)를 야기하며, 이를 압전 분극이라 부른다. 그림 5.5(b)에서 보듯이, 질화물 LED에서의 이러한 이 두 가지 분극 효과 (자발 분극과 압전 분극)들의 조합은 전자와 정공의 파동함수들 사이에 공간적인 불일치를 야기하며 효율을 감소시킨다.[24] 게다가 전자들과 정공들은 각각 전도대의 가장 낮은 자리와 가전자대의 가장 높은 에너지 준위에 축적되므로, 발광 파장은 밴드갭보다 더 길다. 그림 5.5(b)에서 보듯이, (광 및 전기) 펌핑을 증가시키면 과잉 캐리어들에 의한 내부 전기장의 차폐에 의해 LED의 발광 스펙트럼에서 청색 편이가 발생한다. III-P의 경우와 유사하게 응력을 제어하여 발광 특성을 미세하게 제어하는 데 AlInGaN 사원 화합물을 적용할 수 있다.[25]

마그네슘은 통상 질화물 반도체의 p형 도핑에 사용된다. NH$_3$가 질소의 원료로 사용되기

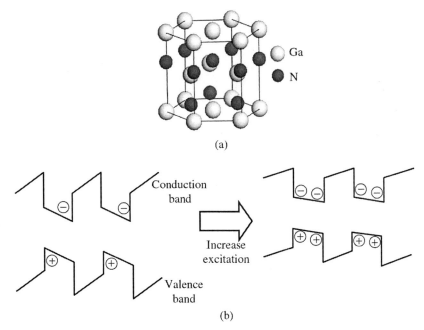

그림 5.5 (a) 우르자이트 구조 (b) 여기된 III-nitride에서의 밴드 구조의 변형

때문에 에피택셜층의 성장 과정에서 Mg-H 결합이 많이 형성된다. 이 불순물은 높은 전자 전도도를 가지므로 정공 농도를 낮추는 문제가 발생한다. 하지만 탈수소화를 위해 고온(700°C 이상)의 열처리를 거치면, LED나 레이저 다이오드로의 응용에 적합한 수준의 적절한 정공 농도와 비저항을 얻을 수 있다.[26]

예제 5.1

각각 발광 파장이 각각 550 nm와 450 nm인 녹색과 청색 LED의 활성층으로 사용되는 $In_xGa_{1-x}N$의 조성을 결정하라.

풀이

발광 파장이 각각 550 nm와 450 nm인 녹색과 청색 LED에 대하여

$$E_g(\text{eV}) = \frac{1240}{550 \text{ nm}} = 2.2545 \; E_g(\text{eV}) = \frac{1240}{550 \text{ nm}} = 2.2545 ; E_g(\text{eV}) = \frac{1240}{650 \text{ nm}} = 2.7556$$

$$E_g(\text{eV}) = \frac{1240}{650 \text{ nm}} = 2.7556$$

삼원 합금 $In_xGa_{1-x}N$의 x의 값은 식 (5.6)에서 계산할 수 있다.

$$In_xGa_{1-x}N \, (550 \text{ nm}) \; E_g(\text{eV}) = \frac{1240}{550 \text{ nm}} = 1.95x + 3.4(1-x) - x(1-x) E_g(\text{eV}) = \frac{1240}{550 \text{ nm}}$$
$$= 1.95x + 3.4(1-x) - x(1-x); \; x = 0.6291$$

$$In_xGa_{1-x}N \, (450 \text{ nm}) \; E_g(\text{eV}) = \frac{1240}{450 \text{ nm}} = 1.95x + 3.4(1-x) - x(1-x) E_g(\text{eV}) = \frac{1240}{450 \text{ nm}}$$
$$= 1.95x + 3.4(1-x) - x(1-x); \; x = 0.2997$$

5.2.3 백색 LED

LED에서 백색광을 방출하기 위해서는 표 5.1에 요약된 바와 같이 대략 두 가지의 서로 다른 방식을 사용한다. 첫 번째는 여러 개의 LED칩들을 사용하는 방식이다. 앞에서 언급한 바와 같이, 서로 다른 기판들을 집적화하는 것은 어렵기 때문에, 이 방식으로 제작한 백색 모듈의 크기를 작게 할 수가 없다. 두 번째 방식은 LED(청색 또는 자외선)를 형광체를 여기시키

는 데 사용하는 것으로, 이 방식은 표 5.1에서 보듯이, 백색광의 구성 성분들에 따라 세분할 수 있다. 단일 LED칩에서는 넓은 대역의 발광이 불가능하기 때문에, 백색광은 2색, 3색 또는 그 이상의 색을 사용한다. 색도계에서는 2색 합성에 의한 백색광에서 가장 최대의 발광 효율 (단위는 lm/W)을 얻을 수 있다. 그러나 광원의 응용에서 높은 CRI 값을 얻기 위해서는 3색이나 그 이상의 색을 이용하여 더 넓은 대역의 발광을 가능하게 하는 것이 필요하다.

표 5.1 백색광의 생성 방식

	Multiple LEDs	LED pumps phosphor
Two-color mixing	Y+B LEDs	B LED pumps Y phosphors
Three-color mixing	R+G+B LEDs	UV LED pumps white phosphors (RGB mixture)

2장에서 기술한 색도계의 원리에 따르면, 백색광을 얻기 위해서는 서로 다른 파장을 갖는 2개 또는 그 이상의 LED들의 발광을 합성하는 것이 효과적이다. LED로 형광체를 펌핑하는 방식보다 통상 이 방식의 효율이 더 높다. 왜냐하면 파장 변환은 필연적으로 에너지를 낭비하기 때문이다. 그러나 더 많은 LED칩들을 사용하면 가격이 상승하고 크기가 증가한다. 서로 다른 LED들 간의 L-I 특성의 비선형성의 차이 때문에 서로 다른 주입 전류를 가지므로 백색광의 색은 안정적이지 않다. 소자 온도가 증가함에 따라 LED의 빛의 세기는 감소하고 스펙트럼의 적색 편이가 일어나 백색광의 색 이동을 야기한다. 또한 장시간 동작시킨 후에, LED들 간의 서로 다른 동작 수명으로 인하여 색 변화가 발생한다. 2색 합성 방식의 경우에는 그림 5.7에서 보듯이, 보색 관계에 있는 2가지 색(보통 청색과 황색)의 LED들을 사용한다. 인간의 눈의 시감도는 주간 시의 경우에 555 nm에서 최대이고 양쪽 끝으로 갈수록 감소하기 때문에 서로 다른 파장을 갖는 2개의 보색 합성에 의해 최대의 발광 효율을 얻기 위한 최적화된 값들이 존재한다는 것은 자명하다. 이는 2장에서 기술한 색 과학과 색 공학에서 유도될 수 있다. 더 긴 파장과 더 짧은 파장을 합성하면 최대 발광 효율의 감소가 일어난다는 사실에서 좁은 발광 스펙트럼을 갖는 2색 합성이 백색광을 만들기 위한 가장 효율적인 방식임을 알 수 있다. (i) 2개의 보색 관계에 있는 단색광의 2색 합성과 (ii) 전기 에너지에서 빛 에너지로의 100% 전환을 가정하면, 백색광 효율의 이론적인 상한은 400 lm/W를 상회한다. 따라서 이러한 백색 광원은 낮은 소비전력으로 인하여 보행자 교통신호등과 같은 '백색' 디스플레이

에의 응용에 매우 적합하다. 그러나 좁은 스펙트럼과 2색 합성으로 인하여, 통상 CRI 값이 낮기 때문에 조명에의 응용에는 적합하지 않다. 높은 CRI 값을 얻기 위해서는 보통 넓은 대역의 발광이 필요하며 이는 또한 CRI 값과 효율의 사이에 상충이 있음을 암시한다. 따라서 3색 합성을 이용하면 얻을 수 있는 최대 발광 효율은 다소 낮아지지만 CRI 값은 더 개선되므로 조명에의 응용에 더 적합하다. 색영역을 넓히기 위해서 LED 색의 개수를 4개나 5개로 늘리는 것이 가능하지만, 반대로 효율이 더 낮아지고 비용이 더 증가한다. 3색 LED의 또 다른 중요한 응용은 LCD 백라이트이다. 이러한 응용에서는 색영역을 더 넓히기 위해 각각의 발광 스펙트럼을 더 좁게 하는 것을 선호한다.

백색광을 만드는 또 다른 보편적인 방법은 청색 또는 자외선 LED를 사용하여 형광체를 펌핑하는 방식이다. 이 방법은 LED를 한 개만 사용하므로 상대적으로 간단하고 저렴하다. 게다가 형광체는 LED 패키지 내에서 봉지 공정(encapsulation process) 중에 코팅할 수 있다. 따라서 물리적인 크기를 아주 작게 할 수 있다. 통상 형광체의 수명은 길기 때문에, 이 방식을 사용한 백색 LED의 색안정성 또한 매우 우수하다. 그러나 멀티칩 LED 방식과 비교할 때, 이 방식은 이론적으로 효율이 더 낮다는 불가피한 단점이 있다. 그림 5.6에서 보듯이, 형광체들은 피크 파장이 400 nm인 자색/자외선 영역의 더 큰 에너지를 갖는 빛을 흡수하여, 각각 600 nm(적색), 500 nm(녹색) 및 450 nm(청색)의 더 낮은 에너지를 갖는 광자들을 방출한다.[27] 통상, 형광체의 내부 양자 효율은 90%에 이르기 때문에, 흡수한 100개의 광자 중 대략 90개의

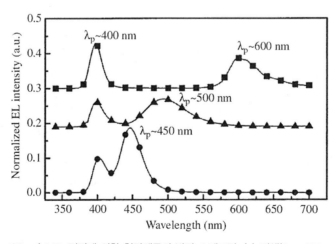

그림 5.6 자외선($\lambda_p \approx 400$ nm) LED 펌핑에 의한 형광체들의 발광 스펙트럼: (a) 적색($\lambda_p \approx 600$ nm), (b) 녹색($\lambda_p \approx 500$ nm) 및 (c) 청색($\lambda_p \approx 450$ nm)

광자를 방출한다. 그러나 흡수한 광자와 방출한 광자 사이에는 스토크스 이동(Stokes shift)이라 부르는 에너지 손실이 존재한다. 이 경우에 스토크스 이동에서 기인하는 에너지 손실은 적색, 녹색 및 청색 발광에 관하여 각각 33.3%, 20% 및 11.1%의 효율 감소를 가져온다. 또 다른 가능한 에너지 손실은 형광체에서 산란된 빛이 LED칩, 패키지 또는 반사기에 의해 재흡수가 일어나는 것이다.

청색광이나 자외선을 흡수하여 더 긴 파장의 광자를 발생시키는 '장파장 변환(down-conversion)' 물질들은 무수히 많다. 예를 들어 유기 염료,[28] 반도체[29] 및 나노 결정[30] 등이 있다. 그러나 이러한 물질들은 신뢰성 또는 고비용과 같은 약간의 단점들이 있다. 통상 무기물 형광체는 높은 안정성, 무결함 구조, 제작의 용이성 및 높은 효율 등의 장점으로 상업적인 파장 변환 물질로 주로 사용된다.[15] 그림 5.7은 청색 LED로 노란색 형광체를 펌핑한 소자 구조와 그 발광 스펙트럼을 보여준다. 노란색 형광체는 LED칩 위에 코팅되므로 패키징 공정 중에

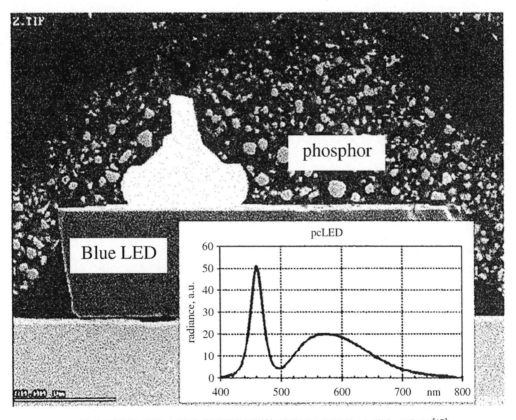

그림 5.7 청색 LED로 노란색 형광체를 펌핑한 백색 LED 구조와 그 발광 스펙트럼[15]

Chapter 5 발광 다이오드 · 233

제작될 수 있다. 청색 발광의 일부는 형광체에 흡수되어 노란색 광을 재방출한다. 청색광 중 일부는 소자에서 직접 방출되므로 백색광을 얻을 수 있다. LED에서의 청색 발광 스펙트럼은 상대적으로 선폭이 좁아서 50 nm의 반치선폭(FWHM)을 갖는다. 반면에, 물질에 의해 결정되고 정밀하게 제어되는 형광체 발광의 스펙트럼은 매우 넓다.

가장 성공적인 노란색 형광체 물질 중 하나는 세륨 이온(Ce^{3+})이 도핑된 이트륨 알루미늄 가넷(YAG)으로 그 화학식은 $Y_3Al_5O_{12} : Ce^{3+}$이다.[15] 그림 5.8에서 보듯이, 가돌리늄(gadolinium, Gd)과 갈륨(Ga)을 첨가하면 $(Y_{1-x}Gd_x)_3(Al_{1-y}Ga_y)_5O_{12} : Ce^{3+}$의 발광 중심 파장은 각각 적색 편이와 청색 편이를 일으킨다. 이 형광체의 흡수 피크 파장은 약 460 nm 근처로 청색 LED를 이용한 펌핑이 가장 제격이다. 형광체층의 두께는 청색과 노란색 발광 사이의 상대적 강도를 조절하기 위하여 변경할 수 있다. 이 두 보색의 피크 파장 또한 백색광 생성의 이론적 상한에 근접해 있다. 이 계에서 청색 영역은 형광체가 아니라 LED에서 직접 방출되기 때문에 스토크스 이동에 의한 에너지 손실이 그렇게 심각하지 않다. 그러나 2색 합성을 사용하면 CRI 값은 통상 80 미만이다. 자외선 LED로 RGB 형광체들을 펌핑하면 발광 특성이 형광체들에서의 넓은 대역 발광에 의해 결정되므로 CRI 값을 효과적으로 증가시킬 수 있다. 만일 파장이 200~320 nm인 deep-UV LED를 사용하면, 통상, 형광등에 사용되는 성숙한 형광체 기술을 적용할 수 있다. 그러나 큰 스토크스 이동은 이 기술의 문제점으로 지적되고 있다. 24시간 주기 시감도 함수(circadian sensitivity function)의 피크는 460 nm에 위치함을 주목하자. 이는 2.2절

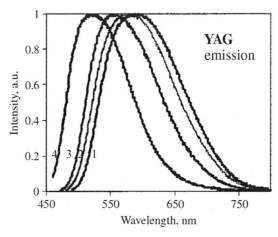

그림 5.8 YAG 형광체의 발광 스펙트럼 : 가돌리늄 농도를 감소시키면 '1→3'으로 변화하고, 갈륨 농도를 증가시키면 '4' 가 됨[15]

에서 논의한 바와 같이, 밤 동안에 보는 청색광이 멜라토닌 레벨을 감소시켜 숙면을 방해한다. 청색광을 400 nm 근방의 자색 LED로 이동시키면, 24시간 주기 리듬에의 자극을 피할 수 있다.[31] 그러나 스토크스 이동이 증가하는 것이 이 방식의 문제점이다.

5.3 다이오드 특성

p층과 n층이 접촉하게 되면, p-n 접합이 형성되어 다이오드 특성을 나타낸다. 이상적으로는 각각 순방향 바이어스와 역(방향) 바이어스를 인가하면 이 소자는 전류가 흐르거나(short circuit) 흐르지 않거나(open circuit) 하게 된다. p층은 정공이 전자보다 더 많고, n층은 전자가 정공보다 더 많다. 따라서 그림 5.9에서 보듯이, p-n 접합 근처에서 정공은 p영역에서 n영역으로, 전자는 n영역에서 p영역으로 확산되어 반대되는 캐리어들과 재결합한다.[32] 캐리어가 소멸된 후에, 음과 양의 공간 전하들이 남아서 n영역에서 p영역으로의 내부 전기장이 발생한다. 그림 5.9에서 보듯이, 이 내부 전기장은 밴드 다이어그램상에서 밴드 휨을 야기한다. 맥스웰 방정식의 경계조건에서 유도된 푸아송 방정식을 사용하면 도너 농도, 억셉터 농도 및 내부 전위(또는 확산 전위) 사이의 관계식을 얻을 수 있다. 이 공간 전하 영역은 열적 평형상태에서는 캐리어들이 거의 없으므로 '공핍층(depletion region)'이라고도 불린다. 정공과 전자들은 내부 전위를 경험하므로 각각 p영역과 n영역을 향하여 표동한다. 그림 5.9에서 보듯이, 열적 평형상태에서 이러한 표동 전류는 확산 전류와 균형을 이루므로 알짜 전류는 흐르지 않는다. 이 조건하에서 밴드 휨에 의해 p영역과 n영역의 페르미 준위가 정렬된다. 순방향 바이어스가 인가되면(p영역에서 n영역으로의 전압) 내부 전위와 상쇄된다. 일단 순방향 바이어스

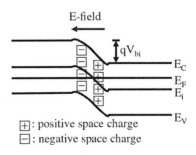

그림 5.9 열적 평형상태에서의 p-n 접합의 밴드 다이어그램

가 내부 전위보다 커지면 인가한 전압에 따라 전류 밀도는 지수적인 증가를 보이는데, 이를 문턱 전압(threshold voltage)이라 부른다. LED의 문턱 전압의 값은 높은 도핑 농도의 조건하에서 대략 E_g(V)의 값을 갖는다. 여기서 E_g는 eV의 단위로는 밴드갭 에너지에 해당한다. 여기서 p영역과 n영역의 층들은 전하 캐리어들을 공핍층으로 이동시켜 재결합하게 하는 데 사용된다. 따라서 p영역과 n영역에서의 오믹 손실들을 줄이기 위하여 이 영역의 저항들은 가능한 한 작게 유지되어야 한다. 또한, 도핑 농도는 공핍 영역의 폭을 결정하며 역으로 재결합 영역과 재결합 효율에 영향을 끼친다. 그러나 동종접합 구조에서는 여전히 약간의 캐리어 누설이 있어서, 불충분한 캐리어의 속박에 의해 정공들과 전자들이 재결합하지 않고 각각 음극과 양극으로 이동한다. 따라서 캐리어들이 반대되는 전극으로 누설되는 것을 방지하는 데, 이종접합과 전자 차단층(electron blocking layer, EBL)이 사용된다. 또한, 특정한 재결합 영역 내에 캐리어들을 가두기 위하여 양자 구조(양자우물, 양자선 및 양자점)들이 사용된다. 양자 구조에서의 에너지 준위들은 이산적(discrete)이므로 발광 파장을 정밀하게 조절할 수 있게 해준다.

5.3.1 p층과 n층

LED는 기본적으로 p-n 접합으로 구성된다. 정공들과 전자들이 각각 p층과 n층을 경유하여 이동한 후 활성 영역에서 재결합한다. III-V족 화합물에 IV족(예를 들어, Ge과 Si) 및 VI족(예를 들어, S, Se 및 Te)을 집어넣어 각각 III족과 V족을 대체하게 하면, n형 도핑을 얻을 수 있다.[11] 그림 5.10(a)는 GaAs에 Se이 도핑되어 As을 대체하는 경우의 개략도를 보여준다. Se은 As보다 원자가 전자가 한 개 더 많으므로 한 개의 전자를 결정에 '준다(donate).' 이 여분의 전자는 결정과 아무런 결합을 하지 않으므로 거의 자유 전자로 볼 수 있다. 그러나 이 전자는 수소 원자의 핵과 전자 사이의 결합과 유사하게 여전히 양으로 대전된 Se 이온에 의해 끌린다. 따라서 전도대 약간 아래쪽의 금지대역 내에서 도너의 결합에너지(E_D)를 정의하고, 이를 포획 준위(trap level)로 취급할 수 있다. 이 포획 준위는 얕은 준위이기 때문에, 열적으로 충분히 전자들을 전도대로 여기시켜 자유 전자가 되게 할 수 있다. 이와 유사하게, p형 도핑은 II족(예를 들어, Cd, Zn, Mg 및 Be) 및 IV족(예를 들어, C 및 Si)을 집어넣어, 각각 III족과 V족을 대체하게 하면 달성할 수 있다. 그림 5.10(b)는 GaAs에 Zn가 도핑되어 Ga 원자를 대체하는 경우를 보여준다. 억셉터는 가전자대 약간 위쪽의 금지대역 내에서 억셉터의 결합에너지(E_A)를 정의한다. 가전자대의 전자들은 열적으로 억셉터 준위로 여기되며, 이는 가전자대에 자유 정공을 생성한다.

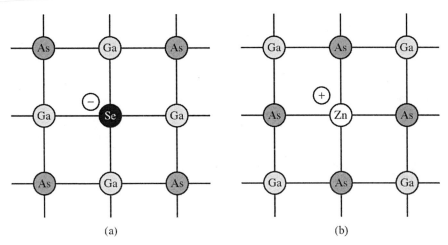

그림 5.10 (a) Se 및 (b) Zn 불순물의 GaAs와의 결합 개략도

일반적으로, 자유정공을 만드는 데 필요한 열에너지는 자유 전자를 만드는 데 필요한 열에너지보다 더 크다. 따라서 때때로 정공의 '이온화'는 완전하지 않으므로, 특히 밴드갭 에너지가 큰 질화물 반도체에서는 p형 도핑 농도가 제한됨을 의미한다. 예를 들어, Mg이 도핑된 GaN의 E_A는 0.2 eV이므로 열에너지(상온에서 약 25 meV)보다 더 커서 억셉터들 중의 일부만이 이온화되어 정공 캐리어 농도에 기여함을 의미한다. 때로는 도펀트가 원래 원자의 자리를 정확하게 대체하지 못하게 되어 낮은 캐리어 농도를 보이기도 한다. 예를 들어, Mg이 도핑된 GaN에서 결정성장 시에 Mg이 Ga 자리를 점유하지 못하면 낮은 정공 농도를 얻는다. 저에너지 전자선 조사(low-energy electron beam irradiation, LEEBI)를 거치면, Mg 원자가 정확히 Ga 원자 자리로 이동하게 되어 정공 농도를 높일 수 있다. 에피택시와 공정 중에 의도하지 않은 불순물이 들어가면 결함에 의한 포획 준위가 생성되어 도핑 준위를 상쇄시킨다. 예를 들어, Al을 포함하는 화합물에서의 산소에 의한 오염과 질화물 반도체에서의 수소 패시베이션을 들 수 있다. 이러한 불순물들을 제거하기 위해서는 적절한 후-열처리 공정이 필요하다. 반도체 p층과 n층의 저항을 줄이는 또 다른 방법은 이동도 값을 증가시키는 것이다. 보통

III-V 화합물에서의 정공 이동도는 전자의 경우보다 훨씬 작은데, 이는 정공의 유효질량이 전자의 경우보다 훨씬 더 크기 때문이다. 예를 들어, 상온에서 $10^{17}\,\mathrm{cm}^{-3}$의 도핑 농도를 갖는 n형 및 p형 GaAs의 이동도 μ_n과 μ_p는 각각 $5{,}000\,\mathrm{cm}^2/\mathrm{V\,s}$와 $300\,\mathrm{cm}^2/\mathrm{V\,s}$이다. 캐리어 농도와 캐리어 이동도는 서로 상충 관계이다. 도핑 농도를 증가시키면 불순물들은 캐리어들을 산란시켜 캐리어 이동도를 감소시킨다. 그럼에도 불구하고, 일반적으로 캐리어 농도를 증가시켜 저항을 줄이는 것이 더 실용적이다.

5.3.2 공핍 영역

이 절에서는 공핍 영역에서의 두 가지 중요한 파라미터인 내부 전위와 공핍 폭(depletion width)을 정량적으로 기술한다. 그림 5.9에서 보듯이, 내부 전위는 공핍 영역에서의 밴드 휨에서 기인한다. 이와는 대조적으로, p층과 n층에서는 밴드는 여전히 평평하다. 3장에서 논의한 바와 같이, 억셉터들과 도너들이 완전히 이온화되었다고 가정할 때 정공과 전자 농도는 다음과 같이 주어진다.[32]

$$p = n_\mathrm{i} \exp\left[\frac{E_\mathrm{i} - E_\mathrm{Fp}}{(kT/q)}\right] = N_\mathrm{A}\, p = n_\mathrm{i} \exp\left[\frac{E_\mathrm{i} - E_\mathrm{Fp}}{(kT/q)}\right] = N_\mathrm{A} \tag{5.7}$$

$$n = n_\mathrm{i} \exp\left[\frac{E_\mathrm{Fn} - E_\mathrm{i}}{(kT/q)}\right] = N_\mathrm{D}\, n = n_\mathrm{i} \exp\left[\frac{E_\mathrm{Fn} - E_\mathrm{i}}{(kT/q)}\right] = N_\mathrm{D} \tag{5.8}$$

여기서 p와 n은 각각 공핍 영역에서 멀리 떨어진 영역에서의 정공과 전자 농도이고, n_i는 진성 캐리어 농도이며, E_i와 E_F는 각각 eV 단위의 진성 영역 및 도핑된 영역의 페르미 에너지이다. 그림 5.9에서 보듯이 페르미 준위는 전체 p-n 접합을 통틀어 평평하게 보이지만 전도대와 가전자대에 대한 페르미 에너지는 공핍 영역에서 멀리 떨어진 p층과 n층에서 서로 다르다. k는 볼츠만 상수, T는 온도, N_A와 N_D는 각각 억셉터와 도너의 농도이다. 따라서 그림 5.9에서 보듯이, ψ_p, ψ_n 및 내부 전위 $V_\mathrm{bi} = \psi_\mathrm{n} - \psi_\mathrm{p}$는 다음과 같다.

$$\psi_\mathrm{p} = -(E_\mathrm{i} - E_\mathrm{Fp}) = -\frac{kT}{q} \ln\left(\frac{N_\mathrm{A}}{n_\mathrm{i}}\right)\, \psi_\mathrm{p} = -(E_\mathrm{i} - E_\mathrm{Fp}) = -\frac{kT}{q} \ln\left(\frac{N_\mathrm{A}}{n_i}\right) \tag{5.9}$$

$$\psi_{\mathrm{n}} = -(E_{\mathrm{i}} - E_{\mathrm{Fn}}) = \frac{kT}{q} \ln \left(\frac{N_{\mathrm{D}}}{n_{\mathrm{i}}} \right) \psi_{\mathrm{n}} = -(E_{\mathrm{i}} - E_{\mathrm{Fn}}) = \frac{kT}{q} \ln \left(\frac{N_{\mathrm{D}}}{n_{\mathrm{i}}} \right) \tag{5.10}$$

$$V_{\mathrm{bi}} = \psi_{\mathrm{n}} - \psi_{\mathrm{p}} = \frac{kT}{q} \ln \left(\frac{N_{\mathrm{A}} N_{\mathrm{D}}}{n_{\mathrm{i}}^{2}} \right) V_{\mathrm{bi}} = \psi_{\mathrm{n}} - \psi_{\mathrm{p}} = \frac{kT}{q} \ln \left(\frac{N_{\mathrm{A}} N_{\mathrm{D}}}{n_{\mathrm{i}}^{2}} \right) \tag{5.11}$$

도핑 농도를 증가시키면 V_{bi}는 증가함을 알 수 있다. LED의 응용에서 소자의 저항과 소비 전력을 줄이기 위해서는 고농도로 p 및 n 도핑된 층들이 필요하며, 이 경우 p층과 n층의 페르미 준위들은 각각 가전자대와 전도대와 가깝다. 따라서 V_{bi}는 반도체의 밴드갭과 가깝다는 사실을 알 수 있다. 인가한 전압이 V_{bi}보다 더 클 때에는 평형상태의 경우와 반대쪽으로 밴드가 휜다. 이 바이어스 조건하에서 정공과 전자는 p층과 n층에서 반대쪽으로 쉽게 이동하여 다음 절에서 기술하는 바와 같이 전류 밀도는 지수적으로 증가하게 된다.

전자기파 이론에서 가우스 법칙은 다음과 같이 쓸 수 있다.

$$\nabla \cdot (\varepsilon E) = \rho \tag{5.12}$$

또는 다음과 같이 푸아송 방정식(Poisson's equation)으로 기술할 수 있다.

$$\nabla^2 V = -\rho / \varepsilon \tag{5.13}$$

여기서 E는 전기장, ε은 유전율(electric permittivity), ρ는 전하 밀도 그리고 V는 전압이다. 공핍 영역에서 자유 캐리어는 완전히 이온화되었다고 가정하면, 공간 전하, 전기장 및 전압의 분포는 그림 5.11과 같이 주어진다. 전기장의 분포는 다음의 식에서 주어진다.

$$E(x) = \int \rho(x) \mathrm{d}x$$
$$\rho(x) = -q N_{\mathrm{A}}; -x_{\mathrm{p}} < x < 0 + q N_{\mathrm{D}}; 0 < x < x_{\mathrm{n}} \tag{5.14}$$

여기서 x_p와 x_n은 각각 p영역과 n영역의 공핍 영역의 경계이다. 따라서 p-n 접합의 경계에서 생성되는 최대 전기장($E_{\max}$)은 다음과 같이 주어진다.

$$E_{\max} = \frac{q}{\varepsilon}N_D x_n = \frac{q}{\varepsilon}N_A x_p E_{\max} = \frac{q}{\varepsilon}N_D x_n = \frac{q}{\varepsilon}N_A x_p \qquad (5.15)$$

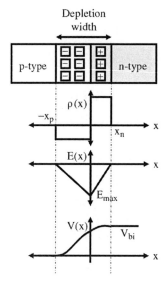

그림 5.11 열적 평형상태에서의 LED의 전하 밀도, 전기장 및 전압의 분포

$$x_n + x_p = W \qquad (5.16)$$

여기서 W는 공핍 영역의 폭이다. 따라서 열적 평형에서의 내부 전위(V_{bi})는 다음과 같다.

$$V_{bi} = (1/2)E_{\max}W \qquad (5.17)$$

따라서 열적 평형에서의 공핍 영역의 폭은 다음과 같이 표현될 수 있다.

$$W = \sqrt{\frac{2\varepsilon}{q}\left(\frac{N_A + N_D}{N_A N_D}\right)V_{bi}} \qquad (5.18)$$

순방향 전압 V가 인가되면 식 (5.18)의 V_{bi}는 $(V_{bi} - V)$로 바뀌므로 공핍 영역의 폭은 감소한다. 반면에 역바이어스하에서는 공핍 영역의 폭이 증가한다. 공핍 영역이 더 좁아지면 캐리어들이 이 영역을 건너 반대쪽으로 이동하기가 더 쉬워지므로 전류 밀도가 증가하게 된다. 반면에 역바이어스하에서의 더 넓은 공핍 영역은 캐리어들의 이동을 더 방해한다. 이러한 과정들이 p-n 다이오드에서의 정류(rectification) 작용을 설명한다.

예제 5.2

상온에서의 GaAs p-n 다이오드가 있다. 진성 캐리어 농도 n_i는 1.79×10^6 cm^{-3}, p-영역에서의 도핑 농도는 $N_A = 5 \times 10^{19}$ cm^{-3}, 그리고 n-영역에서의 도핑 농도는 $N_D = 10^{16}$ cm^{-3}이라고 할 때, 내부 전위, 공핍 영역의 폭 및 최대 전기장을 구하라. 단 GaAs에서 $\varepsilon_r = 13.18$이다.

풀이

식 (5.9)와 (5.10)에서

$$\psi_p = -\frac{kT}{q} \ln\left(\frac{N_A}{n_i}\right) = -\frac{300 \cdot 1.381 \times 10^{-23}}{1.6 \times 10^{-19}} \cdot \ln\left(\frac{5 \times 10^{19}}{1.79 \times 10^6}\right) = -0.8013 \text{ V}$$

$$\psi_n = \frac{kT}{q} \ln\left(\frac{N_D}{n_i}\right) = \frac{300 \cdot 1.381 \times 10^{-23}}{1.6 \times 10^{-19}} \cdot \ln\left(\frac{1 \times 10^{16}}{1.79 \times 10^6}\right) = 0.5808 \text{ V}$$

식 (5.11)에서 내부 전위 V_{bi}는 $V_{bi} = \psi_n - \psi_p = 1.3821$ V이다.

식 (5.17)과 (5.18)에서

$$W = \sqrt{\frac{2\varepsilon}{q}\left(\frac{N_A + N_D}{N_A N_D}\right) V_{bi}}$$

$$= \sqrt{\frac{2 \cdot 13.18 \cdot 8.85 \times 10^{-14}}{1.6 \times 10^{-19}}\left(\frac{5 \times 10^{19} + 1 \times 10^{16}}{5 \times 10^{19} \cdot 1 \times 10^{16}}\right) \cdot 1.3821}$$

$$\cong 4.48 \times 10^{-5} \text{cm}$$

$$E_{max} = \frac{2V_{bi}}{W} \cong 61700 E_{max} = \frac{2V_{bi}}{W} \cong 61700 \text{ V/cm}$$

5.3.3 $J-V$ 특성

반도체 내에서의 캐리어 수송은 캐리어 확산과 표동으로 나눌 수 있다. 확산이라는 현상은 캐리어들이 농도가 높은 곳에서 낮은 곳으로 이동함을 의미한다. 표동 전류는 전기장의 인가에 의해 나타나는 캐리어 수송에 의해 생긴다. 예를 들어, 정공 전류 밀도 J_p를 고려하면(전체 전류 밀도는 전자 및 정공 전류 밀도의 합) 캐리어 수송은 다음과 같이 표현된다.

$$J_p = J_{p,\text{diff}} + J_{p,\text{drift}} \tag{5.19}$$

$$J_{p,\text{diff}} = q\mathrm{D}_p(\mathrm{d}p/\mathrm{d}x) \tag{5.20}$$

$$J_{p,\text{drift}} = pq\mu_p\mathrm{E} \tag{5.21}$$

여기서 $J_{p,\text{diff}}$와 $J_{p,\text{drift}}$는 각각 정공 확산 전류 밀도와 정공 표동 전류 밀도이고, D_p는 확산 계수(diffusivity)이며, μ_p는 정공 이동도로, 속도(cm/s의 단위)를 전기장의 세기(V/cm)로 나눈 값으로 정의된다. 열적 평형상태에서 정공과 전자는 p층과 n층에서 반대쪽으로 확산되며, 이는 n영역에서 p영역으로의 표동 전류에 의해 균형을 이룬다. 표동 전류는 전기장에 의존하므로 공핍 영역의 외부에서는 표동 전류 성분이 없고, 밴드가 평평하다. 순방향 바이어스가 인가되면, 내부 전위로부터 에너지 밴드 오프셋이 감소하고 전류 밀도가 증가한다. 그림 5.12에서 보듯이, 분명히 표동 전류는 n영역에서 p영역으로 흐르므로, 이러한 전류 밀도의 증가는 표동 전류의 기여에 의한 것일 수가 없다. 따라서 순방향 바이어스하에서의 전류 밀도의 증가는 확산 전류에서 기인한다. 순방향 바이어스가 증가함에 따라 캐리어 확산에 대한 장벽이 낮아져 순방향 바이어스하에서는 p영역에서 n영역으로 알짜 전류가 흐르게 된다.

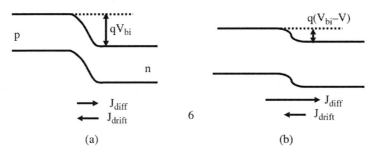

그림 5.12 (a) 열적 평형상태 및 (b) 순방향 바이어스하에서의 LED의 밴드 다이어그램

LED의 J-V 특성을 유도하는 데 필수적인 LED 내의 캐리어 분포를 묘사하기 위한 확실한 식은 없으나, 그림 5.13에서 보듯이 이를 정성적으로 기술할 수는 있다. p_{p0}, n_{n0}, p_{n0} 및 n_{p0}는 각각 p-n 접합이 형성되기 전의 p층의 정공 농도, n층의 전자 농도, n층의 정공 농도 및 p층의 전자 농도이다. 공핍층 경계의 근처에서는 소수 캐리어 농도 p_n과 n_p가 각각 p_{n0}와 n_{p0}보다 더 높으므로, n층과 p층으로의 정공들과 전자들에 의한 확산 전류가 흐르게 됨을 알 수 있다. 보통 J-V 특성은 다음과 같이 근사적으로 표현될 수 있다.

$$J = q \left[\sqrt{\frac{D_p}{\tau_p}} N_A + \sqrt{\frac{D_n}{\tau_n}} N_D \right] \exp[q(V - V_{bi})/kT] \tag{5.22}$$

여기서 τ_n과 τ_p는 각각 소수 캐리어 수명이다. 이 식에서 일단, 전압이 V_{bi}(근사적으로 V 단위의 E_g 값)보다 커지면 전류 밀도의 지수적인 증가가 관찰됨을 알 수 있다. 이러한 '문턱' 전압이 타당하다. 왜냐하면, LED에서 파장이 $\lambda = hc/E_g$인 광자를 방출하기 위해서는 최소한 $V = E_g/q$의 구동 전압을 인가해야 하기 때문이다.

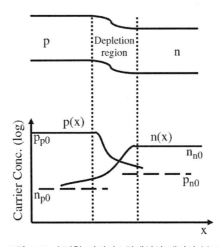

그림 5.13 순방향 바이어스하에서의 캐리어 분포

5.3.4 이종접합 구조

III-V 반도체는 그 조성을 바꾸면 밴드갭의 조절이 가능하므로, 에피택셜 성장 과정에서 단일 소자를 구성하는 층들에 서로 다른 밴드갭을 갖는 물질들을 적용하는 것이 가능하며, 이를 이종접합 구조(heterojunction structure)라 부른다.[33] 앞 절에서 언급한 단일 조성(밴드갭)을 갖는 물질로 구성된 LED는 '동종접합(homojunction)' 소자이다. 이종접합 구조는 재결합률을 증가시킬 수 있도록, 활성층 내에 캐리어들을 구속하는 데 사용될 수 있다. 그림 5.14(a)는 단일 이종접합(single-heterojunction, SH) 구조를 보여준다. 이 방식의 LED에서는 p형과 n형 물질이 서로 다르며, 이 경우에는 p층이 n층보다 밴드갭 에너지가 더 작다. ΔE_c와 ΔE_v는 각각 두 물질 사이의 전도대 및 가전자대끼리의 에너지 차이를 나타낸다. 따라서 ΔE_c와 ΔE_v의 합은 p형과 n형 물질 사이의 밴드갭 차이를 나타낸다. 이 구조에서는 정공들이 p형 물질에서 n형 물질로 이동하다 보면, ΔE_v라는 추가적인 장벽 높이를 겪게 되어 n영역으로의 정공 전류는 감소한다. 반면에 전자는 큰 에너지를 가지고 손쉽게 p영역으로 주입되며, ΔE_c에 의해 형성된 '에너지 우물(energy-well)'에 속박되게 된다. 따라서 높은 농도의 전자-정공쌍들이 SH 계면 근처의 p영역에 모이게 되어 재결합률과 내부 양자 효율(internal quantum efficiency)이 증가한다. 보통, SH 구조에서는 밴드갭 에너지가 작은 물질(이 경우에는 p영역의 물질)이 발광층으로 고안된다. 동종접합 소자와는 대조적으로, SH-LED의 재결합 영역은 주로 에너지 차이와 층 구조에 의해 결정된다. 따라서 SH-LED에서는 앞 절에서 기술한 바와 같은 동종접합 LED의 재결합 영역에 영향을 주는 공핍층 두께에 대한 고려를 할 필요가 없이 p형 도핑과 n형 도핑을 최적화할 수 있다.

추가로 p형과 n형 물질 모두를 동시에 이종접합으로 적용할 수 있으며, 그림 5.14(b)에서 보듯이, '이중 이종접합(double heterojunction, DH)'이라 부른다. 더 작은 밴드갭을 가진 활성층을 밴드갭이 더 큰 두 개의 물질 −클래딩층(cladding layer) 또는 구속층(confinement layer)− 사이에 샌드위치의 형태로 끼워 넣으면, 활성층에 주입된 캐리어들이 이 활성층에 구속되어 더 높은 재결합률을 갖게 된다. 캐리어 이동도의 불균형($\mu_n \gg \mu_p$)으로 인하여 전자는 p영역으로 쉽게 침투한다. 따라서 전자의 침투를 방지하기 위하여 그림 5.15에서 보듯이 큰 밴드갭과 ΔE_c를 갖는 전자 차단층(electron blocking layer, EBL)을 활성층과 p형 영역 사이에 삽입한다.[34]

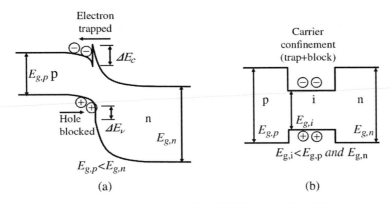

그림 5.14 (a) 단일 및 (b) 이중 이종접합 LED의 밴드 구조

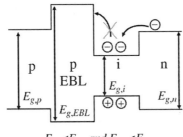

$$E_{g,i} < E_{g,p} \text{ and } E_{g,n} < E_{g,EBL}$$

그림 5.15 EBL을 적용한 LED의 밴드 구조

5.3.5 양자우물, 양자선 및 양자점 구조

이종접합 구조의 활성층으로 밴드갭 에너지가 더 작은 얇은 층을 삽입하면 발광 영역이 공간적으로 정해지므로 재결합률이 더 증가하게 되며, 이는 전자의 농도와 정공의 농도의 곱에 비례한다. 발광 영역이 매우 얇고 밴드갭 에너지가 작으므로 재흡수 확률 또한 감소한다. 이 얇은 층은 보통 20 nm 이하의 두께를 가지므로, 이는 전자와 정공의 드브로이 파장보다 더 짧다. 따라서 그림 5.16에서 보듯이, 양자우물(quantum well, QW) 구조라 부르는 에너지 준위들이 양자화된 구조가 된다. 양자화된 에너지 준위들은 QW의 조성과 폭을 바꾸면 조절할 수 있으며, 이를 통하여 발광 파장의 미세 조절을 가능하게 한다. QW 구조의 또 다른 장점은 매우 얇은 두께(이종접합은 활성층의 두께가 1 μm 내외인 것과 비교하여)이며, 이를 통하여 격자 부정합 상태에서도 응력이 완화되지 않은 상태(strained layer)로 결정성장이 가능하다. 매우 얇은 층에서는 응력 완화(strain relaxation)가 일어나지 않는다.

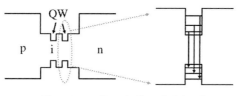

그림 5.16 QW 구조의 밴드 다이어그램

QW 구조는 에피택시 방향을 따라서 양자화된 준위를 갖는 매우 얇은 층이다. 에피택셜 성장 방향에 수직한 2차원 평면에서의 조성은 연속적이다. 그림 5.17에서 보듯이, 밴드갭 에너지가 작은 물질을 선이나 점의 형태로 제작할 수 있으며, 그렇게 되면 캐리어들은 각각 오직 1차원이나 0차원에 속박되고 이 구조를 양자선(quantum wire) 및 양자점(quantum dot, QD) 구조라 부른다.[35] QW은 에피택셜 성장 동안 정밀한 제어를 하면 되는 반면에, 양자선과 양자점의 제작은 더욱 어렵다. 왜냐하면 고해상도의 패턴 형성 공정과 에피택셜 재성장 공정이 필요하기 때문이다. 한 가지 특별한 경우는 질화물 반도체이다. 이 물질에서는 에피택시를 행하는 동안에 인듐 클러스터(Indium cluster)들이 생성되어 자발적인 조성 변동(composition fluctuation)을 야기한다. 이로 인하여 의도하지 않은 양자점 구조들이 일부 형성되며 재결합 효율은 더 좋아진다.

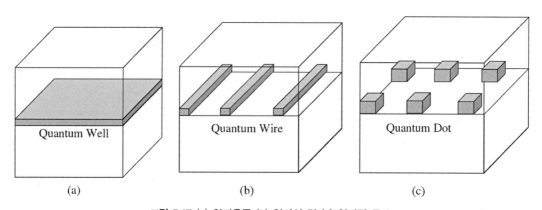

그림 5.17 (a) 양자우물 (b) 양자선 및 (c) 양자점 구조

5.4 발광 특성

일단 전자-정공쌍이 재결합하면 에너지는 발광성 또는 비발광성으로 방출된다. 비발광성 재결합률을 줄이기 위하여 가장 중요한 요소 중의 하나는 고품질의 에피택셜층을 얻는 것이다. 밴드갭은 결정 구조에서 결정되기 때문에, 결함들은 효율을 감소시키는 작용을 한다. 이러한 주기적 격자 구조는 제작 공정(예를 들어, 절단된 벽개면 및 식각된 표면) 중에 손상될 수 있다. 비발광성 재결합률을 줄이기 위해서는 후속 열처리 공정이 사용된다. LED에서의 발광성 재결합은 랑주뱅 방식이므로, 전자와 정공의 농도의 곱에 비례한다. 약간의 근사에 의하여, 주입 전류와 광출력력 사이에 선형적인 관계식을 얻을 수 있다. LED의 발광 스펙트럼은 상태 밀도와 캐리어 분포에 의존한다. 벌크, 양자우물, 양자선 및 양자점 구조의 상태 밀도는 서로 다르므로, 피크 파장의 이동과 FWHM의 변화를 야기한다. 스펙트럼의 전이는 온도나 전류 밀도의 차이에 의해서도 관찰될 수 있다. 일단 광자가 생성되면 다음 단계는 그 광자를 반도체의 바깥으로 뽑아내는 일이다. 반도체는 보통 3 이상의 큰 굴절률을 갖기 때문에, 내부 전반사(total internal reflection)에 의하여 광추출 효율(light extraction efficiency)이 제한된다. 또한 III-P LED에서는 생성된 가시광선 파장의 광자들이 밴드갭이 더 작은 GaAs 흡수 기판에서 흡수될 수 있다.

5.4.1 재결합 모형

LED에서의 발광성 재결합에는 정공들과 전자들이 관련된다. 일단 이 두 가지의 서로 반대 극성의 캐리어들이 공간적인 영역에서 만나면 재결합이 일어나며, 이는 2입자(two-particle) 과정이므로 다음과 같이 랑주뱅 형식으로 기술될 수 있다.

$$R_{\text{rad}} = r_{\text{rad}} np \tag{5.23}$$

여기서 R_{rad}는 발광성 재결합률, n과 p는 각각 전자와 정공의 농도, 그리고 r_{rad}는 이분자 재결합 계수(bimolecular recombination coefficient)이다. 반도체가 여기되면, 전자들은 가전자대에서 전도대로 올라가면서 같은 수의 정공들을 가전자대에 남긴다. 이는 '과잉(excess)' 정공들과 전자들의 수는 같음을 의미한다.

$$\Delta n = \Delta p \tag{5.24}$$

여기서 Δn과 Δp는 각각 과잉 전자(excess electron)와 과잉 정공(excess hole) 농도이다. 도핑된 반도체에서 p형 물질을 가정하면, 열적 평형상태에서 정공 농도는 전자 농도보다 훨씬 크므로, 다음과 같이 쓸 수 있다.

$$p_0 \gg n_0 \tag{5.25}$$

여기서 p_0와 n_0는 각각 열적 평형상태에서의 정공 농도와 전자 농도이다. 낮은 수준의 여기(low-level excitation)하에서는 과잉 캐리어들의 농도가 열적 평형상태의 다수 캐리어의 농도보다 훨씬 낮으므로($\Delta p \ll p_0$), 다음과 같이 쓸 수 있다.

$$R_{rad} = r_{rad}np = r_{rad}n(p_0 + \Delta p) \sim r_{rad}np_0 = n/\tau_{rad} \tag{5.26}$$

그리고

$$\tau_{rad} = 1/r_{rad}p_0 \tag{5.27}$$

여기서 τ_{rad}는 발광성 수명(radiative lifetime)이라 부른다. 도핑된 반도체가 낮은 수준으로 여기된 경우, 발광성 수명은 도핑 농도에 반비례함을 알 수 있다. 이는 도핑 농도가 높을수록 재결합이 더 빨리 일어남을 의미한다. 왜냐하면 재결합 과정에 따라 발광성 재결합에 참여하는 다수 캐리어들이 더 많아지기 때문이다.

광자의 생성이 아닌, 포논(격자 진동)의 생성에 의한 에너지의 방출을 비발광성 재결합이라 부른다. 단결정 반도체에서는 비발광성 재결합의 주된 원인이 주기적 구조상의 결함들에서 기인한다. 이러한 결함 구조들은 금지된 밴드갭 내부에 존재하는 '포획 준위(trap state)'에 의해 정량적으로 기술될 수 있다. 전자(정공)들은 포논과 광자의 개입으로 전도(가전자)대와 포획 준위들 사이에서 전이를 일으킨다. 일부 간접 밴드갭 반도체들(예를 들어, 질소가 도핑된 GaP)에서는 이러한 포획 준위들이 광자의 방출을 돕기도 하지만, 일반적으로 대부분의 직접 밴드갭 물질에서는 비발광성 재결합을 일으키는 발광 소광체(luminescence quencher)로 작용한다.

쇼클리(Shockley), 리드(Read) 및 홀(Hall)에 의해 트랩을 통한 재결합의 정량적인 해석이 이루어졌다.[36, 37] 그림 5.18에 개략적인 묘사가 되어 있다. 보통 한 개의 트랩은 하나의 전자나 정공을 전도대나 가전자대에서 포획하거나 방출한다. 일단 전자와 정공 중에 어느 하나가 방출되기 전에 동시에 포획되면 재결합이 일어난다. 트랩이 전도대의 근처에 있다면(즉, 얕은 트랩 조건), 전자는 트랩에 쉽게 포획되거나 트랩에서 쉽게 방출될 수 있으나 정공은 그렇게 되기가 어려움을 예상할 수 있다. 왜냐하면, 다중 포논 과정(multi-phonon process)이 되기 때문이다. 트랩이 중간 갭 근처에 위치하는 경우(즉, 깊은 트랩 조건)에만 재결합률이 높아진다. 깊은 트랩 분포를 갖는 도핑된 반도체(예를 들어, p형 물질)에서는 결과 식의 유도가 상대적으로 복잡하지만, 여전히 다음의 사실들을 알 수 있다. (i) 정공들이 전자들보다 훨씬 더 많기 때문에, 재결합은 전자가 포획될 때에만 일어난다. 즉, 비발광성 재결합의 수명은 소수 캐리어 농도에 의해 결정된다. 그리고 (ii) 트랩들이 주로 중간 갭 근처에 분포되므로, 보통 정공들로 채워지고 비발광성 재결합의 수명은 정공(다수 캐리어) 농도와는 무관하다. 따라서 다음의 식을 얻는다.

$$R_{\mathrm{non-rad}} = n/\tau_{\mathrm{non-rad}} \tag{5.28}$$

여기서 R_{nonrad}와 τ_{nonrad}는 각각 비발광성 재결합률과 비발광성 재결합 수명이다. 따라서 총 재결합률은 다음과 같이 기술할 수 있다.

$$R = R_{\mathrm{rad}} + R_{\mathrm{non-rad}} = (1/\tau_{\mathrm{rad}} + 1/\tau_{\mathrm{non-rad}}) \, n = n/\tau \tag{5.29}$$

여기서 τ는 소수 캐리어 수명(minority carrier lifetime)이라 부른다.

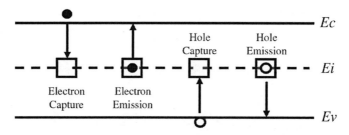

그림 5.18 깊은 준위 트랩에 의한 재결합(보통 비발광성 재결합)

5.4.2 $L - J$ 특성

전기적 여기 및 광 여기하에서의 캐리어 농도의 변화를 기술하기 위하여 연속 방정식을 사용할 수 있다. p형 반도체에 낮은 수준으로 캐리어 주입을 했을 때의 전자 농도에 대하여 다음과 같이 쓸 수 있다.

$$\frac{\partial n}{\partial t} = \frac{1}{q}\frac{\partial J_e}{\partial x} + G_0 + G_{ext} - \frac{n}{\tau} \tag{5.30}$$

여기서 q는 캐리어의 단위 전하량의 크기, G_0는 열적 평형상태에서의 전자-정공쌍의 생성률 (동일한 조건하에서의 전자-정공쌍의 재결합률 $R_0 = n_0/\tau$와 같음)이고 G_{ext}는 광 여기 조건 하에서의 과잉 캐리어의 생성률이다. 식 (5.30)은 다음과 같이 고쳐 쓸 수 있다.

$$\frac{\partial \Delta n}{\partial t} = \frac{1}{q}\frac{\partial J_e}{\partial x} + G_{ext} - \frac{\Delta n}{\tau} \tag{5.31}$$

전기 펌핑하는 LED에서 정상 상태(steady state)를 가정하면, 다음과 같이 쓸 수 있다.

$$0 = \frac{1}{q}\frac{\partial J_e}{\partial x} - \frac{\Delta n}{\tau} \tag{5.32}$$

LED의 출력 광전력(P_{out})은 다음과 같이 표현된다.

$$P_{out} = \eta_{ext} P_{generated} = \eta_{ext} h\upsilon A \int \frac{\Delta n}{\tau_{rad}} dx = \eta_{ext} \frac{h\upsilon A}{q} \int \frac{\tau}{\tau_{rad}} \frac{\partial J_e}{\partial x} dx$$

$$= \eta_{ext} \frac{h\upsilon A}{q} \frac{\tau}{\tau_{rad}} [J_e(in) - J_e(out)] \tag{5.33}$$

여기서 η_{ext}는 광자 추출 효율(photon extraction efficiency), $P_{generated}$는 LED의 내부에서 생성된 광전력, $h\nu$는 광자에너지, A는 소자 단면적 그리고 $J_e(in)$과 $J_e(out)$은 각각 소자에 주입된 전자의 전류 밀도와 소자에서 흘러나오는 전류 밀도이다. 넓은 활성층을 사용하여 재결합 영역을 넓히거나 캐리어들을 구속하기 위한 적절한 층 구조(예를 들어, 이종접합 및 저차원 양자 구조)의 고안을 통하여 캐리어의 누설을 효과적으로 줄일 수 있다. 만약 소자에 공급된 전자들이 같은 수의 정공들과 완전히 재결합한다고 가정하면, 식 (5.33)은 다음과 같아진다.

$$P_{out} = \eta_{ext} \frac{h\upsilon}{q} \frac{\tau}{\tau_{rad}} I \tag{5.34}$$

여기서 $I(=JA)$는 전류이다. 이 식에서 출력 광전력은 구동 전류에 비례함을 알 수 있다. 높은 출력 광전력을 얻기 위해서는 추출 효율 η_{ext}을 증가시키고, 밴드갭 에너지가 더 큰(따라서 $h\nu$가 더 큰) 물질을 사용하며, 발광성 재결합 수명 τ_{rad}를 줄여야 한다. 평면 LED 구조에서 추출 효율은 그림 5.19에서 보듯이, 스넬의 법칙(Snell's law)에 의하여 지배되는 반도체와 공기의 계면 사이에서의 전반사에 의해 제한된다. 소자 내부에서 도파되는 빛을 밖으로 뽑아내기 위하여 평면 구조를 깨뜨릴 수 있는, 다양한 방식의 표면이 주름진 구조(corrugated structure)들을 고안함으로써 효율을 개선할 수 있다. LED 다이(die)의 형태를 바꾸는 것 또한

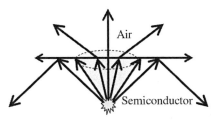

그림 5.19 전반사에 의한 LED의 빛 탈출 원뿔

빛을 LED의 밖으로 뽑아내는 데 도움이 될 수 있다. 에폭시 돔 구조와 반사기를 이용한 패키징은 소자를 보호할 뿐만 아니라 추출 효율을 증가시킨다. III-P 물질계에서는 GaAs 기판이 흡수 기판이기 때문에 이를 투과 기판으로 대체하여 광추출을 증가시킬 수 있다. 추출 효율의 향상과 관련한 상세한 내용들은 5.5.3절과 5.5.4절에서 논의하기로 한다.

5.4.3 스펙트럼 특성

LED의 발광 파장은 상태 밀도(DOS)와 각각의 특정 에너지 상태에 있는 캐리어들의 수의 곱에 의해 정해진다. DOS는 주어진 특정한 에너지 값에 재결합을 위한 가용한 상태들이 얼마나 많이 있는가를 의미한다. 그림 5.3에서 보듯이, 밴드 다이어그램은 전도대와 가전자대 모두 포물선 형태를 보인다. 따라서 DOS는 밴드 가장자리의 0에서 시작하여 에너지가 증가함에 따라 증가한다. 반면에 캐리어 분포는 근사적으로 에너지가 증가함에 따라 지수적으로 감소하는 볼츠만 분포에서 얻을 수 있다. 그림 5.20에서 LED의 일반적인 발광 스펙트럼을 볼 수 있는데, 발광 피크 파장은 밴드갭 파장보다 약간 더 짧게 나타난다. 또한, 발광 스펙트럼은 비대칭적이다. 에너지 밴드갭 내부에는 허용되는 상태가 존재하지 않는다. 따라서 스펙트럼상에서 장파장의 끝부분은 가파르게 변한다. 반면에 단파장 영역에서는 부드러운 곡선을 볼 수 있는데, 이는 캐리어 분포의 지수적인 꼬리 효과에서 기인한다.

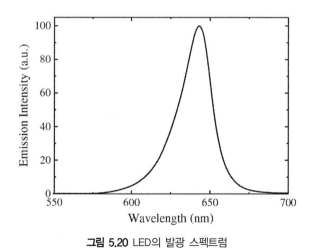

그림 5.20 LED의 발광 스펙트럼

QW과 QD 구조에서는 에너지가 양자화되므로, DOS는 벌크 반도체와는 다르다. 그림 5.21
은 벌크와 양자 구조에서 에너지의 함수로서의 DOS를 보여준다. QW과 QD 구조에서는 양자
화된 준위에 의한 에너지 구속에 의해 DOS는 각각 계단 함수와 델타 함수 형태가 된다. 이
는 양자 구조의 발광 스펙트럼이 더 좁은 FWHM을 가지므로 디스플레이로의 응용에 필요한
더 넓은 색영역(color gamut)을 가짐을 의미한다.

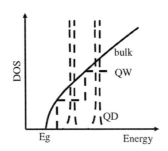

그림 5.21 벌크(bulk), QW 및 QD 구조의 DOS

상온 근처에서 온도가 상승함에 따라, LED의 발광 강도는 감소하고 스펙트럼의 피크 파장
은 적색 편이(red-shift)한다. 그림 5.22는 서로 다른 온도에서의 적색, 녹색 및 청색 LED의 강
도 감소 및 스펙트럼 천이의 실험 결과들을 보여준다. LED의 강도 감소의 물리적 기작은 주
로 비발광성 재결합의 증가에서 기인한다. 이는 다시 주변 온도의 상승에 따른 포논 강도를
증가시키며, 비발광성 재결합률은 급격하게 증가하게 되어 발광 강도는 더욱 감소한다. 또한

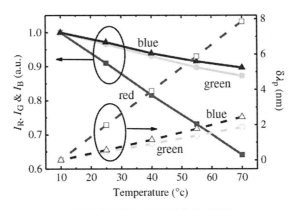

그림 5.22 RGB LED들의 온도 의존성

온도 상승은 더 낮은 에너지로의 밴드갭의 감소를 야기하여 스펙트럼의 적색 편이를 가져온다. 그림 5.22에서 보듯이, 이러한 두 가지 현상들은 적색 LED와 같은 장파장 LED에서는 더욱 심각하다. 이러한 LED의 온도 의존성은 디스플레이에의 응용에서 심각한 문제들을 야기한다. 예를 들어, LED 교통 신호등은 밤보다 정오에 서로 긴 파장의 색깔과 더 낮은 발광 강도를 갖게 되므로 안전상의 문제를 야기할 수 있다. LCD 백라이트에 사용하는 LED에서는 사용 중에 많은 열이 발생하여 색 이동과 색영역의 변화를 야기한다. 따라서 넓은 온도 범위에 대하여 디스플레이의 성능을 최적화하기 위해서는 적절한 온도 제어와 보상 회로가 필요하다.

예제 5.3

상온(25℃)에서 중심 파장이 각각 650, 550 및 450 nm인 적색, 녹색 및 청색 LED를 합성하면 백색광을 만들 수 있다. 그러나 일정 시간(예를 들어, 30분)을 구동한 다음에는 발생한 열에 의해 모듈의 온도가 상승하여 85℃에서 안정화가 된다. 이 세 가지 LED들은 단색광을 방출한다고 가정하자. 적색 LED에서는 온도가 30℃ 상승함에 따라, 피크 파장이 5 nm 적색 편이하고 발광 강도는 20% 감쇠한다. 녹색 및 청색 LED에서는 온도가 30℃ 상승함에 따라, 피크 파장 이동과 발광 강도의 감쇠가 2.5 nm 및 5%이다. (0.33, 0.33)의 CIE 색좌표를 가지고 85℃까지 안정적으로 동작하는 백색 LED 광원의 초기 상태(25℃)에서의 RGB 휘도 비율을 구하라.

λ(nm)	Red		Green		Blue	
	650	660	550	555	450	455
X	0.725	0.730	0.302	0.337	0.157	0.151
Y	0.275	0.270	0.692	0.659	0.018	0.023
Z	0	0	0.006	0.004	0.825	0.826
$V(\lambda)$	0.107	0.032	0.99495	1	0.038	0.048

풀이

장시간 동작시킨 후에, 적색 LED의 발광 파장은 적색 편이하여 660 nm에서 안정화된다.

$$x = \frac{X_r}{X_r + Y_r + Z_r} = 0.73; \quad y = \frac{Y_r}{X_r + Y_r + Z_r} = 0.27; \quad z = \frac{Z_r}{X_r + Y_r + Z_r} = 0$$

$$\rightarrow X_r = 2.7Y_r, \quad Z_r = 0$$

유사하게 녹색(555 nm) 및 청색(455 nm) LED에 대한 X, Y 및 Z 사이의 관계식을 구할 수 있다.

$$X_g = 0.5114\,Y_g,\, Z_g = 0.006\,Y_g \rightarrow X_b = 6.5652\,Y_b,\, Z_b = 35.913\,Y_b$$

백색광은 RGB LED들로 구성되어 있으므로 백색광의 X, Y 및 Z는 다음과 같다.

$$X_w = X_r + X_g + X_b = 2.7Y_r + 0.5114Y_g + 6.5652Y_b$$
$$Y_w = Y_r + Y_g + Y_b$$
$$Z_w = Z_r + Z_g + Z_b = 0.006Y_g + 35.913Y_b$$

(0.33, 0.33)에서의 백색 광원에 대하여,

$$\frac{X_w}{X_w + Y_w + Z_w} = 0.33,\quad \frac{Y_w}{X_w + Y_w + Z_w} = 0.33 \text{ and } \frac{Z_w}{X_w + Y_w + Z_w} = 1 - 0.33 - 0.33$$

따라서 85°C에서 $Y_r : Y_g : Y_b = 5.02 : 28.857 : 1$의 결과를 얻을 수 있다.

발광 강도의 감쇠를 야기하는 열 효과를 제거하기 위하여 RGB LED의 초기 휘도(25°C) 비율은 다음과 같아야 한다.

$$\frac{Y_r}{(1-0.4)} : \frac{Y_g}{(1-0.1)} : \frac{Y_b}{(1-0.1)} = 7.53 : 28.857 : 1$$

5.4.4 효율 저하

식 (5.34)에서 보듯이, 전류 밀도가 증가함에 따라, 광출력 또한 선형적으로 증가한다. 이는 매우 작은 LED에 제한없이 전류를 증가시키는 것만으로 매우 높은 광출력을 갖는 것이 가능함을 제안한다. 물론 이것은 사실이 아니다. 예를 들어, 그림 5.22에서 보듯이 전류 밀도의 증가는 온도 증가를 야기시켜, LED의 전류 효율(current efficiency)을 감소시킨다. 온도 효과를 배제하더라도, 특히 III-N(청색 또는 UV) LED로 형광체를 여기시키는 일반 조명과 같이 높은 광출력을 필요로 하는 응용에 있어서 효율 감소가 여전히 관측된다.[38] 이렇게 전류가 증가함에 따라 EQE가 증가하다가 다시 감소하는 현상을 '효율 저하 효과(efficiency droop effect)'라고 부르며, 이는 그림 5.23(a)에 보여진다. 서로 다른 곡선들은 서로 다른 온도에서 LED의 구동전류에 따른 EQE를 나타낸다. 온도 증가에 따른 EQE의 감소를 '온도 저하(temperature droop)'라고 부른다. 온도가 일정할 때에는 전류의 증가에 따라 EQE가 급격하게 증가하다가 천천히 감소한다. 높은 전류 밀도에서의 이러한 감소를 '전류 저하(current droop)'라고 부른다.[39]

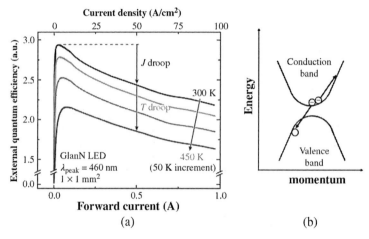

그림 5.23 (a) 서로 다른 온도에서의 EQE vs. 전류 (b) 오제 재결합의 개략도

전류 밀도가 높으면, 과잉 캐리어 농도가 다수 캐리어 농도보다 커져서 식 (5.26)은 다음과 같이 변형된다.

$$R_{rad} = r_{rad}np = r_{rad}n(p_0 + \Delta p) \sim r_{rad}n(\Delta p) \tag{5.35}$$

여기서 과잉 전자와 정공의 농도는 같기 때문에 다음과 같이 쓸 수 있다.

$$R_{rad} \sim r_{rad}n^2 \tag{5.36}$$

오제 재결합(Auger recombination)은 다전자 과정으로 반도체에서 자주 관찰된다. 그림 5.23(b)는 반도체의 $E\text{-}k$ 다이어그램을 나타낸다. 전자가 에너지를 잃고 전도대에서 가전자대로 전이할 때, 자신이 갖고 있던 에너지를 전도대의 이웃한 전자에게 전달할 수 있다. 에너지를 얻은 전자는 '뜨거운' 전자가 되어 전도대 내의 더 높은 에너지 상태로 올라간다. 이 과정에서 에너지뿐만 아니라 운동량 또한 보존되어야 한다. 따라서 그림 5.23(b)에서 보듯이, 한 전자가 우측 상단으로 이동하고, 다른 전자는 좌측 하단으로 이동한다. 이 과정에서 세 개의 캐리어들이 관여함을 주목하자(한 전자가 두 번째 전자에 에너지를 주고 정공과 재결합을 한다). 고전류 조건하에서 식 (5.29)의 총 재결합률은 보통 다음과 같아진다.

$$R_{rad} = An + Bn^2 + Cn^3 \tag{5.37}$$

여기서 An, Bn^2 및 Cn^3은 각각 SRH 재결합률, 발광성 재결합률 및 오제 재결합률을 나타낸다. 따라서 내부 양자 효율(internal quantum efficiency, IQE)은 다음과 같다.

$$IQE = Bn^2/(An + Bn^2 + Cn^3) = B/(A/n + B + Cn) \tag{5.38}$$

식 (5.37) 및 (5.38)에서 보듯이, 전류 밀도가 낮을 때에는(낮은 n) SRH 재결합이 지배적이고 전류 밀도가 증가함에 따라 IQE가 증가한다. 다음으로, 전류 밀도가 특정 수준(높은 n)에 도달하면 오제 재결합이 두드러지게 되고 효율은 다시 감소한다.

반도체 물질에서는 통상 전자 이동도가 정공 이동도보다 더 높다. 따라서 높은 전류 조건하에서는 전자들이 QW 영역으로부터 범람하여 p영역 쪽으로 누설되게 되어 효율 저하를 야기할 수 있다. LED 소자에서는 '횡(lateral)' 방향(p-n 접합에 수직 방향)으로 균일한 전류 밀도 분포를 갖기 위해 세심한 설계가 필요하며, 이는 6.5.2 및 6.5.3절에서 논의할 것이다. 분포가 균일하지 못하면, 가장 높은 전류 밀도를 갖는 영역이 효율 저하 효과가 가장 심각하며, 이는 고전류 구동하에서 LED의 효율을 저하시킨다. 보통 III-P 물질계는 일반 조명 용도로는 사용되지 않으므로, 일반적으로 초고출력은 필요하지 않다. 또한 확산거리가 길기 때문에 효율 저하보다는 SRH 재결합이 더 심각한 문제이다. 효율 저하의 관점에서는 전자 누설이 오제 재결합보다 더 심각하다. 왜냐하면 III-P LED의 QW 구조는 밴드 오프셋이 작기 때문에, 높은 전류 밀도에서 전자들이 손쉽게 범람하기 때문이다.

반면 III-N 기반 LED의 경우에는 (In)GaN 물질의 결함밀도가 높다($10^8\,cm^{-3}$)는 사실을 상기하자. 인듐 조성의 공간적인 요동의 발생이 캐리어들이 결함 준위에 포획되기 전에 발광성 재결합되도록 속박하는 역할을 한다. 이것이 InGaN-LED가 높은 결함밀도에도 불구하고 효율이 증가하는 중요한 요인이 된다. 하지만 높은 전류 밀도에서는 인듐의 요동이 캐리어들의 국재화(localization)를 발생시켜 국소적인 전류 밀도의 증가와 효율 저하를 야기시킨다. 캐리어들이 인듐이 풍부한 영역으로부터 범람하여 결함 준위에 포획되면 효율 역시 감소한다. 분극(polarization)은 질화물 기반 LED에서의 효율 저하 효과에 어느 정도 역할을 한다. 질화물 기반 QW에서의 전자-정공 파동함수의 공간적인 작은 중첩(overlap)에 의하여 SRH 및 발광성 재결합 효율이 감소하고, 결과적으로 오제 재결합 효과가 효과적으로 증가한다. QW/EBL 계면에서의 분극 효과는 전자 누설을 강화하고 정공 주입을 방해하여 효율 저하를 더욱 심각하게 야기한다.

효율 저하를 줄이기 위하여(주로 질화물 기반 LED에서), 가능한 전략들은 다음과 같다. (i) 활성층 내부의 전류 밀도를 줄인다. (ii) 활성층 외부에서의 전자 누설을 막는다. 전류 밀도를 줄이는 직접적인 방법은 QW 두께와 수를 늘이는 것이다. QW에서의 분극을 줄이면 '유효(effective)' 활성층이 넓어지므로 전류 밀도가 감소한다. p형 GaN층의 낮은 전도도로 인하여 전류 퍼짐(current spreading)이 불충분하면, 횡방향으로의 캐리어 집중(carrier crowding)이 발생하며 이로 인하여 효율 저하도 발생한다. 전자 누설을 줄이기 위해서는 적절한 EBL의 설계와 정공 주입의 개선이 필요하다. 에피택셜층의 분극을 조절하는 것 또한 캐리어 속박을 강화하는 데 도움이 된다.

5.5 소자 제작

LED의 제작은 단결정 기판상에 에피택셜 성장을 행하는 것에서 시작된다. 몇 가지의 에피택시 기술에는 액상 에피택시(liquid phase epitaxy, LPE), 기상 에피택시(vapor phase epitaxy, VPE) 및 유기금속 화학 증착법(metal-organic chemical vapor deposition, MOCVD) 등이 있다. LPE는 열 동역학적 평형상태에서 두꺼운 에피택셜층을 얻을 수 있는 가장 단순하고 경제적인 기술이지만 격자정합 조건 근처에서 성장이 이루어져야 하므로 반도체의 조성 범위가 제한되기도 한다. LPE의 빠른 성장 속도(2 μm/min)로 인하여 QW과 같이 얇은 층들을 얻는 데에는 어려움이 따른다. 한편, VPE는 기체 상태에서의 III족과 V족 물질의 유량을 독립적으로 제어하는 방식으로 합금의 조성을 조절하는 데 더욱 큰 유연성을 제공한다. 기체 원료들에 의해 염화물(chloride), 수소화물(hydride) 및 유기금속(organometallic) VPE 방법들로 구분된다. 유기금속 원료를 사용한 VPE는 보통 MOCVD라고도 부르며, 이는 두께, 조성 및 도핑 농도 분포가 매우 복잡한 층 구조들을 얻을 수 있는 가장 보편적인 방법 중의 하나이다. 일단 고 품위의 에피층이 얻어지면, 다음 단계는 p-n 접합을 제작하는 것이다. LED 제작은 레이저 다 이오드와 트랜지스터와 같은 다른 III-V 소자들과 비교하여 상대적으로 간단하다. 낮은 직렬 저항을 갖는 오믹 접촉을 얻기 위해서는 적절한 전극 물질의 선택이 필수적이고, 증착 후 어 닐링 공정이 이루어져야 한다. 반사형 금속은 빛이 밖으로 나오는 것을 막기 때문에, 전극의 배열은 잘 고안되어야 한다. 추출 효율을 개선하기 위해서는 바닥, 상부 및 측면에서의 '탈출 원뿔(escape cone)'들에서 발광이 가능하도록 에피택셜층들이 잘 고안되어야 한다. 칩의 형태 와 표면의 가공을 통하여 빛의 경로를 바꾸면, 반도체에서 에폭시 봉지층으로 빛이 빠져나올 수 있도록 도움을 주고, 도파 효과에 의해 빛이 포획되는 것을 방지한다. 반도체-에폭시 계면 에서의 전반사 임계각도를 증가시키기 위하여, 에폭시의 굴절률은 가능한 한 큰 물질이 좋 다. 그리고 에폭시에서 공기로의 광추출을 개선하기 위하여 에폭시의 형태는 곡면 형태로 제 작된다. 패키징 공정은 LED칩을 보호하고 추출 효율을 개선할 뿐만 아니라 고출력 응용에 있어 중요한 요소인 열 방출도 개선하기 때문에 매우 중요하다.

5.5.1 에피택시

LPE는 단순한 공정, 저비용 및 높은 성장 속도(growth rate)로 인하여 LED의 대량생산에 적용된 최초의 에피택시 기술이다. 그림 5.24는 LPE 장치의 개략도를 보여준다.[40] 서로 다 른 용융된 혼합물(예를 들어, Ga, As 및 Al)의 포화용액을 포함하는 용액들을 서로 다른 원료 홀더(용액 용기)들에 담는다. 용매는 보통 용융된 금속을 사용한다. GaAs 기판은 별도의 홀 더 위에 놓여서, 서로 다른 용액(melt)들과 접촉할 수 있게 하면, 서로 다른 조성과 도핑 분포 를 갖는 층들을 얻을 수 있다. 기판과 용액들의 순차적인 접촉은 푸시로드(push rod)를 움직 이는 방식으로 행한다. GaAs 기판과 원료들이 접촉하는 동안 온도가 낮아지므로, 용액에 액 체 상태로 있던 원자들에 의해 열적 평형조건에서 고체 기판 위에 에피택셜 성장이 일어난 다. 각 에피층의 두께는 온도 분포와 접촉 시간에 의하여 결정된다. LPE는 성장 온도(약 700

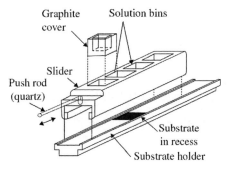

그림 5.24 LPE 장치의 개략도

~900℃)가 높기 때문에, 층 계면에 결함을 형성하는 산화 반응이 일어나지 않도록 하기 위하여 서로 다른 용액들 사이의 이동시간을 가능한 한 짧게 하여야 한다. LPE는 매우 빠른 성장 속도(최대 분당 2 μm)를 가지므로 대량생산에 적합하다. 그러나 QW 구조와 같은 얇은 층들의 에피택셜 성장에는 어려움을 겪기도 한다.

LPE가 액체 원료를 사용하는 반면에, VPE는 기체 원료를 사용한다. 따라서 에피택셜층의 두께와 도핑 분포의 조절이 더 쉽고, 원료 기체들의 유량을 조절하여 다층 구조를 더 손쉽게 성장할 수 있다. 표 5.2에서 보듯이 사용하는 기체 원료들의 성분에 의해 구분되는 몇 가지 종류의 VPE 방식들이 있으며, 각각 염소화합물(chloride) VPE, 수소화합물(hydride) VPE 및 MOCVD로 구분된다. 염소화합물 VPE는 III족과 V족 원료로 각각 고체와 기체 원료를 사용한다. V족 염소화합물은 우선 H_2와 반응하여 다음과 같이 V족 분자들과 기체 상태의 HCl을 형성한다.

표 5.2 여러 가지 VPE 장치들에서 사용되는 원료들

	Group III	Group V	Gas flow
Chloride VPE	Atoms(In, Ga...) or binary sources(GaAs, InP, InAs...)	Chloride($AsCl_3$, PCl_3···)	H_2
Hydride VPE	Atoms(Ga, In...)	Hydride(AsH_3, PH, NH_3···)	HCl and H_2
MOCVD	Organometallic materials (TMGa, TMAl, TMIn...)	Hydride(AsH_3, PH_3, NH_3···)	H_2, N_2

$$4VCl_3 + 6H_2 \rightarrow V_4 + 12HCl \tag{5.39}$$

여기서 V는 한 가지나 그 이상의 V족 물질들(예를 들어, As 및 P)을 나타낸다. 따라서 생성된 HCl과 원자나 이원 화합물이 반응하여 III족 염소화합물 원료를 얻게 되며 다음과 같이 쓸 수 있다.

$$4\text{IIIV} + 12\,\text{HCl} \rightarrow 4\text{IIICl}_3 + \text{V}_4 + 6\text{H}_2 \tag{5.40}$$

여기서 III은 III족 물질들(예를 들어 In 또는 Ga)을 나타낸다. 이 화학반응은 가역적(reversible)임을 주목하자. 온도가 높을 때에는 반응은 오른쪽(고체 원료 물질 영역)으로 일어나는 경향이 있다. 따라서 III족의 고체 원료들은 식각되어 III족의 기체 상태 물질들을 형성한다. 다음으로, 낮은 온도(기판이 놓여 있는 곳)에서는 반응이 왼쪽 방향으로 일어나는 경향이 있어서, 단결정 기판 위에 에피택셜층이 형성된다. 그림 5.25(a)는 염소화합물 VPE 장치의 개략도를 보여준다.[41]

염소화합물 VPE에서는 연쇄반응이 일어나므로, III족 원료의 양은 V족 원료에 의해 결정됨을 알아두자. 수소화합물 VPE에서는 V족 원료들이 AsH$_3$(arsine)과 PH$_3$(phosphine)으로 대체되어 고온에서 열분해 과정을 거쳐 As$_4$와 P$_4$를 형성한다.[42] 또한 HCl 기체를 주입하여 III족 금속과 반응시키면, 다음과 같이 III족 기체 원료가 얻어진다.

$$2\text{III} + 6\text{HCl} \rightarrow 2\text{IIICl}_3 + 3\text{H}_2 \tag{5.41}$$

그러므로 그림 5.25(b)에서 보듯이, 수소화합물 VPE는 III족과 V족 원료들의 양을 독립적으로 제어할 수 있으므로 염소화합물 VPE와 비교하여 더 유연한 에피택셜 성장이 제공된다. 수소화물 VPE의 증착 반응은 염소화합물 VPE와 동일하다. 다만 수소화합물 VPE의 단점 중의 하나는 맹독성 원료인 AsH$_3$과 PH$_3$의 사용이다.

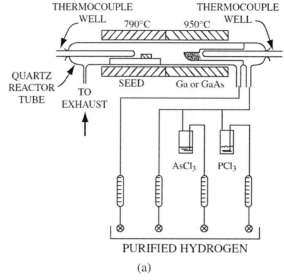

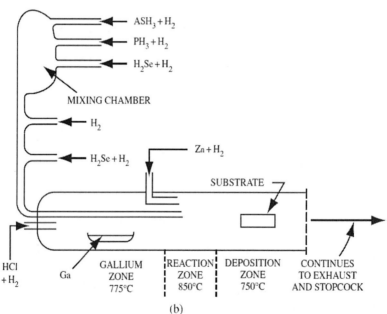

그림 5.25 (a) 염소 화합물 및 (b) 수소 화합물 VPE 장치 개략도

상온에서 액체이거나 유동적인 고체인 알킬금속을 사용하면, III족 원료들의 녹는점을 획기적으로 낮출 수 있다. 그림 5.26에서 보듯이, 알킬금속과 수소화물을 각각 III족과 V족의 원료로 사용한 에피택셜 성장 기술을 MOCVD 또는 유기금속 VPE(organometallic VPE, OMVPE)

라 부른다. H₂ 및 N₂를 혼합한 캐리어 기체를 사용하여, III족 알킬기들을 통과시켜 증기의 상태로 성장 챔버(growth chamber)로 보내며, 이와 같은 방식으로 III족 원료의 유량을 정밀하게 제어할 수 있다. 일반적으로 사용되는 III족 원료들에는 트리-메틸-알루미늄(tri-methyl-aluminum, Al(CH₃)₃ 또는 TMAl), 트리-메틸-갈륨(tri-methyl-gallium, Ga(CH₃)₃ 또는 TMGa) 및 트리-메틸-인듐(tri-methyl-indium, In(CH₃)₃ 또는 TMIn)을 들 수 있다. MOCVD의 반응식은 다음과 같이 쓸 수 있다.

$$x\mathrm{Al(CH_3)_3} + y\mathrm{Ga(CH_3)_3} + z\mathrm{In(CH_3)_3} + \mathrm{VH_3} \rightarrow \mathrm{Al}_x\mathrm{Ga}_y\mathrm{In}_z\mathrm{V} + 4\mathrm{CH_4}, \tag{5.42}$$

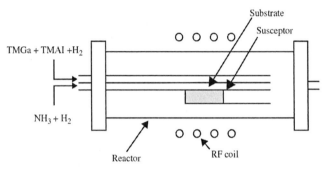

그림 5.26 MOCVD 장치의 개략도

여기서 V는 V족 물질(예를 들어, As, P 및 N)을 의미한다. 이 반응은 비가역적(irreversible)이므로 MOCVD는 일종의 비평형 성장(non-equilibrium growth)임을 의미한다. 이 비평형 성장기술의 장점은 (i) 급준(abrupt) 접합 및 얇은 에피층의 성장이 가능하다는 점과 (ii) 화합물 조성을 변화시키는 데 큰 유연성을 발휘한다는 점을 들 수 있다. 이러한 특징들은 LED의 응용에서 매우 중요하다. 특히 양자 구조를 적용해야 할 경우나, 기존과는 다른 발광 파장을 필요로 할 경우에 효과적이다.[43] 정밀한 성장 속도 조절은 0.1～10 μm/h의 낮은 성장 속도를 의미하며, 이는 오히려 MOCVD의 단점으로 보일 수도 있다.

그림 5.4에서 보듯이, 사파이어 기판 위에 질화물 기반 물질을 성장하는 모드는 평면(2차원)이 아니다. 따라서 GaN 또는 AlN의 저온 버퍼층이 필요하다. 그럼에도 불구하고, 전위 밀도(dislocation density)는 약 10⁸ cm⁻² 정도로 여전히 높다. 결정 막의 품질을 더 개선하기 위하여 MOCVD 장치의 개량이 필수적이다. 예를 들어, 그림 5.27(a)에서 보듯이, 2플로우(two-flow)

시스템이 도입되었다.[44] 수평 방향의 주 플로우는 반응 기체들(H₂, NH₃ 및 TMGa)을 기판 표면 위로 운송한다. 또한 N₂ 및 H₂를 사용한 추가적인 수직 방향의 부 플로우가 도입되어, 기판 표면에서의 반응성을 향상시킨다. 그 결과로 3D 성장과 전위 밀도가 줄어든다. 2플로우 시스템의 2D 성장 특성 때문에, GaN에 인듐을 집어넣는 것이 더 용이하다. 이것이 청색 LED 를 제작하는 데 중요한 기술혁신이다. 챔버 내의 기체 플로우를 세심하게 설계한 다양한 형태(예를 들어, 수평 및 수직 기체 플로우)의 양산용 MOCVD 반응로(reactor)들이 도입되었다.

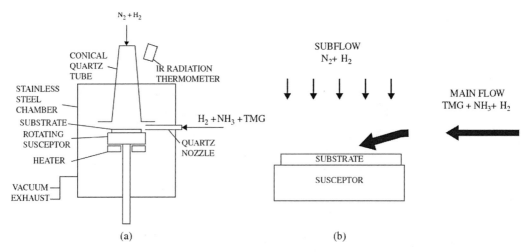

그림 5.27 (a) 2-플로우(two-flow) MOCVD 시스템의 개략도 및 (b) 이 시스템의 가스 플로우(gas flow)

고품질의 결정 막을 얻기 위하여 II-N 성장의 3D 성질을 이용할 수도 있다. 저온 III-nitride 막을 성장한 다음, 사진-식각 공정을 통하여 마이크로 또는 나노-로드 형태로 패터닝을 행한 다. 다음으로 고온 MOCVD를 이용하여 2차 에피택셜 성장을 수행한다. 2차로 성장되는 III-nitride 막은 로드의 상부에서 성장이 시작된다. 성장의 3D 성질로 인하여, 수평 방향으로 성장이 일어나고, 로드 사이의 간격에 의해 더 우수한 품질의 막의 성장이 가능해진다. 또한, 고온에서의 2차 성장은 로드에 어닐링 효과를 주어막의 품질을 향상시킨다. 이 기술을 에피 택셜 횡방향 재성장(epitaxial lateral overgrowth, ELOG)이라 부른다.[45] 이 기술을 이용하면, 전위 밀도를 $10^7 \, \text{cm}^{-2}$ 이하로 줄일 수 있다. 그러나 1차 성장된 에피택셜층에 사진 및 식각 공정을 수행한 후, 2차 MOCVD 성장을 행하는 추가적인 공정 단계가 필요하다. 이에 대한 대안은 패턴된 사파이어 기판(patterned sapphire substrate, PSS)을 사용하는 기술이다.[46] MOCVD

의 에피택셜 성장 전에 사진 및 식각 공정을 이용하여 사파이어 기판을 패터닝한다. 이때 서로 다른 형태들(예를 들어, 피라미드, 원뿔 및 반구)을 다양한 크기(수백 nm~μm 범위)로 가공한다. ELOG의 경우와 마찬가지로, 에피택셜층 성장 초기에는 수평 방향의 성장 속도가 더 빠르다. 다음으로, 전위가 휘어지고 에피택셜층의 상부 영역에서 막의 품질이 향상된다. 막의 품질을 평가하는 유용한 도구에는 식각 피트 밀도(etch pit density, EPD)를 측정하는 방식이 있다. 에피택셜 막을 화학 용액에 식각하면, 결함이 있는 영역의 식각이 더 빠르게 진행되므로, 광학 현미경으로 확인할 수 있는 식각 피트들이 생성된다.[47] PSS의 비평면 구조로 인하여 활성층에서의 내부 전반사를 줄여주어 광추출이 향상될 수 있으며, 이는 5.5.3절에서 더 자세히 논의하기로 한다.

5.5.2 공정 흐름 및 소자 구조 설계

그림 5.28(a), (b)는 각각 일반적인 III-P 및 III-N LED의 소자 구조를 보여준다. 전극에서 LED의 p층과 n층으로 주입된 캐리어들은 활성 영역에서 재결합한다. 생성된 광자들은 각각의 III-P 및 III-N LED의 상부와 측면들을 통하여 밖으로 방출된다. 전극 설계에는 몇 가지 요구사항들이 있다. 무엇보다도 캐리어의 주입이 잘 되기 위하여 전극과 p형 및 n형 물질의 사이에 우수한 오믹 접촉이 필요하다. 최적의 금속 재료의 선택과 어닐링 공정을 통하여 전도

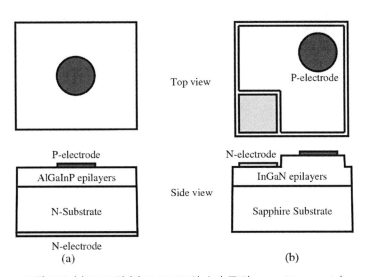

그림 5.28 (a) III-P 및 (b) III-N LED의 소자 구조(www.epistar.com.tw)

도를 증가시키고 소비전력을 낮출 수 있다. 다음으로, 전류는 활성층을 통하여 균일하게 흘러야 하며, 이는 p형 및 n형 물질의 저항이 가능한 한 낮아야 함을 의미한다. 그러나 질화물 기반 물질의 p형 도핑에서는 낮은 비저항을 얻기가 어렵다. 전극의 배열을 적절하게 고안하면, 캐리어들이 균일하게 분배될 수 있으므로, 발광 효율이 획기적으로 증가한다. 전극의 배열 설계에서의 고려사항은 금속 전극이 광추출을 방해하지 않도록, 가급적, 금속 전극의 크기가 작아야 한다는 점이다. 질화물 LED는 부도체인 사파이어 기판을 사용하므로, 전극들이 기판상의 에피층 쪽에만 놓이게 된다. 이를 위해서는 메사 식각(mesa etching)이 필요함을 의미한다. 다음으로, LED 기판은 개별 칩들로 다이싱(dicing)되어 패키징 공정으로 넘어간다. 이 과정은 5.5.4절에서 기술하기로 한다. 다이싱 공정 전에 생산수율을 향상시키기 위하여 때로는 웨이퍼를 얇게 가공하는(wafer thinning) 공정이 사용되기도 한다.

이론적으로는 금속과 반도체의 직접 접촉은 오믹 접촉보다는 쇼트키 다이오드(Schottky diode)를 만든다. 금속의 일함수와 캐리어 수송 밴드(전자와 정공에 대하여 각각 전도대와 가전자대) 사이의 장벽 높이는 LED로 주입되는 전류를 제한한다. 전극 재료에 도펀트 금속을 혼합하여 시료의 어닐링을 행하면, 도펀트 금속이 반도체 내부로 침투하여 클래딩층과 반응을 일으켜서 고농도로 도핑된 얇은 층을 생성한다. 그러므로 이와 같은 방식으로 전극과 반도체 사이의 오믹 접촉이 달성될 수 있다. AlInGaP와 AlGaAs 물질계에서는 보통 n형 전극으로는 Au-Ge 합금이, p형 전극으로는 Au-Zn(또는 Au-Be) 합금이 사용된다. p형 접촉에서는 전도도를 개선하기 위하여, 에피택셜 성장 과정에서 고농도의 도핑(예를 들어, p^+-GaAs, p^+-GaP 및 p^+-AlGaAs)을 적용할 수 있다. 그러나 질화물 LED에서는 고농도로 도핑된 층을 만들기가 어렵다. 따라서 적절한 일함수를 갖는 금속을 사용하여 쇼트키 접합의 장벽 높이를 줄이는, 다른 접근 방법을 사용한다. Ti/Al 이중층 및 Ni/Au 이중층은 각각 n형 및 p형 전극의 형성에 사용되는 보편적인 금속들이다. Ti은 질화물과 반응하여 전도성인 TiN을 생성한다. Ni과 Au는 큰 일함수를 나타내므로 전극과 p형 반도체 사이의 장벽을 낮출 수 있다.

일반적으로 LED칩의 횡방향의 크기는 수백 μm로 p클래딩층의 두께보다 훨씬 더 크다. 따라서 양극에서 주입된 정공들은 대부분이 불투명한 금속 영역 아래에서 전자들과 재결합하게 되어 발광 효율을 떨어뜨린다. 또한 재결합률은 전자와 정공의 농도의 곱에 비례하므로, 정공 분포의 불균일성은 더 낮은 재결합 효율을 야기한다. 이를 해결하기 위한 간단한 한 가지 방법은 횡방향의(lateral) 전류 흐름을 개선하기 위하여 p클래딩층의 두께를 증가시키는 것이다. 하지만 이는 직렬 저항의 증가를 야기시킨다. 또 다른 가능한 해법은 전극을 패터닝(patterning)하는 것이다. 전류 퍼짐을 돕기 위하여 '손가락(finger)' 형태의 전극 구조를 사용하면 캐리어 분포의 균일성이 훨씬 더 개선될 수 있다. 그러나 금속이 광추출을 방해하므로 불투명한 전극에 의해 점유되는 면적은 가능한 한 최소화하여야 한다. 질화물 LED에서는 부도체 기판을 사용하므로 양극과 음극이 모두 기판상의 한쪽 면에 위치하게 되어 주입 전류의 불균일성이 더욱 심화된다. 따라서 p전극 및 n전극 모두의 배치를 잘 고려하여야 한다. p형 영역에서의 전류 퍼짐을 개선하기 위하여 ITO 및 얇은 금속(예를 들어, Ni/Au 또는 Pt)과 같은 투명 또는 반투명 전극들이 소자의 전 영역에 사용될 수 있다. 반면에, III-P LED에서는 ITO가 GaP 클래딩층에서만 오믹 접촉을 이룰 수 있다. 왜냐하면 기판으로 사용하는 GaAs층은 가시광 영역에서 흡수 물질이기 때문에 흡수에 의한 손실을 줄이기 위하여 GaAs층이 가능한 한 얇아져야 하기 때문이다.

5.5.3 추출 효율 개선

5.4.2절에서 언급한 바와 같이, LED의 추출 효율은 빛이 반도체 평면 구조를 통해 밖으로 나갈 때, 내부 반사에 의해 제한된다. 이를 개선하기 위해서는 보통 두 가지 방법이 사용된다. (i) 전체 소자의 기하학적인 형태를 바꾸어 빛의 방향을 바꾸고, (ii) 도파 모드를 밖으로 추출하기 위하여 비평면 구조를 사용한다. 패키징 공정(5.5.4절에서 논의)과 결합하면 임계각을 증가시키고 빛의 방향을 바꾸어서 추출 효율을 효과적으로 증가시킬 수 있다. 또한 III-P 소자에서는 광자들이 GaAs 기판에 의해 흡수된다. 기판에 빛이 흡수되는 것을 막기 위하여 기판과 에피층의 사이에 분포 브래그 반사기(distributed Bragg reflector, DBR) 구조를 사용하는 것이 가능하며, 이는 동시에 파장 선택기(wavelength selector)로 작용할 수 있다. 그러나 이러한 다층 구조는 에피택셜 성장에서의 복잡도와 비용을 증가시킨다. 또한 흡수 기판 대신에 투과 기판을 제작하는 특별한 방식들도 있다. 금속 전극과 관련한 다른 문제는 빛의 방출을 방해한다는 점이다. 높은 추출 효율을 얻기 위해서는 적절한 전극 배열 설계와 소자 구조가 필요하다.

스넬의 법칙에서 반도체(보통, $n_{semi} \approx 3.5$)와 외부 매질(패키징 공정을 거치면 보통 에폭시가 됨, $n_{epo} \approx 1.5$) 사이의 임계각은 $\theta \approx 25.38°$를 얻는다. 따라서 그림 5.19와 같은 '탈출 원뿔(escape cone)'을 정의할 수 있다. LED는 완전한 직육면체 고체이고 빛은 온전히 등방적이라고 가정하면, 최대로 얻을 수 있는 광추출은 6개의 완전한 탈출 원뿔들이다. 흡수 기판의 경우에는 분명히 아래 방향의 탈출 원뿔이 존재하지 않는다. LED의 물리적 차원은 수백 마이크론의 폭과 길이를 갖는다. 활성층의 두께는 대략 1 μm 정도이다. 만약 활성층의 양쪽에 있는 층들(보통 클래딩층이라 부름)의 두께가 충분히 두껍지 않으면, 활성층에서 생성된 광자들이 LED의 밖으로 나오기 전에 다중 반사를 일으키게 되어 광자들은 금속 전극, 활성층 및 흡수 기판에서 흡수될 수도 있다. 따라서 클래딩층은 충분히 두꺼워야(>30 μm) 하고, 4개의 측면 원뿔들을 열어주기 위해서 투명해야 한다. 그러나 이렇게 두꺼운 에피층을 성장하는 것은 성장 속도가 대략 1 μm/h로 제한적인 MOCVD 기술을 사용하면 시간이 너무 많이 걸려서 실용적이지 않다.

III-P/GaAs 계에서는 보통 GaAs 기판과 3.6%의 격자부정합이 있지만, 상부 클래딩층으로 투명한 GaP가 사용된다. MOCVD를 이용하면, GaP 클래딩층은 단지 15 μm 두께 정도만 성장할 수 있는데, 이는 완전한 측면 탈출 원뿔을 얻기에는 부족하다. 그러나 활성층의 MOCVD 성장 후에 50 μm의 상부 클래딩층을 VPE 방식으로 성장하는 기술이 개발되었다. 또한 GaAs 기판이 식각 공정에 의해 제거되면 고온 어닐링하에서 GaP 기판과 본딩을 행한다.[48] 그림 5.29는 이렇게 만든 소자 구조를 보여준다. III-nitride 소자를 위한 투과형 기판은 존재한다. 그러나 도핑의 어려움 때문에 두꺼운 클래딩층을 갖는 것은 어렵다. 게다가 활성층에서의 높은 흡수 손실 때문에 빛이 가장자리까지 도달하기 전에 활성층에 의해 흡수되어 빛이 약해

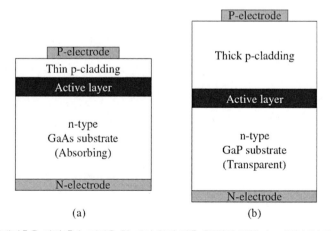

그림 5.29 (a) 얇은 클래딩층을 가진 흡수 기판은 한 개의 완전 탈출 원뿔(위 방향)과 4개의 부분 탈출 원뿔(측면)을 갖는다. (b) 두꺼운 클래딩층과 투과 기판은 6개의 완전 투과 원뿔을 갖는다.

진다. 따라서 두꺼운 클래딩층은 추출 효율의 향상에 그다지 도움이 되지 않아서 보통 사용되지 않는다. 앞에서 언급한 바와 같이 열등한 전도도(특히 p형 도핑) 때문에 금속 '그물망(mesh)' 전극을 주로 사용한다. 이는 그림 5.30(a)에서 보듯이, 휘도 균일성을 개선할 수 있으나 빛의 방출을 방해한다. 따라서 이 문제를 해결하기 위하여 그림 5.30(b)와 같은 플립칩(flip-chip) 구조가 제안되었다.[49] 위아래를 뒤집은 구조로 빛은 투명한 사파이어 기판을 통하여 방출되므로, 우수한 전도도와 높은 추출 효율을 동시에 얻을 수 있다. GaN와 사파이어의 굴절률은 각각 2.45 및 1.78이므로 InGaN 활성층에서 생성된 빛은 GaN/사파이어 계면에서의 전반사를 겪을 수 있음을 의미한다. 세심하게 설계된 PSS(5.5.1절에서 논의된)를 사용하면, 광선들의 방향을 바꾸어 광추출 효율을 개선할 수 있다.[50]

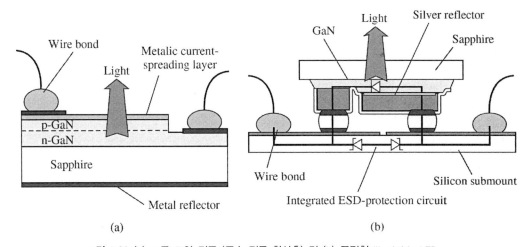

그림 5.30 (a) 그물 모양 전극 (금속 전류 확산층) 및 (b) 플립칩 III-nitride LED

앞에서 한 논의들은 직육면체 형태의 LED에서 가능한 한 많은 빛을 추출하는 것과 관련되어 있다. 실제로 가장자리 면을 완전한 평면을 벗어난 구조로 전환하면, 6개의 탈출 원뿔들은 더 많은 빛을 추출할 수 있다는 사실이 밝혀졌다. 게다가 소자의 기하학적인 형태를 바꾸어 상부의 면으로 방출이 잘되도록 빛의 경로를 바꿔주면 추출 효율을 더욱 개선할 수 있다. 예를 들어, 사다리꼴 모양의 구조는 측면 방출을 효과적으로 상부로 반사시켜 추출 효율을 증가시킨다. 그림 5.31은 (a) 일반적인 흡수 기판, (b) 투과 기판, (c) '손가락' 모양 전극 배열 및 (d) 사다리꼴 형태의 다이 구조의 순서로 광추출 효율이 개선되는 구조의 진화를 보여준다.

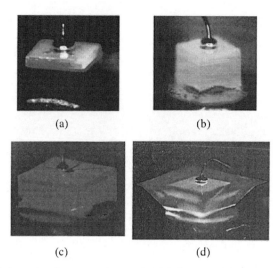

그림 5.31 서로 다른 기하학적 구조를 갖는 LED들의 구동 사진 (a) 흡수 기판 (b) 투과 기판 (c) 손가락 모양 전극 배열 및 (d) 기하학적 변형 구조

LED의 상부 면에서의 전반사 조건을 제거하기 위하여 많은 노력들이 행해졌다. 직접적인 방법으로는 상부 표면을 거칠게 가공하여 빛이 반사되지 않고 산란(난반사)되게 하는 것이다. 주기적인 광자의 마이크로 및 나노 구조들을 사용하면, 회절(diffraction) 또는 플라스몬 커플링(plasmonic coupling)에 의해 도파 모드들을 효과적으로 밖으로 뽑아낼 수 있음이 증명되었다. 그러나 적합한 구조의 제작에 있어 공정, 비용 및 소자 설계 면에서 여전히 난제들이 남아 있다.

5.5.4 패키징

일반적인 LED 소자 제작에서의 패키징 공정은 다음의 기능을 수행한다. (i) LED와 전극을 기계적 및 환경적 손상에서 보호하고, (ii) 광추출 효율을 개선하며, (iii) 특히 고출력 응용에서 필수적인 열 방출을 돕는다. 그림 5.32는 패키징된 LED를 보여주는데, 수백 마이크론 크기의 반도체 칩을 반사기 컵 위에 부착하여 방출되는 빛이 위쪽으로 향하도록 한다. 소자에 전류를 주입할 수 있도록 반도체와 외부 전극들을 연결하는 데 본딩 와이어(bonding wire)를 사용한다. 여기서는 반도체 기판을 가진 LED(예를 들어, GaAs 기판 위에 제작한 AlGaInP LED)를 예로 들었다. 에폭시 수지는 내부의 반도체, 반사기 및 본딩 와이어를 밀봉하여 보호한다. 에폭시의 형태는 에폭시-공기 계면에서의 광추출 효율을 향상시키기 위하여 보통 반구형으로 제작된다. 동시에 반도체-에폭시 계면에서의 광추출을 개선하기 위하여, 에폭시의 굴

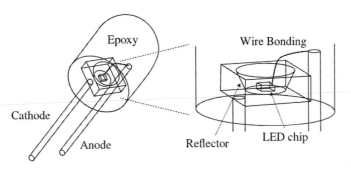

그림 5.32 패키징된 LED의 개략도

절률을 가능한 한 크게 하여 탈출 원뿔을 키워야 한다. 일반적인 에폭시의 굴절률 값은 가시광 대역에서 대략 1.5~1.8이다.

LED의 광출력을 증가시키기 위해서는 소자에 더 많은 전류를 주입하여야 한다. 그러나 이는 온도를 상승시키고 계속해서 광 강도를 감소시키며 발광 파장의 적색 편이를 야기한다. 따라서 고출력 LED 응용에서는 패키지를 설계할 때 열저항(thermal resistance)을 신중하게 고려해야 한다. 보통 고출력 LED칩은 힛싱크(heat-sink) 위에 부착되므로, 바닥 면에서 전도에 의해 열이 방출된다. 또한 열 안정성을 개선하기 위하여 종종 에폭시 대신 열전도도가 더 우수한 실리콘(silicone)이 봉지 물질로 사용된다.

5.6 응용

초창기(1960년대에서 1980년대) LED의 응용은 주로 가전제품이나 산업용 기기에 사용되는 표시기, 영숫자 디스플레이 및 단순한 도트 행렬 디스플레이 등으로 제한되었다. 또한 LED의 색도, 더 짧은 파장에서의 적합한 반도체 물질들의 부재로 인하여 가시광 대역의 장파장(예를 들어, 적색)에 국한되었다. 최근에는 반도체 물질의 에피택시 성장과 소자 효율 개선에서의 빠른 성장으로 인하여, 수많은 다양한 분야에 응용될 수 있는 고성능의 LED들을 사용 가능하게 되었다. 직시형 응용에서 LED는 교통신호등, 전자 사이니지 및 초대화면 디스플레이(예를 들어, 경기장) 등에 사용될 수 있다. 직시형 디스플레이의 주된 관심사는 고효율(저소비전력을 위한)과 올바른 CIE 좌표이다. 또한 LED는 통상의 CCFL 백라이트와 비교하여 무수은, 높은 색재현율, 장수명 및 빠른 응답 특성을 갖기 때문에 LCD를 위한 백라이트로 사용할 수 있다. 휴대전화기와 같은 소형 LCD 디스플레이에서는 색재현율이 주된 관심사가 아니다. 따라서 비용을 줄이고 모듈 크기를 최소화하기 위하여, 청색 LED와 형광체를 합친 백색 LED이면 백라이트 광원으로 충분하다. 하지만 중형 및 대형화면 LCD에서는 전력 효율과 색재현율을 개선하기 위하여 다색 LED들이 필요하다. 이러한 응용에서는 색재현율 값을 증가시키기 위하여 LED의 FWHM은 가능한 한 좁아야 한다. LED의 광 특성(강도와 스펙트럼)은 외부 온도와 동작 시간에 따라 변하기 때문에 디스플레이의 품질에서 중요하다. LED 응용의 세 번째 범주는 일반 조명으로 이 또한 반사형 디스플레이를 위한 광원으로 간주할 수 있다. 이러한 응용에서는 백색 LED의 CIE 좌표를 고려해야 할 뿐만 아니라 높은 CRI 값 또한 중요하다. 왜냐하면 자연광과 LED 조명하에서 물체가 비슷하게 보여야 하기 때문이다. 그러나 5.2.3절에서 논의한 바와 같이 전력 효율과 CRI 값의 사이에는 상충 관계가 있다.

5.6.1 교통신호등, 전자 간판 및 초대형 디스플레이

교통신호등의 색, 광도(luminous intensity) 및 휘도(luminance)는 안전의 문제에서 매우 중요하다. 각 나라들(예를 들어, 미국, 유럽 및 일본)은 비슷하면서도 세부적으로는 다른 표준을 갖는다. 예를 들어, 미국에서는 교통신호등의 세부 기준들이 미국 교통공학회(Institute of Transportation Engineers, ITE)의 규제를 받으며, 교통신호등을 위한 5가지의 서로 다른 색(red, yellow, blue-green, Portland orange 및 lunar white)의 허용되는 색 범위를 정의해놓았다. 앞의 3색은 각각 '서시오(stop)', '주의하시오(caution)' 및 '가시오(go)'를 의미하는 표준 적색, 황색 및 녹색 신호등으로 사용된다. 나머지 두 개의 색은 보행자 조절 신호로 사용되며, 각각 '통행 금지(don't walk)'와 '통행 가능(walk)'을 나타낸다.

일반적인 필터를 사용한 백열등을 대체하여 LED를 교통신호등으로 사용하면 저소비전력과 장수명이라는 두 가지 분명한 장점들을 얻는다. 전형적인 백열광원의 전력 효율은 약 14 lm/W이다. 적색 신호등을 얻기 위하여, 백열등의 녹색과 청색 부분을 필터링하면 3~5 lm/W의 전력 효율을 갖게 된다. AlInGaP 적색 LED를 사용하면, 전력 효율은 30 lm/W 이상으로 매우 높기 때문에 소비전력을 약 1/10 정도로 줄일 수 있다. 백열등이 2년에서 3년 정도의 수명을 갖는 것과 비교하여, LED의 동작 수명은 10년 이상이므로 운영 비용을 더 절감할 수 있다. 필터를 사용한 백열등의 기본 구조는 백열등에 컬러 필터를 적용하는 방식이다. 반면에 LED 교통신호등은 수백 개의 LED 화소들(약 200~700화소)로 구성된다. 따라서 몇 개의 LED가 불량이 나더라도 교통신호등의 기능에는 크게 영향을 미치지 않는다. 하지만 일단 백열등이 고장이 나면 교통신호등은 곧바로 교체하여야 한다. LED의 루멘당 가격은 백열등의 경우보다 더 비싸지만, 에너지와 유지비용의 절감을 고려하면 교통신호등으로 LED 기술을 사용하는 것이 더 큰 총비용 절감을 가져온다. AlGaInP를 사용한 LED는 보통 적색, 주황색 및 노란색 교통신호등에 사용된다. InGaN LED는 녹색과 백색(청색 또는 UV LED+형광체) 교통신호등에 사용된다.

가격 이외에 LED 교통신호등의 두 가지 단점에는 (i) 주변 온도의 변화에 따른 광출력의 변동과 (ii) 복잡한 구동 회로를 들 수 있다. 5.4.4절에서 언급한 바와 같이, 주변 온도가 증가함에 따라 출력 강도는 감소하고 스펙트럼은 적색 편이가 일어난다. 일반적인 주변 온도 범위(-40~55℃)에서 CIE 좌표의 이동은 분명하지 않으므로 적절한 소자 설계의 범위를 넘지는 않는다. 반면에, 출력 강도의 변동은 분명하므로 적절한 회로 설계를 통하여 보상해야 한다. 보통, 백열등은 교통신호 제어기에 의해 제공되는 120 V 교류 전력에 의해 구동된다. 동일한 제어기를 사용하기 위해서는 AC-DC 변환기가 필요하고, 스트링(string) LED 조명들이 직렬로 연결된다. 균일한 광출력을 제공하기 위해서는 전압 조정기(voltage regulator), 한류 저항기(current-limiting resistor), 또는 정 전류원(constant current source)이 필요하다. LED 화소의 무작위적인 고장이 교통신호등의 기능에 영향을 주지 않도록, 약간의 이중 장치가 필요하다. 따라서 서로 다른 직렬 스트링들 사이에 일부의 병렬 연결이 필요하다.

전자 사이니지와 초대형 디스플레이는 LED의 다른 두 가지의 중요한 응용이다. LED 기술의 급속한 발전으로 인하여 전자 사이니지의 색은 단색(보통 적색)에서 다색(적색, 노란색 및 녹색)으로 그리고 풀컬러(적, 녹 및 청)로 진화하였다. 소형의 필터가 장착된 백열등을 사용하는 고전적인 전자 사이니지 기술과 비교하여 LED 전자 사이니지는 저소비전력과 장수명의 장점을 나타낸다. 또한 LED를 사용하면 모듈의 크기를 더 작게 할 수 있어 해상도를 증가시킬 수 있다. LED는 전통적인 전구에 있는 유리 덮개와 필라멘트가 없으므로 패키징 공정에 의해 적절한 패시베이션을 하면 견고성이라는 또 다른 장점을 갖게 된다. 초대형 디스플레이에의 응용은 수백만 개의 화소들로 구성되며, 3개 또는 4개의 LED(적, 녹 및 청)가 단일 화소를 구성한다. 최대의 백색 발광 효율을 달성하기 위하여, 때로는 단일 화소에 2개의 적색 LED가 적용된다. LED는 고휘도를 갖기 때문에 초대형 디스플레이는 태양광하에서도 시인성이 우수하다.

5.6.2 LCD 백라이트

앞에서 기술한 바와 같이 LCD의 백라이트를 전통적인 CCFL에서 LED로 대체하면 저소비전력, 장수명, 소형 및 견고성을 갖게 된다. CCFL을 구동하는 데에는 수백~수천 V의 전압을 인가하는 반면, LED는 훨씬 더 낮은 구동 전압(<5 V)을 가지므로, 구동회로의 설계와 안전성 면에서 장점이 된다. LED는 빠른 응답 특성을 가지므로, 4.11절에서 논의된 바와 같이, 임펄스 방식(impulse-type) 특성 때문에 홀드 방식(hold-type) CCFL-LCD에서 발생하는 동작 번짐(motion blur)을 제거하기 위하여, '흑색 프레임(black frame)'을 삽입하여 LED 백라이트를 점멸하는 것이 매우 용이하다. CCFL과 비교한 LED의 또 다른 중요한 장점 중의 하나는 수은을 사용하지 않으며 친환경 광원이라는 점이다. 그러나 LCD 백라이트를 위한 LED의 광학적 요구 사항들은 다음과 같다. (i) 요구되는 각각의 원색의 CIE 색좌표와 컬러 필터의 투과 곡선에 부합하는 좁은 발광 스펙트럼과, (ii) 전체 패널에서 우수한 휘도 균일성을 가져야 한다. 그림 5.33은 CCFL과 RGB-LED의 발광 스펙트럼과 RGB 컬러 필터의 투과율 스펙트럼을 보여준다. CCFL의 발광 스펙트럼은 다중 피크를 보인다. 434 nm, 542 nm 및 610 nm에서의 예리한 피크들은 각각 적색, 녹색 및 청색에 해당하지만 486 nm와 585 nm에서의 피크들은 청녹색 및 녹적색 컬러 필터의 중첩 영역 근방이므로 채도의 감소를 야기한다. 보통 CCFL-LCD는 NTSC의

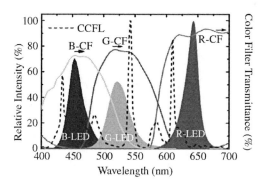

그림 5.33 CCFL과 RGB–LED의 발광 스펙트럼 및 RGB 컬러 필터의 투과율 스펙트럼

72% 수준의 색영역을 갖는다. 색영역을 넓히기 위해서는 컬러 필터의 투과율 스펙트럼의 FWHM을 감소시켜야 한다. 이를 위해서는 더 두꺼운 컬러 필터 필름을 필요로 하므로 투과율의 감소와 저효율을 야기한다. 반면에 RGB-LED는 컬러 필터보다 더 좁은 FWHM(보통 <50 nm)을 갖는 3색 광원으로 구성되므로, 높은 채도와 색영역(105% NTSC)을 보인다.[51] 4.12절에서 보인 바와 같이 청색 LED에 의해 광 펌핑되는 형광체와 양자점은 또 다른 접근 방식을 제공한다.

적색, 녹색 및 청색 LED를 백라이트로 사용하면, 개별적으로 구동할 수 있으므로 서로 다른 색들을 순차적으로 발광하는 필터가 없는 LCD(filterless LCD)의 구현이 가능하다. 그림 5.34에서 보듯이 이 기술은 색 순차 구동(color sequential driving) 기술 또는 필드 순차 구동(field sequential driving) 기술이라 부른다.[52] 이 예에서는 화소에 원색인 적색과 녹색의 부화소를 합성한 색인 노란색을 표시하고자 한다. 통상의 LCD에서는 LC가 적색과 녹색 부화소의 광은 투과시키고 청색 부화소의 광만 차단한다. 적색과 녹색 부화소에서 나오는 빛들이 혼합되어 노란색으로 보인다. 반면에, 색 순차 구동에서는 청색, 녹색 및 적색 LED가 서로 다른 시간 슬롯에서 한 개씩 순차적으로 점등된다. 그러므로 부화소 또는 컬러 필터가 불필요하다. 이 경우에는 청색이 켜질 때에만 LC 스위치가 닫히고, 다른 시간 슬롯 동안에는 투과 상태가 되어 적색과 녹색이 통과하게 만든다. 따라서 표시되는 색영역은 컬러 필터가 아니라 LED 자체의 색좌표에 의해 정의된다. 따라서 이 방식에서는 컬러 필터가 불필요하므로 제작 공정이 더 간단하고 패널 비용이 절감된다. 또한 컬러 필터는 액정을 통과하는 빛의 2/3를 흡수하고 1/3만 통과시키기 때문에, 컬러 필터를 쓰지 않는 색 순차 구동 기술은 소비전력

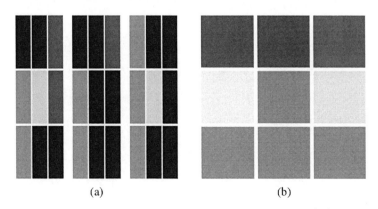

(a)   (b)

그림 5.34 (a) 고전적인 구동 방식과 (b) 색 순차 구동 기술[53]

을 효과적으로 줄일 수 있다. 그러나 이 방식에서는 서로 다른 색들이 순차적으로 켜지므로 액정 패널의 응답이 충분히 빨라야, 시청자의 눈이 색들을 혼합하여 균일한 색으로 인식한다. 위에서 언급한 3색(three-color) LED 방법은 모니터와 TV에의 응용과 같은 중대형 LCD에 적합하다. 일부 소형 LCD(특히 모바일 응용)에서는 색 성능보다는 모듈 크기가 더 중요하므로, 청색 LED와 형광체의 합성에 기반을 둔 백색 LED 기술이 보편적으로 사용된다.

LED는 점광원(point-like light source)이므로 패널 전 영역에서 균일한 휘도를 얻기 위해서는 CCFL이 사용될 경우보다 광학 설계가 더 복잡하다. 그림 5.35는 고전적인 선 광원(linear-type)인 CCFL 백라이트와 점광원인 LED 백라이트의 휘도 분포에 대한 전산모사 결과를 보여준다. 광원은 상변의 가장자리에 숨겨져 있다. CCFL의 경우에는 휘도는 상변에서 하변으로 갈수록 점차로 감소한다. 반면에 LED칩의 경우에는 높은 휘도를 갖는 점들이 분명히 관찰된다. 따라서 심각한 불균일성이 존재함을 알 수 있다. 이러한 현상은 대화면 LCD의 핵심 기술인 '직시형(direct-view type)' 백라이트 모듈의 경우에는 더욱 더 심각하다. LED 백라이트 시스템의 균일한 휘도 분포를 얻기 위해서는 세밀한 광학 설계가 필요하다.

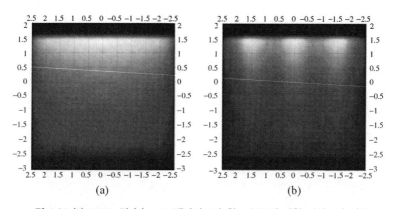

그림 5.35 (a) CCFL 및 (b) LED 백라이트의 휘도 분포에 대한 전산모사 결과

열적 안정성과 동작 수명 문제 또한 고려해야 한다. 동작 중에 LED의 온도가 상승하면, 휘도 감쇠(luminance decay)와 피크 파장의 적색 편이를 가져온다. RGB LED의 동작 수명은 각각 다르기 때문에 서로 다른 수명에 따른 열화 비율(degradation rate)의 차이로 인해 장시간 구동 후에 백색 점의 색 전이를 야기한다. 이 경우 패널상에 특정한 검출기(detector) 소자들을 사용하여 휘도 손실을 보상하고 색 성능을 교정할 수 있다.

5.6.3 일반 조명

일반 조명의 요구 조건들은 높은 전력 효율과 높은 CRI이다. 따라서 광대역(broad-band) 스펙트럼을 갖는 광원이 필요하다. 인공적인 광원들은 횃불을 포함하여 불로 시작되었고, 양초를 거쳐 가스등으로 이어졌으며, 선사시대부터 19세기까지 폭넓게 사용되었고, 오늘날에 와서도 일부는 여전히 사용되고 있다. 그러나 효율은 1 lm/ W 이하로 매우 낮다. 이는 발광과 더불어 큰 방열이 수반되는 것에서 이해될 수 있으며, 우리가 이런 종류의 노랗고 밝은 환경 하에서 따뜻함을 느끼는 이유를 설명해준다. 보통 이러한 조명 기술은 화학 에너지를 빛 에너지로 변환하는 것과 관련이 있다. 백열등과 형광등은 전기 에너지를 사용하는 두 가지의 보편적인 광원이다. 백열등은 전력을 입력하여 진공 중에서 텅스텐 필라멘트를 가열하지만, 횃불이나 양초처럼 태우지는 않는다. 텅스텐 와이어의 온도(약 2856 K)는 흑체 복사 특성에 의해 색을 결정한다. 따라서 매우 우수한 CRI를 갖는 광대역 광원이다. 실제로 백열등의 피크 파장은 가시광선 영역이 아니라 적외선 범위에 있다. 백열등의 수명은 보통 수천 시간이다. 동작 중 높은 온도에 의해 텅스텐이 유리 덮개의 내부 영역으로 증발되며, 텅스텐 와이어는 점점 더 얇아져서 결국은 끊어진다. 필라멘트의 온도가 낮으면 수명은 더 길어진다. 그러나 발광 피크 파장이 더 긴 쪽으로 이동하므로, 보통 15 lm/W 이하의 더 낮은 전력 효율을 야기한다.

형광등의 동작 원리는 저압에서의 기체 방전에 의한 에너지의 완화에 기반을 두고 있다. 기체(예를 들어, 수은 증기)가 들뜬 상태에서 바닥 상태로 내려오면서 방출한 UV가 형광체를 펌핑하여 가시광을 발생시킨다. 형광등의 효율은 백열등보다 몇 배 이상 더 크며, 이는 형광등의 온도가 백열등보다 훨씬 더 낮은 것을 통해 알 수 있다. 형광등의 수명은 수만 시간 정도로 길다. 그러나 스펙트럼상의 예리한 피크 파장들 때문에 형광등의 CRI 값은 보통 50에서 80 범위의 값을 갖는다. LED 효율의 급속한 발전으로, 일반 조명의 응용에 유망한 기술이 되고 있다. 형광체와 함께 질화물 기반의 청색 LED나 UV LED를 사용하면 보통 스펙트럼을 넓게 하여 우수한 CRI를 얻을 수 있다. 멀티칩 LED 모듈은 더 높은 효율을 위해 사용한다. 그러나 단일 LED 스펙트럼의 FWHM은 약 50 nm 정도로 스펙트럼을 더 넓히기 위해서는 3색 LED보다 많은 색을 사용하거나 특별히 고안된 LED층 구조가 필요하다. 5.6.1절에서 논의한 바와 같이 백열등, 형광등과 비교할 때 LED 조명은 장수명(예상 수명 >100,000시간)과 외부 환경에 대한 우수한 저항성이라는 두 가지의 분명한 장점을 갖는다. 또한 LED 조명은 친환경이다. 백열등과 비교하여 LED는 더 높은 효율을 가지므로, 저소비전력이며 이산화탄소의 배출량을 줄일 수 있다. 형광등은 LED의 효율과 비슷한 수준이거나 약간 열등하지만, 형광등에 사용하는 수은 증기가 심각한 환경 문제를 야기한다.

5.6.4 마이크로 LED

LCD 디스플레이에서는 LED는 백라이트 시스템으로 사용될 수 있으며 LCD는 광 스위치의 역할을 한다. 통상 액정 셀의 투과율은 주로 편광기에 의하여 40% 미만으로 제한되므로 디스플레이의 전력효율을 떨어뜨린다. 5.6.1절에서 보듯이, LED는 LC 패널 없이 직접적으로 초대화면(100인치 이상) 디스플레이로도 사용될 수 있다. 이러한 응용에서는 무수히 많은 LED들이 사용된다. 각 LED의 패키지 크기 때문에 적, 녹 및 청의 부화소들을 포함하는 화소의 크기는 수 밀리미터 정도가 되므로 이러한 디스플레이의 시청 거리는 통상 10m 이상이 된다. 다시 말해서, LED 패널의 화소 크기를 줄일 수 있다면, 액정 스위치 없이도 직접 양산용 디스플레이로 적용할 수 있으며, 이를 '마이크로 LED(micro-LED)'라 부른다.

초대화면 디스플레이에서는 각각의 LED 모듈들이 패키징된 후에 조립된다. 반면에 마이크로 LED 어레이는 고해상도를 유지하기 위하여 패키징 공정 이전에 화소 집적화가 선행되어야 한다. 디스플레이의 크기 또한 기판의 크기에 의해 제한된다. 따라서 마이크로 LED는 주로 시계나 프로젝터 등에 사용되는 디스플레이와 같이 고해상도와 고휘도를 갖는 소형 디스플레이에 가장 적합하다. 고해상도 디스플레이에서는 LED의 어드레스를 위해 구동 TFT의 집적화가 필요하다. 그림 5.36(a)의 하단 그림에서 보듯이, 구동 회로는 Si 기판 위에 제작된다.[54] 질화물 반도체(III-nitride) LED는 사파이어 기판 위에 제작되며, 이후에 그림 5.30(b)의 구조와 유사한 플립칩(flip-chip) 방식으로 회로 기판과 연결된다. 그림 5.36(a)의 상부 그림은 상부와 하부 기판을 연결해주는 이방성 전도체로 된 '마이크로 튜브(micro-tube)'의 SEM 사진이다. 하나의 기판 위에 풀컬러 패널을 제작하는 것은 매우 어렵다. 따라서 사파이어 기판 위에 모노리식 InGaN LED 어레이를 제작한 후, 양자점(QD)들에 의한 하향 변환(down-conversion)을 이용하는 것이 풀컬러를 얻을 수 있는 가능한 한 가지 해법이다. 풀컬러를 위한 또 다른 해법은 탠덤 구조를 적용하는 것이다. 그림 5.36(b)에서 보듯이, 밑에서 위로 적, 녹 및 청 패

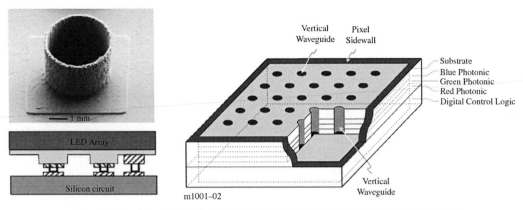

그림 5.36 (a) 마이크로 LED와 Si 웨이퍼의 구동 회로 통합 (b) 탠덤 마이크로 LED 구조

널의 순서로 적층하면 디스플레이의 해상도를 상당히 개선시킬 수 있다.[55] 측벽 구조는 빛을 반사시켜 약 10 μm 크기의 화소 영역 내부로 빛을 모아준다. 빛은 평판 구조 내부에서만 전파되며, 약 1 μm의 직경을 갖는 수직 도파로 구조를 통하여 밖으로 나온다.

LED는 단결정 기판 위에 성장되어야 한다. 예를 들어, III-P LED와 III-N LED는 각각 GaAs와 사파이어 기판 위에 성장된다. 이러한 이유로 기판 크기보다 더 대형의 디스플레이에 LED를 적용하기가 어렵다. 따라서 5.6.1절에서 기술한 초대형 디스플레이와 유사하게 해상도를 줄이는 '개별적인(discrete)' 방식이 필요하다. 기판의 크기에 따른 제약을 극복하는 컬러 디스플레이를 제공하기 위하여, LED를 부드러운 몰드(mold)로 옮긴 다음, 임의의 기판으로 옮기는 방식을 쓸 수 있다.[56] 우선, GaAs나 사파이어와 같은 원래의 기판 위에 LED를 성장한다. 다음으로 고해상도의 식각 공정을 통해 LED 메사를 형성한다. 에피택셜 성장 과정에서 선택적 식각을 위한 희생층(sacrificial layer)을 기판과 LED 사이에 성장한다. 각 LED의 구석에는 포토레지스트를 이용하여 만든, LED의 위치를 고정하기 위한 지지층(anchor)이 형성되어 있다. 그림 5.37에서 개략도를 보여준다. 여기서 사파이어 기판 위에 청색 LED 어레이가 제작된다. 다음으로, 패턴이 형성된 polydimethylsiloxane(PDMS) 몰드를 LED 기판 위에 스탬핑(stamping)하여 선택된 LED들을 이동시킨다. 따라서 그림 5.37의 좌측 그림에서 보듯이, 청색 LED 중의 일부는 사파이어 기판을 떠나 PDMS 몰드로 옮겨진다. 이제 이 청색 LED들은 어떤 기판으로도 옮길 수 있다. 예를 들어, 이 그림에서는 적색 및 녹색 LED와 구동 회로가 만들어져 있는 최종 기판(destination substrate)으로 옮겨진다. 마지막으로, 모든 LED들이

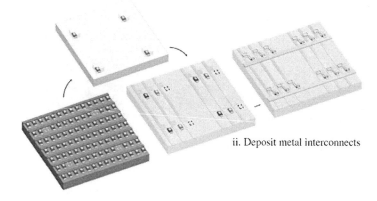

i. Transfer LEDs to display substrate

ii. Deposit metal interconnects

그림 5.37 마이크로 LED를 원래 기판에서 최종 기판으로 선택적으로 이동시키는 스탬핑 공정

옮겨진 다음에는 제작을 완성하기 위하여 금속 배선이 증착된다. 다단계의 스탬핑 공정을 통하여 적색, 녹색 및 청색 LED들이 적합한 위치에 놓이게 된다. 이 방식에서는 디스플레이 크기에 대한 제약이 없다. 최종 기판 위에 TFT를 제작하면, AM-LED 패널이 구현된다.

5.1 전압계를 이용하여 LED의 내부전압(built-in voltage)을 측정할 수 있는가? 그 이유를 설명하라.

5.2 각각 평형상태, 순방향 및 역방향 바이어스를 인가한 경우에, 전자, 정공, 표동 및 확산 전류를 포함한 에너지밴드 다이어그램과 전류의 흐름을 그려라.

5.3 여러 LED 소자들(각각의 LED는 단일 파장을 방출)을 혼합한 D65(x=0.313, y=0.329) 광원으로 얻을 수 있는 최대 발광 효율을 구하라. 이는 2색 합성(di-chromatic) 또는 3색 합성(tri-chromatic) 백색광 중에서 어느 것인가? LED들의 발광 파장은 각각 얼마인가?

5.4 p형 반도체가 $t<0$에서 균일하게 광 여기되고 있다. $t=0^+$에서 갑자기 여기 광이 꺼진다고 할 때, 시간에 의존하는 소수 캐리어 농도 $n_p(t)$를 구하라.

힌트 : 연속방정식 $\dfrac{\partial n_p{}'(x,t)}{\partial t} - \dfrac{1}{q}\dfrac{\partial J_e(x,t)}{\partial x} = g_{ext} - \dfrac{n_p{}'(x,t)}{\tau_{\min}}$ 을 사용하라.

여기서 $n_p{}'(x,\ t)$는 소수 캐리어의 과잉농도, $J_e(x,\ t)$는 전자의 전류 밀도, $\tau_{\min}$은 전자의 캐리어 수명, g_{ext}는 여기 원의 알짜 생성률 및 n_{p0}는 열적 평형상태에서의 전자 농도이다.

▌참고문헌▌

1. Round, H.J. (1907) A note on carborundum. *Electrical World*, 19, 309.

2. Holonyak Jr, N., and Bevacqua, S.F. (1962) Coherent (visible) light emission from Ga(As$_{1-x}$P$_x$) junctions. *Appl. Phys. Lett.*, 1, 82.

3. Groves, W.O., Herzog, A.H. and Craford, M.G. (1971) The effect of nitrogen doping on GaAs$_{1-x}$P$_x$electro-luminescent diodes. *Appl. Phys. Lett.*, 19, 184.

4. Rupprecht, H., Woodall, J.M. and Petit, G.D. (1967) Efficient visible electroluminescence at 300 K from Ga$_{1-x}$Al$_x$As p-n junctions grown by liquid-phase epitaxy. *Appl. Phys. Lett.*, 11, 81.

5. Kuo, C., Fletcher, R., Osentowski, T. et al. (1990) High performance AlGaInP visible light-emitting diodes. *Appl. Phys. Lett.*, 57, 2937.

6. Amano, H., Sawaki, N., Akasaki, I. and Toyoda, Y. (1986) Metal-organic vapor phase epitaxial growth of a high quality GaN film using an AlN buffer layer. *Appl. Phys. Lett.*, 48, 353.

7. Nakamura, S., Senoh, M. and Mukai, T. (1991) Highly P-typed Mg-doped GaN films grown with GaN buffer layers. *Jpn. J. Appl. Phys.*, 30, L1708.

8. Nakamura, S., Harada, Y., and Seno, M. (1991). Novel metalorganic chemical vapor deposition system for GaN growth. *Appl. Phys. Lett* 58: 2021.

9. Cho, J., Park, J.H., Kim, J.K., and Schubert, E.F. (2017). White light-emitting diodes: history, progress, and future. *Laser Photonics Rev.* 11: 1600147.

10. Schubert, E.F. (2006). *Light-Emitting Diodes*, 2e. Cambridge Univ. Press.

11. Zukauskas, A., Shur, M.S., and Gaska, R. (2002). *Introduction to Solid-State Lighting.* Wiley.

12. Stringfellow, G.B. and Craford, M.G. (eds.) (2000). *High Brightness Light Emitting Diode*, vol. 48. Academic Press.

13. Mueller, G. (ed.) (Volume ed.) (1997). *Electroluminescence I, Semiconductor and Semimetals*, vol. 64. Academic Press.

14. Muthu, S., Schuurmans, F.J.P., and Pashley, M.D. (2002). Red, green, and blue LEDs for white light illumination. *IEEE J. Sel. Top. Quantum Electron.* 8: 333.

15. Mueller-Mach, R., Mueller, G.O., Krames, M.R., and Trottier, T. (2002). High-power phosphor-converted light-emitting diodes based on III-nitrides. *IEEE J. Sel. Top. Quantum Electron.* 8: 339.

16. Stringfellow, G.B. and Craford, M.G. (eds.) (Volume eds.) (1997). *High Brightness Light Emitting Diodes, Semiconductor and Semimetals*, vol. 48. Academic Press.

17. Streubel, K., Linder, N., Wirth, R., and Jaeger, A. (2002). High brightness AlGaInP light-emitting diodes. *IEEE J. Sel. Top. Quantum Electron.* 8: 321.

18. Schubert, M., Woollam, J.A., Leibiger, G. et al. (1999). Isotropic dielectric functions of highly disordered $Al_xGa_{1-x}InP$ ($0 \leqslant x \leqslant 1$) lattice matched to GaAs. *J. Appl. Phys.* 86: 2025.

19. Karpiński, J., Jun, J., and Porowski (1984). Equilibrium pressure of N_2 over GaN and high pressure solution growth of GaN. *J. Cryst. Growth* 66: 1.

20. Nakamura, S., Mukai, T., Senoh, M. et al. (1993). $In_xGa_{1-x}N/In_yGa_{1-y}N$ superlattices grown on GaN films. *J. Appl. Phys.* 74: 3911.

21. Lin, Y.S., Ma, K.J., Hsu, C. et al. (2000). Dependence of composition fluctuation on indium content in InGaN/GaN multiple quantum wells. *Appl. Phys. Lett.* 77: 2988.

22. Lester, S.D., Ponce, F.A., Craford, M.G., and Steigerwald, D.A. (1995). High dislocation densities in high efficiency GaN-based light-emitting diodes. *Appl. Phys. Lett.* 66: 1249.

23. Qin, H., Luan, X., Feng, C. et al. (2017). Mechanical, thermodynamic and electronic properties of wurtzite and zinc-blende GaN crystals. *Materials* 10: 1419.

24. Feng, S.W., Cheng, Y.C., Chung, Y.Y. et al. (2002). Impact of localized states on the recombination dynamics in InGaN/GaN quantum well structures. *J. Appl. Phys.* 92: 4441.

25. Khan, M.A., Yang, J.W., Simin, G. et al. (2000). Lattice and energy band engineering in AlInGaN/GaN heterostructures. *Appl. Phys. Lett.* 76: 1161.

26. Nakamura, S., Fasol, G., and Pearton, S.J. (2000). *The Blue Laser Diode: The Complete Story.* Springer.

27. Sheu, J.K., Chang, S.J., Kuo, C.H. et al. (2003). White-light emission from near UV InGaN-GaN LED chip precoated with blue/green/red phosphors. *IEEE Photonics Technol. Lett.* 15: 18.

28. Xiang, H.F., Yu, S.C., Che, C.M., and Lai, P.T. (2003). Efficient white and red light emission from GaN/tris-(8-hydroxyquinolato) aluminum/platinum(II) meso-tetrakis(pentafluorophenyl) porphyrin hybrid light-emitting diodes. *Appl. Phys. Lett.* 83: 1518.

29. X. Guo, J. Graff, and E. F. Schubert, "Photon recycling semiconductor light emitting diode," IEDM Technical Digest, 600 (1999).

30. Chen, H.S., Yeh, D.M., Lu, C.F. et al. (2006). White light generation with CdSe-ZnS nanocrystals coated on an InGaN-GaN quantum-well blue/green two-wavelength light-emitting diode. *IEEE Photonics Technol. Lett.* 18: 1430.

31. Hurni, C.A., David, A., Cich, M.J. et al. (2015). Bluk GaN flip-chip violet light-emitting diodes with optimized efficiency for high-power operation. *Appl. Phys. Lett.* 106: 031101.

32. Sze, S.M. (2001). *Semiconductor Devices—Physics and Technology,* 2e. Wiley.

33. Chuang, S.L. (1995). *Physics of Optoelectronic Devices.* Wiley.

34. Kim, K.C., Choi, Y.C., Kim, D.H. et al. (2004). Influence of electron tunneling barriers on the performance of InGaN-GaN ultraviolet light-emitting diodes. *Phys. Stat. Sol. (a)* 201: 2663.

35. Peyghambarian, N., Koch, S.W., and Mysyrowicz, A. (1993). *Introduction to Semiconductor Optics.* Prentice-Hall.

36. Shockley, W. and Read, W.T. Jr. (1952). Statistics of the recombinations of holes and electrons. *Phys. Rev.* 87: 835.

37. Hall, R.N. (1952). Electron-hole recombination in germanium. *Phys. Rev.* 87: 387.

38. Verzellesi, G., Saguatti, D., Meneghini, M. et al. (2013). Efficiency droop in InGaN/GaN blue light-emitting diodes: physical mechanisms and remedies. *J. Appl. Phys.* 114: 071101.

39. Meyaard, D.S., Shan, Q., Cho, J. et al. (2012). Temperature dependent efficiency droop in GaInN light-emitting diodes with different current densities. *Appl. Phys.* Lett. 100: 081106.

40. Kupha, E. (1991). Liquid phase epitaxy. *Appl. Phys.* A 52: 380.

41. Finch, W.F. and Mehal, E.W. (1964). Preparation of GaAs$_x$P$_{1-x}$ by vapor phase reaction. *J. Electrochem. Soc.* 111: 814.

42. Tietjen, J.J. and Amick, J.A. (1966). The preparation and properties of vapor-deposited epitaxial GaAs$_{1-x}$P$_x$ using arsine and phosphine. *J. Electrochem. Soc.* 113: 724.

43. Hirosawa, K., Hiramatsu, K., Sawaki, N., and Akasaki, I. (1993). Growth of single crystal Al$_x$Ga$_{1-x}$N films on Si substrates by organometallic vapor phase epitaxy. *Jpn. J. Appl. Phys.* 32: L1039.

44. Nakamura, S., Harada, Y., and Seno, M. (1991). Novel organometallic chemical vapor deposition system for GaN growth. *Appl. Phys. Lett.* 58: 2021.

45. Conroy, M., Zubialevich, V.Z., Li, H. et al. (2015). Epitaxial lateral overgrowth of AlN on self-assembled patterned nanorods. *J. Mater. Chem.* C 3: 431.

46. Wang, M.T., Liao, K.Y., and Li, Y.L. (2011). Growth mechanism and strain variation of GaN material grown on patterned sapphire substrates with various pattern designs. *IEEE Photonics Technol. Lett.* 23: 962.

47. Wuu, D.S., Wang, W.K., Wen, K.S. et al. (2006). Fabrication of pyramidal patterned sapphire substrates for high-efficiency InGaN-based light emitting diodes. *J. Electrochem. Soc.* 153: G765.

48. Kish, F.A., Steranka, F.M., DeFevere, D.C. et al. (1994). Very high-efficiency semiconductor wafer-bonded transparent-substrate $(Al_xGa_{1-x})_{0.5}In_{0.5}P/GaP$ light-emitting diodes. *Appl. Phys. Lett.* 64: 2839.

49. Steigerwald, D.A., Bhat, J.C., Collins, D. et al. (2002). Illumination with solid state lighting technology. *IEEE J. Sel. Top. Quantum Electron.* 8: 310.

50. Li, G., Wang, W., Yang, W. et al. (2016). GaN-based light-emitting diodes on various substrates: a critical review. *Rep. Prog. Phys.* 79: 056501.

51. Kakinuma, K. (2006). Technology of Wide Color Gamut Backlight with light-emitting diode for liquid crystal display television. *Jpn. J. Appl. Phys.* 45: 4330.

52. Takahashi, T., Furue, H., Shikada, M. et al. (1999). Preliminary study of field sequential full color liquid crystal display using polymer stabilized ferroelectric liquid crystal display. *Jpn. J. Appl. Phys.* 38: L534.

53. Siemianowski, S., Bremer, M., Plummer, E. et al. (2016). Liquid crystal technologies towards realising a ield sequential colour (FSC) display. *SID 16 Digest* 47 (1): 175-178.

54. Templier, F. (2016). GaN-based emissive microdisplays: a very promising technology for compact, ltra-high brightness display systems. *SID 16 Digest* 24 (11): 669-675.

55. El-Ghoroury, H.S., Chuang, C.L., and Alpaslan, Z.Y. (2015). Quantum photonic imager (QPI): a novel display technology that enables more than 3D applications. *SID 15 Digest* 46 (1): 371-374.

56. Meitl, M., Radauscher, E., Bonafede, S. et al. (2016). Passive matrix displays with transfer-printed microscale inorganic LEDs. *SID 16 Digest* 47 (1): 743-746.

Chapter 6

유기 발광 소자

유기 발광 소자

6.1 서 론

6장에서 기술한 바와 같이, 유기 발광 소자(organic light-emitting device, OLED)의 동작 원리는 주재료가 반도체가 아니라 유기물이라는 것만 제외하고는 반도체 발광 다이오드(light-emitting diodes, LED)의 원리와 매우 유사하다.[1] 이 소자에 전압이 인가되면, 정공들과 전자들이 각각 양극과 음극에서 주입되어 재결합을 통해 빛을 방출한다.

유기물에서의 에너지 상태들은 수많은 원자 궤도(atomic orbital, AO)들의 조합인 분자궤도 함수(molecular orbital, MO)들에 해당하는 전하 캐리어들에 의해 점유될 수 있다. 전자들은 MO상에서 가장 낮은 에너지 상태부터 채워나가므로 최고 점유 분자궤도(the highest occupied molecular orbital, HOMO)를 정의할 수 있다. MO들이 갖는 첫 번째 여기 상태를 최저 비점유 분자궤도(the lowest unoccupied molecular orbital, LUMO)라고 부른다. 어떤 관점에서는 유기물에서의 HOMO 또는 LUMO가 일반적인 반도체 물질에서의 가전자대 또는 전도대와 유사하다. 전자가 빛이나 전기에 의하여 더 높은 에너지 준위로 여기된 후에, 발광성 또는 비발광성으로 에너지를 밖으로 내어놓는다. 스핀 운동량의 차이 때문에, 두 종류의 에너지 준위인 단일항 및 삼중항 여기 상태들은 비축퇴 에너지 준위(non-degenerate energy level)들을 갖는다. 단일항과 삼중항 상태에서 발광성 재결합을 각각 형광(fluorescence)과 인광(phosphorescence)이라 부른다. 일반적으로, 삼중항 엑시톤(exciton)에 대한 발광성 재결합의 시간상수는 단일항의 경우보다 훨씬 더 길기 때문에 상온에서 인광 양자 효율이 낮다.

유기물 소자에서의 전하 캐리어 주입은 금속/유기물과 유기물/유기물 계면에서의 에너지 장벽에 의해 제한된다. 보통 이것은 리처드슨-쇼트키(Richardson-Schottky, RS) 열전자 방출에 의해 모형화할 수 있다.[2] OLED에서 유기물 분자들은 비정질의 형태로 함께 적층되므로 잘 정의된 밴드 구조를 갖지 않아, 결과적으로 보통 10^{-3} cm^2/Vs 이하의 매우 낮은 이동도 값을 보인다. 캐리어들은 무질서한 구조 내의 유기물 분자들 사이를 '도약(hopping)'하며 이는 인가한 전기장의 증가에 따라 이동도가 증가함을 의미한다. 유기 재료에서는 열적 평형상태에서의 자유 캐리어 농도가 매우 낮기 때문에 유기물 박막에서의 캐리어 수송은 보통 트랩 전하 제한 전도(trap-charge limited conduction, TCLC)와 트랩이 없는 공간 전하 제한 전도(space-charge limited conduction, SCLC)에 의해 기술되며, 이는 완전한 부도체에서 유지할 수 있는 최대 전류이다.

1965년 포프(Pope)와 동료 연구자들은 안트라센(anthracene) 단결정에 전기장을 인가하였더니 청색 전계 발광(electro-luminescence, EL)이 일어나는 것을 관찰하였다.[3] 그러나 두꺼운 유기층을 사용하였기 때문에, 수백 V의 높은 구동 전압이 필요하였다. 캐리어 주입과 수송의 불균형으로 인하여, 양자 효율(주입한 캐리어 수당 방출되는 광자 수의 비로 정의) 또한 매우 낮았다. 1987년 탱(Tang)과 동료 연구자들에 의해 2층 구조가 최초로 도입되었는데, 이들은 비정질상의 유기물 박막을 증착하기 위하여 진공 중에서 열증착(thermal evaporation) 기술을 이용하였다.[4] 그림 6.1은 이 소자 구조를 보여준다. 유기물 박막은 수십 nm 수준으로 매우 얇았기 때문에, 구동 전압은 10 V 미만이었다. 두 개의 유기물층은 (i) 정공 수송층(hole-transporting layer, HTL) 물질로 사용되는 방향족 디아민(aromatic diamine)과 (ii) 발광층(emitting layer, EML) 및 전자 수송층(electron-transporting layer, ETL) 물질로 사용되는 알루미늄 킬레이트(aluminum chelate)로 구성된다. 전자와 정공은 각각 ETL과 HTL을 통하여 수송되며, 이 물질들은 비교적 높은 전자와 정공 이동도를 가지고 있고, 유기물/유기물 계면 근처에서 전자와 정공이 재결합한다. 이러한 과정은 대략적으로는 일반적인 반도체 LED의 동작 원리와 유사하다. 전극에서 유기물층으로의 캐리어 주입 효율을 개선하기 위해서는 금속 전극의 일함수를 조절하면 된다. 따라서 캐리어 주입을 개선하기 위하여, 양극에는 높은 일함수를 갖는 ITO(indium tin oxide)가, 음극에는 낮은 일함수를 갖는 Mg : Ag 합금이 선택된다. ITO는 가시광 대역에서 투명하므로 생성된 광자들은 양극과 유리 기판을 통하여 자유공간으로 방

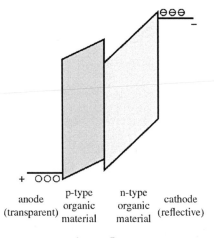

그림 6.1 2층 OLED

출된다. 추가적으로 구동 전압을 더 낮추고 양자 효율을 더 높여 동작 수명을 늘리기 위하여, 정공 주입층(hole-injection layer, HIL), 정공 차단층(hole-blocking layer, HBL) 및 전자 주입층 (electron-injection layer, EIL)과 같은 층들이 추가된 다층 구조가 제안되었다. OLED의 발광 파장은 EML 물질과 소자 구조에 의하여 조절할 수 있다. 1990년 캠브리지 대학의 버로우 (Burroughes)와 동료 연구자들은 고분자 발광 소자(polymeric light-emitting device, PLED)라 부르는 공액 고분자(conjugated polymer) 소자를 만들어 EL을 입증하였다.[5] PLED와 OLED의 동작 원리는 기본적으로 동일하며, 두 가지 중요한 차이는 분자량과 제작 기술에 있다. 공액 고분자들은 분자량이 커서 진공 중에서는 승화되지 못한다.

이 장에서는 먼저 유기물 재료들의 에너지 다이어그램, 광물리적 과정 및 전기적 특성을 기술한다. 다음으로 더 우수한 전기적 및 광학적 특성을 갖는 현대적인 OLED를 얻기 위해 개발한 소자 구조들을 소개하기로 한다.

6.2 유기물에서의 에너지 상태

고립된 원자에서의 전자들은 AO를 점유한다. 이는 각 궤도의 크기, 형태, 상대적 방위 및 에너지를 결정하는 4개의 양자수들의 집합에 의해 특정된다. 2개의 원자들이 점점 가까워지면, 전자들이 두 원자핵에 의한 정전 인력의 영향을 받는다. 결과적인 MO들은 근사적으로 개별적인 AO들의 조합으로 나타낼 수 있다. 결과적인 MO들의 수와 특성은 궤도 상관 다이어그램(orbital correlation diagram)으로부터 구할 수 있다(그림 6.2(a)). 일반적으로, 2개의 AO들의 상호작용은 정확히 2개의 MO들을 만드는데, 그중의 하나는 AO들보다 더 낮은 에너지를 갖고(결합성 MO), 다른 하나는 더 높은 에너지를 갖는다(반결합성 MO). 결합성(bonding) MO는 AO들의 동일 위상 결합(in-phase addition)에서 기인한다. 이 궤도에서의 전자 밀도는 결합을 형성할 수 있도록 핵 간 척력을 극복할 수 있는 정전 인력을 제공하는 핵들 사이에 집중된다. 반면에, AO의 반대 위상 결합에서 기인하는 반결합(antibonding) 궤도는 핵 사이에서 전자 밀도가 0인 평면을 갖게 되고 결과적으로 정전 퍼텐셜은 분자를 불안정화한다. 그림 6.2(a)에서 보듯이, 단일 분자의 바닥 상태에서는 아래에 있는 결합성 MO는 이중으로 점유되는 반면에, 반결합 MO는 비어있다.

유기 분자들의 골격을 형성하는 주기율표상의 두 번째 열에 있는 원자들 사이의 결합에서는 더 많은 AO들이 관여하고, 상관 다이어그램이 더 복잡해진다(그림 6.2(b)). 특별히 고립된 원자들에서 p오비탈은 동일한 에너지를 갖지만, 이 세 궤도 중의 하나는 결합축에 나란히 정렬되어 다른 두 궤도보다 에너지가 더 높은 결합 및 반결합 궤도를 형성할 수 있다. 그림 6.2(a), (b)와 같은 상관 다이어그램에 의해 표시된 MO 에너지들은 정성적인 설명으로만 이해하기로 한다. 다시 말해서, 임의의 특정 MO에 있는 전자의 에너지는 분자 내의 모든 MO들의 전체 점유에 의존한다.

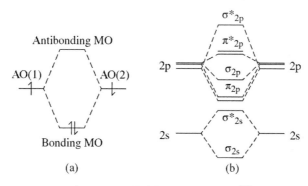

그림 6.2 MO를 형성하는 AO의 상호작용[6]

실제적인 모든 중요한 유기 분자들에서 다른 원자들과의 상호 간 입체적 반발력에 의해 MO들의 구조와 에너지가 더 변한다. 보통 이 효과들을 기술하기 위하여 고리 스트레인(ring strain) 및 궤도 혼성화(orbital hybridization)와 같은 효과들이 인용된다. 추가적으로 통상의 유기 반도체 분자들은 수많은 MO들을 가지며 이는 예를 들어, 방향족 고리(aromatic ring) 구조에서와 같이 몇 개의 원자들에 걸쳐 분포한다. 따라서 유기 반도체들은 상당히 많은 MO들을 가지며, 그 모양과 에너지는 구조적 변경에 의해 영향을 받는다. 그럼에도 불구하고 이 MO들은 고전적인 반도체의 밴드 구조를 형성하는 중첩된 준위들보다 많지는 않고, 개별 분자들에 국재화되어 있다.

분자에서는 전자들이 가장 낮은 에너지 상태에서 더 높은 에너지 상태의 순서로 MO들을 점유한다. 파울리 배타 원리에 따르면, 각 MO는 서로 반대되는 스핀을 갖는 최대 2개의 전자들을 가질 수 있다. 통상, 중성의 분자에서는 결합성 MO들이 완전히 또는 충분히 채워지지만, 반결합 MO들은 비어있다. '고립 전자쌍(lone pair)'과 같은 비결합 궤도(non-bonding orbital)들 또한 흔하다. 임의의 분자에서 점유된 MO들 가운데 가장 높은 에너지를 갖는 것을 특정할 수 있다. 이와 유사하게, 가장 낮은 에너지를 갖는 점유되지 않은 MO가 존재한다. 그림 6.3에서 보듯이, 이들을 각각 HOMO(highest occupied molecular orbital) 및 LUMO(lowest unoccupied molecular orbital) 또는 LVMO(lowest vacant molecular orbital)라 부른다. 전자를 HOMO 준위에서 LUMO 준위로 전이시키는 데 필요한 에너지는 분자의 전자적 여기 상태를 형성할 수 있는 가장 작은 에너지를 나타낸다.

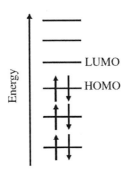

그림 6.3 HOMO 및 LUMO 준위

6.3 광물리적 과정

유기 재료의 광물리적 과정(photophysical process)은 프랑크-콘돈 원리(Franck-Condon principle)에 따른 광 흡수와 에너지 이완(energy relaxation)을 포함한다. 분자에서의 빛의 흡수는 분자가 전자기장에서 에너지를 얻음을 의미한다. 공액 분자들과 가시광/UV 광의 경우에, 흡수된 에너지들은 전자를 HOMO에서 LUMO 준위로 끌어올리거나, 광자의 에너지가 충분히 큰 경우에는 더 높은 비어있는 준위로 끌어올린다. 에너지는 빛을 방출(전자 상태 천이)하면서 발광성으로 이완되거나, 열을 방출(진동 및 회전 상태 천이)하면서 비발광성으로 이완될 수 있다. 발광 과정은 OLED의 작동에서 매우 중요하며, 다시 각각 단일항 및 삼중항 엑시톤의 이완에서 기인하는 형광과 인광으로 나눌 수 있다. 이 효과들은 다음의 6.3.2절에서 논의하기로 한다. 인광 발광(phosphorescence emission)은 여기 상태에서 긴 수명을 갖는 전자들의 스핀반전을 필요로 하므로, 보통은 관찰하기 어렵다. 따라서 상온에서는 주로 특별한 형태의 분자들에서 나오는 인광만이 관찰된다. 양자통계학에 따르면, 불운하게도 전기적 여기하에서는 단일항 엑시톤보다 삼중항 엑시톤의 수가 세 배나 많다. 이는 일반적인 OLED에서 전체 엑시톤의 75%가 발광에 기여하지 않음을 의미한다. 야블론스키 다이어그램(Jablonski diagram)은 보통 단일 분자에서의 흡수, 전자 상태 천이 및 에너지 이완과 같은 전체적인 범위의 광물리적 과정들을 설명하는 데 사용된다. 하나의 여기 상태 분자와 하나의 바닥 상태 분자가 있는 시스템을 가정하면, 여기 상태의 분자로부터 바닥 상태의 분자로의 에너지 전달이 일어날 수 있다. 게다가 2분자 시스템은 엑시머(excimer)와 엑시플렉스(exciplex)라고 부르는 여기 상태에서만 존재하는 새로운 복합체들이 생성되기도 하는데, 이들은 2분자가 각각 동종의 분자들이나 또는 이종의 분자들인 경우에도 생성된다.

6.3.1 프랑크-콘돈 원리

분자에 의해 흡수된 광자에너지는 전자(electronic), 진동(vibrational) 및 회전(rotational) 전이에 의해 여기될 수 있다. 통상, 유기물 재료에서의 광 흡수와 발광은 수 eV의 에너지에 해당하는 자외선(UV)과 가시광 범위에서의 LUMO와 HOMO의 사이에서 일어나는 천이가 가장 중요하다. 수분의 1 eV의 에너지 간격을 갖는 진동 상태는 전자 상태 내부에 놓이며, 흡수와 방출 스펙트럼을 구분할 수 있는 에너지 천이에 대한 선택 규칙이 존재한다. 보통, 회전 상태는 수십 분의 1 eV 정도로 너무 가까워서 상온에서는 구분하기 어렵다. 진동 상태 또한 응축된 상태로 전자 스펙트럼 내에 존재하므로 상온에서는 보통 잘 구분되지 않으나, 종종 부분적으로 구분되는 경우가 있어서 주로 밴드의 모양 및 스토크스 이동을 결정하는 데 중요하며, 이는 뒤에서 다시 논의하기로 한다. 그림 6.4는 진동에너지 준위들과 파동함수를 포함하는 분자 전자 상태들의 퍼텐셜 곡선을 보여준다. 보통, 고체에서의 회전 모드들은 강하게 억제된다. 상온에서는 회전 모드들이 어느 정도 여기되지만, 대부분의 분자들은 주로 바닥 상태에 존재한다.

전자 여기를 위한 광의 진동수 전자 재구성율(약 10^{15} s^{-1})은 원자핵 진동 운동의 진동수(약 10^{13} s^{-1})보다 훨씬 더 빨라서 아무런 분자의 배열 변화가 일어나지 않으므로, 전자 천이는 퍼텐셜 곡선상에서 수직 천이(vertical transition)가 일어난다. 핵의 파동함수 또한 전자 천이의 전과 바로 후에 동일해야 하며, 천이 확률은 각각의 파동합수들의 중첩 적분(overlap integral)에 의존한다. 그림 6.4에서 보는 바와 같이, 분자가 바닥 전자 상태 및 바닥 진동 상태($\nu = 0$)에 있을 때, $\nu' = 0$ 준위로 여기시키는 것은 어렵다. 왜냐하면 이 두 진동 모드 사이의 파동함수들의 중첩이 작기 때문이다. 파동함수의 부분적인 중첩으로 인하여, $\nu = 0$에서 $\nu' = 1$로의 천이는 가능하다. $\nu = 0$에서 $\nu' = 2$로의 천이의 경우에 파동함수의 중첩이 최대에 도달하므로 가장 선호된다. 이것을 두 전자 상태 사이의 진동 천이의 강도를 설명하는 프랑크-콘돈 원리(Frank-Condon principle)라 부른다.

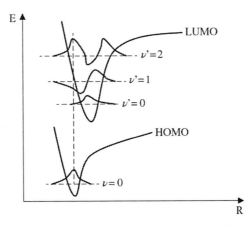

그림 6.4 진동에너지 준위들과 파동함수를 포함하는 전자 상태들의 퍼텐셜 곡선

분자가 빛을 흡수하면, 전자들은 더 높은 전자 및 진동 상태로 올라간다. 다음으로 전자는 여기된 전자 상태($\nu' = 0$)에서 진동 및 회전운동에 의해 일부 에너지를 잃고 바닥 진동 상태로 되돌아온다. 이러한 바닥 진동 상태가 광 발광을 유도하는 천이의 시작 상태로, 또한 이 경우에 프랑크-콘돈 원리를 따라야 한다. 그러므로 그림 6.5에서 보듯이, 흡수는 발광보다 더 큰 에너지와 더 짧은 파장을 갖는다. 흡수 피크와 발광 피크 사이의 파장(또는 에너지) 차이를 '스토크스 이동(Stokes shift)'이라고 부른다. 또한 두 전자 상태들에서의 진동 모드들은 종종 비슷하기 때문에, 흡수 스펙트럼의 모양은 종종 근사적으로 발광 스펙트럼의 '거울상(mirror image)'이다. 그림 6.5(c)는 상온에서 서로 다른 디옥산(dioxane)의 사슬 길이를 갖는 oligophenylenevinylene(nPV)의 형광(좌) 및 흡수(우) 스펙트럼을 보여주며, nPV의 구조도 함께 나타냈다.

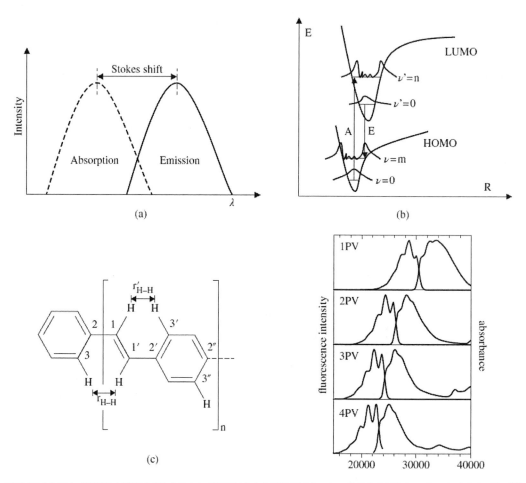

그림 6.5 (a) 흡수 및 발광 스펙트럼 (b) 스토크스 이동의 에너지 준위 및 (c) nPVs의 흡수 및 발광 스펙트럼 사이의 거울상[7]

6.3.2 형광 및 인광

파울리 배타 원리에 의하면 같은 궤도에 있는 두 전자들은 서로 다른 스핀을 가져야 한다. 그림 6.6에서 보듯이, 이 두 전자들을 '짝 전자(paired electrons)'라 부르고, 그 상태를 '단일항 바닥 상태(singlet ground state)'라 부르며 S_0로 표시한다. 일단 분자가 빛을 흡수하면, 서로 다른 전자 상태에 있는 두 전자는 여전히 서로 다른 스핀을 가질 수 있다. 이를 '단일항 여기 상태(singlet excited state)'라 부르며 S_1로 표기한다. 여기 상태에 있는 두 전자들은 서로 다른 궤도에 있기 때문에 파울리 배타원리는 더 이상 적용되지 않는다. 따라서 두 전자들은 동일한 스핀을 가질 수 있으며, 이때에는 '삼중항 상태(triplet state)'인 T_1에 있다. 양자역학을 통한 계산에 의하면, 단일항 상태의 에너지는 삼중항 상태의 에너지보다 더 높으며, 이는 에너지가 되도록이면 스핀 반전(spin inversion) 및 열에너지의 손실과 함께 S_1에서 T_1으로 전이되는 것을 선호함을 의미한다. 이 과정을 '계간 전이(intersystem crossing)'라 부른다. 여기서 삼중항 상태는 여기 상태이어야 함을 주목하자. 그렇지 않으면 파울리 배타 원리에 위배된다. 그러므로 또 다른 스핀 반전이 없으면 T_1은 S_0로 이완될 수는 없다. 다시 말해서, 프랑크-콘돈 원리에 의하면, 스핀 항을 고려할 때 파동함수들의 중첩이 0이므로 $T_1 \rightarrow S_0$는 '금지되어(forbidden)' 있고, 단일항 엑시톤만이 발광에 기여할 수 있다.

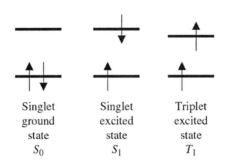

그림 6.6 단일항 바닥 상태, 단일항 여기 상태 및 삼중항 상태

스핀 업 및 스핀 다운된 전자라는 용어는 실제로 스핀 각운동량의 z방향 성분이 각각 양이나 음을 가짐을 가리킨다. 그림 6.7(a)에서 보듯이, x-y 평면에서의 스핀 각운동량은 0이 아니다. 분리된 전자 상태에 두 전자들이 있을 때, 단일항 상태인지 삼중항 상태인지에 따라

서로 상쇄되거나 보강이 일어날 수 있다. 그림 6.7(b)에서 보듯이, 양자통계학에서 삼중항 상태는 세 가지 배열이 가능하고 단일항 상태는 오직 한 가지 배열만이 가능하다. 전기 펌핑된 OLED 구조의 분자 내에서는 정공 포획에 의해 HOMO 준위에 전자 공동이 생겨나고, 전자 포획에 의해 바닥 상태의 LUMO 준위에 전자가 존재하므로 캐리어 재결합이 일어난다. 이것이 광자 흡수에 의한 여기 상태와 같은 에너지 준위에서의 전자 밀도의 증가이다. 위의 논의에 따라, 캐리어 주입에 의하여 분자가 여기되면, 삼중항 상태의 수는 단일항 상태의 수의 세 배이다. 만일 단일항 엑시톤에서만 발광이 일어난다면, 최대 내부 양자 효율(주입된 전자-정공쌍에 대한 광자 수의 비)은 겨우 25%에 불과하다.

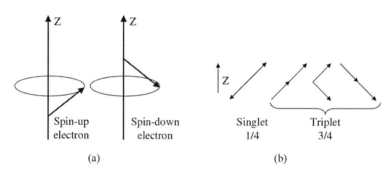

그림 6.7 서로 다른 궤도의 두 전자들 사이의 (a) 스핀 각운동량 및 (b) 스핀 각운동량 결합[8]

그러나 실제의 발광 물질에서는 '허용된' 천이와 '금지된' 천이의 구분이 절대적이지는 않다. 왜냐하면 전체 해밀토니언(Hamiltonian)에 섭동(perturbation) 항들이 반영되어 스핀 다중도(spin multiplicity)의 혼합을 가져오기 때문이다. 스핀-궤도 결합(spin-orbit coupling), 즉 전자의 스핀과 궤도 각운동량 사이의 상호작용은 단일항과 삼중항 상태의 혼합을 야기하는 가장 중요한 항들 중의 하나이다. 스핀-궤도 상호작용을 고려한다면, 순수한 단일항이나 삼중항 상태는 없다. 그러나 스핀-궤도 결합은 단지 섭동항에 불과함을 기억하자. 이는 $T_1 \rightarrow S_0$ 의 천이 확률이 0은 아니지만 $S_1 \rightarrow S_0$ 와 비교하여 여전히 기여도가 작음을 의미한다. 인광에서는 스핀 반전이 수반되므로 캐리어 수명이 길다는 것을 의미하며, 보통 낮은 효율을 나타낸다. 스핀-궤도 결합의 강도는 원자 번호에 비례한다. 분자 내에서 더 큰 원자 번호를 갖는 원자의 경우는 스핀-궤도 결합이 강화되어 인광 발광 효율이 개선될 수 있다. 이를 '무거운 원자 효과(heavy atom effect)'라 부른다.

6.3.3 야블론스키 다이어그램

그림 6.8은 전자 상태들 사이의 에너지 천이를 기술하는 데 사용되는 야블론스키 다이어그램을 보여준다. 그림 6.8은 단지 단일항 바닥 상태(S_0), 두 개의 단일항 여기 상태들(S_1 및 S_2) 및 두 개의 삼중항 여기 상태들(T_1 및 T_2)만을 보여준다. 더 많은 여기 상태들 또한 이 다이어그램에 포함될 수 있다.

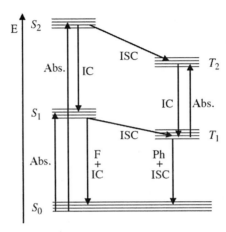

그림 6.8 야블론스키 다이어그램(Abs. : 흡수, IC : 내부 전환, ISC : 계간 전이, F : 형광, Ph : 인광)

앞에서 논의한 바와 같이, 흡수는 단일항 바닥 상태(S_0)에서 단일항 여기 상태들(S_1 및 S_2)로 일어난다. 광자 에너지는 여기 상태에서의 최종 진동 상태를 결정하며, 프랑크-콘돈 원리가 천이 확률을 지배한다. 따라서 단일항 여기 상태의 전자들은 진동 및 회전운동을 통해 과잉 에너지를 방출하면서 진동 바닥 상태로 이완할 수도 있다. 또한 S_2의 진동 모드에서 S_1의 진동 모드로 비발광성 천이를 할 수도 있다. 보통 스핀 반전이 수반되지 않는 에너지의 이완 (특히 열 방출)을 '내부 전환(internal conversion)'이라 부른다. 전자들이 단일항 여기 상태 S_1의 바닥 진동 및 회전 상태로 에너지를 이완된 다음에, S_1에서 S_0로의 광자가 방출되는 형광 발광이 일어나는데, 이 또한 프랑크-콘돈 원리를 따라야 한다. 스토크스 이동으로 인하여, 분명히, 흡수 파장보다 발광 파장이 더 길어야 한다. 비발광성 재결합에 기여하는 진동 및 회전 에너지의 방출에 의한, S_1과 S_2에서 S_0로의 에너지의 이완 또한 가능하다. 단일항 여기 상태의 전자들은 계간 전이에 의하여 삼중항 상태들(T_1 및 T_2)로 천이할 수 있다. T_2에서 T_1으로의 내부 전환이 일어날 수도 있다. T_1과 T_2의 사이에서는 두 상태들이 동일한 스핀 각운동량을 가지므로 흡수가 가능하며, 이를 '삼중항-삼중항 흡수(triplet-triplet absorption)'라 부른다. T_1과 T_2로부터의 이완은 발광성이나 비발광성 모두 가능하다. T_1에서 S_0로의 광자의 방출을 인광이라 부르며, 이는 형광 발광보다 더 긴 파장을 나타낸다.

6.3.4 분자 간 과정

에너지의 전달과 이완은 야블론스키 다이어그램에서 기술한 바와 같은 분자 내에서의 과정(intra-molecular process)뿐만 아니라 분자들 사이에서도 일어나며, 이를 '분자 간 과정(inter-molecular process)'이라 부른다. 가장 중요한 과정 중의 하나는 도너 물질에서 억셉터 물질로의 에너지 전달이며, 이는 OLED의 발광 파장 조절, 효율 개선 및 동작 수명 향상에 있어서 가장 유용하다. 두 개의 분자들이 가까워지면, 오직 여기 상태에서만 새로운 궤도가 생성된다. 이렇게 여기된 분자 집합체를 '엑시머(excimer)' 또는 '엑시플렉스(exiplex)'라 부르는데, 이는 각각 동종 또는 이종의 분자들로 구성된다. 여기 상태의 분자는 다른 바닥 상태의 분자(또는 금속 물질과 같은 다른 종)에게 에너지를 전달할 수 있으며, 이때 비발광성의 에너지 이완을 하는 경우에 소광(quenching) 과정이라 부른다. 예를 들어, OLED에서 불순물은 '소광제(quencher)'의 역할을 하므로, 양자 효율을 떨어뜨린다. 이는 6.3.4.3절 및 6.3.5절에서 논의하기로 한다.

6.3.4.1 에너지 전이 과정

'도너'라 부르는 여기된 전자 상태의 분자는 '억셉터'라 부르는 다른 분자에게 에너지를 전이할 수 있다. 더 정확하게, 이는 각각 '에너지' 도너 및 억셉터이며, 다음 절에서 논의할 예정인 '전자' 도너 및 억셉터가 아니다. 이 과정의 후에, 도너 분자는 본래의 바닥 전자 상태로 되돌아가고, 억셉터 분자는 더 높은 상태로 올라가며[9] 이는 다음과 같이 나타낼 수 있다.

$$D^* + A \rightarrow D + A^*, \tag{6.1}$$

여기서 'D'와 'A'는 각각 에너지 도너와 억셉터이다. 식에서 별표(*)는 여기 상태를 의미한다. 에너지 전이는 도너와 억셉터 분자들 사이의 직접적인 상호작용이 아니라 다음과 같은 2 단계 과정일 수 있다.

$$D^* \rightarrow D + h\nu, \tag{6.2}$$

$$h\nu + A \rightarrow A^*. \tag{6.3}$$

여기서 도너의 발광성 이완에 의해 생성된 광자는 억셉터에 의해 흡수되어 억셉터를 여기 상태로 끌어올린다. 이 과정에서 광자가 관여하기 때문에 이를 '발광성 에너지 전이(radiative energy transfer)'라 부른다. 이러한 에너지 전이의 강도는 해당 파장에서의 도너의 발광 효율 과 억셉터의 흡수 효율에만 의존한다. 도너와 억셉터 분자 사이의 거리가 매우 가까우면(10 nm 이내), 식 (6.1)에 기술된 바와 같이 광자의 개입이 없는 단일 과정 또한 가능하다. 이는 '비발 광성 에너지 전이(non-radiative energy transfer)'라 부르며, 두 분자들 간의 에너지 공명(energetic resonance)에 의해 일어난다. 그림 6.9에서 보듯이, 이는 등에너지(iso-energetic) 과정이며 전이 확률은 다음과 같이 도너 발광 스펙트럼($I_D(\nu)$)과 억셉터 흡수 스펙트럼($\epsilon_A(\nu)$) 간의 스펙트 럼 중첩에 비례한다.

$$J = \int_0^\infty I_D(\nu)\varepsilon_A(\nu)\,d\nu. \tag{6.4}$$

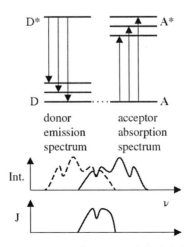

그림 6.9 도너 발광 및 억셉터 흡수 스펙트럼과 각각의 스펙트럼 적분

비발광성 에너지 전이를 설명하는 두 가지의 가능한 모형들이 있는데, 각각 쌍극자-쌍극자 상호작용에 의한 모형은 각각 '푀르스터 에너지 전이(Förster energy transfer)'로, 전자 교환에 의한 모형은 '덱스터 에너지 전이(Dexter energy transfer)'로 부른다. 도너 분자에서 억셉터 분자로의 쌍극자 공명에서 기인하는 푀르스터 에너지 전이의 비율 상수($k_{ET(Coulomb)}$)는 다음의 식으로 나타낼 수 있다.

$$k_{ET(Coulomb)} \approx \frac{f_D f_D}{R_{DA}^6 \bar{\nu}^2} J, \tag{6.5}$$

여기서 f_D와 f_A는 도너 발광과 억셉터 흡수의 천이 확률로 프랑크-콘돈 원리를 따르며, R_{DA}는 도너와 억셉터 분자 사이의 거리이다. 이 식에서 도너와 억셉터 사이의 거리가 멀어질수록 상호작용의 강도는 빠르게 감소함을 알 수 있다. 보통, 푀르스터 에너지 전이는 10 nm 이내의 분자 간 거리에서 효율적이다. 관련된 종의 스핀 각운동량을 고려하면 다음의 에너지 전이가 가능하다.

$$^1D^* + {}^1A \rightarrow {}^1D + {}^1A^*. \tag{6.6}$$

그러나 쌍극자-쌍극자 상호작용의 특성으로 인하여, 선택 규칙에 의해 스핀 반전은 허용되지 않는다. 따라서 다음과 같은 에너지 전이는 금지된다.

$$^3D^* + {}^1A \rightarrow {}^1D + {}^3A^*. \tag{6.7}$$

덱스터 에너지 전이의 비율 상수($k_{ET(exchange)}$)는 다음의 식으로 나타낼 수 있다.

$$k_{ET(exchange)} \approx \exp\left(\frac{-2R_{DA}}{L}\right) J, \tag{6.8}$$

여기서 도너와 억셉터 사이의 거리가 증가할수록 비율 상수는 지수적으로 감소함을 알 수 있다. 이는 도너와 억셉터 분자들 간의 두 전자의 교환과 관련이 있기 때문이다. 덱스터 에너지 전이는 단범위 과정이기 때문에 1 nm 이내에서만 유효하다. 총 스핀은 보존되므로 덱스터 전이를 통하여, 두 에너지 전이, (6.9)와 (6.10)은 모두 허용된다.[10]

$$^1D^* + {}^1A \rightarrow {}^1D + {}^1A^*, \qquad\qquad (6.9)$$

$$^3D^* + {}^1A \rightarrow {}^1D + {}^3A^*. \qquad\qquad (6.10)$$

식 (6.6)과 (6.9)에서 보듯이, 단일항 에너지 전이는 보통 푀르스터 에너지 전이가 주도적이다. 왜냐하면 더 긴 범위에서 효과적이기 때문이다. 식 (6.10)에 나타낸 삼중항 전이는 덱스터 전이에서만 허용된다. 따라서 비활성화 경로의 효율성을 결정한다.

6.3.4.2 엑시머 및 엑시플렉스 형성

한 개는 바닥 전자 상태에 있고 다른 하나는 여기 상태에 있는 두 개의 동일한 분자들(그림 6.10(a)에서는 'M'으로 표시)이 서로 가까워지면, 더 낮은 에너지를 갖는 새로운 전자 상태들이 형성될 수 있으며, 이는 성분 분자들을 약하게 결합시킬 수 있다. 그림 6.10(a)에서 보듯이, 이 상태는 화합물(complex)로 볼 수 있다. 이는 '엑시머(excimer)'라 부르며 여기된 이분자(excited dimer)의 줄임말이다. 또한 그림 6.10(b)에서 보듯이, 두 개의 서로 다른 분자들은 전하 전달 과정에 의하여 '엑시플렉스(exciplex)'를 형성할 수 있으며, 'D'와 'A'는 두 개의 서로 다른 분자들을 나타낸다 이는 각각 '전자 도너'와 '전자 억셉터'라 부르며, 앞 절의 '에너지' 도너 및 억셉터와는 다르다.[11] 이 구성에서는 전자 도너 물질이 여기되어 전자 억셉터 물질에게 전자를 제공하면서 전체 시스템의 퍼텐셜 에너지를 낮춘다. 따라서 전자 억셉터 물질의 LUMO 준위에 있는 전자는 에너지를 이완시키고 전자 도너 물질의 HOMO 준위로 되돌아간다. 이 절에서의 '전자' 도너와 '전자' 억셉터 기능은 두 분자들 간의 단일 전자의 전달과 관련이 있음을 주목하자. 앞 절의 도너 및 억셉터 기능은 두 분자들 간의 에너지 전달이었다. 덱스터 전달 또한 전자 전달과 관련이 있지만, 이는 두 분자들 간의 서로 다른 방향으로 움직이는 두 전자와 관련된 전자-교환 과정이므로, 이 절에서 기술한 단일 전자의 천이와는 완전히 다르다. 엑시머와 엑시플렉스는 에너지를 발광성으로 이완시키면서 바닥 상태로

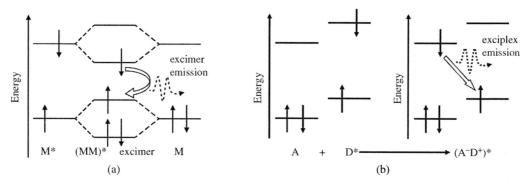

그림 6.10 (a) 엑시머와 (b) 엑시플렉스의 형성

되돌아갈 수 있다. 엑시머와 엑시플렉스는 여기 상태에서만 형성되는 결합된 화합물이고 바닥 상태로 되돌아가면 해리(dissociation)됨을 주목하자.

그림 6.10에서 보듯이, 본래의 분자들보다 여기 상태의 화합물들이 본래의 분자들보다 밴드갭이 더 작기 때문에 발광 파장이 더 길다는 것을 확실히 알 수 있다. 그림 6.11은 엑시머 형광의 예를 보여준다.[12] 박막 1은 순수한 4, 4′-N, N' r-dicarbazole-biphenyl(CBP) 박막이다. 흡수 및 PL 피크는 각각 350 nm와 390 nm이다. 박막 1에서 4까지는 호스트(host) 물질이 모두 CBP에 기반을 두므로, 네 가지의 박막 모두 흡수 스펙트럼은 거의 비슷하다. 그다음으로 박막 2에서는 CBP에 platinum(II) (2-(4′,6′-difluorophenyl)pyridinato-N, C2′) (2,4-pentanedionato) (FPt1)를 1 wt%보다 적게 첨가하기 때문에, PL 스펙트럼의 피크는 도펀트 발광에 의하여 470 nm와 500 nm로 이동한다. 380 nm의 파장에서 불충분한 에너지 전달에 의한 작고 둥근 봉우리가 관찰된다. 박막 3에서는 FPt1을 7 wt%까지 증가시키므로, 장파장 영역(즉, 570 nm)에서 엑시머 발광에 의한 광대역 PL 스펙트럼을 볼 수 있다. 박막 4에서는 CBP에 두 종류의 도펀트들인, 6 wt% iridium-bis(4,6-difluorophenyl-pyridinato-N, C2)-picolinate (FIrpic)와 6 wt% FPt1을 혼합하여 첨가하면 백색 PL 발광을 얻을 수 있다.

6.3.4.3 소광 과정

형광 소광(fluorescence quenching)은 광물리적 과정으로 다음과 같이 기술될 수 있다.

$$M^* \xrightarrow{Q} M, \tag{6.11}$$

여기서 Q를 소광제(quencher)라 부른다. 소광 과정은 여기된 분자들(M)이 소광제를 통하여 에너지를 이완하는 분자 간 과정이다. 또한 유기 OLED 재료 내의 어떤 원하지 않은 화학물질들이 에너지 이완 경로를 제공하기도 하는데, 이를 '불순물 소광(impurity quenching)'이라 부른다. 엑시머와 엑시플렉스 이완은 자체적인 소광 과정이므로 비발광성일 경우도 있다. OLED에서는 엑시톤들이 에너지를 가까이에 있는 금속 전극에 전달할 수도 있는데, 이를 '전극 소광(electrode quenching)' 과정이라 부른다.

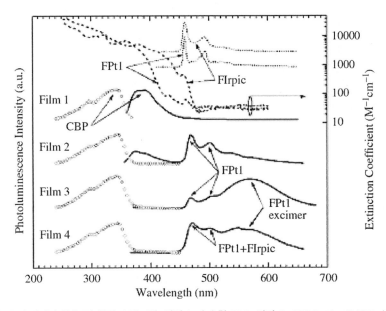

그림 6.11 네 종류의 박막의 흡수 및 형광 스펙트럼. 박막 1 : 순수한 CBP, 박막 2 : CBP+<1 wt% FPt1, 박막 3 : CBP+7 wt% FPt1, 박막 4 : CBP+6 wt% FPt1+6 wt% FIrpic12

6.3.5 양자수율 계산

거시적인 관점에서 빛은 흡수 매질을 지나가는 동안 강도가 감쇠된다. 흡수계수(absorption coefficient, α)는 다음과 같이 정의할 수 있다.

$$dI = -\alpha I dx, \tag{6.12}$$

여기서 I와 x는 각각 광 강도와 흡수 두께를 나타낸다. 이 식에서는 광 강도가 (i) 흡수계수,

(ii) 입사 강도 및 (iii) 흡수 두께에 비례하여 감소한다. 식 (6.12)를 시료의 총 두께 d로 적분하면 다음의 결과 식을 얻는다.

$$I = I_0 e^{-\alpha d}, \tag{6.13}$$

여기서 I_0는 초기 광 강도이다. 이 식은 통상, 비어-람베르트 법칙(Beer-Lambert law)으로 알려진 변형된 식으로 쓸 수 있다.

$$A = \log_{10}\left(\frac{I_0}{I}\right) = \left(\frac{1}{2.303}\right)\alpha d = \varepsilon c d, \tag{6.14}$$

여기서 A는 시료의 흡수도 (또는 광 밀도), c는 농도 (단위는 mol/liter), d는 시료 두께(단위는 cm) 및 ε은 몰 흡수계수 (단위는 liter/mol·cm)이다.

예제 6.1

비행시간법(Time-of-flight, TOF)은 유기 재료에서의 캐리어 이동도를 결정하는 데 일반적으로 사용되는 기술이다. TOF의 기본 개념은 주어진 전기장하에서 물질의 양단을 가로지르는 캐리어의 표동 시간을 측정하는 것이다. 캐리어들은 광 펌핑에 의하여 생성된다. 따라서 캐리어의 생성 영역은 캐리어 수송이 일어나는 층보다 훨씬 더 얇아야 한다. 어떤 유기 재료가 355 nm의 여기 파장에서 $\alpha = 5 \times 10^5$ cm^{-1}의 흡수계수를 갖는다고 가정하자. 빛의 침투 깊이(penetration depth)를 구하라. 이는 TOF 측정에서의 캐리어 생성 영역의 폭으로 간주할 수 있다.

풀이

물질에 입사하는 빛의 침투 깊이, L은 빛의 입사 강도가 e^{-1}으로 떨어지는 거리로 정의된다. 이 정의에 따라 $L = 1/\alpha = 1/(5 \times 10^5$ cm$^{-1}) = 20$ nm이다. 따라서 캐리어 표동 거리와 증착 물질의 두께를 비슷하게 하기 위하여, TOF 측정에 사용되는 물질의 두께는 보통 수 μm 정도가 되어야 한다.

다입자계에서 캐리어들이 광 펌핑이나 전기 펌핑에 의해 여기된 전자 상태로 올라갈 때, 바닥 상태로 되돌아가거나 다른 여기된 전자 상태로 가는 이완 과정의 동력학을 기술하기 위하여 통상, 비율 방정식(rate equation)을 사용한다.

$$\frac{\partial n}{\partial t} = G(t) - \frac{n}{\tau_0},$$ (6.15)

여기서 $G(t)$는 전기 펌핑 또는 광 펌핑을 기술하는 데 사용되는 캐리어 생성률, n은 여기 상태의 캐리어 농도, τ_0는 여기 상태의 '캐리어 수명'이다. 이는 $\tau_0 = 1/k_0$로 쓸 수 있으며, 여기서 k_0는 '비율 상수'이다. 따라서 여기 상태에서의 캐리어들의 감쇠율은 캐리어 농도와 비율 상수에 비례한다. 따라서 여기 상태의 캐리어 농도 $n(t)$는 $t = 0$에서 시작한 후, 시간의 변화에 따라 다음과 같이 감쇠한다. 이 식은 발광성 및 비발광성 이완 과정, 모두에 사용될 수 있다.

$$n(t) = n_0 \exp(k_0 t),$$ (6.16)

이완 과정의 '양자 수율(quantum yield)'은 여기 상태에 있는 전체 캐리어 수에 대한 과정에 관련된 감쇠되는 캐리어들의 수의 비로 정의된다. 야블론스키 다이어그램에서 캐리어들은 몇 가지의 서로 다른 경로들을 통하여 이완됨을 알 수 있다. 예를 들어, 각각 k_F, k_{ic} 및 k_{isc}의 비율 상수를 갖는 형광에 의한 바닥 상태로의 이완, 내부 전환 및 계간 전이를 들 수 있다. 모든 과정들의 양자수율의 합은 1이 된다. 따라서 첫 번째 단일항 여기 상태의 비율 방정식은 다음과 같이 쓸 수 있다.

$$\frac{\partial S_1}{\partial t} = G(t) - (k_F + k_{ic} + k_{isc})S_1.$$ (6.17)

그리고 형광의 양자수율(ϕ_F)은 다음과 같이 주어진다.

$$\phi_F = \frac{k_F}{k_F + k_{ic} + k_{isc}}.$$ (6.18)

예제 6.2

삼중항–삼중항 엑시톤 소멸(exciton annihilation) 과정은 인광 OLED에서는 잘 알려진 현상이다. 이 과정은 $T_1 + T_1 \xrightarrow{k_{TT}} T_n + S_0$, 또는 $T_1 + T_1 \xrightarrow{k_{TT}} S_n + S_0$이다. 여기서 T(또는 S)는 삼중항(또는 단일항) 엑시톤 농도, k_{TT}는 비율 상수, 첨자 0과 n은 각각 바닥 상태 및 n번째 여기 상태를 나타낸다. 이 소멸 과정은 다음의 식에 의해 정해진다.

$$\frac{\partial T}{\partial t} = D\frac{\partial^2 T}{\partial x^2} - \frac{T}{\tau} - k_{TT}T^2,$$

여기서 D는 확산 계수이고 τ는 삼중항 엑시톤 수명이다. k_{TT} =1.8 × 10⁻¹⁴ cm³/s, τ =10 ms, T =5 × 10¹⁶ cm⁻³을 가정하라. (i) 소멸 과정에서의 엑시톤 수명을 구하라. (ii) 전체 계에서의 엑시톤 수명을 구하라.

풀이

(1) 엑시톤 수명은 $\tau_{TT} = 1/k_{TT}T$이다. 분명히, 삼중항 엑시톤 농도가 더 높을수록, 소멸 과정은 더 빨리 일어난다. 높은 주입 전류는 발광성 엑시톤 수의 감소로 인한 효율의 현저한 감소를 가져온다.

$$\tau_{TT} = \frac{1}{1.8 \times 10^{-14}\,\mathrm{cm^3\,s^{-1}} \times 5 \times 10^{16}\,\mathrm{cm^{-3}}} = 1.1\,\mathrm{ms}.$$

(2) 전체 계의 엑시톤 수명은 다음과 같다.

$$\tau_{\mathrm{total}} = \frac{1}{1/\tau + 1/\tau_{TT}} = \frac{1}{(1/10\,\mathrm{ms}) + (1/1.1\,\mathrm{ms})} = 0.99\,\mathrm{ms}.$$

6.4 캐리어 주입, 수송 및 재결합

유기물 고체의 전계 발광은 주입된 캐리어들의 재결합에 의해 발생하며, 이는 5장에서 기술한 반도체 LED의 발광 원리와 유사하다. 보통, OLED는 ITO가 코팅된 기판 위에 제작된다. HIL, HTL, EML, ETL 및 EIL과 같은 서로 다른 기능들을 수행하는 얇은(100~200 nm) 비정질 유기물층들이 ITO 양극 위에 증착된다. 마지막으로 그 위에 음극 금속이 증착된다. OLED에서는 전극에서 주입된 전하들이 유기물층을 통하여 수송되며, 유기 발광층에서 재결합하여 엑시톤을 형성한다. 엑시톤은 여기 상태에서 바닥 상태나 중간 상태로의 천이에 의하여 빛을 방출한다.[13]

보통, 파울러-노르트하임(Fowler-Nordheim, FN) 터널링(tunneling)과 리처드슨-쇼트키(Richardson-

Shottky, RS) 열전자 방출(thermionic emission) 메커니즘이 반도체 소자에서의 캐리어 주입을 설명하는 데 사용된다.[14] 그러나 OLED에서는 이러한 이론들이 유기물 재료들 간의 계면 및 유기물/금속 계면의 거동을 부분적으로만 기술할 수 있다. 왜냐하면 (i) 계면 사이에서 화학 반응들이 일어나 계면층들을 형성할 수 있으며, (ii) 유기물 재료들의 무질서한 성질 때문이다.

OLED(또는 PLED) 박막들은 단결정 구조가 아닌 비정질이기 때문에, 반도체 또는 분자결정에서 개발된 밴드 이론으로는 캐리어 수송을 제대로 기술하기 어렵다. 반면 유기물 박막에서는 전하 캐리어들이 서로 다른 국재화된 상태들 사이를 도약하므로 유기물 박막은 더 낮은 캐리어 이동도(보통 $<10^{-3}$ cm^2/Vs)를 갖는다.[15] 또한, 이러한 여기 상태들의 국재화에 의해, 엑시톤들은 큰 결합 에너지를 갖게 된다. OLED 디스플레이에서는 발광 파장이 가시광 범위 안에 놓인다. 6.3.1절에서 기술한 스토크스 이동에서 흡수는 약 2~4 eV의 UV 영역에 있어야 함을 이해할 수 있다. 이러한 이유로 인해 유기물 재료들은 열적으로 '자유' 캐리어들을 생성하는 것이 어렵기 때문에 캐리어 농도(보통 $<10^{10}$ cm^{-3})가 낮아진다. 다음의 간단한 식에서 유기물 박막의 전도도가 대략 $10^{-12}(\Omega$ cm$)^{-1}$ 정도임을 알 수 있다.

$$\sigma = nq\mu, \tag{7.19}$$

여기서 σ는 전도도(단위는 1/Ω cm), n은 캐리어 농도, q는 전자의 전하량(단위는 C) 및 μ는 캐리어 이동도이다. 어떤 물질의 전도도가 10^{-8}~$10^2(\Omega$ cm$)^{-1}$ 범위이면 반도체라 부른다. 이보다 더 높거나 낮은 전도도는 도체와 부도체에 해당된다. 예를 들어, 유리의 전도도는 10^{-11}~$10^{-10}(\Omega$ cm$)^{-1}$ 범위이므로, 오히려 수많은 유기물 박막들보다도 더 높다. 이러한 관점에서 OLED 응용을 위한 유기물 재료들은 반도체라기보다는 부도체로 간주하는 것이 더 타당하다. 실제 사용에서 구동 전압이 너무 높지 않기 위해서는(<10 V), 유기물층의 두께가 수백 nm 정도로 매우 얇아야 한다. 유기물 박막에서의 캐리어들은 '공간 전하(space charge)'라 불린다. 왜냐하면 자유 캐리어들은 거의 없고, 모든 캐리어들이 전극에서 주입되기 때문이다. 캐리어들이 주입되면 분자들은 양 또는 음으로 대전되며, 이를 각각 양이온(cation)과 음이온(anion)이라 부른다. 캐리어들은 전기장의 영향하에서 서로 다른 분자들 사이를 '도약(hop)'한다. 따라서 인가하는 전기장을 증가시키면, 유기물 박막의 이동도가 증가한다는 사실을 이해

하기는 어렵지 않으며, 이를 '풀-프렌켈(Poole-Frenkel, PF)' 모형이라 부르고 6.4.2절에서 간단히 다루기로 한다.[17] 유기물 박막에서의 캐리어 수송을 기술하기 위해서는 5장에서 기술한 바와 같이, 시간-의존 연속 방정식, 표동-확산 전류 방정식 및 푸아송 방정식이 여전히 유효하다. 그러나 유기물 박막의 경우에는 약간의 변형이 필요하다. 특정한 근사에 의하여, 전류 밀도-전압(J-V) 관계식은 SCLC(space charge limited current) 및 TCLC(trapped charge limited current)에 의해 기술할 수 있다. 그림 6.12는 로그-로그 스케일(double-logarithm scale)을 사용하여 OLED의 일반적인 전류 밀도-전압(J-V) 특성을 보여준다. 영역 I에서는 $J_{\Omega ic} \propto V$인 오믹 전류가 주도적이며, 이는 유기 재료 내부에서의 제한된 개수의 자유 캐리어들의 표동에 의해 발생한다. 구동 전압이 증가하면 캐리어들이 전극에서 주입되어 포획 준위(트랩)를 가진 유기물 내부로 수송되므로 이는 TCLC를 따른다. 따라서 $J_{TCLC} \propto V^{l+1}$이다. 이것이 영역 II에 해당하며, 곡선의 기울기는 $l+1$이다. 트랩들이 다 채워지면 SCLC를 따른다. 따라서 $J_{SCLC} \propto V^2$이다. 영역 III이 이 현상을 기술하며, 로그-로그 플롯에서 J-V 곡선의 기울기는 정확히 2이다.

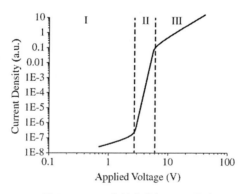

그림 6.12 OLED의 일반적인 J-V 특성

OLED의 재결합률은 정공 및 전자 농도의 공간적인 중첩에 의존한다. 유기 재료들의 낮은 이동도 값으로 인하여, 재결합 시간과 비교하여 캐리어 이동 시간이 길어져서 전자들과 정공들은 공간 영역에서 만나는 즉시 바로 재결합하여 엑시톤을 형성하며, 이는 5장에서 기술한 LED의 경우와 마찬가지로, 소위 '랑쥬뱅(Langevin)' 재결합을 따른다. 일단 엑시톤들이 발광성 재결합을 통하여 에너지를 이완시켜 빛을 방출하면, 전자기파가 발광 파장과 비슷한 두께

를 갖는 유기물 박막 구조를 통하여 전파된다. 이때 강한 간섭 효과가 발생하여 출력 강도, 발광 스펙트럼 및 소자 효율과 같은 광 특성에 크게 영향을 준다.

6.4.1 리처드슨 – 쇼트키 열전자 방출

1차원 모형에서 유기 재료의 두께가 L이고, 양극과 음극이 각각 $x=0$과 $x=L$에 있다고 가정하자. 양극($x=0$)에서 유기물층으로 주입된 정공 전류는 다음과 같이 나타낼 수 있다.

$$J_\mathrm{p}(0) = J_\mathrm{th} - J_\mathrm{ir} + J_\mathrm{ptu}, \qquad (6.20)$$

여기서 J_th는 열전자 방출 전류, J_ir은 뒤로 흐르는 계면 재결합 전류 그리고 J_ptu는 터널링 전류이다.

열전자 방출 전류는 잘 알려진 다음의 형태를 갖는다.[18]

$$J_\mathrm{th} = A^* T^2 \exp\left(\frac{-E_\mathrm{b}}{\eta k T}\right), \qquad (6.21)$$

여기서 A^*는 리처드슨 상수(Richardson's constant), E_b는 계면 에너지 장벽 및 η는 이상 계수(ideality factor)로, 반도체에서는 보통, 1에서 2 사이의 값을 갖는다.[1] 영상력(image force) 때문에 E_b는 계면에서의 전기장에 의존한다.

$$E_\mathrm{b} = \phi_\mathrm{B} - \sqrt{\frac{q\,|F(0)|}{4\pi\varepsilon}}, \qquad (6.22)$$

여기서 ϕ_B는 전기장이 없을 때의 쇼트키 에너지 장벽이다. 그림 6.13(a)에서 금속/유기물 계면에서의 영상 전하(image charge)와 전기력선을 볼 수 있으며, 또한 그림 6.13(b)에서는 영상력에 의한 장벽 에너지 준위의 변화를 볼 수 있다.

계면 재결합 전류는 계면에서의 정공 농도에 비례한다.[18]

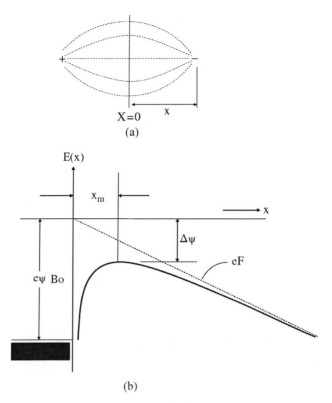

그림 6.13 (a) 계면에서의 영상 전하와 전기력선[19] (b) 영상력에 의한 에너지 준위의 변화

$$J_{ir} = qvp(0) = \frac{A^* T^2}{n_o} p(0) \tag{6.23}$$

여기서 n_0는 상태 밀도이다.[18, 20] 운동계수 ν는 열전자 및 계면 재결합 간의 상세균형 (detailed balance)에 의해 결정된다.

$$\nu = \sqrt{\frac{kT}{2\pi m^*}} \tag{6.24}$$

터널링 접촉을 위한 FN 주입 전류는 다음과 같이 나타낼 수 있다.[21]

$$J_{ptu} = \frac{q^3}{8\pi hE_b} |F|^2 \exp\left(-\frac{8\pi\sqrt{2m^* E_b{}^3}}{3qh\,|F|}\right),$$ (6.25)

여기서 m^*는 캐리어의 유효 질량이고, h는 플랑크 상수이다. 전자의 전류 밀도에 대해서도 식 (7.24) 및 (7.25)와 유사한 식을 쓸 수 있다. 보통 OLED에서는 열전자 방출과 FN 터널링(전계 방출)이 각각 고전기장과 저전기장 조건하에서의 캐리어 주입 메커니즘을 지배한다.[22]

6.4.2 SCLC, TCLC 및 PF 이동도

OLED에서의 전자와 정공의 수송은 표동-확산 전류를 도입한 시간-의존 연속 방정식과 푸아송 방정식을 연립하여 기술할 수 있다.[18] 캐리어들의 생성 및 재결합이 없는 단극성(unipolar) 유기물 재료에서의 전자 수송만을 고려하면 연속 방정식은 다음과 같이 기술된다.

$$\frac{\partial n}{\partial t} = \frac{1}{q}\frac{\partial J_n}{\partial x},$$ (6.26)

여기서 J_n은 전자 전류 밀도이고 5장에서 기술한 바와 같이 n은 전자 농도이다. 정상 상태에서는 $\partial/\partial t = 0$이므로 다음을 암시한다.

$$J_n = \text{const.}$$ (6.27)

앞에서 기술한 바와 같이, 유기 재료에서의 캐리어 밀도는 열평형에서는 무시할 수 있는 수준으로, 이는 확산 전류를 무시할 수 있음을 의미한다. 따라서 전류 밀도 방정식에는 표동 성분만 존재한다.

$$J_n = nq\mu E$$ (6.28)

또는

$$n = \frac{J_n}{q\mu E},$$ (6.29)

여기서 E는 전기장, μ_n은 전자 이동도, 그리고 q는 전자의 전하량이다. 푸아송 방정식에 대입하면 다음과 같이 쓸 수 있다.

$$\frac{\partial E}{\partial x} = -\frac{q}{\varepsilon}n$$ (6.30)

또는

$$\frac{\partial E}{\partial x} = -\frac{q}{\varepsilon}\frac{J_n}{q\mu E},$$ (6.31)

여기서 ε은 정적 유전상수(static dielectric constant)이다. 단극성 유기 재료에서의, 정공만의 수송에 대해서도 비슷한 결과를 얻을 수 있다. 따라서 μ_n을 μ로 쓸 수 있다. μ가 상수라고 가정하면, 잘 알려진 모트-거니 방정식(Mott-Gurney equation)을 얻을 수 있으며, 이는 인가 전압의 함수로 '공간 전하 제한 전류(SCLC)'를 기술한다.

$$J_{SCLC} = \frac{9}{8}\varepsilon\varepsilon_0\mu\frac{V^2}{d^3},$$ (6.32)

SCLC의 중요성은 주어진 전위차에서 포획 준위가 없는 유전체, 즉 유기물 재료가 지탱할 수 있는 가능한 최대의 단극성 전류를 나타낸다. 트랩이 존재하면 전류는 모든 트랩들이 채워질 때까지 제곱의 의존성보다 더 빠르게 증가할 것이다. 이러한 관점에서 벌크에서의 캐리어 수송은 TCLC를 형성하며 다음의 조건이 성립한다.[23]

$$J_{\text{TCLC}} \propto \frac{V^{l+1}}{d^{2l+1}} \qquad (6.32\text{-}1)$$

여기서 l은 트랩의 깊이와 밀도의 효과를 나타낸다. 일반적으로, TCLC 모형은 저전기장 조건에서 잘 사용되는 반면에, SCLC 모형은 고전기장에서 주로 사용된다. 이는 더 낮은 전기장에서는 전하 캐리어 트랩들이 관여하며 전기장이 증가하면 트랩들이 다 채워짐을 암시한다. 유기물 분자에서는 단극성 π 전자들의 국재화 특성 때문에 고체 유기물층에서의 캐리어 수송은 전자가 분자 자리들 사이를 '도약'하는 것으로 볼 수 있다. 이러한 '도약' 과정은 본질적으로 중성 분자들과 전하를 띤 유도체들 간의 1전자의 산화-환원(oxidation-reduction) 과정이다. 전하 도약률은 무질서의 효과뿐만 아니라 인가한 전기장에도 강하게 의존한다. 이 현상이 전기장에 의존하는 캐리어 이동도를 설명하며, PF(Poole-Frenkel) 거동이라 부르는 잘 알려진 모형으로 기술할 수 있다.[23] PF 이동도는 비정질 분자 물질에서 매우 자주 관찰되며 다음과 같이 쓸 수 있다.

$$\mu(F) = \mu_0 \exp(\beta \sqrt{F}). \qquad (6.33)$$

여기서 μ_0는 전기장을 걸지 않았을 때의 이동도이고 β는 재료 관련 매개 변수이다.

6.4.3 전하 재결합

서로 다른 극성의 캐리어들의 재결합에 의해 엑시톤들이 생성되며, 이는 전극을 따라 1차원적인 확산을 경험한다. OLED에서의 재결합 과정은 보통 랑주뱅 이론을 따르는 2분자 과정에 의해 기술되며 다음의 식으로 주어진다.

$$R = \gamma np, \qquad (6.34)$$

여기서 R은 유기 재료의 캐리어 재결합률, n과 p는 전자 및 정공 농도, 그리고 γ는 재결합 계수이다. 엑시톤은 전기적으로 중성이기 때문에 이동이 인가한 전압의 영향을 받지 않는다.

근사적으로 재결합 영역의 폭을 정의하는 엑시톤 확산거리(L)는 보통 수 nm의 값을 가지며, 엑시톤 확산계수(D) 및 수명(τ)과 다음의 관계식을 갖는다.[24]

$$L = \sqrt{D\tau}. \tag{6.35}$$

6.4.4 전자기파 복사

5장의 LED의 경우와 마찬가지로 고전적인 관점에서 유기물 박막에서의 발광은 유기물 박막과 공기의 굴절률에만 의존하는 스넬의 법칙에 의해 정의되는 복사 탈출 원뿔(escape cone)을 갖는다.[25] 그림 6.14의 단위 구를 고려하면, 유기 재료와 공기의 계면에서의 임계각에 의해 둘러싸인 음영 영역은 생성된 광자가 밖으로 빠져나올 수 있는 출구를 나타낸다.

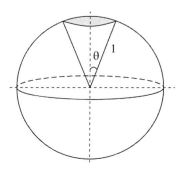

그림 6.14 OLED의 탈출 원뿔

굴절률이 n_{EML}인 유기물층에서 생성된 빛 중 기판을 통하여 밖으로 빠져나오는 빛의 비율(추출 효율로 정의됨)은 다음의 식에서 계산할 수 있다.[26]

$$
\begin{aligned}
\eta_c &= \frac{2\int_0^{\theta_{\text{EML-air}}} 1 \times d\theta \times 2\pi \times 1 \times \sin\theta}{4\pi \times 1^2} = \int_0^{\theta_{\text{EML-air}}} \sin\theta \, d\theta = 1 - \cos\theta_{\text{EML-air}} \\
&= 1 - \frac{\sqrt{n_{\text{EML}}^2 - 1}}{n_{\text{EML}}} = 1 - \sqrt{1 - \frac{1}{n_{\text{EML}}^2}} \cong \frac{1}{2n_{\text{EML}}^2},
\end{aligned} \tag{6.36}
$$

여기서 η_c는 추출 효율이고, $\theta_{\mathrm{EML-air}}$는 유기물과 공기 사이의 임계각이다. 예를 들어, n_{EML}은 보통 1.6이므로, 추출 효율은 겨우 20% 정도에 불과하고 80%의 광자들은 OLED의 내부에 간힘을 의미한다. 그러나 다층 OLED는 기하광학 모형에 의해 정확히 기술할 수 없다. 왜냐하면 층들의 두께가 발광 파장보다 더 작기 때문이다. 예를 들어, 유기물층의 두께에 따른 원격장(far-field) 발광 형태의 의존성은 고전적인 이론으로 설명할 수 없다.

전달 행렬(transfer matrix) 방법을 사용하여, 박막 구조에서의 광 간섭 효과를 올바르게 기술할 수 있다. 그림 6.15에서 보듯이, 통상의 OLED는 유리 기판 위에 ITO 투과형 양극, 유기물층 및 반사형 음극을 순차적으로 적층한 구조로 되어 있다. 유기물층에서 생성된 광자들은 OLED를 빠져나와서 ITO 양극과 유리 기판을 통해 밖으로 빠져나간다.

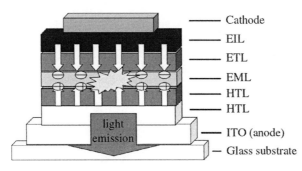

그림 6.15 일반적인 OLED 구조

유기 물질에서의 광자 발광이 쌍극자 진동에서 기인함을 고려할 때, 이러한 구조들은 파브리-페로 공진기(Fabry-Perot cavity)로 간주할 수 있으며, 수직 방향에서의 발광 스펙트럼은 다음의 식으로 기술할 수 있다.[27]

$$\left|E_{\mathrm{out}}^{\mathrm{up}}(\lambda)\right|^2 = \left|E_{\mathrm{in}}(\lambda)\right|^2 \times \frac{T_2[1 + R_1 + 2\sqrt{R_1}\cos(4\pi x/\lambda)]}{1 + R_1 R_2 - 2\sqrt{R_1 R_2}\cos(4\pi L/\lambda)}, \tag{6.37}$$

여기서 $\left|E_{\mathrm{out}}^{\mathrm{up}}(\lambda)\right|^2$은 출력 강도, $\left|E_{\mathrm{in}}(\lambda)\right|^2$은 자유공간에서의 EL 강도, x는 반사형 음극으로부터 쌍극자까지의 광학 거리, 그리고 R_1은 음극의 반사율이다. 또한 R_2와 T_2는 각각 ITO 양극 쪽의 반사율 및 투과율이다. L은 공진기의 총 광학 두께(total optical thickness)로

다음과 같이 주어진다.

$$L = \left| \frac{\varphi_{an}\lambda}{4\pi} \right| + \sum_j n_j L_j + \left| \frac{\varphi_{ca}\lambda}{4\pi} \right|. \tag{6.38}$$

여기서 n_j와 L_j는 두 전극 사이의 j번째 층의 굴절률과 두께이고, ϕ_{ca}는 유기물/음극 계면에서의 빛의 반사에서 발생하는 위상 천이(phase shift) 및 ϕ_{an}는 유기물/양극 계면에서의 빛의 반사에서 발생하는 위상 천이이다.

식 (6.37)은 다음과 같이 고쳐쓸 수 있다.

$$\left| E_{out}^{up}(\lambda) \right|^2 = |E_{in}(\lambda)|^2 \times Tr \times [1 + R_1 + 2\sqrt{R_1}\cos(4\pi x/\lambda)] \tag{6.39}$$

$$Tr = \frac{T_2}{1 + R_1 R_2 - 2\sqrt{R_1 R_2}\cos(4\pi L/\lambda)}. \tag{6.40}$$

그림 6.16(a)에서 보듯이 $[1 + R_1 + 2\sqrt{R_1}\cos(4\pi x/\lambda)]$항은 광각 간섭(wide-angle interference)의 배 증강계수(anti-node enhancement factor)를 나타낸다.[28] 이 값은 발광하는 쌍극자가 마이크로 공진기 내의 정상파에서 정확하게 배의 위치에 있을 때 최댓값을 가진다. 그림 6.16(b)에서 보듯이, Tr항은 다중빔 반사형 간섭(multi-beam reflective interference)의 효과를 설명한다.[29] 배 간섭의 효과는 쌍극자의 위치와 음극의 반사율에 의해서만 결정되는 반면, 다중 빔 반사형 간섭의 효과는 공진기의 광학 길이와 양극 및 음극의 반사율에 의해 조절됨을 알 수 있다.

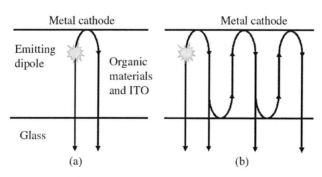

그림 6.16 (a) 배(antinode) 및 (b) 다중 빔 간섭의 개략도

그림 6.17에서는 그림 6.15의 통상의 OLED 구조에서 ETL의 두께를 다르게 해가며 제작한 소자들의 모드 해석 결과를 보여준다.[30] 이 경우에는 마디점 계면에서의 반사율이 작으므로, 배 간섭보다 다중 빔 간섭이 덜 두드러진다. 그림 6.15에서 보듯이, 발광성 쌍극자는 EML의 중심에 위치한다. 식 (6.39)에 기술된 서로 다른 x값에 대한 배 간섭으로부터 기대한 바와 같이, 공기 중으로 방출되는 빛의 강도는 ETL 두께의 함수로 진동한다. 두 개의 전반사(TIR) 성분들은 도파 모드로 규정할 수 있다. 한 가지는 ITO 양극/유기물층(n = 1.6~1.8)에서 포획되는 빛이고, 다른 한 가지는 유리 기판(n = 1.5)에서 전파되는 빛에 의한 기판 모드로 구성되어 있다. 진동하는 쌍극자가 금속 표면 가까이에 위치하면, 표면 플라스몬(surface plasmon)을 여기시킨다. 금속에서 쌍극자와 그 거울상 분극이 유도되면, 효과적으로 사중극자(quadrupole)를 구성하며, 원격장 강도를 감소시킨다. 그림 6.17에서 보듯이, 발광 쌍극자와 금속 음극 사이의 거리가 증가함에 따라 이 효과는 줄어든다. 그러나 도파 모드 손실은 증가한다. 왜냐하면, 더 두꺼운 슬랩 도파로(slab waveguide)에서는 더 많은 도파 모드가 존재할 수 있기 때문이다.

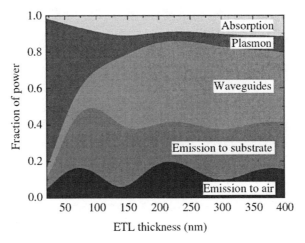

그림 6.17 서로 다른 ETL 두께를 가진 OLED의 서로 다른 모드에 결합되는 전력[30]

6.5 구조, 제작 및 특성 평가

저분자 또는 고분자 OLED의 소자 설계에 관한 고려사항에는 전기적 및 광학적 최적화가 포함된다. 구동 전압을 줄이기 위해서는 캐리어 주입이 효율적이어야 하는데, 이는 에너지 준위의 세밀한 정렬이 필요함을 의미한다. 이동도 값은 가능한 한 높아야 하고, 자유 캐리어 농도도 증가해야 한다. 재결합률을 향상시키기 위해서는 캐리어들을 구속하기 위한 적절한 에너지 장벽들이 필요하며, 이는 반도체 LED에서의 이종접합 구조와 비슷하다. 때로는 우수한 전기적 특성과 높은 효율을 갖는 유기물 재료를 찾는 것이 어려울 수도 있다. IQE를 개선하기 위하여 유기물 혼합체나 게스트-호스트(guest-host) 계(또는 도펀트-행렬 계)가 사용된다. 두께가 수백 nm인 OLED의 평면 구조는 마이크로 공진기 구조이기 때문에, 외부 양자 효율을 극대화하기 위해서는 광 간섭을 고려해야 한다. 저분자 OLED에서는 박막 증착의 정밀한 제어를 통해 다층 구조의 구현이 가능하다. 그러나 고분자 OLED에서는 용액 공정에 의해 다층 구조를 구현하는 것은 어렵다. 저분자 및 고분자 OLED의 패터닝 공정과 박막 증착 이후의 봉지 공정(encapsulation process)은 거의 동일하다. 디스플레이를 구동하기 위해서는 액정 디스플레이(LCD)에서와 마찬가지로, 수동 행렬(PM)과 능동 행렬(AM) 방식들이 주로 사용된다. 그러나 LCD는 축전기로 구동하는 것에 반하여 OLED는 전류-구동 소자이므로, 여전히 약간의 차이가 존재한다. 예를 들어, OLED의 AM 구동을 위한 화소에서는 적어도 두 개의 트랜지스터와 한 개의 축전기가 필요하다. 수명은 OLED 응용의 주된 문제점 중의 하나이며, 외인성 열화(extrinsic degradation) 및 내인성 열화(intrinsic degradation)로 구분할 수 있다. 적절한 봉지(또는 패시베이션) 공정과 제작 과정에서의 세심한 외부 환경 제어를 통해 외인성 열화를 대폭 줄일 수 있다. 그러나 유기물 재료의 열화에서 기인하는 내인성 열화는 OLED의 궁극적인 동작 수명을 결정한다.

6.5.1 OLED의 소자 구조

OLED의 기본 구조는 유기물층(들)이 두 개의 전극에 샌드위치 형태로 둘러싸인 다층 구조이다. 보통, 투과율과 일함수가 큰 ITO가 양극으로 사용된다. 다음으로, 한 개나 그 이상의 유기물 박막들이 증착, 스핀 코팅 또는 잉크젯 프린팅 공정 등에 의해 형성되며(6.5.3.1절에서 논의), 금속 음극의 형성이 뒤를 잇는다. 그림 6.18에서 보듯이, 가장 단순한 구조는 두 개의 전극들 사이에 단일 유기물층을 사용한 구조이다.[31] 이러한 구조에서 양극과 음극의 일함수가 유기 재료의 HOMO와 LUMO에 일치해야 한다. 유기 재료는 쌍극 수송(ambipolar transport) 특성과 발광 가능성을 나타내야 한다.

보통 높은 발광 효율을 가진 양극성 전하 수송 유기 재료를 찾는 것은 어렵다. 우수한 전기적 및 광학적 특성을 보이는 유기 재료를 찾는다 하더라도, 이러한 소자에서 재결합 영역에서 높은 효율의 발광이 가능하도록 제어하는 것이 쉽지 않다. 예를 들어, 전하 재결합이 전극 근처에서 일어난다면, 이는 쌍극자 진동이 배의 위치가 아닌 마디에서 일어남을 의미하므로(6.4.4절), 이는 상쇄간섭을 야기하여 소자의 효율을 감소시킨다. 이를 '전극 소광(electrode quench)'이라 부른다. 소자 성능을 개선하기 위해 각각 캐리어 주입, 수송 및 발광의 기능들을 갖춘 2층 또는 다층 구조가 도입되었다.

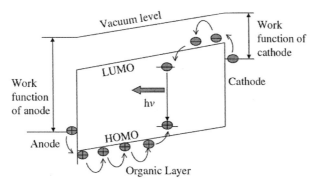

그림 6.18 단일층 OLED의 소자 구조

6.5.1.1 2층 OLED

그림 6.19는 탱(Tang)과 동료 연구자들이 처음으로 도입한 2층 OLED의 소자 구조를 보여준다.[4] 두 개의 유기물층은 각각 HTL 및 ETL로 사용되며, 각각 방향족 디아민과 알루미늄 킬레이트(tris(8-hydroxyquinoline) aluminum, Alq_3)로 구성된다. 단일층 소자에서의 양극성 전도 특성과는 달리, HTL 및 ETL은 각각 정공 및 전자의 단극성 캐리어(전자 및 정공)들만 수송한다. 이러한 특성이 유기 재료들의 선택에, 어느 정도의 유연성을 제공한다. 또한 이 구조에서는 캐리어 구속이 더 좋아져 소자 효율의 개선을 돕는다. 이 2층 구조에서는 캐리어 재

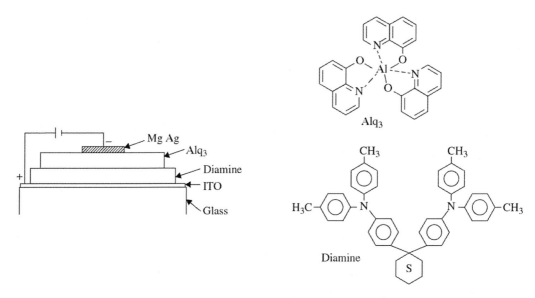

그림 6.19 최초의 2층 OLED의 층 구조 및 유기물 재료[4]

결합이 HTL/ETL 계면 근처에서 일어난다. HTL과 ETL은 서로 다른 유기 재료이기 때문에, 이러한 구조는 반도체 LED에서의 이종접합과 유사하다. 순방향 전압을 인가하면 음극에서 주입된 전자들이 ETL에서 표동하다가 HTL/ETL 계면에서 차단될 것이다. 왜냐하면 HTL의 LUMO 값이 보통 ETL의 LUMO 값보다 더 낮기 때문이다. ETL의 HOMO 값은 HTL의 HOMO 값보다 약간 더 높아서 정공들은 쉽게 ETL로 진입할 수 있다. ETL의 낮은 정공 이동도로 인해 ETL의 내부와 HTL-ETL 계면 근처에서는 정공 농도가 높아지며, 이는 ETL에서 충돌포획 과정(collision capture process)과 재결합이 더 잘 일어나게 한다. 따라서 이 영역은 동시에 EML로 작동한다. 재결합 영역은 이 계면에서 10 nm 이내의 ETL 내에 있다.[32]

보통, ETL의 전자 이동도는 HTL의 정공 이동도보다 적어도 1/10 정도로 더 낮으며($\mu_{e,ETL} \ll \mu_{h,HTL}$), 이는 HTL/EML 계면에서 재결합을 기다리는 정공들이 많이 모여있음을 의미한다. 정공의 재결합 확률(P_R)은 다음과 같이 주어진다.

$$P_R = \left(1 + \frac{\tau_{rec}}{\tau_t}\right)^{-1} \tag{6.41}$$

여기서 τ_{rec}는 캐리어 재결합 시간이고 τ_t는 전자가 음극에서 HTL/EML 계면까지 진행하는 데 걸리는 캐리어 이동 시간이다. 식 (6.41)은 다음과 같이 바꿔 쓸 수 있다.

$$P_R = \left(1 + \frac{w}{d_e}\right)^{-1} \qquad (6.42)$$

여기서 w와 d_e는 각각 장벽에서의 구속에 의한 재결합 폭과 ETL 두께이다.[33] 이 식에서 정공과 전자가 전극 쪽으로 누설되어 효율이 낮아지는 것을 방지하기 위하여 좁은 재결합 폭을 갖는 것이 바람직함을 알 수 있다. 투과형 ITO가 양극 전극으로, 그리고 반사형 Mg : Ag 합금이 음극 전극으로 사용되었다. 정공과 전자의 주입을 개선하기 위하여 일함수는 각각 양극은 높고, 음극은 낮게 하여야 한다. 또한, 광자들은 양극과 유리 기판을 통하여 밖으로 방출되므로 ITO의 투명도는 가능한 한 높아야 한다.

그림 6.20(a)는 전압에 따른 전류 밀도와 EL 강도의 곡선을 보여준다. 구동 전압은 약 8 V 이고 전류 밀도는 100 mA/cm²이다. 보편적인 반도체 LED와 비교하여, 겨우 4 V에서의 전류 밀도는 200 mA/cm²에 도달한다.[4] 이 OLED에서는 HTL 및 ETL 두께가 각각 75 nm 및 60 nm 로, 반도체 LED의 에피택셜층(수 μm)보다 훨씬 더 얇다. 비록 소자 두께는 반도체 LED보다 1/10 이상 더 얇지만, 유기 재료들의 높은 비저항으로 인하여, 구동 전압은 두 배 이상 더 높다. 그림 6.20(b)는 이 소자의 EL 스펙트럼을 보여주는데, FWHM 값이 약 100 nm 정도로, 이는 반도체 소자의 경우보다 두 배 이상 더 넓다. 왜냐하면 유기 재료에서는 더 많은 진동 및 회전 모드들이 존재하기 때문이다.

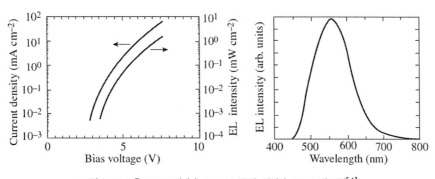

그림 6.20 2층 OLED의 (a) J–L–V 곡선 및 (b) EL 스펙트럼[4]

6.5.1.2 EML에서의 행렬 도핑

2층 구조에서는 ETL에서 재결합이 일어나며, 이는 ETL이 EML 역할도 겸함을 의미한다. 따라서 이 층의 기능은 캐리어의 수송과 발광을 모두 포함한다. 그러나 전체 가시광 범위에 대하여 높은 발광 효율과 높은 캐리어 이동도를 갖는 유기물 재료를 찾는 것이 가능은 하지만 결코 쉽지는 않다. 이 문제를 풀기 위한 보편적인 방법은, 고효율 발광 물질이 도핑된 EML로 구성된 추가 층을 도입하는 것이다.[9] 보통 행렬 또는 호스트라 부르는 EML에서의 수송 물질의 기준은 다음 사항들을 포함한다. 6.3.4절에서 기술한 바와 같이, (i) 우수한 캐리어 수송 특성을 나타낸다. (ii) 캐리어 포획을 위한 적절한 에너지 준위 및 효율적인 에너지 전달을 위한 호스트 PL과 도펀트 흡수 스펙트럼 간의 우수한 중첩을 갖는다. 도펀트(또는 게스트) 물질을 위해서는 높은 효율이 기본적인 요건이다. 게스트-호스트 계는 OLED의 전기적 특성 및 광 특성을 개선할 뿐만 아니라, 재결합한 엑시톤들을 발광성의 안정적인 도펀트 자리로 보내서 ETL을 열화시킬 수 있는 비발광성 감쇠의 경로를 최소화하는 방식으로, 소자의 안정성을 효과적으로 지속한다.[34]

그림 6.21(a)는 스(Shi)와 탱(Tang)에 의해 제안된 소자 구조와 구성층들의 분자 구조를 보여준다.[34] HIL, HTL 및 ETL 물질로서, 각각 Copper phthalocyanine(CuPC), N, N'-diphenyl-N, N'-bis(1-naphthyl)-1,1'-biphenyl-4,4'-diamine(NPB) 및 Alq$_3$가 사용되었다. 6.5.1.3절에 HIL의 상세한 기술이 나와 있다. 이 소자에서 EML은 Alq$_3$와 N, N-dimethylquinacridone(DMQA)의 혼합물로 구성되어, 높은 발광 효율을 나타낸다. 엑시머 소광(6.3.4절 참조)을 방지하기 위하여 분자들끼리 서로 충분히 이격될 수 있도록 DMQA 농도는 충분히 낮게 유지되어야 한다. 반면에, 도펀트 농도가 충분히 높지 않으면 호스트와 게스트 사이의 거리가 너무 멀어서 분자 간 에너지 전달이 효율적이지 않다.

표 6.1은 서로 다른 DMQA 도펀트 농도에서의 소자 성능을 보여준다.[34] 20 mA/cm^{2}에서 휘도 출력, 효율, 색좌표 및 피크 파장을 측정하였다. 수명 측정에서는 순방향 바이어스에서 40 mA/cm^{2}의 일정한 전류를 인가하였고, 역 바이어스에서는 −14 V의 일정한 전압을 인가하였다. 파형 듀티 사이클과 주파수는 각각 50%와 1 kHz이다.

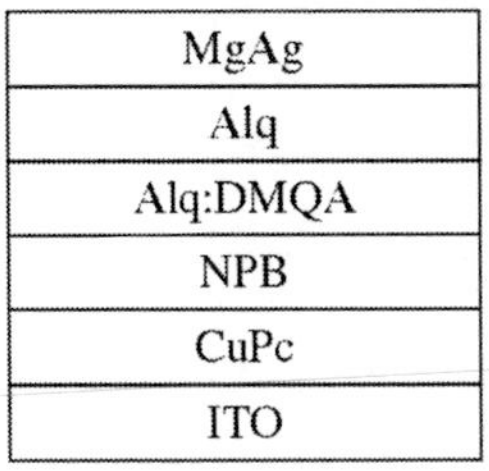

	MgAg
	Alq
	Alq:DMQA
	NPB
	CuPc
	ITO

(a)

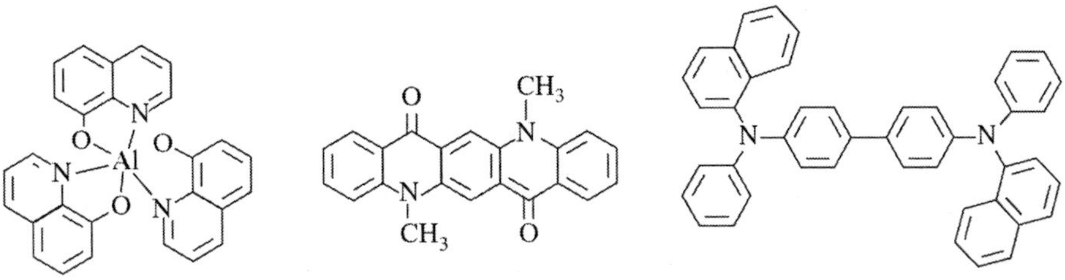

Alq   DMQA   NPB

(b)

그림 6.21 게스트–호스트 시스템의 (a) 소자 구조 및 (b) 분자 구조[34]

표 6.1 DMQA/Alq 소자의 휘도 데이터

DMQA % in Alq	0.00	0.26	0.40	0.80	1.40	2.50
Lum. output (cd/m^2)	518	1147	1322	1462	1287	1027
Efficiency (cd/A)	2.59	5.74	6.61	7.31	6.44	5.14
CIE$_x$	0.3872	0.3876	0.3785	0.3922	0.4046	0.4095
CIE$_y$	0.5469	0.5858	0.5995	0.5901	0.5799	0.5742
EL peak (nm)	544	540	540	544	544	544
$T_{1/2}$ (h)	4200	7335	7500	7340	5450	3650

효율과 수명의 개선에 덧붙여, 색 튜닝(color tuning) 또한 게스트–호스트 계에서 중요한 기능이다. 적절한 분자 설계에 의하여 동일한 호스트에서도 서로 다른 도펀트 물질들을 첨가하면 서로 다른 색의 빛을 얻는 것이 가능하다. 예를 들어, Alq$_3$에 레이저 염료 분자인 DCM1을 도핑하면 600 nm의 EL 피크 파장에서 약 2.3%의 양자 효율을 갖는 결과를 얻을 수 있다.[9] 적절한 분자 변형을 통하여 DCJTB로도 알려진 또 다른 적색 도펀트 물질인, 4-(dicyano methylene)-2-t-butyl-6-(1,1,7,7-tetramethyljulolidyl-9-enyl)-4H-pyran이 합성되었다.[35] 20 mA/cm^{2}의 전류 밀도에서 DCJTB : Alq$_3$ EML 기반의 적색 OLED의 효율은 2.0 cd/A에 이르며, 400 cd/m^{2}의 휘도를 나타낸다.

호스트에서 도펀트 물질로의 효율적인 에너지 전달 기준의 하나는 호스트의 PL과 도펀트의 흡수 사이의 스펙트럼 중첩이 우수해야 한다는 점이다. 이는 호스트가 도펀트보다 더 넓은 밴드갭을 가져야 함을 의미한다. 따라서 Alq_3를 청색 OLED를 위한 호스트로 사용하는 것은 가능하지 않음을 의미한다. 청색 OLED는 더 짧은 파장이라서 적색 및 녹색 소자보다 더 높은 광자에너지를 방출해야 하므로, 이렇게 높은 에너지를 제공하기 위해서는 밴드갭 에너지가 큰 물질이 필요하다. 청색 소자의 청색 소자의 동작 수명은 높은 광자 에너지로 인하여 다른 원색 소자들보다 여전히 더 낮다. 청색을 발광하는 게스트/호스트 계의 몇 가지 조합들의 연구 결과들이 발표되었다. 그 예들로, distyrylarylene(DSA) 유도체를 발광 호스트 물질로 사용하고 DSA amine styrylamine 4,4′-bis(2-(9-ethyl-9H-carbazol-3-yl)vinyl) biphenyl(BCzVBi)을 발광 도펀트로 사용하거나,[36] 2,5,8,11-tetra(t-butyl)-perylene(TBP)을 9,10-di(2-naphthyl)anthracene(ADN)에 도핑한다. 고효율 청색 발광과 우수한 소자 수명을 얻기 위하여 호스트와 도펀트의 다른 조합을 찾는 시도가 지금도 활발한 연구 분야로 남아 있다.

6.5.1.3 HIL, EIL 및 p–i–n 구조

앞에서 기술한 바와 같이 EML에서 재결합될 수 있도록 HTL과 ETL 물질은 높은 캐리어 이동도를 가지고 있으며 정공과 전자를 수송할 수 있다. 높은 형광 양자 효율을 가진 유기 재료들이 발광 색을 결정해주는 EML로 사용된다. 양극과 음극에서 유기물층으로의 정공 및 전자의 주입을 더 개선하기 위해 많은 OLED 구조에 HIL과 EIL을 삽입한다. ITO 양극에서 HTL로의 정공의 주입을 돕기 위하여 HOMO 준위가 ITO와 HTL의 사이인 HIL을 사용한다. 마찬가지로 음극에서 ETL로의 전자의 주입을 돕기 위하여 LUMO 준위가 ETL에 가까운 EIL이 사용된다.

그림 6.22는 HIL로 쓰이는 4,4′,4″-tris(3-methylphenylphe nylaminotriphenylamine) (m-MTDATA)을 HTL인 4,4′-bis(3-methylphenylphenylamino) biphenyl(TPD)와 ITO 양극의 사이에 삽입한 예를 보여준다.[37] 식 (6.21)과 식 (6.22)에서 열전자 방출에서의 전류 밀도는 장벽 높이가 증가함에 따라 지수적으로 감소함을 알 수 있다. m-MTDATA의 HOMO 값은 ITO의 일함수보다 0.1 eV 더 높고, TPD의 HOMO 값보다 0.4 eV 더 낮다. 따라서 ITO에서 HTL로의 정공의 주입을 더 개선하기 위한 '사다리(–)형(ladder-like)' 구조를 형성한다. 그림 6.22(a)와 6.22(b)는 각

각 분자 구조와 에너지 다이어그램을 보여준다. 그림 6.22(d)에서 일정한 전류 밀도에서의 휘도는 소자 C의 3층 구조(HIL/HTL/ETL)에서 가장 높게 나타난다. 그 이유는 정공 주입이 더 개선되기 때문이다. 통상의 HTL이 m-MTDATA로 대체되면(소자 A), 정공이 EML로 주입되기 위한 장벽이 가장 높기 때문에 효율은 더 낮다. HIL의 또 다른 기능은 수명을 늘이기 위하여 ITO에서 유기물층으로의 산소의 공격을 막는 것이다(6.5.5절 참조). Copper phthalocyanine (CuPc)층은 이러한 목적으로 사용된다. 또한 이 층은 정공과 전자의 재결합에서 농도의 균형을 개선하며, 이는 OLED의 양자 효율을 향상시키는 데 필수적인 요구 조건이다.

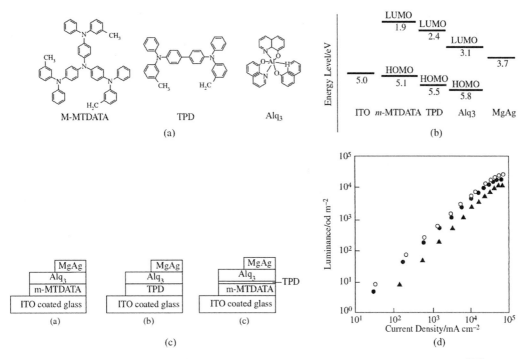

그림 6.22 (a) 분자 구조 (b) 에너지 준위 다이어그램 (c) 소자 구조 (d) 휘도 대 전류 밀도 곡선[37]

다른 관점에서 전극의 일함수를 가공하여 주입 효율을 개선할 수도 있다. 그림 6.23은 ITO 전극의 표면 처리를 보여준다. 그림 6.23(a)에서 보듯이, 양극에 산을 처리하면 양성자화된 (protonated) 표면이 음전하들을 끌어당겨서 유기물층으로 향하는 표면 쌍극자(surface dipole)를 형성하므로, ITO에서 유기물층 쪽으로의 정공의 주입에 기여한다. 보통, 표면 쌍극자는 진공 준위(자유공간에서의 물질 밖의 에너지)의 이동 또는 양극 표면의 일함수의 증가로 나타낼 수 있다. 진공 준위의 불일치로 인해 ITO와 유기물층의 HOMO 사이의 유효 에너지 장벽은 감소한다. 반면에 그림 6.23(b)에서 보듯이, ITO가 염기 처리에 의해 변형되면, 유효 정공 주입 에너지 장벽이 증가한다. 따라서 ITO 기판을 산 용액에 담그는 것은 정공 주입 효율을 개선하는 방법이다. 또 다른 보편적인 방법에는 유기물층의 증착 전에 산소 플라스마 (oxygen plasma) 처리 또는 UV-오존 처리를 행하는 것이다.[39, 40] 산소 플라스마는 ITO의 일함수를 효과적으로 증가시킬 뿐만 아니라 막 성장된 ITO 기판의 탄화수소(hydrocarbon) 오염물을 제거해준다.

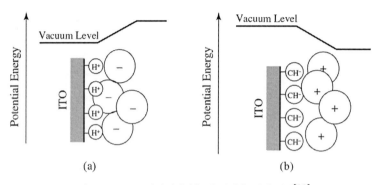

그림 6.23 ITO 표면에서의 (a) 산 및 (b) 염기 처리[38]

반면에, 전자의 주입이 더 잘 되기 위해서는 음극의 일함수는 가능한 한 낮아야 한다. 그림 6.24는 서로 다른 음극 구조들을 사용한 OLED들에서의 전류 밀도 대 전압 곡선을 보여준다. 알루미늄 음극을 가진 소자들은 $100 \, mA/cm^2$에서 $17 \, V$의 가장 높은 구동 전압을 보인다. Mg0.9Ag0.1 합금을 음극 물질로 대체하면 더 낮은 일함수로 인하여 구동 전압이 $4 \, V$ 감소한다. 이 합금에서는 외부 환경에 대한 안정성을 개선하고 유기물층들에 대한 부착력을 개선하기 위하여 소량의 은이 첨가된다.[4] 음극으로는 알칼리 금속(alkali metal) 및 알칼리 토금속 (alkaline earth metal)과 같은 일함수가 낮은 물질들이 선호되지만, 산소와 수분을 함유하는 일반적인 환경하에서 잘 반응하므로, 소자 공정과 재료의 취급에서 어려움이 증가한다. 그 대안으로는, 공기 중에서 안정한 금속인 알루미늄과 유기물층의 사이에 LiF와 같은 매우 얇은 절연체층을 증착하는 것이다.[41, 42] 상세한 물리적 메커니즘은 아직 분명하지 않다. 가장 잘 알려진 해석 중의 하나는 LiF가 알루미늄을 증착하는 동안 리튬과 불소로 분해된다는 것이

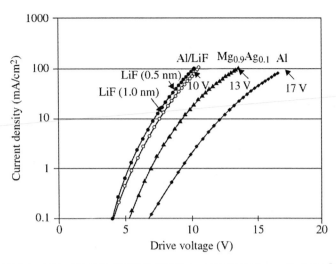

그림 6.24 서로 다른 음극 물질들을 사용한 OLED들에서의 $\log J$ 대 V 곡선[41]

다. 다음으로 리튬은 유기물층으로 침투하여 라디칼 양이온을 형성하여 ETL에서의 전자 농도를 효과적으로 증가시킨다. 또한 리튬은 유기물-음극 계면에서 쌍극자층을 형성하여 전자의 주입을 용이하게 한다. 그러나 그림 6.2에서 보듯이, 절연 특성 때문에 LiF층이 최적의 두께보다 더 얇거나 더 두꺼운 경우에는 전압이 증가한다.

에너지 부정합 및 낮은 이동도와 더불어, 유기물 재료들의 자유 캐리어 농도 또한 낮기 때문에 OLED는 구동 전압이 높다. 따라서 반도체 LED와 유사한 개념의 p형 및 n형 도핑 기술이 도입되었다. p형 도핑을 위하여 HTL 물질에 보통 루이스 산(Lewis acid)을 도핑하면 전자를 끌어들여 자유 정공이 생성된다. 이는 유기물 재료의 페르미 준위를 중간 갭에서 HOMO에 가까운 쪽으로 이동시켜 정공 수송 능력을 개선시킨다. 또한 캐리어 농도의 증가로 전극과 p형 유기물층 사이의 페르미 준위가 정렬되어 계면에서 오믹 접촉과 같은 주입 특성을 보이므로 정공 주입을 촉진시킨다. p형 유기물 재료들을 위한 게스트-호스트 계의 일부 효과적인 후보들에는 tetracyanoquinodimethane(TCNQ) 유도체,[43] V_2O_5 또는 $FeCl_3$를 zinc phthalocyanine(ZnPC) 또는 arylamine 유도체에 도핑하는 것이 포함된다.[44] p형 도핑과는 대조적으로, n형 분자 도핑은 자유 전자를 제공하기 위하여 도펀트의 HOMO 값이 호스트의 LUMO 값보다 더 작아야 된다는 요구 조건 때문에 더 어렵다. 왜냐하면 이러한 물질들은 산소에 대해 더 취약하기 때문이다.[43] 다른 대안으로는 리튬, 나트륨 또는 세슘과 같은 알칼리 금속들을 유기물 재료에 도핑하는 것인데, 이를 금속 도펀트(metal dopant, MD) 기술이라 부른다.[43] 이

알칼리 금속들은 유기 호스트 물질에 자유 전자들을 쉽게 내놓아 전도가 잘되게 한다. 이러한 MD 기술을 이용하면 n형 도핑에 의해 캐리어 수송 특성이 개선될 뿐만 아니라, 또한 전극과 유기물 재료 사이의 계면이 쇼트키 장벽에서 오믹 접촉으로 변하여 캐리어 주입과 전압 감소를 돕는다. p형 및 n형 도핑 기술을 적용하면, 낮은 구동 전압과 높은 전력 효율을 갖는 p-i-n OLED를 만들 수 있다.[47] 그러나 p형 및 n형 도핑에서의 강산과 강염기 특성 때문에 때때로 제작에 어려움을 겪을 수도 있다. 또한 소자 동작 중에 도펀트가 EML로 확산되어 들어가 엑시톤 소광제(exciton quencher)로 작용하기가 쉽기 때문에 MD 기술의 동작 수명은 여전히 문제점으로 남아 있다.[48]

6.5.1.4 상부 발광 및 투명 OLED

통상의 OLED는 투명 ITO 양극과 반사형 음극을 가지며, 이들은 각각 높고 낮은 일함수를 갖는다. 구동회로(6.5.3.3절) 및 외부 양자 효율(6.8절)의 설계에서의 자유도를 향상시키기 위하여, 상부 발광 및 투명 OLED가 제작되었다. 반사형 음극을 투명 도체층(예를 들어, ITO)으로 바꾸면, 투명 디스플레이(see-through display)를 달성할 수 있다. 그러나 ITO의 일함수(약 4.7 eV)가 높기 때문에, 전자 주입에 적합하지 않으므로, 캐리어 주입 성능을 향상시키기 위하여 ETL과 ITO '음극' 사이에 적절한 완충층(buffer layer)이 필요하다. 높은 투과율을 얻기 위하여 이러한 불투명 완충층은 충분히 얇아야 한다. 수 nm 두께의 Mg : Ag 또는 LiF/Al 이중층은 우수한 전자 주입 성능을 가지므로 이러한 응용에 적합하다. 이 완충층의 또 다른 기능은 스퍼터링(sputtering) 공정이 필요한 ITO '음극'을 제작하는 동안 유기물층을 보호하는 것이다. 비록 이러한 소자에는 완충층이 있음에도 불구하고, 고에너지 이온에 의한 하부의 유기물층의 손상을 줄이기 위하여 스퍼터링된 ITO 음극의 rf 파워를 매우 세심하게 제어해야 한다. 이러한 공정 조건으로 인하여, 증착률은 보통 초당 수 Å 정도로 매우 낮다. 이러한 구조에서 완충층의 광투과율은 가장 중요한 관심사 중의 하나이다. 완충층이 두꺼워지면 빛을 더 흡수하므로, OLED의 휘도와 투과율이 감소한다. 반면에, 완충층이 더 얇으면 스퍼터링에 의한 손상에서 보호하기에 충분하지 않다. ITO는 약 10^4 S/cm의 낮은 전도도를 가지므로, 오믹 손실을 줄이기 위하여 수백 nm 정도의 두꺼운 ITO 음극이 필요하다. 이러한 ITO의 벌크 전도도 값은 금속 물질의 경우보다 1/10∼1/100 정도의 낮은 값이다. 따라서 열증착으로 제작한 얇고 반투명(semitransparent)한 금속 물질이 투명 및 반투명 음극으로 사용될 수 있다. 이 20~30 nm 두께의 얇은 음극으로는 사마륨(samarium, Sm),[49] Ca/Mg[50] 및 LiF/Al/Ag이 사용된다.[51]

상부 발광 OLED에서는 빛이 기판 쪽이 아닌 상부면 쪽으로 방출되어야 하므로 반사형 양극이 필요하다. ITO의 하부에 은(Ag)과 같은 반사형 금속을 증착하는 것이 간단한 해법이다.[52] 주입 능력을 향상시키기 위해서는 대안으로 금 또는 티타늄과 같은 일부 높은 일함수를 갖는 금속들 또한 좋은 후보가 된다. 또한 광 특성을 개선하기 위하여 가시광선 전 대역에 대하여 높은 반사율을 가져야 한다. 은을 산화하면 높은 일함수를 갖는 AgO$_x$가 생성되는데, 이는 효과적인 HIL을 형성하며 동시에 우수한 전기적 특성도 갖는다.[51] 상부 발광 OLED에서는 반사형 양극과 반투과형 음극이 마이크로 공진기를 형성하여, 강력한 다중 빔 간섭을 나타낸다(6.4.4절). 그림 6.25(a)에서 보듯이, 리엘(Riel)과 동료 연구자들은 반투과형 음극 상부를 ZnSe 유전체층으로 덮은 상부 발광 OLED(TOLED)를 제작하였다.[29] 그림 6.25(b)에서 보듯이, 유전체의 두께에 따른 EL 강도와 스펙트럼 특성을 측정하였다. 유전체층은 바깥 방향으로의 추출 광 강도를 증가시킬 수 있다. 또한, 유전체의 두께를 조절하면 각도에 무관한 스펙트럼 특성을 얻을 수도 있다.

전극의 투과형, 반투과형 및 반사형 특성을 가공하면 새롭고 흥미로운 디스플레이들을 만들 수 있다. 투명 OLED의 기반에서는 양면에서 정보를 보여줄 수 있다.[53] 게다가 전극의 광 특성을 가공하면 양면에서 서로 다른 정보를 보여주는 OLED 디스플레이 또한 가능하다.[54]

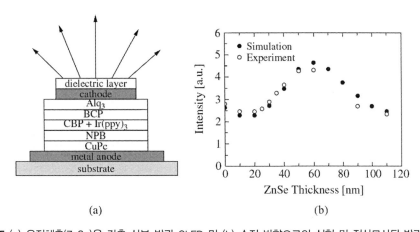

(a)   (b)

그림 6.25 (a) 유전체층(ZnSe)을 갖춘 상부 발광 OLED 및 (b) 수직 방향으로의 실험 및 전산모사된 발광 강도[29]

6.5.2 고분자 OLED

유기 재료의 분자량으로 구분하면, 두 종류의 OLED들이 있다. 분자량이 1,000 g/mol보다 적으면, 저분자(small-molecule) OLED라 부르며 보통 고진공하에서의 열증착에 의해 제작할 수 있다. 분자량이 10,000 g/mol보다 크면, 이 소자는 고분자(polymer) OLED(또는 polymeric light-emitting device, PLED)라 부른다.

1990년 버로우(Burroughes)와 동료 연구자들에 의해 스핀 코팅 기술을 이용한 고분자 OLED가 제작되었다.[5] poly(p-phenylene vinylene, PPV) 박막을 사용하여 황녹색에서 발광하며 Al/Al$_2$O$_3$/PPV/Al의 소자 구조를 갖는다. 적절한 분자 설계에 의하여 공액 고분자(conjugate polymer)의 발광 스펙트럼과 효율을 조절할 수 있다. 그림 6.26은 polyphenylenes(PPP), polyfluorene(PF) 및 PPV와 같은 고분자 EL 물질들의 분자 구조상에서 공통적으로 반복되는 단위 구조들을 보여준다. 1991년 브라운(Braun)과 히거(Heeger)가 poly[2-methoxy-5-(2-ethylhexyloxy)-1,4-phenylenevinylene](MEH-PPV)을 포함하는 적색 고분자 OLED를 발표하였다.[31] 같은 해에 오모리(Ohmori)와 동료 연구자들은 EL 피크 파장이 470 nm인 poly(9,9-dialkylfluorene)을 포함하는 청색 고분자 OLED를 보고하였다.[55]

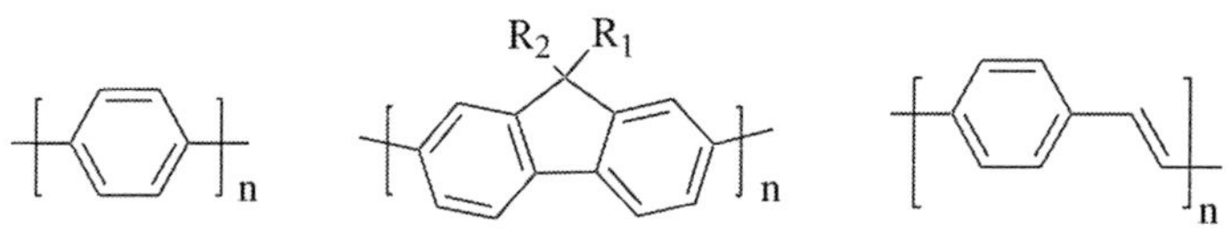

그림 6.26 일부 고분자 EL 물질들의 분자 구조

고분자 재료들은 증발에 필요한 충분한 운동에너지를 얻기도 전에 열에 의해 분해되므로, 고분자 OLED의 박막 형성은 용액 공정에 의해 이루어진다. 이 과정은 고분자를 녹여 용액을 만드는 과정과, 다음으로 용액을 기판에 도포(coating)하는 과정으로 나뉜다. 용매는 진공이나 열처리 과정에서 증발되어 균일한 고분자 박막이 형성된다. 유기물 박막 내부의 잔류 용매는 때때로 불순물 소광제로 작용하여 비발광성 재결합을 야기한다. 또한 소자의 구동이나 보관 과정에서 확산되어 소자의 수명을 감소시킨다. 저구동 전압, 고재결합 효율 및 고발광 효율을 달성하기 위하여 통상 OLED의 전기적 특성 및 광 특성을 최적화할 수 있는 다층 구조가 바람직하다. 그러나 두 층보다 더 많은 고분자 OLED를 제작하는 것은 가능은 하지만 쉽지 않다. 왜냐하면 일반적인 유기물 무극성 용매(nonpolar solvent)들이 대부분의 EL 고분자들을 녹이기 때문에, 보통 EL 고분자 박막의 형성에 앞서 HIL과 HTL로 극성 용매(polar solvent)에 녹을 수 있는(수용성의) PEDOT : PSS를 적용하여야 하기 때문이다. 다층 고분자 OLED를 제작하는 몇 가지 방법들이 제안되었다. 용해도 문제를 피하기 위하여 자기 조립법(Self-assembly method)[56] 또는 전기 중합법(electro-polymerization)이 다른 해결책을 제공한다.[57] 또 다른 접근 방법은 이미 증착된 층들에 영향을 주지 않는 '직교' 용매를 이용하여 기판상에 스핀-코팅이 가능한 일련의 기능성 고분자들을 사용하는 것이다. 이 방법은 극성 및 무극성 직교 용매계(orthogonal solvent system)에서 용해 가능한 고분자들을 필요로 한다.[58]

6.5.3 소자 제작

OLED와 PLED는 습기와 산소에 민감하므로, 박막 공정은 진공이나 불활성 기체(inert gas) 분위기에서 이루어져야 한다. 유기물 박막과 전극층들이 형성된 후, 시료는 외부 환경에 노출되지 않도록 봉지(encapsulation)를 시키거나 패시베이션(passivation)을 시켜야 한다. 따라서 OLED 디스플레이에서는 박막 공정 이전에 일반적인 반도체 공정(예를 들어, 리소그래피, 식각 및 증착)에 의해 제작되는 구동 회로부가 먼저 제작되어야 한다.

보통 전형적인 OLED는 유리 기판 위에 제작된다. 투명 전도성 물질인 ITO가 양극 전극으로 사용된다. 유기물층에서 발생한 빛은 투명 ITP 전극과 유리 기판을 통과하여 밖으로 나간다. 그러나ITO는 비저항이 보통 $10^{-4}\Omega$ cm로 알루미늄이나 은과 같은 반사형 금속의 비저항보다 수십~수백 배 더 크므로 큰 저항으로 인하여 ITO를 투과할 때 큰 전압 강하가 일어난다. 또한 그렇게 되면 (i) 패널 휘도의 불균일성과 (ii) 제어 신호의 지연과 왜곡을 야기한다. 따라서 이를 해결하기 위하여 알루미늄이나 크롬과 같은 저저항의 보조 양극을 ITO와 나란히, 그러나 발광 영역의 외부에 사용하여 전류 전도를 개선할 수 있다. 유기 재료들의 전도도는 매우 낮기 때문에, 전류의 경로는 주로 수직 방향(유리 기판에 수직한 방향)이 되고, 수평 방향(유리 기판에 나란한 방향)으로는 잘 흐르지 않을 것이다. 따라서 수직 방향의 전류 경로 상의 양극과 음극이 중첩되는 영역에서 발광이 일어남을 의미한다. ITO 상부와 유기물 층의 하부에 발광 영역의 모양을 정의하기 위하여 폴리이미드(polyimide)와 같은 패터닝된 절연층이 필요하다. 이러한 층은 매우 얇은(100~200 nm) OLED 박막 증착에서 중요한 하부의 회로들을 매립하여 평탄한 표면을 제공하기 때문에 중요하다. AM 구동을 위해서는 TFT가 필요하다. OLED 디스플레이에서는 다이오드의 접합 특성 때문에 한 화소당 적어도 두 개의 TFT가 필요하다. 광자를 발생시키기 위한 충분한 전류(즉, 전자-정공쌍)를 제공하기 위하여, 트랜지스터의 이동도는 가능한 한 높아야 한다. 전류 응력(current stress)에 의한 TFT의 열화에서 관찰되는 두 가지의 전형적인 현상에는 이동도 감소와 문턱값의 이동을 들 수 있다.

OLED 디스플레이의 하부 구조가 제작된 후에는 외부 환경에 노출되지 않도록 유기물 박막의 형성과 봉지 공정이 수행되어야 한다. 저분자 OLED에서는 고진공하에서의 열증착을 통하여 유기물 재료가 승화한다. 온도를 조절하여 0.1 nm/s의 낮은 증착률로 정밀하게 제어할 수 있다. 고분자 물질의 경우에는 분자량이 크기 때문에 용액 공정이 필요하다. PLED 물질에 적용되는 두 가지의 대표적인 제작 공정에는 스핀 코팅과 잉크젯 프린팅이 있다. 박막의 형성 후에는 장수명을 보장하기 위하여 불활성 기체 분위기에서 봉지 공정으로 이동한다. 또한 OLED 위에 패시베이션층을 직접 도포하는 방식은 디스플레이의 두께를 줄일 수 있는 장점 때문에 특히 플렉서블 기판에서의 응용 가능성이 크다.

6.5.3.1 박막 형성

저분자 OLED에서는 고진공하에서의 열증착법(thermal evaporation)이 유기물 박막을 증착하는 보편적인 방법이다. 왜냐하면 분자량이 작아서 승화가 잘 일어나기 때문이다. 그림 6.27에 도시한 바와 같이 패터닝된 ITO 기판 위에 유기물층과 음극 물질들이 순차적으로 증착된다. 박막 증착 이후에는 습식 공정이 허용되지 않으므로 유기물층과 금속의 패터닝은 섀도마스크를 유리 기판 가까이에 위치한 상태에서 이루어진다. 섀도마스크는 구멍이 뚫린 금속판으로 되어 있으며, 열원에서 유기물 증기가 그 구멍을 통과하여 기판 위에 증착된다. 보통 기판은 상온으로 유지되므로, 증발된 분자들은 유리 기판 위를 움직일 만한 충분한 운동에너지를 얻지 못하여 비정질의 형태로 무작위 분포한다. 표면 균일도를 향상시키기 위하여, 증착된 박막은 비정질을 유지해야 하는 점이 중요하다. 증착률은 증발 온도에 의해 조절된다. 온도가 높으면 증착률과 생산성이 좋아진다. 효율 및 수명과 같은 소자 성능도 증착률에 의존한다.[59] 그러나 증착 온도가 지나치게 높으면 유기물 재료가 분해되어 소자의 초기 불량을

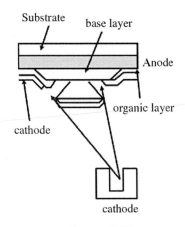

그림 6.27 열증착

야기할 수도 있다. 균일한 박막을 얻기 위해서는 기판과 유기물 소스 사이의 거리가 가능한 한 멀어야 유리한데, 이 경우에는 증착 과정에서의 유기물 재료의 낭비가 심해진다. 보통 겨우 10% 또는 그 이하만이 유리 기판에 증착되며 나머지 90% 이상은 진공 챔버의 벽에 증착된다. 이는 단순히 유기물 재료의 낭비뿐만 아니라, 패널의 크기도 제한한다. '점(point)' 열원들을 선형으로 조합한 '선형(linear)' 열원은 챔버의 크기를 효과적으로 줄일 수 있고 재료의 활용률을 증가시켜 생산성(throughput)을 향상시킬 수 있다. 또한 대구경 기판을 적용할 수 있다.[60]

풀컬러 디스플레이에서는 적색, 녹색 및 청색 부화소들이 필요하다. 이 목적으로는 적색, 녹색 및 청색 OLED들을 사용하는 것이 가장 간편하다. 그러나 앞에서 기술한 바와 같이, OLED의 박막 형성에서는 통상의 리소그래피를 적용하는 것이 쉽지 않다. 풀컬러 OLED 디스플레이에는 일반적으로 세 가지의 제작 방법들이 사용된다. 각각 (i) 수평 부화소 배치 구조 (lateral subpixelated), (ii) 컬러 필터를 장착한 백색 OLED 및 (iii) 청색 OLED와 색 변환 물질(color change material, CCM)을 사용하는 방법들이다. 그림 6.28에 그 구조들이 도시되었다.

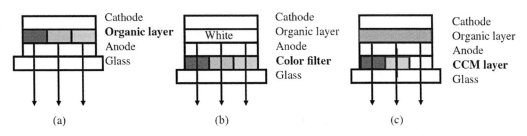

그림 6.28 풀컬러 OLED의 제작 방법 : (a) 수평 부화소 배치 (b) 백색 OLED와 컬러 필터 및 (c) 색 변환 물질(CCM)

그림 6.29에서 보듯이, '수평 부화소 배치 구조(lateral subpixelated)'는 미세 피치 섀도마스크(fine-pitch shadow mask)를 통하여 서로 다른 영역에 적색, 녹색 및 청색 OLED를 증착하는 방식으로 제작된다. 수평 에미터에서의 소자 효율과 동작 수명은 다른 두 방식과 비교하여 더 우수하다. 왜냐하면 삼원색의 OLED들이 독립적으로 최적화될 수 있기 때문이다. 그러나 보통 부화소 간 피치가 약 70 μm 정도이므로, 섀도마스크는 이보다 너무 두꺼우면 안 된다(약 100 μm). 유리 기판은 370 × 470 mm의 크기(II세대 유리 기판 기준)이므로, 이 마스크를 이용한 취급과 공정이 용이하지 않다. 섀도마스크가 연속적으로 긴 시간 동안 사용되면(예를 들어, 1주일), 미세-피치 섀도마스크 구멍의 가장자리 주변에 증발된 유기물 재료들이 축적되어 구멍 크기를 줄일 수 있으므로 고온의 증착 분위기에서는 증착 영역의 크기가 줄어들거나 정렬 불량(misalignment)을 야기할 수 있다. 추가적으로, 고온 증착 환경에서 금속 섀도마스크의 열 팽창 또한 정렬 불량을 야기한다. 더 정밀한 정렬을 위해서는 섀도마스크와 기판 사이의 간격은 작게 유지되어야 한다. 그러나 사이가 너무 가까우면 섀도마스크에 의해 기판의 표면이 쉽게 긁혀 소자 제작이 어려워진다.

공정을 단순화하기 위하여 LCD에서 사용하는 일반적인 컬러 필터 기술을 풀컬러 OLED를

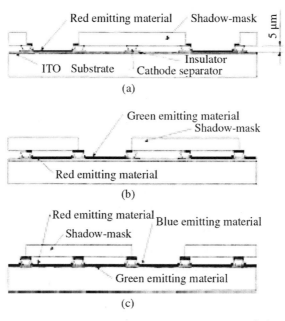

그림 6.29 풀컬러 OLED를 위한 미세 피치 섀도마스크[13]

위해 사용할 수 있다. 복잡한 미세 피치 섀도마스크 없이 백색 OLED를 제작하고, 각 부화소에서 컬러 필터를 통하여 빛을 차단함으로써 제작 수율을 효과적으로 향상시킬 수 있다. 그러나 LCD의 경우와 비슷하게 빛의 2/3는 컬러 필터에 의해 흡수되므로, 효율과 수명이 감소할 수 있다. 동작 수명은 시간에 따른 휘도의 감소를 나타내므로, 종종 OLED의 색에 따라 다르다. 수평 에미터 구조에서는 서로 다른 열화율이 시간에 따른 색 이동을 야기할 수 있다. 그러나 백색 OLED에 컬러 필터를 사용하면 색 안정성은 좋은 상태로 유지된다. 효율을 개선하고 제작을 단순화하기 위한 또 다른 가능한 방법에는 CCM을 사용하는 방법이 있다. CCM은 청색광을 흡수하여 적색 및 녹색광을 방출할 수 있다. 그림 6.28에서 보듯이 청색 OLED 자체에서의 EL은 청색 부화소에 사용된다. 그러나 이 방식은 CCM의 재료 선택, 제작 공정 및 재료 안정성이 여전히 문제점으로 남아 있다. 레이저 보조 패터닝(laser-assisted patterning) 기술을 사용하면 수평 에미터 배열 구조에서 동시에 고해상도와 대화면 기판의 가공이 구현될 수 있다.[61] 레이저 열전사법(Laser-induced thermal imaging, LITI)은 가장 중요한 제조 기술 중의 하나로 동작 원리는 그림 6.30에 도시되어 있다. 먼저 광-열 변환(light-to-heat conversion, LTHC)층을 포함하는 도너 필름(donor film) 위에 유기물 박막을 균일하게 증착한다. 그러면 도너 필름이 기판 위에 전사된다. 다음으로 레이저를 특정 영역에 조사하면 LTHC 과정을 통하여 흡수된 빛이 열로 바뀐다. 그러면 LTHC에 의해 높은 공간적인 해상도로 열팽창이 야기되므로 유기물 박막을 기판으로 전사할 수 있다. 이 기술의 해상도는 레이저 빔의 빔 크기에 의존한다. 레이저 헤드(laser head)의 스캐닝 거리에 따라 기판 크기가 제한된다. 따라서 레이저 헤드의 개수를 증가시키면 생산성을 향상시킬 수 있다.[62]

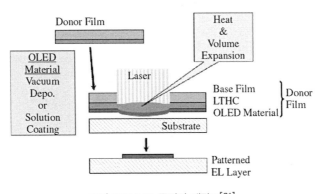

그림 6.30 LITI 공정의 개략도[61]

고분자 OLED의 제작 방법은 용액 공정을 사용해야 한다. 이 재료들을 가열하면, 승화를 위한 충분한 운동에너지를 얻기 전의 온도에서 분해된다. 클로로폼(chloroform), 다이클로로에탄(dichloroethane), 톨루엔(toluene) 및 크실렌(xylene)이 주로 사용되는 용매들이다. 고분자 물질들을 이러한 용매들에 녹인 후에 그 용액을 스핀 코팅이나 잉크젯 프린팅 방식으로 기판 위에 도포한다. 진공이나 가열에 의하여 용액을 건조시키면 고분자 박막을 얻을 수 있다. 스핀 코팅은 반도체 제작에서 사용되는 보편적인 방법이다. 용액의 점도(viscosity)와 기판의 회전 속도를 조절하면, 수 nm의 정밀도로 정확한 두께를 갖는 박막을 얻을 수 있다. 풀컬러 디스플레이의 제작을 위해서는 각각 서로 다른 위치에 서로 다른 용액들을 도포하여야 하므로, 성숙된 공정 기술인 잉크젯 프린팅을 사용한다.[63] 2004년 세이코 엡슨(Seiko Epson)사는 멀티 헤드 잉크젯 프린팅 기술을 이용하여 40인치 고분자 OLED의 제작에 성공하였다.

6.5.3.2 봉지 및 패시베이션

많은 유기물 재료들은 습기와 산소에 민감하다. 또한 금속 전극의 산화는 OLED 특성을 열화시킬 수 있다.[64] 따라서 장수명을 위하여, OLED를 산소와 수분으로부터 차단하는 것이 필요하다. 그림 6.31에서 보듯이, 통상 OLED는 UV-경화 에폭시(UV-cured epoxy)와 같은 접착제를 사용하여 덮개로 기밀 봉지(hermetic seal)를 행한다. 덮개는 유리이거나 금속 리드(metal lid)일 수 있다. 외부의 습기와 산소의 가능한 경로는 접착제 및 접착제와 유리 기판 또는 덮개의 경계이다. OLED로의 수분과 산소의 침투를 줄이기 위하여 기판과 덮개 사이의 간격은 '채널 폭(channel width)'을 줄일 수 있도록 가능한 한 좁아야 한다. 동시에 에폭시의 폭은 '채널 길이(channel length)'를 증가시키기 위해 가능한 한 넓게 해야 한다. 또한 접착 강도

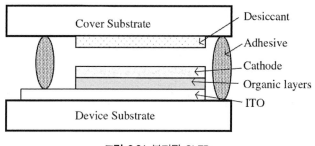

그림 6.31 봉지된 OLED

가 충분히 우수하지 않으면 에폭시와 유리 기판 및 덮개의 계면은 채널을 형성할 수 있다. 비록 에폭시가 외부 환경으로부터의 공격을 완전히 막을 수 있다 하더라도, 여전히 박막 증착 이전의 제작 공정에서 남아 있을 수 있는 잔류 용매들이 시간이 지남에 따라 점차적으로 증기화되어 OLED를 열화시킬 수 있다. 따라서 그림 6.31에서 보듯이, 산화칼슘(CaO)과 같은 흡습제(desiccant)를 집어넣어 잔류 수분이나 에폭시 봉지를 통해 확산되는 수분들과 반응하도록 한다.[65]

또한 덮개를 대신하여 OLED 위에 수 μm 두께의 패시베이션층으로 대체하는 것도 가능하다. 이렇게 하면 디스플레이의 두께를 거의 유리 기판 한 장의 두께 수준(약 0.55 mm)으로 줄일 수 있다. 또한 OLED 제작의 공정 단계가 더 단순해진다. 유기물 재료들은 고온에 견딜 수 없으므로, 패시베이션층의 증착에는 100℃ 이하의 공정 온도가 필요하다. 이 패시베이션층은 외부 환경에 의한 침투의 경로가 되는 균열(crack)이나 핀홀(pin-hole)을 가지지 않도록 하여야 한다. 또한 하부의 유기물 및 금속 박막이 손상되지 않도록, 열적 응력(thermal stress)이 가능한 한 작게 유지되어야 한다. 최근의 연구에서는 낮은 수증기 침투율(water vapor permeation rate, WVPR)을 갖는 우수한 패시베이션층을 형성하기 위한 몇 가지 개념들이 제안되었다. 그 중에는 PECVD에 의한 고분자층의 증착,[68] 무기물 캡을 갖는 단일 접착층,[67] 유기물/무기물 구조를 반복한 다중층 구조[68] 및 흡습제 및 장벽층 구조[65] 등을 들 수 있다. 고분자를 패시베이션층으로 사용하는 주된 장점들은 기계적 및 화학적 안정성과 하부층과의 강한 접착력이다.[66] 무기물 재료들의 장점은 투명도, 내마모성 및 고분자보다 수분과 산소의 침투성이 낮다는 점이다. 두꺼운 층(수백 μm)을 사용하는 경우에만 낮은 WVPR을 얻을 수 있으나 큰 기계적 응력으로 인하여 패시베이션층 하부의 박막에 균열이 올 수 있다. WVPR을 증가시키지 않으면서 응력을 줄이기 위하여 무기물 패시베이션층을 증착하기 전에 접착성의 완충층을 마련한다.[67] 두꺼운 무기물 패시베이션층에서는 핀홀의 형성이 불가피하다. 따라서 핀홀이 없는 막을 제작하고 결정립 경계를 통한 수증기의 침투를 막기 위하여 무기물/유기물 다층 구조가 채택되었다.[64, 69, 70] 유기 필름들은 무기층들 사이를 고립시켜 서로 다른 무기층 내의 결함들이 섞이지 않게 하므로 산소와 수증기가 전체 층을 관통하기 위해서는 확장된, 뒤얽힌 경로를 따라야 한다.

3.6.6.절에서 논의한 바와 같이, 이러한 패시베이션층은 OLED 위에만 증착되는 것이 아니라, 예를 들어, polyethylene terephthalate (PET)와 같은 플렉서블 기판 위에도 증착할 수 있다.

이는 WVPR을 $10^{-1} \sim 10^1$ g/m² 수준에서 10,000시간 이상의 저장 수명을 확보하기 위한 OLED 의 요구 조건을 만족하는 수준인 5×10^{-6} g/m²/day보다 작은 값이 되게 하기 위함이다.[66] 또 한 플렉서블 디스플레이의 표면 거칠기는 제작 공정 후에 다크 스폿(dark spot)을 만들어내며, 완충층을 적용하면 이를 개선할 수 있다. 다층 구조를 적용하면 PET 표면의 돌출부의 높이 를 150 Å에서 10 Å 이하로 줄일 수 있다. 고분자 기판 또는 고분자 덮개 물질 내에 게터 입자 (getter particle)들을 삽입하면, 외부로부터의 수증기의 혼입을 차단할 뿐만 아니라 수증기가 소자에 닿기 전에 게터에서 흡수한다.

6.5.3.3 AM 구동을 위한 소자 구조

3장에서 논의한 바와 같이, AM 하판(backplane) 위의 실리콘 기반 TFT는 가시광에 민감하 므로 블랙 매트릭스(black matrix, BM)에 의해 차폐되어야 한다. 이는 화소 면적 중 일부가 TFT 영역에 의해 할당되어야 함을 의미한다. 따라서 그림 6.32(a)에서 보듯이, 보통 AM-OLED의 개 구율이 낮으므로 디스플레이 휘도가 낮아진다. 두 개 이상의 트랜지스터가 사용되면 개구율 은 더 나빠진다. 그림 6.32(b)에서 보듯이, 상부 발광 OLED가 AM-OLED의 높은 개구율을 달 성할 수 있는 가장 유망한 기술 중의 하나이다. 보통 상부 발광 OLED는 고반사 양극과 반투

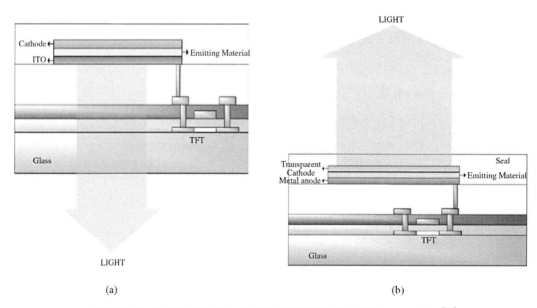

(a)   (b)

그림 6.32 AM-OLED의 단면 구조 : (a) 하부 발광 및 (b) 상부 발광 OLED 개략도[71]

명 또는 투명 음극을 사용한다. 따라서 빛은 음극 쪽에서 방출된다. 여기서는 TFT가 반사형 양극 하부에 감춰지기 때문에 개구율은 증가한다. 식 (3.19)와 식 (3.20)에서 보듯이, TFT 채널의 W/L 값을 증가시키면, 전류 밀도가 증가할 수 있다. TFT와 OLED는 성능에 대한 영향이 없이 적층될 수 있으므로, 전체 화소 영역이 TFT에 할당될 수 있다. 따라서 a-Si TFT는 이 동도가 매우 낮음에도 불구하고 OLED를 구동하기 위해 사용할 수 있다. 그러나 이 소자의 제작 공정과 광학 설계는 일반적인 하부 발광형 OLED와는 완전히 다르다. 전류 응력에 의한 a-Si TFT의 열화 문제는 또 하나의 고려해야 할 문제이다. AM-OLED 디스플레이를 위한 TFT와 OLED의 배열은 아직도 개발 중이다.

6.5.4 전기적 특성 및 광 특성

이 절에서는 2층 OLED의 J-V 특성 및 광학 성능을 실험적 및 수치적으로 증명하고 분석할 것이다. HTL과 ETL(EML) 물질들은 각각 N,N-Bis(naphthalen-1-yl)-N,N-bis(phenyl) benzidine(NPB) 및 Alq₃이다. 이 소자의 밴드 다이어그램은 그림 6.33에 도시되어 있다.

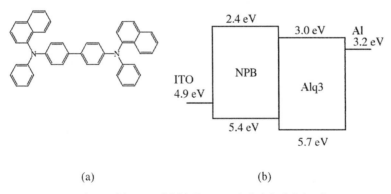

(a)   (b)

그림 6.33 (a) NPB 및 (b) 2층 OLED의 에너지 다이어그램

HTL과 ETL의 두께들을 변화시켜가면서, 총 5개의 2층 OLED 소자들을 제작하였다. HTL의 두께는 200 Å에서 1,000 Å까지 200 Å의 간격으로 두께를 변화시킨 반면에, ETL의 두께는 1,000 Å에서 200 Å으로 200 Å의 간격으로 변화시켜서, 유기물의 총두께를 1,200 Å으로 일정하게 유지하였다. 표 6.2는 소자의 층 배열을 나타낸다.

표 6.2 2층 OLED의 층 구조

	Unit(Å)	HTL(NPB)	ETL(Alq₃)	LiF	Al
No. 1	ITO glass	200	1000	12	1500
No. 2	ITO glass	400	800	12	1500
No. 3	ITO glass	600	600	12	1500
No. 4	ITO glass	800	400	12	1500
No. 5	ITO glass	1000	200	12	1500

그림 6.34는 실험 결과 및 전산모사에 의한 J-V 특성을 보여준다. 그래프에 의하면, 구동 전압이 증가함에 따라 전류 밀도가 급격하게 증가함을 확인할 수 있으며, 이는 전형적인 SCLC 및 TCLC 거동이다. 소자 1의 구동 전압이 가장 높고 HTL 물질의 두께가 증가할수록 점점 감소한다. Alq₃와 NPB의 전자 및 정공 이동도는 0.1~1 MV/cm의 전기장의 세기에서 각각 10^{-6}~10^{-3} cm²/Vs와 10^{-4}~10^{-3} cm²/Vs이다. 이는 정공의 수송이 전자의 수송보다 훨씬 더 빠름을 의미한다. 이는 또한 전기장이 주로 Alq₃층의 양단에서 감소함을 의미한다. 왜냐하면 이 층의 전자 이동도가 낮기 때문이다.

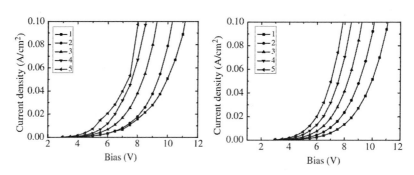

그림 6.34 1~5 소자의 (a) 실험적 및 (b) 전산모사 J-V 특성

그림 6.35는 소자 1, 3 및 5의 전하 밀도와 재결합률의 분포를 보여준다. NPB와 Alq₃ 사이의 LUMO 및 HOMO값의 차이에 해당하는 에너지 장벽에 의해 HTL/ETL 계면에서 수 많은 정공들 및 전자들이 차단됨을 알 수 있다. 정공의 에너지 장벽(0.3 eV)은 전자의 에너지 장벽(0.6 eV)보다 더 낮으며, 이는 그림 6.35(a)~(c)에서 보듯이 전자와 재결합하기 위하여 정공이 ETL로 침투할 수 있음을 의미한다. 이러한 HTL/ETL 계면에서의 캐리어들의 축적은 캐리어 들을 구속하여 재결합 효율을 증가시킨다. 그림 6.35(d)~(f)는 랑주뱅 이론을 따르는 재결합

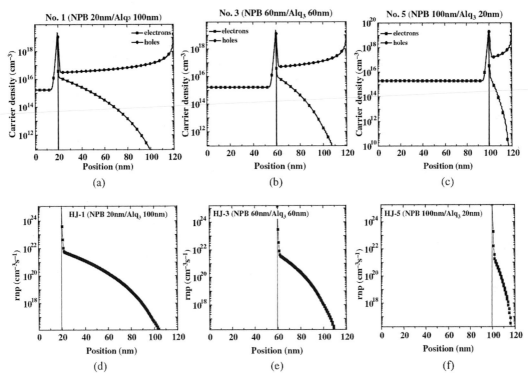

그림 6.35 소자 1, 3 및 5의 (a)~(c) 캐리어 농도 및 (d)~(f) 재결합률 분포에 대한 전산모사 결과

률(R)을 보여주며, 캐리어의 축적 때문에 재결합은 ETL 및 HTL/EML 계면 근처에서 일어남을 알 수 있다.

그림 6.36(a)는 소자 1에서 5까지의 휘도 대 전류 밀도 특성을 보여준다. HTL의 두께가 증가함에 따라 휘도가 증가하다가 다시 감소함을 알 수 있다. 그림 6.35에서 보듯이, 최대의 재결합은 HTL/ETL 계면에서 일어난다. 광각 보강간섭을 일으키기 위해서는 식 (6.39)에서 유도한 바와 같이, 재결합 위치는 반사형 음극에서 $\lambda/4n$ 지점에 위치해야 한다. PL의 피크 파장이 530 nm이고 유기 재료의 굴절률이 약 1.6인 것을 고려하면 $\lambda/4n$ 값은 약 82 nm이며, 이는 소자 2가 광각 보강간섭의 최적 조건에 가깝다는 것을 의미한다. 그림 6.36에 이 소자들의 실험 스펙트럼이 도시되어 있다. 소자 1~5에 대하여 EL 스펙트럼은 순서대로 558, 544, 536, 534 및 526 nm이다. 이러한 청색 편이는 광각 간섭에서 이해될 수 있다. 간섭은 파장에 의존하기 때문에 증강비(enhancement ratio)는 음극 쪽으로의 재결합 영역이 증가함에 따라(즉, HTL 두께가 증가함에 따라) 청색 편이한다.

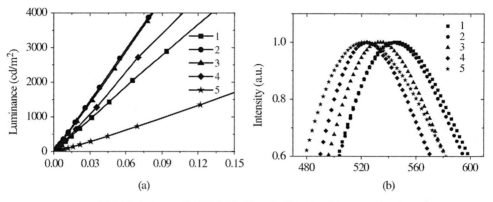

그림 6.36 소자 1~5의 측정된 (a) 휘도 대 전류 밀도 (b) EL 스펙트럼

6.5.5 열화 메커니즘

수명은 OLED를 더 폭넓게 상업적으로 응용하는 데 있어서 주요한 난제 중의 하나이다. LED와 OLED의 동작 원리는 유사하지만 OLED의 수명은 LED의 수명보다 훨씬 더 짧다(보통 1/10 이하). 그 주된 원인은 (i) OLED가 더 얇은 층 구조를 갖고, (ii) 유기 재료들은 습기와 산소에 민감하며, (iii) 유기 재료들은 진동에너지가 더 커서 반도체처럼 튼튼하지 못하다는 점이다. 추가적으로 무기 반도체 물질들은 다중(보통 4)의 강한 공유결합에 의한 구조를 유지하는 반면에, 유기 물질들은 반 데 발스 고체이므로 구성 분자들 조차도 통상 1~2개의 약한 공유결합에 의해 결합되어 있다. OLED의 열화는 (i) 다크 스폿(dark-spot) 형성, (ii) 돌발 고장(catastrophic failure) 및 (iii) 내인성 열화(intrinsic degradation)와 같은 세 가지의 독립적인 모드들에 의해 발생할 수 있다.

다크 스폿 형성은 시간에 따른 비발광 영역의 증가를 의미한다. 이는 심지어 OLED를 보관하는 과정에서도 일어난다.[72] 또한 다크 스폿의 증가율은 소자의 동작에 의해 더욱 가속될 수 있다. 다크 스폿의 형성 체계는 유기물(또는 전극) 재료와 환경과의 전기화학 반응이다. 6.5.3.2절에서 기술한 바와 같이, 다크 스폿 형성을 완화하기 위해서는 OLED를 공격하는 산소와 수분을 막기 위하여 봉지 또는 패시베이션이 필요하다. 다크 스폿 현상을 일으키는 가능한 근본적인 원인들이 매우 많다. 다크 스폿은 전체 발광 영역에서의 휘도 저하가 아니라, 특정 영역에서의 비발광을 의미하며 이는 OLED 내에서의 구조적 결함들이 다크 스폿을 만들어냄

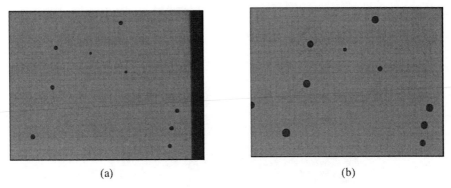

그림 6.37 (a) 소자가 막 제작된 직후와 (b) 85℃/100% 상대습도에서 3시간 보관한 후의 다크 스폿을 보여주는 OLED의 EL 이미지

을 의미한다. 구조적 결함들의 근본적인 원인에는 다음과 같은 것들이 포함된다. (i) 음극과 유기물층 사이의 층이 '기포(bubble)'를 만들어, 전자의 주입을 방해하고 음극과 유기물층 사이의 접촉을 끊어내어 비발광 영역을 만든다.[73] (ii) 음극의 핀홀들이 수분과 산소 확산의 경로를 제공하여 음극 금속을 산화시키고 유기물 재료들과 반응한다.[74] 그리고 (iii) 국부적 온도 상승에 의한 ITO와 유기물 박막의 강력한 분해에 의해 휘발성 종들이 방출되면 국부적인 박리(delamination)와 음극의 산화를 야기한다.[75] 그림 6.37은 소자가 막 제작된 직후와 85℃/100% 상대습도(RH)에서 3시간 동안 보관한 직후에 OLED의 광학 현미경 이미지를 촬영한 것이다. 분명히 소자가 제작된 직후에도 다크 스폿이 있고 이는 시간에 따라 증가함을 알 수 있다.

보통 기판의 청정도 및 평탄도와 소자 제작 공정을 제어하면, 구조적 결함 밀도를 줄여서 잠재적 다크 스폿 또한 줄일 수 있다. 또 다른 방법은 불활성 기체 분위기에서 OLED의 기밀성 봉지(hermetic sealing) 공정을 수행하는 것이다. 이를 통해 다크 스폿 열화를 줄일 수 있다.[76] 유기물을 증착하는 동안 기판을 가열하는 방식도 다크 스폿 면적을 줄일 수 있게 해준다.[77] 그러나 이 방법은 동시에 유기물층의 특성도 변화시킬 수 있으므로 유의해야 한다.

돌발 고장은 유기물층 내의 결함에서 기인하는 전기적 단락에 의하여 휘도가 감소하고 전류가 급격하게 증가하는 현상이다.[78] 이는 또한 ITO 돌출부(spike)와 같은 형태적 결함에서 기인하기도 한다. 유기물층의 두께가 겨우 100 nm이기 때문에, ITO의 재료적인 거칠기가 그 위에 증착되는 유기물 박막의 모양의 변화를 야기한다. 그림 6.38에서 보듯이, ITO 돌출부가 있는 부분에서는 유기물 박막이 더 얇다. 소자가 고전기장하에서 또는 장시간 구동된 후에 결함 위치의 붕괴로 인하여 진행성 전기적 단락 현상이 발생한다. 이를 개선하기 위해서는

OLED의 형태를 잘 유지하는 것이 중요하다. 소자를 제작한 후에 역바이어스를 인가하여 국재화된 전도 필라멘트(conduction filament)를 태워버리는 것도 가능하다.[79]

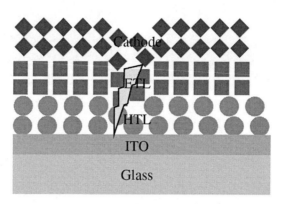

그림 6.38 돌발 고장을 일으키는 OLED에서의 ITO 돌출부

OLED의 형태와 봉지가 완전무결하더라도, 일정한 전류로 구동할 때 시간에 따른 균일한 휘도 감소와 구동 전압의 상승이 여전히 관찰되며, 이를 '내인성 열화'라고 부른다. OLED 열화의 메커니즘에 관한 수많은 보고들이 있다. (i) 전극의 이온들이 발광 영역으로 확산된다. ITO 양극의 인듐 이온과 음극(Mg : Ag 또는 LiF/Al)에서의 금속 이온들이 EML로 확산되어 들어간다.[80, 81] 이들은 형광 소광제로 작용하여, 고정된 구동 전류하에서도 휘도를 감소시킨다. 한편, 움직이는 이온들은 또한 내부 전위를 형성하여, 동일한 전류하에서도 구동 전압의 증가를 가져온다. (ii) 유기 재료 내에 있는 불순물들은 소자 내에서 이동한다. 저우(Zou)와 동료 연구자들은 AC 구동 소자가 DC 구동 소자보다 더 수명이 길다고 보고하였다. 왜냐하면, AC 모드의 역바이어스 조건에서 불순물들이 원위치로 되돌아오기 때문이다.[82] (iii) 발광 물질이 분해된다. 카오(Cao)와 동료 연구자들은 PPV 기반 PLED에서 PPV의 공액 물질의 손실이 주된 감쇠 메커니즘이라고 보고하였다. 또한 이 소자의 내인성 수명은 AC 또는 DC 구동 모드에 의해 결정되는 것이 아니라, 소자를 통해 흐르는 전하의 양에 의해 제한된다고 보고하였다.[83] (iv) 전극-유기물층의 접촉이 끊어진다. 이 감쇠는 내인성이 아니므로, 음극을 다시 코팅하면 소자가 복구될 수 있다.[84]

또한 장기간 안정성을 설명할 수 있는 주된 열화 메커니즘 중의 하나는 '불안정한 양이온' 모형이다. 6.5.2절에서 언급한 바와 같이, OLED에서의 이종접합은 캐리어들의 구속을 도와

주므로 전류 효율을 증가시킨다. 그러나 동시에 캐리어들은 HTL/EML 계면에 쌓인다. HTL 에서 EML로 주입된 정공들은 EML 물질 내에서 화학적으로 불안정한 양이온을 형성하므로, 이들이 비발광성 포획 센터들의 생성을 가속시켜 소자의 발광 감쇠와 구동 전압의 증가를 야기한다.[85]

아지츠(Aziz)와 동료 연구자는 열화 체계를 관찰할 수 있는 실험을 설계하였다.[86] 그림 6.39는 두 개의 두꺼운 NPB와 tetraphenyltriazine(TPT)층 사이에 삽입된 5 nm 두께의 Alq_3의 PL 강도 대 시간 곡선을 나타낸다. NPB와 TPT는 HTL 및 ETL 물질로 바이어스하에서 Alq_3 박막층을 통해 전자와 정공의 수송을 제공한다. Alq_3층을 통한 정공 수송 후에 PL 강도의 점 진적인 감소가 관찰되는데, 이를 통해 Alq_3로의 장기적인 전류의 흐름에 따른 PL 강도의 연속적인 감소를 나타냄을 알 수 있다. Alq_3의 PL 강도의 감소는 정공 수송의 결과로의 열화를 의미하므로, 양이온 Alq_3 종이 불안정하고 그 열화의 산물이 형광 소광제임을 알려준다. 반면 Alq_3로 정공을 수송하는 경우에, 상당한 PL 감소가 관찰되지만, 전자를 수송하는 경우에는 PL이 현저하게 일정한 수준을 유지한다. 이 결과로부터 OLED의 Alq_3층에 정공을 주입하는 것이 소자 열화의 주된 요소들 중의 하나임을 알 수 있었다.

일정한 구동 전류하에서 OLED를 계속 구동하면 휘도 감쇠뿐만 아니라 전압 증가도 일어 난다. 리(Lee)와 동료 연구자들은 동일한 유기 재료들과 서로 다른 소자 구조들을 이용한 일 련의 실험들을 수행한 결과로 OLED의 주된 열화 메커니즘이 양이온 형성임을 증명하였 다.[87] 만약 금속 이온 확산이 주된 열화 메커니즘이라면 HTL 또는 ETL을 더 두껍게 하면 수명이 연장되어야 한다. 그러나 더 두꺼운 소자의 수명은 좋아지지 않았다. 반면에 그림 6.40에서 보듯이 수명은 전력 효율과 연관이 있다. 앞에서 언급한 바와 같이, 전력 효율이 높으면 전력에서 광전력으로의 에너지 전달이 더 잘 일어난다. 따라서 유기물의 열화는 화학반 응에서 기인한다. 이는 더 높은 온도, 즉 더 낮은 전력 효율에서 더 높은 반응률을 보인다. 같은 전력 효율에서도 더 두꺼운 HTL, 즉 전자가 풍부한(electron-rich) 소자가 장수명임을 알 수 있다. HTL이 더 두꺼우면 재결합 계면 근방에서 정공 밀도가 더 낮으므로, 양이온 형성이 적음을 의미한다.

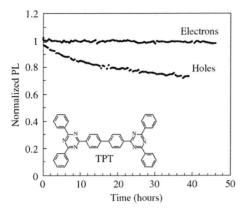

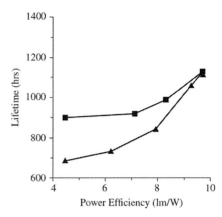

그림 6.39 정공 및 전자만의 소자에 대한 시간의 함수로 의 PL[86]

그림 6.40 전력 효율에 따른 수명의 의존성. 점선과 사각형 도형은 전자가 풍부한 소자에 해당한다. 실선과 삼각형 도형은 정공이 풍부한 소자에 해당한다.[87]

또한 그림 6.41에서 보듯이, HTL/ETL 계면에서의 트랩 형성률(trap formation rate)과 소광제 형성률(quencher formation rate) 사이에는 선형적인 관계가 관찰된다. 구동 전압의 증가와 휘도의 감쇠는 트랩 및 비발광성 센터 형성과 직접적으로 관련이 있으므로 선형 관계로 나타남을 알 수 있으며 이는 열적으로 도움을 받는 화학반응은 재결합 계면 근처에서의 유기 재료의 열화를 가져와서 광자들을 소광하고 캐리어들을 포획함을 의미한다.

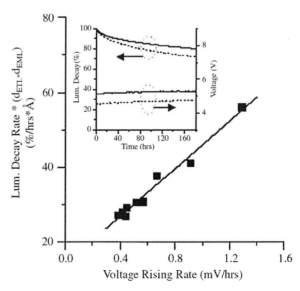

그림 6.41 2전압 증가율 대 휘도 감소율, EML과 ETL의 총 두께 그래프. 삽입된 그림은 보편적인 시간의 함수로의 휘도 감쇠 및 전압 곡선을 보여준다.[87]

OLED의 수명은 정상적인 동작하에서는 10,000 h 이상으로 길기 때문에 더 짧은 기간 동안에 체계적으로 수명을 측정하기 위해서는 수명의 가속 측정(accelerating measurement)과 외삽 방법(extrapolating method)을 사용하는 것이 필요하다.[88, 89] 그러나 가속 수명 측정은 또 다른 열화 메커니즘을 도입하여 수명의 측정을 더욱 복잡하게 만들 수도 있다. 고휘도의 가속 수명 시험에서는 일반적으로 다음과 같은 관계식이 사용된다.

$$L_0^n t_{1/2} = \text{constant}, \tag{6.43}$$

여기서 L_0는 휘도, n은 가속계수(acceleration coefficient), 그리고 $t_{1/2}$은 반감기(half-life)이다. 여기서 반감기는 휘도가 초깃값의 절반으로 줄어드는 데 걸리는 시간을 의미한다. 그림 6.42 에서 보듯이, $n=1.7$에서 가장 부합하는 결과를 얻는다.[90] 이 그림에서 200 cd/m²의 휘도에서 반감기는 40,000 h 정도임을 알 수 있다. 만약 가속 수명 시험을 위하여 휘도가 10,000 cd/m²로 증가하는 경우에는 51 h의 반감기를 얻는다.

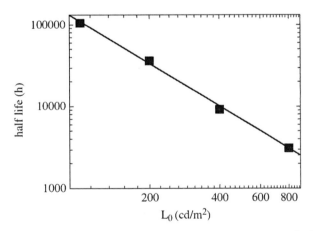

그림 6.42 로그-로그 스케일로 나타낸 반감기 대 초기 휘도 그래프[90]

또 다른 문제는 휘도가 단조 감소하지 않는다는 점이다. 따라서 OLED의 수명 시험 동안에 두 개 이상의 메커니즘들이 영향을 준다고 이해할 수 있다.[91] 따라서 결과 분석 과정의 복잡도를 증가시킨다. 그림 6.43은 서로 다른 환경 온도에서의 휘도 대 시간 곡선을 보여준다. 시간이 지남에 따라 휘도가 처음에는 일정하다가 증가하다가 다시 급격히 감소함을 볼 수 있다. 이러한 열화 거동을 설명하는 세 가지의 구분되는 메커니즘들이 존재한다. 또한 서로 다른 온도에서도 수명 특성이 변화한다.

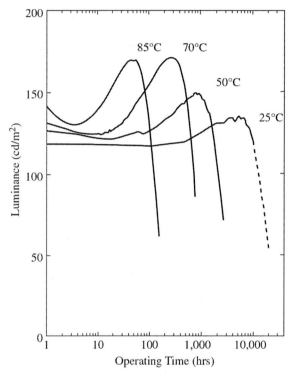

그림 6.43 반-로그 스케일로 도시한 서로 다른 환경 온도에서의 휘도 대 시간 곡선[91]

6.6 삼중항 엑시톤 활용

OLED의 효율을 최적화하기 위해서는 삼중항 엑시톤들을 활용하는 것이 필요하다. 이렇게 되면 6.3.2절에서 기술한 바와 같이, OLED의 휘도를 최대 4배까지 향상시킬 수 있다. 무거운 금속을 유기 재료에 추가하면 스핀-궤도 결합 효율이 증가하므로, 삼중항 엑시톤의 재결합에 의한 강한 인광이 관찰되며, 100%의 IQE가 가능하게 해준다. 적색 및 청색 인광 도펀트들은 충분히 높은 효율과 수명을 달성하였으나, 큰 밴드갭이 필요한 청색 도펀트는 여전히 성능에 한계가 있다.[92] 인광 청색 OLED의 발광 파장은 완전한 청색 발광을 얻을 만큼 충분히 짧지 않고, 동작 수명도 적색 및 녹색 소자들과 비교하여 훨씬 더 짧다. 청색 발광을 위해 삼중항 엑시톤을 사용하는 대안은 삼중항-삼중항 소멸(triplet-triplet annihilation, TTA) 메커니즘이다.[93] TTA 물질에서는 두 개의 삼중항이 결합하여 여기 상태의 단일항을 만들고, 이는 발광을 일으키게 되므로, 분자 내에 중금속을 도입할 필요가 없다. 그러나 두 개의 삼중항이 단지 하나의 단일항만을 생성하므로, 얻을 수 있는 최대 IQE는 62.5%로 제한된다. 또 다른 방식은 분자 엔지니어링을 통하여 단일항 상태와 삼중항 상태들 사이의 에너지 갭을 줄이는 것이다. 이 또한 중금속을 사용하지 않는다. 따라서 전기적 여기에 의하여 생성된 삼중항들은 주위의 열에너지에 의해 단일항으로 여기되고 이어서 빛을 방출한다. 이 과정을 열 활성화 지연 형광(thermally activated delayed fluorescence, TADF)이라 부른다.[94] 통상 TADF 분자들은 전자 도너와 억셉터 성분들로 구성되며, 이는 HOMO 및 LUMO 준위 간에 파동함수들의 중첩을 줄여준다. 이는 다시 단일항과 삼중항 상태들 사이의 에너지 차이를 작게 하는 핵심이 된다. TADF를 생성하는 다른 방법은 6.3.4.2절에서 논의되었던 엑시플렉스(exiplex) 발광이다. 전자 도너와 억셉터 물질들을 혼합하여 엑시플렉스 발광체를 생성하는 방식으로 단일항/삼중항 에너지 차이를 줄일 수 있다.[95]

6.6.1 인광 OLED

보통, 일반적인 유기물 재료에서는 스핀 대칭성의 보존 때문에 삼중항 상태들의 감쇠는 허용되지 않으므로 인광 발광은 형광 발광보다 느리고 비효율적인 과정이다.[96] 이로 인하여, OLED의 IQE는 최대 25%로 제한되며 75%에 해당하는 삼중항의 여기에너지는 낭비된다. 그러나 분자 내에 무거운 금속 원자들을 도입하면 삼중항 도펀트들의 발광성 감쇠가 가능해진다. 인광 도펀트에서의 EL을 설명하는 두 가지 메커니즘이 있다. 첫째는 에너지 전달이고, 둘째는 캐리어 포획이다. 그림 6.44에서 보듯이, OLED의 에너지 전달에는 두 가지의 방법이 있다. 첫 번째, 푀르스터 에너지 전달(Förster energy transfer)은 장범위 과정으로 쌍극자-쌍극자 결합에 의하여 도너(D)의 에너지가 억셉터(A)에게 전달된다. 그러나 푀르스터 에너지 전달은 스핀 대칭성의 보존 때문에 D와 A 모두 여기 상태에서 바닥 상태로의 천이가 허용되어야 한다. 따라서 이는 억셉터의 단일항 상태로만 에너지를 전달할 수 있다. 반면에, 덱스터 에너지 전달(Dexter energy transfer)은 단범위 과정으로 도너와 억셉터의 전자들을 교환함으로써 에너지를 전달한다. 푀르스터 에너지 전달과는 달리, 덱스터 에너지 전달은 총 스핀만 보존되

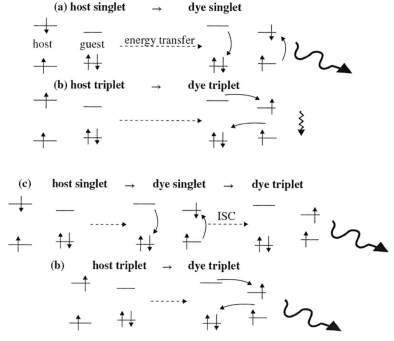

(a) host singlet → dye singlet

host guest energy transfer

(b) host triplet → dye triplet

(c) host singlet → dye singlet → dye triplet

ISC

(b) host triplet → dye triplet

그림 6.44 OLED의 게스트–호스트 계의 에너지 전달 메커니즘: (a), (b) 형광 도펀트의 에너지 전달 (c), (d) 인광 도펀트의 에너지 전달[96]

면 된다. 따라서 단일항-단일항 및 삼중항-삼중항 에너지 전달이 모두 허용된다. 덱스터 전달의 단범위 과정은 인광 OLED의 EML 내의 도핑 농도가 매우 높아야 함을(예를 들어, 6% 이상) 요구한다. 또한 인광 OLED의 발광을 위해서는 캐리어들의 직접 포획이 중요하다. 삼중항 도펀트의 에너지 갭은 보통 호스트의 에너지 갭보다 더 작아서 삼중항 도펀트는 캐리어들을 포획하여 도펀트의 자리에서 직접 엑시톤들을 형성할 수도 있다.

앞에서 기술한 바와 같이 무거운 금속 합성물(metal complex)들의 강력한 스핀-궤도 결합에 의하여 인광 물질들은 삼중항 상태의 비발광성 이완에 관한 스핀 금지 규정을 깨뜨릴 수 있다. 따라서 고효율의 인광 OLED의 구현이 가능하다. 가장 성공적인 녹색 인광 물질 중의 하나는 4,4'-N,N'-dicarbazolebiphenyl(CBP)이 호스트인 fac-tris(2-phenylpyridine)iridium[Ir(ppy)$_3$]으로 100 cd/m^{2}의 휘도에서 각각 26 cd/A와 19 lm/W의 피크 전류 효율과 전력 효율을 보인다.[97] 그림 6.45는 소자 구조와 유기물 구조를 보여준다. CBP는 양극성 수송 물질이라서 전자와 정공을 모두 수송할 수 있기 때문에, EML 내에 엑시톤을 가두기 위하여 HBL층을 한 층 더 삽입한다. 2,9-Dimethyl-4,7-diphenyl-1,10-phenanthroline(BCP)은 밴드갭이 크고 HOMO 값이 커서

EML에 형성된 엑시톤의 확산을 막고 머무르는 시간을 지속하여, 호스트에서 인광 도펀트로의 에너지 전달 확률을 증가시킬 수 있으므로 HBL로 폭넓게 사용된다. 그러나 BCP는 유리전이 온도(glass transition temperature, T_g)가 83°C로 낮아서, 소자의 불안정성이 발생할 수 있다. aluminum(III) bis(2-methyl-8-quinolinato)-4-phenylphenolate(BAlq)은 T_g 값이 높아서 대안물질로 사용될 수 있으며 높은 안정성을 나타낸다.[98] 캐리어의 주입을 개선하기 위해 p-i-n 구조를 사용하여 1,000 cd m^{-2}의 휘도에서 가장 높은 전력 효율 62 lm/W와 가장 높은 전류 효율 61 cd/A을 얻었다.[47, 99] Ir(ppy)$_3$ 및 CBP로 구성된 EML을 사용한 OLED의 캐리어 수송층을 더욱 최적화하여 1,000 cd/m^{2}에서 107 lm/W의 전력 효율을 달성하였다. 이는 26%의 외부 양자 효율(EQE)에 해당한다.[100]

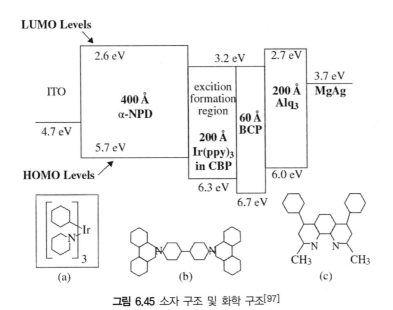

그림 6.45 소자 구조 및 화학 구조[97]

platinum(II) 2,3,7,8,12,13,17,18-octaethyl-12H,23H-porhine(PtOEP)[101]을 적색 염료로 사용하면 CBP가 호스트인 OLED의 외부 양자 효율을 5.6%까지 달성할 수 있다.[102] 그러나 PtOEP를 사용하는 경우에는 상대적으로 긴 인광 수명(약 50 μs) 때문에 높은 전류 밀도에서의 삼중항-삼중항 소멸(triplet-triplet annihilation)을 가져오기 쉽다. 따라서 더 이보다 더 짧은 인광 수명을 갖는 bis(2-(20-benzo[4,5-a]thienyl)pyridinato-N,C30)iridium(acetylactonate)[Btp2Ir(acac)]와 Ir(3-piq)$_2$(acac)와 같은 몇 가지 다른 적색 인광 물질들이 제안되었으며, 8.29 V의 구동 전압에

서 23.94 cd/A의 가장 높은 전류 효율을 달성하였다.[103~106] 녹색과 적색 인광 물질들에서의 대성공과 비교하여 큰 밴드갭을 갖는 '순수한' 청색 인광 물질의 발굴은 여전히 쉽지 않다. 가장 보편적인 '하늘색' 인광 물질에는 iridium(III)bis[(4,6-Difluorophenyl)-pyridinato-N,C28]*picolinate*(FIrpic)가 있으며, 100 cd m^{-2}의 휘도에서 각각 57.5 cd/A와 48.9 lm/W의 전류 효율과 전력 효율을 보인다.[107]

현재 적, 녹 및 청색(또는 하늘색) 인광 OLED의 외부 양자 효율은 모두 20%를 상회하고 있으며, 광추출 효율이 약 20% 정도임을 고려할 때 내부 양자 효율은 거의 100%임을 의미한다(이 논제는 6.4.4절에서 다루었으며, 6.8절에서 더 상세히 논의하기로 한다). 통상 고효율은 전기 전력이 효율적으로 광 전력으로 변환됨을 의미하므로 그 과정에서 열이 거의 발생하지 않는다. 6.5.5절에서 논의한 바와 같이, 이은 OLED의 열화를 줄일 수 있는 결정적인 요소이다. 그 결과로 OLED 디스플레이에 사용되는 적색 및 녹색 인광 소자들은 고효율과 장수명을 모두 달성하여 대성공을 거두었다. 청색 인광 OLED의 효율은 높지만, 동작 수명은 적색 및 녹색과 비교하여 약 1/20 수준으로 훨씬 더 짧다. 청색 인광 OLED에서는 삼중항 에너지는 높고 (약 3 eV), 삼중항 엑시톤 수명은 수 μs 정도로 길다. 엑시톤은 폴라론(이 또한 약 3 eV 정도의 에너지를 가짐)과 상호작용을 일으킬 수 있으며, 이를 엑시톤-폴라론 상호작용(exciton-polaron interaction)이라 부른다.[108] 삼중항이 폴라론에 에너지를 전달하면, 에너지가 약 6 eV에 해당하는 핫 폴라론(hot polaron)을 생성하는데, 이는 대부분의 화학 결합의 해리 에너지(dissociation energy)들보다 더 높다. 예를 들어, C-N 및 C-C의 결합 에너지는 각각 3.04 및 3.64 eV이다. 열화 메커니즘에는 세 가지의 주된 요소들이 있다. 첫째는 밴드갭이다. 인광 OLED에서는 통상 밴드갭이 작은 물질일수록 동작 수명이 더 길다(예를 들어, 적 > 녹 > 청). 둘째는 삼중항 엑시톤 수명이다. 삼중항 엑시톤 수명이 짧으면, 효율뿐만 아니라 수명까지도 증가한다. 마지막으로 세 번째는 폴라론이다. 적절한 소자 엔지니어링을 통하여 청색 인광 OLED에서의 폴라론 분포를 조절하면 폴라론-엑시톤 상호작용을 획기적으로 줄여서 동작 수명을 향상시킬 수 있다.[92] 그러나 앞에서 언급한 바와 같이, 청색 인광 OLED에서는 두 가지의 난제가 여전히 남아 있다. 하나는 완전한 청색이 아닌 파장이 긴 하늘색에서의 발광이고 다른 하나는 짧은 수명이다. 이로 인하여 디스플레이 응용을 위한 대량 생산에 청색 인광 OLED를 적용하는 데 어려움을 겪고 있다.

6.6.2 삼중항–삼중항 소멸 OLED

OLED의 경우에 소자 효율과 동작 수명은 서로 상충되는 경향이 있다. 인광 청색 OLED는 높은 소자 효율을 보이지만, 높은 에너지(약 6 eV) 및 긴 상호작용 시간(수 μs)에서의 폴라론-엑시톤 소광(polaron-exciton quenching)에 의해 수명이 짧다. 형광 청색 OLED의 동작 수명은 나쁘지 않으나, 삼중항 엑시톤(triplet exciton)이 비발광성으로 에너지를 완화시키기 때문에 효율이 낮다. TTA-OLED에서 동작 수명과 소자 효율 사이의 절충이 제안되었다. 6.3.3절에서 언급한 바와 같이, 삼중항 상태(T_1) 에너지는 단일항 상태(S_1) 에너지보다 낮다. 일부의 유기 분자에서는 두 개의 삼중항이 결합하여 하나의 단일항을 형성할 수 있으며 이를 TTA 과정이라 부른다. 전류 구동하에서 단일항 상태의 엑시톤의 25%가 빛을 방출하며 이를 (즉발성) 형광[(prompt) fluorescent emission]이라 부른다. 나머지 75%의 삼중항 엑시톤에 대해서는 두 개의 삼중항이 소멸되면서 하나의 단일항이 형성되어 빛을 방출하는 것이 가능하다. 삼중항의 엑시톤 수명이 길기 때문에, 이 발광은 천천히 일어난다. 단일항으로부터 발광이 일어나면 인광이 아니라 형광이 되며, 이를 '지연 형광(delayed fluorescence)'이라 부른다. 따라서 청색 TTA-OLED에서의 발광은 각각 단일항과 삼중항 엑시톤의 기여로 인한 즉발성 형광과 지연 형광의, 두 가지의 성분으로 구성된다. TTA-OLED의 IQE의 이론적인 한계는 25%+(75%/2) = 62.5%로, 이는 형광 OLED의 25%와 인광 OLED의 100% 사이의 값이다. 광추출 효율이 약 20% 정도로 제한됨에도 불구하고, 청색 TTA-OLED에 대하여 13.7%의 EQE와 35,000시간의 반수명(1,000 nit의 초기 휘도 기준)이 보고되었다. 그림 6.46은 TTA-OLED의 턴오프 동역학(turn-off dynamics)을 보여준다. 여기서는 각각 즉발성 및 지연 형광의 2단계의 감소를 보인다. 추가적으로, 전류 펄스 폭을 증가함에 따라 지연 형광 강도가 증가함을 알 수 있다.[93] TTA는 2분자 반응이므로, 삼중항 밀도가 더 높을수록 지연 형광이 더 강해진다. 그림 6.46은 서로 다른 구동 전류의 펄스 폭에 따른 TTA-OLED의 과도 전계 발광(transient electroluminescence, TrEL)을 보여준다. 펄스 폭이 증가하면 더 많은 삼중항이 생성되므로 지연 형광 강도가 더 증가한다.

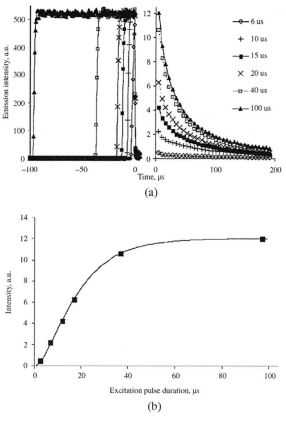

그림 6.46 (a) TREL 응답 및 (b) 서로 다른 펄스 폭에 따른 지연 형광 강도[93]

6.6.3 열 활성화 지연 형광

삼중항 상태(T_1) 에너지를 올리기 위해 유기 분자를 설계하는 것 또한 가능하다. 단일항-삼중항 갈라짐(singlet-triplet splitting)이 충분히 작으면(약 100 meV) 열에너지(상온에서 약 25 meV)가 삼중항 엑시톤을 역으로 단일항 상태로 여기시키기에 충분하며, 이를 역 계간 전이(reverse intersystem crossing, RISC)라 부른다. 따라서 그림 6.47에서 보듯이, 후속으로 발생하는 발광을 열 활성화 지연 형광(thermally activated delayed fluorescence, TADF)이라 부른다. TADF-OLED에서 IQE의 이론적인 한계 또한 100%로 인광 OLED와 동일하지만 중금속(Pt 및 Ir과 같은)이 불필요하기 때문에 더 유리하다. 왜냐하면 이러한 금속들은 종종 귀하고 고가이며 폐기 시에 문제를 일으킬 수도 있기 때문이다. 따라서 TADF-OLED는 친환경성과 저가격을 포함하는 잠재적인 장점들을 갖는다. 비록 인광 및 TADF 물질들이 모두 100%의 IQE를 달성할 수 있지만, 물리적 기작은 완전히 다름을 주목하자. 인광 물질에서는 강력한 스핀-궤도 결합에 의하여 T_1에서 S_0로의 역전이가 가능하므로 그림 6.8의 야블론스키 다이어그램(Jablonski diagram)에서 보듯이 인광 발광이다. 반면에 TADF 물질에서는 인가된 열에너지에 의하여 삼중항 엑시톤이 단일항 상태로 전이하여 단일항 상태로부터 발광이 일어나므로 (지연) 형광 발광이다. 삼중항 엑시톤의 발광에 대한 기여를 이용하면, 지금까지 달성된 주황색, 녹색 및 하늘색 TADF-OLED의 최대 EQE는 각각 11.2%, 19.3%, 8.0%로 모두 형광 OLED의 이론적인 한계보다 더 높은 값을 갖는다.

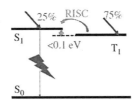

그림 6.47 TADF 발광의 개략도

TADF-OLED에서 광 발광을 위하여 삼중항 엑시톤을 이용하려면, 유기 분자 구조를 조절하여 삼중항 에너지(E_T)가 단일항 에너지(E_S)에 근접하는 수준까지 올라가야 한다. E_T와 E_S는 다음과 같이 표현된다.

$$E_S = E + K + J \tag{6.44}$$
$$E_T = E + K - J \tag{6.45}$$

여기서 E는 궤도 에너지(orbital energy), K는 전자 반발 에너지(electron repulsion energy), J는 교환 에너지(exchange energy)이다. 따라서 단일항과 삼중항 간의 에너지 차이, ΔE_{ST}는 다음과 같다.

$$\Delta E_{ST} = 2J \tag{6.46}$$

여기서 J는 HOMO 및 LUMO 파동함수의 공간적인 중첩에 의해 결정된다. J값을 줄이기 위한 성공적인 접근 방식은 한 분자에서 전자 도너 부(electron donor moiety)와 전자 억셉터 부(electron acceptor moiety)를 연결하는 것이다. 그렇게 되면, HOMO와 LUMO 준위에서 파동함수가 약간의 중첩이 일어나, 전자 도너 부와 전자 억셉터 부에서 전자 농도가 축적된다. 공간 적분을 더 줄이기 위하여 때때로 스페이서 유닛(spacer unit)이 필요하다. 전자 도너 부와 전자 억셉터 부의 사이에 직교(또는 비틀림) 구조가 훨씬 더 낫다. 따라서 통상 TADF 분자들은 도너-스페이서-억셉터(D-X-A) 구조를 보인다. 그러나 6.3.1절에서 보았듯이, 프랑크-콘돈 원리(Frank-Condon principle)에 기반하여 LUMO 준위에서 HOMO 준위로의 전이 확률 또한 파동함수의 공간적인 중첩에 의해 결정된다. 따라서 높은 형광 효율을 얻기 위해서는 HOMO와 LUMO 상태의 파동함수 적분이 가능한 한 커야 되는데, 이는 TADF 발광을 달성하는 데 필요한 설계 규정과 상충된다. 따라서 TADF와 호스트 내의 형광물질(fluorophore)을 결합시키는 개념이 제안되었다. TADF 분자들의 에너지 준위들(S_1 및 T_1)은 형광물질의 단일항 에너지 S_1보다 더 높다. 따라서 단일항과 삼중항 엑시톤 모두가 TADF 분자들로부터 형광물질의 단일항으로 에너지가 전이될 수 있으며, 그 결과 높은 양자 효율로 발광한다.[109] TADF의 삼중항으로부터 형광물질의 삼중항으로 에너지가 전이되는 것을 막기 위하여 형광물질의 도펀트 농도는 낮은 수준(1%)으로 유지되어야 하며 이는 푀르스터 에너지 전이(10 nm 반경)에는 충분하지만 덱스터 에너지 전이(1 nm 반경)에는 효과적이지 않다. 또한, TADF 분자들은 소광을 막기 위하여 밴드갭이 큰 호스트 물질에 도핑되어야 한다. 청, 녹, 황 및 적색 OLED의 경우에 13.4%, 15.8%, 18.0% 및 17.5%의 EQE를 얻을 수 있다. 그러나 이 구조에서 형광 도펀트는 가장 작은 밴드갭을 가져야 한다. TADF 분자들의 밴드갭은 더 크고 호스트 물질의 밴드갭이 가장 크다. 이는 전하 캐리어들이 가장 밴드갭이 큰 호스트 물질로 주입되고 전송되어야 하므로 이러한 소자의 구동 전압이 크다는 것을 의미한다.

6.6.4 엑시플렉스 기반 OLED

TADF-OLED의 대안은 6.3.4.2절에서 언급한 바와 같이 엑시플렉스 호스트를 사용하는 것이다. 이 경우에 EML 호스트는 전자 도너와 전자 억셉터 물질의 물리적 혼합물이다. 이제 전자 도너 부와 전자 억셉터 부가 서로 다른 분자에 존재하므로, 파동함수의 중첩을 대폭 감소시켜 작은 ΔE_{ST}를 손쉽게 얻을 수 있다. 또한 혼합된 호스트 구조에서 각각 전자 도너와 전자 억셉터 물질의 역할을 하는 정공 수송층 및 전자 수송층 물질을 선택할 수 있다. 양극성 전송 특성으로 인하여 전류 밀도가 증가하며 구동 전압이 감소한다. 서로 다른 전자 도너 및 전자 억셉터 물질들을 혼합하면 엑시플렉스 기반 호스트를 사용한 적, 녹 및 청색 OLED를 얻을 수 있다. 청색 엑시플렉스 기반 OLED에서 도펀트 물질 없이도 8%의 EQE를 달성하였다.[95] 광 발광을 조절하기 위하여, 엑시플렉스 호스트에 형광 및 인광 도펀트들을 추가할 수도 있다. 형광 도펀트를 첨가한 엑시플렉스 호스트는 6.6.3절의 호스트와 도펀트를 결합한 사례(TADF)와 유사하다. 하지만 구동 전압이 감소하여 lm/W 단위의 전력 효율이 개선될 수 있다. 형광 발광체를 첨가한 녹색 엑시플렉스 기반 OLED의 경우에 턴-온 전압은 2.8 V로 낮게 유지하면서 14.5%의 EQE를 달성하였다. 엑시플렉스에서 도펀트 분자로의 삼중항 에너지 전이를 피하기 위해 0.2%의 낮은 형광물질 농도가 적용되었다.[110] 인광 발광체의 경우에는, 엑시플렉스-호스트의 작은 ΔE_{ST} 또한 구동 전압을 낮추는 데 도움이 된다. 인광 OLED에서는 오직 덱스터 에너지 전이에 의해서만 호스트의 삼중항 엑시톤이 1 nm의 작은 범위에서 에너지를 전이할 수 있다. 따라서 이 경우에는 도펀트 농도가 높아야 함을 의미한다. 그러나 엑시플렉스-호스트에서의 효율적인 RISC 과정에 의하여 호스트에서 삼중항이 단일항 상태로 변하여 푀르스터 에너지 전이에 의해 도펀트로 에너지를 전이할 수 있다. 다시 말해서, 도펀트 농도를 줄일 수 있으므로 형광체 내에 중금속(예를 들어, Ir)의 사용을 절약할 수 있다. 녹색 형광체를 도핑한 엑시플렉스 기반 OLED의 경우 1,000 cd/m² 에서 구동 전압, EQE 및 전력 효율이 각각 3.0 V, 28.7%, 112.5 lm/W의 특성에 도달하였다.[111] 그러나 엑시플렉스-호스트의 HOMO 및 LUMO 준위는 각각 전자 도너 및 전자 억셉터 물질들에 의하여 결정되므로 혼합된 호스트는 각각의 개별적인 분자들보다 밴드갭 에너지가 더 작다. 이는 청색 발광이 녹색 또는 적색 발광보다 밴드갭이 더 큰 물질을 필요로 하므로 달성하기가 더 어렵다는 것을 의미한다.

6.7 탠덤 구조

식 (6.43)에서 보듯이, OLED의 휘도가 증가함에 따라, 동작 수명은 급격히 감소한다. 그러나 2 개 또는 3개의 OLED들을 직렬로 연결할 수 있다면 동일한 전류 밀도에서도 발광이 2배 또는 3배가 될 것이다. 또한 각 유닛에서의 발광이 전체의 절반이나 1/3로 줄어들어 동작 수명이 2배 또는 3배가 될 수도 있다. 이 원리를 따라 OLED 탠덤(tandem) 구조가 제안되었다. 그림 6.48에서 보듯이, 탠덤 소자의 동작 원리는 EML 내부로 하나의 전자-정공쌍을 주입하여 각 OLED 유닛 사이에 연결된 전하 생성층(charge generation layer, CGL)을 통해 여러 개의 전자-정공쌍들을 만들어내는 것이다.[112-115] 탠덤 소자에서는 단일 OLED 유닛의 수가 증가함에 따라 전류 효율(cd/A의 단위)이 선형적으로 증가하여 1을 넘을 수도 있다. 높은 전류 효율로 인하여 탠덤 소자는 더 낮은 구동 전류에서 동일한 휘도를 얻을 수 있으며 열 발생도 더 적어서 동작 수명이 증가한다.[116] 서로 다른 색의 단일 OLED 유닛들을 연결하면 고효율의 백색 OLED를 얻을 수 있다. 또한 층 구조들을 적절히 설계하면 높은 외부 양자 효율과 우수한 색순도를 갖는 소자들도 얻을 수 있다.

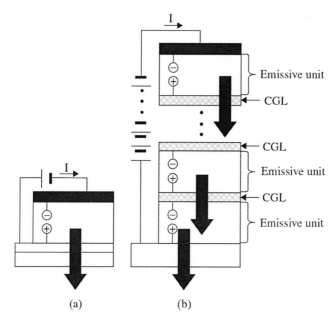

그림 6.48 (a) 일반적인 OLED 구조 및 (b) 탠덤 소자 구조[112]

탠덤 소자의 중요한 요소 중의 하나는 CGL을 전도성 또는 절연성 박막으로 설계하고 제작하는 것이다. 우선 전도성 CGL의 경우를 논의해보자. 그림 6.49에서 보듯이, 레이아웃 설계를 적절히 행하면, 전도성 CGL들은 삼원색을 발광하는 수직 적층된 OLED들의 접촉 패드

(contact pad)로 쓰일 수도 있다. 이 경우에 각 OLED 유닛들은 독립적으로 구동하며, 소위 적층형 OLED(stacked OLED, SOLED)라 부르는 고개구율의 풀컬러 디스플레이로 사용될 수 있다.[117, 118] OLED에서는 보통 ITO, 금 및 니켈과 같은 고일함수 금속들이 p형 유기 재료로 정공을 효과적으로 주입하기 위한 양극으로 사용된다. 반면에 저일함수를 갖는 알칼리 금속들이나 알칼리 토금속들은 음극 재료로 적합한 후보들이다.[13] 그러나 탠덤 OLED에서는 양극과 음극에서 각각 p형 및 n형 유기물층들로 정공과 전자를 주입할 수 있는 보편적인 금속 CGL이 필요하다. 투명 또는 상부 발광 OLED를 제조하는 데 사용되는 동일한 기술들이, 탠덤 소자에서 전도성 전극을 제조하는 데 사용될 수 있다.

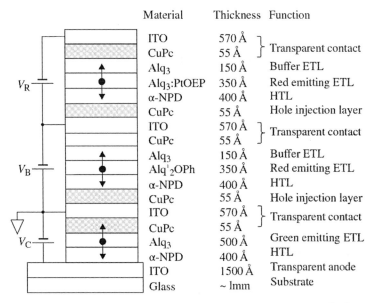

Material	Thickness	Function
ITO	570 Å	} Transparent contact
CuPc	55 Å	
Alq$_3$	150 Å	Buffer ETL
Alq$_3$:PtOEP	350 Å	Red emitting ETL
α-NPD	400 Å	HTL
CuPc	55 Å	Hole injection layer
ITO	570 Å	} Transparent contact
CuPc	55 Å	
Alq$_3$	150 Å	Buffer ETL
Alq$^1_2$OPh	350 Å	Red emitting ETL
α-NPD	400 Å	HTL
CuPc	55 Å	Hole injection layer
ITO	570 Å	} Transparent contact
CuPc	55 Å	
Alq$_3$	500 Å	Green emitting ETL
α-NPD	400 Å	HTL
ITO	1500 Å	Transparent anode
Glass	~ 1mm	Substrate

그림 6.49 2전도성 연결 전극을 가진 탠덤 OLED의 단면 구조 개략도[117]

　　터널링 접합을 사용한 절연성 CGL의 개념은 다음과 같이 설명할 수 있다. 두 개의 OLED 유닛 사이에 역바이어스가 인가된 터널링 n-p 접합이 삽입된다. CGL에서 p영역 가전자대의 전자가 n영역 전도대로 터널링되면 각각 좌측과 우측 소자에서 전자-정공쌍을 생성한다. 그림 6.50에서 보듯이, 이러한 기술은 반도체 LED와 레이저 다이오드(LD)에서 IQE를 증가시키고 열 안정성을 개선하며, 특히 LD에서의 문턱 전류(threshold current)를 줄이기 위해 폭넓게 사용하는 기술이다.[119, 120] 반도체 소자에서는 이러한 터널링 접합을 만들기 위하여 반도체의 에피택시 과정에서 도핑 비율을 조절하여 높은 캐리어 농도를 갖는 n형 및 p형 물질을 사용한다. 그러나 도핑을 하지 않은 유기 재료들은 보통 2~3 eV의 높은 밴드갭을 가지므로, 열적으로 생성된 자유 캐리어들의 진성 농도(intrinsic concentration)는 거의 무시할 만하다.[119, 120] 반도체 물질과 유사하게 불순물들을 유기 재료에 도핑하여, 전자를 LUMO 상태로 이동시키거나(n형 도핑) 전자를 HOMO 상태에서 제거하면(p형 도핑) 각각 자유 전자나 정공을 생성할 수 있다(6.5.1.3절 참조).

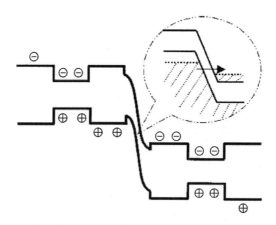

그림 6.50 탠덤 반도체 LED의 에너지 밴드 다이어그램(역바이어스된 터널링 접합의 밴드 에너지 다이어그램 확대)

6.8 추출 효율의 개선

일반적으로 OLED의 외부 양자 효율(external quantum efficiency, EQE) η_{ex}는 내부 양자 효율(internal quantum efficiency, IQE), η_{in} 및 광추출 효율(light extraction efficiency), η_{ext}와 다음의 관계를 갖는다.[122]

$$\eta_{ex} = \eta_{in}\eta_{ext},\tag{6.47}$$

여기서 η_{in} 값은 다음과 같이, 발광 물질의 형광 양자 효율(fluorescent quantum efficiency) η_F, 단일항 엑시톤을 만드는 재결합 비율 χ, EML에서 재결합하는 캐리어의 비율 η_{re}의 곱으로

주어진다.[123]

$$\eta_{in} = \eta_F \chi \eta_{re}. \tag{6.48}$$

ETL 물질로 주로 사용되는 Alq_3의 경우에 η_F는 겨우 30% 정도이다. 그러나 이 물질의 행렬 내에 고효율 도펀트 물질들을 도입하면 거의 100%의 높은 효율에 도달할 수 있다. 스핀 통계학에 의하면 OLED의 χ 값은 보편적인 형광물질의 경우에 1/4의 값을 갖는다. 그러나 인광 및 TADF 물질에서는 1이 될 수 있다. η_{re}의 값은, 유기물층들의 두께를 조절하면, 전하-균형 조건하에서 거의 100%가 되게 할 수 있다. 이상의 논의에서 η_{in} 값의 상한은 형광 OLED에서는 약 25%, TTA-OLED에서는 62.5%, 인광 및 TADF OLED에서는 100%이다.[124]

식 (6.36)에서 보인 고전적인 모형에 따라 OLED의 유리 기판과 공기 사이의 전반사를 생각하면, 소자로부터의 광추출 효율은 약 20% 정도이다. 따라서 형광, TTA, 인광 및 TADF OLED의 EQE의 상한값들은 각각 5%, 12.5%, 20%, 20%이다. 그러나 문헌들과 6.6절에서 보고된 EQE 값들은 종종 이 값들보다 더 높다(예를 들어, 인광 도펀트를 첨가한 엑시플렉스-OLED의 EQE는 28.7%). 이는 이 간소화된 모형에 의해 광추출 효율이 과소평가되었음을 보여준다. 6.4.4절에서 언급한 바와 같이, 유기 물질에서의 전자기파의 전파는 진동하는 쌍극자로 취급할 수 있다. 여기서 '쌍극자(dipole)'는 분자에서의 영구 쌍극자(permanent dipole)가 아니라 발광성 분자에서의 천이 쌍극자(transition dipole)이다. 유기 물질의 비등방적인 모양 때문에 특정 유기 물질의 제조 조건을 조절함으로써, 부분적인 분자 방향 질서를 얻을 수 있다. 그럼에도 불구하고, 이 박막은 필연적으로 비정질의 형태로 남아 있다. 그림 6.51에서 보듯이, 공식적으로 쌍극자 방향은 기판에 '수평한(horizontal)' 평면과 '수직한(perpendicular or vertical)' 평면의 성분들로 분해할 수 있다. 완벽하게 비정질인 막에서는 쌍극자 성분의 2/3는 수평 평면에 놓이고 1/3은 수직 평면에 놓인다. 수평 쌍극자는 기판에 수직하고 기판 평면에서의 평균값보다 더 큰 발광 강도를 제공하며, 그 결과로 더 높은 광추출 효율을 가져온다. 반면, 수직 쌍극자로부터 방출되는 빛은 기판 방향을 따라 전파되려는 성질이 있어서, 전반사가 더 많이 일어나고 다른 비발광성 손실도 증가한다. 수평 쌍극자 성분의 비율을 증가시키기 위한 첫 번째 기준은 물리적으로 비대칭인 발광체를 선택하는 것이다. 그러면 분자의 천이 쌍극자 벡터(transition dipole vector, TDV)는 기판 방향과 평행해야 하며, 이는 게스트 분자, 호스트 분자 및 제조 기술에 의존한다. 예를 들어, 리간드 아세틸아세토네이트(acac)는 이리듐(Ir) 기반 인광 도펀트의 수평 천이 쌍극자 정렬을 증진시키는 데 효과적이다.[125] 한 도펀트 물질에 대하여 서로 다른 조건하에서 공정이 진행되면, 정렬이 달라질 수 있다. 람페 (Lampe)와 동료 연구자들은 동일한 호스트와 도펀트를 적용하였음에도 불구하고, 열증착에 의해 형성된 층들에서 천이 모멘트가 수평 정렬되었으나 용액 공정을 적용한 경우에는 등방 적인 방향을 가짐을 증명하였다. 이는 열증착 공정에서 분자와 표면 간의 상호작용이 정렬에 중요한 역할을 하였음을 암시한다.[126] 동일한 도펀트를 서로 다른 호스트 물질에 동시에 도 핑하는 경우에, 더 높은 유리 전이 온도(glass transition temperature, T_g)를 갖는 호스트에서의 정렬이 더 양호하다고 보고되었다. 왜냐하면, 더 낮은 T_g를 갖는 호스트는 분자 이동을 허용 하므로, 분자 방향을 무작위화하기 때문이다.[127] 93%의 수평 쌍극자를 갖는 인광 OLED에서 38.8%의 EQE가 실험적으로 실증되었다.[128]

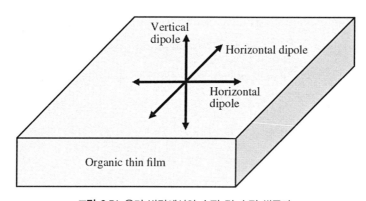

그림 6.51 유기 박막에서의 수평 및 수직 쌍극자

보통의 ITO 양극을 갖는 하부 발광 OLED에서 광자들은 유기 적층 구조(굴절률 1.6~2.0) 로부터 유리 기판($n = 1.5$)을 통하여 공기($n = 1$)로 진행한다.[129] TIR과 관련된 두 가지의 손 실 모드에는 도파 모드(ITO와 유기 적층 구조 내) 및 기판 모드(유리 내에 속박된)가 있다(그 림 6.52). 공기와 유리 기판 사이의 계면을 고려하면, 그림 6.53(a)에서 보듯이, 이 계면에 마 이크로 렌즈 어레이와 같은 비평면 구조(LED 패키지 구조와 유사한)를 사용하면 TIR을 효과 적으로 줄여서 광추출 효율을 향상시킬 수 있다.[130-132] 때로는 디스플레이 응용에서는 평평

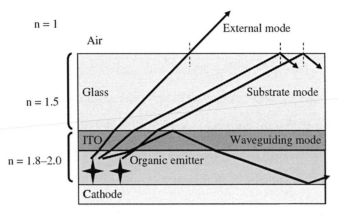

그림 6.52 하부 발광 OLED에서의 외부, 기판 및 도파 모드

한 표면을 선호한다. 그림 6.53(b)에서 보듯이, 이러한 목적으로는 행렬과는 상이한 굴절률을 가진 입자들(또는 기포층)으로 구성된 산란 필름을 사용할 수 있다.[133, 134] 하지만 디스플레이의 응용에 마이크로 렌즈 어레이나 산란 필름을 적용하는 데에는 몇 가지 문제점들이 발생한다. 먼저 디스플레이의 영상에 번짐이 나타나서 영상 품질이 나빠진다.[135] 그림 6.53(c)에서 보듯이, 마이크로 렌즈의 배치의 세심한 설계를 통하여 패터닝된 마이크로 렌즈 어레이 구조를 적용하면, 영상 번짐 현상을 줄일 수 있다. 하지만 이 필름은 OLED로부터의 빛의 방향을 바꿀 뿐만 아니라, 외부로부터의 빛의 방향도 바꾼다. 따라서 OLED가 소등된 경우에도 주변광에 의해 밝게 보이며, 결국 디스플레이의 유효 명암비를 떨어뜨린다. OLED 소자 쪽의 유리 기판의 성형을 통하여 기판으로부터 나오는 빛의 방향을 바꾸는 데 도움을 줄 수 있다. 이는 LED에서의 다이(die) 성형 방법의 개념과 유사하다(그림 5.34(d)). 소자로부터 나오는 발광도 방향을 바꿀 수 있다. 이는 4장의 LCD에서 논의한 휘도 강화 필름의 효과와 유사하다. 그러나 이 방법의 경우에는 OLED 소자 쪽의 유리 기판의 성형이 필요하므로, 이는 발광 유효면적을 줄이고 제조를 더 복잡하게 만든다.[136]

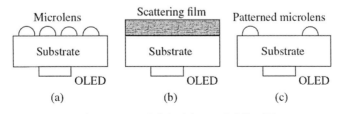

그림 6.53 OLED에서의 기판 모드의 추출 방법

그림 6.54(a)에서 보듯이, 도파 모드를 추출하기 위하여 유리 기판과 ITO 사이의 계면에 나노-주름 기판(nano-corrugated substrate)과 같은 구조를 적용하였다. 이는 브래그 산란(Bragg scattering)을 일으킨다.[137] 또한 기판과 ITO 사이의 도파 모드를 추출하기 위하여, 양극 산화 알루미늄(anodic aluminum oxide, AAO) 나노-다공성(nano-porous) 필름과 2차원 광자 결정(photonic crystal, PC) 패턴이 도입되었다.[138, 139] 패터닝된 산화 알루미늄-아연(aluminum-zinc oxide, AZO)을 식각된 ITO 내에 매립하면, 도파된 광이 산화물들 사이의 굴절률 차이에 의해 산란된다.[140] AOLED에서의 굴절률을 가공하고 도파를 줄이기 위한 대체 방법들이 존재한다. OLED의 도파 모드의 근원은 ITO/유기 재료 및 유리 기판 간의 굴절률 차이이다. 그림 6.54(b)에서 보듯이, 고굴절률 기판(n = 1.8)을 사용하면 도파 효과가 없어진다. 모든 기판 모드들을 외부 결합하기 위하여 렌즈 구조를 기판의 밖에 설치할 수 있다.[141] 또한 TIR을 줄이기 위해, 더 낮은 굴절률을 갖는 투명 양극과 유기 물질들을 선택하는 것도 가능하다.[142, 143] 그림 6.54(c)에서 보듯이, 유리 기판과 양극 간 계면에 저굴절률 구조 또는 물질을 삽입하는 것 또한 이 경계에서의 TIR을 줄이는 데 도움이 된다.[144, 145]

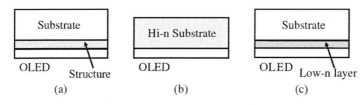

그림 6.54 OLED에서의 도파 모드의 추출 방법

또 다른 손실 채널은 플라스몬 모드로, 금속 음극과 방출 쌍극자 간의 거리와 연관이 있다. 그림 6.55(a)에서 보듯이, 플라스몬 손실을 줄이기 위해서는 유기물층의 두께를 증가시키는 것이 직접적인 효과가 있다. 왜냐하면, 방출 쌍극자와 금속 음극 간의 거리가 증가함에 따라 플라스몬 모드가 감소하기 때문이다. 따라서 고전도도를 갖는 얇은 필름이 필요하다. (i) 플라스몬 손실을 줄이기 위한 두꺼운 유기 필름, (ii) 도파 모드를 줄이기 위한 고굴절률 기판 및 (iii) 기판 모드를 추출하기 위한 고굴절률 매크로 렌즈를 조합하면 1,000 cd/m²에서 124 lm/W의 전력 효율을 갖는, 다시 말해서 46%의 EQE에 해당하는 백색 OLED를 구현할 수 있다.[146] 그림 6.55(b)에서 보듯이, 나노 구조를 도입하면 플라스몬 모드를 다시 발광 모드에

결합시킬 수 있다. 추가적으로 위에서 언급한 바와 같이, 나노 구조 또한 도파 모드 내에 포획된 광의 추출을 도울 수 있다. 이는 나노 구조를 적절히 설계하면 플라스몬 모드와 도파 모드가 동시에 결합될 수 있음을 의미한다. 매크로 렌즈가 부착된 패터닝된 사파이어($n =$ 1.8) 기판 위에 제작된 녹색 인광 OLED에서 63%의 EQE와 225 cd/A를 달성하였다.[147] 하지만 나노 구조는 서로 다른 각도와 서로 다른 광 강도로 빛들을 산란시킨다. 이러한 디스플레이로부터의 발광은 서로 다른 시청 각도에 대하여 심각한 색 이동을 유발함을 의미한다. 준주기 구조(quasi-periodic structure)를 통하여 이 문제를 해결할 수 있다.[148] 플라스몬 모드의 근원은 금속 전극 표면에서의 전자 진동에서 기인한다. 그림 6.55(c)에서 보듯이, ITO 및 산화인듐아연(indium zinc oxide, IZO)과 같은 금속 산화물을 사용할 때, 양쪽 면에서의 발광을 합하여 62.9%의 EQE를 갖는 투명 OLED가 실험적으로 구현되었다. 이 소자에는 렌즈 구조가 결합되었다.[149]

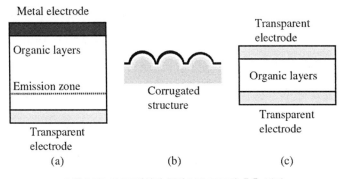

그림 6.55 OLED에서의 플라스몬 모드의 추출 방법

6.9 백색 OLED

6.5.3.1절의 그림 6.27(b)에서 보듯이, 백색 OLED는 풀컬러 디스플레이의 기본 소자로 사용될 수 있다. 또한 광원으로도 사용될 수 있다. 백색광을 생성하기 위한 가장 간단한 방법은 2장에서 논한 색 측정법의 원리에 기반을 둔 청색과 황색 발광을 이용하는 것이다. 보통 OLED의 EL 스펙트럼의 반치선폭(full-width at half-maximum, FWHM)은 약 100 nm 정도로 넓으므로 여러 개의 발광체를 사용하면 전체 가시광 범위(약 400~700 nm)를 덮을 수 있어서

높은 CRI(> 90)를 갖는 광원으로 적합하다.[150] 5장에서 논의한 바와 같이, 백색 LED는 일반 조명 용도로 사용될 수 있다. 백색 OLED 또한 같은 응용에 사용될 수 있다.

백색 OLED의 효율과 수명은 백색 LED의 값보다는 더 열등하지만 백색 OLED를 사용할 때만의 몇 가지 고유한 장점들이 있다. 예를 들어, 백색 OLED는 점광원 형태의 LED와는 다른 평면 광원이다. LED는 빛의 방출을 제어하기 위하여 소자 패키징과 광 부품들이 필요하다. 따라서 백색 OLED가 대면적 및 평면 광원으로 더 적합하고 플렉서블 기판상에 제조될 수 있으며 백색 LED보다 더 가벼운 장점을 갖는다. 그러나 백색 LED와 비교하여 백색 OLED의 전력 효율과 동작 수명은 여전히 훨씬 더 열등하다.

반도체 LED와 유기 OLED 사이에는 소자 설계에 있어서 어느 정도의 차이가 있다. 반도체 LED에서는 발광 파장이 밴드갭에 의해 결정되며, 이는 물질계의 선택에 의존한다. 예를 들어, 인화물과 질화물들은 각각 장파장(적색) 및 단파장(녹색 및 청색) 광자 생성에 이용된다. 그러나 유기 재료에서는 서로 다른 발광체들의 원자 조성이 유사하다(C, H, O, N…). 따라서 한 소자의 양극과 음극 사이에 적, 황, 녹 및 청색과 같은 서로 다른 발광체들을 집적화하는 것이 가능하다.[151] 게스트-호스트계에서는 이는 그림 6.56(a)에서 보듯이, 2색(황색 및 청색) 또는 3색(적, 녹 및 청색) 도펀트들을 공통의 호스트에 도핑할 수 있음을 의미한다. 이러한 소자 구조에서는 호스트에서 도펀트로의 에너지 전달뿐만 아니라, 고에너지 도펀트(청색)에서 저에너지 도펀트(적색 또는 황색과 같은)로의 에너지 전달도 고려할 필요가 있다. 따라서 백색 OLED를 구현하기 위해서는 장파장 도펀트의 도핑 농도를 줄여야 한다. 예를 들어, 하늘색과 주황색 발광체의 도핑 농도는 EML에서 각각 6.5% 및 0.75%이다.[152] 3-도펀트계에서의 도펀트-도펀트 에너지 전달도 여전히 가능은 하지만, 제조상의 어려움을 야기할 수 있다. 다른 방식에서는 그림 6.56(b)에서 보듯이, 서로 다른 발광체들을 EML의 호스트 내의 서로 다른 영역에 도핑하여 서로 다른 발광 파장을 얻을 수 있다. 그러나 유기 물질의 캐리어 이동도는 식 (6.33)의 풀-프렌켈(Poole-Frenkel) 모형을 따름을 주목해야 한다. 전기장을 변화시키면, 전자 및 정공 이동도가 변한다. 그 결과 백색 OLED의 재결합 영역의 이동을 야기한다. 이는 구동 전압이 변하면, 백색 OLED의 EL 스펙트럼과 효율이 변할 수 있음을 의미한다. EML에 캐리어 구속층을 추가하면 캐리어 및 엑시톤 분포를 조절할 수 있지만, 제조의 어려움이 증가한다.[153] 이중 구조를 사용하면 이 문제를 해결할 수 있다. 그림 6.56(c)에서 보듯이, EML 내에 정공-수송 및 전자-수송 물질을 적층하면, 전자들과 정공들이 이 두 층의 계면에서 차단된다. 정공-수송 EML에 청색 및 적색 발광체를 도핑하고, 전자-수송 EML에 녹색 발광체를 도핑한다.[154] 엑시톤들은 청색에서 적색 발광체 쪽으로 전달되어, 장파장 발광이 일어난다. 이러한 구조에서는 재결합 영역이 고정되므로, 백색 OLED의 구동 전압이 달라져도 색 안정성이 개선된다. 예를 들어, 100에서 10,000 cd/m²의 휘도 범위에서 (0.01, 0.00)의 CIE 이동을 달성할 수 있다. 이제 OLED에서의 미세 공진기 효과(micro-cavity effect)를 고려하면 발광 파장(색깔)에 따라 최적의 광학 두께가 달라진다. 그림 6.56(d)에서 보듯이, 탠덤 소자 구조는 백색 OLED를 구현하는 데 추가적인 자유도를 제공한다. 서로 다른 발광 파장을 갖는 2개의 OLED를 직렬로 연결함으로써 서로 다른 구동 전압하에서도 백색광을 색 이동 없이 독립적으로 생성할 수 있다.[155] 응용 분야가 달라지면, 백색 OLED의 요구 조건도 달라진다. 조명 응용에서는 CRI가 가장 중요한 파라미터 중의 하나이므로 넓은 EL 스펙트럼이 선호된다. 그러나 디스플레이(백색 OLED와 컬러 필터의 조합)에서는 더 넓은 색영역을 얻기 위하여 정확한 파장과 높은 채도의 적, 녹 및 청색 발광 피크가 선호된다. 조명 응용에서 백색 LED는 청색 GaN 다이오드와 노란색 형광체로 구성된다. 통상 청색 발광이 가장 강하므로 색온도가 높고 푸른 빛을 띤 백색광을 얻는다. 더 낮은 색온도를 얻기 위하여 형광체를 조절할 수 있지만, 이는 때때로 효율의 저하를 가져올 수도 있다. 반면에, 적색 및 녹색의 장파장 OLED는 청색의 단파장 OLED보다 효율과 수명이 더 우수하여 낮은 색온도를 갖는 광원을 만드는 데 적합하다.

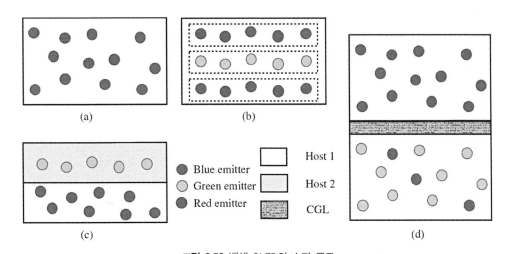

그림 6.56 백색 OLED의 소자 구조

백색 OLED에서 사용되는 유기 물질들 중에서 분명히 형광 재료는 낮은 효율로 인하여 좋은 후보가 아니다. 전 인광(all-phosphorescent) 백색 OLED가 가능하다. 조명 응용에서는 파장이 짧은 진청색 발광체일 필요가 없으며, 하늘색 인광 발광체로 충분하다. 하지만, 수명은 여전히 문제로 남아 있다. 따라서 하이브리드(형광 청색과 인광 녹색 및 적색 OLED) 구조가 제안되었다. 이 경우에 청색 형광 물질의 삼중항 엑시톤은 낭비된다. 따라서 '엑시톤 하베스팅(exciton harvesting)'이 제안되었다. 이러한 소자에서는 전자와 정공이 호스트 물질에서 재결합한다. 유기 물질 및 층 구조를 적절하게 선택하면 단일항 및 삼중항 엑시톤들이 각각 자신의 에너지를 형광 청색과 녹색 및 적색 인광 발광체에 전달하므로, 단일항과 삼중항 엑시톤들을 완전하게 이용할 수 있다.[156] 단일항과 삼중항 엑시톤들을 관리하는 원리를 그림 6.57에 묘사하였다. 먼저, 엑시톤은 호스트 분자에서 생성된다. 다음으로, 단일항 엑시톤은 청색 형광 도펀트에게 전달되고, 삼중항 엑시톤은 적색 및 녹색 인광 도펀트들에 전달된다. 이 방식은 TTA에 의한 급격한 효율 저하를 완화시킬뿐만 아니라, 색이동 문제 또한 줄여준다.

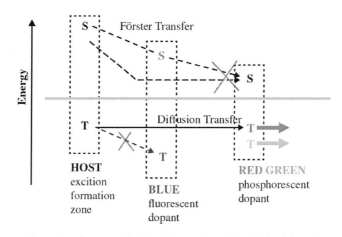

그림 6.57 단일항 및 삼중항 엑시톤들을 모두 사용하여 엑시톤들의 에너지 전달에 의해 백색 OLED를 만드는 방법[156]

6.10 양자점 LED

유기 광원과 비교하여 반도체 LED는 발광 대역폭이 더 좁으므로, 채도가 더 높다. 하지만 5장에서 논의한 바와 같이, LED는 단결정 기판 위에 에피택셜 성장되어야 한다. 반면에 광발광된 반도체 양자점(QD)은 좁은 발광 스펙트럼을 가지고 있으며 벌크 화학 공정을 통해 합성될 수 있다. QD는 LCD 백라이트 모듈에 사용되고 있으며, 4.12절에서 보인 바와 같이 넓은 색영역(color gamut)을 제공한다. 만약 QD가 광 여기가 아니라 양자점 LED(quantum-dot light-emitting diode 또는 QLED)에서와 같이 전기적으로 여기된다면 LED와 OLED의 기술적인 장점들을 조합하고 능가할 수도 있다.[157] 예를 들어, 채도는 OLED보다 더 우수하다. 반도체 QD에서의 단일항 및 삼중항 에너지는 매우 가까이 있어서 '진성(intrinsic)' TADF 물질로 간주할 수 있다. 또한 LED에서는 어려운 목표인 대면적 소자 제작과 플렉서블 기판의 사용에 적합하다(하지만 마이크로 LED에서는 가능하다). 또한 QLED의 직접 구동 방식은 LCD에 있는 컬러 필터와 편광기에서의 광학손실이 없으므로, LCD 백라이트에서 사용되는 QD-PL과 비교하여 효율이 더 향상된다.

QLED에 적용되는 통상의 QD 구조를 그림 6.58(a)에 도시하였다.[158] 4.12절에서 논의한 바와 같이, 코어(예를 들어, CdSe)의 크기는 발광 파장을 결정한다. 코어를 둘러싼 쉘은 코어보다 밴드갭이 더 커서, QD 사이의 푀르스터 공명 에너지 전이(Forster resonant energy transfer 또는 FRET)를 막아준다. FRET는 양자 효율을 감소시킨다. 통상 CdS와 ZnS가 CdSe 코어를 감싸는 껍질 물질로 사용될 수 있다.[159, 160] QD는 단결정 반도체로 구성되므로 코어와 쉘 사이에 격자 정합 조건이 만족되어야 한다. 이 두 물질 간의 전도대와 가전자대에서의 에너지 밴드 오프셋(offset) 또한 발광 파장과 파동함수 분포에 영향을 끼친다. 예를 들어, ZnS/CdSe 계와 비교하여 CdS와 CdSe 사이의 격자부정합이 작으므로, 이 물질계의 결정성이 더 우수하다. 그러나 이 물질계는 밴드 오프셋이 작아서 생성할 수 있는 최단 파장 범위가 제한적이다. 따라서 더 짧은 파장(예를 들어, 녹색 발광)의 QD에서는 CdSe/ZnS 물질계를 적용해야 함을 의미한다. 때로는 높은 결정성, 적합한 발광 파장 및 높은 양자 효율을 달성하기 위하여 더 복잡한 코어/쉘 구조(CdSe/CsS/ZnS) 또는 삼원화합물(예를 들어, ZnSeS)을 사용하기도 한다.[161, 162] 에너지밴드 오프셋이 작아서 생기는 또 다른 문제는 파동함수가 코어에서 쉘 영역으로 확장된다는 점이다. 이는 QD 사이의 에너지 전달 확률을 높이고 효율을 떨어뜨린다. QD 사이의 FRET를 피하기 위해서는 쉘의 두께가 비교적 두꺼워야 한다. 쉘의 외부에 붙어있는 리간드(ligand)는 많은 기능을 가진다. QD는 너무 무거워서 열증착(thermal evaporation)이 어렵고 습식 공정(예를 들어, 스핀 코팅, 잉크젯 프린팅 등)이 요구된다. 리간드는 QD들이 용액 상태에서 서로 뭉치는 것을 막아서 QLED에서 균일한 QD 막을 얻을 수 있도록 해준다. 또한 리간드는 양자 효율을 떨어뜨리는 요인인 QD 표면의 댕글링 본드(dangling bond)들을 패시베이션(passivation)시키는 작용을 한다. 마지막으로 EL 소자에서는 전자와 정공이 리간드로부터 QD 내부로 주입되므로, 유기 리간드의 작용기(functional group)들이 표면 전위를 변화시켜 캐리어 주입 특성을 제어하는 데 도움을 준다.

QLED의 소자 구조는 OLED 구조와 유사하다. QD층은 HTL과 ETL 사이에 샌드위치 구조로 삽입되며, HTL과 ETL에는 각각 양극과 음극 전극이 연결된다. HTL과 ETL은 유기물 또는 무기물일 수 있다. 통상 무기 HTL과 ETL로는 각각 NiO_x와 ZnO가 사용된다. 정공 이동도가 높아서 QLED 적용에 적합한 유기 HTL들이 몇 가지 있다. 그림 6.58(b)와 6.58(c)에서 보듯이, 소자 구조는 정립(normal)이거나 도립(inverted)일 수 있다. 양극이 먼저 제작되면 정립 구조이고, 음극이 먼저 제작되면 도립 구조로 부른다. 어떤 구조를 선택하느냐에 따라 제조 공정과 소자 특성이 영향을 받는다. 예를 들어, QD층은 용액 공정으로 제작된다. 정립 구조에서는 QD를 분산시키기 위한 용매가 하부의 HTL을 녹일 수 있다. 반면에 도립 구조에서는 HTL로 사용되는 무기 NiO_x를 증착하는 데 사용되는 스퍼터링 공정에 의해 QD층이 손상될 수 있다. 따라서 QLED 제작을 위한 전 용액(all-solution) 공정이 제안되었다. 이 공정에 의하면 하부층이 식각되지 않도록, QD와 전하 전송층(유기물과 무기물 모두)들은 일련의 직교 용매(orthogonal solvent)들을 사용하여 증착된다. 전하 주입층, 운송층 및 차단층을 삽입하면 소자 내에서의 전하 균형을 개선시킬 수 있으므로 효율을 향상시킨다. 예를 들어, 640 nm의 피크 파장을 갖는 적색 QLED에서 전하 균형을 얻기 위하여 QD와 ZnO ETL 사이에 PMMA를 삽입하고 이중 HTL 구조를 적용하면, 1.7 V의 턴-온 전압에서 20% 이상의 EQE를 얻을 수 있다.[163]

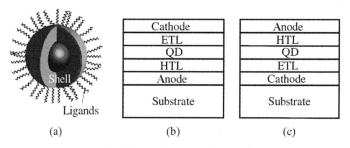

(a) (b) (c)

그림 6.58 (a) QLED를 위한 QD 구조 (b) 정립 및 (c) 도립 QLED 구조

6.11 응용

5장에서 논의한 바와 같이, OLED는 반도체 LED와 동작 원리가 유사하다. 양극과 음극 사이에 순방향 전압이 인가되면, 유기물에서의 EL에 의하여 발광이 일어난다. 하지만 OLED의 제조에 있어서는 특별한 기판(예를 들어, 사파이어 기판 위에 GaN 및 GaAs나 GaP 기판 위에 AlGaInP)을 사용할 필요가 없다. 따라서 몇 가지 장점들이 있다. (i) 서로 다른 색들을 발광하는 OLED들을 동일한 기판 위에 제작할 수 있다. (ii) 반도체 웨이퍼(예를 들어, 직경이 12인치 이하)와 같은 크기의 제약이 없이 대면적 기판(예를 들어, 100×100 cm² 이상) 위에 OLED를 제작할 수 있다. (iii) 플렉서블 기판 위에 OLED를 제작할 수 있다. LCD(특히 투과형 LCD)와 비교하여, OLED는 백라이트가 필요하지 않아 더 얇고 가벼운 OLED 모듈을 얻을 수 있어서 모바일 응용에 더욱 적합하다. 투명(또는 반투명) 전극을 사용하면, 일부 최신 디스플레이(예를 들어, 투명 디스플레이) 방식들의 구현이 가능하다. 그러나 반도체 LED와 비교하면, OLED의 동작 수명은 훨씬 더 짧고, OLED의 전력 효율은 훨씬 더 낮다. TV와 같은 일부 응용에 있어서 수명은 중요한 요소이며, 모바일 응용에서는 효율이 중요한 요소가 된다. LCD와 비교하여 미세 피치 새도마스크(fine-pitch shadow mask)로 제작된 OLED 디스플레이의 화소 해상도가 더 낮은데, 고선명 디스플레이(high definition display)에 있어서 높은 화소 밀도는 필수적이다. OLED의 넓은 FWHM(약 100 nm)으로 인하여 고품질의 컬러 디스플레이의 구현에 한계가 있다. 적절한 유기물을 선정할 뿐만 아니라 광공진기 설계를 최적화하면 좁은 EL 발광 스펙트럼을 얻을 수 있다. 서로 다른 응용 분야에 대해 서로 다른 OLED 설계가 필요하다. 다음 절에서는 모바일 디스플레이, TV 디스플레이, 조명, 플렉서블 디스플레이 및 일부 최신 디스플레이와 같은 서로 다른 응용들에서 사용되는 OLED 기술들을 소개할 것이다.

6.11.1 모바일 OLED 디스플레이

OLED의 총 두께(양극, 유기 박막 및 음극)은 통상 1 μm 미만이다. 기판의 두께는 유연성의 확보가 가능하도록 50 μm 정도까지 얇게 할 수 있다. 박막 패시베이션 공정은 10 μm 미만의 두께를 갖는 장벽층을 제공한다. 따라서 완성된 OLED 디스플레이는 매우 얇으므로 모바일 응용에 매우 적합하다. 이 디스플레이는 구부리거나 접을 수 있으므로 '평판' 디스플레이를 능가하는 많은 흥미로운 디자인들을 가능하게 한다. 예를 들어, OLED 디스플레이는 모바일 기기의 측면을 덮을 수 있다. 심지어 모바일 기기는 휴대하기 편리하도록 접을 수 있고, 대화면 디스플레이가 필요한 경우에 펼쳐서 사용할 수 있다. 모바일 기기에서는 모든 전력을 배터리에서 공급해야 하므로 OLED 패널이 가져야 할 가장 중요한 목표들 중의 하나는 전력 소비를 줄이는 것이다. 모바일 기기의 시청 거리는 눈으로부터 30 cm 이내이므로, 일반적인 경우에 화소의 크기가 충분히 작아서 서로 구분되지 않아야 한다. 통상 모바일 디스플레이들은 단일 시청자가 사용하므로, 때때로 시야각 특성은 약간 포기할 수 있다. 모바일 기기의 수명에 대한 요구 조건은 대략 2년 정도로 OLED 물질과 소자의 경우에 그렇게 달성이 어렵지는 않다. 수동 행렬(passive-matrix 또는 PM) OLED에 어드레스되는 열의 수는 통상 240개 이내로 제한된다. 그렇지 않으면 선-동시 어드레싱(line-at-a-time addressing)에서 발생하는 높은 피크 휘도로 인하여 동작 수명이 심하게 감소한다. 이는 모바일용으로 사용하려면 PM-OLED가 충분한 해상도를 가지면서, 그 크기가 2인치 이내로 제한되어야 함을 의미하며, 시계나 스마트 시계 디스플레이로 사용될 수 있음을 의미한다. 4인치보다 큰 모바일 기기에서는 능동 행렬(active-matrix 또는 AM) OLED가 필요하다. 모바일 기기를 위한 AM-OLED를 설계하는데, 전면 발광(top-emission) 구조의 경우에는 OLED의 하부에 TFT를 숨길 수 있고, 이에 따라 개구율(aperture ratio)과 휘도가 증가하게 되어 전력 소비를 줄일 수 있다. 풀컬러를 달성하기 위하여, 통상 측방향 부화소 구조(lateral subpixelated configuration)가 사용되는데, 이는 미세 피치 섀도마스크로 제작된다. OLED의 대량 생산에 있어서 해상도가 주된 문제점들 중의 하나이다. 반사 전극과 반투명 전극 사이에서 발생하는 강한 광 공진기 효과에 의해 채도가 개선된다. 반면에 시야각 또한 좁아질 수 있다. 전면 발광 OLED의 경우에는 광학 박막을 적용하면 시야각 원뿔(viewing cone)을 넓힐 수 있으며 광추출 효율 또한 개선된다. 모바일 기기에서는 입력 인터페이스로 터치 패널이 주로 사용됨을 주목하자. 그밖에 박막 봉지 기술은 주위의 산소와 습기에 의한 공격으로부터 OLED를 보호해주지만, 패널을 위해서는 기계적인 보호가 필요하다. 따라서 '온-셀(on-cell)' 터치 패널이 이러한 목적으로 사용될 수 있다(터치 패널 기술은 10장에서 상세히 다룰 것이다). 디스플레이 기판과 터치 패널 기판 사이에 광학 접착제(optical adhesive)가 사용될 수 있으며, 이를 통해 광추출 효율과 시야각 성능을 개선할 수 있다. 또한 수분의 침투를 줄여주고 패널 수명을 늘이는 데 도움을 줄 수 있다.

모바일 응용을 위해서는 실외 환경에서의 명암비(ambient contrast ratio 또는 ACR)가 중요한 특성이 된다. 왜냐하면 이 기기들은 주변 광이 거의 없거나 또는 매우 강한 조건 모두에서 사용될 수 있기 때문이다. 발광형 OLED의 경우 태양광하에서의 시인성(sunlight readability)이 심각한 문제이다. 이를 개선하기 위하여 디스플레이 장치에서의 표면 반사를 줄여야 한다. 통상 선 편광기와 광대역 1/4 파장판으로 이루어진 원형 편광기가 필요하다. 기기로 입사하는 주변 광은 우선 선 편광기를 통과한다. 다음으로 광대역 1/4 파장판은 빛의 편광 상태를 선 편광에서 원 편광으로 바꿔준다. 이 빛이 OLED의 금속 전극에서 반사되면, 위상 변화에 의하여 원 편광 상태가 반전된다(다시 말해서, 우원 편광이 좌원 편광으로 바뀌고, 그 반대 과정도 가능하다). 이 반사광은 1/4 파장판에 의해 원래 선 편광기와 직교하는 방향의 선 편광으로 바뀌게 되어 선 편광기에 의해 차단된다. 따라서 주변 광에 의한 반사를 상당히 줄일 수 있다. 그러나 직교하는 편광기 구조를 적용하는 LCD에서의 흑색 배경과 비교할 때, 고가의 광대역 1/4 파장판이 필요하므로 원 편광기의 가격이 더 높다. 복굴절 필름 또한 더 두꺼워서 플렉서블 기기를 위한 응용에 있어 단점이 된다. 그리고 반사량이 더 많아서 ACR을 제약한다. 추가적으로, OLED의 발광 특성 때문에 방출되는 광의 약 50% 정도는 편광기에서 흡수되어 휘도가 감소하고 전력 소비가 증가한다.

6.11.2 OLED TV

모바일 기기와는 대조적으로, TV 디스플레이용 패널의 크기는 훨씬 더 크고(50인치 이상), 시청 거리는 더 길고(2 m 이상), 통상 TV는 위치가 고정되며 실내의 벽에 가까운 장소에서 사용된다. 하나의 TV를 다중 시청자들이 공유하므로 넓은 각도 범위에서 시청을 한다. 따라서 빼어난 디스플레이 성능이 필수적이다. 예를 들어, (i) BT 2020과 같은 표준에 부합하기 위해 가능한 한 색영역은 충분히 넓어야 하고, (ii) 낮은 주변 조명하에서 '홈 시어터(home theater)' 수준의 성능을 얻기 위해 회색조(gray level)의 동적 범위가 중요하며, (iii) 동적 이미지의 이질감을 없앨 수 있도록 응답 시간이 충분히 빨라야 한다. 다시 말해서, TV 디스플레이는 시청자들에게 몰입감을 줄 수 있어야 한다. TV용 디스플레이는 모바일 기기와 비교하여 대략 5년 이상의 더 긴 수명(저장 수명 및 동작 수명 모두)이 요구된다. 벽면 콘센트를 통해 전력이 공급되므로 전력 소비는 가장 중요한 요건은 아니다. 그러나 일정한 조건에는 부합해야 한다(예를 들어, 에너지 스타 프로그램에 의해 정해진 규약).

모바일 기기에 비하여 이렇게 '거대한' 디스플레이를 제조하는 것은 훨씬 더 도전적이다. 물론, 제조 비용을 줄이기 위하여 기판이 충분히 커야(8세대 또는 그 이상) 한다. OLED의 총 두께는 200 nm 미만이어야 함을 상기하자. 따라서 특정 유기물층의 경우에는 두께가 20 nm 정도로 매우 얇아진다. 박막의 두께 편차가 5% 발생하면(1 nm), OLED 소자에서 불균일성이 두드러지게 나타난다. 넓은 면적에 대하여 박막의 두께를 정교하게 제어하고 긴 동작 수명을 얻기 위해서는 영 증착 공정이 필요한데, 이 경우에 대면적 기판을 수용할 수 있는 거대한 진공 챔버가 필요하게 된다. 풀컬러 OLED-TV를 제공하기 위해서는 측방향 광원 구조(lateral emitters)보다는 백색 OLED와 컬러 필터를 조합하는 기술을 사용한다. 이는 대형의 미세 피치 새도마스크를 이용하여 측방향 구조를 제작하는 데 많은 어려움이 따르기 때문이다. 컬러 필터의 제조기술이 성숙하였고 TV의 화소 크기가 크기 때문에, 통상 화소 해상도는 큰 문제가 없다. 분명히 백색 OLED와 컬러 필터를 사용하면, 컬러 필터가 방출되는 광의 일부를 흡수하므로 전력 소비가 더 커진다. 적, 녹, 청 및 백(RGBW)과 같은 상이한 화소 배열을 사용하면 전력 소비를 줄일 수 있다. 백색 부화소의 상부에는 컬러 필터가 없으므로 효율이 더 증가할 수 있다. 종종 탠덤 구조 또한 채택된다. 이 구조에서는 각 유닛에서의 휘도를 줄일 수 있으므로 동작 수명을 늘일 수 있는 장점이 있다. 청색 발광 도펀트와 장파장 광원들(녹, 황 및 적색 광원)을 조합하면 백색 OLED의 청색 성분의 동작 수명이 증가하게 된다. 이는 청색 광의 에너지가 더 낮은 밴드갭 도펀트 들에 전달되어 엑시톤-폴라론(exciton-polaron) 상호작용을 줄여주기 때문이다. OLED-TV에서 정지 화면이 장시간 지속될 때 발생하는 잔상 (image sticking)은 중요한 문제점이다. OLED 소자의 수명이 제한적이기 때문에, 정지 화면이 지속되면 가장 밝은 화소들에서의 휘도가 시간이 지남에 따라 감소한다. 나중에 모든 화소들이 켜지면 더 긴 시간 동안 동작했던 화소들이 더 희미해진다. 잔상 문제를 해결하기 위해서는 우선 OLED의 소자 수명을 가능한 한 길게 만들어야 한다. 추가적으로, TFT 보상회로가 디스플레이의 균일성을 효과적으로 유지시킬 수 있다. 예를 들어, 일정한 전류 밀도하에서의 OLED 소자의 휘도 감소가 발생하면, 통상 TFT의 문턱 전압이 증가한다. 따라서 OLED 양단에 걸리는 전압 강하를 감지하면, OLED의 휘도 감소량을 예측하여 필요한 보상을 제공할 수 있다. 디스플레이의 주변 시스템 또한 중요하다. 예를 들어, 스크린 세이버 기능은 디스플레이가 사용 중이 아닐 때, 의도하지 않은 정지 화면을 없앨 수 있다. 동작 수명뿐만 아니라 저장 수명 또한 OLED-TV의 중요한 문제이다. 낮은 WVPR을 달성하기 위하여 박막 패시베이션, 접착제 및 봉지 공정 모두가 필요하다. 여기서 사용되는 접착제는 배면 발광(bottom-emission) OLED의 경우에는 꼭 투명해야 할 필요는 없다.

OLED-TV 응용에서는 시야각이 더 넓어져야 하므로 약한 광 공진기 구조(반사 및 투명 전극)를 선호한다. 몰입형 디스플레이를 위하여, 구부릴 수 있는(bendable) OLED-TV를 채택해야 하지만, 폴더블(foldable)일 필요는 없다. OLED-TV에서는 통상 실내의 주변 광이 별로 밝지 않으므로 주변 광의 표면 반사가 그렇게 심각하지 않다. 보통은 원 편광기를 부착할 필요 없이 발광 영역의 경계에 블랙 매트릭스(black matrix)를 도포하는 것만으로도 주변 광의 반사를 줄이는 데 충분하다. OLED 자체의 두께가 $1\ \mu m$ 이내로 매우 얇으므로 OLED-TV의 두께는 기술적으로 민감한 사안이 아니다.

6.11.3 OLED 조명

5장에서 논의한 바와 같이, LED는 세밀한 광학 디자인을 거치면 직접 조명으로 매우 적합해진다. 반면, OLED 조명은 특별히 복잡한 광학 요소들 없이도 확산 광원이 된다. OLED는 대면적의 유연한 기판 위에 제작될 수 있으므로 OLED 조명은 대면적 광을 제공할 수 있다. 예를 들어, OLED 조명은 벽지, 탁자, 거울 또는 심지어 창에도 내장될 수 있다. 다양한 디자인으로 어떤 형태로든 제작될 수 있다. LED에서는 GaN 청색 소자의 동작 수명이 매우 길다. 여기에 적절한 황색 형광체를 조합하면, 백색광을 생성할 수 있다. 반면에, OLED의 경우 청색 소자의 수명이 가장 짧다. 따라서 적색 및 녹색과 비교하여 청색 발광을 훨씬 더 약하게 하여, 낮은 색온도를 갖는 '따뜻한 백색(warm white)'을 생성하는 OLED 조명을 만드는 것이 장점이 된다. OLED는 단일 소자로 약 100 nm 범위의 넓은 FWHM 스펙트럼을 가지므로, 높은 연색성 지수(color rendering index 또는 CRI)를 갖는 광원을 손쉽게 구현할 수 있다. 디스플레이 응용과 비교하면, OLED 조명에서는 TFT가 불필요하므로 제조의 복잡도가 대폭 감소한다. OLED 조명은 디스플레이와 비교하여, 색 이동(color shift)과 휘도 감소의 부작용이 덜 심각하다. 결국 OLED 조명은 디스플레이보다 제작이 더 용이하고, 제조 비용도 훨씬 저렴하다. 조명 생산의 처리량을 증가하려면 유기층 증착에 있어 물리 기상 증착(physical vapor deposition) 공정보다 습식 공정이 해법이 될 수 있다. 조명 목적으로는 확실히 약한 공진 구조를 갖는 탠덤 소자가 적합하다.

통상 OLED 디스플레이보다 OLED 조명에서 광추출 기술이 사용된다. OLED 디스플레이에서는 많은 빛들이 유리 기판, ITO 및 유기 물질 내부에 포획된다. OLED로부터 광자를 추출하는 여러 가지 방법들을 소개하였지만 OLED 디스플레이에서는 이러한 기술들을 거의 사용하지 않는다. 왜냐하면 추출된 광선들이 이미지 흐림(image blurring)을 야기하고 이미지의 해상도를 떨어뜨리기 때문이다. 하지만 OLED 조명에서는 이러한 문제가 없다. 조명 기술의 중요한 인자는 lm/W 단위로 나타내는 전력 효율이다. 2016년에 $9 \times 9 \, cm^2$ 크기의 백색 OLED 조명 패널이 보고되었는데, $1,000 \, cd/m^2$의 휘도에서 전력 효율, 외부 양자 효율(EQE) 및 구동 전압이 각각 149 lm/W, 50% 및 2.9 V이다. 상관 색온도(CCT)는 2880 K로 따뜻한 백색 조명이고 CIE 좌표는 (0.48, 0.47)이다.[164]

6.11.4 플렉서블 OLED

OLED에 사용되는 얇은 유기 활성층과 선택된 기판들은 유연하며, 세심한 고려를 통해 플렉서블 디스플레이로 사용하기에 적합한 완전한 소자 적층 구조를 구현할 수 있다. 플렉서블 OLED를 구현하기 위해서는 유연한 기판, 도체 및 TFT를 필요로 한다(3.6.6절). 긴 저장 수명을 얻기 위해서는 적절한 패시베이션과 봉지 공정이 필요하다(6.5.3.2절). 모바일 디스플레이 응용을 위해서는 폴더블(foldable) 디스플레이에 대한 요구가 추가된다. 접으면 가방이나 주머니에 들어갈 만큼 충분히 작아져야 하지만, 사용 중에는 크고 기능도 우수한 디스플레이가 될 수 있어야 한다. 플렉서블 OLED 조명은 곡면 디자인에 대한 많은 가능성을 제공한다. 또한 플렉서블 OLED는 시계나 의류와 같은 웨어러블 디스플레이(wearable display) 응용에 있어서도 중요하다.

6.11.5 최신 디스플레이

기본적으로 OLED 소자는 양극과 음극 사이에 두께가 $100 \sim 200 \, nm$의 유기 적층 구조가 샌드위치 형태로 삽입된 형태이다. 레이아웃과 전극 물질을 변경하면 반사형 OLED를 제작할 수 있으며, 이는 OLED가 켜져 있지 않을 때에는 가정용 거울처럼 보인다. OLED에 전류를 주입하면, 소자를 디스플레이나 조명의 용도로 사용할 수 있다. 투명 OLED는 소자에 전원이 공급되지 않을 때에는 유리창처럼 보이는 또 다른 예이다. 전체 소자(디스플레이 또는 조명)

가 투명하기 때문에 응용 분야에 따라 한쪽 면이나 또는 양쪽 면 모두로 빛을 방출하도록 설계할 수 있다. 양면 발광 투명 OLED 디스플레이의 경우에 표시되는 상(image)을 양쪽 면에서 볼 수 있으며 한쪽 방향으로부터 거울처럼 반전된 상이 된다. 각 화소를 두 개의 부화소로 나누어 각각 전면 발광 및 배면 발광 OLED가 되도록 하며 개별적인 TFT에 의해 제어되도록 구성하면 단일 유리 기판상에 제작된 양면 발광 OLED 디스플레이를 구현할 수 있다. 이러한 양면 발광 소자에서 표시되는 상은 다를 수 있다. 왜냐하면 개별적인 TFT에 의해 구동되고 각 발광면은 서로 분리되어 있기 때문이다. OLED를 위해서는 하나의 기판만 필요하지만 종종 기계적인 보호와 저장 수명의 개선을 위해 덮개 유리(cover glass)가 추가되기도 한다. 따라서 각각 배면 발광 구조를 갖는 두 개의 유리 기판을 조합하면 양면 발광 OLED 디스플레이를 위한 또 다른 방법이 된다.

OLED가 갖는 경량 및 고속 응답 특성으로 인하여 가상현실(virtual reality, VR) 및 증강현실(augmented reality, AR)에의 응용을 위한 디스플레이 매체로 사용될 수 있다. 이 주제는 9장에 소개될 것이다. 이러한 응용들에서는 디스플레이가 눈에 가까이 놓이게 되므로 초고해상도가 필수적이다. 이 경우에 미세 피치 섀도마스크를 적용하는 것이 쉽지 않으므로, 컬러필터 기반 백색 OLED가 사용될 수 있다. VR 디스플레이로부터 주변 광이 차단되어야 하므로, 필요한 휘도는 높지 않다. 이러한 단일 사용자 응용의 경우에는 넓은 시야각 또한 불필요하다. AR 응용의 경우에는 상황이 더욱 도전적이다. OLED에서 방출되는 광이 주변 광과 비슷한 수준이 되어야 하고, 투과(see-through) 성능을 제공할 수 있도록 OLED의 투과율은 충분히 높아야 한다. AR 디스플레이의 성능을 최적화하기 위해서는 더 복잡한 광학 설계가 필요하다.

6.1 단일층 OLED를 만드는 것은 가능한가? 그 이유를 설명하라. 만약 가능하다면, 사용 가능한 유기물 재료들과 전극의 범위는?

6.2 호스트 물질에 두 가지 게스트 물질들이 도핑된 계가 있다. 한 게스트 물질은 청색 단일항 발광 물질이고, 나머지 하나는 황색 삼중항 발광 물질이다. 호스트에서 게스트로 가는 가능한 에너지 전달 경로를 그리고, 100%의 내부 양자 효율의 달성이 가능하기 위한 제약 조건들을 논하라.

6.3 다음의 조건을 따르는 근사적인 SCLC 식을 유도하라(필요한 경우, 식 '$Q = \rho AL$, $v = \mu(V/L)$, $A =$소자 단면적'을 사용하라).

SCLC : $J = \mu\varepsilon(V^2/L^3)$; 여기서 J는 전류 밀도, μ는 캐리어 이동도, ε은 정적 유전상수(static dielectric constant), V는 구동 전압 그리고 L은 소자의 두께이다.

전류 전도 : $J = \rho v$; 여기서 ρ는 주입된 자유전하 농도이고 v는 표동 속도이다.

전기 용량 : $Q = CV$; 여기서 Q는 주입된 총 자유전하량이고 C는 전기 용량이다.

6.4 다음의 조건을 따르는 근사적인 TCLC 식을 유도하라(필요한 경우, 식 '$Q_t = \rho_t AL$, $v = \mu(V/L)$, $n = \rho/\varepsilon$, $n_t = \rho_t/\varepsilon$, $A =$소자 단면적'을 사용하라).

TCLC : $J = \varepsilon\mu N c(\varepsilon/\varepsilon N_0 kT_t)^l(V^{(l+1)}/L^{(2l+1)})$; 여기서 J는 전류 밀도, μ는 캐리어 이동도, ε은 정적유전 상수(static dielectric constant), V는 구동 전압, L은 소자의 두께 그리고 $l = T_t/T$이다. (자유 캐리어 농도와 트랩 캐리어 농도는 다음과 같이 정의된다. 자유 캐리어 농도 분포 : $n = N_c \exp[(F - E_c)/kT]$, 트랩 캐리어 농도 분포 : $n_t = kT_t N_0 \exp[(F - E_c)/kT_t]$, N_c : 전도대에서의 유효 상태 밀도, F : 유사 페르미 준위, E_c : 전도대의 바닥에너지, k : 볼츠만 상수, T : 절대 온도, T_t : 특성 온도)

전류 전도 : $J = \rho v$, 여기서 ρ는 주입된 자유전하 농도이고 v는 표동 속도이다.

전기 용량 : $Q = CV$, 여기서 Q는 주입된 총 자유전하량이고 C는 전기 용량이다.

6.5 평면 구조에서 상부 발광과 하부 발광 OLED 중 어느 것이 더 높은 EQE를 나타내는가? 그 이유는 무엇인가?

■참고문헌■

1. Sze, S.M. (2001). *Semiconductor Devices: Physics and Technology*, 2nd edn, John Wiley & Sons, Ltd.

2. Baldo, M.A. and Forrest, S.R. (2001). Interface-limited injection in amorphous organic semiconductors. *Phys. Rev. B*, 64, 085201.

3. Pope, M., Kallmann, H. and Magnante, P. (1963). Electro-luminescence in organic crystals. *J. Chem. Phys.*, 38, 2042.

4. Tang, C.W. and Vanslyke, S.A. (1987). Organic electro-luminescent diodes. *Appl. Phys. Lett.*, 51, 913.

5. Burroughes, J.H., Bradley, D.D.C., Brown, A.R. et al. (1990). Light-emitting diodes based on conjugated polymers. *Nature*, 347, 539.

6. Kagan, J. (1993). *Organic Photochemistry: Principles and Applications*, Academic Press, New York.

7. Gierschner, J., Mack, H.G., Luer, L. and Oelkrug, D. (2002). Fluorescence and absorption spectra of oligophenylenevinylenes: vibronic coupling, band shapes, and solvatochromism. *J. Chem. Phys.*, 116, 8596.

8. Michl, J. and Bonacic-Koutecky, V. (1990). *Electronic Aspects of Organic Photochemistry*, John Wiley & Sons, Inc., New York.

9. Tang, C.W., Vanslyke, S.A. and Chen, C.H. (1989). Electro-luminescence of doped organic thin films. *J. Appl. Phys.*, 65, 3610.

10. Klessinger, M. and Michl, J. (1995). *Excited States and Photochemistry of Organic Molecules*, John Wiley & Sons, Inc., New York.

11. Yip, W.T. and Levy, D.H. (1996). Excimer/exciplex formation in van der Waals dimers of aromatic molecules. *J. Phys. Chem.*, 100, 11539.

12. D'Andrade, B.W., Brooks, J., Adamovich, V. et al. (2002). White light emission using triplet excimers in electro-phosporescent organic light-emitting devices. *Adv. Mater.*, 14, 1032.

13. Hung, L.S. and Chen, C.H. (2002). Recent progress of molecular organic electro-luminescent materials and devices. *Mater. Sci. Eng. R*, 39, 143.

14. Petersson, G.P., Svensson, C.M. and Maserjian, J. (1975). Resonance effects observed at the onset of Fowler-Nordheim tunneling in thin MOS structures. *Solid-State Electron.*, 18, 449.

15. Pope, M. and Swenberg, C.E. (1999). *Electronic Processes in Organic Crystals and Polymers*, 2nd edn, Oxford University Press.

16. Gill, W.D. (1972). Drift mobilities in amorphous charge-transfer complexes of trinitrofluorenone and poly-n-vinylcarbazole. *J. Appl. Phys.*, 43, 5033.

17. Choi, W.K., Delima, J.J. and Owen, A.E. (1986). Model for the variations in the field-dependent behavior of the Poole-Frenkel effect. *Phys. Stat. Sol. (b)*, 137, 345.

18. Davids, P.S., Campbell, I.H. and Smith, D.L. (1997). Device model for single carrier organic diodes. *J. Appl. Phys.*, 82, 6319.

19. Rusu, G.I. (1993). On the current-voltage characteristics of some thin-film sandwich structures of the metal/organic semiconductor/metal type. *Appl. Surf. Sci.*, 65-66, 381.

20. Staudigel, J., Stößel, M., Steuber, F. and Simmerer, J. (1999). A quantitative numerical model of multi-layer vapor-deposited organic light emitting diodes. *J. Appl. Phys.*, 86, 3895.

21. Parker, I.D. (1994). Carrier tunneling and device characteristics in polymer light-emitting diodes. *J. Appl. Phys.*, 75, 1656.

22. Kao, K.C. and Hwang, W. (1981). *Electrical Transport in Solid: With Particular Reference to Organic Semiconductors*, Pergamon Press.

23. Meyer, H., Haarrer, D., Naarmann, H. and Hohold, H.H. (1995). Trap distribution for charge carriers in poly(para-phenylene vinylene) (PPV) and its substituted derivative DPOP-PPV. *Phys. Rev. B*, 52, 2587.

24. Markov, D.E., Hummelen, J.C., Blom, P.W.M. and Sieval, A.B. (2005). Dynamics of exciton diffusion in poly(-phenylene vinylene)/fullerene hetero-structures. *Phys. Rev. B*, 72, 045216.

25. Greenham, N.C., Friend, R.H., and Bradley, D.D.C. (1994). Angular dependence of the emission from a conjugated polymer light-emitting diode: implications for efficiency calculations. *Adv. Mater.* 6: 491.

26. Saleh, B.E.A. and Teich, M.C. (1991). *Fundamentals of Photonics*. New York: Wiley.

27. Takada, N., Tsutsui, T., and Saito, S. (1993). Control of emission characteristics in organic thin-film electroluminescent diodes using an optical-microcavity structure. *Appl. Phys. Lett.* 63: 2032.

28. So, S.K., Choi, W.K., Leung, L.M., and Neyts, K. (2003). Interference effects in bilayer organic light-emitting diodes. *Appl. Phys. Lett.* 82: 466.

29. Riel, H., Karg, S., Beierlein, T., and Rieβ, W. (2003). Tuning the emission characteristics of top-emitting organic light-emitting devices by means of a dielectric capping layer: an experimental and theoretical study. *J. Appl. Phys.* 94: 5290.

30. Brutting, W., Frischeisen, J., Schmidt, T.D. et al. (2013). Device efficiency of organic light-emitting diodes: progress by improved light outcoupling. *Phys. Status Solidi A* 210: 44.

31. Braun, D. and Heeger, A.J. (1991). Visible light emission from semiconducting polymer diodes. *Appl. Phys. Lett.* 58: 1982.

32. Hsiao, C.H., Lee, J.H., and Tseng, C.A. (2006). Probing recombination-rate distribution in organic light-emitting devices with mixed-emitter structure. *Chem. Phys. Lett.* 427: 305.

33. Kalinowski, J., Palilis, L.C., Kim, W.H., and Kafafi, Z.H. (2003). Determination of the width of the carrier recombination zone in organic light-emitting diodes. *J. Appl. Phys.* 94: 7764.

34. Shi, J. and Tang, C.W. (1997). Doped organic electroluminescent devices with improved stability. *Appl. Phys. Lett.* 70: 1665.

35. C. H. Chen, K. P. Klubek, and J. Shi, "Red Organic Electroluminescent Materials", *U.S. Patent* No. 5908581.

36. Hosokawa, C., Higashi, H., Nakamura, H., and Kusumoto, T. (1995). Highly efficient blue electrolumine scence from a distyrylarylene emitting layer with a new dopant. *Appl. Phys. Lett.* 67: 3853.

37. Shirota, Y., Kuwabara, Y., lnada, H. et al. (1994). Multilayered organic electroluminescent device using a novel starburst molecule, 4,4′,4″-tris(3-methylphenylphenylamino)triphenyamine, as a hole transport material. *Appl. Phys. Lett.* 65: 807.

38. Nuesch, F., Rothberg, L.J., Forsythe, E.W. et al. (1999). A photoelectron spectroscopy study on the indium tin oxide treatment by acids and bases. *Appl. Phys. Lett.* 74: 880.

39. Wu, C.C., Wu, C.I., Sturm, J.C., and Kahn, A. (1997). Surface modification of indium tin oxide by plasma treatment: an effective method to improve the efficiency, brightness, and reliability of organic light emitting devices. *Appl. Phys. Lett.* 70: 1348.

40. Tadayyon, S.M., Grandin, H.M., Griffiths, K. et al. (2004). CuPc buffer layer role in OLED performance: a study of the interfacial band energies. *Org. Electron.* 5: 157.

41. Hung, L.S., Tang, C.W., and Mason, M.G. (1997). Enhanced electron injection in organic electroluminescence devices using an Al/LiF electrode. *Appl. Phys. Lett.* 70: 152.

42. Shaheen, S.E., Jabbour, G.E., Morrell, M.M. et al. (1998). Bright blue organic light-emitting diode with improved color purity using a LiF/Al cathode. *J. Appl. Phys.* 84: 2324.

43. Zhou, X., Pfeiffer, M., Blochwitz, J. et al. (2001). Very-low-operating-voltage organic light-emitting diodes using a p-doped amorphous hole injection layer. *Appl. Phys. Lett.* 78: 410.

44. Endo, J., Matsumoto, T., and Kido, J. (2002). Organic electroluminescent devices with a vacuum-deposited Lewis-acid-doped hole-injecting layer. *Jpn. J. Appl. Phys.* 41: L358.

45. Pfeiffer, M., Leo, K., Zhou, X. et al. (2003). Highly efficient organic light emitting diodes by doped transport

layers. *Org. Electron.* 4: 89.

46. Lee, J.H., Wu, M.H., Chao, C.C. et al. (2005). High efficiency and long lifetime OLED based on a metal-doped electron transport layer. *Chem. Phys. Lett.* 416: 234.

47. He, G., Schneider, O., Qin, D. et al. (2004). Very high-efficiency and low voltage phosphorescent organic light-emitting diodes based on a p-i-n junction. *J. Appl. Phys.* 95: 5773.

48. D'Andrade, B.W., Forrest, S.R., and Chwang, A.B. (2003). Operational stability of electrophosphorescent devices containing p and n doped transport layers. *Appl. Phys. Lett.* 83: 3858.

49. Xie, Z., Hung, L.S., and Zhu, F. (2003). A flexible top-emitting organic light-emitting diode on steel foil. *Chem. Phys. Lett.* 381: 691.

50. Riel, H., Karg, S., Beierlein, T. et al. (2003). Phosphorescent top-emitting organic light-emitting devices with improved light outcoupling. *Appl. Phys. Lett.* 82: 466.

51. Chen, C.W., Hsieh, P.Y., Chiang, H.H. et al. (2003). Top-emitting organic light-emitting devices using surface-modified Ag anode. *Appl. Phys. Lett.* 83: 5127.

52. Han, S., Feng, X., and Lu, Z.H. (2003). Transparent-cathode for top-emission organic light-emitting diodes. *Appl. Phys. Lett.* 82: 2715.

53. Liu, K.C., Teng, C.W., Lu, Y.H. et al. (2007). Improving the performance of transparent PLEDs with LiF/Ag/ITO cathode. *Electrochem. Solid-State Lett.* 10: J120.

54. Ko, C.W., Hu, S.H., Li, S.H. et al. (2005). Development of 1.5-inch full color double sided active matrix OLED with novel arrays design. *SID Tech. Dig.* 36: 961.

55. Ohmori, Y., Uchida, M., Muro, K., and Yoshino, K. (1991). Blue electroluminescent diodes utilizing poly(alkylfluorene). *Jpn. J. Appl. Phys.* 30: L1941.

56. Ho, P.K.H., Kim, J.S., Burroughes, J.H. et al. (2000). Molecular-scale interface engineering for polymer light-emitting diodes. *Nature* 404: 481.

57. Chou, M.Y., Leung, M.K., Su, Y.O. et al. (2004). Electropolymerization of starburst triarylamines and their application to electrochromism and electroluminescence. *Chem. Mater.* 16: 654.

58. Ma, W., Iyer, P.K., Gong, X. et al. (2005). Water/methanol-soluble conjugated copolymer as an electron-transport layer in polymer light-emitting diodes. *Adv. Mater.* 17: 274.

59. Lee, C.B., Uddin, A., Hu, X., and Andersson, T.G. (2004). Study of Alq$_3$ thermal evaporation rate effects on the OLED. *Mater. Sci. Eng., B* 112: 14.

60. Long, M., Grace, J.M., Freenman, D.R. et al. (2006). New capabilities in vacuum thermal evaporation sources

for small molecule OLED manufacturing. *SID Tech. Dig.* 1474: 1474-1476.

61. Lee, S.T., Suh, M.C., Kang, T.M. et al. (1588). LITI (laser induced thermal imaging) technology for high-resolution and large-sized AMOLED. *SID Tech. Dig.* 38: 2007.

62. Hirano, T., Matsuo, K., Kohinata, K. et al. (1592). Novel laser transfer Technology for Manufacturing Large-Sized OLED displays. *SID Tech. Dig.* 38: 2007.

63. Iino, S. and Miyashita, S. (2006). Printable OLEDs promise for future TV market. *SID Tech. Dig.* 37: 1463.

64. Kwon, S.H., Paik, S.Y., Kwon, O.J., and Yoo, J.S. (2001). Triple-layer passivation for longevity of polymer light-emitting diodes. *Appl. Phys. Lett.* 79: 4450.

65. Lewis, J.S. and Weaver, M.S. (2004). Thin-film permeation-barrier technology for flexible organic light-emitting devices. *IEEE J. Sel. Top. Quantum Electron.* 10: 45.

66. Kho, S., Cho, D., and Jung, D. (2002). Passivation of organic light-emitting diodes by the plasma polymerized Para-xylene thin film. *Jpn. J. Appl. Phys.* 41: L1336.

67. Kim, G.H., Oh, J., Yang, Y.S. et al. (2004). Lamination process encapsulation for longevity of plastic-based organic light-emitting devices. *Thin Solid Films* 467: 1.

68. Lee, J.H., Kim, G.H., Kim, S.H. et al. (2004). Longevity enhancement of organic thin-film transistors by using a facile laminating passivation method. *Synth. Met.* 143: 21.

69. Weaver, M.S., Michalski, L.A., Rajan, K. et al. (2002). Organic light-emitting devices with extended operating lifetimes on plastic substrates. *Appl. Phys. Lett.* 81: 2929.

70. Burrows, P.E., Graff, G.L., Gross, M.E. et al. (2001). Ultra barrier flexible substrates for flat panel displays. *Displays* 22: 65.

71. Lee, C.J., Pode, R.B., Moon, D.G., and Han, J.I. (2004). Realization of an efficient top emission organic light-emitting device with novel electrodes. *Thin Solid Films* 467: 201.

72. Fung, M.K., Gao, Z.Q., Lee, C.S., and Lee, S.T. (2001). Inhibition of dark spots growth in organic electroluminescent devices. *Chem. Phys. Lett.* 333: 432.

73. Aziz, H., Popovic, Z., Tripp, C. et al. (1998). Degradation processes at the cathode/organic interface in organic light emitting devices with Mg:Ag cathodes. *Appl. Phys. Lett.* 72: 2642.

74. Lim, S.F., Ke, L., Wang, W., and Chua, S.J. (2001). Correlation between dark spot growth and pinhole size in organic light-emitting diodes. *Appl. Phys. Lett.* 78: 2116.

75. Gardonio, S., Gregoratti, L., Melpignano, P. et al. (2007). Degradation of organic light-emitting diodes under different environment at high drive conditions. *Org. Electron.* 8: 37.

76. Burrows, P.E., Bulovic, V., Forrest, S.R. et al. (1994). Reliability and degradation of organic light emitting devices. *Appl. Phys. Lett.* 65: 2922.

77. Chan, M.Y., Lai, S.L., Wong, F.L. et al. (2003). Efficiency enhancement and retarded dark-spots growth of organic light-emitting devices by high-temperature processing. *Chem. Phys. Lett.* 371: 700.

78. Kim, Y., Choi, D., Lim, H., and Ha, C.S. (2003). Accelerated pre-oxidation method for healing progressive electrical short in organic light-emitting devices. *Appl. Phys. Lett.* 82: 2200.

79. Luo, Y., Aziz, H., Popovic, Z.D., and Xu, G. (2006). Correlation between electroluminescence efficiency and stability in organic light-emitting devices under pulsed driving conditions. *J. Appl. Phys.* 054508: 99.

80. Kitamura, M., Imada, T., and Arakawa, Y. (2003). Organic light-emitting diodes driven by pentacene-based thin-film transistors. *Appl. Phys. Lett.* 83: 3410.

81. Hosokawa, C., Eida, M., Matsuura, M. et al. (1997). Organic multi-color electroluminescence display with fine pixels. *Synth. Met.* 91: 3.

82. Zou, D.C., Yahiro, M., and Tsutsui, T. (1998). Spontaneous and reverse-bias induced recovery behavior in organic electroluminescent diodes. *Appl. Phys. Lett.* 72: 2484.

83. Cao, Y., Yu, G., Parker, I.D., and Heeger, A.J. (2000). Ultrathin layer alkaline earth metals as stable electron-injecting electrodes for polymer light emitting diodes. *J. Appl. Phys.* 88: 3618.

84. Ni, S.Y., Wang, X.R., Wu, Y.Z. et al. (2004). Decay mechanisms of a blue organic light emitting diode. *Appl. Phys. Lett.* 85: 878.

85. Aziz, H., Popovic, Z.D., Hu, N.X. et al. (1999). Degradation mechanism of small molecule-based organic light-emitting devices. *Science* 283: 1900.

86. Popovic, Z.D. and Aziz, H. (2002). Reliability and degradation of small molecule-based organic light-emitting devices (OLEDs). *IEEE J. Sel. Top. Quantum Electron.* 8: 362.

87. Lee, J.H., Huang, J.J., Liao, C.C. et al. (2005). Operation lifetimes of organic light-emitting devices with different layer structures. *Chem. Phys. Lett.* 402: 335.

88. Tsai, C.H., Liao, C.H., Lee, M.T., and Chen, C.H. (2005). Highly stable organic light-emitting devices with a uniformly mixed hole transport layer. *Appl. Phys. Lett.* 87: 243505.

89. Mori, T., Mitsuoka, T., Ishii, M. et al. (2002). Improving the thermal stability of organic light-emitting diodes by using a modified phthalocyanine layer. *Appl. Phys. Lett.* 80: 3895.

90. Fery, C., Racine, B., Vaufrey, D. et al. (2005). Physical mechanism responsible for the stretched exponential decay behavior of aging organic light-emitting diodes. *Appl. Phys. Lett.* 87: 213502.

91. Parker, I.D., Cao, Y., and Yang, C.Y. (1999). Lifetime and degradation effects in polymer light-emitting diodes. *J. Appl. Phys.* 85: 2441.

92. Zhang, Y., Lee, J., and Forrest, S.R. (2014). Tenfold increase in the lifetime of blue phosphorescent organic light-emitting diodes. *Nat. Commun.* 5: 5008.

93. Kondakov, D.Y. (2007). Characterization of triplet-triplet annihilation in organic light-emitting diodes based on anthracene derivatives. *J. Appl. Phys.* 102: 114504.

94. Uoyama, H., Goushi, K., Shizu, K. et al. (2012). Highly efficient organic light-emitting diodes from delayed fluorescence. *Nature* 492: 234.

95. Hung, W.Y., Fang, G.C., Lin, S.W. et al. (2014). The first tandem, all-exciplex-based WOLED. *Sci. Rep.* 4: 5161.

96. Baldo, M.A., O'Brien, D.D., Thompson, M.E., and Forrest, S.R. (1999). Excitonic singlet-triplet ratio in a semiconducting organic film. *Phys. Rev. B.* 60: 14422.

97. Baldo, M.A., Lamansky, S., Burrow, P.E. et al. (1999). Very high-efficiency green organic light-emitting devices based on electrophosphorescence. *Appl. Phys. Lett.* 75: 4.

98. Kwong, R.C., Nugent, M.R., Michalski, L. et al. (2002). High operational stability of electrophosphorescent devices. *Appl. Phys. Lett.* 81: 162.

99. He, G., Pfeiffer, M., Leo, K. et al. (2004). High-efficiency and low-voltage p-i-n electrophosphorescent organic light-emitting diodes with double-emission layers. *Appl. Phys. Lett.* 85: 3911.

100. Tanaka, D., Sasabe, H., Li, Y.-J. et al. (2007). Ultra high efficiency green organic light-emitting devices. *Jpn. J. Appl. Phys.* 46: L10.

101. Baldo, M.A., O'Brien, D.F., You, Y. et al. (1998). Highly efficient phosphorescent emission from organic electroluminescent devices. *Nature* 395: 151.

102. O'Brien, D.F., Baldo, M.A., Thompson, M.E., and Forrest, S.R. (1999). Improved energy transfer in electrophosphorescent devices. *Appl. Phys. Lett.* 74: 442.

103. Adachi, C., Baldo, M.A., Thompson, M.E. et al. (2001). High-efficiency red electrophosphorescence devices. *Appl. Phys. Lett.* 78: 1622.

104. Jiang, X., Jen, A.K.-Y., Carlson, B., and Dalton, L.R. (2002). Red electrophosphorescence from osmium complexes. *Appl. Phys. Lett.* 80: 713.

105. Song, Y.H., Yeh, S.J., Chen, C.T. et al. (2004). Bright and efficient, non-doped, phosphorescent organic red-light-emitting diodes. *Adv. Funct. Mater.* 14: 1221.

106. Li, C.L., Su, Y.J., Tao, Y.T. et al. (2005). Yellow and red electrophosphors based on linkage isomers of phenylisoquinolinyliridium complexes : distinct difference in Photophysical and electroluminescence properties. *Adv. Funct. Mater.* 15: 387.

107. Huang, J.J., Hung, Y.H., Ting, P.L. et al. (2016). Orthogonally substituted Benzimidazole-Carbazole benzene as universal hosts for phosphorescent organic light-emitting diodes. *Org. Lett.* 18: 672.

108. Giebink, N.C., D'Andrade, B.W., Weaver, M.S. et al. (2008). Intrinsic luminance loss in phosphorescent small-molecule organic light emitting devices due to bimolecular annihilation reactions. *J. Appl. Phys.* 103: 044509.

109. Nakanotani, H., Higuchi, T., Furukawa, T. et al. (2014). *Nat. Commun.* 5: 4016.

110. Liu, X.K., Chen, Z., Zheng, C.J. et al. (2015). Nearly 100% triplet harvesting in conventional fluorescent dopant-based organic light-emitting devices through energy transfer from Exciplex. *Adv. Mater.* 27: 2025.

111. Park, Y.S., Lee, S., Kim, K.H. et al. (2013). Exciplex-forming co-host for organic light-emitting diodes with ultimate efficiency. *Adv. Funct. Mater.* 23: 4914.

112. Matsumoto, T., Nakada, T., Endo, J. et al. (2003). Multiphoton organic EL device having charge generation layer. *SID 03 Dig.*: 979.

113. Liao, L.S., Klubek, K.P., and Tang, C.W. (2004). High-efficiency tandem organic light-emitting diodes. *Appl. Phys. Lett.* 84: 167.

114. Yang, R.Q. and Qiu, Y. (2003). Bipolar cascade lasers with quantum well tunnel junctions. J. *Appl. Phys.* 94: 7370.

115. Guo, X., Shen, G.D., Wang, G.H. et al. (2001). Tunnel-regenerated multiple-active-region light-emitting diodes with high efficiency. *Appl. Phys. Lett.* 79: 2985.

116. Guo, X., Shen, G.D., Ji, Y. et al. (2003). Thermal property of tunnel-regenerated multiactive-region light-emitting diodes. *Appl. Phys. Lett.* 82: 4417.

117. Gu, G., Parthasarathy, G., Burrows, P.E. et al. (1999). Transparent stacked organic light emitting devices. I. Design principles and transparent compound electrodes. *J. Appl. Phys.* 86: 4067.

118. Gu, G., Parthasarathy, G., Tian, P. et al. (1999). Transparent stacked organic light emitting devices. II. Device performance and applications to displays. *J. Appl. Phys.* 86: 4076.

119. Kim, J.K., Hall, E., Sjolund, O., and Coldren, L.A. (1999). Epitaxially-stacked multiple-active-region 1.55 μm lasers for increased differential efficiency. *Appl. Phys. Lett.* 74: 3251.

120. Korshak, A.N., Gribnikov, Z.S., and Mitin, V.V. (1998). Tunnel-junction-connected distributed-feedback

vertical-cavity surface-emitting laser. *Appl. Phys. Lett.* 73: 1475.

121. Brutting, W., Berleb, S., and Muckl, A.G. (2001). Device physics of organic light emitting diodes based on molecular materials. *Org. Electron.* 2: 1.

122. Do, Y.R., Kim, Y.-C., Song, Y.-W., and Lee, Y.-H. (2004). Enhanced light extraction efficiency from organic light emitting diodes by insertion of a two-dimensional photonic crystal structure. *J. Appl. Phys.* 96: 7629.

123. Gu, G. and Forrest, S.R. (1998). Design of flat-panel displays based on organic light-emitting devices. *IEEE J. Sel. Top. Quantum Electron.* 4: 83.

124. Moon, D.G., Pode, R.B., Lee, C.J., and Han, J.I. (2004). Transient electrophosphorescence in red top-emitting organic light-emitting devices. *Appl. Phys. Lett.* 85: 4771.

125. Jurow, M.J., Mayr, C., Schmidt, T.D. et al. (2016). Understanding and predicting the orientation of heteroleptic phosphors in organic light-emitting materials. *Nat. Mater.* 15: 85.

126. Lampe, T., Schmidt, T.D., Jurow, M.J. et al. (2016). Dependence of phosphorescent emitter orientation on deposition technique in doped organic films. *Chem. Mater.* 28: 712.

127. Mayr, C. and Brutting, W. (2015). Control of molecular dye orientation in organic luminescent films by the glass transition temperature of the host material. *Chem. Mater.* 27: 2759.

128. Kim, K.H., Liao, J.L., Lee, S.W. et al. (2016). Crystal organic light-emitting diodes with perfectly oriented non-doped Pt-based emitting layer. *Adv. Mater.* 28: 2526.

129. Nakamura, T., Tsutsumi, N., Juni, N., and Fujii, H. (2004). Improvement of coupling-out efficiency in organic electroluminescent devices by addition of a diffusive layer. *J. Appl. Phys.* 96: 6016.

130. Madigan, C.F., Lu, M.H., and Sturm, J.C. (2000). Improvement of output coupling efficiency of organic light-emitting diodes by backside substrate modification. *Appl. Phys. Lett.* 76: 1650.

131. Lin, L., Shia, T.K., and Chiu, C.J. (2000). Silicon-processed plastic micropyramids for brightness enhancement applications. *J. Micromech. Microeng.* 10: 395.

132. Yamasaki, T., Sumioka, K., and Tsutsui, T. (2000). Organic light-emitting device with an ordered monolayer of silica microspheres as a scattering medium. *Appl. Phys. Lett.* 76: 1243.

133. Shiang, J.J. and Duggal, A.R. (2004). Application of radiative transport theory to light extraction from organic light emitting diodes. *J. Appl. Phys.* 95: 2880.

134. Koh, T.W., Spechler, J.A., Lee, K.M. et al. (2015). Enhanced outcoupling in organic light-emitting diodes via a high-index contrast scattering layer. *ACS Photonics* 2: 1366.

135. Lin, H.Y., Chen, K.Y., Ho, Y.H. et al. (2010). Luminance and image quality analysis of an organic

electroluminescent panel with a patterned microlens array attachment. *J. Opt.* 12: 085502.

136. Gu, G., Garbuzov, D.Z., Burrows, P.E. et al. (1997). High-external-quantum-efficiency organic light-emitting devices. *Opt. Lett.* 22: 396.

137. Matterson, B.J., Lupton, J.M., Safonov, A.F. et al. (2001). Increased efficiency and controlled light output from a microstructured light-emitting diode. *Adv. Mater.* 13: 123.

138. Peng, H.J., Ho, Y.L., Yu, X.J., and Kwok, H.S. (2004). Enhanced coupling of light from organic light emitting diodes using nanoporous films. *J. Appl. Phys.* 96: 1649.

139. Lee, Y.-J., Kim, S.-H., Huh, J. et al. (2003). A high-extraction-efficiency nanopatterned organic light-emitting diode. *Appl. Phys. Lett.* 82: 3779.

140. Hsu, C.M., Lin, B.T., Zeng, Y.X. et al. (2014). Light extraction enhancement of organic light-emitting diodes using aluminum zinc oxide embedded anodes. *Opt. Express* 22: A1695.

141. Liang, H., Luo, Z., Zhu, R. et al. (2016). High efficiency quantum dot and organic LEDs with a back-cavity and a high index substrate. *J. Phys. D: Appl. Phys.* 49: 145103.

142. Shin, H., Lee, J.H., Moon, C.K. et al. (2016). Sky-blue phosphorescent OLEDs with 34.1% external quantum efficiency using a low refractive index electron transporting layer. *Adv. Mater.* 28: 4920.

143. Wang, Z.B., Helander, M.G., Qiu, J. et al. (2011). Unlocking the full potential of organic light-emitting diodes on flexible plastic. *Nat. Photonics* 5: 753.

144. Tsutsui, T., Yahiro, M., Yokogawa, H. et al. (2001). Doubling coupling-out efficiency in organic light-emitting devices using a thin silica aerogel layer. *Adv. Mater.* 13: 1149.

145. Qu, Y., Slootsky, M., and Forrest, S.R. (2015). Enhanced light extraction from organic light-emitting devices using a sub-anode grid. *Nat. Photonics* 9: 758.

146. Reineke, S., Lindner, F., Schwartz, G. et al. (2009). White organic light-emitting diodes with fluorescent tube efficiency. *Nature* 459: 234.

147. Youn, W., Lee, J., Xu, M. et al. (2015). Corrugated sapphire substrates for organic light-emitting diode light extraction. *ACS Appl. Mater. Interfaces* 7: 8974.

148. Koo, W.H., Jeong, S.M., Araoka, F. et al. (2010). Light extraction from organic light-emitting diodes enhanced by spontaneously formed buckles. *Nat. Photonics* 4: 222.

149. Kim, J.B., Lee, J.H., Moon, C.K. et al. (2013). Highly enhanced light extraction from surface Plasmonic loss minimized organic light-emitting diodes. *Adv. Mater.* 25: 3571.

150. Jou, J.H., Chou, Y.C., Shen, S.M. et al. (2011). High-efficiency, very-high color rendering white organic

light-emitting diode with a high triplet interlayer. *J. Mater. Chem.* 21: 18523.

151. Wu, Z. and Ma, D. (2016). Recent advances in white organic light-emitting diodes. *Mater. Sci. Eng., R* 107: 1.

152. Wang, Q., Ding, J.Q., Ma, D.G. et al. (2009). Harvesting Excitons via two parallel channels for efficient white organic LEDs with nearly 100% internal quantum efficiency: fabrication and emission-mechanism analysis. *Adv. Funct. Mater.* 19: 84.

153. Hsiao, C.H., Lan, Y.H., Lee, P.Y. et al. (2011). White organic light-emitting devices with ultra-high color stability over wide luminance range. *Org. Electron.* 12: 547.

154. Lan, Y.H., Hsiao, C.H., Lee, P.Y. et al. (2011). Dopant effects in phosphorescent white organic light-emitting device with double-emitting layer. *Org. Electron.* 12: 756.

155. Spindler, J., Kondakova, M., Boroson, M. et al. (2016). High brightness OLED lighting. *SID 16 Dig.*: 294.

156. Sun, Y., Giebink, N.C., Kanno, H. et al. (2006). Management of singlet and triplet excitons for efficient white organic light-emitting devices. *Nature* 440: 908.

157. Dai, X., Deng, Y., Peng, X., and Jin, Y. (2017). Quantum-dot light-emitting diodes for large-area displays: towards the Dawn of commercialization. *Adv. Mater.* 29: 1607022.

158. Shirasaki, Y., Supran, G.J., Bawendi, M.G., and Bulovi´c, V. (2013). Emergence of colloidal quantum-dot light-emitting technologies. *Nat. Photonics* 7: 13.

159. Brovelli, S., Schaller, R.D., Crooker, S.A. et al. (2011). Nano-engineered electron-hole exchange interaction controls exciton dynamics in core-shell semiconductor nanocrystals. *Nat. Commun.* 2: 280.

160. Dabbousi, B.O., Rodriguez-Viejo, J., Mikulec, F.V. et al. (1997). (CdSe)ZnS Core−Shell quantum dots: synthesis and characterization of a size series of highly luminescent Nanocrystallites. *J. Phys. Chem.* B 101: 9463.

161. Yang, Y., Zheng, Y., Cao, W. et al. (2015). High-efficiency light-emitting devices based on quantum dots with tailored nanostructures. *Nat. Photonics* 9: 259.

162. Lim, J., Park, M., Bae, W.K. et al. (2013). Highly efficient cadmium-free quantum dot light-emitting diodes enabled by the direct formation of Excitons within InP/ZnSeS quantum dots. *ACS Nano* 7: 9019.

163. Dai, X., Zhang, Z., Jin, Y. et al. (2014). Solution-processed, high-performance light-emitting diodes based on quantum dots. *Nature* 515: 96.

164. Yamada, Y., Inoue, H., Mitsumori, S. et al. (2016). Achievement of blue phosphorescent organic light-emitting diode with high efficiency, low driving voltage, and Long lifetime by Exciplex-triplet energy transfer technology. *SID 16 Dig.* 47: 711.

반사형 디스플레이

Chapter 7

반사형 디스플레이

7.1 서 론

투과형 및 발광형 디스플레이 기술과 달리, 반사형 디스플레이는 종이처럼 내부 광원이 없이 이미지를 표시한다. 반사형 디스플레이 기술은 충분히 밝은 주변 조명하에서 눈의 피로감을 거의 유발하지 않고 전력 소비가 낮으며 광학적 대비가 우수하다는 매력적인 특징을 가지고 있다. 휴대용 독서 응용 분야와 야외 사용에 매력적이다. 반사형 디스플레이 기술은 상당히 다양하다. 이미지를 표시하기 위해 일부 반사형 디스플레이는 지속적으로 어드레싱해야 하고 일부는 쌍안정 장치 부류에 속한다. 전자는 연속 재생 유형(continuous refresh type)이라 부른다. 쌍안정 디스플레이는 전력 소비 없이 마지막으로 표시된 이미지를 유지할 수 있으며 스위칭 동작 중에만 에너지가 필요하다. 또한 일부는 비디오 속도 스위칭 기능이 있는 반면, 일부는 정지 이미지를 표시하는 데 더 적합하다. 이 장에서는 전기영동(7.2절), 반사형 액정(7.3절), 광간섭(7.4절) 및 전기습윤(7.5절)을 기반으로 한 반사형 디스플레이 기술의 기본 작동 원리와 그 차이점(7.6절)을 중점적으로 살펴볼 것이다.

7.2 전기영동 디스플레이(Electrophoresis Displays)

전기영동 이미지는 외부 인가 전기장의 영향을 받은 유전 유체 내 하전 콜로이드 입자의 이동을 기반으로 생성된다. 입자들은 일반적으로 밀도가 유전 유체에 가깝게 일치된다. 따라서 이미지는 전압이 제거된 후에도 지속된다. 초기 전기영동 디스플레이에서 그림 7.1과 같이 염료 유체 내에 부유된 단일 유형의 하전 입자로 구성된 필름이 전면과 후면 전극 사이에 끼어 있다.[1] 외부 전압 V가 전극 세그먼트에 인가되면 입자의 전하 극성에 따라 전면 또는 후면으로 구동되어 색소 또는 염료의 색상을 나타낼 수 있다. 이 수직 구성에서 입자가 셀갭 h를 가로질러 이동하는 데 필요한 시간 t는 다음과 같이 근사적으로 나타낼 수 있다.[2]

$$t \approx \frac{h}{v} = \frac{h}{\mu E} = \frac{h^2}{\mu V}$$

여기서 v는 주변 유체에 대해 상대적인 입자의 속도, μ는 전기영동 이동도, E는 인가 전기장이다. 전기영동 이동도는 인가 전기장과 하전 입자의 속도 사이의 비례 상수로 정의되며 아래 식으로 구할 수 있다.[1]

$$\mu = \frac{\zeta \varepsilon}{6\pi\eta} = \frac{q\varepsilon}{12\pi r\eta}$$

여기서 ε과 η는 주변 유체의 유전 상수와 점성도이다. ζ는 현탁액의 제타 전위로 입자당 전

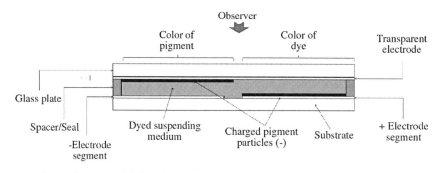

그림 7.1 염료 유체 내에 음전하 입자가 포함된 수직 전기영동 디스플레이 필름의 개략도

하 q에 비례하고 입자 반경 r에 반비례한다. 셀갭과 인가 전압이 고정된 조건 내에서는 전하가 높은 입자와 점성도가 낮은 유체를 사용함으로써 빠른 스위칭을 달성할 수 있다.

E잉크(E-ink Corporation)에 2012년 인수된 시픽스이미징(SiPix Imaging)에서 개발한 Microcup® 전기영동 디스플레이의 셀은 그림 7.2(a)와 같이 양각된 폴리머 늑골 패턴으로 되어 있고 입자-염료 전기영동 유체로 채워져 있다. 그림 7.2(b)에 나타낸 것과 같은 롤-투-롤(roll-to-roll) 공정을 사용하여 제작할 수 있다. 이 공정은 (i) 전도성 전극 필름에 광 경화성 수지를 코팅하고, (ii) 수지를 엠보싱 및 경화하고, (iii) Microcup에 전기영동 유체를 채우고, (iv) 채워진 Microcup의 상단을 밀봉하고, (v) 상단 밀봉된 Microcup을 이형 필름(release liner)이나 두 번째 전극 지지 필름을 적층하는 단계들로 이루어진다.[3] 폴리머로 캡슐화된 TiO_2 백색 색소 입자는 염료 유체 내에 분산된다. 늑골 구조는 입자의 수평 이동을 매우 짧은 길이 내로 제

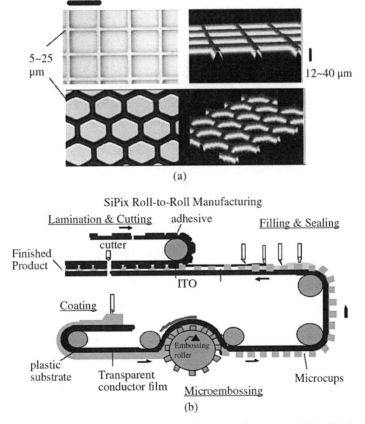

그림 7.2 (a) 대표적인 Microcup 어레이의 표면 프로파일 (b) SiPix 롤–투–롤 제조 공정의 개략적인 흐름도

한함으로써 전면 표면에서 색소의 불균일한 분포를 방지한다. Microcup 전기영동 디스플레이에서 인가 전압의 펄스 진폭, 펄스 폭 또는 펄스 수를 변조함으로써 계조 응답을 얻을 수 있다. 컬러 디스플레이는 그림 7.3과 같이 서브픽셀에 다른 염료 유체를 사용하는 병렬 구조로 구현할 수 있다.

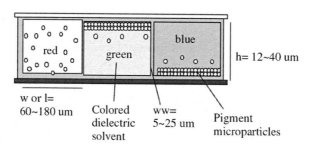

그림 7.3 컬러 Microcup EPD의 단면 개략도. 각 Microcup은 분리되어 있고 상단 밀봉되어 있다.[3]

단색 전기영동 디스플레이 셀은 투명 유체 내에 극성이 반대인 하전 입자 두 종류를 사용하여 구현할 수도 있다. E잉크는 명암비를 개선하기 위해 그림 7.4에 나타낸 바와 같이 마이크로 캡슐 흑/백 스위칭 전기영동 필름에 이중 입자 전기영동 유체를 사용한다. 보통 양으로 하전된 TiO_2와 음으로 하전된 카본 블랙이 백색과 흑색 입자로 선택된다. 백색 상태를 얻기

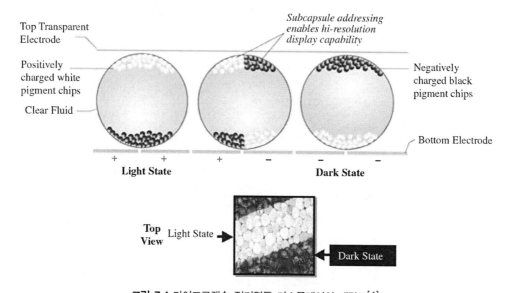

그림 7.4 마이크로캡슐 전기영동 디스플레이의 개략도[4]

위해 양 전압이 하부 전극에 인가하여 흑색 입자는 하부로 끌어당기고 백색 입자는 상부에 모인다. 반대의 경우, 음으로 바이어스된 하부 전극이 흑색 입자를 상부 전극으로 밀어내어 흑색 상태가 만들어 진다. 이중 입자 전기영동 디스플레이에서 회색톤은 흑색과 백색의 최종 상태 사이 중간 스위칭 상태를 통해 얻을 수 있다.

컬러 전기영동 디스플레이는 보통 그림 7.5와 같이 흑백 패널과 RGBW 컬러 필터의 조합에 기반을 두고 있다.[5] 백색 서브픽셀은 더 밝은 백색 상태를 얻기 위해 사용된다. 컬러 상태의 이미지 품질을 개선하기 위해 후지 제록스(Fuji Xerox)는 감색 혼합법에 기반한 컬러 전기영동 디스플레이를 제안하였다. 그림 7.6에서와 같이 임계 전기장이 각기 다른 시안(cyan), 마젠타(magenta), 노랑(yellow) 세 가지 기본 컬러 입자가 사용되었다.[6] 입자는 임계값 이상으로 전기장이 가해 질 때까지 기판에 응집되어 있도록 설계된다. 백색 콜로이드 입자는 컬러 입자가 후면 기판으로 움직일 때 컬러 입자를 숨기도록 분산액에 혼합되어 있다. 백색 입자는 중력하에서도 부유 상태를 유지할 만큼 충분히 작으며 전기장에 거의 반응을 보이지 않도록 설계된다. 적절한 전기장을 인가함으로써 컬러 입자는 부유 흰색 입자를 통과하여 이동할 수 있다. 디스플레이 전면에서 보이는 색상은 해당 표면으로 이동한 컬러 입자들로부터 산란된 빛이 혼합된 결과이다. 컬러 필터가 필요 없기 때문에 '독립 유동 컬러 입자(independently movable colored particls)' 기술에 기반을 둔 전기영동 디스플레이는 높은 채도와 밝은 백색 상태를 제공할 수 있다. 최근 E잉크는 컬러 필터가 없는 풀컬러 전기영동 디스플레이를 발표하였다.[7, 8] 그림 7.7과 같이 네 종류 노랑, 시안, 마젠타 및 백색 색소 입자가 전기영동 유체에 포함되어 있다. 네 종류 색소 입자는 색상뿐만 아니라 크기, 극성, 운반하는 전하 강도도 다르기 때문에 인가 전압에 각기 다르게 반응한다. 이러한 움직이는 입자의 스위칭 조합을 통해 32,000개 색상까지 표시할 수 있다.

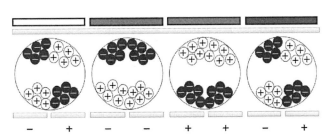

그림 7.5 흑백 패널과 RGBW 컬러 필터를 사용한 풀컬러 마이크로캡슐 전기영동 디스플레이 개략도

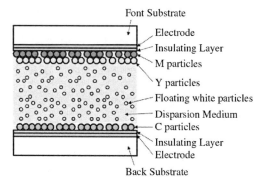

그림 7.6 '독립 유동 컬러 입자' 기술에 기반을 둔 전기영동 디스플레이 단면도[6]

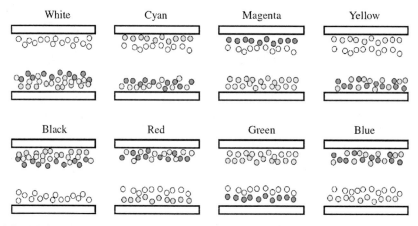

그림 7.7 전압 변화에 따라 컬러 필터가 없는 전기영동 디스플레이의 표면으로 이동하는 색소 입자의 조합(E-ink Advanced Color ePaper)

이미지 패턴은 시야 영역 내외로 하전 입자의 수평 이동을 통해 생성될 수도 있다. 이 유형의 디스플레이를 면-내(in-plane) 전기영동 디스플레이라 부른다. 여러 가지 전극 레이아웃이 개발되었다. 기본적으로 그림 7.8(a)와 같이 두 전극, 콜렉터 전극과 시야 영역을 덮고 있는 넓은 전극으로 작동은 충분하다. 필립스(Philips) 디자인 중 하나는 그림 7.8(b)와 같이 네 전극, 콜렉터, 게이트 및 2개의 뷰 전극이 사용된다. 게이트 전극은 시야 영역과 콜렉터 영역 사이에 위치한다. 반발 전압이 게이트 전극에 인가될 때 입자는 시야 영역 안 또는 밖으로 이동할 수 없다. 게이트 전극에 전압이 인가되지 않으면 콜렉터와 시야 영역 사이의 전위차에 따라 결정되는 방향으로 자유롭게 이동할 수 있다. 두 뷰 전극 사이에 전압 구배를 만들어 입자가 시야 영역 내에 퍼지도록 지원할 수 있다.

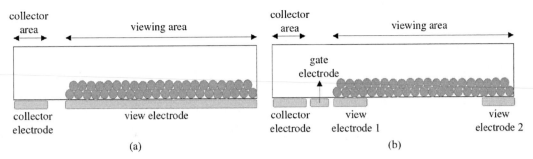

그림 7.8 면내 전기영동 픽셀의 개략도. (a) 두 전극 구성 및 (b) 네 전극 구성

7.3 반사형 액정 디스플레이

반사형 액정 디스플레이는 두 그룹, 편광기를 사용하는 디스플레이와 편광기가 없는 디스플레이로 나눌 수 있다. 편광기 기반 액정 디스플레이는 하나 또는 두 편광기, 액정 물질 및 후면 반사 기판을 사용할 수 있다. 투과형 액정 디스플레이와 유사한 방식으로 액정 물질은 입사광의 편광을 변조한다. 따라서 편광기 기반 액정 디스플레이 대부분은 지속적으로 리프레시 되어야 한다. 편광기 기반 액정 디스플레이의 또 다른 불가피한 단점은 편광기가 입사광 강도의 50% 이상을 흡수할 수 있기 때문에 반사율이 낮다는 점이다. 또한 많은 종류의 플라스틱 필름은 특히 기계적 변형하에서 불균일한 복굴절을 보이므로 플렉시블 플라스틱 기판에 편광기 기반 액정 디스플레이를 제작하기가 어렵다.[10] 그럼에도 불구하고 일부 편광기 기반 액정 디스플레이는 Zenithal Bistable Displays(ZBD®)과 같은 저전력 소비 기능을 제공할 수 있습니다. ZBD는 소매업 분야의 간판에 사용되어 왔고, TN-LCD와 구조가 유사하다. 쌍안정성은 ZBD의 배향 표면 하나를 양각 격자(relief grating)로 패터닝함으로써 얻어진다. 이 격자는 정의된 임계값으로 래칭(latching)을 제공한다. 격자 반대쪽 표면에 따라 몇 가지 장치 구조가 가능하다. TN-type에서는 격자가 마모 폴리머 배향 반대편 격자 표면에서 90° 비틀림(twist)을 제공하기 위해 사용되고(저경사 상태, low-tilt state), 혼성 배향 상태(hybrid aligned state)는 격자 표면에서 비틀림이 없다(고경사 상태, high-tilt state). 반사 후면 편광기가 사용되면 반사형 디스플레이로 동작할 수 있다.[11, 12]

편광기가 없는 액정 디스플레이에서는 액정 물질이 입사광을 흡수하거나 산란 또는 반사

한다. 이 절에서 편광기가 없는 세 종류의 액정 디스플레이 '게스트-호스트(guest-host) 액정 디스플레이(흡수 기반)', '폴리머 분산 액정(polymer-dispersed liquid crystal, PDLC) 디스플레이(산란 기반)', '콜레스테릭 액정 디스플레이(반사 기반)'를 살펴볼 것이다.

게스트-호스트 액정에서 액정은 이색성 염료와 혼합된다. 게스트 이색성 염료 분자는 보통 길쭉한 형태이다. 염료 분자 장축의 평균 방향은 호스트 액정의 방향과 평행하게 정렬된다. 이색성이 양인 염료의 경우, 편광이 염료 분자의 장축과 평행할 때 입사광이 흡수된다. 편광기가 없는 게스트-호스트 액정 디스플레이 한 종류가 그림 7.9에 나타낸 것과 같은 콜-캐시나우(Cole-Kashnow) 디스플레이이다.[10, 13] 이 디스플레이는 유전 이방성이 양인 액정을 면 배향으로 사용한다. 네마틱 액정층과 반사판 사이에 1/4 파장판을 액정 배향에 45°로 배치한다. 전원 off 상태에서 입사광(처음에 편광되지 않은)은 배향된 염료 혼합 액정의 흡수에 의해 선형 편광된다. 액정의 장 분자축과 평행하게 편광된 광 성분은 염료에 흡수되지만 액정의 장 분자축에 수직으로 편광된 성분은 1/4 파장판에 도달하여 원형 편광된 빛으로 변환된다. 반사될 때 원형 편광 상태가 역전된다. 다시 1/4 파장판을 통과할 때 90° 회전된, 즉 액정의 장축과 평행한 편광을 가진 선형 편광된 빛으로 변환된다. 따라서 1/4 파장판과 반사판의 도움으로 염료 혼합 액정은 입사광 모두를 흡수할 수 있다. 액정층을 처음 통과할 때 50%, 편광축이 변경된 후 두 번째 통과할 때 나머지 빛이 흡수된다. 액정에 전압이 가해지면 액정과 게스트 이색성 염료는 전기장에 반응하여 셀 평면에 수직하게 정렬하고 염료 전이축은 수직

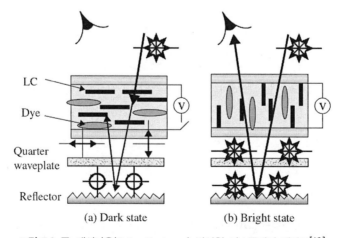

그림 7.9 콜-캐시나우(Cole-Kashnow) 반사형 디스플레이 개략도[10]

입사광의 모든 편광 방향에 수직이다. 이색성 염료에 의한 입사광의 흡수가 현저히 감소하여 디스플레이는 밝은 상태가 된다.

화이트-테일러(White-Taylor) 디스플레이도 편광기가 없는 게스트-호스트 액정 디스플레이이다.[10, 14] 그림 7.10이 개략도이다. 화이트-테일러 디스플레이에 유전 이방성이 양인 콜레스테릭 액정이 사용된다. 전원 off 상태에서 액정과 염료는 나선형(helical) 축이 셀에 수직인 나선형 구조이고 액정 장축은 기판에 평행한 평면에 놓여 있다. 장치의 $P\Delta n/\lambda$ 값은 비교적 작게 선택하여 도광(light guiding)이 발생하지 않는다. 이러한 조건에서 어떠한 편광 상태 입사광도 염료가 흡수하여 어두운 상태가 된다. 전압이 인가되면 나선형 구조가 풀리고 액정은 수직 전기장에 반응하여 수직 배향이 된 네마틱 상태로 상전이된다. 이 상태에서 입사광의 편광은 염료 분자의 장축에 수직이다. 따라서 빛은 흡수되지 않고 밝은 상태가 된다. 편광기가 없는 게스트-호스트 액정 디스플레이는 개별적으로 스위칭되는 적층 액정 셀에서 노랑, 마젠타 및 시안 색상 염료 분자를 감색 혼합하여 풀컬러 성능을 제공할 수 있다.

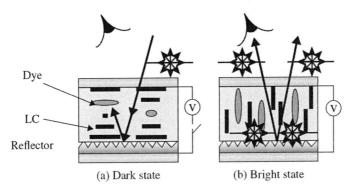

그림 7.10 화이트-테일러 반사형 디스플레이의 모식도[10]

PDLC는 폴리머 결합제에 분산된 마이크로 크기 액정 방울들로 구성된다. 열 유도 상분리, 용매 유도 상분리 및 중합 유도 상분리와 같은 상분리 기술을 사용해 마이크로미터 미만에서 수십 마이크로 미터 범위에서 액정 방울의 크기와 분포가 조절될 수 있다. 여러 기술 중에 중합 유도 상분리가 많이 사용된다.

이 기술에서 액정과 개시제가 포함된 전구체의 혼합물을 열이나 자외선을 사용해 중합이 진행된다. 중합 과정에서 액정은 폴리머 기지와 분리되어 방울로 만들어진다. PDLC 디스플레이에서 빛의 반사는 광산란을 통해 이루어진다. 폴리머의 굴절률은 액정의 정상(ordinary) 굴절률과 일치하도록 선택되지만 액정의 이상(extraordinary) 굴절률보다 작다.[10] 전기장이 인가되지 않으면 그림 7.11(a)에서 보는 것처럼 액정의 방위는 불규칙적이고 분산된 액정과 폴리머 결합제의 굴절률이 일치하지 않기 때문에 입사광은 산란된다. 후방으로 산란된 빛은 백색으로 나타나게 된다. 전압이 인가될 때, 액정은 수직 전기장에 평행하게 정렬되고 수직 입사광은 액정과 폴리머 결합제의 굴절률이 일치된 상황을 맞게 된다. 따라서 그림 7.11(b)에서 볼 수 있듯이 빛은 통과하여 PDLC 아래에 있는 흡수층에 도달하고 디스플레이는 흡수층의 모습을 보여준다. 구동 전압은 수 V에서 수십 V 범위이다. 일반적인 스위칭 속도는 1~10 ms이다.

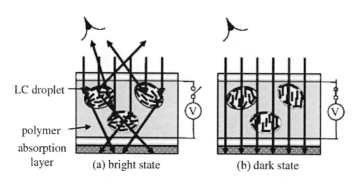

그림 7.11 폴리머–분산 액정 디스플레이의 개략도[10]

콜레스테릭 액정은 네마틱 액정과 동일한 규칙도를 가진다. 네마틱상에서처럼 분자는 자발적으로 길쭉하며 서로 장축이 평행하게 배열되어 있다. 그러나 콜레스테릭상에서는 그림 7.12에서 보듯이 방향자가 나선형 축을 따라 꼬여 있다. 분자의 방향자가 2π 라디안 회전할 때 거리를 피치(pitch)라 하고 P로 표시한다. 콜레스테릭 액정이 평면 배향 상태에 있을 때, 나선축은 기판에 수직이다. 주기적인 구조 때문에 브래그(Bragg) 반사와 유사한 메커니즘으로 액정 나선 구조와 같은 방향(handedness)으로 원형 편광된 빛의 성분을 강하게 반사할 수 있다.[10, 15] 반사 대역은 중심 파장 $\lambda_0 = 1/2[n_e + n_o]P \equiv \bar{n}P$이고 밴드폭 $\Delta\lambda = (n_e - n_o)P \equiv \Delta nP$이다. 여기서 n_e와 n_o는 액정의 이상 굴절률과 정상 굴절률이고 $\bar{n}$와 Δn은 평균 굴절률과 복굴절이다. 나선 구조와 방향이 동일한 편광 입사광의 경우 반사 대역 중심에서 반사율은 다음 식으로 나타낼 수 있다.[16]

$$R = \left[\frac{\exp(2\Delta n\pi h/\bar{n}P) - 1}{\exp(2\Delta n\pi h/\bar{n}P) + 1} \right]^2$$

여기서 h는 셀 두께이다. 평균 굴절률이 약 1.6이면 셀 두께 $h = 2P/\Delta n$일 때 99% 이상의 피크 반사율을 얻을 수 있다. 편광되지 않은 입사광의 경우 좌회전(left-handed) 콜레스테릭 액정층과 우회전(right-handed) 콜레스테릭 액정층을 같이 적층함으로써 반사 대역 내에서 100% 반사율을 구현할 수 있다.

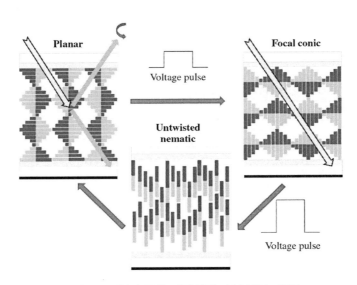

그림 7.12 쌍안정 콜레스테릭 액정 디스플레이 개략도

전기장이 셀을 가로질러, 즉 기판에 수직으로 인가되면, 액정 분자는 전기장에 평행하게 정렬하려고 한다. 전압이 충분히 높지 않으면 액정은 나선 구조가 작은 도메인 내에서 유지되는 초점 원뿔 상태(focal conic state)로 전환되어 초점 원뿔 텍스처(focal conic texture)로 알려진 비반사 상태가 된다. 작은 도메인은 크기가 수 마이크로미터이고 나선축의 우세한 방위가 기판에 수직이다. 신중히 선택된 배향층을 셀에 코팅함으로써 초점 원뿔 상태와 평면 상태 모두 안정하게 만들 수 있다.[10] 이러한 쌍안정 콜레스테릭 액정 셀은 반사 평면 상태나 비반사 초점 원뿔 상태에서 유지 전압이 필요하지 않다. 인가 전압이 충분히 크면 나선이 완전히 풀려서 액정은 분자가 전기장에 평행하게 정렬되는 네마틱과 같은 수직 상태로 전환된다. 전압에 제거되는 속도에 따라 액정은 평면 상태(빠른 제거) 또는 초점 원뿔 상태(느린 제

거)로 이완된다.[17]

평면 상태와 초점 원뿔 상태는 모두 다중 도메인 구조이기 때문에 일부 도메인은 평면 상태로 나머지는 초점 원뿔 상태로 전환함으로써 계조를 구현할 수 있다. 풀컬러 디스플레이는 각기 적색, 녹색, 청색 광을 반사하는 콜레스테릭 액정층을 적층함으로써 만들 수 있다. 수직 상태에서 평면 상태로의 이완 시간이 길기 때문에 콜레스테릭 액정 디스플레이에서 수직 전기장 스위칭만 사용해서는 동적 이미지를 디스플레이하기가 어렵다. 큰 면-내(in-plane) 전기장을 적용함으로써 반사 평면 상태와 비반사 면-내 전기장 유도(in-plane-field-induced) 상태 사이에서 약 5 ms의 빠른 전환이 발표된 바 있다.[18]

7.4 광 간섭 기반 반사형 디스플레이(Mirasol® 디스플레이)

퀄컴(Qualcomm)이 Mirasol®이라는 상표로 등록한 간섭계 변조기 디스플레이는 MEMS(mico-electto-mechanical system)를 사용하여 빛을 변조하는 반사형 디스플레이의 한 종류이다. 이 장치는 페브리-페로(Fabry-Perot) 에탈론과 유사하게 이동 가능한 완전 반사 거울과 고정된 부분 반사 거울 사이에 형성된 광공진기(optical resonant cavity)로 동작한다.[19] 전자는 자체적으로 지지되고 변형가능한 반사막이고 후자는 장치를 옆면에서 볼 때 보통 '상단'을 형성하는 투명 기판에 적층된 박막이다. 광학 공동의 두께는 이동 거울의 수직 위치에 따라 설정되며, 이 위치는 거울 사이에 인가되는 전압으로부터 발생되는 정전기력과 이동 거울의 드럼헤드 구조로 인한 복원력 사이의 균형에 의해 제어된다.[20] 빛이 구조에 입사되면 상단 박막 적층층과 그 뒤에 있는 반사막 모두에서 반사된다. 그림 7.13(a)에서 보는 바와 같이 이 두 표면에 의해 형성된 광학 공동의 두께에 따라 각 층에서 반사된 빛은 파장에 따라 보강 또는 상쇄 간섭을 일으킨다. 결과적으로 특정 파장이 다른 파장에 비해 반사율이 높도록 선택될 수 있다. 서브 픽셀별로 공동 두께가 달라 다른 색상을 반사한다. 그림 7.13(b)의 중간 서브 픽셀에서 보듯이 반사막이 '함몰(collapsed)' 상태에 있을 때, 반사 피크가 스펙트럼의 UV 영역에 있어 모든 가시광 색상이 흡수되고 디스플레이는 블랙 상태로 보이게 된다.

Mirasol 디스플레이는 쌍안정이므로 이미지가 변경될 때까지 리프레시가 필요 없다. 픽셀은 7 ms 속도로 스위칭될 수 있어 비디오 프레임 속도 디스플레이에 적용 가능하다. 공간 디

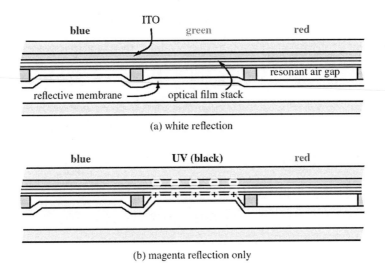

그림 7.13 색상을 생성하기 위해 상부 박막 적층층과 하부 변형 반사막에서 반사되는 빛을 보여주는 간섭계 변조기 디스플레이 구조

더링(dithering)과 시간 디더링 모두 계조를 생성하기 위해 사용될 수 있다. 공간 디더링은 각 서브 픽셀을 일반적인 시야 조건에서 구분할 수 없고 독립적으로 어드레스할 수 있는 작은 요소들로 나눈다. 이 요소 중 일부를 'on'으로 나머지를 'off'로 전환함으로써 공간적으로 평균화된 계조를 얻는다. 이 접근법은 시간 디더링에 비해 전력 소비가 낮다. 시간 디더링은 각 디스플레이 리프레시 주기를 여러 단계로 세분화함으로써 수행된다. 계조 응답은 시간 평균 반사율이 원하는 밝기를 제공하도록 픽셀을 빠르게 켜고 끄는 방식으로 달성된다. 빠른 어드레싱으로 인해 전력 소비가 증가하지만 픽셀이 더 크고 더 높은 개구율을 얻을 수 있기 때문에 낮은 제조 공차가 사용될 수 있다. 계조 수를 개선하기 위해 시간 디더링과 공간 디더링을 조합할 수 있다.[22] 컬러 디스플레이는 RGB 서브 픽셀을 병렬 배열하여 제조된다. 따라서 최대 반사율은 33%로 제한된다. 컬러 필터와 편광기와 비교해보면 간섭을 통해 색상을 생성하는 것이 빛을 사용하는 관점에서 훨씬 효율적이다. 그러나 이 기술의 난제는 색상과 명암이 조명 조건과 시야각에 의존한다는 점이다. 이 의존성은 유효 광학 공동 두께에 영향을 받으며, 유효 광학 공동 두께는 빛이 수직 입사에서 벗어난 각에 따라 변하고 빛의 피크 반사율 파장에 변화를 일으킨다.[21] 간섭계 변조기 디스플레이는 기계적으로 견고하며 120억 사이클 이상의 신뢰성이 입증되었다. 이 기술은 정확한 색상 성능을 확보하기 위해 MEMS 구조에서 갭이 엄격히 제어되도록 재료와 공정 방법을 사용한다. 이로 인해 이 기술을 사용해

플렉시블 디스플레이를 제조하는 것은 문제가 있어 보인다.

차세대 Mirasol 디스플레이는 단일 거울 간섭계(single mirro interferometric, SMI) 디스플레이라 부른다.[23] SMI 디스플레이에서 개별 픽셀의 반사율 속성을 가시 스펙트럼 전체에 걸쳐 연속적으로 조정할 수 있고 고명암비 흑백 상태를 제공할 수도 있다. SMI 구조는 원색 상태를 사용해 RGB 서브 픽셀 구조에서 나타나는 67% 밝기 손실을 극복할 수 있게 한다. SMI 픽셀은 단자가 세 개인 장치이다. 상부 전극은 고정되어 있고 빛의 일부를 투과시키는 반반사(semi-reflective) 속성을 가진다. 중간 전극은 이동 가능하고 거울 역할을 한다. 하부 전극은 고정되어 있고 흡수기 역할을 한다. SMI 패널은 인듐 갈륨 아연 산화물(indium gallium zinc oxide, IGZO) 능동 행렬 백플레인(active matrix backplane)을 사용해 구동되며 240 Hz까지 높은 프레임 속도가 가능하다.[24]

7.5 전기습윤 디스플레이

전기습윤(electrowetting)은 액체와 표면 사이에 인가되는 전압에 따라 고체 표면에서의 액체의 젖음성(wettability)이 변하는 미세유체 현상이다. 그림 7.14에서와 같이 인가 전기장이 없을 때 표면은 염색된 절연 오일로 젖어 있고, 극성 액체와 전극 사이에 전압이 인가될 때 투명하고 전도성인 극성 액체(일반적으로 실제 장치에서는 물이 아님)가 오일을 대체한다.[25] 전기습윤 디스플레이는 응답 속도가 1 ms 정도로 빨라 비디오 속도 스위칭이 가능하다. 풀컬러 전기습윤 디스플레이는 단색 서브 픽셀을 병렬[25] 또는 수직[26] 적층함으로써 얻을 수 있다. 전기습윤 픽셀은 본질적으로는 쌍안정이 아니다. 아날로그 계조와 색조는 조절된 중간 전압 레벨을 장치에 적용함으로써 얻을 수 있다. 쌍안정 장치는 그림 7.15와 같이 한 기판에는 단일 공통 전극을 다른 기판에는 수평으로 분리된 두 전극을 배치하도록 픽셀 전극 구조를 재설계함으로써 얻을 수 있다. 공통 전극과 두 면내 제어 전극에 적절한 파형을 가함으로써 유색 유체를 한 쌍안정 위치에서 다른 쌍안정 위치로 이동할 수 있다.[27] 이 액적 구동 기술을 기반으로 플렉시블 쌍안정 전기습윤 디스플레이가 PET(polyethylene terephthalate) 기판에서 발표되었다.[28]

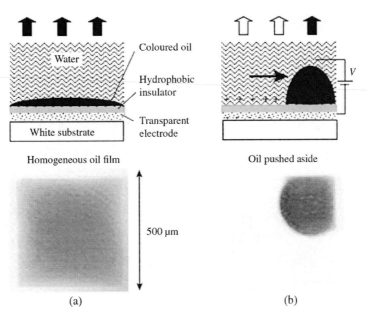

그림 7.14 전기습윤 디스플레이 원리. (a) 전압이 인가되지 않을 때 염색 오일 연속 필름이 픽셀 영역을 덮고 있다. (b) 인가된 전압이 오일을 방울로 옮겨 표면을 부분적으로 덮게 하여 극성 액체가 전극을 젖도록 한다.

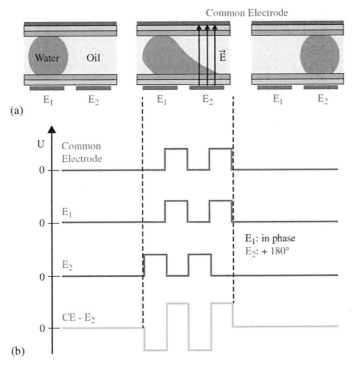

그림 7.15 공통 전극 CE와 제어 전극 E_1 및 E_2를 사용한 액적 구동 전기습윤 원리. 액적(a)은 파형(b)을 적용함으로써 한 쌍안정 위치(왼쪽)에서 다른 위치(오른쪽)으로 이동한다.

7.6 반사형 디스플레이 기술 비교

여러 단색 반사형 디스플레이 기술에 대한 비교가 표 7.1에 요약되어 있다.[10, 21, 29, 30] 대부분 종이에 인쇄된 이미지의 일반적인 명암비 표준 10 : 1과 대등하지만 밝은 상태에서 반사율은 백색 종이의 일반적인 값 80%보다 작다. 전력 소비에 관해서는 전기영동 디스플레이, 콜레스테릭 액정 디스플레이 및 간섭계 변조기 디스플레이는 쌍안정이므로 스위칭 작동 중에만 에너지가 필요하다. 빠른 스위칭 속도가 고유 속성인 간섭계 변조기 디스플레이와 전기습윤 디스플레이는 비디오 프레임 속도를 쉽게 지원할 수 있다. 전기영동 디스플레이, 편광기가 없는 반사형 액정 디스플레이 및 액적 구동 기술 기반 전기습윤 디스플레이는 플렉시블 기판에 구현될 수 있어 플렉시블 또는 곡면 디스플레이에 적용할 수 있는 기회가 열린다.

표 7.1 여러 단색 반사형 디스플레이 기술 비교

	Electrophoretic	Polymer-dispersed liquid crystal	Cholesteric liquid crystal	Interferometric modulator display	Electrowetting
Contrast Ratio	15 : 1	10 : 1	8 : 1	15 : 1	15 : 1
Reflectivity for White or Color	40%	50%	40%	50%	60%
Lambertian	yes	no	no	no	partial
Bistable	yes	no	yes	yes	no (yes with 'droplet driven')
Voltage (V)	15	5	<4V(lab) 25-40V(product)	5-10	15-20
Switching speed (ms)	100's	100	300(vertical field switch) 5(in-plane field switch)	0.01's	10
Mechanical Flexibility	yes	yes	yes	no	yes

7.1 입자-염료 방식을 기반으로 하는 색채 전기영동 디스플레이 필름에서 이미지 품질과 응답 속도에 여러 변수가 영향을 미친다. 염료 농도와 셀갭을 사용하여 밝은 상태의 품질, 어두운 상태의 품질 및 응답 속도 사이의 3중 상호 제약을 설명하라.

7.2 오른편으로 원형 편광된 광선이 평면 상태에 있는 오른편 콜레스테릭 액정층에 입사된다. 반사 대역의 중심이 700 nm이면 (a) 반사된 빛의 밴드폭과 (b) 피크 반사율이 99%가 되는 셀 두께를 구하라. 액정의 이상 굴절률과 정상 굴절률은 1.7과 1.5로 가정하라.

7.3 전기영동 디스플레이와 전기습윤 디스플레이 모두에서 이미지는 착색제의 이동을 기반으로 형성된다. 그러나 작동 원리, 이미지 품질 및 스위칭 속도 등 많은 면에서 상당히 다르다. 이 두 기술을 비교하라.

참고문헌

1. Dalisa, A.L. (1977). Electrophoretic display technology. *IEEE Trans. Electron Devices* 24: 827-834.

2. Amundson, K. (2005). Electrophoresis and elecophoretic imaging. In: *Flexible Flat Panel Displays* (ed. G.P. Crawford), 369-391. West Sussex, England: Wiley.

3. Liang, R.C., Hou, J., Zang, M. et al. (2003). Microcup® displays: electronic paper by roll-to-roll manufacturing processes. *J. SID* 11: 621-628.

4. Johnson, M.T., Zhou, G., Zehner, R. et al. (2006). High-quality images on electrophoretic displays. *J. SID* 14: 175-180.

5. Lu, Y.-H. and Tien, C.-H. (2013). Principle component analysis of multi-pigment scenario in full-color electrophoretic display. *J. Disp. Technol.* 9: 807-813.

6. Hiji, N., Machida, Y., Yamamoto, Y. et al. (2012). Novel color electrophoretic E-paper using independently movable colored particles. *SID Symp. Dig. Tech. Pap.* 43: 85-87.

7. L. Ulanoff, The future of ultra-low-powered displays is finally in living color, in http://mashable.com/2016/05/24/color-e/#ALQXu2qGXuqG, 2016.

8. D. Haynes, E Ink starting to show new filter-free full color displays aimed at digital signage market in, http://www.eink.com/press_releases/e_ink_announces_advanced_color_epaper_05-24-2016.html.

9. Lenssen, K.-M.H., Baesjou, P.J., Budzelaar, F.P.M. et al. (2009). Novel concept for full-color electronic paper. *J. SID* 17 (4): 383-388.

10. Yang, D.-K. (2008). Review of operating principle and performance of polarizer-free reflective liquid-crystal displays. *J. SID* 16: 117-124.

11. Jones, J.C. (2008). The zenithal bistable display: from concept to consumer. *J. Soc. Inf. Disp.* 16: 143-154.

12. E. T.Wood, G. P. Bryan-Brown, P. Brett, A. Graham, J. C. Jones, and J. R. Hughes, Zenithal bistable device suitable for portable applications, 2000 SID Symposium Digest of Technical Papers, (2000) Paper 11.2.

13. Cole, H.S. and Kashnow, R.A. (1977). A new reflective dichroic liquid-crystal display device. *Appl. Phys. Lett.* 30: 619-621.

14. White, D.L. and Taylor, G.N. (1974). New absorptive mode reflective liquid-crystal display device. *J. Appl. Phys.* 45: 4718-4723.

15. Crawford, G.P. (2005). Encapsulated liquid crystal materials for flexible display applications. In: Flexible Flat

Panel Displays (ed. G.P. Crawford), 313-330. Wiley.

16. Yang, D.-K. and Wu, S.-T. (2014). *Fundamentals of Liquid Crystal Devices*, 2e. Wiley.

17. Yang, D.-K., Doane, J.W., Yaniv, Z., and Glasser, J. (1994). Cholesteric reflective display: drive scheme and contrast. *Appl. Phys. Lett.* 64: 1905-1907.

18. Kim, K.-H., Yu, B.-H., Choi, S.-W. et al. (2012). Dual mode switching of cholesteric liquid crystal device with three-terminal electrode structure. *Opt. Express* 20: 24376-24381.

19. Miles, M.W. (1997). A new reflective FPD technology using interferometric modulation. *J. SID* 5: 379-382.

20. R. A. Martin, A. Lewis, M. Mignard, N. Chuei, R. van Lier, A. Govil, M. Todorovich, K. Aflatooni, B. Gally, C. Chui, "Driving mirasol® displays: addressing methods and control electronics," 2011 SID Symposium Digest of Technical Papers, (2011) Paper 26.1.

21. Heikenfeld, J., Drzaic, P., Yeo, J.-S., and Koch, T. (2011). Review paper: a critical review of the present and future prospects for electronic paper. *J. SID* 19: 129-156.

22. Interferometric Modulator Technology Overview, in, https://www.qualcomm.com/media/documents/files/mirasol-imod-tech-overview.pdf, 2009.

23. J. Hong, E. Chan, T. Chang, R. Fung, C. Kim, J. Ma, Y. Pan, B. Wen, I. Reines, and C. Lee, Single mirror interferometric display-a new paradigm for reflective display technologies, 2014 SID Symposium Digest of Technical Papers, (2014) Paper 54.4L.

24. T. Chang, E. Chan, J. Hong, C. Kim, J. Ma, Y. Pan, R. van Lier, B. Wen, L. Zhou, P. Mulabagal, Single mirror IMOD display for practical wearable device, 2015 SID Symposium Digest of Technical Paper, (2015) Paper 3.3.

25. Hayes, R.A. and Feenstra, B.J. (2003). Video-speed electronic paper based on electrowetting. *Nature* 425: 383-385.

26. You, H. and Steckl, A.J. (2010). Three-color electrowetting display device for electronic paper. *Appl. Phys. Lett.* 97: 023514.

27. Blnkenbach, K., Schmoll, A., Bitman, A. et al. (2008). Novel highly reflective and bistable electrowetting displays. *J. SID* 16: 237-244.

28. Charipar, K.M., Charipar, N.A., Bellemare, J.V. et al. (2015). Electrowetting displays utilizing bistable, multi-color pixels via laser processing. *J. Disp. Technol.* 11: 175-182.

29. Bai, P.F., Hayes, R.A., Jin, M.L. et al. (2014). Review of paper-like display technologies. *Prog. Electromagnet. Res.* 147: 95-116.

30. Y. Itoh, K. Minoura, Y. Asaoka, I. Ihara, E. Satoh, S. Fujiwara, "Super reflective color LCD with PDLC Technology." 2007 SID Symposium Digest of Technical Papers, (2007). Paper 40.5.

가상 및 증강현실을 위한 헤드-마운트 디스플레이의 기초

가상 및 증강현실을 위한 헤드–마운트 디스플레이의 기초

헤드-마운트 디스플레이(Head-mounted display, HMD) 기술은 종종 헤드-원 디스플레이 (head-worn display, HWD) 또는 니어-아이 디스플레이(near-eye display, NED)로도 알려져 있 으며, 일반적으로 눈에 근접하여 설치된 디스플레이 장치이므로 소형 영상 광원으로부터 시 청자의 눈으로 광을 결합시키는 광학 시스템을 필요로 한다.[1-3] 군사 용도에서는 HMD가 군 용 헬멧에 부착되므로, 헬멧-마운트 디스플레이의 약어로 사용된다. HMD 기술은 수십 년 동 안 개발되어 왔지만, 아주 최근에 와서는 몇 가지 핵심적인 현대 기술들에 의해 폭넓게 영향 을 받아 HMD 기술에 대한 수요의 증가와 급속한 개발이 이루어졌다. 이러한 핵심적인 현대 기술들에는 무선 네트워크의 대역폭과 접근성의 지속적인 증가, 디지털 정보의 폭발, 전자공 학 및 센서 기술의 소형화 및 컴퓨터의 지속적인 고성능화와 가격 저감화를 들 수 있다. 최 근 들어 가상현실(virtual reality, VR) 및 증강현실(augmented reality, AR) 기술에 대한 관심이 지속적으로 증가함에 따라 HMD 기술에의 개발과 투자가 더욱 집중되고 있다.

첨단 VR 및 AR 기술과 더불어 HMD 기술은 시뮬레이션, 과학적 시각화, 의료, 공학, 교육 및 훈련, 웨어러블 컴퓨터, 국방 및 오락 등 많은 분야에서의 넓은 범위의 응용을 위한 핵심 원동력이 되고 있다.[4, 5] 예를 들어, 경량의 광학적 시스루 헤드-마운트 디스플레이(optical see-through head-mounted display, OST-HMD)는 2차원(2D) 또는 3차원(3D)의 디지털 정보를 시청자가 직접 보고 있는 물리적 세상에 광학적으로 중첩시켜서, 실제 세상의 영상에 시스루 영상을 더하여 보여주는 디지털 시대의 핵심적인 기술로, 일상생활에 필수적인 디지털 정보들에 접근하고 이를 인식하는 새로운 방법을 가능하게 해준다.

이 장에서는 HMD 기술의 기초와 더불어 최신 개발 동향을 살피는 데 주력하기로 한다. 더 구체적으로, 이 장은 다섯 개의 주요 절들로 나뉘어 있다. 8.1절은 간략한 서론으로, 광학 원리 소개, 핵심 기술 정의 및 개발 역사의 개관으로 구성된다. 8.2절에서는 HMD 시스템 설계와 관련된 인간 시각계(human visual system, HVS)의 파라미터들을 간단히 요약하였다. 8.3절에서는 근축 광학 기준, 소형 디스플레이 광원, 광학적 원리 및 구조 및 광 합파기 기술 등을 포함하는 기초적인 HMD 기술들을 논의한다. 8.4절에서는 광학 설계 방법과 광학 성능 기준에 대하여 공부한다. 8.5절에서는 눈 추적(eye tracking), 어드레스 가능한 포커스 큐(addressable focus cue), 차폐(occlusion) 능력, 높은 동적 범위(high dynamic range, HDR) 및 광 필드 렌더링(light field rendering)과 같은 진보된 성능을 갖는 몇 가지 새로운 HMD 기술들에 대하여 다룬다.

8.1 서 론

그림 8.1은 단안식 HMD의 개념도를 나타낸다. HMD는 눈당 최소의 구동 전자부와 변조 광원으로 구성된다. 구성 요소인 마이크로 디스플레이 소자는 이미지가 표시되게 하고, 광학 뷰어는 변조 광을 시청자의 눈에 결합시키고 광기계 장치는 광학 및 전자 부품들의 덮개 역할 및 소자를 사용자의 머리에 안전하게 놓이게 하며, 컴퓨터는 영상 생성과 데이터 처리를 담당한다. 또한 현대의 VR 및 AR 응용을 위해 완전하게 개발된 HMD 시스템도, 다양한 자세, 몸짓 및 주변 환경을 센싱하는 데 필요한 다양한 센서 세트와 헤드-마운트 유닛과 클라우드 서버 및 근처의 소자들과 데이터를 교환하기 위한 일련의 통신 채널들을 필요로 한다. 센서 세트는 적어도 시청자의 위치, 헤드 위치/회전 및 눈이 응시하는 방향에 기반한 최적의 영상을 표시하기 위한 시각 결합 시스템을 필요로 한다. 시각 결합 시스템의 예에는 사용자의 머리의 움직임의 추적을 위한 헤드 추적 장치와 사용자의 눈의 응시 방향을 추적하는 눈 추적 장치가 포함된다. 또한 현대의 AR 소자의 센서 세트에서는 사용자 주변 3D 영상의 깊이 맵을 생성하고 주변 환경의 이미지를 포착하기 위한 3D 깊이 센서와 내장 카메라가 필요하게 되었다. HVS와의 인터페이스뿐만 아니라, 사용자의 청각, 촉각 및 후각과 상호작용하는

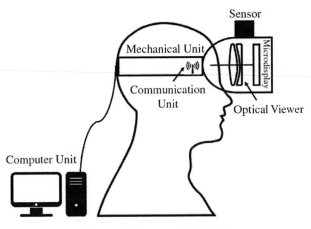

그림 8.1 단안식 HMD 장치의 개념도

소리, 햅틱 및 촉각 센서들과 같은 다중 모드 인터페이스들이 HMD에 집적될 수도 있다. 통상 통신 세트는 Wi-Fi, 블루투스 및 무선 연결방식들을 포함한다. 컴퓨터 유닛은 일부 HMD 시스템에서는 장치에 부품 형태로 완전히 집적되거나 포켓 유닛과 같이 분리된 입을 수 있는 유닛의 형태이거나 아니면 별도의 독립적인 컴퓨터 장치를 두고 HMD와 테더링 또는 무선 접속된다.

HMD 장치는 단안식(monocular) 또는 양안식(biocular 또는 binocular)이다. 단안식 HMD 장치는 하나의 마이크로 디스플레이 및 광학 뷰어로 구성되며, 두 눈 중 한 눈으로만 이미지를 표시한다. 구글 안경(Google Glass)이 대표적인 단안식 HMD 제품의 예*이다. 통상 바이오큘러(biocular) 및 바이노큘러(binocular) HMD 모두, 한 눈당 한 개씩의 동일한 광학 장치들이 두 세트로 구성된다. 바이오큘러 HMD 장치는 두 눈에 동일한 영상을 표시하는 반면에, 바이노큘러 HMD 장치는 양안시차를 이용한 입체시를 위하여 양쪽 눈에 약간 다른 영상을 표시한다.

HMD는 몰입형(immersive)과 시스루(see-through) 디스플레이로 구분할 수 있다.[6] 몰입형 디스플레이는 시청자에게 보이는 실제 세상의 영상을 차단하고, 오직 컴퓨터가 만드는 가상의 환경에만 몰입하게 한다. Oculus**의 상업적으로 가용한 제품들과 같은 몰입형 HMD에서는 마이크로 디스플레이와 광학 뷰어가 직접적으로 시청자의 눈 전면에 놓이므로, 실제 세상

---

* https://www.google.com/glass/start
** https://www.oculus.com

Chapter 8 가상 및 증강현실을 위한 헤드-마운트 디스플레이의 기초 · 419

으로부터의 광 경로를 차단한다. 반면에 시스루 디스플레이는 실제 영상과 컴퓨터 생성 영상을 혼합한다. 시스루 디스플레이는 비디오 시스루(video see-through) 및 광학 시스루(optical see-rough)의 두 방식으로 세분할 수 있다. 비디오 시스루 디스플레이는 몰입형 디스플레이와 비슷한 방식으로 물리적 세계의 직접 영상을 차단하지만, 헤드기어에 장착된 하나 또는 그 이상의 소형 비디오카메라로 실제 세상의 영상을 포착하고, 비디오 포착 영상과 컴퓨터 생성된 가상 환경의 영상을 전자적으로 융합시킨다.* 비디오 시스루 디스플레이의 핵심적인 디스플레이 광학계는 몰입형 디스플레이와 유사하다. 실제 세상의 영상에 대한 해상도, 표시 영역, 충실도 및 지연 시간과 같은 성능 파라미터들은 영상 포착과 후속 프로세싱에 사용되는 비디오 카메라의 성능에 의하여 제한된다. 실제 및 가상 영상의 디지털 혼합은 비디오 시스루 HMD 가 광학 시스루 HMD보다 디지털 및 물리적 물체의 상호간 중첩을 더 직접적인 방식으로 다룰 수 있음을 의미한다. 광학 시스루 디스플레이는 사용자가 실제 세상을 직접 볼 수 있도록, 광학 뷰어와 사용자의 눈 사이에 광 합파기(optical combiner)를 삽입한다.[7] 광 합파기를 통하여, 디스플레이 경로에 의해 렌더링된 영상들이 실제 세상의 영상과 혼합된다. 광학 시스루 방식은 사용자가 실제 세상을 완전한 해상도로 볼 수 있게 해주며, 비디오 시스루 방식보다는 사용자가 실제 영상을 보는 데 덜 개입한다. 일반적으로, 광학 시스루 방식은 손-눈 협응력(hand-eye coordination) 또는 실제 세상의 영상을 있는 그대로 보는 것이 중요한 응용 분야에서 선호된다. 두 방식의 시스루 디스플레이들은 의료 훈련부터 오락까지의 다양한 AR 응용에 적용되었다.[4] 롤랑(Rolland)과 훅스(Fuchs)가 비디오 시스루와 광학 시스루 방식을 전반적으로 비교하였다.[6]

다른 세상의 시각적 경험을 제공하는 장치를 만드는 것에 대한 관심은 찰스 휘트스톤경이 스테레오스코프(stereoscope)의 개념을 제안한 1838년으로 거슬러 올라간다.[8] 스테레오스코프를 통하여, 시청자는 약간의 차이가 있는 한 쌍의 정적인 사진이 제공하는 깊이감을 경험할 수 있다. 스테레오스코프의 개념은 여러 세대를 거치며 진화하여, 1938년 윌리엄 그루버(William Gruber)와 해럴드 그레이브스(Harold Graves)의 뷰 마스터(View-Master),[9] 1960년대 모튼 하일리그(Morton Heilig)의 센서라마(Sensorama) 장치,[10] 1980년대 나사(NASA)와 VPL 리서치의 협업으로 개발한 4차원 몰입 경험을 제공하는 최초의 장치인 VIEW(Virtual Interface

---

* https://www.trivisio.com/ hmd-nte

Environment Workstation) 시스템[11] 및 1990년대에 닌텐도(Nintendo)의 휴대용 비디오 게임기 버추얼 보이(Virtual Boy)* 등 다양한 기기가 개발되었다. 수십 년 동안의 이러한 기술적 발달로, 최근 들어 VR 시스템과 그 응용에 대한 더 급속한 성장이 일어나고 있다. 시각적 체험은 1830년대의 정적인 스테레오스코프 사진으로부터 완전한 몰입감, 상호작용 및 고충실도의 디지털 세상의 실감 체험이 가능한 수준으로 진화되어 왔다. VR 헤드셋은 저렴해져서 대량 소비 시장이 가능해졌고, 많은 새로운 분야로 응용이 확장되고 있다.

몰입형 VR 헤드셋의 개발과 병행하여 디지털 사물의 시청과 주변 물리 환경의 시청을 혼합하는, 다른 방식의 시각적 경험 또한 시도되었다. 1968년경으로 거슬러 올라가면, 아이번 서덜랜드(Ivan Sutherland)의 선구적 연구에 의해 소위 '다모클레스의 검(Sword of Damocles)'이라 부르는 최초의 OST-HMD가 시연되었는데,[12] 이 장치는 시청자가 보는 실제 세상의 영상에 컴퓨터 렌더링에 의한 와이어-프레임된 사물을 중첩시켰다. 이는 향후 혼합 현실(mixed reality, MR) 및 증강현실(Augmented Reality, AR) 분야의 수십 년 동안의 연구를 위한 토대가 되었다. 증강현실이라는 용어는 공식적으로 1990년대 초 보잉의 연구자들에 의해 도입되었다.[13] MR-AR 체험의 추구는 초창기의 지식 기반 AR 시스템을 위한 사용자 시연,[14, 15] 모바일 AR 시스템[16] 및 웨어러블 컴퓨팅,[17] 원격-협업,[18] 매직 북(Magic-Book)[19] 및 AR 툴킷 개발[20] 등으로부터 유명 게임인 포켓몬고(Pokemon Go®)의 대중적인 성공**과 최신 AR 툴킷 및 하드웨어의 보급으로 발전하여, 완전히 집적화된 공간 컴퓨팅 플랫폼의 개발을 위한 수십 억 불의 투자를 이끌어내게 되었다. MR-AR 기술이 제공하는 시각적 체험은 초창기의 와이어 프레임 방식 그래픽 영상으로부터 가상과 현실 세계(bits and atoms) 사이의 경계를 완전히 흐릿하게 하는 실감 및 복합 영상의 구현으로 엄청나게 진화하였다.

VR과 AR 응용을 위한 HMD를 개발하려는 노력에 더하여, 국방 응용을 위한 HMD 기술의 개발에서 긴 역사와 상당한 분량의 연구가 이루어졌다. 실제로 군사용 HMD의 최초의 특허 중의 하나는 1900년대로 거슬러 올라간다.[21] 국방용 최신 HMD의 잘 알려진 일부 예에는 1970년대에 미군이 개발한 IHADSS(the Integrated Helmet and Display Sighting System)를 들 수 있으며, AH-64 아파치 공격용 헬기(Apache attack helicopter)에 장착되었다.[22]

---

*   https://nintendo.fandom.com/wiki/Virtual_Boy
** https://www.pokem ongo.com/en-us

HMD 기술의 급속한 발전에도 불구하고, 실감형 VR 및 AR 응용을 구축하는 데 경량, 비침습 및 편안한 HMD를 만드는 것이 가장 중요하고, 어쩌면 가장 도전적인 성공 요인들 중의 하나이다. 따라서 이 장은 HMD 기술에 관심이 있는 학생들과 연구자들에게 안내서 역할을 할 것이다. 이 장에서 논의되는 기본적인 내용들도 일반적으로 국방 분야 HMD 기술과 관련하여서도 적용가능하지만, 특별히 Rash가 저술한 저명한 책은 군사 및 국방 응용에 특화된, 도메인 주도 설계(domain-specific design) 시의 고려사항 및 요구 조건들과 관련한 특별한 내용들을 제공한다.[22]

8.2 인간 시각계

인간 시각계(Human visual system, HVS)는 HMD 시스템의 마지막 단계의 핵심 요소이다. 통상의 HMD 설계는 보통 눈에 보여지는 2D 영상을 고품질로 보내기 위하여 광학계를 최적화하는 데 집중하며, 눈 광학계의 수차를 보정하거나 눈 수차를 반영하는 망막에 인식되는 이미지 또는 광 수용체 표본추출 특성을 최적화하지 않는다. 그러나 광 필드 HMD(8.5.4절)와 같은 몇몇 최신 HMD 기술들은 단순히 2D 영상을 렌더링하는 수준을 벗어나 영상 형성 과정을 완성하기 위한 시각 광학계의 정확한 모형화를 필요로 한다. 이 경우 시스템의 최적화를 위해서는 망막 영상에 기반을 둔 시스템의 최적화가 필요하며, 시각 광학계는 전체 광학계의 필수적인 요소가 된다. 따라서 HVS의 일부 해부학적, 광학적 및 시각적 특성에 대한 이해가 새로운 HMD 시스템의 필요성을 규정할 뿐만 아니라, 통상의 HMD 시스템의 성능과 유용성을 평가하고, 나아가 일부 최신 HMD 시스템들을 설계하고 최적화하는 데 중요하다. 이 절에서는 HVS의 특성을 간단히 요약하고 HMD-HVS 인터페이스와의 연관성을 논의할 것이다.

인간의 눈의 광학계는 각막, 동공, 수정체 및 망막으로 구성된다.[23] 수양액은 각막과 수정체 사이의 공간을 채우는 액체이고, 유리액은 수정체와 망막 사이의 방을 채운다. 그림 8.2는 눈 광학계의 개략도를 보여준다. 눈 광학계의 평균 굴절력은 59.63디옵터로, 54~65디옵터의 범위를 가지며, 대략 2/3는 각막에 의해 생성되고 1/3은 수정체에 의해 생성된다. 유리액 물질의 굴절률이 1.336이므로 눈 광학계의 전방 초점거리는 대략 17 mm이며, 후방 초점거리는 약 23 mm이다. 눈 광학계는 조절 작용(또는 적응, accommodation)으로 알려진 메커니즘을 통

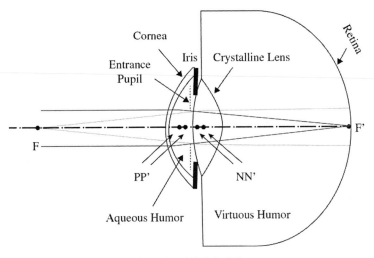

그림 8.2 눈 광학계의 개략도

하여, 먼 거리나 가까운 거리에 있는 물체를 포커싱하기 위하여 굴절력을 조절할 수 있다. 눈의 조절 작용은 수정체에 달린 모양근을 이완 또는 수축시키는 방식으로 수정체의 모양을 변경시키는 과정을 통하여 달성한다. 조절 작용에 의해 수정체의 곡률, 두께 및 위치가 변한다. 먼 거리나 가까운 거리에 있는 물체의 포커싱을 위한 굴절력에 있어, 나이에 따라 수정체는 대략 10디옵터의 변화에 기여할 수 있다.

눈의 광학적 특성을 다양한 수준의 정확도와 복잡도로 모형화하기 위한 여러 가지의 개략적인 눈 모형들이 존재한다. 모형들 중 일부는 조절 작용이 없는 단순한 눈의 개략적 근축 이미징 특성만을 기술하고, 수차를 정확히 모형화하지 않으며 조절 작용을 무시한다. 예를 들어, 굴스트란드-르그랑(Gullstrand-LeGrand)의 개략적인 눈은 보편적인 근축 모형으로 4개의 구면을 가진 눈 광학계를 모형화하며, 수정체의 언덕형 굴절률 분포를 1.42의 균일한 유효 굴절률을 갖는 것으로 근사한다. 세부 사항들은 표 8.1에 요약하였다. 이러한 방식의 근축 눈 모형은 기본점(cardinal point), 동공, 배율 및 다른 1차 근축 이미징 효과들을 검사하는 데만 사용되어야 한다.

반면에, 비구면을 사용한 몇 가지의 더 복잡한 모형들이 개발되어 수차와 조절 작용을 더 정확히 모형화할 수 있게 되었다.[24, 25] 이러한 비구면 눈 모형은 온 액시스(on-axis) 및 오프 액시스(off-axis) 양쪽의 눈 수차의 임상 수준을 검사하고 디스플레이 시스템의 망막 이미지 생성을 시뮬레이션하는 데 적합하다. 이 모형들 중에서 아리조나 눈 모형(Arizona Eye Model)

표 8.1 굴스트란드-르그랑(Gullstrand-LeGrand)의 개략적인 눈 모형

Name		Radius(mm)	Thickness(mm)	Index	Abbe
Cornea	Anterior	7.8	0.55	1.3771	57.1
	Posterior	6.5			
Aqueous humor			3.05	1.3374	61.3
Lens	Anterior	10.2	4.0	1.42	47.7
	Posterior	-6.00			
Vitreous humor			16.5966	1.336	61.2

은 눈의 조절 기능 프로세스를 모형화하고 온 액시스 및 오프 액시스 수차의 임상 수준을 일치시키도록 설계한다.[24] 이는 다양한 HMD 구조에서 망막 이미지 형성의 시뮬레이션에 가장 보편적으로 적용되는 모형 중의 하나이다.[26-29] 표 8.2에 아리조나 눈 모형의 광학적 특성을 요약하였다.

표 8.2 아리조나 눈 모형

Name		Radius	Conic	Thicknes	Index	Abbe
Cornea	Anterior	7.8mm	-0.25	0.55	1.377	57.1
	Posterior	6.5mm	-0.25			
Aqueous humor				t_{aq}	1.337	61.3
Lens	Anterior	R_{ant}	K_{ant}	t_{lens}	n_{lens}	51.9
	Posterior	R_{post}	K_{post}			
Vitreous humor				16.713mm	1.336	61.1
Retina		-13.4mm	0			

눈의 광학계는 구면 수차, 색 수차 및 비점수차(astigmatism)를 포함하는 세 가지 주된 방식의 잔류 수차를 갖는다. 눈 광학계의 종 구면 수차(longitudinal spherical aberration, LSA)는 주변 광선(marginal ray)과 근축 광선 사이의 굴절력의 차이에 의해 측정되며, 6 mm의 동공 직경에 대하여 약 1.25디옵터의 LSA가 발생한다. 눈의 종 색 수차(longitudinal chromatic aberration, LCA)는 589 nm의 파장을 기준으로, 주어진 파장들 간의 굴절력의 차이에 의하여 측정된다. 400 nm와 700 nm 파장 사이에는 대략 2.5디옵터의 LCA가 발생한다. 비점수차는 서로 다른 필드각을 갖는 횡단면과 종단면 사이의 굴절력의 차이에 의해 측정되며, 사람의 눈은 60° 이상의 필드각에 대하여 최대 12디옵터나 되는 비점수차를 가질 수 있다.

동공은 인간의 눈의 광학 개구로 시청하는 영상의 밝기에 적응하도록 홍채를 제어하는 근육의 팽창과 수축에 의해 그 크기가 변한다. 동공은 밝은 빛에 더 빨리 적응하며, 통상 1초보다 빠르다. 그러나 어두운 환경에는 더 느리게 적응하며, 통상 수 초에서 1분까지 걸리기도 한다. 동공의 직경은 태양 빛과 같은 밝은 빛 조건의 경우의 2 mm로부터, 어두운 환경에서의 약 8 mm까지 변한다. 동공 직경과 주변 조명 조건 사이의 관계를 해석하기 위한 몇 가지 모형들이 개발되었다. 예를 들어, 일반인들의 평균 동공 크기는 다음과 같이 모형화된다.

$$D = 4.9 - 3 * \tanh[0.4(\log_{10}(L) + 1)] \tag{8.1}$$

여기서 D는 mm 단위의 동공 직경이고, L은 cd/m² 단위의 휘도이다. 이 모형에 기반하면 10 cd/m²의 휘도에서 평균 동공 크기는 약 3 mm 정도이다. 보통의 눈은 2 mm 동공 직경에 대하여 거의 회절-제한(diffraction limited) 시스템으로 간주한다.

동공 직경은 눈 광학계의 피사계심도(depth of field, DOF)에 중요한 역할을 한다. Ogale과 슈워츠(Schwartz)의 연구에서 정량화된 바와 같이[30] 동공 직경이 1 mm 증가하면 눈의 DOF는 약 0.12디옵터 감소한다. 그림 8.2에 묘사한 바와 같이, 눈의 입사 동공(entrance pupil)은 각막을 통과한 눈 동공의 이미지로 각막의 꼭짓점에서 측정해보면 눈의 각막의 약 3.05 mm 후방에 위치한다. HMD 시스템에서 눈으로 빛을 효율적으로 결합시키기 위해서는 HMD 시스템의 출사 동공(exit pupil)의 위치를 눈의 입사 동공의 위치에 맞추는 것이 필요하다.

망막에는 원추체(cone)와 간상체(rod)라는 두 종류의 광 민감성 광 수용체들이 있다. 원추체는 통상 휘도값이 3 cd/m²보다 높은 주간시(photopic vision)의 경우에 색을 담당하며, 간상체를 포화시킨다. 간상체는 색맹으로 간주되며, 통상 휘도값이 0.03 cd/m²보다 낮아서 원추체를 활성화하기 어려운 야간시(scotopic vision)를 담당한다. 보통 휘도 값이 0.03 cd/m²과 3 cd/m² 사이인 주간시와 야간시 사이의 박명 조건(mesopic condition)에서는 원추체와 간상체가 모두 활성화된다. 스펙트럼상에서 눈 광학계는 대략 380 nm에서 1,400 nm 범위의 파장을 투과시키지만 전체 파장 범위의 일부인 약 380 nm에서 700 nm 사이의 빛들만 간상체 및 원추체에 흡수되므로, 이 대역이 가시광 스펙트럼으로 간주된다. 주간시의 휘도 응답은 550 nm에서 피크를 가지며, 야간시의 휘도 응답은 피크가 505 nm에 있다. 정상적인 색각에서는 S, M 및 L 원추체로 알려진 세 종류의 원추체들이 사람의 망막에 존재하며 대략 각각 440, 545 및 580 nm

의 파장에서 피크 감도를 갖는다. HMD 시스템 시청자의 광학 성능은 선택된 마이크로 디스플레이 광원의 주된 파장에 대하여 최적화될 필요가 있다. 여기서 해당 파장에 대한 상대적 광 감도에 기반을 둔 가중 스펙트럼 방식을 적용한다.

망막에서 두 가지 중요한 특징들이 발견되는데, 망막 내에 약 1.25 mm 직경의 타원형 중심와(fovea)가 있고, 약 1.5×2 mm 크기의 타원형 시신경 유두(optic disc)가 있다. 원추체는 중심와에 주로 몰려 있는 반면에, 간상체는 중심와의 외부에 몰려 있다. 시신경 유두영역은 시세포(또는 광 수용체)가 없으므로 보통 눈의 맹점(blind spot)이라 부른다. 약 250 μm 크기와 1.37°의 시각(visual angle)을 포함하는 중심와의 피트(pit)는 중심와의 중앙부로 원추체의 밀도가 가장 높고 간상체는 없다. 중심와 피트에서의 원추체의 직경은 대략 2.5 μm이나 중심와의 밖으로 갈수록 급격하게 증가해서 중심와 경계에서는 약 10 μm가 된다. 반면에 간상체 밀도는 중심와 중앙에서 밖으로 갈수록 급격하게 증가하여 중심와로부터 대략 18° 위치에서 최댓값에 도달한다.

사람이 눈이나 머리를 움직이지 않은 상태의 순시 시야각(instantaneous field of view, IFOV)은 수평 방향으로 대략 160°(비강으로 약 60° 및 일시적으로 100°) 및 수직 방향으로 130°(우수하게 60° 및 열등하게 70°)이다. 눈이 한 쌍임을 고려하면 눈이 정지해 있을 때 측정된 총 FOV는 수직 방향으로 대략 130° 및 수평 방향으로 200°이다. 목표물이 양쪽 눈에 보이는 양안 시각(binocular visual field)은 눈이 대칭적으로 수렴할 때 약 114°로 측정되며, 편심점에서 비대칭적으로 수렴하는 경우에는 더 작아진다. 안구는 궤도 구멍 내에 있는 세 쌍의 근육들에 의해 위치가 조정되며, 이 근육들은 각각 궤도상에서 수평 및 수직 방향으로 약 ±35° 그리고 시각축에 대하여 약 2~10° 각도로 안구를 회전시킨다. 눈의 회전 중심은 각막마루(corneal vertex) 후방 약 13 mm 지점이다. 안구 운동을 통하여 영상을 시청하는 내내 망막 중심부의 중심와에 이미지가 포커싱되며, HVS의 총 FOV가 수평 방향으로 약 290°로 확장된다. 안구가 궤도를 따라 회전함에 따라 눈의 동공이 회전함을 주목하자. 따라서 HMD 광학계를 설계할 때 기대되는 눈의 동공 운동 범위보다 HMD 구조상에서 아이박스(eye box)를 더 크게 해야 할 필요가 있다.

시력(visual acuity, VA)은 사람의 눈이 높은 명암비를 갖는 세부 콘텐츠들을 보는 능력으로 정의된다. 특히 거리 VA(distance VA)으로도 알려진 분리 가능 VA(separable VA)을 사용하여 근접한 가는 선들을 분해하는 능력을 측정한다. 정상 눈의 분리 가능 VA는 통상 1아크 분

(minute of arc)이다. 약 5°의 중심와 영역에서는 0.5아크 분이 가능하나 중심와로부터 10~15°
이상에서는 급격하게 감소한다. 예를 들어, 중심와로부터 10°에서는 피크 VA의 약 20~25%
를 갖는다. VA를 측정하기 위해 다양한 시력검사표가 사용되고 있다. 가장 보편적으로 사용
되는 것은 스넬런 시력표(Snellen eye chart)로 스넬런 시력(Snellen acuity) 또는 스넬런 분수
(Snellen fraction) S는 다음과 같이 정의된다.

$$S_{VA} = \frac{D'}{D_{normal}} \tag{8.2}$$

여기서 D'은 표준 시거리로 통상 6 m 또는 20 ft로, 검사자가 도표에 있는 주어진 선을 옳게
읽을 수 있는 최대거리이며, D_{normal}은 '정상' 관찰자가 동일한 선을 읽을 수 있는 가장 먼 거
리이다. 사람의 눈의 상대적 VA는 중심와 피트에서의 피크 시력으로 정규화되며 일반적으로
다음과 같이 이심률의 함수로 모형화된다.

$$VA(e_x, e_y) = \frac{e_2}{e_2 + \sqrt{e_x{}^2 + e_y{}^2}} \tag{8.3}$$

여기서 e_2는 망막 이심률로, 공간 분해능이 중심와 중앙에서의 값의 절반으로 떨어질 때의 값
이며 $e_2 \cong 2.3°$이다. 또한 e_x와 e_y는 각각 각도 단위의 수평 및 수직 방향 망막 이심률이다.

　대비 감도함수(contrast sensitivity function, CSF)는 낮은 명암비에서 서로 다른 공간 주파수
를 갖는 목표물들을 측정하는 시력을 평가한다. 통상 사인파 패턴으로 변하는 대비비가 눈의
대비 감도를 평가하는 데 사용된다. 주어진 공간 주파수에서 대비 감도는 최소 측정 가능 변
조 M_t의 역수로 정의된다. 대비 변조 감도와 공간 주파수 사이의 관계식을 대비 감도함수 또
는 CSF라 부른다. HVS의 CSF를 모형화하는 몇 가지 모형들이 존재한다. Barten CSF 모형은
가장 복잡한 모형으로 디스플레이 업계에서 주로 적용하였다.[31]

　단일 눈에 대한 이러한 단안 특성 이외에도 단안식, 바이오큘러 및 바이노큘러 방식을 포
함하는 HMD 시스템의 모든 작동 모드에 대하여 몇 가지 측면에서 HVS의 양안 특성 또한
매우 중요하다. 동공 간 거리(interpupillary distance, IPD)는 좌안과 우안 사이의 물리적 간격

으로 정의된다. 미 공군 인류학자들에 의해 4,000명의 비행사들로부터 측정된 IPD 값의 평균은 63.3 mm이다.[32]

8.3 헤드-마운트 디스플레이의 기초

이 절에서는 HMD 시스템의 설계 과정과 관련한 네 가지의 기본적인 측면뿐만 아니라 광학 구조 및 성능에 대하여 주로 논의할 것이다. 네 가지 측면에는 소위, 근축 광학 규격, 마이크로 디스플레이 광원, HMD 광학계의 기본 원리 및 광 합파기 기술을 들 수 있다.

8.3.1 근축 광학 규격

각각의 특별한 응용의 요구 조건에 호응하여 HMD 시스템의 설계 과정은 종종 FOV, 해상도, 마이크로 디스플레이 크기, 시스루 성능, 휘도, 동작 스펙트럼 대역 및 눈 정리와 같은 시스템 단계의 규격을 정의하는 것으로 시작한다. 이 규격들은 유효 초점거리(EFL), 광학 배율, 출사 동공 직경(EPD), 아이 릴리프(eye relief) 등과 같은 광학 뷰어(또는 아이피스)의 근축 파라미터를 유도하는 데 도움이 된다.

그림 8.3(a), (b)는 각각 몰입형 및 광학 시스루 HMD의 광학 구조 개략도를 보여준다. 두 방식의 디스플레이에서 마이크로 디스플레이 소자에 의해 방출되고 변조되는 광선들은 출사 동공을 통하여 아이피스에 의해 집속되고 투사된다. 투사된 광선들은 디스플레이상에서 가상의 이미지를 생성하는 소위 가상 디스플레이가 되므로 시청 시에 출사 동공으로부터 충분히 먼 거리에 위치한 것처럼 보인다. 시청자의 눈의 입사 동공이 아이피스의 출사 동공에 일치되게 하면, 눈은 가상 디스플레이를 인식한다. 따라서 아이피스에 의해 투사된 광선들은 눈 광학계에 의해 포커싱되어 가상 디스플레이의 망막 이미지를 형성한다. 광학 시스루 HMD의 경우에는 간단한 평판 빔 스플리터(beam-splitter)와 같은 광 합파기가 아이피스와 출사 동공 사이에 삽입되어 가상 디스플레이와 실제 세상의 영상들의 광 경로를 결합한다.

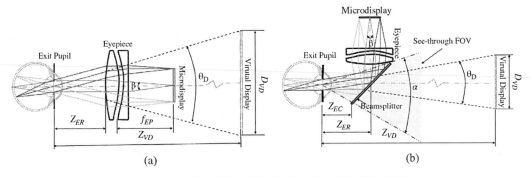

그림 8.3 (a) 몰입형 및 (b) 광학 시스루 HMD의 광학 설계 개략도

FOV는 시청자가 정보를 보는 각도 한계를 정의한 것으로 HMD 시스템의 가장 중요한 규격이다. 몰입형 또는 비디오 시스루 HMD의 FOV는 가상 디스플레이의 대향각(angular subtense)으로만 결정되는 반면, OST-HMD의 FOV는 가상 디스플레이 FOV 및 시스루 FOV라는 두 가지 측면을 갖는다. 단안식 HMD의 가상 디스플레이 FOV는 통상 도(°) 단위로 측정되는 순간 각도 범위로 정의되며, 표시되는 단안식 가상 이미지가 시청자의 눈에 대응한다. 이는 마이크로디스플레이의 활성 영역의 크기와 아이피스의 유효 광학 배율에 의존한다. 이는 대각선의 각도 θ_D로 규정되며 눈에 대한 가상 디스플레이의 대각선 크기에 대응하여 다음과 같이 쓸 수 있다.

$$\theta_D = 2\mathrm{atan}\left(\frac{D_{VD}}{2Z_{VD}}\right) \tag{8.4}$$

여기서 D_{VD}는 가상 디스플레이의 대각선 크기이고, Z_{VD}는 눈에 대한 가상 디스플레이의 겉보기 거리이다. 가상 디스플레이의 주어진 가로세로비(aspect ratio)에 대하여, 가상 디스플레이의 각각의 수평 및 수직 FOV, θ_H 및 θ_V를 쉽게 구할 수 있다.

가상 디스플레이의 겉보기 거리 Z_{VD}는 25 cm 또는 4디옵터에 가깝게 설정할 수 있으며, 이는 젊은 성인에 대한 조절 작용 한계에 가까운 점 또는 광학 무한대나 0디옵터로 간주된다. 실제로 목표로 하는 응용에 따라 설정된다. 예를 들어, 비행기 시뮬레이터와 같은 원격장(far-field) 응용에서는 가상 디스플레이 거리를 광학 무한대(다시 말해서, 적어도 6 m)로 설정하는 것이 선호된다. 반면에 수술과 같은 근접장(near-field)의 응용에서는 가상 디스플레이를 약 750 mm 정도로 설정하는 것이 선호된다. 운전 내비게이션과 같은 이중 근접장 응용에서는 가변 초점 또는 다중 초점면 디스플레이 또는 광 필드 디스플레이와 같이 올바른 포커스 큐의 렌더링이 필요하다. 이는 8.5절에서 상세히 논의하기로 한다.

그림 8.4에 개략적으로 묘사된 바와 같이, 복잡도와는 무관하게 아이피스는 항상 필수 점들과 함께 EFL, f_{EP}에 의해 특성을 평가할 수 있다. 이 그림에서 광선은 우측에서 좌측으로 추적된다. 주어진 마이크로 디스플레이와 아이피스의 전방 주요면 P 사이의 축상 거리인 Z_{MD}, 아이피스의 후방 주요면, P'과 출사 동공 간의 거리인 Z_{ER} 및 마이크로 디스플레이의 대각선 크기인 D_{MD}에 대하여, 가상 디스플레이의 위치와 크기는 각각 마이크로 디스플레이의 가장자리로부터의 주요 광선들의 추적에 의해 결정될 수 있으며 다음과 같이 표현된다.

$$Z_{VD} = \frac{f_{EP} \cdot Z_{MD}}{f_{EP} - Z_{MD}} + Z_{ER} \tag{8.5}$$

$$D_{VD} = \frac{f_{EP} \cdot D_{MD}}{f_{EP} - Z_{MD}} \tag{8.6}$$

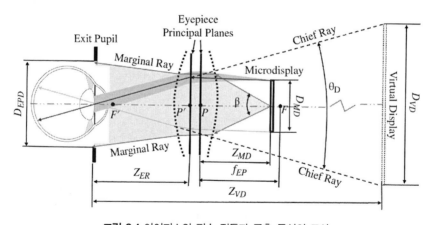

그림 8.4 아이피스의 필수 점들과 근축 특성의 묘사

마이크로 디스플레이가 아이피스의 전방 초점 F와 일치하도록 놓으면, 가상 디스플레이의 투사 광선은 시준된 것으로 간주할 수 있으므로, 가상 디스플레이는 시청자로부터 광학 무한대의 위치에 있는 것으로 보인다. 따라서 식 (8.4)의 단안식 FOV는 다음과 같이 단순화된다.

$$\theta_{\mathrm{D}} = 2\mathrm{atan}\left(\frac{D_{\mathrm{MD}}}{2f_{\mathrm{EP}}}\right) \tag{8.7}$$

OST-HMD에서 시스루 FOV가 가상 디스플레이 FOV보다 더 중요하지 않다면, 시청자가 실제 세상을 보는 각도 범위 α는 동일하게 정의된다. 그림 8.3(b)에서 보듯이, 특별한 구조에 사용되는 광 합파기의 방식에 따라 시스루 FOV는 종종 합파기 또는 기계적인 하우징의 크기에 의해 제한된다. HMD 시스템이 사람의 눈의 극도로 넓은 FOV에 부합하는 가상 디스플레이 및 시스루 경로의 FOV들을 가져가는 것이 매우 바람직하지만, 실제의 FOV들은 특별한 응용의 요구 조건의 영향을 받을 뿐만 아니라 몇 가지의 공학적 요소들에 의해 제약된다. 일반적으로 몰입형 및 비디오 시스루 HMD들은 가상 디스플레이에 대하여 몰입감과 존재감을 생성하기 위하여 가능한 한 눈의 FOV와 가까운 매우 넓은 FOV를 필요로 하는 반면에, OST-HMD의 경우에는 가상 디스플레이의 FOV가 상당히 과업 지향적이다. 예를 들어, 이메일이나 내비게이션 안내에 사용되는 단순한 정보 디스플레이의 경우에는 15°의 가상 디스플레이 FOV이면 충분하지만, 공간 컴퓨팅 응용에서는 50°나 그 이상의 가상 디스플레이 FOV가 필요하다. 따라서 디스플레이를 통하여 구현하고자 하는 주된 과업에 기반한 FOV의 요구 조건을 규정하는 것이 중요하다. 패터슨(Patterson)에 의한 일반적인 추천에 따르면, 표적화 및 객체 인식과 같은 과업에서는 50°의 디스플레이 FOV면 충분할 수 있고, 말초신경 자극을 필요로 하는 과업에서는 60°보다 큰 FOV가 필요할 것으로 보인다. 특별히 실제 세상에 대한 상황 인식이 중요한 응용의 경우에, OST-HMD의 시스루 FOV의 경우에는 가능한 한 넓은 FOV가 바람직하다. 8.3.4절에서 논의하겠지만, 모든 광 합파기에 대하여 넓은 시스루 FOV를 허용할 필요는 없다.

양안식 HMD의 총 FOV는 양쪽 눈에 의해 보이는 총 각도 범위이며 양안 중첩 FOV는 양쪽 눈에 의해 동시에 보여서 입체감을 렌더링할 수 있는 영역이다. 이 두 가지 측정 모두 양안 시스템의 두 팔(arm)들을 조립하는 데 사용되는 중첩 방식에 의존한다. 완전 중첩이 가장 보편적으로 사용되는 방식이며 여기에서는 단안식 FOV들이 완전히 중첩되도록 왼팔 및 오른팔 시스템의 광축이 배열된다. 이 경우에 시스템의 총 FOV와 양안식 FOV는 단안식 FOV와 동일하다. 단안식 FOV가 목표로 하는 응용에 적합하지 않을 때에는 부분적인 중첩 방식을 적용할 수 있다. 이 방식에서는 각 눈 광학계의 광축이 안쪽이나 바깥쪽으로 기울어서, 양안식 중첩 FOV를 희생하는 만큼, 총 수평 FOV가 증가한다. 그림 8.5(a)에 묘사한 바와 같이, 부분 중첩 FOV는 중앙부의 양안식 영역과 두 단안식 영역들로 구성된다. 그림 8.5(b), (c)는 각각 발산식 중첩과 수렴식 중첩을 사용한 두 개의 서로 다른 부분의 중첩 방식들을 더 자세히 묘사하고 있다. 여기에서 두 팔의 광축들은 서로에 대하여 가까워지는 방향으로 기울거나 멀어지는 방향으로 기운다. 주어진 단안식 디스플레이 FOV에 대하여 적절한 양의 중첩을 하는 것이 미해결의 문제로 남아 있다. 그릭스비(Grigsby)와 차오(Tsou)는 시각적 고려에 기반하여 적어도 40°의 양안식 중첩을 주장하는 반면 KEO(Kaiser Electro Optics) 소속 과학자들의 연구에서는 총 FOV의 백분율로 부분 중첩에 대한 사용자 선호도를 제안한다.[33, 34]

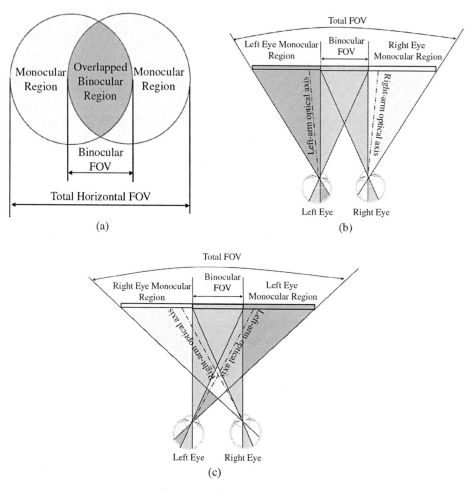

그림 8.5 HMD의 부분 중첩 방식 묘사

총 FOV가 증가하면 장점이 생기기는 하지만, 부분 중첩 방식과 관련한 약간의 단점들도 있다. 첫째, 완전 중첩 FOV는 하나의 연속 양안 영역으로 구성되는 반면에, 부분 중첩 FOV는 양안 중첩 경계에 의해 분리된 세 영역으로 구성된다. 이는 시각적인 분열을 야기할 수 있으며, 실제의 연속적인 세상을 조각 조각으로 렌더링하므로 부정확한 시각 인식과 해석을 야기한다. 둘째, 루닝(luning)이라 부르는 단안 영역 주변부에 주관적인 어두움의 정도가 일시적으로 변하는 현상이, 양안 중첩 경계의 부분 중첩 디스플레이에서 발생할 수 있다. 이 현상은 단안 영역의 다이콥틱(dichoptic) 자극의 본성에서 기인한다. 이는 다양한 형태의 양안 경쟁을 야기하며, 이러한 입력들은 인지를 위해 경쟁하고 각 눈의 입력들은 번갈아가며 다른 눈의 입력을 억압한다. 셋째, 시각 입력의 경쟁은 부분 중첩 FOV의 단안 영역에서의 측정 가능한 목표들을 더 줄일 수 있다. 네 번째 문제는 발산 또는 수렴 중첩의 선택이다. 클리멘코(Klymenko)와 동료 연구자들은 발산식 디스플레이보다 수렴식 디스플레이에서 루닝과 분열이 더 적다고 보고하였다.[35]

해상도는 HMD 시스템의 또 다른 중요한 규격으로, 시청자가 디스플레이를 통하여 보는 공간적인 세부 정보의 한계로 정의된다. 몰입형 또는 비디오 시스루 HMD의 해상도는 가상 디스플레이의 해상도 한계에 의해서만 결정되는 반면에, OST-HMD의 해상도에는 가상 디스플레이 해상도 및 시스루 해상도의 상이한 두 가지의 측면이 있다. 통상 수평 및 수직 방향으로 어드레스할 수 있는 화소들의 수 또는 대안으로 화소 간격이 보편적인 2D 디스플레이 패널의 해상도 규격으로 사용되고 있지만, 둘 중 어느 것도 HMD를 통해 사용자가 보는 명확한 영상 품질을 의미있게 반영하지 못한다. 대신에 그림 8.6에 묘사한 바와 같이, 공간적인 세부 정보를 보는 눈의 능력을 정의하는 VA라는 용어와 유사하게 HMD의 가상 디스플레이 해상도는 눈에 대한 가상 디스플레이의 화소 간격 P_{VD}에 대응하는 시야각(visual angle) $\Delta\theta$에 의해 가장 잘 정의된다. HMD의 각 해상도로 알려진 화소당 시야각이 가상 디스플레이 거리 또는 FOV와는 독립적으로 눈에서의 명확한 영상 품질을 측정하기 위한 더 정확한 파라미터이며 다음과 같이 나타낼 수 있다.

$$\Delta\theta = 2\mathrm{atan}\left(\frac{P_{VD}}{2Z_{VD}}\right) \approx 2\mathrm{atan}\left(\frac{P_{MD}}{2f_{EP}}\right) \tag{8.8}$$

여기서 P_{VD}는 가상 디스플레이의 화소 간격이다. 눈의 VA와 직관적으로 비교하기 위하여, 식 (8.8)의 각 해상도는 통상 화소당 아크 분으로 나타낸다. 주어진 방향으로의 HMD의 각 해상도는 해당 방향으로의 FOV를 이에 상응하는 해당 방향의 화소 수로 나눈 다음 아크 분(즉, 1°는 1/60아크 분에 해당)으로 변환하는 방식으로 측정할 수 있다. 예를 들어, 주어진 방향으로 50° 및 1,000화소를 갖는 경우에 이에 상응하는 각 해상도는 화소당 대략 3아크 분 정도이다.

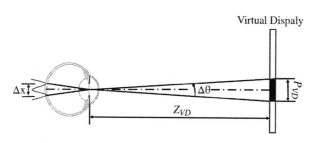

그림 8.6 HMD에서 가상 디스플레이의 각도 해상도의 묘사

OST-HMD의 시스루 해상도 또한 중요하며, VA의 경우와 비슷한 방식으로 정의된다. 평면 빔 스플리터와 같은 특정 광 합파기에서는 시스루 경로의 광 해상도가 거의 나빠지지 않는 반면에, 프리폼 합파기와 같은 일부 합파기에서는 적절하게 최적화하지 않으면 시스루 경로에 심각한 영향을 끼치게 된다.

넓은 FOV와 고해상도 모두 고성능 HMD가 필요로 하는 특성들이지만, 실제로는 특정 목적이 부가된 요건에 부합하기 위해 FOV나 해상도뿐만 아니라 중량이나 부피와 같은 인자들과 균형을 맞추는 과정에서 종종 상충이 발생한다. 마이크로 디스플레이의 가용한 화소 수를 고정한 상태에서는 FOV가 증가함에 따라 디스플레이의 각 해상도가 감소한다. 상충 관계를 알아보기 위하여 그림 8.7에서는 해당 방향에서의 화소 수에 따라 각도 단위의 전체 수평 및 수직 FOV의 함수로 아크 분 단위의 디스플레이 각 해상도를 나타내었다. 주어진 가용한 화소 수에 대하여 FOV가 증가함에 따라 가상 디스플레이의 각 해상도가 감소한다. 1아크 분이나 그 이하로 HMD의 각 해상도와 HVS의 공간 해상도가 부합하는 것이 매우 바람직하지만, 최첨단 VR 디스플레이는 해상도보다 FOV에 우선순위를 두기 때문에, 통상 약 5~10아크 분의 각 해상도를 제공한다.

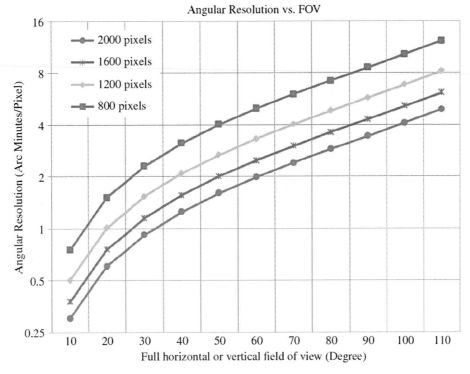

그림 8.7 HMD 시스템의 해상도와 FOV의 상충 관계

그림 8.3에 나타낸 바와 같이 HVS의 경우 안락한 시청 거리에서 가상 디스플레이 이미지를 생성하는 함수 이외에 아이피스 또한 마이크로 디스플레이로부터 투사된 광선이 시청자의 눈에 결합되는 과정을 통하여 출사 동공을 형성한다. 보통, 특정 공칭 출사 동공 위치에서 전체 FOV를 통틀어 비네팅이 없는 가상 이미지를 만들어내기 위한 아이피스 광학계를 위하여 공칭 EPD가 정의된다. 통상의 눈 동공 직경과 눈의 운동을 고려하여 HMD의 EPD는 보통 적어도 $10 \sim 12\,mm$이어야 한다고 제안된다. 이 범위의 EPD는 통상의 HMD가 제공하는 조명 조건과 $3\,mm$의 눈 동공에 대하여 비네팅이나 영상 손실 없이 안와 내에서 $\pm 21°$에서 $\pm 26.5°$까지의 눈 회전을 가능하게 한다. 게다가 서로 다른 사용자들에 대하여 양안식 광학계의 IPD를 기계적으로 조절할 필요 없이 $\pm 5\,mm$에서 $\pm 6\,mm$의 IPD 공차를 허용한다.

공칭 출사 동공 위치는 공칭 출사 동공과 눈의 임의의 부분에 대한 아이피스 구조 내에서 가장 가까운 표면의 최근접 점 간의 축간 거리에 의해 규정될 수 있으며, 이는 아이 클리어런스(eye clearance) Z_{EC}로 부른다. HMD의 시청 편의성은 적절한 아이 클리어런스에 의존하므로 HMD는 눈, 속눈썹 또는 안경(만약 시청자가 착용하는 경우)에 닿지 않아야 한다. 눈의 입사 동공의 위치는 안구 내부에 있으며, 전방 각막의 꼭짓점으로부터 약 3 mm 지점이므로 권장되는 아이 클리어런스의 최솟값은 표준 2 mm 두께의 안경을 쓰는 것을 허용할 수 있도록 17 mm이며, 이는 눈의 입사 동공에서 안경의 안쪽 면까지의 거리를 15 mm를 가정한다. 대부분의 안경들을 착용하기 위하여 23 mm의 아이 클리어런스가 선호되지만, 응용 분야와 사용자 수에 의존하여 추가적인 규약이 변동될 수도 있다. 안경을 고려하지 않은 상태에서 적절한 아이 클리어런스를 제공하는 대안은 각 사용자에 대한 굴절률 보정을 제공하는 것으로, 초점 조절이나 또는 광학계의 삽입을 통하여 이루어진다. 주어진 FOV에 대하여 시청 광학계의 크기를 증가시키면 종종 아이 클리어런스가 증가하여, 크기가 커지고, 중량이 증가하며, 아이 클리어런스의 증가에 따라 더 많은 광학계의 외부 경계를 최적화해야 할 필요가 생기므로 광학 성능이 떨어지게 된다.

공칭 출사 동공 위치를 규정하기 위해 주로 사용되는 또 다른 성능지수는 아이 릴리프(eye relief) Z_{ER}로, 공칭 출사 동공과 아이피스 구조에서 마지막 면의 꼭짓점 사이의 거리로 정의된다. 그림 8.3(b)에 나타낸 바와 같이, 시축에 대하여 경사진 광 합파기를 사용한 OST-HMD의 경우에 두 규격은 상당히 달라진다. 아이 릴리프가 너무 크면, 충분한 아이 클리어런스를 제공할 수 없다. 따라서 눈에 대한 HMD 위치를 기술하는 데 사용되는 가장 적절한 성능지수가 아이 클리어런스임을 강조할 필요가 있다.

공칭 EPD 및 아이 클리어런스의 규격화가 필요할 뿐만 아니라 HMD는 시청자의 눈이 광학계 쪽으로 더 가까이 움직이거나 멀어지거나 출사 동공의 중앙으로부터 횡방향으로 움직이는 것을 허용해야 한다. 이와 같은 이유로 HMD 시스템의 아이박스가 규정될 수 있으며, 이는 공칭 출사 동공 위치를 중심으로 하는 3D 부피로 정의된다. 아이박스 내에서 특정 수준의 비네팅과 무관하게 디스플레이의 완전한 FOV를 보도록 눈이 위치할 수 있다. 그림 8.8(a), (b)는 공칭 출사 동공 규격 및 비네팅과 관련하여 각각 횡단면과 축방향에서의 아이박스를 묘사한다. 예를 들어, 그림 8.8(a)에는 검은 실선으로 나타낸 EPD가 있는 아이피스 디자인이 주어져 있다. ①은 눈 동공 지름 D, ②는 출사 동공면 내에서의 횡방향 눈 운동의 아이박스 한계를 나타낸다. 여기서 전체 눈 동공은 내부로 들어오지만 EPD의 경계에서 떨어지기 시작하고 전체 FOV에 비네팅이 유도되지 않는다. 또한 ③은 전체 눈 동공이 아이피스 EPD 경계의 바깥에서 막 떨어지고 FOV의 가장 먼 가장자리에서 시청자에게 막 완전히 안보이게 되

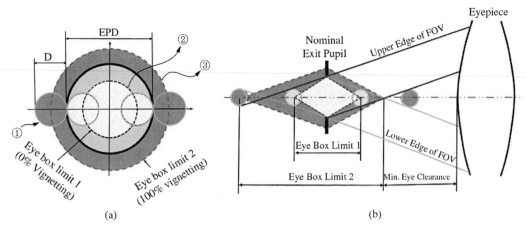

그림 8.8 (a) 출사 동공의 횡단면과 (b) 축방향에서의 아이박스의 묘사

는 아이박스 한계를 나타낸다. 다시 말해서, FOV의 가장 먼 가장자리 지점에서 100% 비네팅에 도달한다. 눈 동공이 EPD 경계로부터 계속해서 더 멀어짐에 따라 FOV에서 보이지 않는 부분이 증가하게 된다. 이와 유사하게, 그림 8.8(b)에서 보듯이 비네팅이 허용되지 않는 경우, 연한 암영 영역 내부나 FOV의 가장 먼 가장자리 쪽으로 시청자에게 막 완전히 보이지 않게 되거나 100% 비네팅에 도달한 가장 먼 축상 지점을 나타내는 진한 암영 영역 내부에서 눈 동공이 공칭 출사 동공 위치로부터 축을 따라 계속해서 더 멀어질 수 있다. 비네팅이 인식되는 이미지의 밝기에 비례하는 손실을 가져온다는 점과 허용 가능한 비네팅의 수준은 응용에 따라 다를 수 있다는 점은 규명할 필요가 있다. 주어진 필드 각도에 대하여 100% 비네팅은 영상의 가시도의 컷오프를 의미하므로, 그림 8.8에 나타낸 바와 같이 아이박스 한계를 규정하는 극한 경계 조건으로 사용된다.

넓은 FOV와 큰 아이박스가 HMD 시스템의 두 가지의 가장 바람직한 특성이지만, 실제로 광학계의 라그랑주 불변으로 인해 FOV와 EPD 사이에 종종 설계상의 상충이 발생한다.[36] 라그랑주 불변 Ж는 시스템을 관통하는 근축 주변 광선과 주 광선에 의해 형성되며, 출사 동공에 적용하면 다음과 같이 주어진다.

$$\text{Ж} = \frac{n \cdot \theta_D \cdot D_{EPD}}{4} \tag{8.9}$$

여기서 n은 시각 공간의 굴절률로 아이피스와 눈 사이에 공기층을 가정(정상적인 경우)하면 보통 1이다. 식 (8.9)에 나타낸 바와 같이, 일정한 라그랑주 불변값에 대하여 시각 공간 내에 있는 HMD 시스템의 FOV, θ_D는 EPD의 직경과 반비례한다.

광학계의 라그랑주 불변은 처리율 또는 복사 전달에 있어서의 광학계의 에텐듀(etendue)와 관련이 있으며, 이는 광학계에 의해 모아져서 이미지에 도달하는 물체의 빛 또는 복사 에너지의 양을 결정한다. 광학계의 처리율 η는 다음과 같이 라그랑주 불변과 연관된다.

$$\eta = \pi^2 \varkappa^2 = n^2 A_{EPD} \Omega_{FOV} \tag{8.10}$$

여기서 A_{EPD}는 출사 동공의 면적으로 간주될 수 있고, Ω_{FOV}는 가상 디스플레이에 의해 정해지는 입체각이다. 광학계의 처리율은 보존되고 마이크로 디스플레이로부터 아이피스에 의해 수집된 선속은 가상 디스플레이로 전달된다. 따라서 라그랑주 불변을 마이크로 디스플레이의 공간에 유사한 방식으로 적용할 수 있으며 처리율은 다음과 같이 나타낼 수 있다.

$$\eta = \pi^2 \varkappa^2 = n'^2 A_{MD} \Omega_{EP} \tag{8.11}$$

여기서 n'은 마이크로 디스플레이 공간의 굴절률이다. A_{MD}는 마이크로 디스플레이의 면적이고, Ω_{EP}는 아이피스의 입사 동공에 의해 정해지는 입체각이다. Ω_{EP}는 개구율(NA)의 제곱에 비례하며, 같은 방식으로 마이크로 디스플레이 공간 내의 아이피스의 f/#에 비례한다.

광학계의 라그랑주 불변값을 바꾸면 광학계의 처리율과 크기도 비례적으로 변한다. 따라서 시스템의 총 크기의 고려에 따른 FOV와 EPD 간의 상충 또한 따라오게 된다. 예를 들어, HMD 시스템의 FOV는 동일하게 유지하면서 EPD 규격을 두 배로 하면 시스템 처리율이 4배로 증가하게 되며, 이를 위하여 동일한 아이피스 NA에 대하여 마이크로 디스플레이 크기를 2배로 늘이거나 동일한 마이크로 디스플레이 크기에 대하여 아이피스의 NA를 2배로 할 필요가 있다. 이러한 상충 관계를 설명하기 위하여 그림 8.9에 서로 다른 마이크로 디스플레이 패널 크기 또는 아이피스 NA의 선택에 따른 총 FOV의 함수로의 가장 저렴한, 비네팅이 없는 EPD 값을 도시하였다.

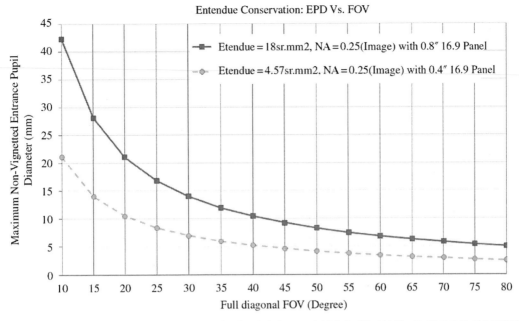

그림 8.9 서로 다른 마이크로 디스플레이 패널 크기 또는 아이피스 NA의 선택에 따른 시스템 FOV와 EPD의 상충에서의 라그랑주 불변 효과

8.3.2 마이크로 디스플레이 광원

HMD 시스템의 핵심 요소들 중의 하나는 표시되는 영상을 렌더링하기 위한 변조 광원으로, 각각의 HMD 시스템은 최소 한 개나 그 이상의 이러한 소자들을 필요로 한다. 가장 보편적으로 사용되는 변조 광원은 어레이 형태의 화소들로 이루어진 마이크로 디스플레이 소자로, 각각의 화소들은 표시되는 영상을 렌더링하기 위하여 스스로 빛을 내거나 다른 광원의 빛을 변조한다. 변조 광원은 레이저 또는 레이저 다이오드와 같이 점광원이거나, 선형 광원일 수도 있다. 변조 광원은 2D 또는 3D 이미지를 생성하기 위하여 시야를 가로질러 변조되고 주사되므로 주사 방식 디스플레이로 부른다. 마이크로 디스플레이를 더 세분하면 스스로 빛을 내는 발광형과 레이저, 레이저 다이오드, LED 또는 다른 램프와 같은 광원의 빛을 변조하는 공간-광변조(spatial-light modulating, SLM) 방식으로 나뉜다. 발광형 마이크로 디스플레이에는 소형 음극선관(cathode ray tube, CRT), OLED 디스플레이(organic light-emitting diode displays, OLED) 및 더 최신의 마이크로 LED 소자 등이 있으며 SLM 방식 디스플레이에는 능동 행렬 액정 디스플레이(active-matrix liquid crystal display, AM-LCD), liquid-crystal-on-silicon

(LCoS) 패널, 강유전성(ferroelectric) liquid-crystal-on-silicon(FLCoS) 디스플레이 및 디지털 미러 디스플레이(digital-mirror display, DMD) 등을 들 수 있다. SLM 방식 중에서 AM-LCD는 투과형으로 백라이트 광원을 필요로 하지만 나머지 다른 소자들은 반사형으로, 빛의 전면 조사를 필요로 한다.

마이크로 디스플레이 기술의 발전은 HMD의 개발에 지대한 영향을 끼쳤다. 수십 년 전에는 HMD의 구조에 소형 CRT가 유일한 선택지였지만, 1990년대에는 제한적인 해상도를 갖는 AM-LCD가 HMD의 주된 기술이 되었다. 더 최근에는 고해상도 AM-LCD, DMD 패널, LCoS 패널, FLCoS 디스플레이 및 OLED와 같은 다양한 새로운 마이크로 디스플레이 기술들이 개발되고 진화하여 주류 기술이 되었다. 이러한 마이크로 디스플레이 기술들은 화소 해상도를 VGA 및 SVGA에서 SXGA 및 완전 고해상도(full high-definition, full HD)까지 쉽게 제공한다. 이 기술들 중의 일부는 이미 4 K 또는 그 이상의 해상도를 제공할 수 있다. 표 8.3은 주요 제조업체들로부터 적용 가능한 어레이 방식 마이크로 디스플레이들의 예를 보여준다. 최신의 마이크로 LED 디스플레이는 연구 개발 중에 있으며, 선택 가능한 또 다른 기술이 될 것으로 기대된다. 추가로, 레이저 다이오드 기반 이미지 광원은 주사 디스플레이에 적용되고 있으며, 높은 이미지 휘도를 필요로 하는 응용에서 장점을 드러냈다.

어떤 마이크로 디스플레이를 선택하느냐가 인간공학과 HMD 시스템의 광학 성능에 결정적인 영향을 미치므로, 기본적인 시스템 기준에 따라 선택하는 것이 가장 첫 번째의 설계상의 결정 요소 중의 하나이다. 마이크로 디스플레이를 선택할 때 고려해야 할 중요한 파라미터들에는 마이크로 디스플레이 방식, 물리적 크기, 색채 구현 방식, 화소 해상도, 휘도, 전력 소비, 재생율 및 화소 지속성 등이 있다. 그 예로서, 마이크로 디스플레이 방식을 고려하면, 발광형과 백라이트 방식은 더 소형의 시스템을 구현할 수 있는 반면에, SLM 디스플레이는 시스템은 더 커지지만 더 고휘도로 만들 수 있다.

OLED의 자기 발광 성질과 소형 패키징 기술은 이 기술들 중에서 잠재적으로 가장 소형의 시스템을 제공할 수 있다. 추가적으로 OLED 디스플레이는 넓은 광 방출각으로 인하여 아이피스 구조상에서 텔레센트릭(telecentric) 렌즈를 필요로 하지 않기 때문에 종종 더 소형화된 렌즈 구조가 가능하다. 현재 다양한 제조업체들에 의해 제조되는 OLED 마이크로 디스플레이는 대각선 기준 약 0.4″에서 1″의 양호한 패널 크기 범위를 가지고, 대략 6~15 μm의 화소

표 8.3 어레이 방식 마이크로디스플레이 기술 조사

	OLED	Micro-LED	AM-LCD	LCoS (Color filter)	LCoS (Color sequential)	LCoS (Color sequential)	FLCoS	DMD
Manufacturer	Emagin	Plessey	Kopin	Himax Display	Jasper Display	Holoeye	Forth Dimension	Texas Instrument
website	http://www.emagin.com	http://www.plesseysemiconductors.com	http://www.kopin.com	http://www.himaxdisplay.com	https://www.jasperdisplay.com	http://www.holoeye.com	http://www.forthdd.com	http://www.dlp.com
Model	EMA-101306-01	Prototype	SXGA LBC	HX7097	JD2552 SP55	HED-2200	M150 QXGA	DLP4710
Type of illumination	Self-emissive	Self-emissive	Backlight	Front illumination optics				
Size(diagonal) (inch)	1.07	0.7	0.97	0.294	0.7	0.26	0.83	0.47
Resolution (pixel)	2048×2048	1920×1080	1280×1024	800×3×480	1920×1080	1280×720	2048×1536	1920×1080
Pixel size (µm)	9.3×9.3	8×8	15×15	7.7×7.7	6.4×6.4	4.5×4.5	8.2×8.2	5.4×5.4
Max Luminance (cd/m2)	250	100,000		Depending on illumination source and optics				
Contrast Ratio	100,000 : 1	N/A	300 : 1	N/A		1000 : 1	N/A	>1000 : 1 depending on illumination
Color method	RGB sub-pixels		RGB sub-pixels	RGB sub-pixels	Color sequential	Color sequential	Color sequential	Color sequential
Color depth (bit)	24	10 (monochrome)	24	24	8-bit gray	8-bit gray	24	24
Frequency (Hz)	120		60	60	480 color field	300 color field	100	120
Fill factor	75%		N/A	N/A	>93%	92%	>94%	N/A
Optical efficiency	N/A		<10% (Estimated)	<10% (Estimated)	94%	70%	60-70%	N/A
Power	600mW	5mW	N/A	N/A	N/A	N/A	N/A	N/A
Consumption (typical)								

간격을 갖는다. 그러나 OLED에서는 알아야 할 몇 가지 단점들이 있다. 무엇보다도 현재의 OLED의 휘도가 FLCoS 및 LCoS 마이크로 디스플레이와 같은 반사형 SLM에 비하여 상대적으로 낮다. 다행히 최근 들어 좀 더 휘도가 높은 OLED들이 등장하고 있다. OLED의 낮은 휘도로 인하여 밝은 실내 및 옥외 환경에서 사용하는 OST-HMD에서는 적합하지 않은 것으로 여긴다. 추가적으로 OLED는 다른 마이크로 디스플레이들보다 동작 수명이 더 짧고, 디스플레이가 고휘도에서 동작하는 경우에는 수명이 더욱 단축된다. 또한, 디스플레이 수명 기간 동안 색에 따라 불균일한 열화가 발생한다. 마이크로 LED 디스플레이의 급속한 발전으로 발광형 디스플레이의 전망이 상당히 개선될 것으로 기대되며, 더 높은 휘도와 더 낮은 전력 소비가 가능한 마이크로 디스플레이를 만들 수 있을 것으로 전망된다.

SLM 방식 마이크로 디스플레이 중에서 AM-LCD는 투과 방식이라서 백라이트 패널만이 필요하기 때문에 크기가 있는 조명 유닛을 필요로 하는 다른 SLM 방식보다 잠재적으로 더 소형의 시스템을 제공한다. 추가적으로 백라이트 방식 AM-LCD는 반사형 방식보다 더 넓은 시야각을 가지므로, 서로 다른 필드각에 대하여 광 원뿔의 입사각에 제약이 덜하므로, 아이피스 구조에 있어 텔레센트릭(telecentric) 요건을 부과하는 마이크로 디스플레이들보다 더 소형의 아이피스 구조가 가능해진다. 그러나 AM-LCD는 낮은 투과 효율, 상대적으로 낮은 명암비 및 낮은 동적 범위(LDR)를 갖는 경향이 있다. 추가적으로 AM-LCD는 컬러 디스플레이를 구현하기 위하여 각 화소당 3개의 부화소 셀들을 필요로 하므로 다른 가용한 마이크로 디스플레이 기술들과 비교하여 화소 크기가 더 커진다.

LCoS, FLCoS 및 DMD 기반 마이크로 디스플레이는 투과 방식 LCD와 비교하여 일반적으로 훨씬 더 높은 필 팩터(fill factor)와 반사율을 갖는다. 이 기술들은 고휘도 LED 또는 레이저 다이오드를 이용하므로 OLED보다 더 높은 휘도와 더 긴 수명을 갖는 디스플레이의 구현이 가능하다. 현재 이러한 마이크로 디스플레이들은 높은 화소 해상도(1080 p가 매우 흔한 수준), 휘도 출력, 광학 효율 및 영상 명암비를 나타내므로, 밝은 환경에서의 OST-HMD 시스템을 위한 주된 선택이 된다. 반면에 반사 방식의 특성상 전면에서 마이크로 디스플레이로 빛을 조사하기 위한 세심하게 설계된 조명 유닛이 필요하므로 AM-LCD 또는 OLED 마이크로 디스플레이를 이용한 시스템보다 전체적인 시스템의 크기가 더 커진다. LCoS 및 FLCoS 마이크로 디스플레이는 조명 광선이 디스플레이 표면으로 수직하게 입사하는 경우에 가장 효율적으로 동작한다. 수직 입사 조건에서는 모든 광선들이 액정 물질로 입사할 때의 광학 경로가 동일하지만, 경사진 입사의 경우에는 영상 명암비가 줄어든다. 출력 이미지에서 높은 명암비를 보장하기 위해서는 입사각이 ±16°의 범위 안에 들어야 하는데, 이는 광학 엔진과 이미징 렌즈 모두의 설계에 있어 까다로운 조건이 된다. 이와 유사하게 DMD 기반 마이크로 디스플레이는 입사 조명 빔과 반사 출력 빔이 소정의 각도로 분리되어야 하는데, 충분한 명암비의 이미지를 얻기 위한 조건이 마이크로 거울의 경사각에 의해 제한된다. 따라서 반사형 SLM에 대한 광선 각도 요건이 HMD 시스템의 아이피스 광학계에서의 유효 NA 또는 F/#이나 가용한 처리율에 한계를 설정한다. 게다가 일부 LCoS 마이크로 디스플레이에 사용되는 액정의 화면 재생율은 색 순차 방식으로 단일 패널을 이용하여 풀컬러를 제공하기에는 부적합할 수도 있다. 이 경우에 색 심도가 절충되거나 풀컬러를 얻기 위하여 큰 조명 시스템을 적용한 다중 디스플레이 패널이 채택되어야 한다. 이에 대한 대안으로 강유전성 액정 또는 DMD 소자의 빠른 응답 속도는 색 순차 방식과 단일 패널을 사용하여 풀컬러를 구현하는 것을 가능하게 한다.

마이크로 디스플레이의 적정한 크기를 선택하는 것이 HMD 시스템의 광학 성능과 인간공학 모두에 결정적인 역할을 한다. HMD 구조에서 패널이 더 작을수록 시스템의 소형화가 가능해지는 장점이 있지만, 종종 더 큰 패널의 경우보다 FOV가 좁아지는 것을 감수해야 한다. 왜냐하면 더 작은 패널로 동등한 FOV를 얻기 위해서는 광학 배율을 더 키워야 하기 때문이다. 식 (8.4)에서 식 (8.7)에 주어진 바와 같이 더 작은 패널로 더 큰 패널과 동일한 FOV를 얻기 위해서는 아이피스의 초점거리가 더 짧아져야 한다. 게다가 식 (8.11)에서 제안한 바와 같이 더 작은 패널에서는 동일한 아이피스 NA를 가정하면 성능이 나빠지거나 또는 동일한 성능을 유지하기 위해서는 더 큰 패널보다 아이피스의 NA가 더 높아져야 한다. 디스플레이 패널이 너무 작으면, 유효한 FOV를 얻기 위해서는 초점거리가 짧아지거나 배율이 더 커질 필요가 있으며, 이를 위하여 낮은 f/# 시스템을 위한 도전적인 설계가 필요하다. 동일한 화소수를 제공하기 위해서는 더 작은 패널은 더 큰 패널보다 화소 간격을 줄여야 한다. 작은 화소 간격을 갖는 마이크로 디스플레이들은 시청에 필요한 적절하게 확대된 화소들의 이미지를 생성하기 위하여 광학 배율을 더 키울 필요가 있으며, 따라서 광학 성능 요건의 측면에서 광학 설계상의 거센 도전에 직면한다.

8.3.3 HMD 광학계의 원리와 구조

HMD에 사용되는 마이크로 디스플레이는 직접 보기에는 너무 작고 눈에 너무 가까이 놓인다. 대신에 몰입형 및 시스루 HMD의 핵심 요소로 보통 아이피스라 부르는 광학 뷰어가 필요하다. 광학 뷰어는 마이크로 디스플레이 광원으로부터 광선을 모아서 편안한 시청을 위해 거리가 떨어진 곳에 마이크로 디스플레이의 확대된 상을 형성하고 광선을 눈에 적절하게 결합시킨다. 따라서 HVS의 광학 인터페이스로 간주할 수 있다.

수십 년 동안 HMD를 위한 소형, 경량 및 고성능 아이피스의 구조가 연구되어 다양한 형태의 광학 구조들이 개발되었다. 현존하는 HMD를 위한 광학 구조의 형태는 비동공 형성 방식 대 동공 형성 방식으로 분류된다. 그림 8.10(a)에서 보듯이 비동공 형성 구조에서는 광선 다발의 통과를 제한하는 광학계 출사 동공에 대한 광학 공액의 위치가 아이피스 내의 어디에도 없다. 이 경우에, 시청자의 눈의 입사 동공은 광학 시스템의 조리개 역할을 한다. 통상, 이 방식의 시스템은 더 소형이고, 공칭 출사 동공 위치로부터 축상으로 넓은 범위의 눈의 위치를 허용한다. 왜냐하면 사용자는 마이크로 디스플레이와 눈의 해당 지점 사이에 가능한 광 경로가 존재하는 한 주어진 점의 가상 이미지를 볼 것이기 때문이다. 비동공 형성 구조의 주

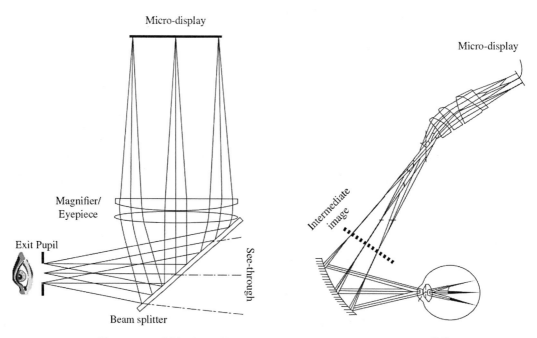

그림 8.10 HMD의 (a) 비동공 형성 광학 구조와 (b) 동공 형성 광학 구조의 예[37]

된 단점은 눈 동공 거리가 증가함에 따라 광학계의 크기 및 수차가 더불어 증가한다는 점이다. 이는 FOV의 상당한 감소가 없이 시스루 특성이 가능하도록 평면 빔 스플리터로 광학 경로를 꺾는 데 어려움을 야기한다. 반면에, 그림 8.10(b)에 묘사한 바와 같이 동공 형성 뷰어 구조는 마이크로 디스플레이 광원을 매개하는 이미지 공액을 형성한다. 그밖에 최종의 가상 디스플레이와 그 광학계는 전송되는 광선 다발을 제한하는 내부의 광학 조리개를 제공한다. 이 경우에 광학계는 내부 조리개와 출사 동공 사이에 광학 공액을 형성할 필요가 있다. 공액 내의 큰 부정합에 의해 전체 가상 디스플레이 이미지 중 일부가 사라질 수도 있다.

광학 구조의 관점에서 HMD를 위한 현존하는 구조들은 네 가지의 다양한 구조들을 갖는다. 각각, 확대기 방식(magnifier type), 대물-아이피스 복합 방식(objective-eyepiece compound type), 투사 방식(projection type) 및 망막 주사 방식(retinal scanning type)이다. 그림 8.11(a)~(d)는 각 방식의 예들을 보여준다. 그림 8.11(a)에서 보듯이, 확대기 방식은 가장 간단한 형태의 광학 뷰어로, 마이크로 디스플레이가 광학계의 후면 초점이나 내부에 위치하여 마이크로 디스플레이의 확대된 가상 이미지를 형성한다. 광학계로부터 나오는 광선들은 집속되어 스크린상에 투사되지 않고, 발산하거나 시준되어 스크린에서 감지할 수 없다. 이와 같이 단순한 확대기를 통과하면, 광학계 내에서 마이크로 디스플레이 광원의 매개 이미지 표면 공액이 없으므로, 단순 확대기 방식 뷰어는 비동공 형성 구조이다.

그림 8.11(b)에서 보듯이, 대물-아이피스 복합 구조는 대물 렌즈군과 아이피스군으로 구성된다. 대물군은 연계 렌즈로서 기능을 하고 마이크로 디스플레이의 중간 이미지를 형성하며 통상 광선 다발의 통과를 제한하는 시스템 개구로서 내부 조리개를 갖는 반면에, 아이피스군은 시청을 위한 확대된 가상 이미지를 형성하기 위해 중간 이미지를 확대하고, 시스템의 출사 동공에서 공액 이미지를 형성하기 위한 내부 조리개를 연계한다. 따라서 복합 방식의 광학 뷰어는 자연히 동공 형성 방식의 구조이며 더 제한적인 아이박스의 조건을 물려받는다. 가변-초점(vari-focal) 또는 다초점(multi-focal) 평면 HMD와 같은 수많은 첨단 HMD의 구조에 있어서 이 복합 방식의 구조가 명성을 얻고 있다(8.5.3절 참조). 이 장치들은 가상 디스플레이의 초점 심도를 변할 수 있게 하는 가변 초점 요소(vari-focal element, VFE)를 필요로 한다. 이러한 시스템에서는 가상 디스플레이의 FOV 각도가 시스템의 광 전력의 변화와 무관하도록 VFE를 출사 동공의 광학 공액인 내부의 조리개 위치에 놓는 것이 바람직하다.[38, 39] 이러한 HMD 구조와 관련한 더 상세한 내용은 8.5.3절에서 논의하기로 한다.

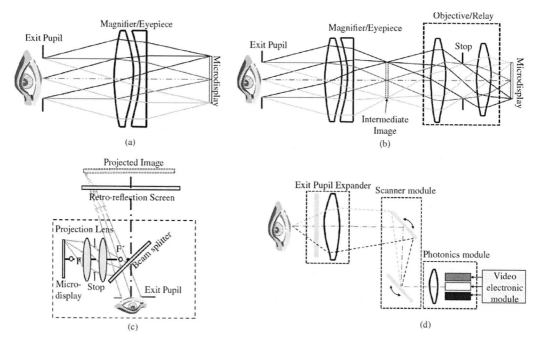

그림 8.11 HMD를 위한 광학 구조 방식 예: (a) 확대기 방식 (b) 대물-아이피스 복합 (c) 투사 방식 및 (d) 망막 주사 방식

투사 방식 시청 광학계는 헤드-마운트 프로젝션 디스플레이(head-mounted projection display, HMPD) 기술에 사용된 HMD를 위한 대체 광학 구조 방식이다. HMPD 기술은 키지마(Kijima) 및 히로세(Hirose),[40] 피셔(Fisher),[41] 퍼게이슨(Fergason)[42]이 처음 시작하였고 Hua 및 롤랑 (Rolland)의 연구 그룹에 의해 폭넓게 연구되었다.[43-53] 그림 8.11(c)에서 보듯이, 단안식 HMPD 구조는 소형 디스플레이, 투사 렌즈, 빔 스플리터 합파기 및 역반사 스크린으로 구성 된다. 통상의 HMD와는 대조적으로, HMPD는 확대기 방식 또는 대물-아이피스 복합 방식 광 학계를 투사 렌즈로 대체한다. 투사 렌즈의 초점거리를 벗어나 위치한 소형 디스플레이에서 렌더링된 이미지는 렌즈를 통해 투사되어 허상 대신에 확대된 실상을 형성한다. 평면 빔 스 플리터와 같은 합파기는 투사 렌즈 뒤에 위치하며, 투사 렌즈로부터 오는 빛을 반사시켜 일 반적인 투사 시스템에서 통상 사용되는 확산 스크린을 대체한 역반사 스크린 쪽으로 보낸다. 역반사 스크린으로 투사된 광선은 입사 광선과 반대 방향인 빔 스플리터 쪽으로 되돌아갈 것이다. 투사 렌즈의 공액 위치에 있는 시스템의 출사 동공에 시청자의 눈이 위치하므로, 역 반사된 빛은 확대된 허상을 형성한다. 따라서 HMPD 장치는 동공 형성 방식 구조이다. 확산 스크린을 갖는 일반적인 투사 시스템과 비교하여 역반사 스크린은 투사된 광선만 반대 방향

으로 반사시키므로, 역반사 스크린의 위치와 무관하게 투사 렌즈에 의해 투사된 실상과 같은 위치에 허상이 생성되어 출사 동공의 위치에서만 볼 수 있다. 이러한 까다로움 때문에, 한 쌍의 헤드-마운트 투사기를 집적한 양안식 HMPD 시스템을 구성할 수 있다. 여기서는 투사와 역반사의 독특한 조합으로 좌안과 우안에 대한 투사 영상 사이의 누화를 제거하여 입체 및 다중 시청이 가능하게 한다. 그림 8.12(a)~(d)는 Zhang과 Hua가 만든 HMPD 시스템의 광학 구조와 시제품,[7] HMPD 기술로 만든 증강 가상 환경[46] 및 시제품을 통해 캡쳐된 응용 예를 [51] 보여준다. 통상 그림 8.11(c)의 점선 박스 내의 부품들은 헤드-원 소자로 집적화되는 반면

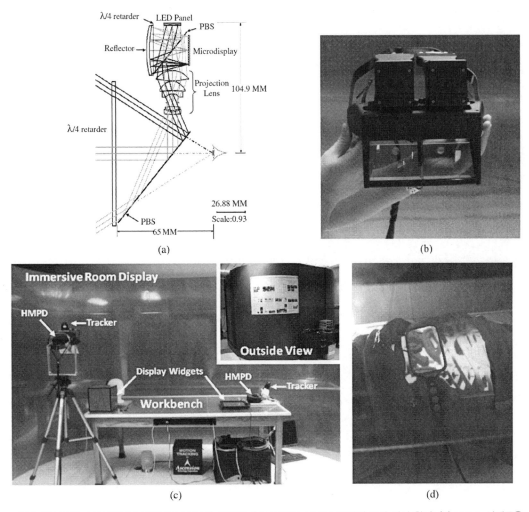

그림 8.12 HMPD 시스템의 (a) 광학 구조 및 (b) 시제품; (c) SCAPE–HMPD 기반의 증강 가상 환경; (d) HMPD 시제품을 통해 캡쳐된 응용 예로 물리적 휴대용 소자가 가상 영상의 일부를 차단하고(화성 지형), 세밀한 뷰로 증강시킨 다(확대된 분화구).

에, 역반사 스크린은 사용자로부터 떨어져서 위치한다. Martins과 동료 연구자들의 연구에서 는[49] 이동을 용이하게 하기 위하여 헤드-원 소자 내에 스크린을 집적한 장치를 시연하였다. 역반사 스크린의 이미징 특성에 대한 상세 해석은 [53]에 게재되어 있으며, HMPD 기술 및 개발에 대한 더 상세한 논의는 [52]에서 확인할 수 있다.

HMD의 다른 형태의 시청 광학계는 주사를 사용하며 주로 1990년대에 연구가 시작된 망막 주사 디스플레이(retinal scanning display, RSD)에 사용되었다.[54, 55] 그림 8.11(d)에서 보듯이 RSD는 광전자 모듈, 비디오 전자 모듈, 스캐너 모듈 및 출사 동공 확장기로 구성된다.[56] 광전자 모듈은 여러 가지 색의 원하는 모양을 갖는 광 빔을 생성한다. 통상 빔을 시준하고 필터링하기 위하여 종종 서로 다른 파장의 LED 또는 레이저 다이오드와 빔 성형 광학계가 필요하다. 비디오 전자 모듈은 입력 비디오 신호를 강도 변조와 빔의 색을 혼합하기 위한 신호로 변환하고, 주사 모듈을 위한 타이밍 조절 신호를 생성한다. 예를 들어, LED 또는 레이저 기반 빔의 강도는 구동 전류를 조절하면 제어할 수 있다. 대체 방법으로 빔의 강도 변조를 위하여 외부 음향-광학 또는 전기-광학 변조기를 사용할 수도 있다.[55] 주사 모듈은 광전자 모듈에서 오는 광신호를 수신하여 이미지 평면상의 원하는 위치로 향하게 한다. RSD에 적용되는 주사 기술들의 예에는 회전 다각형, 검류계, 압전 편향기, 음향-광학 스캐너, 홀로그래픽 스캐너 및 MEMS 스캐너 등이 있다.[57] 이와 같은 주사 기술들의 일부에 대한 해상도, 속도 및 비용의 관점에서의 포괄적인 리뷰와 비교를 [58]에서 확인할 수 있다. 이러한 주사 기술들 중에서 MEMS 기반 쌍축 스캐너에서는 짐벌의 두 굴곡부에 작은 거울이 매달려서 거울 하부의 정전 판에 의해 구동되며 화소 간 주사 방식으로 망막에 빔을 반복적으로 주사하는 방식으로 2D뿐만 아니라 3D 이미지까지 고해상도(예를 들어, 1280 × 1024화소)로 표시할 수 있는 충분히 빠른 주사 속도로 동작할 수 있다. 이 기술은 마이크로비전(Microvision)*에 의해 상용 제품으로 출시되었다. 빔 주사의 특성으로 인하여 통상의 RSD 시스템에서 자연적으로 생성되는 출사 동공은 보통 1~2 mm로 매우 작다. 이는 8.3.1절에서 논의한 라그랑주 불변의 효과에서 기인한다. 따라서 이러한 디스플레이의 유용성과 사용자 편의성을 개선하기 위하여, 종종 출사 동공 확장기가 필요하다.[59]

그림 8.11에 묘사한 네 가지의 서로 다른 광학 구조들은 각각 장점과 단점이 있어서 소정

---

* http://www.microvision.com

의 응용 분야를 갖는다. 예를 들어, 확대기 방식은 전체에서 가장 작고 디스플레이 장치와 눈의 사이에 광 경로가 가장 짧게 된다. 비동공 형성 성질로 인하여, 이 방식의 광학 뷰어는 소형이면서 공칭 출사 동공 위치로부터 축상으로 눈의 위치를 넓은 범위로 사용할 수 있다. 왜냐하면, 마이크로 디스플레이 및 사용자의 눈의 해당 점 사이에 가능한 광학 경로가 존재하는 한, 사용자는 주어진 점에서 허상을 보기 때문이다. 반면에, 확대기의 크기와 수차는 아이 클리어런스 거리와 EPD의 증가에 따라 같이 커진다. 대물-아이피스 복합 방식은 중간 이미지의 형성과 조리개-동공 공액으로 인하여 단순 확대기 방식보다 광학 경로가 훨씬 더 길다. 이는 시스템을 접고 중량 균형성을 개선하기 위해 중량과 부피를 재분포시킬 수 있는 기회를 제공하며, 초점 심도 조절을 위해 VFE를 삽입할 수 있는 새로운 구조도 가능하다(8.5.3절 참조). 그러나 동공 형성 특성으로 인하여, 더 제한적인 아이박스를 갖는다. 더불어, 대물-아이피스 복합 방식의 HMD에서의 아이피스 크기도 아이 클리어런스와 EPD의 증가에 따라 단순 확대기 방식과 유사한 방식으로 같이 커지므로, 부피의 증가, 중량의 증가 및 광학 성능의 열화를 야기한다. 투사 방식 구조의 경우에는 조리개 표면이 광학계 내에 위치하므로 소형 및 고성능의 투사 광학계를 설계할 수 있다.[7, 47, 48] 그러나 그림 8.11(c)에서 보듯이, 사용자의 눈 동공이 광학계의 조리개에 편안하게 공액되기 위하여 빔 스플리터가 적절하게 위치하고 회전해야 하며, 투사 이미지의 적절한 시청을 위하여 역반사 스크린이 필요하다. 따라서 필요한 아이박스와 아이 클리어런스가 증가함에 따라 빔 스플리터 크기가 소형화의 걸림돌이 된다. 추가로, 많은 응용에서 역반사 스크린 방식의 구조를 적용하는 데 제한이 있으면 그 적용이 가능하지 않을 수도 있다. 더 중요하게는 [53]에서 증명한 바와 같이, 역반사 스크린을 경유하여 인식된 이미지의 품질이, 스크린의 독특한 이미징 특성때문에 심각하게 나빠질 수 있다는 점이다. 열화의 정도는 기하학적 파라미터, 스크린의 제작 및 투사된 이미지 심도와 스크린 사이의 거리에 의존한다. 최근 들어, 특별히 광섬유 주사 기술과 결합하면 더 작고 더 밝은 시스템이 가능하다는 전망으로[60] 인하여 RSD 구조가 다시 명성을 얻고 있지만, 제한된 아이박스로 인해 종종 출사 동공 확장기가 필요하므로, 넓은 FOV와 큰 아이박스를 갖는 시스템을 개발하는 것은 여전히 도전적인 과제이다.

8.3.4 광 합파기

OST-HMD의 핵심 부품은 광 합파기로, 디스플레이의 광학 성능과 시스템 소형화를 결정하는 기본적인 역할을 하므로, 뛰어난 성능을 위한 핵심 부품이다. 광 합파기를 만들기 위한 몇 가지 서로 다른 기술들이 개발되었는데, 평면 빔 스플리터, 곡면 또는 프리폼 표면 합파기, 분할 콘택트 렌즈, 확산 또는 홀로그래픽 도파로 및 기하 광도파로를 들 수 있다. 표 8.4에는 이러한 광 합파기들의 개략도와 구조 예를 보여준다.

표 8.4 광 합파기 기술 및 구조 예

Combiner type	Schematic illustration	Design example
Flat beamsplitter		 Ref: US Patent 5,506,718[61]
Curved combiner		 Ref: US Patent 6,353,503[62] Ref: Cheng et al.[63]

표 8.4 광 합파기 기술 및 구조(계속)

Combiner type	Schematic illustration	Design example
Contact lens combiner		Ref: US Patent 8,142,016[64]
Waveguide combiner		Ref: US Patent 7,206,017 B2[65]
Geometric light guide		Ref: US Patent 7,457,040 B2[66]

합파기 방식과 무관하게 광 합파기를 특정하기 위한 두 가지 중요한 변수는 디스플레이의 시축에 대한 회전과 출사 동공까지의 거리이다. 왜냐하면, 보통 이 변수들에 따라 합파기의 필요한 크기가 정해지기 때문이다. 표 8.4의 두 번째 열의 개략도는 이러한 변수들 간의 간단한 기하학적 관계를 묘사한다. 일반적으로, 주어진 방향에서의 합파기의 필요한 크기 $D_{combiner}$는 다음과 같이 표현된다.

$$D_{\text{combiner}} = \frac{2L_{\text{ECLR}} \cdot \sin(\theta) + D_{\text{EPD}} \cdot \cos(\theta)}{\cos(\alpha + \theta)} \tag{8.12}$$

여기서 L_{ECLR}은 아이 클리어런스 거리, D_{EPD}는 EPD, α는 출사 동공 평면에 평행한 방향으로의 광 합파기의 각도 및 θ는 해당 방향에서의 합파기를 경유하는 반사파 또는 투과파의 최대 반필드각이다. 식 (8.12)는 FOV의 상부 및 하부 절반값이 대칭임을 가정한다. 그림 8.16에서는 8 mm EPD와 20 mm 아이 클리어런스 거리를 가정한 상태에서 각각 세 가지 서로 다른 합파기 각도 0°, 20° 및 45°에 대하여 반사 또는 투과되는 전 필드 각도의 함수로 빔 스플리터 크기를 도시하였다. 분명히 출사 동공 평면에 대한 합파기의 회전 각이 더 커지면, FOV와 함께 합파기 크기도 더 빠르게 커진다. 일반적으로 출사 동공 평면과 합파기 사이의 각은 0°를 유지하는 것이 선호된다.

여러 가지 방식의 광 합파기 중에서 평면 빔 스플리터는 간단하고 저가이며, 다양한 형태와 크기로 쉽게 적용할 수 있다. 보통 회전 대칭성을 갖는 광학 뷰어 구조에 사용되며, 광학 경로를 수직 방향이나 수평 방향으로 꺾기 위하여 45° 각도로 설정되어 있다. 따라서 일반적으로 접는 시스템은 회전 대칭성을 갖는다. 단일 평면 빔 스플리터 구조는 표 8.4에 묘사된 바와 같이, 종종 이중 합파기 구조로 확장되며, 평면 빔 스플리터는 구면 거울과 결합된다.[61, 67-70] 이 구조는 종종 '새 목욕통' 구조로 알려져 있다. 표 8.4의 첫 번째 예에서 디스플레이 광원에서 나오는 빛은 빔 스플리터 판에서 반사되어 구면 거울로부터 반사된 다음, 판을 투과하여 출사 동공 쪽으로 진행한다.[67] 그 대신에 디스플레이 광원에서 나오는 빛이 빔 스플리터 판을 투과하여 구면 거울로부터 반사된 다음, 빔 스플리터 판에서 반사되어 출사 동공 쪽으로 진행할 수도 있다.[68, 70] 평면 빔 스프리터와 함께, 합파기 자체는 광학 구조의 복잡도를 최소로 하고 광학 뷰어의 이미지 품질에 변화를 거의 주지 않는다. 그러나 큰 경사각으로 인하여, 시스템의 투과 또는 반사 FOV뿐만 아니라 아이 클리어런스 거리에 따라 합파기의 크기

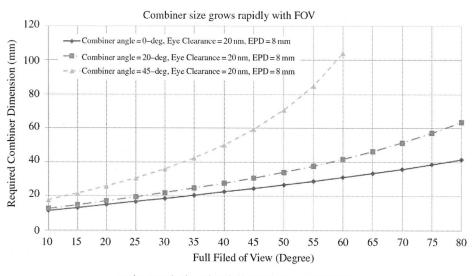

그림 8.13 전 필드 각도의 함수로의 빔 스플리터 크기

가 급격히 커지며, 그림 8.13의 녹색 곡선에서 보듯이 필요한 FOV가 클 때는 실용적이지 않을 수 있다. 그림 8.14는 이중 합파기 구조를 이용하여 FOV에 따라 평면 빔 스플리터 크기가 커지는 예를 시연한다. 이 예는 8 mm의 EPD, 18 mm의 아이 클리어런스 및 광학 부품의 굴절률 1.5를 가정하였다. 가상 디스플레이의 총 FOV가 12.5°에서 70°까지 증가함에 따라 아이피스의 총 두께는 약 13 mm에서 약 140 mm까지 증가하며, FOV가 50°보다 커지면 광학계의 크기는 더 이상 실용적으로 가능하지 않은 수준까지 증가한다.

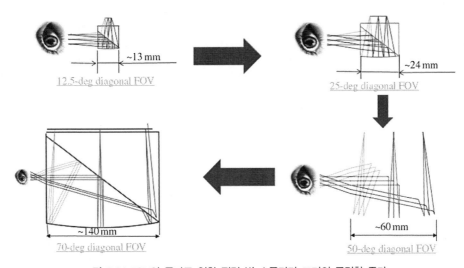

그림 8.14 FOV의 증가로 인한 평면 빔 스플리터 크기의 급격한 증가

곡면 또는 프리폼 표면 합파기는 경사진 곡면의 부분 반사기나[62, 71, 72] 또는 한쪽 표면이 경사지고 빔 스플리팅 코팅되어 프리폼 렌즈 보상기와 함께 결합된 프리폼 프리즘으로[63, 73-76] 만들 수 있다. 이러한 합파기에서 빔 스플리팅 표면의 경사각은 통상 평면 빔 스플리터보다 더 작으므로, 그 크기는 FOV와 아이 클리어런스의 크기 효과에 덜 민감하다. 따라서 크기와 부피를 상당히 증가시키지 않고도 훨씬 더 큰 FOV를 유지할 수 있다. 그림 8.15는 잘 알려진 프리폼 프리즘 구조를 사용하여 프리폼 합파기가 FOV에 따라 어떻게 커지는가의 예를 보여준다. 이 예는 EPD, 아이 클리어런스 및 굴절률의 관점에서 그림 8.14와 동일한 조건을 가정한다. 가상 디스플레이의 FOV 또한 같은 범위에서 커진다. 프리폼 아이피스의 총 두께는 가상 디스플레이의 총 FOV가 12.5°에서 70°까지 증가함에 따라 약 5 mm에서 약 15 mm으로 증가하며, 70°의 FOV에서도 아이피스의 크기는 실제적으로 수용 가능하다. 최근 들어, 이러한

프리폼 프리즘 구조 또는 변형된 구조에 기반한 수많은 OST-HMD 시제품들이 구현되었다. 이러한 시스템의 FOV는 약 30°에서 100°까지 큰 값을 갖는다.[63, 74-76] 이 시스템들의 가용성과 기능성은 상당히 변동성이 크며 프리즘 아이피스의 총 두께는 근사적으로 20 mm 또는 이보다 작게 유지된다. 모든 시스템들은 높은 광학 성능에 도달하였고, 약 4.5 μm의 픽셀 크기로 약 6,000 PPI의 높은 화소 밀도에 해당하는 마이크로 디스플레이에 상응하는 광학 해상도를 제공한다. 프리폼 프리즘 합파기의 주요한 단점들은 시제품을 만들기 위한 설계, 제작 및 측정에서의 복잡성과 비용이다. 또한 프리폼 프리즘 합파기는 여전히 도파로 또는 광 도파 합파기와 같은 일부 다른 합파기 방식들보다 상당히 더 두껍다.

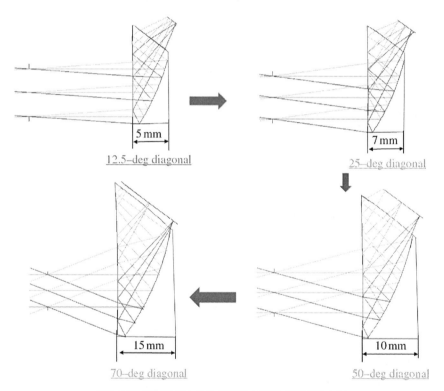

그림 8.15 FOV의 함수로의 프리폼 프리즘 합파기의 크기

도파로 합파기는 회절 기술을 이용하여 기판을 통하여 빛을 도파하고 결합시킨다. 표 8.4에서 개략적으로 묘사한 바와 같이 이 회절격자 기반 도파로 합파기는 보통 입력 결합기, 도파 기판 및 출력 결합기로 구성된다. 입력 결합기는 소형 투사 시스템으로부터 도파 기판으

로 광선을 결합시키고, 결합된 광선은 전반사(total internal reflection, TIR)에 의해 도파 기판으로 전파된다. 이 경우, 입력 결합되는 광선의 입사 각도는 기판과 주변 매질의 굴절률에 의해 정의되는 임계 각도보다 더 커야 한다. 출력 결합기에 도달하면, TIR-도파된 광선은 시청자의 눈이 위치한 출사 동공 방향으로 추출된다. 입력 결합기 및 출력 결합기가 도파로 결합기의 핵심이며, 결합기로는 표면 요철 격자(surface relief grating, SRG),[65, 77] 홀로그래픽 체적 격자(holographic volume grating, HVG),[78~81] 스위칭 가능 브래그 격자(switchable bragg grating, SBG)[82] 및 더 최근에 제안된 편광 볼륨 격자(polarization volume grating, PVG)[83, 84] 등의 여러 가지 방식의 회절 기술들이 사용된다. 표 8.4에 개략적으로 보인 SRG는 반사형 또는 투과형 회절 광학 요소(diffractive optical element, DOE)로 성숙된 나노 리소그래피 기술을 이용하여 제작한 주기적으로 깊게 기울어진 격자로 구성되며, 이는 가장 폭넓게 사용되는 구조 중의 하나이다. Nokia에 의해 처음 개발되었으며[65, 77] 현재는 기출시된 대표적인 도파로 기반 AR 디스플레이인 Microsoft Hololens®* 및 Magic Leap One®**에 적용되고 있다. SRG는 저가로 제조할 수 있지만, 격자의 각도 및 파장 의존성으로 인하여 무지개 효과를 쉽게 볼 수 있다. HVG는 홀로그래픽 기록 공정으로 제조되며 소자의 전체 체적에 위상 또는 흡수의 주기적인 변화를 준 홀로그래픽 광학 요소(holographic optical element, HOE)로 구성된다. HVG의 동작 원리는 일반적인 격자와 유사하다. 입사 빔이 브래그 위상 정합 조건을 만족하면, 소자의 주기적인 변동에 의하여 회절된다. 디지렌즈(DigiLens)에 의해 상업적으로 개발된 SBG는 액정/폴리머 물질계에 기록된 브래그 홀로그램으로 액정 요소에 의해 스위칭이 가능하다. 따라서 회절 효율과 각도 대역폭을 최적화하는 데 우수한 유연성을 제공한다.[82] PVG는 반사형 또는 투과형 벌크 구조 주기 LC 요소를 이용하며, 도파로 결합을 위해 판차라트남-베리(Pancharatnam-Berry) 편향기를 적용하여 굴절율의 섭동을 가진 주기적인 경사면을 생성한 구조이다.[83, 84] PVG의 제조는 잘 알려진 회절 파장판(또한 편광 격자 또는 광축 격자로도 불림)을 만드는 공정을 개량하였으며, 나선 구조와 기판 표면에 수직한 주기성을 생성하기 위하여 니매틱 LC 호스트에 카이랄 도펀트를 추가하여 주기적 및 공간적 변동을 만들어 내었다.[83, 84] 이러한 개량을 통하여 기판에 수직한 방향으로 주기적으로 기울어진 굴절률

---

* https://www.microsoft.com/en-us/hololens
** https://www.magicleap.com

평면을 생성하여 체적 격자 구조를 완성하였다. 주기적 굴절률 평면을 적절한 개수로 하면, 회절 요소로서의 브래그 회절 조건이 수립된다.[83, 84] 일반적으로, 이러한 격자 기반 도파로 합파기들은 얇고 소형인 장점이 있으나, 파장 및 입사각에 대한 높은 민감도로 인하여 큰 FOV, 고품질의 균일한 영상 및 낮은 색 아티팩트를 달성하기가 쉽지 않다. 일반적으로 파장에 대한 민감도가 크기 때문에 도파로 다중화(waveguide multiplexing)가 필요하며[78, 80] 이는 서로 다른 도파로에 의해 분리된 서로 다른 파장 채널들을 도파하기 위하여 여러 세트의 도파로들로 구성된다. 그림 8.16(a)는 통상의 3층 도파로 소자의 개략도를 보인다. 여기서 적, 녹 및 청색 채널의 광선들이 결합되어 3층의 도파로를 따라 분리되어 도파된다. 그림 8.16(b)는 2층 도파로 소자의 개략도를 보인다. 여기서 적색과 청색 채널은 동일한 도파로를 공유하고 녹색 채널은 별도로 할당된 채널로 도파된다. 도파로 다중화는 부분적으로 색 아티팩트의 일부를 억압할 수 있다. 그러나 입사각에 대한 스펙트럼 반사율의 변동으로 인하여 매우 흔하게 무지개 효과가 관찰된다. 보편적으로 관찰되는 또 다른 아티팩트에는 디스플레이의 FOV에 따른 휘도 및 색의 불균일성뿐만 아니라 아이박스 내의 서로 다른 위치에서 관찰되는 휘도 및 색 변동이 있다. 따라서 평면 빔 스플리터 합파기 및 곡면 또는 프리폼 합파기와 같은 더 보편적인 합파기보다 상세한 공간 분해능이 열등한 경향이 있다. 마지막으로 중요한 것은 일부 도파로 기반 합파기들은 기판에서의 빛의 누설로 인한 미광(stray light) 아티팩트, 높은 제조 원가 및 낮은 수율 등의 단점들을 갖는다.

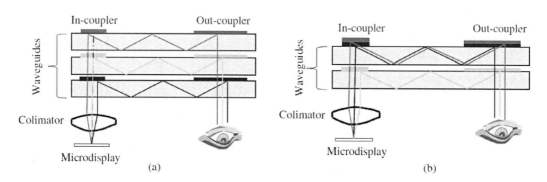

그림 8.16 (a) 3층 도파로 구조 및 (b) 2층 도파로 구조의 개략도

기하 광도파로는 기판을 통해 빛을 도파하고, 계단식 빔 스플리터나 마이크로 거울 구조를 이용하여 시청자의 눈으로 빛을 출력 결합시키는 또 다른 방식이다. 그림 8.17(a)에 개략적으로 도시한 바와 같이 빔 스플리터 어레이 광도파로는 출력 결합 광학계로 부분 반사 거울의 계단식 어레이(PRMA)를 사용한다. 여기서 PRMA는 기판을 통하여 횡방향으로 코팅되어 있고 각각으로부터 동일한 거리에 평행하게 놓인다.[66] 기판 내부로 진행하는 광선은 PRMA에 반사될 때 부분적으로 출력 결합된다. 이 구조의 주된 문제는 예기치 않은 반사에 의한 복잡한 미광 경로가 야기되어 출력 결합된 이미지 특성에 열화가 발생한다는 것이다.[86, 87] 그림 8.17(b)에서 보듯이, 마이크로-미러-어레이(MMA) 기하 광도파로는 쐐기형 홈의 상부에 코팅된 마이크로 미러 구조 어레이를 포함한다.[88, 89] 이 얇은 마이크로-미러 홈들은 코팅되지 않은 평탄한 영역들에 의하여 공간 분리되며, 빨간색 점선으로 나타낸 실제 영상의 광선들이 평행판 기판을 통하여 전파된다. 회절 특성으로 인한 각도 불균일성과 색 누화 문제를 겪는 홀로그래픽 도파로와 비교하여, 기하 광도파로는 색 수차 및 각도 민감도에 덜 의존한다. 게다가 MMA의 얇은 거울 홈은 통상 수백 마이크론 깊이여서 플라스틱 기판상에 다이아몬드 커팅 또는 몰딩으로 쉽게 제조할 수 있어서, 제조 공정을 더 단순하게 하고 더 저비용으로 할 수 있다. 통상의 프리폼 프리즘 합파기는 적어도 수십 밀리미터 두께인 반면에, 기하 광도파로는 3~5 mm 정도로 얇고, 홀로그래픽 도파로보다 광 안정성이 더 우수하다. 그러나 광도파로 기반 AR 디스플레이의 설계와 최적화에는 몇 가지 주된 어려움이 있으며, 이는 통상의 이미징 광학계의 구조에서는 발생하지 않는, 주로 기하 광도파로 내에서의 비순차적 광선 전파에 의해 발생한다. 순차적 광선 추적이 가능한 통상의 이미징 광학계의 광학 성능은 변조 전달 함수(modulation transfer function, MTF)와 같이 공인된 방식을 사용하여 쉽게 평가할 수 있는 반면에, 광도파로 내의 비순차적 광선 경로는 광학 성능을 평가하는 새로운 방식이 필요하다. 왜냐하면, 비이미징 광학계에서 사용하는 툴박스들을 이미징 목적에 사용하기에는 불충분하기 때문이다. 추가로, 광도파로 기반 이미징 시스템의 비순차적 광선 경로에서는 순차적 이미지 시스템보다 불균일한 이미지 및 미광과 같은 아티팩트가 더 많이 발생하는 경향이 있다. Xu와 Hua의 최신 연구에서는 기하 광도파로 기반 AR 디스플레이의 모형화, 최적화 및 결과적인 이미지 품질과 아티팩트의 평가를 위한 틀 구조, 품질 지표 및 전략을 제안한다.[85]

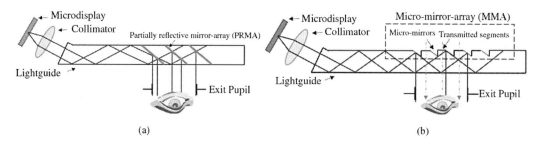

그림 8.17 (a) 부분 반사 거울-어레이 광도파로 및 (b) 마이크로-거울 어레이 광도파로의 개략도[85]

8.3.1절에서 논의한 라그랑주 불변 또는 에텐듀/시스템의 처리율의 전망에서 보면, 앞에서 논의한 여러 가지 방식의 광 합파기들은 에텐듀 보존 방식과 에텐듀 비보존 방식의 두 종류로 분류할 수 있다. 합파기의 에텐듀 보존 방식은 평면 빔 스플리터, 곡면 또는 프리폼 표면 합파기 및 분할 콘택트 렌즈 합파기를 포함한다. 여기서 시청 공간에서의 에텐듀는 공칭 아이박스의 면적과 가상 디스플레이의 입체각에 의해 정의된다. 각각 식 (8.10)과 (8.11)에 주어진 바와 같이, 마이크로 디스플레이 공간에서의 에텐듀는 아이피스 NA의 입체각과 마이크로 디스플레이의 면적에 의해 정의되므로, FOV는 동일하다. 에텐듀 비보존 방식은 도파로와 기하 광도파로 합파기를 포함한다. 여기서 뷰일 공간의 에텐듀는 아이박스에 의해 정의되며, FOV는 동공 복제 효과에 의해 통상 마이크로 디스플레이 공간에서의 값보다 충분히 더 크다. 따라서 이 방식의 합파기는 출사 동공 확장기로도 불린다. 광학 뷰어는 보통 작은 NA로 설계되므로, 마이크로 디스플레이의 소형화를 보증하고, 집속되고 확대된 이미지를 생성하는 기능을 발휘하기 위해서는 수율이 낮다. 따라서 집속된 광선은 회절격자 또는 계단식 빔 스플리터 또는 미러-어레이를 경유하여 합파기의 입력단과 출력단에서 결합된다.

8.4 HMD 광학 구조 및 성능 규격

8.4.1 HMD 광학 구조

8.3.3절에 요약된 네 가지 다른 형식의 광학 구조들은 광학 연구자들에게 잘 알려져 있지만, 넓은 FOV, 경량, 소형 및 적절한 크기의 아이박스와 아이 클리어런스를 가진 고성능 HMD 광 시스템을 설계하는 것은 HMD 개발자에게 있어서는 커다란 도전이자 탐구이다. 지

난 수십 년간 광학 기술의 진보, 마이크로 디스플레이의 개선 및 전자공학의 소형화에 힘입어, 연구자들은 HMD 광학 설계에 엄청난 발전을 이루었다. HMD 시스템 성능을 한 가지 또는 여러 가지 관점에서 개선하기 위하여 여러 가지의 광학 설계 방법들이 HMD 시스템에 적용되어 왔다. 이 방법들은 반사굴절식(catadioptric) 기술(다시 말해서, 반사 및 굴절 표면의 혼합)의 적용, 회전 대칭성을 가진 시스템에 대한 경사와 편심의 도입 및 비구면 표면, 프리폼 기술, DOE 및 HOE와 같이 더 쉽게 적용할 수 있는 첨단 광학 기술에 대한 자본화를 포함한다.

응용의 관점에서 보면 네 가지 다른 형식의 광학 구조들은 몰입형 및 시스루 HMD 방식 모두에 사용될 수 있지만 선호하는 광학 구조의 선택은 각각 다르다. 표 8.5는 앞에 나열된 서로 다른 광학 설계 방법들 중 일부를 구현하기 위한 몰입형 HMD의 몇 가지 광학 구조 예들을 보여준다. VR 응용을 위한 현존하는 대부분의 몰입형 HMD는 간단한 구조와 소형의 장점을 가진 비동공 형성 방식의 간단한 아이피스/확대기 방식의 구조를 채택한다. 표의 앞의 두 가지 예에서 보듯이, 광학 구조는 고전적인 어플(Erfle) 아이피스[90] 또는 다른 아이피스 구조를 적용할 수 있다. 여기서는 필요한 배율과 올바른 수차를 제공하기 위하여 다중 회전-대칭 굴절 요소들을 함께 적층한, 접지 않은 구조를 사용한다. 표의 예 2의 LEEP 광학 구조는 VR HMD 구조의 최초의 개발 단계에서 심도있게 사용된 최초의 대형 FOV 비동공 형성 광학계이다.[91] 비구면의 제조와 평가에 대한 최근의 발전으로 인하여, 단일-요소 비구면 아이피스를 채택하거나 또는 일부 저가형 VR HMD 시스템에서 부피와 중량을 더 줄이기 위해 프렌넬 곡면을 사용할 수 있게 되었다.[92] 몰입형 HMD를 위한 소형 및 고성능의 아이피스를 채택하기 위하여 DOE, 반사굴절식 기술, 경사, 편심 및 프리폼 기술과 같은 방법들 또한 탐구되었다. 예 4는 굴절과 DOE를 혼합한 광각 아이피스 구조를 보여준다.[93] 예 5에서는 다중 굴절 및 반사면을 프리즘 형태로 접는 방식으로 모노리식 프리폼 아이피스를 형성하였다.[94] 마이크로 디스플레이로부터의 광선은 표면에서 굴절되고 프리즘에 결합되어 다중 반사면에서 연속적으로 반사된 다음, 마침내 출사 면에서 굴절되어 프리즘에서 나오는 광선과 결합되어 출사 동공으로 향한다. 몰입형 아이피스의 부피와 중량을 줄이고 큰 FOV를 얻기 위하여 팬케이크 구조와 같은 다른 디자인이 제안되었다. 라 루사(La Russa)의 원래의 팬케이크 창 구조는 편광 요소와 나란히 설치된 단일, 곡면, 구면의 빔 스플리터 거울로 구성된다.[97] 이 최초의 구조는 약 1~2%의 매우 낮은 광효율을 가졌다. 버맨(Berman)과 멜저(Melzer)는 콜레스테릭 LC를 사용하여 팬케이크 창 구조의 광효율을 개선하였다.[98] 예 6에서 보듯이, 최근의 발전으로 팬케이크 창 구조는 투과율이 20%까지 개선되었고, 큰 FOV가 가능하게 되었다.[95, 99] 4아크 분의 해상도와 약 $150 \times 50°$의 큰 FOV를 제공하는 바둑판식 팬케이크 창 또한 보고되었다.[34] 이러한 비동공 형성의 예 이외에도 동공 형성 구조 또한 몰입형 HMD에서 찾을 수 있다. 표의 마지막 예는 공동 형성 구조를 채택한 구조를 보여준다. 여기서 첫 번째 렌즈 그룹은 대물 렌즈의 기능을 하고, 두 번째 렌즈 그룹은 중간 상을 확대하기 위한 아이피스 역할을 하며, 거울은 광학 경로를 바꾸고 시스템의 앞이 무겁지 않도록 질량 중심을 뒤로 보내는 데 사용된다.[96]

표 8.5 몰입형 HMD의 광학 구조 예

Number	Optical layout	Reference
1		US Patent 1,478,704 Dec, 1923[90]
2		US Patent 4,406,532 1983[91]
3		Geng et al. Viewing optics for immersive near-eye displays[92]

표 8.5 몰입형 HMD의 광학 구조 예(계속)

Number	Optical layout	Reference
4		US 5,446,588, 1995[93]
5		US 5701202, 1997[94]
6		Wong et al. "Folded optics with birefringent reflective polarizers," 2017[95]
7		Huxford[96]

광학 시스루 HMD 구조는 광 합파기를 필요로 하고, 종종 접는 구조를 채택하여 질량 중심을 뒤로 보내서 중량 면에서 시스템 패키지가 더 균형이 잡히게 한다. 표 8.6은 위에서 논의한 네 가지 서로 다른 광학 구조들의 유용성을 증명하기 위한 몇 가지 광학 구조 예들을 제공한다. 이 표는 주로 각각의 서로 다른 광학 구조에 의하여 구조들을 구분하는 반면에, 8.3.4절에서는 여러 가지 종류의 광 합파기들과 각각의 용도 및 특성을 더 상세히 논의하였다. 예를 들어, 그림 8.10(a)에 보인 예에서는 아이피스 사이에 45° 각도의 평면 빔 스플리터를 삽입하고 눈에 시스루 경로를 제공한 간단한 아이피스/확대기 구조를 채택한다. 그림 8.13에서 보듯이, 광학계 크기뿐만 아니라 확대기 방식 아이피스의 수차 또한 FOV와 아이 클리어런스 거리가 증가함에 따라 급속히 커진다. 따라서 큰 FOV와 소형 구조를 얻기 위해서는 이와 같은 구조에 평면의 경사형 빔 스플리터를 적용하는 것이 쉽지 않다. 예 1은 반사굴절식 비동공 형성 구조로, 평면 빔 스플리터가 두 프리즘 사이에 접착되고 곡면 반사기는 반사 확대기로서 프리즘의 끝에 부착된다.[68] 예 2는 시스루 광선이 프리폼 프리즘을 만날 때 왜곡을 수정하는 프리폼 시스루 렌즈가 부착된 프리폼 모노리식 아이피스를 보여준다.[73] 반사면 S2는 보통 빔 스플리팅 코팅된 경사진 프리폼 표면이다. 프리폼 빔 스플리팅 면의 경사각은 보통 수직 방향에 대하여 30°보다 작으므로, 간단한 평면 빔 스플리터보다 그 크기가 천천히 증가한다. 따라서 회전 대칭 확대기보다 더 소형으로 충분히 더 큰 FOV를 구현할 수 있게 해준다. 예 3은 몇 개의 프리폼 아이피스들에 경사를 준 다중 채널 OST-HMD를 보여주며, 넓은 FOV와 고해상도의 시스템을 제공한다.[74] 예 4~6은 대물-아이피스 복합 구조를 채택한 구조들을 보여주며, 중간 상이 형성된다. 예 4는 동공 형성 구조에 있어 이중 합파기와 축이탈 광학계를 조합한 구조이다.[100] 예 5는 경사진 곡면 합파기와 DOE가 결합된 축이탈 대물 광학계의 구조이다.[101] 반면에 예 6은 비동공 형성 피리폼 프리즘과 대물/릴레이 렌즈 그룹이 결합된 구조이다.[102] 예 7~9는 각각 도파로 합파기를 사용한 구조,[78] 빔 스플리터 어레이 광도파로 합파기[86] 및 미러-어레이 합파기를[85] 보여준다. 예 10은 투사 광학 구조를 채택한 구조를 보여주며,[48] 예 11은 RSD 형식의 구조이다.[103]

표 8.6 광학 시스루 HMD의 광학 구조 예

Number	Optical layout	Reference
1		US Patent: 5,696,521[68]
2		US Patent: 6,384,983, May 2002[73]
3		Cheng et al. "Design of a wide-angle, lightweight head-mounted display using freeform optics tiling," Optics Letters[74]
4		Droessler and Rotier, "Tilted cat helmet-mounted display," Optical Engineering, 29(8) 24-49, 1995[100]

표 8.6 광학 시스루 HMD의 광학 구조 예(계속)

Number	Optical layout	Reference
5		B. Chen, "Helmet visor display employing reflective, refractive, and diffractive optical elements," US Patent 5,526,183, 1996[101]
6		Gao, "Ergonomic head mounted display device and optical system," US Patent 9,740,006 B2[102]
7		Mukawa et al. "A full-color eyewear display using planar waveguides with reflection volume holograms," JSID[78]
8		Cheng et al. "Design of an ultra-thin near-eye display with geometrical waveguide and freeform optics," Opt. Express[86]

표 8.6 광학 시스루 HMD의 광학 구조 예(계속)

Number	Optical layout	Reference
9		Xu and Hua, "Methods of optimizing and evaluating geometrical lightguides with microstructure mirrors for augmented reality displays," Optics Express[85]
10		Hua and Gao, "Design of a bright polarized head-mounted projection display" Appl. Opt[48]
11		Lippert and Tegreene, "Scanned display with plurality of scanning assemblies," US Patent 6,762,867 B2[103]

8.4.2 HMD 광학 성능 규격

아이피스 또는 광 합파기 방식을 위한 광학 구조와 무관하게 HMD를 위한 광학 구조의 궁극적인 목표와 가장 도전적인 과제는 HVS의 인식 수준 이하로 최소 수차를 갖는 고성능을 달성하고, 저가 제조 공정에 적합한 크기 허용값을 통하여 고수율을 유지하는 것이다.

광학 수차는 광학 성능의 열화를 야기하는 오차와 제조 오차에 대한 낮은 공차를 유발하는 주된 요인이다. 아이피스 구조와 관련한 다양한 수차들은 흐림 방식(blurring-type)과 왜곡 방식(warping-type) 수차로 분류할 수 있다. 흐림 방식 수차는 이미지 흐림을 유발하고 이미지

해상도를 떨어뜨리며 이미지 명암비를 감소시킨다. 흐림 방식의 예는 구면 수차(spherical aberration), 코마(coma), 비점수차(astigmatism), 상면만곡(field curvature) 및 종방향 색 수차(LCA)를 포함하며 이 수차들에 대한 상세한 기술은 [36]에서 찾을 수 있다. 흐림 방식 수차는 이미지 품질에 대한 부정적인 효과를 나타내므로, 디스플레이의 해상도와 명암비 요건을 만족하기 위하여 잘 보정되어야 한다. 예를 들어, 그림 8.18은 시스템의 광 전력이 광선의 출사 동공의 높이에 따라 변하는 구면 수차의 예를 묘사한다. 그 결과로 눈이 가상 디스플레이의 근축 초점에 수용됨을 가정하면 서로 다른 동공 높이에서의 광선은 망막의 서로 다른 횡방향 위치에 결상되어 이미지 흐림을 야기한다.

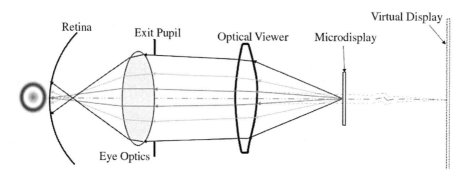

그림 8.18 이미지 선명도에 대한 구면 수차의 개략도

왜곡 방식 수차는 왜곡(distortion)과 횡방향 색 수차(lateral chromatic aberration)를 포함하며, 이미지 해상도나 명암비를 떨어뜨리지는 않지만, 어떤 형태의 이미지 왜곡을 야기한다. 예를 들어, 그림 8.19는 규칙적으로 등 간격으로 배치된 격자에 핀 쿠션, 배럴 및 키스톤의 세 가지 서로 다른 방식의 왜곡이 발생한 경우를 보여준다. 여기서는 아이피스의 광학 배율이 광축으로부터의 필드각의 상대적인 높이에 따라 비선형적인 방법으로 변한다. 서로 다른 동공 높이에서의 광선들은 같은 위치로 결상되지만 상의 위치는 근축 이미지 위치로부터 어긋난다. 그림 8.20은 동일한 규칙적인 격자에 횡방향 색 수차가 주어지는 경우의 이미지를 보여준다. 여기서 서로 다른 필드의 횡방향 광학 배율은 파장에 따라 변한다. 동일한 파장의 광선들은 같은 위치에 선명하게 결상되지만 적, 녹 및 청색 파장의 광선과 같은 서로 다른 파장의 광선들은 횡방향으로 분리된 것처럼 보인다. 일반적으로, 광학계에서 어느 정도의 왜곡 수차는 허용할 수 있다. 왜냐하면, 왜곡과 횡방향 색 수차는 마이크로 디스플레이에 렌더링

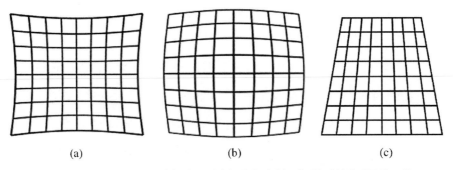

(a)   (b)   (c)

그림 8.19 규칙적인 격자의 (a) 핀 쿠션 (b) 배럴 및 (c) 키스톤 방식의 왜곡의 묘사

된 이미지를 하드웨어 및 소프트웨어적으로 사전 왜곡에 의해 보정할 수 있기 때문이다. 하지만, 인식할 만한 아티팩트를 피하기 위하여 어떠한 보정이라도 실시간으로 행해지는 것이 중요하다. 보정에 필요한 최소 속도는 응용에 따라 다르다. 예를 들어, 보통의 VR 응용에서는 프레임당 10 ms 미만의 지연이 적절하지만, 광학 시스루 AR 응용에서는 약 1 ms의 더 빠른 프레임율이 필요하다. 왜냐하면 여기서는 실제 세상의 영상들이 실시간으로 보여지므로 가상 영상 렌더링의 시간 지연에 의하여 등록 오류를 인식하게 되기 때문이다.

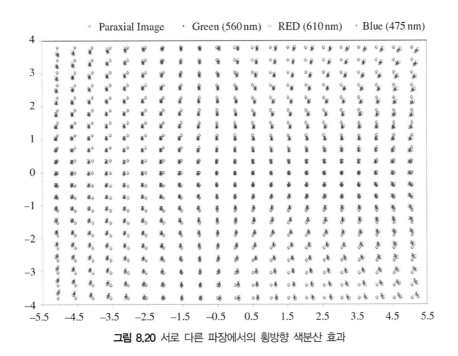

그림 8.20 서로 다른 파장에서의 횡방향 색분산 효과

광학 해상도는 아이피스의 광학 성능을 정량화하는 지표 중의 하나로, 아이피스가 분해할 수 있는 공간적인 세밀함의 한계로 정의된다. 아이피스의 광학 해상도는 마이크로 디스플레이 공간에서 동등하게 분해 가능한 화소들의 크기를 정량화하거나 시각 공간에서 분해 가능한 각 해상도를 측정하는 것에 의해 평가된다. 그림 8.11(a)에서 보듯이 전자의 경우에는 가상 디스플레이가 표시되기 위한 이상적인 대상인 것으로 가정하고, 시각 공간으로부터 마이크로 디스플레이 공간으로 광선을 추적함으로써 아이피스를 모형화할 수 있다. 아이피스를 통하여 서로 다른 필드각으로 샘플링되는 서로 다른 파장의 수 많은 광선들을 추적함으로써 스폿 다이어그램(spot diagram)으로도 알려진 마이크로 디스플레이 평면상에서의 이러한 광선들의 교점들을 시뮬레이션할 수 있다. 이는 그림 8.21에서 보듯이 점 물체에 대한 아이피스 수차에 의해 만들어지는 이미지 흐림을 측정하기 위함이다. 주어진 필드각에서 광선 오차를 평균하면서 근축 이미지에 대한 이미지 위치의 벗어난 정도를 평가하기 위하여 스폿 다이어그램의 무게중심 $(\varepsilon_x, \varepsilon_y)$가 계산되며, 다음과 같은 식으로 표현된다.

$$\begin{cases} \overline{\varepsilon_x} = \frac{1}{N} \sum_{i=1}^{N} \varepsilon_{xi} \\ \overline{\varepsilon_y} = \frac{1}{N} \sum_{i=1}^{N} \varepsilon_{yi} \end{cases} \tag{8.13}$$

여기서 N은 주어진 필드각에서 출사 동공을 통하여 추적되는 광선들의 수이고, ε_{xi}와 ε_{yi}는 이미지 평면의 X 및 Y방향을 따른 근축 위치로부터의 광선 편차이다. 따라서 주어진 필드각에서 동등하게 분해된 아이피스의 화소들의 크기는 제곱평균제곱근(RMS) 스폿 크기에 의해 정량화될 수 있으며 광선 오차들을 전체 동공에 대하여 적분함으로써 다음과 같이 계산된다.

$$\begin{cases} P_{\mathrm{RMS}X} = \sqrt{\frac{1}{N} \sum_{i=1}^{N} (\varepsilon_{xi} - \overline{\varepsilon_x})^2} \\ P_{\mathrm{RMS}Y} = \sqrt{\frac{1}{N} \sum_{i=1}^{N} (\varepsilon_{yi} - \overline{\varepsilon_y})^2} \end{cases} \tag{8.14}$$

예를 들어, 그림 8.21의 스폿 다이어그램은 각각 중심부에서 약 7.5 μm 및 25° 필드각에서 8.9 μm의 등가 화소 해상도를 제시한다. 시각 공간에서의 분해 가능한 각 해상도는 식 (8.8)

을 사용하여, 아이피스 배율과 가상 디스플레이의 거리에 해당하는 등가 화소 크기로부터 계산될 수 있다. 기하 스폿 다이어그램을 통한 등가 공간 해상도의 정량화 방법은 아이피스의 회절 효과가 수차 효과에 비하여 무시할만 할 때에만 유효하다는 사실은 알아둘 필요가 있다. 그렇지 않은 경우에는 파동 광학적 전파를 고려해야 한다.

광학 구조와 무관하게 아이피스의 해상도는 사용되는 마이크로 디스플레이의 화소 해상도와 양립할 수 있도록 제작되어야 한다. 다시 말해서, 아이피스는 성능-하회(다시 말해서, 광학 분해능이 화소 해상도보다 상당히 낮은 경우)도 성능-상회(다시 말해서, 광학 분해능이 화소 해상도보다 상당히 높은 경우)도 곤란하다. 성능-하회의 경우에는 마이크로 디스플레이에 의해 렌더링된 귀한 화소들을 낭비하는 격이 되어 결과적으로 마이크로 디스플레이의 나이퀴스트 한계로 고품질의 이미지를 만들 수 없다. 성능-상회의 경우에는 아이피스가 디스플레이 화소의 구조적 세밀함을 드러내고, 예를 들어, 잘 알려진 스크린 도어 효과와 같은 이미지 아트팩트의 인식을 가져올 수도 있다. 그림 8.21의 스폿 다이어그램은 마이크로 디스플레이 화소가 6.5 μm 이하이면 성능-하회 구조이고, 또는 마이크로 디스플레이 화소가 10 μm나 그보다 크면 성능-상회 구조로 여길 수 있다.

등가 화소 해상도는 광학 해상도의 직관적인 측정이지만, 설계의 결과로 주어지는 이미지

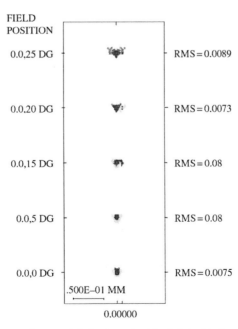

그림 8.21 아이피스 구조의 스폿 다이어그램 예

명암비를 전달하기는 어렵기 때문에, 아이피스의 성능을 완전하게 평가할 수는 없다. 이 목적을 위하여, 아이피스의 성능을 정량화하기 위한 지표로 사인파 형태의 주파수의 함수로 물체의 변조에 대한 이미지의 변조 비로 정의되는 MTF가 가장 보편적으로 사용된다. 통상의 아이피스 구조에서 광학계는 보통 시각 공간으로부터 마이크로 디스플레이로 전파하는 역광선으로 모형화된다. 이러한 광선 추적의 구성하에서 아이피스의 MTF 성능은 그림 8.22(a)에 나타낸 다색의 예에서 보듯이 보통 마이크로 디스플레이 공간에서 평가된다. 여기서 공간 주파수는 cycles/mm의 단위로 측정된다. 이 MTF 플롯 방식은 마이크로 디스플레이의 화소 크기에 따른 이미지 해상도와 광학계의 명암비 한계의 직접적인 평가를 제공한다. 예를 들어, 이 MTF 예는 26°의 반값 FOV를 갖는 아이피스의 성능을 나타낸다. 이 결과에 따르면, 30 μm의 마이크로 디스플레이 화소 크기로 사용하면 아이피스는 약 75%의 변조 명암비를 달성할 수 있고, 15 μm의 마이크로 디스플레이 화소 크기로 사용하면 아이피스는 약 40%의 변조 명암비를 달성할 수 있음을 제안한다.

마이크로 디스플레이 공간에서의 MTF 성능의 평가는 아이피스를 위한 마이크로 디스플레이의 적합한 화소 해상도를 선택하는 데 도움이 되지만, HVS에 대한 광학계의 성능을 적절하게 평가할 수는 없다. 그림 8.22(a)에서 MTF는 광학 배율과 가상 디스플레이 거리 효과를 설명하지 못하므로, 시스템 이미지 해상도와 명암비가 정상적인 시청에서 어떻게 나타나는지를 표시하지 않는다. 예를 들어, 15 μm 크기의 화소를 갖는 마이크로 디스플레이는 약 5.2 아크 분/화소의 열등한 해상도의 가상 이미지를 렌더링하는 반면에, 30 μm의 크기를 갖는 화소 마이크로 디스플레이는 동일한 가상 디스플레이 거리에서 10배를 확대하여, 약 1아크 분/화소의 고해상도의 가상 이미지를 렌더링한다. 따라서 마이크로 디스플레이에서 시각 공간으로의 광선 추적에 의한 시스템 모형화에 의해 cycles/° 또는 cycles/아크 분 단위로 시각 공간의 MTF 성능을 평가하는 것이 바람직하다. 변환 방법에 대한 상세한 설명은 [104, 105]로부터 알 수 있다. 그림 8.22(b)는 그림 8.22(a)의 MTF 플롯과 동일한 아이피스에 대하여 시각 공간에서 MTF를 플롯한 예를 보여준다. 이 시스템은 0.3 cycles/아크 분 또는 이와 동등하게 각 해상도 1.67아크 분에서 약 55%의 변조 명암비를 갖는 가상 이미지를 렌더링하고, 0.5 cycles/아크 분 또는 이와 동등하게 각 해상도 아크 분에서 약 40%의 명암비를 갖는 이미지를 렌더링하는 것을 제안한다. 따라서 이와 같은 평가는 HVS에 대한 디스플레이 시스템의 광학 성능에 대한 직관적인 정량화를 제공한다.

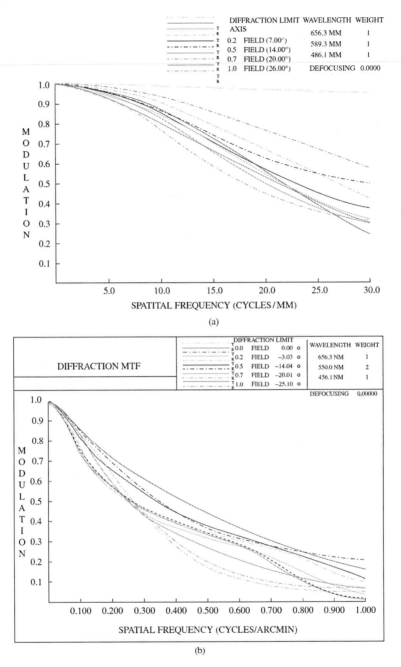

그림 8.22 시뮬레이션된 다색 MTF 플롯의 예 (a) 마이크로 디스플레이 공간을 cycles/mm의 선 주파수의 단위로 측정, (b) 시각 공간을 cycles/아크 분의 각 주파수의 단위로 측정

디스플레이 광학 시스템만을 평가하여 해상도와 앞에서의 MTF 평가를 수행할 수 있으며, 이는 통상의 HMD 구조에 채택되는 보편적인 방법이다. 이러한 방법은 일반적으로 통상의 HMD의 광학 성능을 평가하는 데 적합하다. 그러나 다초점 면(multi-focal plane, MFP) 디스플레이, 광 필드 디스플레이(light field display), 컴퓨터 디스플레이(computational display), 그리고 도파로(waveguide) 및 광도파로(light-guide) 합파기를 갖는 디스플레이와 같이, 수많은 새롭게 등장하는 HMD 구조들에서는 눈 광학계가 이미지 형성 과정에 핵심적인 역할을 한다. 이러한 디스플레이들 중 대부분에서 눈 광학계는 각 물체 점들의 인식을 형성하는 한 개 이상의 기본적인 영상을 누적하여 집적화하며 점들의 인식된 이미지는 종종 눈 광학계의 조절 작용 상태에 의존한다. 이러한 경우들에서는 눈 광학계와 디스플레이 시청 광학계를 함께 모형화하고, 전체 시스템의 축적된 점 퍼짐 함수(point spread function, PSF) 또는 MTF를 시뮬레이션하여 광학 성능을 평가하는 것이 필수적이다. 모형화 방법들에 대한 여러 가지 예들은 [26~29]에서 확인할 수 있다.

전술한 성능 요소들은 주로 단안식 디스플레이를 위한 광학 품질의 다양한 측면에 집중한다. 양안식 디스플레이를 위해서는 양안 특성을 평가하기 위하여 이러한 광학 품질 요소들 이외에도 몇 가지 추가적인 광학 품질 요소들이 필요하다. 여기에는 안구 수직 오정렬(interocular vertical misalignment), 안구 회전 차이(interocular rotation difference), 안구 확대 차이(interocular magnification difference), 안구 휘도(interocular luminance) 및 명암비 차이(contrast difference) 및 양안시차(binocular disparity) 등이 포함된다. 바이노큘러 또는 바이오큘러 시스템에서 좌측 및 우측 눈의 팔들은 정렬 오차 때문에 약간의 차이를 가지고 만들어진다. 눈은 특별히 수직 오정렬에 대하여 민감하고 허용오차가 작다. ISO 9241-303에 따르면, 그림 8.23(a)에 묘사된 안구 수직 오정렬은 8.6아크 분 미만이어야 한다. 그러나 [22, 106]에서는 3.4아크 분이라는 더 엄격한 허용오차가 추천된다. 그림 8.23(b)에 묘사된 안구 회전 차이는 두 이미지들 간의 상대적인 각도로 정의되며, 이는 1°보다 더 적어야 한다. 그림 8.23(c)에 묘사된 안구 확대 차이는 이미지 크기의 불일치와 오정렬을 야기한다. ISO 9241-303에 따르면, 총 확대 차이는 이미지 크기의 1%보다 작아야 하고, FOV가 중첩되는 가장자리에서 8.6아크 분 또는 미만의 수직 오정렬이 가능해야 한다. 눈은 임의의 안구 휘도와 명암비 차이에 덜 민감하다. 10% 미만의 휘도 차이를 유지하는 것이 바람직하지만, 25% 미만의 차이 정도면 수용할 만하다. 양안시차는 양쪽 눈이 안쪽으로 모일 때(교차 시차, 예를 들어 그림 8.24의 점

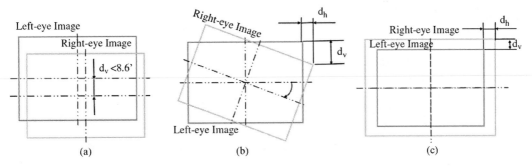

그림 8.23 (a) 안구 수직 오정렬 (b) 안구 회전 차이 및 (c) 안구 확대 차이의 묘사

A) 또는 호롭터(horopter) 밖일 때(비교차 시차, 예를 들어 그림 8.24의 점 B)의 망막 이미지 위치의 미세한 차이를 말한다. 여기서 호롭터는 망막 이미지상에서 시차가 없는 면으로 정의된다. 양안식 디스플레이 시스템에 의해 렌더링된 과도한 양의 양안시차는 눈이 양안 융합에 도달하는 것을 방해하고 물체가 이중이나 복시(diplopic)로 보일 수도 있다. 융합 한계는 시차의 크기, 자극의 크기 및 공간 주파수에 의존하며, 일반적으로 작은 시차에서는 10아크 분, 중간 시차에서는 2° 그리고 큰 시차에서는 8°로 주어진다. 그림 8.24에 묘사된 바와 같이, 시차 한계를 정하는 보편적인 방법은 수렴 심도(vergence depth)와 가상 디스플레이 심도(virtual display depth) 간의 심도 차이를 제한하는 방식에 의해서이다. 경험적으로 이러한 심도 차이는 ±0.75디옵터 미만이어야 한다고 제안된다.

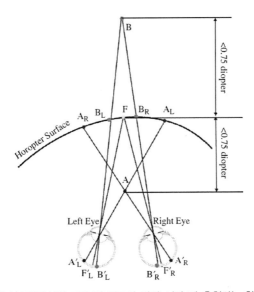

그림 8.24 양안 시스템에서의 교차 및 비교차 양안 시차 및 추천하는 한계에 관한 묘사

8.5 첨단 HMD 기술

8.3절과 8.4절에서 논의한 통상의 광학 구조 이외에도, HMD 개발에 있어 지속적으로 도전을 할 만한 여러 가지 새로운 기능들을 갖는 HMD 시스템을 개발하기 위한 일련의 첨단 방식들이 등장하고 있다. 이 절에서는 이러한 첨단 기술들에 대한 개괄적인 논의를 하기로 한다. 시선 추적 및 포비티드 디스플레이(eye-tracked and foveated display), 다채널 디스플레이(multi-channel display), 동적 범위 향상, 상호 교합 능력, 어드레스 가능한 포커스 큐(focus cue), 및 광 필드 디스플레이(light field display) 등이 여기에 포함된다.

8.5.1 시선 추적 및 중심와–컨틴전트 HMD

시선 추적법은 오랫동안 핵심 기술로 간주되어 왔고, 비전 연구, 인간-컴퓨터 인터페이스, 원격 조작(tele-operation) 환경 및 시각 전달(visual communication) 등의 몇 가지 분야에 적용되어 왔다. 다중 모드 인간-컴퓨터 인터페이스에서의 시선 추적법의 장점들과 데이터 압축의 기술적인 장점들은 잘 인식되고 연구되어 왔다. 시선 추적 능력을 집적화한 HMD(ET-HMD)는 고전적인 HMD의 기능인 시스템이 가상 이미지를 표시하게 해주는 것에 추가하여 사용자의 응시 방향을 추적하므로 기본적인 과학 연구뿐만 아니라 이러한 기술들의 첨단 응용에 이르기까지 잠재적으로 다양한 장점을 제공할 수 있다. 최근에는 시선 추적법을 첨단의 공간 컴퓨팅 플랫폼에 기여하는 필수적인 역량으로 여긴다.

예를 들어 기술적인 관점에서 ET-HMD는 VR/AR 응용을 통한 새로운 사용자 상호작용 방식을 가능하게 하고 디스플레이, 이미지 프로세싱, 그래픽스 렌더링 및 데이터 관리를 위한 다중 해상도 응시 컨틴전트(gaze-contingent) 방식이 가능하게 하며, 수렴 조절 불일치(vergence-accommodation conflict, VAC) 문제에 대한 해답을 가능하게 한다(8.5.3절). 응용의 관점에서 보조 통신(assistive communication)과 같은 기술들로부터 많은 새로운 기회들이 등장할 것이다.

집적 ET-HMD 시스템을 생성하기 위한 접근 방식은 기능-단계 집적화(functionality-level integration)와 체계적 집적화의 두 부류로 분류할 수 있다. 기능-단계 집적화는 별도로 분리된 상태로 개발된 HMD와 시선 추적 시스템을 개발의 마지막 단계에서 함께 모으므로 소형 및 휴대용 ET-HMD를 위한 최적의 설계를 할 수 있는 기회가 제한적이다. 이러한 접근 방식은 낮은 수준의 최적화를 이용할 수 없고 완성품은 통상 소형화, 정확도 및 내구성이 부족하다. 기능-단계 집적화를 위한 노력은 과거 CAE가 고해상도 인셋(inset) 디스플레이를 개발하기 위해 선구적인 연구를 하던 시절로 거슬러 올라간다.[107] 다른 예들로는 이와모토(Iwamoto)와 동료 연구자들에 의한 벤치 시제품으로[108] 고해상도 인셋을 움직이는 기계적인 드라이버에 피드백을 제공하는 시제품 디스플레이에 상업적인 시선 추적기가 추가되었고, 리우(Liu)와 화(Hua)의 벤치 시제품에는 눈의 수렴 깊이를 측정하기 위한 가변-초점 평면(vari-focal plane, VFP) 디스플레이에 양안식 시선 추적기가 추가되었으며,[109] 앤디 두호브스키(Andy Duchowski)의 연구에서는[110] 소프트웨어 기반 중심와-컨틴전트 방식을 연구하기 위하여 버추얼 리서치(Virtual Research)가 만든 상용 제품인 V8-HMD에 상용 제품인 ISCAN 시선 추적기가 집적되었다.

기능성 집적화 방식과 대조적으로 체계적 접근은 디스플레이와 시선 추적기의 양쪽 모두를 하나의 단일 시스템으로 생각하고 최적화하는 기본적인 설계 원리를 추구한다. 이 방식은 완전히 집적된 ET-HMD 소자를 생성할 수 있는 잠재적인 많은 장점을 갖는다. 이러한 체계적 접근 방식의 가장 큰 장점은 디스플레이와 시선 추적기 모두를 위한 구조상의 제약 조건과 요건들을 탐색하고, 새로운 해법을 모색하며 소형의 견고한 시스템을 위한 구조의 최적화를 행하는 기능들을 포함한다. 그동안 낮은 수준의 최적화로 완전한 집적화의 가능성을 탐색한 몇몇 선도적 노력들이 있었다.[111, 112] 이러한 초창기의 노력들에 이어서, 개발자들은 완전히 집적된 설계 방식에 대한 탐구를 계속하였고, 시선 추적의 견고성과 정확도에 필수적인 고품질의 눈 이미지를 캡쳐하기 위한 최적의 빛이 조사된 눈 영역을 얻기 위하여 ET-HMD 시스템의 광 조사 구조를 모형화하고 최적화하는 방법을 모색하였다.[113] 또한 시선 추적 시스템과 ET-HMD 시스템과 용이하게 결합될 수 있는 알고리즘의 최적화와 정확도 향상을 이끌었고[114] 완전히 집적화된 구조를 위한 새로운 광학 구조를 탐구하였다.[115] 예를 들어, 비순차 광선 추적법에 기반하여 시뮬레이션과 최적화를 반복하는 방식이 제안되었다. 이는 적외선(IR) 광원 선정 및 설치, 이미징 광학계 및 IR 검출기 선정과 같은 눈 조명 이미징 시스템과 관련한 핵심 요소들을 체계적으로 모형화할 뿐만 아니라, 눈 얼굴 특징, 홍채 색 차이 및 피부 반사율 변화와 같은 필요한 사람 관련 요소들도 모형화한다.[113] 이 방식은 디자인 고리에 인간 요소들의 포함과 이 요소들의 효과에 관한 체계적인 분석을 허용하였다. 이는 전체 인구를 통하여 적용 가능하고 견고한 최적의 조명 방식을 얻기 위함이다. 이미지 분석

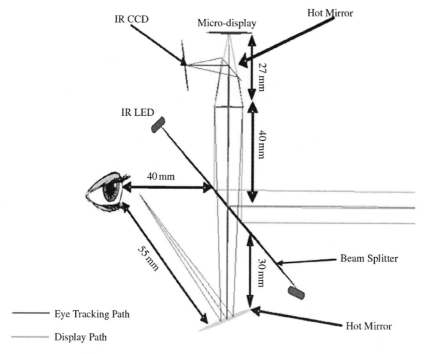

그림 8.25 회전 대칭 광학 기술에 기반한 ET-HMD 시스템[115]

알고리즘에 의해 구동되는 품질 기준 집합을 평가하기 위한 자극을 받은 눈 이미지를 이용하는 것에 의하여 한 발을 더 내딛게 되었다.

보통 체계적인 집적화의 접근 방식은 디스플레이와 시선 추적 부시스템에서의 가능한 한 많은 광학 경로들을 결합시키려고 시도한다. 그림 8.25는 ET-HMD 광학계의 1단계 구조를 보여준다. 여기서 광학계는 개념과 규격을 강조하기 위하여 이상적인 렌즈로 단순화된다.[115] HMD 구조는 8.3.3절에서 논의한 HMPD 구조에 기반을 두고 있다. 이 구조는 완전한 집적화 방식을 채택하였으며 디스플레이와 시선 추적 부시스템에서의 가능한 한 많은 광학 경로들을 결합시킨다. 디스플레이와 눈 이미징 기능 모두를 위해 동일한 투사 광학계가 공유되었다. 그러나 이 구조의 주된 한계는 통상의 회전 대칭 광학 면과 설계 방식이 채택되었다는 데 있다. 그 결과, 전체적인 집적화된 ET-HMD 시스템은 다른 구조에 비해 상당히 개선되었지만 여전히 크고 무겁다. 바움가르텐(Baumgarten)과 동료 연구자들은 양방향 마이크로 디스플레이에 기반한 ET-HMD 시제품을 발표하였다.[116] 여기서 양방향 마이크로 디스플레이에는 동일한 소자 내에 디스플레이와 눈 이미지 캡처 기능 모두를 수행할 수 있도록 OLED의 화소 어레이 내에 광다이오드를 내장하였다. 또 다른 예는 프리폼 광학 기술에 기반한 경량 및 고해상도의 광학 시스루 ET-HMD의 새로운 구조와 완제품이다. 그림 8.26(a)는 프리폼 쐐기형 프리즘, 프리폼 교정기 및 단일 이미징 렌즈로 구성된 광학계 설계도이다.[75] 프리폼 쐐기형 프리즘은 눈 조명, 눈 이미징, 가상 디스플레이 및 실제-세상의 시스루라는 네 가지의 광학 경로에 의해 공유되는 핵심 요소이다. 첫째, 프리즘은 한 개나 여러 개의 근적외선 LED 로부터 방출되는 빛을 시준하고, 눈 영역과 시선 추적을 위해 이미징되는 중요한 영역(예를 들어, 광택 및 어두워진 동공)을 균일하게 조사하는 조명 광학계로 작동한다. 둘째, 동일한 프리폼 요소는 추적을 위해 근적외선이 조사된 사용자의 눈 이미지를 캡처하는 눈 이미징 부시스템에서의 핵심 요소이다. 프리폼 프리즘은 이미지 검출기가 단일 요소의 측면에 놓일 수 있도록 단일 요소 내에서 광 경로를 바꿔준다. 셋째, 프리즘은 마이크로 디스플레이상에서 이미지를 시청하기 위한 단일 요소 HMD 아이피스로 사용된다. 마지막으로 프리즘에는 시축 편차와 프리즘에 의해 도입된 원하지 않는 수차를 수정하기 위한 프리폼 교정 렌즈가 부착되며, 이를 통하여 주변부 흑화를 낮추고 실제-세상의 영상에 대한 왜곡을 최소화한 시스템의 시스루 성능이 가능하게 한다. 종합적으로 이러한 독특한 광학 구조는 추가적인 하드

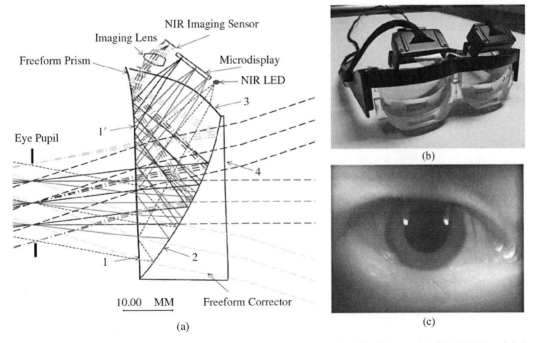

그림 8.26 소형 ET–HMD 구조의 예 (a) 광학 설계 (b) 시제품 및 (c) 눈-응시 추적을 위해 IR 조사하에서 캡처된 눈 이미지

웨어 비용 없이 시선 추적과 디스플레이 모두를 가능하게 한다. 그림 8.26(b)는 그림 8.26(a)의 도면에 기반한 시제품의 사진을 보여준다. 그림 8.26(c)는 집적 IR 카메라에 캡처된 NIR 조사하에서의 눈의 이미지를 보여준다. 어두운 동공과 IR 광원으로부터의 광택 반사가 눈의 응시 방향의 계산을 위해 개발된 주된 특징이다.

8.3.1절에서 논의한 바와 같이 고해상도를 유지하면서 넓은 FOV를 얻는 것은 매우 도전적이다. 시선 추적 기능은 FOV 해상도 상충을 극복할 수 있는 주시-컨틴전트 디스플레이(gaze-contingent display) 또는 포비티드 디스플레이(foveated display)로 알려진 첨단 HMD 구조에 필수적이다. 이는 HVS의 렌더링 부하 하락 특성에 의하여 고무되었다. 여기서는 중심와 주변의 좁은 영역에만 예외적인 VA, 명암비 및 색 민감도를 제공한다. 이 특성은 망막 이심률이 증가함에 따라 급격히 떨어지고, 안구 운동은 영상에서 관심이 있는 영역으로 중심와를 역동적으로 추적할 수 있다. 포비티드 디스플레이는 넓은 FOV에 대하여 중심시(foveal vision) 영역 안의 인셋(inset)이라 부르는 고해상도 이미지의 작은 영역을 렌더링한다. 하지만 이 경우에 주변시(peripheral vision)에 대해서는 더 낮은 해상도의 배경을 갖는다. 고해상도 인셋의 위치는 응시 지점에 상응하는 관심 있는 영역을 따라 역동적으로 제어할 수 있다.

HMD 시스템에 적용 가능한 현존하는 포비티드 디스플레이 기술은 두 가지 방식으로 분류될 수 있다. 첫 번째 방식은 알고리즘 접근 방식으로 디스플레이 하드웨어는 균일한 고해상도를 갖지만 렌더링된 이미지는 응시점에서 멀어질수록 해상도가 줄어든다. 예를 들어, 주시-컨틴전트 디스플레이 연구에서의 많은 결과물들이, 포비티드 다중 해상도 디스플레이에서 인지할 수 있는 흐림 및 이미지 동작과 같은 시각 과정과 지각 가능한 아티팩트들을 실험적으로 조사한 시뮬레이션된 이미지를 만들어내거나[117, 118] 또는 시야 이심률에 기반한 3D 모형에서의 상세 레벨(level-of-detail) 관리 및 다각형 감소(polygon reduction)와 같은 3D 그래픽스 렌더링에 지각 중심의 포비션 처리를 가능하게 한다.[119, 120]

두 번째 방식의 포비티드 디스플레이로는 하드웨어 접근 방식을 채택하며, 고해상도 디스플레이 또는 고품질 및 복잡한 광학계에 대한 요건을 줄여줄 수 있는 공간적으로 변하는 해상도를 갖는 디스플레이가 개발되었다. 예를 들어, 선도적인 연구 중의 하나인 CAE의 광섬유 HMD는 약 38°의 중첩과 약 4아크 분/화소의 각 해상도를 가지고, 수평 방향으로 127° 및 수직 방향으로 55°의 양안 FOV를 제공하였다.[107] 이와모토(Iwamoto)와 동료 연구자들은 포비티드 디스플레이의 벤치 시제품을 시연하였는데,[108] 저해상도 배경을 갖는 디스플레이에서 넓은 FOV 전반에서 고해상도 인셋의 위치를 동적으로 제어하는 2D 광 기계 스캐너를 제어하는 시선 추적 방식 응시점을 사용하였다. 롤랜드(Rolland)와 동료 연구자들은 고해상도 인셋 디스플레이를 위한 방식을 제안하였는데, 주사를 위해 기계적으로 움직이는 부품을 사용하는 대신에, 배경 디스플레이 위에 인셋 이미지를 광학적으로 복제하기 위한 한 쌍의 렌즈렛 어레이를 사용하고 응시점에 상응하는 하나의 카피를 선택하고 나머지 카피는 차단하기 위한 액정 셔터를 사용한다.[121] 화(Hua)와 리우(Liu)는 HVS의 공간적으로 변하는 특성이 어떤 방식으로 이미징과 디스플레이 시스템에서의 정보 처리율을 극대화하고 데이터 대역폭 요건을 줄이는 데 사용될 수 있는가를 조사하고, HVS의 포비션 특성에 근접한 능동 포비티드 이중 센서 시스템을 시연하였다.[122] 더 최근에는 우(Wu)와 동료 연구자들이 HMD 시스템의 이중 해상도 벤치 시제품을 시연하였는데, 두 개의 마이크로 디스플레이에 두 가지의 서로 다른 배율이 적용되어, 하나는 고해상도 인셋을 만들고 나머지 하나는 저해상도 배경을 구현하였다.[123]

8.5.2 동적 범위 증강

실제 영상의 동적 범위(The dynamic range, DR)는 연속적인 휘도 단계를 가지며, 영상의 가장 밝은 휘도와 가장 어두운 휘도의 비로 정의된다. 또는 그 비율을 밑을 10이나 2로 한 로그 값으로 나타내기도 한다. 실제-세상의 영상은 10^{14}배에 해당하는 매우 넓은 DR 범위를 가질 수 있으며, 무한히 세분된 휘도 단계를 갖는다. HVS에서 인식 가능한 휘도 변화의 범위는 순응이 없을 때 10^5배 이상이다. HMD를 포함하는 최첨단 디스플레이에서는 통상 유한하고 이산적인 수의 휘도 단계를 렌더링하고, DR은 보통 디스플레이가 만들 수 있는 최대 명령 수준(command level, CL) 또는 각 화소당(또는 컬러 디스플레이의 경우에는 각 채널당) 비트 깊이(bit depth, BD)에 의해 측정된다. HMD를 포함하는 대부분의 최첨단 컬러 디스플레이는 색 채널당 8BD 또는 최대로 이산적인 256 강도 단계로 이미지를 렌더링할 수 있을 뿐이다. 이렇게 낮은 BD는 눈의 시청 능력 이하로, 실제-세상 영상을 넓은 동작 범위로 정교하게 렌더링하는 성능에는 한참 모자란다.

HMD의 동적 범위를 증강하는 것은 VR 및 AR 응용, 특히 OST-HMD를 위하여 핵심적이다. 몰입형 VR 응용을 위하여 LDR HMD에 의해 렌더링된 이미지는 큰 명암비 변화를 가진 영상을 렌더링하는 능력이 부족하므로 정밀한 구조적 세부 사항, 고이미지 충실도 및 몰입감의 손실을 야기할지도 모른다. 광학 시스루 AR 응용에서는 LDR HMD에 의해 표시되는 가상 이미지가 훨씬 더 넓은 동작 범위를 가질 수 있는 실제 영상과 합병될 때 공간적인 세밀함이 높은 수준으로 절충되어 퇴색되는 것처럼 보일 수도 있다.

디스플레이의 DR 증강 방법들은 두 가지 방식으로 분류할 수 있다.[124] 가장 보편적인 방식은 통상의 LDR 디스플레이상에 HDR 이미지를 표시하기 위한 알고리즘 접근 방식을 사용하는 것이다. 보통 톤 매핑(tone-mapping) 기술을 채택하며 이는 LDR 소자의 동적 범위를 맞추기 위해 이미지 집적도는 유지하면서 HDR의 이미지를 압축하는 기술이다. 이러한 톤 매핑 기술을 사용하면, 공칭 동작 범위를 갖는 보통의 디스플레이상에서 HDR 이미지를 시청할 수 있게 해주지만 이미지 명암비의 감소를 수반하며 소자 동적 범위에 의해 제약을 받고 AR 디스플레이에서 표시되는 이미지의 퇴색을 피할 수 없다.

디스플레이 DR을 증강하는 두 번째 방법은 하드웨어 접근 방식으로, 디스플레이 하드웨어의 DR을 확장시켜 HDR 이미지가 충실하게 렌더링될 수 있도록 하는 것을 목표로 한다. 직시형 데스크톱 응용을 위한 HDR 디스플레이의 하드웨어 솔루션을 개발하기 위한 대부분의 노력들이 이루어졌다. HDR 디스플레이를 위한 가장 직접적인 접근 방식은 표시할 수 있는 휘도 수준을 최대로 증가시키고 디스플레이의 각각의 컬러 채널들에 대한 어드레스할 수 있는 비트-깊이를 증가시키는 것이다. 그러나 고진폭, 고해상도의 구동 전류뿐만 아니라 고휘도 광원을 필요로 하며, 이를 저렴한 비용으로 구현하는 것은 도전적이다. 이에 대한 대안은 그림 8.27에 개략적으로 묘사된 바와 같이, 두 개나 그 이상의 SLM층들을 결합하여 화소 출력값을 동시에 제어하는 것이다. 뷰어는 SLM층들 중의 하나(예를 들어, 전면층 SLM1)에 위치한 2D 이미지를 본다. 이미지의 각 화소로부터 광학 원뿔이 보인다. 또한 다른 층들(예를 들어, 후면층 SLM2)은 동적 범위를 증강시키기 위하여 공간적으로 변하는 광변조를 제공한다. SLM들이 무시할만 한 간격으로 분리된 경우에, 이러한 다층 구조에 의해 렌더링될 수 있는 최대 CL은 $(CL_1*CL_2*\cdots*CL_N)$ 만큼 커질 수 있다. 여기서 CL_1, CL_2 및 CL_N은 각각 SLM들의 N층들의 최대 CL들이다. 다층 변조 구조는 다중 SLM을 통한 광 손실 때문에, 절충된 광 효율의 잠재적 비용으로 DR 확장을 얻을 수 있다.

다중 방식에 기반한 DR 변조의 범위와 정확도는 SLM층들 간의 간격과 층들의 공간 분해능에 크게 의존한다. 그림 8.27(a)에서 보듯이 HDR 디스플레이의 두 SLM이 동일한 공간 분해능을 가지면, 두 SLM층들은 축상 간극이 없이 완벽하게 덮어씌워지는 것이 가장 바람직하다. 그래야 화소 단위의 DR 변조를 제공할 수 있고 DR 증강의 범위와 정확도를 최대로 얻을 수 있기 때문이다. 이 경우에, 디스플레이층의 각 화소는 변조층의 해당 화소에 의해서만 변조된다. 그림 8.27(b)에서 보듯이 두 SLM의 공간 분해능이 같지 않거나 두 층 간의 간격이 넓으면 통상 더 높은 해상도를 갖는 SLM이 높은 공간 주파수를 포함하는 이미지를 표시하는 디스플레이층으로 사용되고, 더 낮은 해상도의 SLM은 저주파수로 공간적으로 변하는 광 변조를 제공한다. 이는 공간 변조를 위해 저해상도의 LED 어레이를 사용한 제첸(Seetzen)과 동료 연구자들의 시제품과 비슷하다.[125] 이 경우에 저해상도 변조층의 화소 구조를 인지할 수 없고 전체적인 이미지 품질을 열화시키지 않도록 변조층과 디스플레이층 간에 충분한 간격이 바람직하다. 무시할 수 없는 간격에서 디스플레이상의 각 화소에서 보이는 광선들은 투사 원뿔에 의해 정의된 변조층의 유한한 영역에서 시작되며 이는 두 SLM층의 간격과 시청자에 대한 HDR 디스플레이의 NA에 크게 의존한다. 변조층의 투사 영역이 변조층의 화소 크기보다 더 큰 경우에 디스플레이상의 각 화소에서 인식하는 휘도는 변조층의 다중 화소들에 의해 동시에 변조된다. 결과적으로 DR 증강의 최대 범위와 정확도는 화소 단계의 변조 방식에 의하여 절충된다. 추가적으로 변조층의 저해상도 화소 구조는 이중층 변조 이미지에 부정적인 효과를 줄 수도 있다. 예를 들어, 변조층의 화소 구조는 표시되는 이미지의 선명한 경계 근처에 흐릿한 후광이나 그림자 효과를 야기할 수도 있다.

그림 8.27의 구조에 기반하여 제첸과 동료 연구자들은 이중층 SLM 구조에 기반한 직시형 데스크톱 디스플레이를 위한 HDR 디스플레이 방식을 제안하였다.[125] 균일한 백라이트를 사용하는 통상의 LCD와는 대조적으로 투과형 LCD에서 이중층 변조와 두 개의 8비트 SLM으로 16비트의 동적 범위를 달성하기 위하여, 공간 변조 광원을 제공하는 프로젝터를 사용하였다. 또한 이중층 변조 방식을 다르게 적용하여 시연하였다. 프로젝터 유닛 대신에 LED 어레이를 사용하여 LCD를 위한 공간 변조 광원을 제공하였다.[125] 이러한 시도는 그림 8.30(b)에서 보여주는 방식과 더욱 유사하다. 여기서는 저해상도 LED 어레이를 공간 변조된 DR 변조기로 사용하고 LED 어레이와 간격을 갖는 고해상도 LCD를 디스플레이층으로 제공한다. 더 최근에는 베츠스타인(Wetzstein)과 동료 연구자들이 HDR 디스플레이를 위한 다층 곱 변조(multiplicative modulation) 및 압축 광 필드 분해(compressive light field factorization) 방식을 시연하였는데,[126] 다중 투과형 LCD층들이 적용된 작은 간격을 가지고 적층된 구조를 사용하였다.

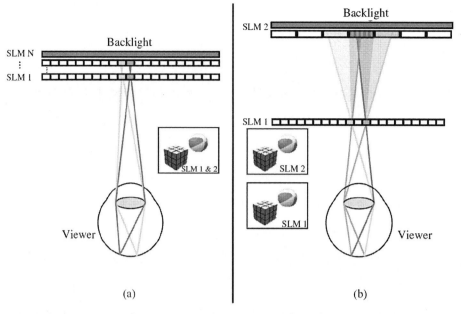

그림 8.27 2D HDR 디스플레이의 다층 변조 방식의 개략도: (a) SLM층들은 완벽하게 덮어씌워지고 동일한 공간 분해능을 가지며, (b) SLM층들은 간격에 의해 분리되며 서로 다른 공간 분해능을 갖는다.

직시형 데스크톱 디스플레이용으로 개발된 그림 8.27의 다층 변조 방식은 HDR-HMD 시스템의 구조에도 적용할 수 있다. 원리적으로 두 개의 투과형 소형 LCD를 직접 백라이트 광원 및 아이피스와 나란히 적층하면, 이는 HDR-HMD 시스템을 위한 가장 직접적인 소형의 이중층 변조 방식의 구현이 될 수 있으며, 이는 황(Huang)과 동료 연구자들이 사용한 광 필드 스테레오스코프 방식과 유사한 하드웨어 구조이다.[127] 그러나 실제로 다중 SLM층들을 직접적으로 적층하는 것은 몇 가지 심각한 문제들을 일으켜 HDR-HMD 시스템을 무력하게 만든다. 첫째, 투과형 LCD는 LDR과 낮은 투과율을 갖게 된다. 적층 이중층 변조는 광효율을 극도로 떨어뜨리고 동적 범위 증각에 제약을 준다. 둘째, 투과형 LCD는 낮은 필 팩터(fill factor)를 가지며, HMD에 사용되는 마이크로 디스플레이는 통상 수 마이크론 정도의 작은 화소를 가지므로 직시형 디스플레이가 약 100~500 μm의 화소 크기를 갖는 것과 비교하면 훨씬 더 작다. 그 결과 적층된 2층 LCD를 투과한 광은 심각한 회절 효과를 피할 수 없게 되어, 후속 과정에서 아이피스에서 확대되면서 이미지 해상도가 나빠진다. 가장 중요한 것은 통상의 LCD 패널의 물리적인 구축 과정에서 액정 변조층들은 커버 유리의 물리적 두께에 의하여 수 밀리미터 정도나 간격을 가지고 분리될 수밖에 없다. 직시형 방식 데스크톱 디스플레이에서는 두 SLM층들 사이에 수 밀리미터 정도의 간격이 있어도 동적 범위 변조에 큰 영향이 없다. 하지만 HMD 시스템에서는 SLM 적층에서 1 mm 정도로 작은 간격에서도 HMD 아이피스의 배율 때문에 수십 배로 연장되어 시청 공간에서는 크게 분리된다. 결과적인 시청 공간에서의 분리는 SLM층들 간의 물리적 간격과 아이피스의 초점 거리에 의존한다. 예를 들어, 통상의 HMD 아이피스에 대하여 20 mm의 초점 거리와 시청 공간에서 통상의 2 m의 시청 거리를 가정하면, SLM 적층에서의 0.1 mm 간격은 무려 0.6 m나 되는 축상 분리를 야기할 것이다. 광필드 렌더링을 위하여 인접한 SLM층들 간에 간격이 필요한 텐서 디스플레이(tensor display)와는 달리, 인접한 SLM층들 간의 큰 간격은 정확한 동적 범위 변조가 실질적으로 불가능하게 만든다. 최근 쉬(Xu)와 화(Hua)는 HDR 품질의 개선이 SLM층들 간의 물리적 간격에 의해 어떻게 영향을 받는가에 대한 충분한 분석을 수행하였다.[124]

이중층 변조 방식을 사용하여 변조층과 디스플레이층 간의 간격을 최소화하기 위하여 Xu와 Hua는 그림 8.28(a)의 개략도에 나타낸 바와 같이, HDR 이미지 생성기와 시청 광학계로 구성된 새로운 HDR-HMD 시스템 구조를 제안하였다.[124] HDR 이미지 생성기는 두 개의 F-LCoS 마이크로 디스플레이와 SLM층들 간의 물리적 간격을 광학적으로 최소화하도록 고안된 맞춤형 중계기 시스템으로 구성된다. 투과형 LCD는 낮은 필 팩터와 낮은 광효율의 단점을 갖는 것과 비교하여, 반사 방식 F-LCoS 마이크로 디스플레이는 높은 화소 해상도와 높은 필 팩터뿐만 아니라 큰 명암비와 높은 광효율을 제공하므로 회절 아티팩트를 최소화하고 시스템의 동적 범위를 증강하는 데 도움이 된다. 중계 광학계는 SLM층들을 수 마이크론 정도의 작은 간격으로 광학적으로 덮어씌우고, 화소 단위의 명암비 변조를 달성하는 시스템이 가능하게 한다. 그림 8.28(b)는 스톡 렌즈들과 화소 해상도가 1280×960이고 6.35 μm의 화소 간격을 갖는 두 개의 0.4″ F-LCoS 장치로 이루어진 벤치 시제품을 보여준다. 두 LCoS 디스플레이가 각 컬러 채널당 8BD를 갖는다고 할 때, HDR 이미지 생성기는 동적 범위가 60,000 : 1 이상으로 증강되어, 합쳐서 16비트 변조를 달성할 수 있다.

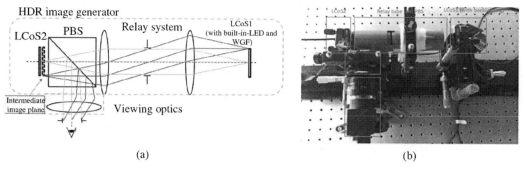

그림 8.28 이중층 변조 방식에 기반한 단안식 HDR-HMD의 (a) 개략도 및 (b) 벤치 시제품

비록 그림 8.28의 시제품이 OST-HMD 시스템의 상당히 증강된 DR을 시연하였지만 광학계가 매우 커서 웨어러블 시스템에는 적합하지 않다. 따라서 HMD 시스템에서의 DR 증강을 위한 혁신적인 해법의 개발을 위해 더 많은 연구가 필요하다.

8.5.3 HMD에서의 어드레스 가능한 포커스 큐

3D 개념과 깊이 평가를 위해 HVS에 의해 넓은 범위의 신호들이 개발되고 있다. 선(linear) 또는 대기 원근법(aerial perspective), 어클루전(차폐, occlusion), 그림자 및 명암법, 겉보기 크기(apparent size), 텍스처 기울기(texture gradient), 양안시차(binocular disparity), 운동 시차(motion parallax), 망막 흐림(retinal blur), 적응(accommodation), 수렴(vergence)과 같은 예들을 포함한다. 이러한 신호들 중에서 수렴 신호(vergence cue)는 시각축이 보고자 하는 3D 물체의 가까이나 먼 거리에서 교차하는 눈들의 회전을 의미하는 반면에, 적응 신호(accommodation cue)는 대상 물체의 선명한 포커싱이 되도록 수정체의 굴절력을 변화시키는 모양근에 의한 눈의 포커싱을 의미한다. 눈의 적응과 관련해서는 망막의 이미지 흐림 효과가 있는데, 이는 눈의 적응 깊이로부터 벗어난 물체는 눈의 제한적인 DOF로 인하여 흐릿하게 보이는 현상이다. 이미지 흐림의 정도는 초점거리로부터의 물체의 거리에 따라 변한다. 적응 및 이미지 흐림 효과는 모두 포커스 큐로 알려져 있다. 그림 8.29(a)에서 개략적으로 묘사한 바와 같이 정상적인 시청에서 눈의 수렴과 적응 작용은 높은 수준으로 결합되어 있다. 눈의 수렴 깊이는 눈의 적응 깊이와 일치하며 영상 속 물체의 망막에서의 이미지 흐림은 눈의 적응 깊이로부터 멀어질수록 증가한다.

그러나 통상의 HMD 이미지를 볼 때, 수렴과 적응을 위한 자극은 분리되거나 상충할 수 있는데, 이는 VAC로 알려져 있다. 그림 8.29(b)에 개략적으로 묘사된 바와 같이, 고정된 스크린 깊이로 통상의 스테레오스코픽 디스플레이를 보는 경우에, 눈의 수렴 깊이는 한 쌍의 스테레오스코픽 이미지에 의해 렌더링된 양안 시차에 의해 신호가 되며, 스크린의 깊이에 의해 신호가 되는 눈의 적응 깊이와 불일치한다. 추가적으로 가상 물체의 망막 흐림 효과 또한 불일치한다. 스테레오스코픽 이미지에 의해 렌더링된 가상 물체들은 렌더링된 깊이와 무관하게, 만약 시청자가 이미지 평면상에 적응하면 초점이 맞고, 만약 시청자가 눈의 DOF보다 더 먼 거리만큼 이미지 평면으로부터 분리된 점에서 적응하면 균일하게 번진다. VAC 문제는 이미지 소스가 보통 눈으로부터 고정된 점에 위치한 2D 평면이라는 사실에서 기인한다. 통상의 HMD는 단안식 또는 양안식 여부와 무관하게 또한 시스루 또는 몰입형의 여부와 무관하게 마이크로 디스플레이에 광학 공액인 고정된 깊이에서 가상 디스플레이를 형성하므로, 가상 이미지 평면에 상응하는 것 이외의 거리에서 나타나는 정보에 대하여 올바른 포커스 큐를 렌더링하는 능력이 미흡하다. 그 결과 통상의 HMD는 정상적인 눈 적응 응답과 망막 흐림 효과를 자극할 수 없다.

HMD에서의 부정확한 포커스 큐의 문제는 시각적인 신호 갈등을 야기한다. 마란(Marran)과 쇼르(Schor)[128] 및 화(Hua)[129]는 VR과 AR 시스템 모두에서의 적응 신호 갈등의 다양한 방식에 대하여 철저히 검토하였다. 예를 들어, 시스루 AR 디스플레이에서의 갈등 중의 하나는 2D 가상 이미지와 실제-세상 영상 간의 적응 신호의 불일치이다. 다른 갈등의 예에는 그림 8.29(b)에서 보듯이, 2D 이미지 평면과 통상의 스테레오스코픽 디스플레이에서 렌더링된 3D 가상 세계 사이의 적응 및 수렴의 불일치와 가상 및 실제-세상 영상 사이의 망막 이미지 흐림 신호들의 불일치가 포함된다. 비록 결정적이지는 않지만 많은 연구들이 다음의 사실을 강력하게 지지하는 증거를 제공하였다. 이는 통상의 HMD에서의 이러한 시각적인 갈등들과 부정확하게 렌더링된 포커스 큐들이 다양한 시각적 아티팩트들에 기여하고 시각적 성능을 열화시킨다는 것이다. 아주 간단하게 부정확한 포커스 큐들은 두 가지의 보편적으로 인식되는 문제들에 기여한다. 하나는 왜곡된 깊이 인식이고,[130, 131] 다른 하나는 시각적인 불편이다. 불편의 예에는 특별히 확장된 시간 주기 동안 이러한 디스플레이들을 시청한 후의 복시(diplopic vision),[132] 시각 피로(visual fatigue)[133] 및 안구 운동 응답(oculomotor response)의 열화[134] 등이 포함된다.

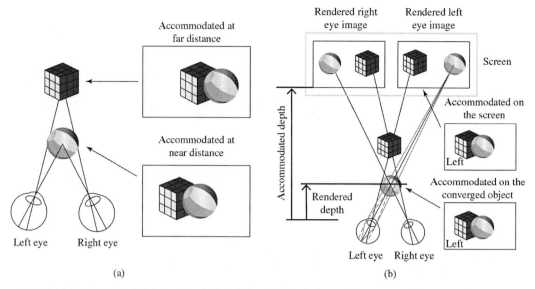

그림 8.29 (a) 실제-세상 뷰에서의 눈 적응, 수렴과 망막 흐림 신호의 자연스러운 결합 작용 및 (b) 눈의 적응과 수렴 깊이의 불일치 및 고정된 스크린 깊이에서 통상의 스테레오스코픽 디스플레이를 볼 때의 망막 흐림 신호의 불일치의 묘사

최근에 HMD의 VAC 문제에 접근하고, 정상적인 비전에서의 포커스 큐에 의해 생성되는 시각 효과를 근사화하려는 목적의 디스플레이를 개발하기 위한 많은 시도들이 이루어졌다. 추가적으로 지난 수십 년간 체적 디스플레이(volumetric display),[135] 홀로그래픽 비디오 디스플레이(holographic video display)[136] 및 초다시점 오토스테레오스코픽 디스플레이(super-multi-view autostereoscopic display)를[137, 138] 포함하는 직시형 3D 디스플레이 기술을 개발하기 위한 많은 노력들이 이루어졌다. 여기서 체적 디스플레이는 시청자의 관심 대상이나 시점과 무관하게 체적 공간 내에 있는 모든 복셀(voxel)들을 렌더링한다. 그러나 이 장의 목적상 VAC 문제에 어드레싱할 목적으로 HMD 시스템에 가장 쉽게 적용 가능한 방식들에 집중하기로 하며, 이는 포커스 큐들을 제어하기 위한 서로 다른 광학 메커니즘에 기반한 확장 피사계 심도 (extended depth of field, EDOF) 디스플레이, VFP 디스플레이, MFP 디스플레이 및 광 필드 디스플레이의 네 가지 일반적인 방식으로 분류된다. 역사적으로 실감형 홀로그래픽 비디오 디스플레이는 성배(Holy Grail)이자 진정한 3D 디스플레이 기술의 궁극적인 목표로 여겨졌다. 직시형 홀로그래픽 비디오 디스플레이를 개발하기 위한 많은 노력들이 투자되었으나 풀컬러와 대구경의 홀로그래픽 비디오 디스플레이는 큰 도전과제로 남아있다. 최근 들어 헤드-마운트 홀로그래픽 비디오 디스플레이(head-mounted holographic video display)의 개발을 위한 일

부 노력들이 이루어지고 있다.[139, 140] 아직까지는 헤드-마운트 홀로그래픽 디스플레이의 제공을 위해 직면하는 문제점들에 대한 완전한 해답이 없고 이 분야에서의 몇 가지 기존의 노력 및 성과들에 대한 의미있는 설명을 제공하기 위해 도입되어야 하는 방대한 기술적인 배경의 관점에서 이 장에서 이 주제를 다루려고 시도하지는 않지만, 관심이 있는 독자들은 이 분야에서의 다음의 최신 출판물들을 참고하기를 바란다.[139-141]

논의될 네 가지 방식 중에서 EDOF 방법은 수렴 자극에 의해 유발될 수 있는 적응 상태에서 눈이 쉴 수 있도록, 디스플레이를 볼 때 눈 적응 변화의 필요성을 제거하는 것을 목적으로 한다. VFP 디스플레이 방법은 갈등을 완화하기 위하여 디스플레이 하드웨어의 초점 심도를 동적으로 제어하는 방식으로 VAC 문제를 어드레스하는 것을 목적으로 한다. 다른 방법들은 실제-세상 영상과 같은 방식으로 포커스 큐의 양쪽 측면을 잠재적으로 충실하게 렌더링할 수 있는 실감형 3D 디스플레이로 간주될 수 있다. 이들은 통상 겉보기 3D 체적을 재구성하는 방식을 통한 동일한 깊이에서의 적응과 수렴을 위해, 눈을 자극시키기 위한 적절한 신호를 생성하고, 실제-세상 영상을 위해 관측되는 것과 동일한 망막 흐림 효과를 재생성하는 것을 목적으로 한다.

8.5.3.1 확장 피사계 심도(EDOF) 디스플레이

가상 디스플레이의 DOF를 확장하는 것은 잠재적으로 HMD의 VAC 문제를 어느 정도 완화시키는 간단한 해결책이다. 통상의 HMD를 시청할 때, 가상 디스플레이의 DOF는 순간적으로 눈 공동으로 입사하는 빔 다발의 직경에 반비례하며 보통 제한된 범위를 갖는다. 자연적으로 눈은 디스플레이상에 렌더링되는 선명한 이미지를 인식하기 위하여 가상 디스플레이의 깊이 지점이나 그 근처에서 적응할 필요가 있는 반면에 렌더링된 시차의 자극으로 인하여 다른 깊이에서는 눈이 수렴할 수도 있다.

EDOF 디스플레이에 사용된 방법들은 핀홀 광학계(pinhole optics)와 PSF 공학의 두 범주로 나뉜다. 핀홀 광학계 구조는 매우 큰 DOF를 가질 것으로 기대된다. 디스플레이의 각 필드로부터의 매우 얇은 근축 광선 다발이 눈 공동을 통하여 망막상에 포커싱되기 때문이다. 동공에 투사되는 광선의 직경이 눈 동공 자체보다 충분히 더 작으면 디스플레이의 DOF는 확장되고 디스플레이는 적응이 필요없는 것으로 간주된다. 맥스웰 뷰 디스플레이(Maxwellian view display)는 이러한 핀홀 광학계 방식을 실행하기 위한 잘 알려진 구조 중의 하나이다.[142] 그림 8.30(a)에 묘사한 바와 같이, 점광원 S로부터 발산하는 광선이 집광 렌즈에 의해 시준된 다음, 망막에 바로 이미징되는 대신에 아이피스에 의해 눈의 입사 동공에 포커싱된다. 목표물 또는 통상 SLM은 아이피스로부터 떨어진 초점거리상에 놓이며 SLM에 대한 이미지 공액은 망막상에 형성된다. SLM상의 각 필드들은 동공(핀홀) 위의 좁은 개구를 통하여 이미징된다는 사실 때문에 이미지는 눈의 적응이 필요없이 매우 큰 DOF로 관측된다.

이와 같은 방식의 디스플레이를 개발하기 위한 몇 가지 시도들이 행해졌다. 그림 8.31(a)에서 개략적으로 보듯이, 안도(Ando)와 동료 연구자들에 의해 비적응 방식 HMD를 위한 맥스웰 뷰 망막 디스플레이가 제안되었다.[144] 레이저 광원에서 나오는 발산 광이 렌즈에 의해 시준된다. 평행 광선은 SLM의 화소들을 통과하거나 화소로부터 반사되며, 눈 동공의 중심에서 HOE에 의해 포커싱된다. 각 화소로부터의 각각의 평행 광선들은 망막으로 직접 투사되어 서로 다른 지점들을 자극시킨다. 결맞는(coherent) 레이저 광선을 작은 화소 개구로 입사시킬 때 발생하는 회절 효과를 완화시키기 위하여 HOE와 SLM 사이에 추가적인 집속 및 시준 렌즈들을 포함하는 공간 필터를 삽입한다. 그 결과로 SLM상에서 보이는 이미지 패턴들이 직접 망막 위에 이미징된다. 맥스웰 뷰 원리에 기반하여 폰 발트키르쉬(Von Waldkirch)와 동료 연구자들은 망막 투사 디스플레이(retinal projection display)의 시제품을 시연하였는데, 이 제품은 집광 렌즈를 통하여 부분적으로 결맞는(partilly coherent) LED를 LCD에 조사하는 방식을 적용하였다.[146, 147]

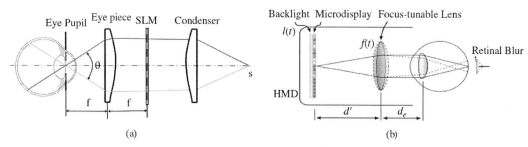

그림 8.30 EDOF 디스플레이의 광학적 방법: (a) 맥스웰 뷰 핀홀 디스플레이 및 (b) PSF 공학을 통한 적응−불변 디스플레이

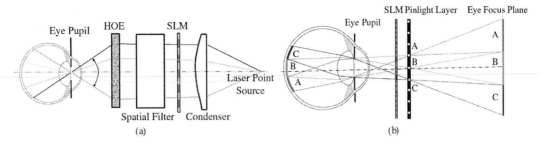

그림 8.31 핀홀 광학계 방식에 기반한 EDOF 디스플레이의 예: (a) 맥스웰 뷰 망막 투사 디스플레이의 개략도[144] 및 (b) 핀라이트 디스플레이의 개략도[145]

이와 같은 통상의 맥스웰 뷰 디스플레이의 가장 중대한 제약은 현저한 이미지 품질 저하 이외에, 작은 입사 동공 직경을 들 수 있다. 이는 모든 광선들이 동공의 작은 영역으로 수렴하도록 되어 있는 맥스웰 시청 방식의 성질에서 기인한다. 유우키(Yuuki)와 동료 연구자들은 고밀도 맥스웰 뷰 디스플레이를 성공적으로 시연하였다. 이 장치는 LCD 패널과 같은 통상의 디스플레이, 핀홀 패턴을 갖는 광 흡수층 및 평철 플라이-아이 렌즈 시트(plano-convex fly-eye lens sheet)로 구성되며, 이는 눈 동공에 7 × 7 광선 교차점들의 어레이를 형성하여 시청자가 눈을 광선 교차점 중에 어디에 있어도 선명한 포커싱을 제공하여 디스플레이상의 모든 화소들을 볼 수 있게 해준다.[148] 더 최근에 메모니(Maimone)와 동료 연구자들은 그림 8.31(b)에서 개략적으로 묘사한 바와 같이, 핀라이트 디스플레이(Pinlight display)라 부르는 소형 및 넓은 FOV를 갖는 OST-HMD 구조를 시연하였다. 이는 주로 LCD 패널과 눈의 전면에 직접 위치한 점 광원 어레이로 구성된다.[145] '핀라이트(pinlight)'라 부르는 점광원 어레이는 식각된 작은 공진기를 사용하고, 플라스틱 시트 근처에 LED를 위치시켜 공진기의 위로 빛을 방출시켜 점 광원을 형성하는 측면 발광 아크릴 시트로 구성된다. 각 핀라이트에서 방출되는 광선들은 LCD 패널 영역에서 변조되고 변조 광선은 눈 렌즈에 의해 굴절되어, 망막에 '선명한(sharp)' 변조 이미지를 생성한다. 핀라이트에 의해 투사된 작은 부분적인 이미지 조각들은 합체되어 넓은 FOV 이미지를 생성한다. 핀라이트 디스플레이는 고밀도 맥스웰 뷰 디스플레이로 간주할 수 있다. 왜냐하면 시청자의 눈이 자신의 눈 동공상의 임의의 광선 교차점들에 위치하여 표시되는 이미지의 전체 FOV를 볼 수 있기 때문이다. 대구경 유리 기판의 폼 팩터 내에 디스플레이 시제품을 만들고 시연하였는데, 110°의 대각선 FOV를 제공하였다.

DOF 확장을 위해 핀홀 광학계를 사용하는 이외에 콘라드(Konrad)와 동료 연구자들에 의해 대체 계산 방식이 제안되었는데,[143] EDOF 마이크로스코피를 위해 개발된 방식을 채택하였다.[149] 그림 8.30(b)에서 고정된 점에 위치한 마이크로 디스플레이의 먼 지점과 가까운 지점 간의 가상 디스플레이의 초점 심도를 연속적으로 스윕하기 위하여 초점 조절 렌즈를 사용한다. 초점 조절 렌즈의 스윕 작용은 가상 디스플레이의 누진 망막 이미지 흐림을 야기하고, 흐림의 정도는 일반적으로 눈 적응 상태에 무관하게 일정하다. [150]에서 EDOF 마이크로스코피에 대하여 불변 적응 시스템 응답의 특성들이 엄밀하게 증명되었으며, 불변 시스템 응답이 주어진 디지털 역필터링(deconvolution) 과정을 통하여 캡처된 흐림 영상으로부터 완전 해상도의 미소 영상이 복구될 수 있다. 그러나 망막 영상은 사후 처리가 불가능하고 마이크로 디스플레이는 음의 강도값을 렌더링할 수 없다는 사실 때문에, 초점 스위핑에 의한 해상도의 손실을 복구하는 데 있어 역필터링은 가능한 접근 방식이 아니다. 그 결과 디스플레이는 심각한 영상 품질 저하 문제를 겪고 있으며 스위핑 깊이 범위가 증가함에 따라 열화의 정도도 증가한다.

8.5.3.2 가변-초점 평면(VFP) 디스플레이

그림 8.32에 나타낸 가변-초점 방식은 VAC 문제에 대한 간단한 교정법을 제공한다. 이 방식은 단일 평면 디스플레이의 초점거리 Z와 눈의 수렴 깊이를 일치시켜 Z를 동적으로 보상하는 방식으로 눈의 적응 응답에 대한 적절한 신호를 생성한다. 이 장치는 가상 디스플레이의 겉보기 거리를 직접 조절하므로 통상의 HMD 구조에 최소한의 하드웨어 복잡도를 가한다.

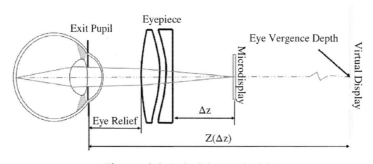

그림 8.32 가변-초점 평면 HMD의 개략도

초점 보상은 기계적인 메커니즘이나 또는 전자적으로 구동되는 능동 광학 요소(active optical element)에 의해 달성될 수 있다. 초점 심도의 조절을 위해 기계적인 메커니즘을 사용하면 디스플레이 장치의 아이피스를 기계적으로 줌(zoom)을 수행하거나 또는 마이크로 디스플레이와 아이피스 사이의 거리 Δz를 조절하는 방식으로 이루어진다. 예를 들어, 완(Wann)과 동료 연구자들은 가상 디스플레이의 초점 심도를 조절하기 위하여 진동 렌즈(oscillating lens)를 사용하는 것을 제안하였고,[130] 시와(Shiwa)와 동료 연구자들은 디스플레이 장치와 아이피스 사이에 삽입한 릴레이 렌즈군이 스테퍼 모터에 의해 광축을 따라 기계적으로 앞뒤로 움직이는 방식으로 광학계의 전체적인 광 전력를 조절하는 최초의 가변-초점 디스플레이 시제품을 시연하였다.[151] 시바타(Shibata)와 동료 연구자들은 미세 조절되는 단 위에 축상으로 움직이는 마이크로 디스플레이를 장착하여 초점 조절을 하는 것과 유사한 방식으로 가변-초점 기능을 하는 벤치 시제품을 시연하였다.[152]

기계적인 방식으로 초점 심도를 조절하는 대신에, 전자적으로 구동하는 능동 광학 요소의 범위 조절 방법을 사용할 수 있다. 이 요소들에는 액체 렌즈(liquid lens),[153] 액정 렌즈[154] 및 변형 가능한 거울이[155] 포함된다. 리우(Liu)와 화(Hua)는 액체 렌즈를 집적한 아이피스 구조를 이용하여 초점을 조절하는 최초의 OST-HMD 시제품을 시연하였다.[156] 그림 8.33(a)~(c)는 이러한 OST-HMD 시제품의 광학도면, 시제품의 사진 및 실험적인 시연 결과를 보여준다. 이 시제품은 액체 렌즈를 38에서 51 V_{rms} 범위에서 구동하여, 가상 디스플레이의 초점 심도를 5에서 0디옵터까지(눈의 근처 지점에서 무한대까지) 동적으로 제어할 수 있다. 그림 8.33(c)는 시제품을 통하여 캡처된 두 개의 이미지를 보여준다. 각 영상마다 각각 눈의 위치로부터 HMD의 시축을 따라 16, 33, 100 cm 떨어진 위치에 세 개의 막대 모양의 해상도 목표물이 물리적으로 위치하며, 이는 가변 적응 신호의 가상 이미지에 대한 기준으로 사용된다. 눈으로부터 약 16 cm 떨어진 지점에서 가상의 원환체가 렌더링되며, 액체 렌즈에 인가되는 전압은 원환체 깊이에 일치하도록 조절된다. 두 이미지는 각각 6 및 1디옵터에서 포커싱된 카메라를 사용하여 캡처된 사진을 보여준다. 가변-초점 디스플레이에서의 깊이 인식과 눈 적응 응답에 대한 연구에 의하면[38] 왜곡되고 압축된 깊이 인식을 제안하는 전통적인 S3D 디스플레이에서 찾은 것들과 비교하여, 올바르게 렌더링된 포커스 큐에 의해 개선된 깊이 인식이 가능함을 알게 되었다.

VFP 방식에서는 실시간으로 눈의 수렴 거리를 동적으로 추적하는 것을 필요로 한다. 눈의 고정 거리와 가상 디스플레이의 초점거리가 동기화되면 고정된 물체의 올바른 포커스 큐를 렌더링할 수 있지만 다른 깊이에 있는 물체들은 여전히 부정확한 포커스 큐를 가지게 된다. 망막 이미지 흐림을 시뮬레이션하기 위한 깊이 의존 흐림 필터(depth-dependent blur filter)를

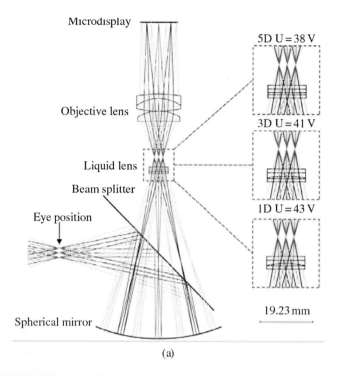

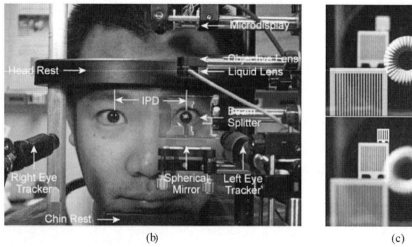

그림 8.33 액체 렌즈를 사용한 가변-초점 OST-HMD 시제품의 예: (a) 광학도면 (b) 시제품 및 (c) 실험 결과[156]

적용하면 가변-초점 방식은 더욱 더 개선될 수 있으며 어느 정도는 깊이 인식을 향상시킬 수도 있다. 그림 8.33에 나타낸 시제품 구조는 양안 시선추적 시스템을 집적화하면 더 확장시킬 수 있다. 이는 시청자의 눈 수렴 깊이를 추적하고, 수렴 깊이에 따른 가상 이미지의 초점거리를 어드레싱하며 실시간으로 응시-컨틴전트(gaze-contingent) 망막 흐림 신호를 렌더링한다.[109]

8.5.3.3 다초점 평면(MFP) 디스플레이

필요한 눈의 수렴 깊이의 단일 초점 평면에 부합하도록 가상 디스플레이의 초점 심도를 동적으로 조절하는 VFP 방식과는 다르게 MFP 디스플레이는 시축을 따라 확장된 3D 영상 체적 영역을 다중 영역들로 나누는 개별적인 초점 평면들이 적층된 구조를 형성한다. 각 초점 평면들은 해당 초점 평면들에 중심을 둔 깊이 범위 내에 위치한 3D 물체들의 투사를 샘플링하고, 이 개별적인 초점 평면들이 더해져서 거대한 영상 체적을 재구축한다. MFP 기반 HMD는 고정된 시점으로부터 볼 수 있으므로, 시축을 따르는 서로 다른 깊이에서의 3D 영상의 광 필드 투사를 샘플링하는 방법으로 간주될 수 있다. 다초점 방식과는 다르게 MFP 방식은 수렴 점을 정하기 위한 어떠한 메커니즘도 필요하지 않으며, 3D 체적을 통하여 올바른 포커스 큐를 렌더링할 수 있다.

그림 8.34는 각각 FPI 및 FPII에 의해 렌더링된 3D 도넛 및 구를 투사시킨, 이중 초점 평면 예의 개략도를 보여준다. 추가로, 전면층에 의해 렌더링된 물체의 투사는 예를 들어, FPII상의 도우넛의 투사와 같이, 이러한 물체들 간의 올바른 차폐 관계를 렌더링하기 위하여, 후방 평면상에서 차폐 마스크로 렌더링된다. MFP 기반 디스플레이는 2D 디스플레이를 적층한 공간 다중화(multiplexing) 방식 또는 다중 초점 이미지의 프레임 렌더링과 동기화된 고속 VFE에 의해 순차적으로 단일 2D 디스플레이의 초점거리를 고속 스위칭하는 방식(다시 말해서,

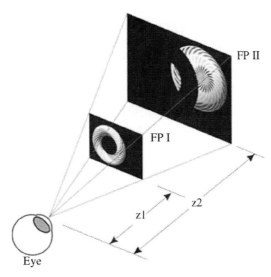

그림 8.34 다초점 평면 HMD의 개략도

시분할 다중화 방식)에 의해 수행될 수 있다.

　MFP 기반 HMD의 구현을 위하여 공간 다중화 방식으로 시작한다. 예를 들어, 마란(Marran)과 쇼르(Schor)는 HMD의 시각 필드의 서로 다른 영역에서는 초점 심도가 달라지도록 이중초점 렌즈(bifocal lens)의 사용을 제안하였다.[128] 코에팅(Koetting)은 모노비전(monovision) 기술로도 알려진 단안 렌즈를 추가하는 방식을 제안하였다. 이 기술에서는 한쪽 눈은 근거리 시청용 렌즈를 추가하고 나머지 눈은 원거리 시청용 렌즈를 추가한다.[157] 더 최근에 존슨(Johnson)과 동료 연구자들은[158] HMD에 모노비전 방식을 적용하였다. 여기서 좌안과 우안의 디스플레이 경로에 서로 다른 초점거리를 갖는 렌즈들을 사용하였다. 크랩트리(Crabtree)는 초창기에 체적 투사 디스플레이(volumetric projection display)의 실험적인 적용을 시연하였는데,[159] 여기서는 가변 깊이를 갖는 투사 스크린으로 작용하는 다중 평면 광학 요소(multi-planar optical element, MOE) 내로 일련의 2D 이미지들이 투사된다. 시제품 중의 하나는 총 13.1×10^6 복셀을 투사하였고, 50개의 평면으로 $39.8 \times 34.3 \times 23$ cm의 체적을 차지하며, 평면당 512×512 화소로 구성된다. 롤랜드(Rolland)와 동료 연구자들은 평면 디스플레이들을 두껍게 적층하여, HMD에 크랩트리의 다중 평면 체적 디스플레이 방식을 적용하기 위한 공학적 요구사항들을 이론적으로 조사하였다.[160] 그 결과 1아크 분의 VA와 4 mm의 동공 직경에 대하여 무한대에서 0.5 m까지의 초점 범위를 조절하기 위하여 굴절광학적 간격이 등 간격인 14개의 초점 평면들이 필요하다고 결론지었다. 에이클리(Akeley)와 동료 연구자들은 인접한 초점 평면 간에 0.67디옵터의 등간격을 갖는 HMD 응용을 목적으로 하는 공간 다중화된 3초점 평면 디스플레이를 최초로 실험적으로 구현하였다.[161] 이 시제품은 시청자로부터 서로 다른 거리에 놓인 세 개의 빔 스플리터들을 통하여 평판 디스플레이를 세 개의 초점 평면들로 나누는 방식을 사용하여, 0.311 m에서 0.536 m의 고정된 깊이 범위를 포괄한다. 더 최근에는, 쇼웬거트(Schowengerdt)와 동료 연구자들이 다초점 빔 다발을 만들기 위해 광섬유 어레이를 사용하는 공간 다중화된 RSD를 제안하였다.[60] 쳉(Cheng)과 동료 연구자들은 두 개의 프리폼 프리즘을 적층한 공간 다중화된 이중 초점 평면 시스템을 고안하였다.[162]

　다른 방법으로는 전기적으로 제어되는 고속 VFE를 적용하여, 초점 평면들의 적층을 시간-다중화 방식으로 구현할 수 있으며 이를 통하여 2D 초점 평면의 초점 심도는 렌더링되는 물체의 깊이와 동기화되어 제어될 수 있다. 그 결과 거대한 3D 체적 내의 모든 물체들은 깜박거림이 없는 비율로 순차적으로 렌더링되며 동시에 올바른 포커스 큐를 갖는 것처럼 보인다. 지난 십수년 동안 몇 가지의 시간-다중화된 MFP 시제품들이 시연되었다. 맥퀘이드(McQuaide)와 동료 연구자들은[163] 변조 레이저 빔의 초점 심도가 변형 가능한 박막 거울 소자(deformable membrane mirror device, DMMD)를 통하여 동적으로 제어되지만 빔은 화소 단위 기준으로 3D 체적을 렌더링하기 위해 주사되는 이중 초점 평면 RSD를 시연하였다. 러브(Love)와 동료 연구자들은 VFE로 복굴절 렌즈를 사용하고 높은 리프레시율을 갖는 CRT를 네 개의 고정된 초점 평면을 갖는 시제품을 위한 이미지 광원으로 사용하는 장치를 시연하였다.[164] 리우(Liu)와 화(Hua)는 VFE로 액체 렌즈를 사용하고 이미지 광원으로 OLED 마이크로 디스플레이를 사용한 최초의 이중 초점 평면 OST-HMD 시제품을 시연하였는데,[165] 전면 및 후면 초점 평면은 눈으로부터 각각 5디옵터 및 1디옵터의 깊이에 놓인다. 그림 8.35는 디스플레이의 출사 동공으로부터 각각 5 및 1디옵터에서 포커싱된, 카메라로 캡처된 두 사진을 보여준다. 물리적인 기준으로 세 개의 인쇄된 해상도 목표물이 영상에서 각각 5, 2, 1디옵터에 놓인다. 1디옵터 거리에 위치한 가상 구는 후면 초점 평면에 의해 렌더링되는 반면에, 구의 차폐 마스크를 따라 4디옵터 거리에 위치한 도우넛은 전면 평면에 의해 렌더링된다.

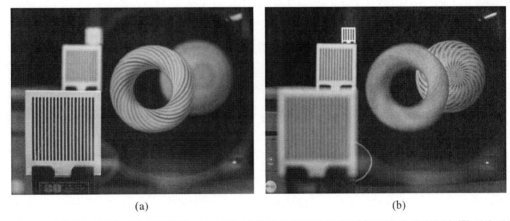

(a)   (b)

그림 8.35 카메라를 장착한 이중 초점 평면 OST-HMD 시제품으로 캡처한 사진들 (a) 5디옵터 거리에 위치한 전방 해상도 목표물 지점 및 (b) 1디옵터 거리에 위치한 후방 해상도 목표물 지점[165]

공간 및 시간-다중화 방식 모두에서 정확한 포커스 큐와 높은 영상 품질을 갖는 대화면 체적을 생성하기 위해서는 많은 수의 초점 평면들과 작은 굴절광학 간격이 바람직하다. 초점 평면의 수를 충분히 줄이면서 우수한 영상 품질을 얻기 위해서는 다중 초점 평면 방식에 깊

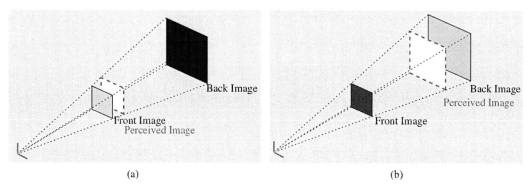

그림 8.36 DFD–MFP 디스플레이의 개략적 모형: (a) 전면 이미지 평면 근처와 (b) 후면 이미지 평면 근처에서의 융합 이미지의 인식 깊이를 바꾸기 위해 전면 이미지와 후면 이미지 간의 휘도 비율이 변조된다.

이-융합 3D(depth-fused 3D, DFD) 인식 기술을 적용하면 더욱 개선시킬 수 있다.[166] 그림 8.36은 굴절광학 거리만큼 분리된 두 초점 평면의 깊이 융합 개념을 보여준다.[26, 27] 두 개의 다른 깊이에서 표시되는 중첩된 이미지는 단일 깊이 융합 이미지로 인식될 수 있다. 융합된 영상의 인식된 깊이는 깊이-가중 융합(depth-weighted fusion) 기능을 통하여 두 이미지들 간의 휘도 비율을 변조함으로써 조절할 수 있다. 깊이-가중 융합 기능은 눈의 적응 응답을 유도하고 안정화하는 신호들을 생성하기 위하여 명암비 크기와 융합 영상의 기울기를 최적화한다. DFD 효과를 통합한 MFP(DFD-MFP) 디스플레이는 시청자에게 넓은 깊이 범위에 걸쳐 3D 물체를 위한 정확하거나 거의 정확한 포커스 큐를 렌더링할 수 있으면서도, 필요한 초점 평면들을 감당할 수 있는 수준까지 충분히 줄일 수 있다.

DFD-MFP 디스플레이를 구현하는 데 있어, 인접한 초점 평면 간의 최적 간격은 몇 가지 인자들에 의존한다. 가장 중요한 인자는 원하는 융합 이미지의 이미지 해상도와 명암비로, 이는 굴절광학 간격의 함수로 변한다. 선행 연구에 따르면, 두 인접한 초점 평면 간의 약 0.6디옵터의 간격은 약 18 cpd의 나이퀴스트 주파수(Nyquist frequency)의 MFP 디스플레이를 위한 상충하지 않는 포커스 큐를 렌더링하기에 적합하고 0.4디옵터나 그 이하의 간격은 30 cpd(다시 말해서, 1아크 분) 해상도를 제공하는 디스플레이에 적합하다.[26, 27, 167]

인접한 초점 평면들에 적용되는 적합한 융합 기능들은 포거스 큐 오차에 대한 공차, 초점 평면 간격, 디스플레이 특성 및 눈 모형 파라미터와 같은 많은 인자들에 의존한다. 이 인자들은 정확하거나 거의 정확한 포커스 큐를 렌더링하는 효과와 상충하는 신호들의 최소화에 상당한 영향을 끼칠 수 있다. 예를 들어, 에이클리(Akeley)와 동료 연구자들은 인접한 초점 평면상에 한 쌍의 선형 깊이-융합 기능을 적용하는 것을 제안하였고,[161] 더 최근에는 라비쿠마르(Ravikumar)와 동료 연구자들이 초점 평면들의 개별적인 샘플링에 의해 야기된 이미지 아티팩트를 완화시키는 방법을 제안하였다.[168] 선형 융합 기능이 개별적인 초점 평면을 통하여 연속적인 3D 영상을 생성하는 데 효과적이고, 거의 정확한 포커스를 생성하는 데 상당히 효과적임을 증명하였다. 그러나 상충하는 신호들을 항상 최소화하는 것은 아니다. 시각축을 따라 중첩된 두 이미지들에 의해 융합된 망막 이미지를 최적화하기 위하여 DFD-MFP 시스템 구현을 위한 최적화 구조가 개발되었다. 이 구조는 상충하는 포커싱 신호를 피하기 위해 명암비 크기와 기울기를 최대로 하고, 눈의 적응 응답을 유도하고 안정화하는 데 도움을 주는 매끄러운 명암비 기울기를 생성하는 초점 평면 간격과 융합 기능을 허용하였다.[26, 27, 167] 일련의 비선형 융합 기능이 개발되었고, 최대의 망막 이미지 명암비를 얻을 수 있는 깊이와 시뮬레이션상의 깊이 간 간격이 ±0.1디옵터보다 작도록 하여, 0.6디옵터 간격으로 5개의 초점 평면을 분리시킨 시스템에 적용되었다.[167] 이 비선형 기능은 두 개의 인접한 초점 평면에 분포된 화소 강도들이 초점 평면 쪽으로 치우칠 필요가 있으므로, 시뮬레이션된 깊이보다 더 멀리 떨어진다.

[27, 167]의 깊이-가중 MFP 융합(depth-weighted MFP blending) 방식은 균일한 초점 평면 간격을 갖는 개별적인 초점 평면을 통하여 연속적인 3D 영상 체적을 렌더링할 때 망막 이미지 품질의 최적화와 적응 신호 상충의 최소화에 집중한다. Narain과 동료 연구자들은 최근에 깊이-혼합 가중 방식을 제안하였다. 이 방식은 적응의 함수로 차폐, 반사 및 다른 비국지적 효과들의 탈초점 거동을 정확하게 재생산하기 위하여 휘도 가중치를 컴퓨터로 최적화한다.[169] Wu와 동료 연구자들은 렌더링되는 3D 콘텐츠의 특성에 기반한 유한한 개수의 초점 평면의 동적 구조를 최적화하기 위하여 탐구하였다. 그들이 렌더링되는 3D 영상의 전체적인 인식 품질을 측정하는 객관적인 기능을 최적화한 결과, 렌더링된 이미지 체적 내의 축적된 적응 상태들의 전체적인 명암비 손실을 명확하게 감소시킴으로써 콘텐츠의 인식된 시청 품질을 개선할 수 있었다.[170]

몇몇 DFD-MFP 기반 시제품들이 설계되고 제작되었다. 그림 8.37(a)는 후(Hu)와 화(Hua)에 의해 제작된 시제품들 중의 하나의 단안식 광학 구조를 보여주는데, 이는 복합 광학 시스루 아이피스와 이미지 생성 부시스템(image generation subsystem, IGS)으로 구성된다.[39] 복합 아이피스는 쐐기형 프리폼 아이피스(wedge-shaped freeform eyepiece), 프리폼 시스루 보상 렌즈(freeform see-through compensator lens) 및 원통 렌즈(cylindrical lens)로 구성되며 MFP 디스플레이와 OST-HMD 기술의 성공적인 집적화를 가능하게 한다. 또한 IGS는 고속 DMD 마이크로 디스플레이, DMMD 및 중계 렌즈군으로 구성되며 다초점 평면 콘텐츠를 생성하는 핵심 기능을 구현한다. DMMD의 광 전력을 변화시키면, DMD 디스플레이의 중간 이미지는 배율의 변화 없이 아이피스에 대하여 축상으로 이동하며 가상 디스플레이의 깊이가 먼 곳에서 가까운 곳으로 변하게 된다. 360 Hz 정도의 고속에서의 DMMD의 동기화된 작동과 이미지 렌더링은 60 Hz의 깜빡거림 없는 비율에서 6개의 초점 평면의 생성과 다중화를 가능하게 한다. 그림 8.37(b)는 광학 벤치상에 구축된 실제 장치를 보여주며 그림 8.37(c), (d)는 가상 디스플레이에 의해 렌더링되고 출사 동공 위치에 놓인 카메라에 의해 캡처된 3D 영상의 사진을 보여준다. 60 Hz의 총 리프레시율로 각각 3.0, 2.4, 1.8, 1.2, 0.6 및 0.0 디옵터에서 6개의 초점 평면이 동적으로 형성된다. 3D 영상은 3.0디옵터 극한에 놓인 OSC 로고뿐만 아니라, 3.0디옵터에서

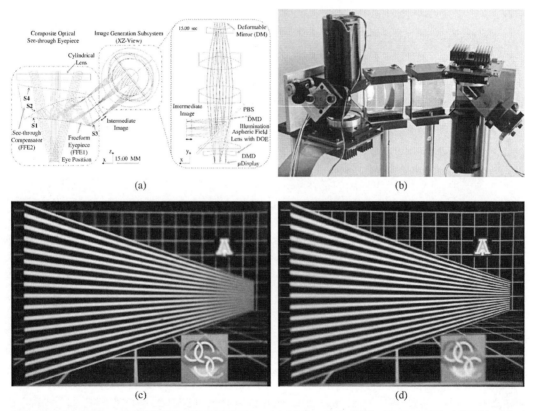

그림 8.37 (a) DFD-MFP 시스템의 우안 모듈의 광학 구조도 (b) (a)의 도면에 기반한 다중 초점 평면 시제품 (c)~(d) 각각 3디옵터 및 0.6디옵터에서 f/4.8 카메라로 캡처한 사진들[39]

0.6디옵터 범위의 녹색 바닥 격자, 녹색 벽 격자 및 0.6디옵터에서의 UoA 로고 및 3.0디옵터에서 0.6디옵터 범위의 격자 목표물로 구성된다. 각 초점 평면은 3D 영상의 서로 다른 부분들을 표시한다. [27, 39]에서 보듯이 깊이 융합 기능을 적용함으로써 이 3D 영상은 5개의 초점 평면에 의해 연속적으로 렌더링된다. 그림 8.37(c), (d)는 각각 3디옵터(근거리) 및 0.6디옵터(원거리)에 포커싱될 때의 카메라로부터의 이미지를 보여준다. 통상의 포커스 큐들이 분명하게 시연되며 고명암비의 연속적인 목표물이 5개의 공간 분리된 초점 평면을 교차하며 제대로 융합된다. 이는 깊이-융합 디스플레이 방식을 시각적으로 유효하게 한다.

더 최근에 라티나벨(Rathinavel)과 동료 연구자들은 풀컬러 DFD-MFP 디스플레이의 렌더링 파이프라인을 적용하는 대체 방법을 제안하였다.[171] 그림 8.37의 예에서와 같이 고속 VFE를 개별적인 초점 상태들로 구동하는 대신에 연속적으로 VFE를 진동시켜 특정 초점 심도에 고정되지 않게 하는 방법을 제안하였다. 이 방법에서는 적층된 이원 이미지를 고속으로 렌더링하여 표시되는 적층 이미지가 연속적인 풀컬러 체적의 조각들로 인식된다. 이원 이미지는 렌더링된 3D 영상 체적을 국소적으로 복셀(voxel) 단위로 분해하고, 분해는 복셀의 위치에 기반하여 배분된다. 그들은 그림 8.37에서 사용된 것과 유사하게 고속 DMD에 낮은 수준으로 하드웨어 액세스된 시제품 시스템을 시연하였는데, 고속 RGB LED 광원들이 DMD 이원 프레임의 비트-깊이에 동기화된다. 이 시스템은 280개의 순차적인 동기화된 이원 이미지들을 통하여 6.7디옵터에서 0.25디옵터의 깊이 체적을 교차하는 인상적이고 매우 정교한 화소 단위 초점을 시연하였다.

일반적으로 공간 다중화된 MFP 방식은 병렬 방식의 다초점 평면의 렌더링을 가능하게 하고, 디스플레이 기술을 위한 속도 요건을 완화시킨다. 반면에 실제 적용에 있어서 높은 투과율을 갖는 적층 디스플레이 기술의 구현이 어렵고 적층된 2D 이미지를 3D 영상으로 동시에 렌더링하기 위한 계산 능력에 대한 요건이 까다롭다. SLM의 적층을 통해 광학 경로가 복잡해지고 광학 효율이 낮아지므로, 많은 수의 초점 평면들을 채택하는 것은 종종 비실용적이다. 공간 다중화된 MFP 방식과 관련한 문제점은 초점 평면의 위치와 간격을 변화시킬 수 있는 유연성의 부족이다. 시간-다중화 방식에 깊이-가중 혼합 방식을 채택함으로써 적은 수의 초점 평면으로 VAC를 어드레싱하는 문제에서 거의 정확한 포커스 큐를 기술적으로 렌더링할 수 있게 해준다. 적은 수의 시간-다중화된 초점 평면을 깜박임없는 비율로 렌더링하는 경우에도 능동 광학 요소, 디스플레이 소자 및 그래픽스 렌더링 엔진을 위한 빠른 응답 속도가 요구되며, 응답 속도는 깜박임 없는 초점 평면의 수에 비례한다. 이 방식이 실감 웨어러블 광 필드 AR 디스플레이를 위한 실현 가능한 해법이 되기 위해 몇 가지의 심각한 기술적 장애 요소들에 직면하고 있다.

8.5.3.4 헤드-마운트 광 필드(LF) 디스플레이

LF-3D HMD로도 알려진 헤드-마운트 광 필드 디스플레이는 VAC 문제에 접근하기 위한 가장 유망한 3D 디스플레이 기술 중의 하나로 간주된다. 그림 8.38에 묘사된 바와 같이 LF-3D HMD는 외견상 물체 위의 각 점들에서 방출되는 광선들의 방향 샘플들을 재생산하는 방식으로 3D 물체(또는 큐브)의 인식을 렌더링한다. 광선의 각도 샘플에 상응하는 광 강도는 비등방적으로 변조되어 3D 영상을 재구축하며 본연의 3D 영상을 보기 위한 시각 효과를 근사화한다. 각 방향 샘플들은 약간씩 다른 위치에서 보는 물체의 미묘한 차이를 나타내므로 물체의 기본적인 시청으로 간주된다.

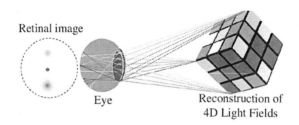

그림 8.38 주어진 위치에서 물체에 의해 방출되는 방향성 광선들을 재생산하는 광 필드 기반 3D 디스플레이의 개략도

눈이 광선을 방출하는 광원의 깊이 대신에 3D 물체의 깊이에 적응할 수 있게 하기 위하여 실감 LF-3D 디스플레이는 보통 기본시(elemental view)라 부르는 각각의 눈 동공을 통하여 보이는, 광선 방향에 따른 서로 다른 다중 샘플들을 필요로 하며 모두 통합되어 물체를 인식할 수 있게 해준다. 눈이 주어진 깊이에 적응되면(예를 들어, 그림 8.38의 큐브의 청색 모퉁이), 외견상 동일한 깊이의 점에서 방출된 방향성의 광선 샘플들이 망막에서 선명하게 포커싱된 이미지를 형성하는 반면에, 다른 깊이에서 방출된 광선들은(예를 들어, 그림 8.38의 큐브의 주황색 및 녹색 모퉁이) 상응하는 깊이에 따라 변하는 망막 흐림 효과를 보여준다. 따라서 LF-3D 디스플레이는 3D 영상을 위한 정확하거나 거의 정확한 포커스 큐를 렌더링하고 VAC

문제를 해결할 수 있는 잠재력을 갖는다. 게다가 눈 동공 위치의 변화에 의해 야기되는 망막 이미지의 변화를 의미하는 운동 시차(motion parallax)도 잠재적으로 렌더링할 수 있으며, 더불어 3D 인식을 개선할 수 있다. 통상의 투-뷰(two-view) 스테레오스코픽 디스플레이는 운동 시차를 렌더링하는 능력이 부족하다. 왜냐하면 눈이 각각의 시청 창 내에서 움직일 때에는 망막 이미지가 변하지 않기 때문이다. LF-3D HMD와 관련한 더 상세한 내용은 8.5.4절에서 논의하기로 한다.

앞에서 요약한 HMD의 포커스 큐를 가능하게 하는 여러 가지 방식들 중에서 맥스웰 뷰 디스플레이는 가상 영상을 시청하는 데 눈 적응이 더 이상 필요하지 않을 정도로, 가상 디스플레이의 DOF의 확장을 시도한다. 이는 가상 디스플레이의 이미지 선명도에 대한 절충없이, 눈이 실제-세상 영상을 자유롭게 적응하고 수렴할 수 있게 해주므로, OST-HMD의 VAC를 부분적으로 해결해준다. 그러나 가상 영상에서의 본연의 망막 흐림 신호를 만들 수 없다. 가변-초점 방식은 관찰하는 영역에 상응하는 수렴-깊이에 대한 디스플레이의 포커싱 조절을 실시간으로 시도한다. 이는 통상의 HMD에 대한 간단하고 효과적인 변형이 될 수 있고 VAC 문제에 상당히 접근할 수 있으나 본연의 망막 흐림 신호를 만들 수 없다. MFP와 LF-3D 방법은 서로 다른 깊이에서의 영상을 투사하거나 또는 영상에서 방출되고 서로 다른 눈의 위치에서 보이는 광선의 방향을 샘플링하는 방식으로 실감 3D 영상을 렌더링한다. MFP 방식은 [5]에서 기술한 이중 초점 렌즈 방식을 확장한 것이지만, 더 많은 초점 평면 샘플을 제공하고 3D 연속성을 향상시킨다. LF-3D 방식은 핀홀 광학계 해법과 일부 유사하다.

8.5.4 헤드-마운트 광 필드 디스플레이

3D 영상의 광 필드는 잘 알려진 4D 광 필드의 함수로 나타낼 수 있으며, 2D 광선 위치와 2D 방향의 함수로 광선의 휘도를 측정한다.[172] 그림 8.38에 나타낸 바와 같이, LF-3D 디스플레이는 3D 영상에 의해 방출되는 광선의 각 방향을 샘플링하여 3D 영상의 4D 광 필드를 재구축하는 것을 목적으로 한다. 공간상의 3D 지점에서의 렌더링은 광선들의 다중 다발에 의해 이루어지며, 각각은 3D 영상의 서로 다른 조망을 나타낸다. 이 광선 다발들은 통상 4D 광 필드 함수의 위치 정보를 정의하는 공간 분리된 화소들에 의해 생성되고, 광학 요소의 어레이는 광 필드 함수의 방향 정보를 정의한다. 이렇게 공간 분리된 화소들로부터의 광선들은

적분하면 3D 점을 생성하며, 이는 서로 다른 방향에서 빛을 방출하고, 서로 다른 필드 각도와 깊이를 갖는 것처럼 보인다. 앞에서 언급한 바와 같이, 렌더링되는 3D점의 깊이에서 눈의 적응을 유도하고 VAC 문제에 접근하기 위하여, 각 눈의 동공으로 입사할 수 있도록 서로 다른 광선 방향을 갖는 두 개나 그 이상의 샘플들이 필요하다.

LF-3D 디스플레이를 구현하기 위한 몇 가지의 서로 다른 방식들이 연구되었는데, 초다시점(super multi-view, SMV) 디스플레이,[137, 138] 적분-이미징(integral-imaging, InI) 기반 디스플레이[173, 174] 및 컴퓨터 다층 광 필드(computational multi-layer light field) 디스플레이[175, 176] 등을 들 수 있다. 그림 8.39(a)에 묘사한 바와 같이, SMV 디스플레이는 광 필드 캡처를 위한 카메라 어레이 방식과 유사하다. 일반적으로 투사 방향의 어레이를 생성하기 위하여 2D 디스플레이의 어레이나 단일 고속 주사 2D 어레이를 채택하며 각각은 주어진 시점으로부터 3D 영상의 기본 뷰를 렌더링하여, 영상으로부터 방출되는 광선들의 고밀도 샘플들을 생성한다. 예를 들어, 리(Lee)와 동료 연구자들은 약 0.17°의 수평 시차(horizontal parallax) 간격으로 19×16 어레이로 설치된 304개의 프로젝터들을 사용한, 100인치, 300 Mpixel 및 수평-시차만 존재하는 광 필드 디스플레이 시스템을 시연하였다.[177] 디스플레이의 어레이를 사용하는 대신에, 존스(Jones)와 동료 연구자들은 단일 고속 프로젝터를 통하여 고속으로 회전하는 비등방 반사면으로 광 필드 패턴을 투사하는 방식으로 360° 수평-시차 광 필드 디스플레이를 시연하였다.[138] 그러나 SMV과 유사한 방식에 기반한 기존의 시스템의 대부분은 수직 시차까지 고려하면 복잡도가 엄청나게 증가하기 때문에 광 필드의 수평 시차만을 렌더링한다.

그림 8.39(b)에 개략적으로 묘사된 바와 같이 InI 기반 디스플레이는 1908년에 리프만(Lipmann)이 발명한 적분 사진 기술과 동일한 원리를 사용하며[178] 통상 디스플레이 패널과 미세 렌즈 어레이(micro-lens array, MLA)[173, 174] 또는 개구 어레이(aperture array)와[179] 같은 2D 광학계 어레이로 구성된다. 2D 광학계 어레이는 3D 영상의 지향성 광선들의 각 샘플링을 제공하는 반면에, 디스플레이는 일련의 2D 기본 이미지들을 렌더링하며 각각은 미세 렌즈나 개구를 통하여 3D 영상의 서로 다른 조망을 제공한다. 기본 이미지에서의 해당 화소에 의해 방출되는 원추형 광선 다발들은 서로 교차하여 빛을 방출하고 3D 영상을 점유하는 것처럼 보이는 3D 영상의 인식을 종합적으로 생성한다. 2D 어레이를 이용한 InI 기반 디스플레이는 수평 및 수직 방향으로의 완전-시차 정보를 가진 3D 모양의 재구축을 허용하며, 이는 1차원 시차 장벽 또는 원통형 렌티큘러 렌즈를 사용한 수평 시차만을 갖는 통상의 오토 스테레오스크픽

디스플레이와의 주된 차이점이다.[180]

　그림 8.39(c)에 개략적으로 묘사한 바와 같이 컴퓨터 다층 디스플레이는 상대적으로 새로운 첨단 LF-3D 디스플레이 방식으로 화소 어레이들의 다층을 통하여 방향성 광선을 샘플링한다. 이는 통상 균일하거나 또는 방향성을 갖는 백라이트에 의해 조사되는 SLM의 적층된 광 감쇠층들로 구성된다.[175, 176] 3D 영상의 광 필드는 컴퓨터에 의하여 광 감쇠기의 각 층의 투과율을 나타내는 수많은 마스크들로 분해된다. 백라이트로부터 눈으로 들어가는 각 광선들의 강도는 광선들이 교차하는 지점들에서 감쇠층의 화소값들의 곱에 의존한다. 컴퓨터 다층 디스플레이는 곱셈 방식으로 동작하고 InI 기반 디스플레이와 유사한 방식으로 3D 영상에 의해 방출되는 광선의 방향을 각도에 대하여 샘플링하여 영상의 광 필드를 근사한다. 8.5.3절에서 논의한 핀라이트 디스플레이 또한 컴퓨터 다층 디스플레이로 간주될 수 있다. 여기서 백라이트 다음에 있는 광 감쇠기의 후면층이 핀홀 어레이 또는 점 광원 어레이로 대체된다.[145]

　LF-3D 디스플레이를 구현하기 위한 이 세 가지 방법들 중에서 SMV 기반 디스플레이의 구

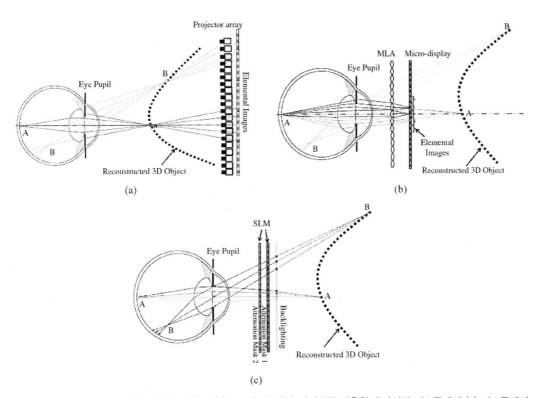

그림 8.39 LF-3D 디스플레이 방식의 개략도: (a) 2D 디스플레이 어레이를 적용한 초다시점 디스플레이 (b) 디스플레이 기반 집적 이미징 및 (c) 컴퓨터 다층 LF 디스플레이

축은 통상 크기가 매우 커지므로 HMD 포맷에 적용하기에 적합하지 않다. 반면에 InI 기반 방식과 컴퓨터 다층 디스플레이 방식은 모두 HMD 시스템에 적용할 수 있다. 따라서 이 절의 나머지는 이 두 가지 방식에 관한 최신 동향만 소개하기로 한다.

8.5.4.1 InI 기반 헤드-마운트 광 필드 디스플레이

1908년 리프만이 발명한 이래로 InI 기반 기술은 실제 영상의 광 필드의 캡처와[181, 182] 아이웨어를 하지 않는 오토 스테레오스코픽 디스플레이에의 사용,[183] 모두를 위하여 폭넓게 탐구되었다. 이는 낮은 횡방향 및 종방향 해상도, 좁은 DOF 및 좁은 시야각의 제약이 있는 것으로 알려져 있다. 그러나 InI 기술의 단순한 광학 구조로 인하여 HMD 광학 시스템과 집적화가 용이하며 웨어러블 광 필드 디스플레이를 만들기가 편리하다.

InI 기반 LF-3D HMD를 구현하는 한 가지 방법은 그림 8.39(b)에 묘사한 바와 유사하게 눈의 전면에 마이크로 디스플레이와 어레이 광학계를 직접적으로 위치시키는 직시형 구조이다. 동일한 영상 지점에 상응하는 화소에서 나오는 광선은 눈 동공을 향하여 다중 렌즈렛에 의해 이미징되며, 실질적으로 교차하여 렌더링된 깊이에서 재구축 지점을 형성한다. 이와 같은 직시형 구조에 기반하여, 란만(Lanman)과 동료 연구자들은 VR 응용을 위한 몰입형 LF-3D HMD 구조의 시제품을 시연하였다.[184] 이 시제품 시스템은 대략 29 × 16°의 FOV와 공간 해상도와 146 × 78화소의 공간 분해능을 갖는다. 이와 같은 직시형 구조의 주된 장점은 마이크로 디스플레이-MLA 어셈블리의 얇은 모양으로 인한 소형화이지만, 분명한 한계는 시스루 기능이 부족하다는 점이다. 최근에 동일한 직시형 구조에 기반한 시스루 시제품이 시연되었는데, 이 장치는 인접한 미세 렌즈들 간에 투명한 간격을 형성하였고 투명 마이크로 디스플레이를 사용하였다.[185] 일반적으로 직시형 방식의 주된 한계는 특히 상대적으로 넓은 FOV가 필요한 경우에 낮은 횡방향 및 종방향 해상도뿐만 아니라, 얕은 DOF를 갖는다는 점이다. 재구축된 영상의 깊이는 눈으로부터 겨우 수 인치 정도 떨어지는 매우 얕아지는 경향이 있는데, 이는 긴 물체 이미지 공액을 갖는 독립형 MLA의 제한된 표시 능력 때문이다.

화(Hua)와 자비디(Javidi)는 그 대안으로 그림 8.40에서 개략적으로 묘사한 바와 같이 확대-시점(magnified-view) 구조를 제안하였는데, 미세 InI(micro-InI) 유닛이 확대형 아이피스와 결합되어 전체적인 재구축 깊이와 영상 품질을 향상시킨다.[174] 미세 InI 유닛은 마이크로 디스

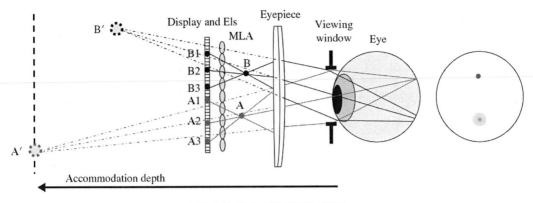

그림 8.40 확대-시점 구조의 개략도

플레이와 MLA 또는 핀홀 어레이와 같은 어레이 광학계의 조합으로 구성되며 완전-시차 광 필드와 3D 소형 영상(가상 또는 실제)의 형성을 재현한다. 3D 재구축 영상은 이미지 영상이 눈이 시청하기 위한 넓은 깊이 체적을 점유하는 확대된 가상의 3D 영상을 형성하는 아이피스에 의해 보여지기 때문에, 통상의 2D 마이크로 디스플레이를 대체한다.

추가로 화(Hua)와 자비디(Javidi)는 프리폼 아이피스를 갖는 완전-시차 3D 영상의 시각화를 위한 미세 InI 유닛을 집적화하는 방식으로 최초의 실용적인 OST-HMD 구조를 시연하였다.[174] 그림 8.41(a), (b)는 단안 시제품의 광학 구조와 개념 증명 사진을 보여준다. 시제품은 0.8인치 OLED를 사용하는데, 화소 크기가 9.6 μm인 1920 × 1200컬러 화소, 3.3 mm의 초점 거리와 0.985 mm 피치를 갖는 MLA 및 시스루 보상기를 따라 28 mm의 EFL을 갖는 쐐기형 프리폼 아이피스를 제공한다. 12 × 11 기본 이미지들의 어레이를 시뮬레이션하였는데, 각각은 102 × 102 컬러 화소들로 구성된다. 아이피스에 의해 재건된 3D 영상의 FOV는 대각선을 따라 약 33.4° 였다. 미세 InI 유닛의 시야각은 약 14°로, 3D InI 뷰가 관측 가능한 5 mm의 누화 없는 EPD를 얻을 수 있었다. 이 시스템은 시각 공간의 가상 기준 평면에서 2.7아크 분의 각 해상도를 증명하였다. 그림 8.41(c)는 0.25디옵터에서 포커싱한 카메라에 의해 캡처된 사진을 보여준다. 캡처된 영상은 스넬런 시력표(Snellen eye chart)와 분해능 격자(resolution grating)라는 두 가지의 물리적 기준으로 구성되며, 이는 각각 0.25디옵터와 3디옵터의 깊이에 놓이고, 세 열의 글자 'E'는 각각 0.25, 1, 3디옵터의 깊이로 12 × 11 기본 이미지들에 의해 렌더링된다. 송(Song)과 동료 연구자들은 유사한 프리폼 아이피스를 가진 핀홀 어레이를 사용한 또 다른 OST InI-HMD 구조를 시연하였다.[179]

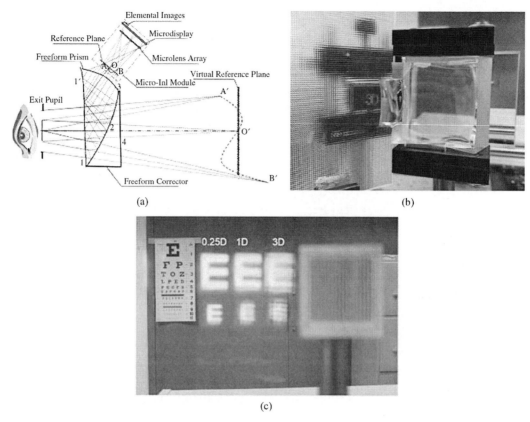

그림 8.41 프리즘 광학 기술을 사용한 3D 적분 이미징 광학 시스루 HMD의 시연: (a) 광학 구조도 (b) InI-OST-HMD 시제품 (c) 0.25디옵터에서 포커싱된 카메라의 캡처 사진[174]

다른 InI 기반 디스플레이 및 이미징 기술과 마찬가지로, InI 기반 HMD 방식이 잠재적으로 올바른 포커스 큐와 실감 3D 시청을 할 수 있음을 위의 시제품의 예들이 증명하였지만,[182, 183] 통상의 InI 기반 디스플레이는 HMD 시스템에 적용하기 위하여 몇 가지 주된 제약이 따르는데,[174, 179, 184] 3D 영상의 우수한 공간 분해능을 제공할 때 DOF가 좁아지는 문제, 긴 DOF 범위에 대하여 일정하지만 낮은 공간 분해능을 갖는 문제 그리고 디스플레이 패널상의 인접한 기본 이미지 간의 누화에 의한 좁은 시야각 문제를 들 수 있다. 예를 들어, 그림 8.45의 시제품 시스템은 시각 공간에서 화소당 약 10아크 분의 낮은 공간 분해능, 약 0.5디옵터의 낮은 종방향 분해능, 10아크 분의 해상도 기준에서 약 1디옵터의 좁은 DOF, 4 mm 시청 창 내에서의 현저한 누화 및 두 개의 서로 다른 시점에서 3 mm의 눈 동공을 채우기 어려운 낮은 시점 밀도를 시연하였다.[174]

이러한 제약들을 극복하기 위하여, 황(Huang)과 화(Hua)는 InI 기반 광 필드 HMD의 성능을 향상시키는 새로운 광학 구조를 제안하였는데, 공간 분해능을 희생하지 않고 DOF를 확장시키기 위한 가변 렌즈(tunable lens)와 누화를 줄이거나 같은 의미로 시각 창을 확장시키는 개구 어레이를 장착하였다.[76, 186] 그림 8.42(a)는 이 새로운 구조에 기반한 시제품 중의 하나를 위한 광학 구조도를 보여준다.[186] 광학 시스템은 세 개의 핵심 부유닛들로 구성되는데, 맞춤형 비구면 MLA 및 맞춤형 개구 어레이가 집적된 미세 InI 유닛, 3D 소형 영상의 재건된 광 필드의 위치를 동적으로 조절할 수 있는 가변 릴레이군 그리고 맞춤형 프리폼 아이피스를 들 수 있다. 두 가지의 새로운 렌더링 방법들도 제안되었는데, 공간 분해능에 대한 절충 없이 시청자로부터 아주 가까운 곳에서 아주 먼 곳까지 큰 깊이 체적을 갖는 광 필드를 렌더

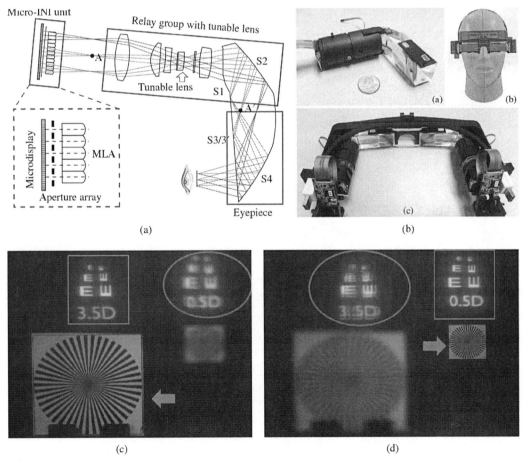

그림 8.42 고성능 InI 기반 LF-3D OST-HMD의 예: (a) 광학 구조도 (b) 시제품 (c)(d) 각각 3.5 및 0.5디옵터의 깊이로 포커싱된 카메라의 시제품으로 캡처한 이미지들[76]

링하기 위한 가변 광학계의 성능을 이용한다. 완전히 최적화된 맞춤형 광학계와 새로운 광 필드 렌더링 방식을 결합하여 공간 분해능, DOF, FOV 및 누화의 관점에서 InI 기반 3D 광 필드 디스플레이의 성능을 획기적으로 향상시켰다. 그림 8.42(b)는 제안된 광학 구조에 기반한 양안식 웨어러블 시제품의 사진을 보여준다. 그림 8.42(c), (d)는 디스플레이의 출사 동공에 위치한 카메라로 캡처한 두 사진들을 보여준다. 영상은 상응하는 가상 목표물과 동일한 깊이에 놓인 두 개의 물리적 기준을 따르는 기본 이미지들을 통하여 각각 3.5 및 0.5디옵터의 깊이에 렌더링된 두 개의 가상 목표물들로 구성된다. 가상 목표물의 가장 작은 글자들의 간격과 스트로크는 3아크 분의 시야각에 대응한다. 약 450 g의 총 중량과 약 210 mm(폭)×80 mm(깊이)×40 mm(높이)의 체적을 갖는 시제품은 광학 무한대에서 시청자에게 30 cm까지 근접한 거리까지 3디옵터를 능가하는 매우 넓은 깊이 범위를 가로질러 3아크 분의 일정한 공간 분해능을 가지고 실감 3D 광 필드의 렌더링을 할 수 있으며, 약 6×6 mm의 아이박스 내에서 누화를 제거할 수 있다. 이는 가상 디스플레이 경로상의 3디옵터를 넘는 깊이 범위에서 고품질의 이미지를 유지할 수 있을 뿐만 아니라, 시스루 뷰를 위한 높은 시각 해상도와 넓은 FOV에 도달할 수 있다.

LF-3D HMD 기술을 개발하기 위한 핵심적인 도전에는 다음과 같은 것들이 있다. LF-3D 디스플레이에 의해 렌더링되는 포커스 큐의 정확도를 정량화하는 방법을 수립하고 정확하거나 거의 정확한 포커스 큐를 렌더링하기 위한 임계 조건을 수립하며 광선 방향, 광선 위치, 적응 신호 정확도 및 이미지 품질 간의 관계를 이해하는 것들이다. 이 도전 목표들의 일부에 접근하기 위한 몇 가지의 선구적인 연구들이 시도되었다. 타카키(Takaki)는 각 눈마다 두 개 이상의 시점 샘플들을 허용하고 적응 응답을 유도하여 눈이 2D 스크린 대신에 렌더링된 깊이에 포커싱되게 하기 위하여 약 0.2~0.4°의 각 분리를 갖는 지향성있는 광선 다발이 필요하다고 제안하였다.[187] 이와 같은 시청 밀도를 만족한다면, 렌더링된 포커스 큐가 얼마나 정확할 지는 분명하지 않다. 김(Kim. Y)과 동료 연구자들은 실제 물체와 InI를 통하여 렌더링된 디지털 3D 물체를 보는 적응 응답을 실험적으로 측정하였는데, 71명의 관여자의 73%가 넘게 디스플레이 스크린 대신에 렌더링된 물체의 깊이에서 적응할 수 있었다고 제안하였다.[188] 스턴(Stern)과 동료 연구자들은 인식 가능한 광 필드를 설정하고 디스플레이 소자의 기준을 정하기 위한 분석적인 기틀을 수립하기 위하여 분석 도구를 통한 주요 개념적 및 HVS 요건들의 결합을 시도하였다.[189] 그러나 핵심적인 갭은 포커스 큐 렌더링의 정확도와 동공 면적당 샘플의 수 사이의 관계를 정량화하는 체계적인 방법과 시점의 수와 망막 이미지 품질 간의 상충 관계에 관한 체계적인 조사가 없다는 점이다. 더 최근에, 황(Huang)과 화(Hua)는 LF-3D 디스플레이를 구현하는 데 있어서의 전술한 세 가지의 기본적인 논점들에 대하여 완전히 접근할 수 있는 체계적인 방법을 제공하였다. 기존의 LF-3D 방식의 보편적인 특성들을 추출하여 이미지 형성 과정을 모형화할 수 있는 일반적인 규격을 제안하였다. 이는 시각적 및 디스플레이 인자 모두를 설명하는 망막 이미지 품질과 LF-3D 디스플레이에 의해 인식된 적응 응답을 시뮬레이션하고 평가하는 체계적인 방법에 기반한다.[28, 29] 이러한 규격과 시뮬레이션 방식을 이용하여 적응 신호의 정확도와 망막 이미지 품질 간의 균형을 제공하는 LF-3D 디스플레이 구조를 위한 광선의 방향 및 위치의 관점에서 최적의 시점 샘플링 전략을 모색하였다.

8.5.4.2 컴퓨터 다층 헤드-마운트 광 필드 디스플레이

핀홀 어레이 또는 MLA를 통한 지향성 광선의 각 샘플링을 위하여 InI 기반 구조를 사용하는 대신에 컴퓨터 다층 헤드-마운트 광 필드 디스플레이는 다층의 화소 어레이를 통하여 지향성 광선들을 샘플링한다. 이 장치는 보통 균일하거나 지향성의 백라이트에 의해 조사된 SLM의 다층을 채택한다. 그림 8.39(c)에서 묘사한 바와 같이 3D 영상의 광 필드는 계산에 의하여 광 감쇠기 각 층의 투과율을 나타내는 수많은 마스크들로 분해된다. 백라이트로부터 눈으로 입사되는 각 광선의 강도값은 광선이 교차하는 감쇠층들의 화소값들의 곱이 된다. 8.5.3절에서 논의한 MFP는 서로 다른 깊이의 초점 평면들에 의해 샘플링된 3D 영상들의 강도값들을 더하여 3D 영상의 체적을 렌더링하므로 가법 성질을 갖는 것과는 다르게 컴퓨터 다층 디스플레이는 백라이트로부터의 광선들의 서로 다른 SLM층들의 휘도값들을 곱하여 3D 영상으로부터 방출되는 광선들의 휘도값을 렌더링한다. 렌더링된 광선은 집적화를 통하여 3D 영상의 광 필드 효과를 생성한다. 이러한 차이로 인하여, MFP 디스플레이는 일부의 시제품 예들에서 시연한 바와 같이 적은 수의 초점 평면으로 높은 공간 분해능과 넓은 DOF를 달성할 수 있다. 반면에 서로 다른 초점 평면들에서의 투사에 의한 빛의 가법 성질 때문에, 고정된 시점에서의 체적 디스플레이로 간주된다. 비록 광선 렌더링의 특성으로 인하여 종종 제한적인 시각창 내에서만 가능하지만, 컴퓨터 다층 디스플레이는 서로 다른 시점에서의 콘텐츠들을 볼 수 있는 기능을 제공한다. 하지만, 주로 샘플링 광선의 회절 효과와 고비용 때문에, 종종 제한적인 공간 분해능과 DOF를 제공한다.

컴퓨터 다층 헤드-마운트 광 필드 디스플레이는 필수적으로 잘 알려진 시차 장벽 오토스테레오스코픽 디스플레이(parallax-barrier autostereoscopic display)를 적용하는데, 이는 마스크층의 적절한 감쇠값을 계산하기 위하여 콘텐츠 적응 최적화를 도입한다. 예를 들어, 베츠타인(Wetzstein)과 동료 연구자들은 오토스테레오스코픽 디스플레이를 위한 지향성 백라이트에 의해 조사되는 시간-다중화된 광 감쇠층의 적층으로 구성된 새로운 텐서 디스플레이를 시연하였다.[175] 다중시를 생성하기 위하여 고정된 장벽을 사용하는 통상의 시차 장벽 디스플레이와는 달리, 여기서는 원하는 시청 영역을 위한 이미지를 생성하기 위하여 각 감쇠층의 변조 패턴을 최적화한다. 이와 같은 방식으로, 장벽층은 3D 영상에 기반하여 동적으로 조절된다.

메모니(Maimone)와 훅스(Fuchs)는 HMD에 사용하기 위한 다층 컴퓨터 광 필드 디스플레이 기술을 적용하는 선도적인 연구를 하였고, 최초의 컴퓨터 다층 AR 디스플레이를 시연하였다.[176] 적층된 투명 SLM과 얇고 투명한 백라이트 및 고속 셔터가 좁은 간격으로 함께 SLM층들 사이에 삽입되었다. 끼워 넣어진 적층 구조는 디스플레이 적층 구조와 눈 사이에 포커싱 광학계 없이 눈의 전면에 직접 놓인다. 소자는 증강 이미지 렌더링(augmented image rendering) 모드(셔터 오프) 및 폐쇄된 현실-세계 이미지 형성(occluded real-world image formation) 모드(셔터 온)의 두 가지 모드로 동작한다. 증강 뷰 모드에서는 실제-세상 뷰는 차단되고 일련의 최적화된 패턴들이 백라이트로부터의 광선들을 감쇠시키고 눈으로 들어오는 광선들의 최종 색을 만들어내는 SLM층에 렌더링된다. 이는 층들을 가로지르는 교차된 각각의 화소들에 할당된 감쇠값들의 곱이다. 다중 SLM층들은 눈 동공 전체에 걸쳐 적절한 각 해상도로 일련의 광선들을 재생산하며, 소자 적층으로부터 멀리 떨어진 위치에 있는 가상의 물체로부터 방출되는 것처럼 보인다. 눈은 이 광선들의 합을 적분으로 인식하며, 원하는 깊이에서 가상의 물체를 종합적으로 다룬다. 따라서 다층 디스플레이의 이미지 형성 과정은 적분 이미징의 그것과 비슷하며, 올바른 포커스 큐를 갖는 3D 가상 물체의 광 필드를 재건할 수 있다. 실제-세상 이미지 형성 모드에서는 백라이트를 끄고 셔터를 켠다. 차폐 마스크가 실제-세상 광선의 선택적 투과를 허용할 수 있도록 SLM층상에 표시될 수 있으며, 이는 가상과 실제-세상 영상 간의 상호 차폐(mutual occlusion)를 가능하게 한다. SLM 적층이 눈에 거의 근접하므로, 이 방식은 잠재적으로 넓은 FOV를 갖는 소형 OST-HMD를 구현할 수 있다. 또한 광 필드 렌더링 특성 때문에, 잠재적으로 올바른 포커스 큐와 상호 차폐 능력을 렌더링할 수 있다. 초기의 시제품은 이러한 능력들을 어느 정도 시연하였다. 반면에 이 방식은 주요한 제약들이 존재한다. 예를 들어, 증강 이미지 렌더링 모드와 차폐-가능 시스루 모드 둘 다 인지할 수는 있지만, SLM 적층을 통한 회절 효과에 의해 극적인 해상도 손실을 겪는다. 실제 세상의 시스루 뷰는 SLM들 내에서의 회절 효과뿐만 아니라 한정적인 투명도에 의해 흐림과 낮은 명암비가 발생한다.

더 최근에 베츠스타인(Wetzstein)과 동료 연구자들은 다층 인자 광 필드 오토스테레오스코픽 디스플레이 방식을 확장하고 몰입형 VR 응용을 위한 광 필드 스테레오스코프를 시연하였다.[127] 그림 8.43(a), (b)에 각각 개략도와 시제품의 구현이 묘사되어 있다. 시제품은 두 개의 적층된 LCD 패널들과 그 사이에 좁은 간격이 있고, 각 눈당 5 cm의 초점거리를 갖는 한 쌍의 간단한 확대 렌즈들로 구성된다. 변조 패턴들은 3D 영상의 광 필드를 합성하고 렌더링하기 위하여, 계수-1 인수분해(rank-1 factorization) 방식을 사용하여 계산된다. 예비 시연은 희망적이지만, 후면 디스플레이 패널의 가상 이미지 패턴이 전면 패널을 통하여 관찰되기 때문에 이 방식은 회절에 의한 제약이 발생하기 쉽다.

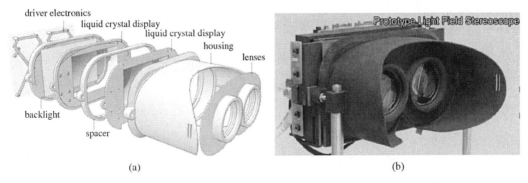

그림 8.43 컴퓨터 다층 광 필드 스테레오스코프 (a) 개략도 (b) 시제품 구현[127]

종합적으로 헤드-원(head-worn) 광 필드 디스플레이를 위한 컴퓨터 광 필드 방식은 분명히 많은 제약들이 생기기 쉽고 개선이 가능하기 위해서는 상당한 기술 혁신을 필요로 한다. 무엇보다도 고해상도 감쇠층들의 작은 화소 개구에 의해 야기되는 회절 아티팩트들에 의하여 공간 분해능이 심각하게 줄어든다. 회절 아티팩트들은 광학계의 복잡도와 큰 부피를 감수하면서 높은 필 팩터(fill factor)를 갖는 반사형 SLM을 사용함으로써 줄일 수 있다. 둘째로, 이 기술은 철저한 계산을 필요로 하므로, AR 디스플레이를 위하여 낮은 시간 지연(low-latency) 응용이 가능하도록 하기 위하여 최적화 시간을 충분히 줄여야 할 필요가 있다. 마지막으로 이 시제품 또한 적층된 SLM층들의 낮은 투과율로 인하여 높은 광 손실을 겪는다.

8.5.5 상호 차폐 기능

차폐는 중첩되는 물체들 사이에서의 자연스러운 빛의 차단 거동이다. 불투명한 물체가 다른 물체의 영상을 전체나 일부분 차단할 때, 방해받은 물체보다 시청자에게 더 가까이 있는 것으로 인식된다. 상대적인 깊이의 서열을 매기는 신호로서의 차폐는 깊이 인식에 있어 가장 만연하고 가장 확실한 시각적인 신호이다. 가상 및 실제 물체가 AR 또는 MR 디스플레이를 통하여 섞일 때, 불투명한 가상 물체는 완전히 불투명하게 보이고, 그 뒤에 위치한 실제 물체를 완벽하게 차단해야 한다. 또한 실제 물체는 당연히 실제 물체 뒤에 있는 가상 물체를 차단해야 한다. 따라서 상호 차폐(mutual occlusion)는 두 가지의 서로 다른 측면이 있는데, 가상 물체에 의한 실제-영상 물체의 차폐와 실제 영상에 의한 가상 물체의 차폐가 그것이다. 실제 물체에 의한 가상 물체의 차폐는 직접적으로 이루어진다. 즉, 가상 영상에 대한 상대적인 실제 물체의의 위치가 알려진 경우에, 실제 물체와 중첩되는 가상 물체의 일부분을 렌더링하지 않는 간단한 방식으로 이루어진다. 가상 물체에 의한 실제 물체의 차폐는 비디오 시스루 HMD에서 간편하게 구현될 수 있다. 즉, 실제-세상 영상이 디지털 방식으로 캡처되므로, 디지털 방식으로 처리되어 가상 물체가 적절한 차폐를 할 수 있게 된다. 그러나 광학 시스루 HMD에서는 가상 물체에 의한 실제 물체의 올바른 차폐의 구현이 더 많은 복잡한 문제들을 야기한다. 왜냐하면 실시간으로 눈에 도착하는 정보들 중에서 실제 영상의 빛들을 선택적으로 차단하는 기능을 필요로 하기 때문이다.

최첨단 OST-HMD들은 통상 실제-세상으로부터의 광선을 가상 물체들과 혼합하는 데 광합파기(optical combiner)에 의존하므로, 눈에 도착하는 정보들 중에서 실제 영상의 빛들을 선택적으로 차단하는 기능이 결여된다. 그 결과 OST-HMD를 통하여 보이는 디지털 방식으로 렌더링된 가상 물체들은 통상 실제 세상의 '앞에(in front of)' 떠 있는 '유령처럼(ghost-like)' 보인다. 그림 8.44는 차폐 기능이 결여된 통상의 OST-HMD를 통하여 카메라로 캡처된, 무편

집 AR 영상을 보여준다. 여기서 가상의 비행기는 바래고 불투명하지 않을 뿐만 아니라 저명
암비를 갖는다.

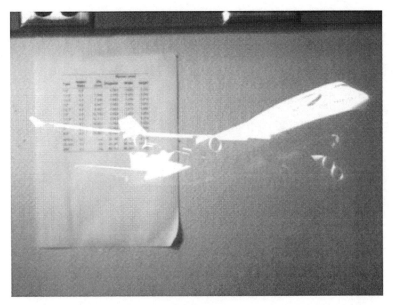

그림 8.44 잘 보이는 실제 세상의 배경에 가상의 비행기를 겹침: 차폐 기능 없이 통상의 OST-HMD를 통하여 캡처된 AR
시청

상호 차폐-가능 광학 시스루 HMD(mutual occlusion-capable optical see-through HMD, OCOST-HMD)
를 만드는 것은 매우 복잡한 도전이다. 지난 십수 년 동안 몇몇 OCOST-HMD 개념들이 제안
되었고, 그들 중 일부 구조는 시제품으로도 만들어졌다. OCOST-HMD의 구현을 위한 현존하
는 방법들은 직접 광선 차단(direct ray blocking)과 화소-단위 변조(per-pixel modulation)의 두
가지 방식으로 나뉜다. 그림 8.45에 개략적으로 묘사한 바와 같이, 직접 광선 차단 방식은 실
제-세상 영상으로부터의 광선을 포커싱하지 않고 선택적으로 차단한다. 이는 물리적 물체의
반사 특성을 선택적으로 개량하거나 눈 근처에 직접적으로 놓인 SLM들의 단일 또는 다중층
을 통하여 실제 영상으로부터의 광선을 통과시키는 방식에 의하여 구현될 수 있다. 예를 들
어, Hua와 동료 연구자들은 HMPD 소자를 거쳐 물리적 물체들에 의한 가상 물체의 자연적인
차폐를 생성하는 아이디어를 모색하였는데, 이는 물리적 물체로의 역반사 스크린을 사용하
는 제한적으로만 사용될 수 있는 구조이다.[45] 타담(Tatham)은 이미징 광학계 없이 눈 근처에

투과형 SLM을 직접 놓는 방식으로 차폐 기능을 시연하였다.[190] 만약 눈이 망막에 도달하는 각 실제-세상 점들로부터의 단일 광선을 허용하는 핀홀 개구라면, SLM을 통한 직접 광선 차단 방식은 직접적이고 적절한 해법이 된다. 대신에 눈은 면적 개구(area aperture)이므로, 단일 층 SLM을 사용하여 다른 주변 물체들로부터 오는 광선을 차단하지 않고 물체로부터 눈으로 들어오는 모든 광선들을 차단하는 것은 실질적으로는 불가능하다. 최근에 메모니(Maimone) 와 훅스(Fuchs)는 렌즈 없는 컴퓨터 다층 OST-HMD 구조를 제안하였는데, 이는 한 쌍의 적층 투과형 SLM, 얇고 투명한 백라이트 및 고속 광 셔터로 구성된다.[176] 다층 컴퓨터 광 필드 방식을 이용하여 다중 차폐 패턴을 생성할 수 있으며, 시스루 시청의 차폐 광 필드가 적절하게 렌더링될 수 있다. 이론적으로 다층 광 필드 렌더링 방식이 단일층 광선 차단 방식의 한계들 중 일부를 극복할 수 있다고 하지만, 시스루 시청의 심각한 열화, 차폐 마스크의 정확도의 한계 및 낮은 투과율과 같은 몇 가지의 주된 제약들이 발생하기 쉽다. 원하지 않는 결과는 이미징 광학계의 결여, SLM의 낮은 광효율 및 가장 중요하게는 눈 동공 근처에 위치한 작은 화소들에 의해 야기되는 회절 아티팩트들의 탓일 수 있다.

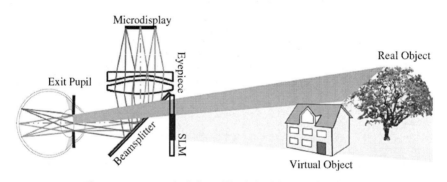

그림 8.45 OST-HMD의 차폐를 위한 직접-광선 차단 방법의 개략도

화소-단위 차폐 방식은 다음 세 가지의 광학적 기능을 달성하기 위해 망원경과 유사한 광학계를 필요로 한다: (i) 실제-세상 영상으로부터 빛을 캡처하고, 실제-세상 영상의 화소 단위의 불투명도 조절이 가능하도록 하기 위하여 중간 단계의 포커싱된 이미지를 생성한다. (ii) 포커싱된 광선의 투과율 또는 반사율을 변조한다. 그리고 (iii) 실제-세상 영상을 광학적으로 재건하기 위하여 변조 광을 중계하고 시준한다. 그림 8.46에 이 기능들에 대한 1차 광학계 표현을 묘사하였는데, 주로 실제-세상 영상의 중간 단계 포커스를 생성하기 위한 SLM이 삽입

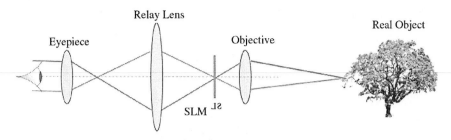

그림 8.46 OST-HMD에서의 차폐를 위한 화소-단위 방식의 개략도

될 수 있는 대물 광학계, 광 변조를 위한 SLM, 변조 광을 시준하기 위한 아이피스 및 직립의 시스루 뷰를 제공하는 아이피스와 대물렌즈 간의 중계 렌즈로 구성된다. 이 광학계 셋업은 고전적인 망원경 시스템의 구성과 유사하나 추가적으로 시스루 뷰에 적용되는 인공적인 각 확대가 없도록 아이피스와 대물렌즈의 광 전력이 동일해야 한다.

그림 8.46에 묘사된 화소-단위 차폐 방식은 정확한 차폐 기능을 제공하지만, HMD 광학계를 상당히 복잡하게 만들어서 소형 및 경량의 시스템을 구현하는 것이 매우 도전적이다. 이러한 원리를 기반으로 한 OCOST-HMD 시스템의 가장 완벽한 시연은 아마도 기요카와(Kiyokawa)와 동료 연구자들이 만든 차폐가 가능한 ELMO 시리즈 디스플레이일 것이다.[191, 192] 모든 ELMO 시제품 시리즈들은 통상의 렌즈들, 프리즘들 및 거울들을 사용하여 구현하였다. 그림 8.47(a), (b)는 가장 최신인 ELMO-4 시스템의 개략적인 광학 도면과 시제품을 보여준다. ELMO-4 시제품은 4개의 렌즈, 2개의 프리즘 및 3개의 거울을 포함하며, 이들이 고리 구조로 배열되어 대다수의 사용자들의 얼굴을 가리는 매우 큰 패키지를 필요로 한다. 그 당시에는 마이크로 디스플레이와 SLM 기술에 대한 제약 때문에, ELMO 시제품은 시스루 및 가상 디스플레이 경로 모두에서 상당히 낮은 해상도를 보였으며, 두 경로 모두 1.5인치 QVGA(320 × 240) 투과형 LCD 모듈을 사용하였다. SLM으로 투과형 LCD를 사용하면 문제가 발생한다. 왜냐하면 편광 빔 스플리터(polarizing beamsplitter, PBS)와 결합될 때 실제 영상으로부터 사용자에게 20% 이하의 제한된 빛만 보내지므로, 어두운 환경에서는 이 소자가 비효율적이다. 사용되는 부품들의 수뿐만 아니라 더 중요하게는 광학계의 회전 대칭성으로 인하여 OCST-HMD의 ELMO 시리즈는 헬맷 모양의 거대한 모양을 갖는 것을 피할 수 없다. 차크막치(Cakmakci)와 동료 연구자들은 편광 기반 광학계와 반사형 SLM을 사용하여 전체 시스템의 소형화를 향상시키는 시도를 하였다.[193] 그들은 반사형 LCoS와 1 : 200의 확장된 명암비를 제공하는

OLED 디스플레이를 결합하여 사용하였다. 더 소형의 모양을 갖기 위하여 두 광학 경로를 결합시킨 x큐브 프리즘(x-cube prism)이 제안되었다. 그러나 이 구조는 직립의 시스루 뷰를 제대로 구현하는 데는 실패하였다.

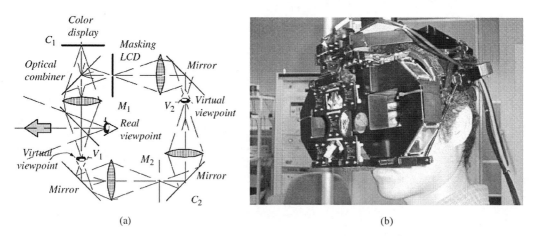

그림 8.47 ELMO-4 차폐-가능 OST-HMD: (a) 개략도 (b) 시제품[192]

최근 가오(Gao)와 동료 연구자들은 소형, 고해상도 및 저왜곡 OCOST-HMD를 구현하기 위하여 반사형 SLM을 따라 프리폼 광학계와 2층 접이식 광학 구조의 사용을 제안하였다.[194] 그림 8.48(a)는 구조의 기본 개념을 보여준다. ①은 실제-세상 경로의 광 전파 경로를 나타내고, ②는 가상 뷰의 광 경로를 나타낸다. 구조는 주로 두 개의 프리폼 프리즘으로 구성되며, 둘 다 다중 프리폼 광학 표면들로 되어 있다. 아이피스 프리즘이 가상 디스플레이를 위해 필요한 유일한 광학 부품인 반면에 대물 프리즘과 아이피스 프리즘은 함께 실제-세상 뷰를 위한 무한초점(afocal) 광학 부품의 기능을 한다. 대물 프리즘은 물리 환경으로부터 입사되는 광선들을 모으고, 초점 평면에서 중간 이미지를 형성하며, 대물 프리즘의 초점 평면에 놓인 SLM은 실제 뷰의 불투명도를 조절한다. 빔 스플리터를 통하여 변조 광은 아이피스 프리즘 쪽으로 꺾여서 시청을 위한 가상 디스플레이의 광 경로에 효과적으로 합쳐진다. 두 프리즘의 초점 평면들은 빔 스플리터를 통하여 각각에 대해 광학 공액이므로 화소-단계의 차폐 조작을 가능하게 한다. 직각 지붕 프리즘(right-angle roof prism)을 사용하면 직립 시스루 뷰를 달성할 수 있으며, 이는 소형화를 위하여 실제 뷰의 광학 경로를 꺾는 목적뿐만 아니라 직립 시스루 뷰의 구현에도 이용된다. 그림 8.48(b)는 완전히 최적화된 구조의 광학 도면을 보여준다. 5:4의 종횡비, 1280 × 1024화소 해상도 및 12 m의 화소 크기를 갖는 0.8″ 마이크로 디스플레이를 기반으로 한다. 이 구조는 동일한 크기와 해상도의 SLM을 마이크로 디스플레이로 사용하며, 수평 31.7° 및 수직 25.6°로 40°의 대각 FOV, 비네팅 없이 8 mm의 EPD 및 18 mm의 눈 클리어런스를 달성한다. 이 구조에서는 색수차를 교정하기 위하여 DOE 판이 적용된다. 그림 8.48(c)는 실제-크기의 양안식 시스템용 기계장치 패키지를 보여준다. SLM으로 반사형 LCoS 소자를 사용하므로 가상 및 시스루 경로 모두에서 고휘도와 고해상도가 가능하다. 광학 구조와 예비 실험의 시연을 통하여 매우 감동적인 모양과 높은 광학 성능으로 큰 잠재력을 보여주었지만 구조가 고가의 프리폼 렌즈들에 의존하여, 아쉽게도 완전한 시제품은 될 수 없었다.

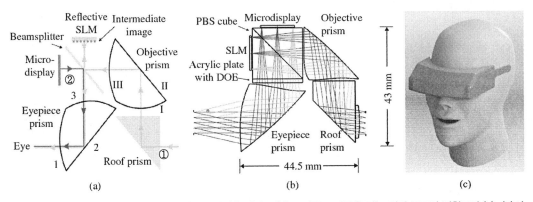

그림 8.48 2층 접이식 차폐-가능 OST-HMD의 예: (a) 개략도 (b) 프리폼 프리즘을 갖는 최적 구조의 광학도면 (c), (b)의 구조에 기반한 양안 시스템의 기계 장치[194]

최근 가오(Gao)와 동료 연구자들의 2층 접이식 구조에 기반하여[194] 윌슨(Wilson)과 화(Hua)는 그림 8.49(a)의 광학 도면에 묘사한 바와 같이 가용한 스톡 렌즈들을 사용한 시제품을 고안하고 제작하였다.[195] 가상 디스플레이(아이피스)의 광 경로는 굵은 광선으로 나타낸 반면, 시스루 뷰를 위한 광 경로는 가는 광선으로 나타내었다. 시스루 뷰를 위한 가는 광선은 PBS를 지난 후에 아이피스의 굵은 광선과 중첩되므로, 그림 8.49(a)의 눈 동공에서는 굵은 광선만이 추적된다. 이 구조는 11개의 유리 렌즈, 2개의 접이식 거울, 1개의 PBS 및 1개의 지붕 프리즘으로 구성되며, 납유리(flint glass)로 된 개구 직경이 40 mm보다 큰 요철렌즈(meniscus)를 제외하고는 모두 스톡 렌즈들이다. 이 구조는 12 μm 화소 크기와 1280 × 720화소의 기본 해상도를 갖는 소니(Sony)의 0.7″ 컬러 OLED 마이크로 디스플레이와 시스루 경로를 위한

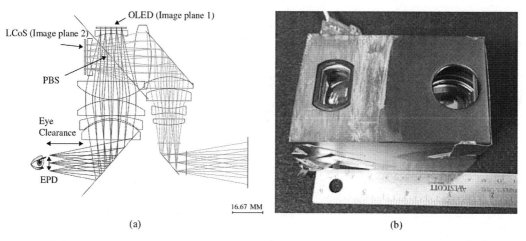

그림 8.49 스톡 렌즈들을 사용한 2층 접이식 차폐-가능 OST-HMD의 예: (a) 광학도면 (b) 시제품[195]

SLM으로 0.7″ 흑백 LCoS를 기본 소자로 선택하였다. LCoS는 1400 × 1050화소의 기본 해상도, 10.7 μm의 화소 간격 및 4 : 3의 가로세로비를 제공한다. 그림 8.49(b)에서 보듯이 이 시제품은 수평 26.5° 및 수직 15° 또는 30°의 대각 FOV, 가상 디스플레이를 위한 화소당 1.24아크 분의 각 해상도 및 화소당 0.85아크 분의 각 해상도에서 실제-세상 영상에 대한 화소 단위의 초정밀 불투명도 조절을 달성하였다. OCOST-HMD 시제품의 차폐 능력을 정성적으로 시연하기 위한 목적으로, 약 300~500 cd/m² 로 조명이 잘 급광되는 하얀 배경 벽에 실험실 물체들을 놓고, 간단한 찻주전자의 이미지를 가상의 3D 영상으로 혼합한 실제-세상 영상을 생성하였다. 그림 8.50(a)~(c)는 아이피스의 출사 동공에 놓인 디지털 카메라로 캡처한 일련의 이미지들을 보여준다. 전형적인 조명 조건하에서 인간의 눈과 동등한 f/# 설정에 부합하기 위해 16 mm의 초점거리와 약 3 mm의 개구를 갖는 카메라 렌즈를 사용하였다. 그림 8.50(a)는 광변조 없이 빛이 투과되도록 SLM은 켜고 OLED 마이크로 디스플레이를 끈 상태에서 차폐 모듈을 통해 캡처된 기본 배경 영상을 보여준다. 그림 8.50(b)는 차폐 마스크를 렌더링하지 않은 상태에서 아이피스를 통하여 캡처된 증강 영상을 보여주며, 그림 8.50(c)는 차폐 마스크를 사용할 때의 증강 영상이다.

그림 8.46의 구조에 기반한 모든 화소 단위 차폐 예들은 대물렌즈를 통하여 SLM의 광학 공액 깊이에 고정된 차폐 평면을 생성한다. 그 결과, 차폐 마스크는 단일 및 고정 초점 깊이로 렌더링된다. 8.5.3절에서 논의한 바와 같이, 올바른 포커스 큐를 렌더링하는 능력을 제공

하는 HMD의 등장으로, 차폐 마스크의 초점 심도와 차단하는 물체의 초점 심도가 불일치할 수도 있으며, 포커스 큐들의 상충을 야기한다. 최근에 하마사키(Hamasaki)와 이토(Itoh)는 개념 증명으로 가변-초점 차폐 시스템을 시연하였는데, 이 장치에 따르면 SLM이 차폐 경로의 광학축을 따라 기계적으로 조절되어, 차폐 마스크의 겉보기 깊이가 조절되고 차단하고자 하는 가상 물체의 깊이와 일치하도록 조절할 수 있다.[196]

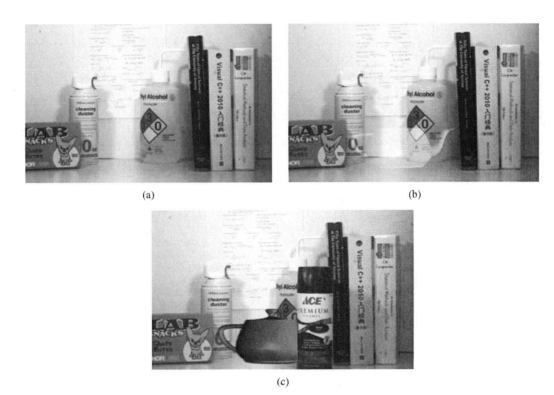

(a)

(b)

(c)

그림 8.50 OCOST–HMD 시제품의 차폐 성능 시연[195]

요약하자면, HMD 기술은 도입 이래로 먼 길을 달려왔으며, 공간 컴퓨팅 및 VR 및 AR 산업의 소득이 급속히 증가하는 시대에 핵심적인 역할을 할 것이다. 그동안 HMD 기술의 발전을 위하여 폭넓은 공학적인 도전들이 지속적으로 이루어졌고, 새로운 형태의 광학 물질, 부품 및 구조들이 필요하게 되었음을 주목하자. 또한 인간 사용자의 인식, 건강 및 사회적 거동에 대하여 다양한 HMD 기술이 끼치는 영향에 대한 적절한 정신물리학적 연구가 부진하였음을 지적하고자 한다.

▌참고문헌▐

1. Melzer, J.E. and Moffitt, K. (1997). *Head Mounted Displays: Designing for the User*. New York: McGraw Hill.

2. Rolland, J.P. and Hua, H. (2005). Head-mounted display systems. In: *Encyclopedia of Optical Engineering* (eds. R.B. Johnson and R.G. Driggers), 1-13. New York, NY: Marcel Dekker.

3. Cakmakci, O. and Rolland, J. (2006). Head-work displays: a review. *J. Disp. Technol.* 2 (3): 199-216.

4. Azuma, R., Baillot, Y., Behringer, R. et al. (2001). Recent advances in augmented reality. *IEEE Comput. Graphics Appl.* 21 (6): 34-47.

5. Feiner, S. (2002). Augmented reality: a new way of seeing. *Sci. Am.* 54: 2002.

6. Rolland, J.P. and Fuchs, H. (2001). Optical versus video see-through head-mounted displays. In: *Fundamentals of Wearable Computers and Augmented Reality* (eds. T. Caudell and W. Barfield). Erlbaum.

7. Zhang, R. and Hua, H. (2008). Design of a polarized head-mounted projection display using ferroelectric liquid-crystal-on-silicon microdisplays. *Appl. Opt.* 47 (15): 2888-2896.

8. Wheatstone, S.C. (1838). Contributions to the physiology of vision.—Part the first. On some remarkable, and hitherto unobserved, phenomena of binocular vision. *Philos. Trans. R. Soc. London* 128: 371-394.

9. Gruber, G.J. (2015). *The Biography of William B. Gruber*. Mill City Press, Inc.

10. M. Heilig, Sensorama simulator, US Patent #3,050,870, 1962.

11. Fisher, S., Wenzel, E., Coler, C., and Mcgreevy, M.W. (1988). Virtual interface environment workstations. *Proc. Hum. Factors Soc. Annu. Meet.* 32 (10).

12. Sutherland, I.E. (1968). A head-mounted three-dimensional display. *Proc. Fall Joint Comput. Conf. AFIPS* 33: 757-764.

13. Caudell, T.P. and Mizell, D.W. (1992). Augmented reality: an application of heads-up display technology to manual manufacturing processes. In: *IEEE Proceedings of the Twenty-Fifth Hawaii International Conference on System Sciences*, 659-669. IEEE.

14. Feiner, S., MacIntyre, B., and Seligmann, D. (1993). Knowledge-based augmented reality. *Commun. ACM* 36 (7): 53-62.

15. L. B. Rosenberg, "The Use of Virtual Fixtures As Perceptual Overlays to Enhance Operator Performance in Remote Environments," Technical Report AL-TR-0089, USAF Armstrong Laboratory, Wright-Patterson AFB OH, 1992.

16. Feiner, S., MacIntyre, B., Hollerer, T. et al. (1997). A touring machine: prototyping 3D mobile augmented reality systems for exploring the urban environment. *Personal Technologies* 1 (4): 208-217.

17. Mann, S. (1997). Wearable computing: a first step toward personal imaging. *IEEE Computer* 30 (2): 25-32.

18. Billinghurst, M., Weghorst, S., and Furness, T.A. III, (1998). Shared space: an augmented reality approach for computer supported collaborative work. *Virtual Real.* 3: 25-36.

19. Billinghurst, M., Kato, H., and Poupyrev, I. (2001). The Magic Book - moving seamlessly between reality and virtuality. *IEEE Comput. Graphics Appl.* 21 (3): 2-4.

20. H. Kato, M. Billinghurst, "Marker tracking and HMD calibration for a video-based augmented reality conferencing system." *In Proceedings of the 2nd IEEE and ACM International Workshop on Augmented Reality (IWAR 99)*, October 1999.

21. Albert B. Pratt, Weapon, US patent 1, 183,492, filed in 1915.

22. Rash, C.E. (ed.) (2001). *Helmet-Mounted Displays: Design Issues for Rotary-Wing Aircraft*. Bellingham: SPIE Press PM.

23. Schwiegerling, J. (2004). *Field Guide to Visual and Ophthalmic Optics*. Washington, DC, USA: SPIE Press.

24. Schwiegerling, J. (2018). The human eye and its aberrations. In: *Advanced Optical Instruments and Techniques*, vol. 2 (eds. D. Malacara-Hernandez and B.J. Thompson). Boca Raton, FL: Taylor & Francis.

25. Navaro, R. (2009). The optical design of the human eye: a critical review. *J. Optom.* 2 (1): 3-18.

26. Liu, S. and Hua, H. (2010). A systematic method for designing depth-fused multi-focal plane three-dimensional displays. *Opt. Express* 18 (11): 11562-11573.

27. Hu, X. and Hua, H. (2014). Design and assessment of a depth-fused multi-focal-plane display prototype. *IEEE/OSA J. Disp. Technol.* 10 (4): 308-316.

28. Huang, H. and Hua, H. (2017). Systematic characterization and optimization of 3D light field displays. Opt. Express 25 (16): 18508-18525.

29. Huang, H. and Hua, H. (2019). Effects of ray position sampling on the visual responses of 3D light field displays. *Opt. Express* 2 (7): 9343-9360.

30. Ogle, K.N. and Schwartz, J.T. (1959). Depth of focus of the human eye. *J. Opt. Soc. Am.* 49: 273-280.

31. Barten, P.G.J. (1999). *Contrast Sensitivity of the Human Eye and Its Effects on Image Quality*. SPIE Press Book.

32. H. T. E. Hertzberg, G. S. Daniels, and E. Churchill, "Anthropometry of Flying Personnel—1950." (Wright Air Development Center), Wright-Patterson Air Force Base, OH, WADC TR-52-321, 1954.

33. S.S. Grigsby, B.H. Tsou. "Visual factors in the design of partial overlap binocular helmet-mounted displays." Society for Information Displays International Symposium Digest of Technical Papers, Vol. XXVI, 1993.

34. Melzer, J.E. (1998). Overcoming the field of view: resolution invariant in head mounted displays. In: *Proceedings of SPIE*, Helmet- and Head-Mounted Displays III, vol. 3362 (eds. R.J. Lewandowski, L.A. Haworth and H.J. Girolamo), 284-293. SPIE.

35. Klymenko, V., Verona, R.W., Beasley, H.H., and Martin, J.S. (1994). Convergent and divergent viewing affect luning, visual thresholds, and field-of-view fragmentation in partial binocular overlap helmet mounted displays. In: *Proceedings SPIE*, Helmet- and Head-Mounted Displays and Symbology Design Requirements, vol. 2218, 82-96. SPIE.

36. Greivenkamp, J.E. (2004). *Field Guide to Geometrical Optics*. Washington, DC: SPIE Press.

37. Y. Iba, "Image observation device," US Patent 5,384,654, Jan 1995.

38. Liu, S., Hua, H., and Cheng, D. (2010). A novel prototype for an optical see-through head-mounted display with addressable focus cues. *IEEE Trans. Visual Comput.* Graphics 16: 381-393.

39. Hu, X. and Hua, H. (2014). High-resolution optical see-through multi-focal-plane head-mounted display using free form optics. *Opt. Express* 22 (11): 13896-13903.

40. Kijima, R. and Hirose, M. (1995). A compound virtual environment using the projective head-mounted display. In: *Proceedings of ACM International Conference on Artificial Reality and Tele-Existence/ACM Conference on Virtual Reality Software and Technology (ICAT/VRST)*, 111-121. ACM.

41. R. Fisher, "Head-mounted projection display system featuring beam splitter and method of making same," U.S. Patent 5,572,229, 1996.

42. J. Fergason, "Optical system for head mounted display using a retro-reflector and method of displaying an image," U.S. patent 5,621,572, 1997.

43. Hua, H., Girardot, A., Gao, C., and Rolland, J.P. (2000). Engineering of head-mounted projective displays. *Appl. Opt.* 39 (22): 3814-3824.

44. Hua, H., Gao, C., Biocca, F., and Rolland, J.P. (2001). An ultra-light and compact design and implementation of head-mounted projective displays. In: *Proceedings of IEEE Virtual Reality Annual International Symposium*, 175-182. IEEE.

45. Hua, H., Gao, C., and Brown, L.D. (2002). A Testbed for precise registration, natural occlusion, and interaction in an augmented environment using head-mounted projective display. In: *Proceedings of IEEE Virtual Reality*, 81-89. IEEE.

46. Hua, H., Brown, L.D., and Gao, C. (2004). SCAPE: supporting stereoscopic collaboration in augmented and projective environments. *IEEE Comput. Graphics Appl.* 24 (1): 66-75.

47. Hua, H., Ha, Y., and Rolland, J.P. (2003). Design of an ultralight and compact projection lens. *Appl. Opt.* 42: 97-107.

48. Hua, H. and Gao, C. (2007). Design of a bright polarized head-mounted projection display. *Appl. Opt.* 46: 2600-2610.

49. Martins, R., Shaoulov, V., Ha, Y., and Rolland, J.P. (2007). A mobile head-worn projection display. *Opt. Express* 15 (22): 14530-14538.

50. Rolland, J.P., Biocca, F., Hamza-Lup, F. et al. (2005). Development of head-mounted projection displays for distributed, collaborative augmented reality applications. *Presence Teleop. Virt. Environ.* 14 (5): 528-549.

51. Brown, L.D. and Hua, H. (2006). Magic lenses for augmented virtual environments. *IEEE Comput. Graphics Appl.* 26 (4): 64-73.

52. Hua, H., Brown, L., and Zhang, R. (2011). Head-mounted projection display technology and application. In: *Handbook of Augmented Reality* (ed. B. Furht), 123-156. Springer Science+Business Media.

53. Zhang, R. and Hua, H. (2009). Imaging quality of a retroreflective screen in head-mounted projection displays. *J. Opt. Soc. Am. A* 26 (5): 1240-1249.

54. A. Becker, "Miniature video display system," U.S. Patent 4 934 773, Jun. 19, 1990.

55. T. Furness, Virtual Retinal Display," U.S. Patent 5 467 104, Nov. 14, 1995.

56. Urey, H. (2005). Retinal scanning displays. In: *Encyclopedia of Optical Engineering*, vol. 3 (ed. R. Driggers), 2445-2457. New York: Marcel Dekker.

57. Urey, H. (2005). Vibration mode frequency formulae for micromechanical scanners. *J. Micromech. Microeng.* 15: 1713-1721.

58. Holmgren, D. and Robinett, W. (1993). Scanned laser displays for virtual reality: a feasibility study. *Presence Teleop. Virt. Environ.* 2: 171-184.

59. Urey, H. (2001). Diffractive exit-pupil expander for display applications. *Appl. Opt.* 40 (32): 5840-5851.

60. B. T. Schowengerdt, M. Murari, E. J. Seibel, "Volumetric display using scanned fiber array," SID Symposium Digest of Technical Papers, 2010.

61. T. J. Edwards, M. Rud, "Dual combiner eyepiece," US Patent 5,506,728, 1996.

62. M. Spitzer, Eyeglass display lens system employing off-axis optical design, US Patent 6,353,503.

63. Cheng, D., Wang, Y., Hua, H., and Talha, M.M. (2009). Design of an optical see-through head-mounted

display with a low f-number and large field of view using a freeform prism. *Appl. Opt.* 48 (14): 2655-2668.

64. J. Legerton, R. Sprague, Method and apparatus for constructing a contact lens with optics, US patent 8,142,016 B2, March 2012.

65. T. Levola, "Method and system for beam expansion in a display device," US Patent US US 7,206,107 B2, 2007.

66. Y. Amitai, "Light guide optical device," US Patent 7,457,040 B2, 2008.

67. B.S. Fritz, Head mounted display using mangin mirror combiner, US Patent 5,838,490.

68. J. D. Robinson, C. M. Schor, P.H. Muller, W.A. Yankee, Video headset, US Patent 5,696,521, December 1997.

69. D. Kessler and M. Bablani, Head-mounted optical apparatus using an OLED display, US Patent 8,094,377 B2, Jan 2012.

70. M. B. Spitzer, X. Miao, B. Amirpartiz, Method and apparatus for a near-to-eye display, US Patent 8,767,305 B2, July 2014.

71. Cakmakci, O. and Rolland, J.P. (2007). Design and fabrication of a dual-element off-axis near-eye optical magnifier. *Opt. Lett.* 32 (11): 1363-1365.

72. Zheng, Z., Liu, X., Li, H., and Xu, L. (2010). Design and fabrication of an off-axis see-through head-mounted display with an x-y polynomial surface. *Appl. Opt.* 49 (19): 3661-3668.

73. S. Yamazaki, K. Inoguchi, Image display apparatus, US Patent 6,384,983, May 2002.

74. Cheng, D., Wang, Y., Hua, H., and Sasian, J. (2011). Design of a wide-angle, lightweight head-mounted display using free-form optics tiling. *Opt. Lett.* 36 (11): 2098-2100.

75. Hua, H., Hu, X., and Gao, C. (2013). A high-resolution optical see-through head-mounted display with eye tracking capability. *Opt. Express* 21 (25): 30993-30998.

76. Huang, H. and Hua, H. (2018). High-performance integral-imaging-based light field augmented reality display using free form optics. *Opt. Express* 26 (13): 17578-17590.

77. Levola, T. (2006). Diffractive optics for virtual reality displays. *J. Soc. Inf. Disp.* 14 (5): 467-475.

78. Mukawa, H., Akutsu, K., Matsumura, I. et al. (2009). A full-color eyewear display using planar waveguides with reflection volume holograms. *J. Soc. Inf. Disp.* 17 (3): 185-193.

79. Piao, M.L. and Kim, N. (2014). Achieving high levels of color uniformity and optical efficiency for a wedge-shaped waveguide head-mounted display using a photopolymer. *Appl. Opt.* 53 (10): 2180-2186.

80. Han, J., Liu, J., Yao, X., and Wang, Y. (2015). Portable waveguide display system with a large field of view by

integrating freeform elements and volume holograms. *Opt. Express* 23 (3): 3534-3549.

81. Kress, B.C. and Cummings, W.J. (2017). 11-1: Invited Paper: Towards the ultimate mixed reality experience: holoLens display architecture choices. *SID Digest of Technical Papers* 48 (1): 127-131.

82. Waldern, J.D., Grant, A.J., and Popovich, M.M. (2018). DigiLens switchable Bragg grating waveguide optics for augmented reality applications. In: *Proceedings of SPIE*, Digital Optics for Immersive Displays, 106760G:1-16,, vol. 10676. SPIE.

83. Weng, Y., Xu, D., Zhang, Y. et al. (2016). Polarization volume grating with high efficiency and large diffraction angle. *Opt. Express* 24 (16): 17746-17759.

84. Lee, Y., Yin, K., and Wu, S. (2017). Reflective polarization volume gratings for high efficiency waveguide-coupling augmented reality displays. *Opt. Express* 25 (22): 27008-27014.

85. Xu, M. and Hua, H. (2019). Methods of optimizing and evaluating geometrical lightguides with microstructure mirrors for augmented reality displays. *Opt. Express* 27 (4): 5523-5543.

86. Cheng, D., Wang, Y., Xu, C. et al. (2014). Design of an ultra-thin near-eye display with geometrical waveguide and freeform optics. *Opt. Express* 22 (17): 20705-20719.

87. Wang, Q., Cheng, D., Hou, Q. et al. (2015). Stray light and tolerance analysis of an ultrathin waveguide display. *Appl. Opt.* 54 (28): 8354-8362.

88. C. J. Wang and B. Amirparviz, "Image waveguide with mirror arrays," U.S. Patent No. 8,189,263 (2012).

89. B. Pascal, D. Guilhem, and S. Khaled, "Optical guide and ocular vision optical system," U.S. Patent, No. 8,433,172 (2013).

90. H. Erfle, Ocular. US Patent 1,478,704, Dec 25 1923.

91. E. M. Howlett, Wide angle photography method and systems, U.S. Patent 4,406,532 (1983).

92. Geng, Y., Gollier, J., Wheelwright, B. et al. (2018). Viewing optics for immersive near-eye displays: pupil swim/size and weight/stray light. In: *Proceedings of SPIE*, Digital Optics for Immersive Displays, 1067606:1-17,, vol. 10676. SPIE.

93. M. D. Missig, G. M. Morris, "Wide-angle eyepiece optical system employing refractive and diffractive optical elements," US Patent 5,446,588 (1995).

94. K. Takahashi, "Head or face mounted image display apparatus," US Patent 5,701,202, 1997.

95. Wong, T.L., Yun, Z., Ambur, G., and Jo, E. (2017). Folded optics with birefringent reflective polarizers. In: *Proceedings of SPIE*, Digital Optical Technologies, 103350E:1-7, vol. 10335. SPIE.

96. Huxford, R.B. (2004). Wide FOV head-mounted display using hybrid optics. In: *Proceedingsof SPIE*, Optical

Design and Engineering, vol. 5249 (eds. L. Mazuray, P.J. Rogers and R. Wartmann), 230-237. SPIE.

97. J. A. LaRussa, Image forming apparatus. US Patent 3,940,203, 1976.

98. A. L. Berman, J. E. Melzer, Optical collimating apparatus. US Patent 4,859,031, 1989.

99. Gu, L., Cheng, D., and Wang, Y.T. (2018). Design of an immersive head mounted display with coaxial catadioptric optics. In: *Proceedings of SPIE*, Digital Optics for Immersive Displays, 106761F: 1-6, vol. 10676. SPIE.

100. Droessler, J.G. and Rotier, D.J. (1995). Tilted cat helmet-mounted display. *Opt. Eng.* 29 (8): 24-49.

101. B. Chen, "Helmet visor display employing reflective, refractive, and diffractive optical elements," US Patent 5,526,183, 1996.

102. Chunyu Gao, "Ergonomic head mounted display device and optical system," US Patent 9,740,006 B2, August 2017.

103. T. M. Lippert and C. T. Tegreene, "Scanned display with plurality of scanning assemblies," US Patent 6,762,867 B2.

104. Shenker, M. (1994). Image quality considerations for head-mounted displays. In: *OSA Proceedings of the International Optical Design Conference*, vol. 22 (ed. G.W. Forbes), 334-338. OSA.

105. Ha, Y. and Rolland, J.P. (2002). Optical assessment of head-mounted displays in visual space. *Appl. Opt.* 41 (25): 5282-5289.

106. H. C. Self, Optical tolerances for alignment and image differences for binocular helmet-mounted displays Armstrong Aerospace Medical Research Lab., Dayton, OH, AAMRL-TR-86-019, 1986

107. Thomas, M.L., Siegmund, W.P., Antos, S.E., and Robinson, R.M. (1989). Fiber optic development for use on the fiber optic helmet-mounted display. In: *Proceedings of SPIE*, Helmet-Mounted Displays, vol. 116 (ed. J.T. Carollo), 90-101. SPIE.

108. Iwamoto, K., Katsumata, S., and Tanie, K. (1994). An eye movement tracking type head mounted display for virtual reality system: -evaluation experiments of a prototype system. In: *Proceedings of 1994 IEEE International Conference on Systems, Man, and Cybernetics*, vol. 1, 13-18. Humans, Information and Technology (Cat. No.94CH3571-5).

109. S. Liu, Methods for generating addressable focus cues in stereoscopic displays, Ph.D. Dissertation, The University of Arizona, 2010.

110. Duchowski, A.T. (1998). Incorporating the viewer's Point-Of-Regard (POR) in gaze-contingent virtual environments. In: *Proceedings of SPIE - the International Society for Optical Engineering*, vol. 3295,

332-343. SPIE-International Society for Optical Engineering.

111. L. Vaissie and J. P. Rolland, "Eye tracking integration in head-mounted displays," U.S. Patent 6,433,760B1, August 13, 2002.

112. Hua, H. (2001). Integration of eye tracking capability into optical see-through head-mounted displays. *Proc. SPIE* 4792: 496-503.

113. Hua, H., Pansing, C., and Rolland, J.P. (2007). Modeling of an eye-imaging system for optimizing illumination schemes in an eye-tracked head-mounted display. *Appl. Opt.* 46 (31): 7757-7770.

114. Hua, H., Krishnaswamy, P., and Rolland, J.P. (2006). Video-based eye tracking methods and algorithms in head-mounted displays. *Opt. Express* 14 (10): 4328-4350.

115. C. Curatu, Hong Hua, and J. P. Rolland, "Projection-based head-mounted display with eye-tracking capabilities," Proceedings of the SPIE International Society for Optical Engineering, Vol. 5875, 2005.

116. Baumgarten, J., Schuchert, T., Voth, S. et al. (2011). Aspects of a head-mounted eye-tracker based on a bidirectional OLED microdisplay. *J. Inf. Disp.* 13 (2): 1-5.

117. Loschky, L.C. and Wolverton, G.S. (2007). How late can you update gaze-contingent multiresolutional displays without detection? *ACM Trans. Mult. Comp. Commun. App.* 3 (4): 1-10.

118. Reingold, E.M., Loschky, L.C., McConkie, G.W., and Stampe, D.M. (2003). Gaze-contingent multiresolutional displays: an integrative review. *Hum. Factors* 45: 307-328.

119. Duchowski, A.T. and Coltekin, A. (2007). Foveated gaze-contingent displays for peripheral LOD management, 3D visualization, and stereo imaging. *ACM Trans. Mult. Comp. Commun.* App. 3: 1-21.

120. Patney, A. et al. (2016). Towards foveated rendering for gaze-tracked virtual reality. *ACM Trans. Graphics* 35 (6): 179.

121. Rolland, J.P., Yoshida, A., Davis, L.D., and Reif, J.H. (1998). High-resolution inset head-mounted display. *Appl. Opt.* 37: 4183-4193.

122. Hua, H. and Liu, S. (2008). A dual-sensor foveated imaging system. *Appl. Opt.* 47 (3): 317-327.

123. Tan, G., Lee, Y., Zhan, T. et al. (2018). Foveated imaging for near-eye displays. *Opt. Express* 26 (19): 25076-25085.

124. Xu, M. and Hua, H. (2017). High dynamic range head mounted display based on dual-layer spatial modulation. *Opt. Express* 25 (19): 23320-23333.

125. Seetzen, H., Heidrich, W., Stuerzlinger, W. et al. (2004). High dynamic range display systems. *ACM Trans. Graphics* 23 (3): 760-768.

126. Wetzstein, G., Lanman, D., Heidrich, W., and Raskar, R. (2011). Layered 3D: tomographic image synthesis for attenuation-based light field and high dynamic range displays. *ACM Trans. Graphics* 30 (4): 95.

127. Huang, F., Chen, K., and Wetzstein, G. (2015). The light field stereoscope: immersive computer graphics via factored near-eye light field displays with focus cues", ACM SIGGRAPH. *ACM Trans. Graphics* 33 (5): 36.

128. Marran, L. and Schor, C. (1997). Multiaccommodative stimuli in VR systems: problems & solutions. *Hum. Factors* 39 (3): 382-388.

129. Hua, H. (2017). Enabling focus cues in head-mounted displays. *Proc. IEEE* 105 (5): 805-824.

130. Wann, J.P., Rushton, S., and Mon-Williams, M. (1995). Natural problems for stereoscopic depth perception in virtual environments. *Vision Res.* 35 (19): 2731-2736.

131. Watt, S.J., Akeley, K., Ernst, M.O., and Banks, M.S. (2005). Focus cues affect perceived depth. *J. Vision* 5 (10): 834-862.

132. Howarth, P. (2011). Potential hazards of viewing 3-D stereoscopic television, cinema, and computer games: a review. *Ophthalmic Physiol.* Opt. 31: 111-122.

133. Hoffman, D.M., Girshick, A.R., Akeley, K., and Banks, M.S. (2008). Vergence-accommodation conflicts hinder visual performance and cause visual fatigue. *J. Vision* 8 (3): 1-30.

134. Vienne, C., Sorin, L., Blonde, L. et al. (2014). Effect of the accommodation-vergence conflict on vergence eye movements. *Vision Res.* 100: 124-133.

135. Blundell, B.G. and Schwarz, A.J. (2002). The classification of volumetric display systems: characteristics and predictability of the image space. *IEEE Trans. Visual. Comput. Graphics* 8 (1): 66-75.

136. Onural, L., Yara,s, F., and Kang, H. (2011). Digital holographic three-dimensional video displays. *Proc. IEEE* 99 (4): 576-589.

137. Takaki, Y. and Nago, N. (2010). Multi-projection of lenticular displays to construct a 256-view super multi-view display. *Opt. Express* 18 (9): 8824-8835.

138. Jones, A., McDowall, I., Yamada, H. et al. (2007). Rendering for an interactive 360° light field display. *ACM Trans. Graphics* (Proc. of SIGGRAPH 2007), 26 (3) 40): 1-10.

139. Moon, E., Kim, M., Roh, J. et al. (2014). Holographic head-mounted display with RGB light emitting diode light source. *Opt. Express* 22 (6): 6526034.

140. Yeom, H.J., Kim, H.J., Kim, S.B. et al. (2015). 3D holographic head mounted display using holographic optical elements with astigmatism aberration compensation. *Opt. Express* 23 (25): 32025-32034.

141. Mainone, A., Georgiou, A., and Kollin, J.S. (2017). Holographic near-eye displays for virtual and augmented

reality. *ACM Trans. Graphics* 36 (4): 85.

142. Westheimer, G. (1966). Maxwellian viewing system. *Vision Res.* 6: 669-682.

143. Konrad, R., Padmanaban, N., Molner, K. et al. (2017). Accommodation-invariant computational near-eye displays. *ACM Trans. Graphics* 36 (4): 88.

144. Ando, T., Yamasaki, K., Okamoto, M. et al. (2000). Retinal projection display using holographic optical element. *Proc. SPIE* 3956: 211-216.

145. Maimone, A., Lanman, D., Rathinavel, K. et al. (2014). Pinlight displays: wide field of view augmented reality eyeglasses using defocused point light sources. *ACM Trans. Graphics* 33 (4) 89:): 1-11.

146. von Waldkirch, M., Lukowicz, P., and Troster, G. (2003). LCD-based coherent wearable projection display for quasi accommodation-free imaging. *Opt. Commun.* 217: 133-140.

147. von Waldkirch, M., Lukowicz, P., and Troster, G. (2005). Oscillating fluid lens in coherent retinal projection displays for extending depth of focus. *Opt. Commun.* 253: 407-418.

148. Yuuki, A., Itoga, K., and Satake, T. (2012). A new Maxwellian view display for trouble-free accommodation. *J. SID* 20 (10): 581-588.

149. Liu, S. and Hua, H. (2011). Extended depth-of-field microscopic imaging with a variable focus microscope objective. *Opt. Express* 19 (1): 353-362.

150. Sheng-huei, L. and Hua, H. (2015). Imaging properties of extended depth of field microscopy through single-shot focus scanning. *Opt. Express* 23 (8): 10714-10731.

151. Shiwa, S., Omura, K., and Kishino, F. (1996). Proposal for a 3-D display with accommodative compensation: 3DDAC. *J. SID* 4 (4): 255-261.

152. Shibata, T., Kawai, T., Ohta, K. et al. (2005). Stereoscopic 3-D display with optical correction for the reduction of the discrepancy between accommodation and convergence. *J. SID* 13 (8): 665-671.

153. Kuiper, S. and Hendriks, B.H.W. (2004). Variable-focus liquid lens for miniature cameras. *Appl. Phys. Lett.* 85 (7): 1128-1130.

154. Ren, H., Fox, D., Wu, B., and Wu, S.T. (2007). Liquid crystal lens with large focal length tunability and low operating voltage. *Opt. Express* 15 (18): 11328-11335.

155. Fernandez, E.J. and Artal, P. (2003). Membrane deformable mirror for adaptive optics: performance limits in visual optics. *Opt. Express* 11 (9): 1056-1069.

156. S. Liu, D. Cheng, and H. Hua, "An optical see-through head-mounted display with addressable focal planes," in Proc. of IEEE and ACM International Symposium on Mixed and Augmented Reality (ISMAR 2008), 2008.

157. Koetting, R.A. (1970). Stereopsis in presbyopes fitted with single vision contact lenses. *Am. J. Optom. Arch. Am. Acad. Optom.* 47: 557-561.

158. Johnson, P.V., Parnell, J., Kim, J. et al. (2016). Dynamic lens and monovision 3D displays to improve viewer comfort. *Opt. Express* 24 (11): 11808-11827.

159. A. F. Crabtree, "Method and apparatus for manipulating, projecting, and displaying light in a volumetric format," U.S. patent 5,572,375, November 1996.

160. Rolland, J.P., Kureger, M., and Goon, A. (2000). Multifocal planes head-mounted displays. *Appl. Opt.* 39 (19): 3209-3214.

161. Akeley, K., Watt, S.J., Girshick, A.R., and Banks, M.S. (2004). A stereo display prototype with multiple focal distances. *ACM Trans. Graphics* 23: 804-813.

162. Cheng, D., Wang, Q., Wang, Y., and Jin, G. (2013). Lightweight spatial-multiplexed dual focal-plane head-mounted display using two freeform prisms. *Chin. Opt. Lett.* 11 (3): 031201.

163. McQuaide, S.C., Seibel, E.J., Kelly, J.P. et al. (2003). A retinal scanning display system that produces multiple focal planes with a deformable membrane mirror. *Displays* 24 (2): 65-72.

164. Love, G.D., Hoffman, D.M., Hands, P.J.W. et al. (2009). High-speed switchable lens enables the development of a volumetric stereoscopic display. *Opt. Express* 17 (18): 15716-15725.

165. Liu, S. and Hua, H. (2009). Time-multiplexed dual-focal plane head-mounted display with a fast liquid lens. *Opt. Lett.* 34 (11): 1642-1644.

166. Suyama, S., Ohtsuka, S., Takada, H. et al. (2004). Apparent 3-D image perceived from luminance-modulated two 2-D images displayed at different depths. *Vision Res.* 44 (8): 785-793.

167. X. Hu, Development of the Depth-Fused Multi-Focal Plane Display Technology, Ph.D. Dissertation, College of Optical Sciences, University of Arizona, 2014.

168. Ravikumar, S., Akeley, K., and Banks, M.S. (2011). Creating effective focus cues in multi-plane 3D displays. *Opt. Express* 19: 20940-20952.

169. Narain, R., Albert, R.A., Bulbul, A. et al. (2015). Optimal presentation of imagery with focus cues on multi-plane displays. *ACM Trans. Graphics* 34 (4): 59.1-59.12.

170. W. Wu, P. Llull, I. Tosic, N. Bedard, K. Berkner, N. Balram, "Content-adaptive focus configuration for near-eye multi-focal display," 2016 IEEE International Conference on Multimedia and Expo (ICME), 2016.

171. Rathinavel, K., Wang, H., Blate, A., and Fuchs, H. (2018). An extended depth-of-field volumetric near-eye augmented reality display. *IEEE Trans. Vis. Comput. Graphics* 24 (11): 2857-2866.

172. Levoy, M. and Hanrahan, P. (1996). Light field rendering. In: *Proceedings of the 23rd Annual Conference on Computer Graphics and Interactive Techniques*, 31-36. ACM.

173. Arimoto, H. and Javidi, B. (2001). Integral three-dimensional imaging with digital reconstruction. *Opt. Lett.* 26: 157-159.

174. Hua, H. and Javidi, B. (2014). A 3D integral imaging optical see-through head-mounted display. *Opt. Express* 22: 13484-13491.

175. Wetzstein, G., Lanman, D., Hirsch, M., and Raskar, R. (2012). Tensor displays: compressive light field synthesis using multilayer displays with directional backlighting. *ACM Trans. Graphics* 31 (4): 80.

176. Malmone, A. and Fuchs, H. (2013). Computational augmented reality eyeglasses. *Proc. ISMAR*: 29-38.

177. Lee, J., Park, J., Nam, D. et al. (2013). Optimal projector configuration design for 300-Mpixel multi-projection 3D display. *Opt. Express* 21: 26820-26835.

178. Lippmann, G. (1908). Epreuves reversibles donnant la sensation du relief. *J. Phys. (Paris)* 7: 821-825.

179. Song, W., Wang, Y., Cheng, D., and Liu, Y. (2014). Light field head-mounted display with correct focus cue using micro structure array. *Chin. Opt. Lett.* 12: 060010.

180. Urey, H., Chellappan, K., Erden, E., and Surman, P. (2011). State of the art in stereoscopic and autosteroscopic displays. *Proc. IEEE* 99 (4): 540-555.

181. Levoy, M., Ng, R., Adams, A. et al. (2006). Light field microscopy. *ACM Trans. Graphics* 25 (3).

182. Javidi, B., Sola-Pikabea, J., and Martinez-Corral, M. (2015). Breakthroughs in photonics 2014: recent advances in 3-D integral imaging sensing and display. *IEEE Photonics J.* 7 (3): 0700907.

183. Kim, Y., Hong, K., and Lee, B. (2010). Recent researches based on integral imaging display method. In: *3D Research*, vol. 01, 17-27. Springer.

184. Lanman, D. and Luebke, D. (2013). Near-eye light field displays, "Proc. ACM SIGGRAPH. *ACM Trans. Graphics* 32 (6): 1-10.

185. Yao, C., Cheng, D., and Wang, Y. (2018). Design and stray light analysis of a lenslet-array-based see-through light-field near-eye display. In: *Proceedings of SPIE*, Digital Optics for Immersive Displays, 106761A,, vol. 10676. SPIE.

186. Huang, H. and Hua, H. (2017). An integral-imaging-based head-mounted light field display using a tunable lens and aperture array. *J. Soc. Inf. Disp.* 25 (3): 200-207.

187. Takaki, Y. (2006). High-density directional display for generating natural three-dimensional images. *Proc. IEEE* 94: 654-663.

188. Kim, Y., Kim, J., Hong, K. et al. (2012). Accommodative response of integral imaging in near distance. *J. Disp. Technol.* 8: 70-78.

189. Stern, A., Yitzhaky, Y., and Javidi, B. (2014). Perceivable light fields: matching the requirements between the human visual system and autostereoscopic 3D displays. *Proc. IEEE* 102: 1571-1587.

190. Tatham, E. (1999). Getting the best of both real and virtual worlds. *Commun. ACM* 42 (9): 96-98.

191. K. Kiyokawa Y. Kurata and H. Ohno "An Optical See-through Display for Mutual Occlusion with a Real-time Stereo Vision System" Elsevier Computer & Graphics Special Issue on "Mixed Realities-Beyond Conventions" 25(5):2765-779, 2001.

192. Kiyokawa, K., Billinghurst, M., Campbell, B., and Woods, E. (2003). An occlusion capable optical see-through head mount display for supporting co-located collaboration. In: *Proceedings of the Second IEEE and ACM International Symposium on Mixed and Augmented Reality*, 1-9. IEEE.

193. Cakmakci, O., Ha, Y., and Rolland, J.P. (2004). A compact optical see-through head-worn display with occlusion support. In: *Proceedings of the Third IEEE and ACM International Symposium on Mixed and Augmented Reality (ISMAR)*, 16-25. IEEE.

194. Gao, C., Lin, Y., and Hua, H. (2012). Occlusion capable optical see-through head-mounted display using freeform optics. In: *IEEE International Symposium on Mixed and Augmented Reality (ISMAR)*, 281-282. IEEE.

195. Wilson, A. and Hua, H. (2017). Design and prototype of an augmented reality display with per-pixel mutual occlusion capability. *Opt. Express* 25 (24): 30539-30550.

196. Hamasaki, T. and Itoh, Y. (2019). Varifocal occlusion for optical see-through head-mounted displays using a slide occlusion mask. *IEEE Trans. Visual. Comput. Graphics* 25 (5): 1961-1969.

터치 패널 기술

터치 패널 기술

9.1 서 론

인간은 세상과 소통하는 다섯 가지 감각, 즉 시각, 청각, 미각, 후각, 촉각을 가지고 있다. 1장에서 논의한 바와 같이 디스플레이는 지배적인 감각 중 하나인 인간의 시각을 자극하는 데 사용된다. 기계(휴대폰, TV, 노트북 컴퓨터 등)는 이미지뿐만 아니라 인간의 청각을 자극하는 소리도 출력할 수 있다. 한편 인간과 기계 사이의 통신을 고려할 때 기계에 입력을 제공할 필요가 있다.[1] 예를 들어, 리모컨은 TV의 입력 장치이다. 키보드와 마우스는 컴퓨터를 제어하는 데 사용된다. 터치 패널은 일반적으로 휴대폰, 태블릿 및 일부 자동차 네비게이션 시스템과 같은 기계의 입력 장치로 사용하기 위해 디스플레이 패널에 통합된다. 일반적으로 터치 패널은 디스플레이 상단에 배치되므로 광학적으로 투명해야 한다. 터치 패널 디스플레이는 인간 시각과 촉각을 통합함으로써 사용자에게 기계와 통신하는 직관적인 체험을 제공할 수 있다. 예를 들면, 디스플레이에서 이미지를 터치하여 항목을 선택할 수 있다. '드래깅(dragging)' 기능으로 이미지를 이동시킬 수 있다. 기계가 제스처를 인식할 수 있어 몰입형 사용자 체험을 제공한다. 디스플레이에 비해 터치 패널의 해상도는 일반적으로 훨씬 낮다. 일반적으로 사람 손가락으로 '터치'가 이루어지므로 일반적인 용도에 mm 해상도도 충분하다.

'터치(손가락이나 다른 물체로부터)'를 감지하기 위해서는 센서 장치가 기계에 내장되어야 한다. '저항식(resistive 또는 감압식)' 터치 패널은 작은 간격으로 분리된 두 전도막으로 구성된다.[2] 패널이 터치되면 상부 전도막이 변형되어 하부 전도막과 접촉된다. 두 전극 사이에 전류가 흐르고 터치 위치에 따라 저항값이 변한다. 사람 손가락이 화면을 터치하면 전하가 접지 전위로 향하는 통로(channel)가 만들어진다. 이것이 '정전식(capacitive)' 터치 패널의 기본 원리이다.[3] 저항식 센서와 달리 정전식 터치 패널은 기계적 변형이 필요하지 않다. 저항식 터치 패널에서는 두 전도막을 분리하기 위해 간격이 필요하기 때문에 정전식 방식에 비해 투과율이 낮다. 또한 저항식 터치 패널에 사용되는 두 기판이 모듈 두께를 증가시킨다. 모듈 두께와 제조 비용을 줄이기 위해 터치 센서와 디스플레이 패널을 통합할 수 있다. LCD는 액정 물질이 끼워져 있는 두 기판으로 구성된다. 터치 패널이 상부 기판에 제작되면 온-셀(on-cell) 구성이라 부른다. OLED는 단일 기판에 제작될 수 있다. 그러나 두 번째 기판이 OLED 디스플레이를 보호하기 위해 사용되기도 하며 터치 패널 기능이 그 위에 제작될 수 있다. AM LCD 디스플레이에서 액정 장치를 구동하기 위해 TFT가 사용된다. TFT와 그 관련 요소(커패시터와 도체 등)의 레이아웃을 적절하게 설계함으로써 LCD의 TFT 기판에 터치 패널 기능을 내장할 수 있으며, 이를 인-셀(in-cell) 구성이라 부른다.

정전식 터치 패널은 20인치 미만 중소형 디스플레이에 널리 적용되고 있다. 그러나 저항식 및 정전식 터치 패널 모두에 필요한 투명 전도층(보통 ITO)의 제한된 전도도 때문에 신호 왜곡이 발생하고 대형 터치 패널의 성능이 저하된다. ITO를 대체하기 위해 얇은 금속 메시나 다른 투명 전도체가 사용될 수 있다. 다른 감지 기술도 대형 응용 분야에 사용될 수 있다. 광 감지(optical sensing)는 가장 유망한 기술 중 하나이다. 이 시스템에서 하나 이상의 송신기가 검출기 어레이에서 수신되는 빛(일반적으로 적외선 영역)을 방출한다. 패널이 터치될 때, 일부 빛이 차단되거나 반사되어 해당 위치를 감지할 수 있다. 이러한 광 센서는 단순히 터치를 감지하는 수준을 넘어 확장될 수 있는 기계 시각의 한 형태를 보여준다. 정교한 시스템은 2차원 영역에서 터치를 감지할 수 있을 뿐만 아니라 터치 깊이 정보도 감지할 수 있다. 이는 3차원 센싱이 가능하다는 것을 뜻한다. 다시 말해, 사용자가 디스플레이를 볼 때, 기계도 동시에 사용자를 보고 응답하여 대면(face-to-face) 통신을 모방하기 시작한다(물론 인간과 인간의 자연스러운 상호작용에는 음성 교환도 필요하다. 기계에서도 가능한 일이지만 이 장에서는 다루지 않음). 일부 분야에서는 패널을 터치하는 개체를 구별해야 할 필요가 있다. 예를 들어, 펜이나 스타일러스로 종이에 하듯이 디스플레이에 글을 쓰거나 그림을 그릴 수 있다. 펜을 잡고 있는 손도 패널에 놓일 수 있지만 터치 패널은 펜에만 반응하고 손 접촉은 무시해야 한다. 디스플레이 내부 수신기로 전자파를 전송하는 터치 펜은 이 요구 사항을 충족시킬 수 있다.

다음 절에서 저항식 터치 패널을 먼저 소개하고 이어 정전식 터치 패널을 소개한다. 그리고 온-셀 및 인-셀 구성을 포함하여 터치 패널과 디스플레이 패널의 통합에 대해 살펴볼 것이다. 투명 전도체가 가진 제한된 전도도로 인해 대형 패널에는 광 센싱이 유리하다. 따라서 1D, 2D, 3D 광 센싱 기술을 설명한다.

9.2 저항식 터치 패널

그림 9.1(a)는 저항식 터치 패널의 개략도이다. 두 개의 기판으로 구성되어 있고 각 기판의 내부 표면은 투명 전도체로 코팅되어 있다. 상부 기판은 변형 가능해야 한다. 두 기판은 도트 스페이서(dot spacer)로 분리되어 있어 터치 입력이 없으면 상부와 하부 전도체는 전기적으로 격리된다. 그림 9.1(b)와 같이 패널이 터치되면 상부 막이 변형되어 두 전도체가 접촉한다. 접촉점이 다르면 저항 변화도 달라지고 이 변화가 감지될 수 있다. 상부 기판은 PET나 PI 호일과 같이 변형될 수 있어야 한다. 하부 기판은 단단하거나 플렉시블하지 않은 기판에 적층되어야 한다. 그렇지 않으면 전체 패널이 구부러져 잘못된 접촉이 쉽게 발생할 수 있다.

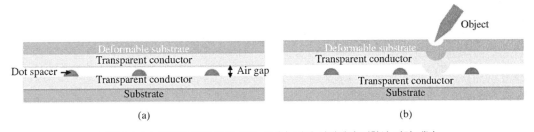

그림 9.1 (a) 저항식 터치 패널 구조 및 (b) 터치 상태에서 저항식 터치 패널

그림 9.2는 4선(4-wire) 저항식 터치 패널의 구조와 동작 원리를 보여준다. 상부 기판에 있는 두 평행 전극이 x방향으로 전기장을 제공한다. 반면에 하부 전도층에 있는 전극은 y방향으로 전위 구배를 만든다. 터치 감지 기능이 수행하기 위해 상부 기판(일반적으로 스캔 신호라 함)의 두 전극(예, X_1=5 V와 X_2=0 V)에 전위차가 인가된다. 펜이 패널의 한 지점을 터치

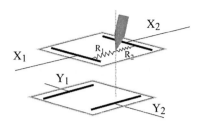

그림 9.2 4선 저항식 터치 패널의 전극 구조와 동작 원리

하면 상부와 하부 기판이 접촉하므로 터치 점의 전압을 하부 기판(일반적으로 감지 신호라 함)에서 감지하여 x축에서 접촉점의 위치를 유효 저항 R_2와 $(R_1 + R_2)$의 비율에 따라 인코딩한다. 그리고 하부 전극에 전위차를 인가하고 상부 전도막에서 감지함으로써 측정된 전위로부터 y축 정보를 독립적으로 설정할 수 있다. 이러한 터치 패널에서 전압 판독값은 x방향과 y방향의 저항값에 따라 달라지므로 저항식 터치 패널이라 한다. 이 장치에 연결부가 4개이어서 4선 터치 패널이라고도 한다.

ITO는 투명 전도체로 사용되는 일반적인 재료이다. 보통 고품질 ITO 박막은 약 300°C 고온에서 스퍼터링 공정으로 기판에 증착된다. 이는 PET 필름과 일부 PI를 파괴한다. 플렉시블 상부 기판의 경우 ITO 스퍼터링 온도를 낮추어야 하고 이로 인해 저항이 높아진다. 또한 터치 감지로 유발되는 상부 기판의 지속적인 변형이 장시간 사용 후에 ITO 필름을 균열시킬 수 있다. 따라서 ITO는 상부 기판에 스캐닝 신호를 제공하는 데 적합하지 않다. 이 문제를 해결하기 위해 5선(5-wire) 저항식 터치 패널이 제안되었다. 그림 9.3과 같이 네 접점이 하부 기판 네 모서리에 배치된다. 상부 도체 전체가 감지 전극으로 사용된다. UR(upper right)과 LR(lower right)은 5 V로 UL(upper left)와 LL(lower left)은 0 V로 설정하면 터치 점의 x 위치를 감지 전극(즉, 상부 도체)의 전위로부터 얻을 수 있다. 유사하게 UR과 UL을 5 V로 설정하고 LR과 LL을 접지함으로써 터치의 y축 위치를 측정할 수 있다. 일반적으로 그림 9.2와 그림 9.3에 나타낸 4선 및 5선 저항식 터치 패널은 멀티 터치 기능을 지원하지 않는다. 그림 9.4(a), (b)에서와 같이 상부와 하부 기판에 ITO를 패터닝하여 4선 저항식 터치 패널의 행렬과 동등한 구조를 형성시킴으로써 멀티 터치 기능을 달성할 수 있다.[4]

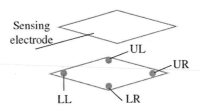

그림 9.3 5선 저항식 터치 패널 구조

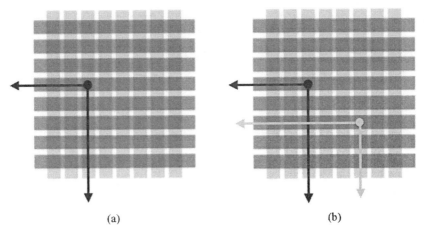

(a)　　　　　　　　　(b)

그림 9.4 멀티 터치 저항식 터치 패널구조 (a) 단일 및 (b) 멀티 터치 포인트

저항식 터치 패널의 단점 중 하나는 광투과도가 낮다는 점이다. 굴절률이 다른 층 사이 계면에서 일어나는 반사는 굴절률 차이가 클수록 증가한다. 그림 9.5에서 보듯이 ITO의 굴절률 (~2.0)은 공기와 계면에서 10% 반사를 일으킨다. 저항식 터치 패널에는 ITO/공기 계면이 두 개 있으므로 총 반사도는 약 80%로 제한된다.

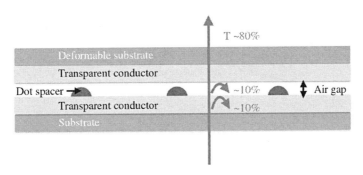

그림 9.5 디스플레이로부터 터치 패널을 지나 인간 눈에 도달하는 광투과

9.3 정전식 터치 패널

9.6(a)는 정전식 터치 패널의 개략적인 층 구조이다. 교류(AC) 신호가 공급되는 상부 송신 전극은 접지된 기준 전극과 평행한 판 커패시터를 형성한다. 터치 입력이 없을 때 정전용량 값은 그림 9.6(a)에서와 같이 C_s이다. 손가락이 커패시터의 외부 표면을 터치하면 인체는 그림 9.6(b)에 C_f로 표시된 부가 접지 경로를 제공한다. 따라서 그림 9.6(b)에서처럼 커패시터의 병렬 연결에 대한 일반적인 법칙($C = C_s + C_f$)에 따라 정전용량은 증가하며 이를 전극의 자체 정전용량(self-capacitance)이라 한다. 그림 9.6(c)는 한 점이 터치될 때 전체 패널 상황이다. AC 신호는 송신 전극 네 모서리로부터 순차적으로 전송된다. 그림 9.6(d)는 터치 입력이 있을 때 패널의 등가 회로이다. 터치 위치는 이 RC 네트워크에서 생성된 전위를 분석하여 구한다. 전체 어셈블리를 '표면(surface)' 정전식 터치 패널이라 한다. 정전식 터치 패널은 기계적

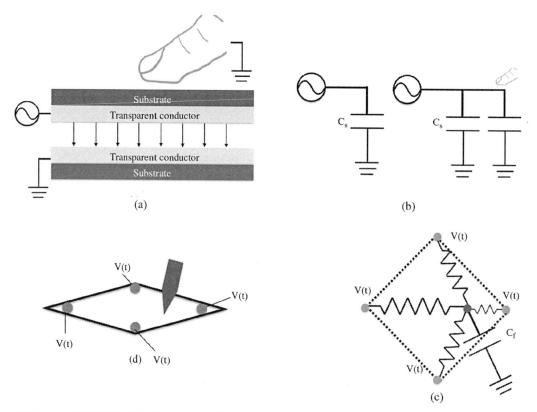

그림 9.6 (a) 정전식 터치 패널 구조 (b) 표면 정전식 터치 패널의 동작 원리 (c) 정전식 터치 패널에서 터치된 지점의 개략도 및 (d) 그 등가 회로

변형이 필요하지 않다. 분명히 이 센서는 접지에 연결된 도체로 터치되어야 한다. 정전식 센서는 손가락 터치는 쉽게 감지하지만 나무 연필과 같은 절연 물체는 반응하지 않는다.

저항식 터치 패널에서처럼 정전식 터치 패널도 그림 9.7과 같이 투명 전도체를 패터닝함으로써 멀티 터치 기능을 얻을 수 있다. 절연층으로 분리된 투명 전도체 두 층이 서로 직교하는 줄무늬로 배열된다. 이 장치를 투사(projected) 정전식 터치 패널이라 한다. x방향과 y방향의 각 다이아몬드 모양 패턴은 작은 표면 정전식 터치 패널로 간주할 수 있다. 전압 펄스를 x전극에 순차적으로 공급하고 모든 y전극을 공통 감지 전극에 연결함으로써 터치 지점의 x위치를 정전용량값(자체 정전용량이라 함)으로부터 정할 수 있다. y좌표는 y전극을 스캐닝으로 x전극을 감지용으로 사용함으로써 얻을 수 있다. 예를 들어 그림 9.7(a)에서 손가락은 열 2개와 행 3개에 다른 정도로 겹쳐 있다. 터치 위치는 패널 가장자리에 만들어진 연결부에서 신호를 판독함으로써 결정된다.

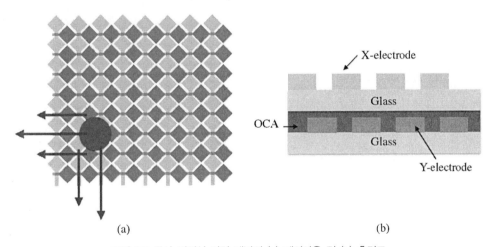

그림 9.7 투사 정전식 터치 패널의 (a) 레이아웃 및 (b) 측면도

그러나 그림 9.8(a), (b)와 같이 터치 지점이 두 개일 때 x전극과 y전극에서 얻은 자체 정전용량값을 분석하여 터치 지점이 [1, 2]인지 [3, 4]인지 구분하는 것은 불가능하다. 투사 정전식 터치 패널의 단위 셀을 다시 보면, 각 전극의 자체 정전용량 외에도 x도체와 y도체 쌍 사이의 정전용량도 측정할 수 있다. 이를 '상호 정전용량(mutual-capacitance)'이라 하며 그림 9.8(c)에 C_M과 $C_{M'}$으로 표시되어 있다. 패널이 터치되면 상호 정전용량이 변경되고 멀티 터

치의 정확한 입력 지점을 결정하는 데 사용될 수 있다. 전극 줄무늬 행렬이 $m \times n$인 터치 스크린은 자체 정전용량값을 감지하기 위해 감지 신호를 행과 열에 걸쳐 스캔함으로써 $(m+n)$번 측정이 필요하다. 그러나 상호 정전용량값을 측정하기 위해서는 $(m \times n)$번 스캔이 필요하다. 송신 신호가 모든 행에 걸쳐 스캔되고, 각 스캔된 열에 대해 각 행에서 차례로 정전용량이 측정된다. 그림 9.6(b)에서 언급한 것처럼 전극이 터치될 때 손가락이 접지로 가는 다른 경로를 제공하기 때문에 자체 정전용량값이 증가한다. 커패시터를 병렬로 연결하면 정전용량값은 높아진다. 반면에 패널이 터치될 때 그림 9.8(d)와 같이 손가락이 전기장 라인을 차단하여 송신기에서 오는 일부 전하를 수신기로부터 분리하기 때문에 상호 정전용량값은 감소한다.

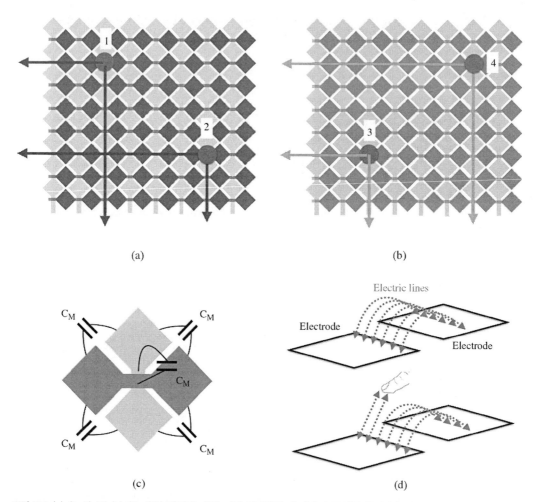

(a)

(b)

(c)

(d)

그림 9.8 (a) (1, 2) 및 (b) (3, 4)의 터치에 대해 자체 정전용량 측정에서 동일한 응답 (c) x전극과 y전극 사이의 상호 정전용량 (d) 상호 정전용량 측정에서 전기장 차단

서로 수직으로 배열되고 절연층으로 분리된 전도체 라인은 x방향과 y방향을 따라 투명 전도체가 패턴된 두 기판을 적층하면 가능하다. 그림 9.7(b)는 투사 정전식 터치 패널 구성의 한 예이다. 먼저 각 기판에 다이아몬드 패턴을 제작한다. 그런 다음 서로 적층하고 광 투명 접착제(optically clear adhesive, OCA)로 접합한다. 일반적으로 터치 패널 외부에 커버 유리가 필요하다. 유리 표면을 강화하여(화학적 또는 열적 처리를 통해) 유리 경도를 더 높인다. 안전을 위해 커버 유리의 날카로운 가장자리나 모서리는 제거해야 한다. 전체 제품 설계 요구에 따라서 일부 표면 연삭과 홀 천공이 필요할 수도 있다. 디스플레이의 주변 명암비를 최적화할 수 있도록 커버 유리의 표면 반사도는 가능한 낮아야 한다. 일반적으로 이는 박막 코팅으로 이루어진다. 반복적인 터치 후에 남겨진 물과 오일 때문에 보이는 흔적을 줄이기 위해 표면에 소수성과 발유성을 제공하는 적절한 표면 처리가 바람직하다.

그림 9.7(b)와 9.10(a)의 구조를 유리 기판이 3개이기 때문이 'GGG' 구성이라 한다. 광투과도를 최대화하기 위해 기판 사이에 OCA가 필요하다. 확실히 이 구성은 특히 모바일 기기에서 사용하기에 물리적으로 두껍다. 'GG' 구성은 두 가지가 가능하다. (i) 단일 기판 양면에 ITO 패턴을 제작하거나 (ii) 기판의 한쪽 면에 x전극과 y전극 모두를 증착하고 절연 브리지로 교차점에서 x도체와 y도체를 분리한다. 전자를 양면(double-sided) ITO 패터닝(DITO), 후자를 단면(single-sided) ITO 패터닝(SITO)이라 하며 그림 9.9(a), (b)와 9.10(b), (c)에 나타내었다. DITO 구조에서는 ITO는 공통 전극 양면에 증착되고 패턴화되어야 한다. SITO 구조에서는 그림 9.9(b)에서 보듯이 x방향과 y방향의 교차를 분리하기 위해 절연층이 필요하다. SITO 터치 패널에서 상호 정전용량이 사용되는 경우, x도체와 y도체의 중첩 영역으로 인해 기생(parasitic) 정전용량이 더 커지고 신호 대 노이즈 비가 감소한다. DITO 구성에서 도체 사이 간격(즉, 유리 기판 두께, ~550 μm)이 SITO 장치(절연층 두께, ~550 μm)보다 훨씬 크므로 DITO 구성 터치 패널이 더 나은 성능을 보인다. 마지막 단계로 터치 기능을 커버 유리에 통

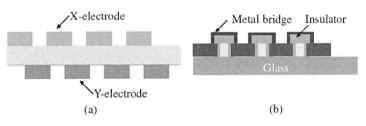

그림 9.9 (a) DITO (b) SITO 구성의 측면도

합하는 것이 가능하다. 이는 그림 9.10(d)와 같은 'OGS(one glass solution)'를 제공한다. 한편, 유리를 대체해 더 얇고 더 가볍고 비용이 더 낮은 폴리머 필름을 터치 기판으로 사용하는 것도 가능하다. GGG와 DITO 구조에 해당하는 GFF와 DITO 필름 구조가 제안되었다(그림 9.10(e), (f)). GFF는 GGG 경우와 비교하면 필름 두 개가 두 유리 기판을 대체하기 위해 사용되었음을 의미한다. GFF는 DITO 필름보다 필름이 하나 더 많지만 제작 공정이 더 쉽다. ITO 패턴 필름의 단가가 높지 않고 두께와 무게가 크게 증가하지 않는다. 따라서 GFF는 다른 아웃셀(out-cell) 구조에 비해 비용과 성능의 조합이 좋기 때문에 인기가 있다. 필름 기판 한쪽 면에 다층 공정을 수행하는 것은 비교적 어렵다. 따라서 SITO 필름은 인기가 없다.

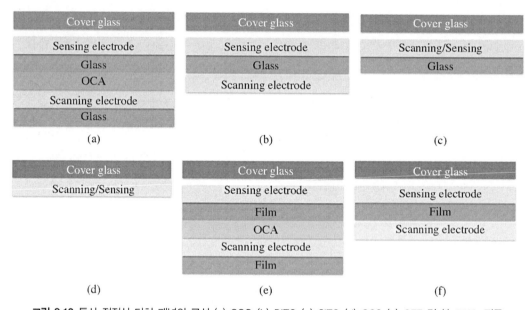

그림 9.10 투사 정전식 터치 패널의 구성 (a) GGG (b) DITO (c) SITO (d) OGS (e) GFF 및 (f) DITO-필름

요약하면, 정전식 터치 패널은 기계적 변형을 일으키지 않는 부드러운 터치 작동, 높은 광 투과도, 커버 유리의 먼지와 긁힘에 대한 내성 등 많은 장점으로 인해 큰 성공을 거두었다. 그러나 정전식 터치 패널에 여전히 몇 가지 제한 사항이 있다. 예를 들어 터치 개체는 접지에 연결된 도체이어야 한다. 정전식 터치 패널은 절연체가 터치될 때 응답하지 않는다. 또한 패널에 가해지는 압력의 크기는 감지할 수 없다.

9.4 온-셀 및 인-셀 터치 패널

LCD에서 액정 재료는 두 기판 사이에 있고 TFT 어레이는 하부 기판에 제작된다. IPS(in-plane switching) 또는 FFS(fringe field switching) 모드를 사용하는 디스플레이 외에는 일반적으로 상부 기판 내부 표면에 공통 전극이 있다. 따라서 패널에 이미 투명 전도체가 있다. 이 전도체의 적절한 레이아웃(서로 수직으로 배열된 송신기와 수신기)을 통해 터치 패널 기능을 디스플레이 패널에 내장할 수 있다. 온-셀(on-cell)/인-셀(in-cell) 터치 패널은 터치 기능을 위한 전도체가 각각 상부/하부 기판에 있음을 의미한다. 그림 9.11(a)는 LCD 디스플레이 패널에 내장된 온-셀 터치 패널의 한 예를 보여준다. SITO 전극 구조를 기판에 먼저 제작한 다음 컬러 필터(CF)를 제작한다. 또한 구조가 OGS 구조와 유사하지만 전도체가 커버 유리 안쪽에서 CF 유리 안쪽(또는 바깥쪽)으로 이동된다. 전면-발광(top-emission) OLED 디스플레이는 디스플레이 작동에 기판(TFT와 OLED층이 있는) 하나만 필요하다. 디스플레이 상부에 있는 다른 유리는 장치를 캡슐화하고 기계적 보호하는 용도로만 사용된다.[5] 따라서 그림 9.11(b)와 같이 터치 패널은 커버 유리에 쉽게 통합될 수 있다.

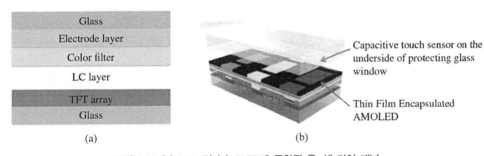

그림 9.11 (a) LCD 및 (b) OLED에 통합된 온-셀 터치 패널

디스플레이 구동에 사용되는 TFT 회로에 비해 터치 패널에 필요한 회로는 비교적 단순하다. 따라서 TFT 회로에 두 기능을 함께 통합하는 것이 가능하다. 그림 9.12에서 보듯이 자기-정전용량 센싱과 상호-정전용량 센싱 모두 TFT 구조 위에 전극층을 추가함으로써 가능하다.[6] 그림 9.12에서 화살표는 이 두 모드에서 전기장 선을 나타낸다. 이 하이브리드 디스플레이/터치 패널을 구동하기 위해 시간 영역에서 신호 분리가 필요하다. 터치 패널은 해상도가 낮고 전기적 신호를 수집하는 간격은 비교적 길 수 있다. 따라서 터치 기능에 필요한 시간은 디스

플레이 어드레싱에 비해 상당히 짧다. 그러나 해상도, 크기, 프레임 속도가 증가함에 따라 디스플레이 어드레싱과 터치 기능에 할당되는 시간에 절충점이 있다.

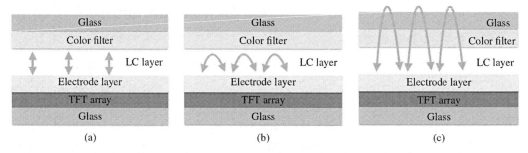

그림 9.12 인-셀 터치 패널 구성 (a) 자가-정전용량 모드 및 (b) 상호-정전용량 모드(디스플레이 어드레싱과 터치 센싱 모두를 허용하는 전극의 세부적인 배열과 상호 연결은 일반적으로 패널 제조업체의 기업 비밀이다)

비정질-Si과 저온 다결정 실리콘은 LCD나 OLED를 제어하는 TFT에 사용될 뿐만 아니라 광 흡수력이 우수하여 광센서에도 사용될 수 있다. 그러면 TFT 어레이에 내장된 광센서 어레이를 사용해 터치 기능을 얻는 것이 가능해진다.[7] 그림 9.13(a)는 a-Si TFT의 레이아웃이다. 광 검출기 역할을 하는 능동 픽셀 센서(active pixel sensor, APS)가 픽셀 중앙에 있다. APS의 상세한 레이아웃은 그림 9.13(b)에 나와 있고, 그림 9.13(c)는 픽셀의 등가 회로이다. 광센서에 바이어스를 제공하기 위해 추가 전압 라인(V_{DD})이 필요하다. 터치 패널의 해상도가 디스플레이 패널 만큼 높지 않기 때문에 모든 픽셀에 센서를 넣을 필요는 없다. 물론 광검출기는 신호광뿐만 아니라 백라이트와 주변 광으로부터 빛을 수신한다. 따라서 오작동을 방지하기 위해 노이즈를 걸러내는 적절한 구동 회로가 필요하다.

한 픽셀에 광검출기 두 개와 적절한 광 차단을 통합함으로써 단순한 터치 패널 기능을 넘어 3D 센싱을 제공하는 깊이 정보를 얻을 수 있다. 그림 9.14(a)가 이 구성의 아이디어를 보여준다.[8] 디스플레이 패널에서 방출된 빛은 패널에 가까이 있는 물체로부터 반사되고 산란된다. 패널 자체가 역방향으로 되돌아오는 방출을 측정할 수 있으면 물체의 위치를 확정할 수 있다. 이 구성에서는 터치가 필요하지 않다. 또한 한 픽셀에서 센서 두 개를 서로 다른 '시야(viewing)' 방향으로 배치하면 물체 위치에 대한 3D 정보를 얻을 수 있다. 그림 9.14(b)는 광센서 장치의 구조이다. 상부 광 차단을 정밀하게 설계하면 광검출기는 제한된 입체각 범위에서만 광자를 받아들인다. 그림 9.14(c)는 측정에 대한 개략도이다. 물체가 패널에서 특정 거

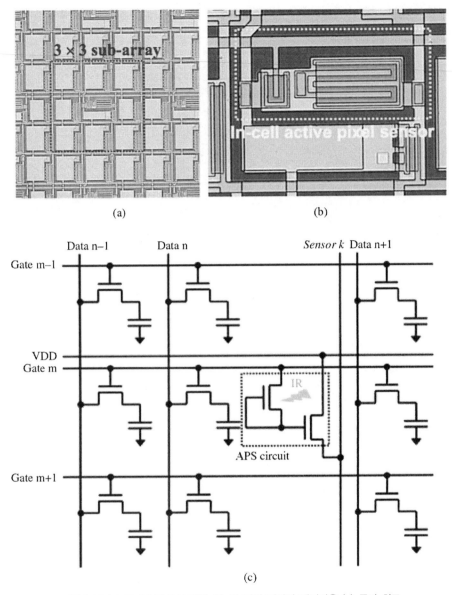

그림 9.13 (a) 및 (b) 광센서 내장 인-셀 터치 패널의 레이아웃 (c) 등가 회로

리(일반적으로 약 2 cm) 내에 있을 때 3D 위치를 다른 여러 픽셀의 신호로부터 계산할 수 있다.

디스플레이에서 터치의 위치뿐 아니라 기존 정전식 및 광 센싱으로부터 얻을 수 없는 패널에 가해지는 압력을 알고자 할 수 있다. 저항식 터치 패널은 압력을 감지할 수 있지만 많은 단점이 있다. 압력 감지에 대한 대안 접근법 중 하나의 기본 원리는 힘이 클수록 패널이 변형된다는 것이다. 디스플레이 패널 뒷면에 압력 센서를 사용할 수 있다. 예를 들어 그림

9.15에서 보듯이 백라이트와 프레임 사이의 에어갭은 압력이 가해지면 줄어들고 압력 감지용 변환기로 사용될 수 있다.[9]

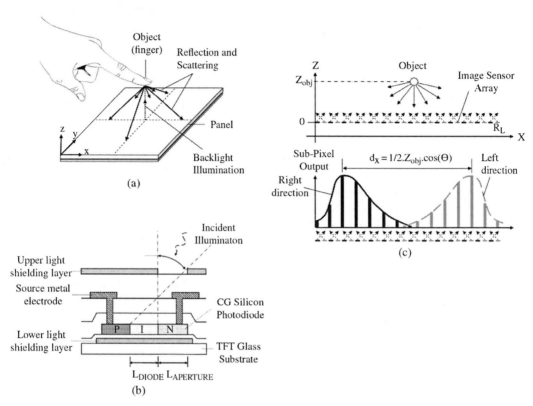

그림 9.14 (a) 3D 광 센싱의 아이디어 (b) 광 센서 구조 및 (c) 3D 광 센싱의 동작 원리

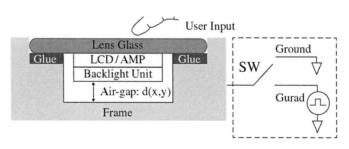

그림 9.15 압력 감지를 위해 구성

9.5 대형 패널을 위한 광 센싱

디스플레이 크기가 증가함에 따라 투명 전도체(예, ITO)의 낮은 전도도가 RC 값을 증가시켜 터치 패널의 전기 신호가 크게 왜곡된다. 금속 망(mesh)이 가능한 해결책이지만 광투과도가 낮아지는 단점이 있다. 반면에 광 센싱은 이 분야에 매우 적합한 해결책이다. 일반적으로 적외선(IR) 광이 광 센싱에 사용된다. 적외선은 보이지 않기 때문에 정보 표시를 방해하지 않는다. 그림 9.16과 같이 IR LED 두 개와 선형 검출기 어레이가 디스플레이 상단 모서리에 배치된다. 디스플레이 가장자리에 역반사체(retroreflector)를 배치하여 광선을 카메라로 다시 반사시킨다. 패널이 터치되면 두 센서 어레이(인간의 두 눈처럼)에서 볼 수 있는 빛이 차단된다. 그러면 터치된 위치를 계산할 수 있다. 감지를 위해 IR 광을 가두는 반사체가 필요하기 때문에 터치 패널의 측면부 높이는 약 1 cm이며 벽걸이 디스플레이에 적합하다. 디스플레이 가장자리의 프레임 높이를 줄이기 위해 도파관 구조가 제안되었다.[10] 측면 방출 LED가 빛을 도파관으로 연결한다. 터치가 되면 내부 전반사 조건이 깨지고 IR 광은 도파관 밖으로 산란되어 카메라에서 감지될 수 있어 터치 위치를 알 수 있다. 이 센서 배열을 FTIR(frustrated total internal relfection) 패널이라 부른다. 물체의 3D 위치를 감지할 수 있는 3D 카메라를 사용하면 더 다양한 기능을 제공할 수 있다. 이 유형의 센서는 터치를 사용하지 않지만 조작자의 동작과 제스처를 기반으로 장비를 제어할 수 있다. 이러한 카메라 기반 입력의 작동 거리는 수 미터까지 될 수 있다.[11]

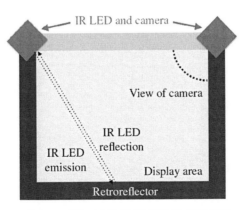

그림 9.16 대형 디스플레이를 위한 광 터치 패널

9.1 완벽한 인간–기계 인터페이스 시스템이 제공해야 하는 속성과 기능은 무엇인가?

9.2 (a) 자기 정전용량 및 (b) 상호 정전용량을 사용하는 정전식 터치 패널에 물방울이 떨어지면 어떤 일이 일어나는가?

9.3 자기 정전식 터치 패널과 상호 정전식 터치 패널에서 커버 유리의 두께가 미치는 영향을 설명하라.

9.4 다른 종류의 센서를 사용하는 플렉시블 터치 패널을 고려할 때 발생하는 기술적 문제와 적용 가능성에 대해 설명하라.

▐참고문헌▐

1. Bhowmik, A.K. (ed.) (2015). *Interactive Displays: Natural Human-Interface Technologies*. Wiley.

2. Westinghouse Electric, *Interface Device and Display System*. US Patent 3,522,664 (1970).

3. Johnson, E.A. (1965). Touch display - a novel input/output device for computers. *Electronics Letters* 1: 219.

4. Wang, W.C., Chang, T.Y., Su, K.C. et al. (2010). The structure and driving method of multi-touch resistive touch panel. *SID 10 Digest* 41 (1): 541-543.

5. Shim, H., Kim, S., Chun, Y. et al. (2011). Mutual capacitance touch screen integrated into thin film encapsulated active-matrix OLED. *SID 11 Digest* 42 (1): 6211-6624.

6. Chiang, C.H., Wu, Y.E., Ho, K.T., and Chan, P.Y. (2016). Mutual-capacitance in-cell touch panel. *SID 16 Digest* 47 (1): 498-501.

7. Chiang, W.J., Kung, C.P., Chen, S.W. et al. (2012). Flexible in-cell infrared a-Si sensor. *SID 12 Digest* 43 (1): 338-341.

8. Brown, C., Montgomery, D., Castagner, J.L. et al. (2010). A system LCD with integrated 3-dimensional input device. *SID 10 Digest* 41 (1): 453-456.

9. Reynolds, K., Shepelev, P., and Graf, A. (2016). Touch and display integration with force. *SID 16 Digest*: 617.

10. J. Y. Han, "Low Cost Multi-Touch Sensing through Frustrated Total Internal Reflection." *Symposium on User Interface Software and Technology: Proceedings of the 18th annual ACM symposium on User interface software and technology. Seattle, WA, USA*, 115 (2005).

11. Shum, H.P.H., Ho, E.S.L., Jiang, Y., and Takagi, S. (2013). Real-time posture reconstruction for Microsoft Kinect. *IEEE Trans. Cybern.* 43: 1357.

▌찾아보기▐

평판 디스플레이 공학

초 판 인 쇄 2016년 9월 12일
초 판 발 행 2016년 9월 19일
제2판발행 2022년 9월 30일

지 은 이 Jiun-Haw Lee, I-Chun Cheng, Hong Hua, Shin-Tson Wu
옮 긴 이 김종렬, 김진곤
펴 낸 이 김성배

책 임 편 집 최장미
디 자 인 안예슬, 박진아
제 작 책 임 김문갑

발 행 처 도서출판 씨아이알
등 록 번 호 제2-3285호
등 록 일 2001년 3월 19일
주 소 (04626) 서울특별시 중구 필동로8길 43(예장동 1-151)
전 화 번 호 02-2275-8603(대표)
팩 스 번 호 02-2265-9394
홈 페 이 지 www.circom.co.kr

I S B N 979-11-6856-092-5 93560